U0861697

全国高等职业学校机械类专业教材

计算机制图——AutoCAD 2020

人力资源社会保障部教材办公室组织编写

中国劳动社会保障出版社

简介

本书主要内容包括 AutoCAD 2020 绘图基础知识、基本二维图形的绘制与编辑、复杂二维图形的绘制与编辑、绘制机械零件图、绘制二维装配图、三维实体建模等。本书由崔兆华任主编，王蕾、陈霞、付荣、崔人凤、赵燕平、王伟参加编写，果连成任主审。

图书在版编目（CIP）数据

计算机制图：AutoCAD 2020 / 人力资源社会保障部教材办公室组织编写．--北京：中国劳动社会保障出版社，2023

全国高等职业学校机械类专业教材

ISBN 978-7-5167-5477-1

Ⅰ.①计… Ⅱ.①人… Ⅲ.①AutoCAD 软件－高等职业教育－教材 Ⅳ.①TP391.72

中国国家版本馆 CIP 数据核字（2023）第 077440 号

中国劳动社会保障出版社出版发行

（北京市惠新东街 1 号 邮政编码：100029）

*

北京市艺辉印刷有限公司印刷装订 新华书店经销

787 毫米 ×1092 毫米 16 开本 24.75 印张 585 千字

2023 年 7 月第 1 版 2024 年 5 月第 3 次印刷

定价：55.00 元

营销中心电话：400-606-6496

出版社网址：http://www.class.com.cn

http://jg.class.com.cn

前言
PREFACE

为了更好地适应全国高等职业学校机械类专业的教学要求，全面提升教学质量，人力资源社会保障部教材办公室组织有关学校的一线教师和行业、企业专家，在充分调研企业生产和学校教学情况、广泛听取教师对教材使用反馈意见的基础上，对全国高等职业学校机械类专业教材进行了修订。

本次教材修订工作的重点主要体现在以下几个方面：

第一，合理更新教材内容。

根据机械类专业毕业生所从事岗位的实际需要和教学实际情况的变化，合理确定学生应具备的能力与知识结构，对部分教材内容及其深度、难度做了适当调整，对部分学习任务进行了优化；根据相关专业领域的最新发展，在教材中充实新知识、新技术、新设备、新材料等方面的内容，体现教材的先进性；采用最新国家技术标准，使教材更加科学和规范。

第二，精心设计教材形式。

在教材内容的呈现形式上，尽可能使用图片、实物照片和表格等形式将知识点生动地展示出来，力求让学生更直观地理解和掌握所学内容。针对不同的知识点，设计了许多贴近实际的互动栏目，在激发学生学习兴趣和自主学习积极性的同时，使教材“易教易学，易懂易用”。在教材插图的制作中采用了立体造型技术，同时部分教材在印刷工艺上采用了四色印刷，增强了教材的表现力。

第三，引入“互联网+”技术，进一步做好教学服务工作。

在《机床夹具（第二版）》《金属切削原理与刀具（第二版）》教材中使用了增强现实（AR）技术。学生在移动终端上安装 App，扫描教材中带有 AR 图标的页面，可以对呈现的立体模型进行缩放、旋转、剖切等操作，以及观察模型的运动和拆分动画，便于更直观、细致地探究机构的内部结构和工作原理，还可以浏览相关视频、图片、文本等拓展资料。在部分教材中使用了二维码技术，针对教材中的教学重点和难点制作了动画、视频、微课等多媒体资源，学生使用移动终端扫描二维码即可在线观看相应内容。

本套教材配有习题册，另外，还配有方便教师上课使用的电子课件，电子课件和习题册答案可通过技工教育网（http：//jg.class.com.cn）下载。

本次教材的修订工作得到了河北、江苏、浙江、山东、河南等省人力资源社会保障厅及有关学校的大力支持，在此我们表示诚挚的谢意。

人力资源社会保障部教材办公室

2021 年 8 月

目 录

CONTENTS

模 块 一

AutoCAD 2020 绘图基础知识

任务 1 默认工作界面

学习目标

1. 能正确启动和退出 AutoCAD 2020 软件。
2. 初步认识 AutoCAD 2020 默认工作界面中各功能组件的名称及用途。

任务引入

AutoCAD 2020 的默认工作界面是打开软件显示的第一个画面，也是显示、编辑图形的区域。本任务通过相关知识的学习，帮助用户初步认识 AutoCAD 2020 默认工作界面中各功能组件名称及用途，打开进入 AutoCAD 2020 的大门。

相关知识

一、AutoCAD 2020 的启动与退出

要使用 AutoCAD 2020 进行绘图，首先必须启动该软件。在完成绘制之后，应保存文件并退出该软件，以节省系统资源。

1．启动 AutoCAD 2020 的方法

（1）“开始”菜单：单击“开始”按钮，在菜单中选择“AutoCAD 2020–简体中文（Simplified Chinese）”→“AutoCAD 2020–简体中文（Simplified Chinese）”选项。

（2）与 AutoCAD 相关联格式文件：双击打开与 AutoCAD 相关格式文件（*.dwg、*.dwt）。

（3）快捷方式：双击电脑桌面上的 AutoCAD 2020–简体中文（Simplified Chinese）快捷图标 。

AutoCAD 2020 启动后的界面如图 1–1 所示，主要由“快速入门”“最近使用的文档”“通知”“连接”四个区域组成。单击“快速入门”区域中的“开始绘制”按钮即可打开 AutoCAD 2020 默认工作界面，如图 1–2 所示。

提示：启动 AutoCAD 2020 后，在图形窗口中单击鼠标右键（后文中简称右击），打开如图 1–3 所示快捷菜单，单击鼠标左键（后文中简称单击）“选项”命令，打开如图 1–4 所示“选项”对话框，选择“显示”选项卡，将“窗口元素”选项组中的“颜色主题”设置为“明”，单击“确定”按钮，退出“选项”对话框，此时界面如图 1–2 所示。

2．退出 AutoCAD 2020 的方法

（1）应用程序按钮：单击应用程序按钮，选择“关闭”选项 关闭 中的“关闭当前图形” 当前图形 关闭当前图形。或“关闭当前打开的所有图形” 所有图形 关闭当前打开的所有图形。命令。

（2）菜单栏：选择“文件”→“关闭”命令。

（3）关闭按钮：单击工作界面右上角的“关闭”按钮 。

（4）快捷键：Ctrl+Q 或 Alt+F4。

（5）命令行：quit 或 exit。

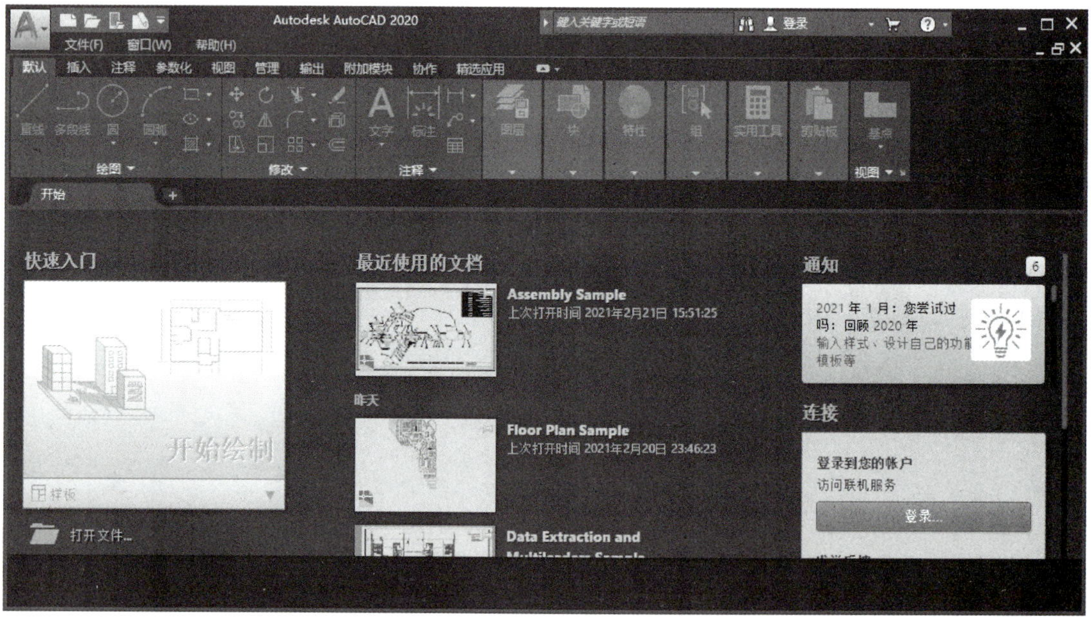

图 1–1　AutoCAD 2020 启动后的界面

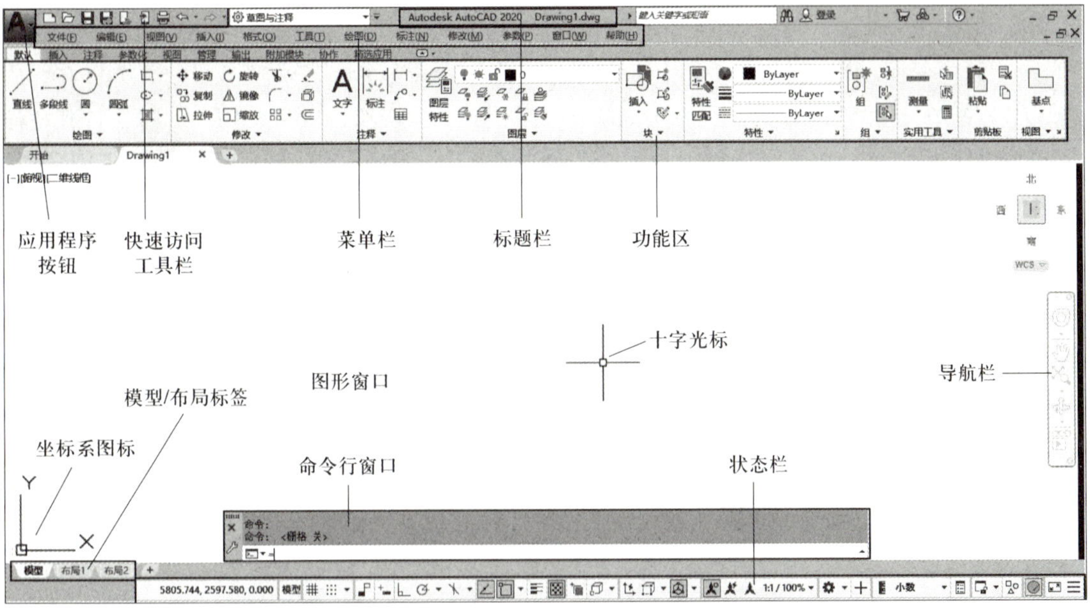

图 1–2　AutoCAD 2020 默认工作界面

图 1–3　右键快捷菜单

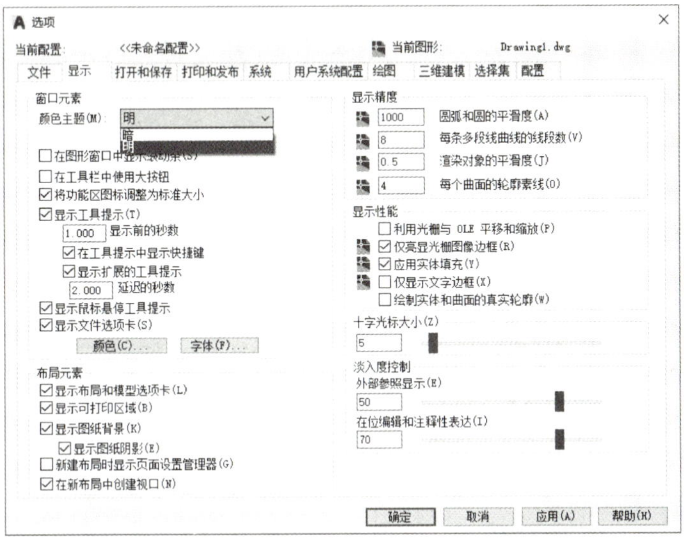

图 1–4　“选项”对话框

二、认识 AutoCAD 2020 默认工作界面

为了满足用户的使用需要，AutoCAD 2020 提供了“草图与注释”“三维基础”“三维建模”三种工作空间。“草图与注释”工作空间用于绘制二维图形，它是 AutoCAD 2020 默认启动工作空间（见图 1–2）。“草图与注释”工作空间包括应用程序按钮、标题栏、快速访问工具栏、菜单栏、功能区、图形窗口、坐标系图标、命令行窗口与文本窗口、模型 / 布局标签、状态

栏、导航栏、工具栏等功能组件。

1. 应用程序按钮

“应用程序”按钮 位于 AutoCAD 2020 工作界面的左上角，单击该按钮，可打开“应用程序”菜单，如图 1–5 所示。通过“应用程序”菜单，可执行以下操作：创建、打开或保存文件，核查、修复和清除文件，打印或发布文件，访问“选项”对话框，关闭应用程序。说明：也可以通过双击“应用程序”按钮关闭应用程序。

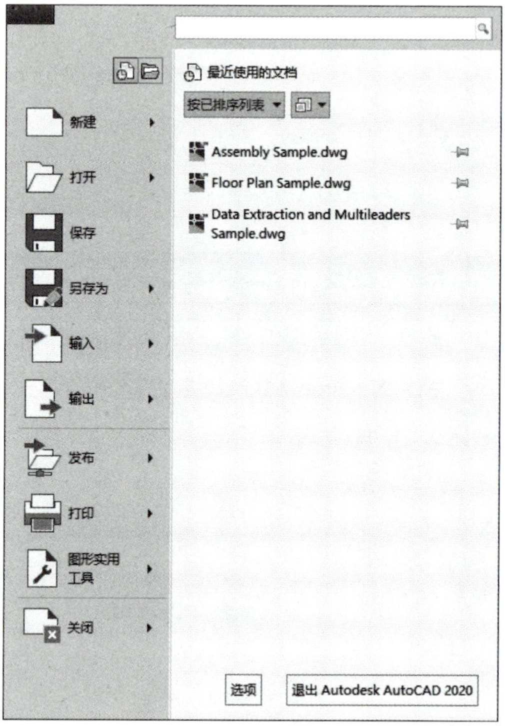

图 1–5 “应用程序”菜单

“应用程序”菜单上有一搜索工具，搜索结果可以包括菜单命令、基本工具提示和命令提示文字字符串，可以输入任何语言的搜索词。

“应用程序”菜单还提供了最近使用的文档和打开的文档列表。

2. 标题栏

在 AutoCAD 2020 工作界面的最上端是标题栏。标题栏中显示系统当前正在运行的应用程序 AutoCAD 2020 和用户正在使用的图形文件名称“Drawing1.dwg”。如图 1–2 所示。在图形窗口的标题栏中也显示了启动 AutoCAD 2020 时创建并打开的图形文件的名称“Drawing 1.dwg”。

3. 快速访问工具栏

快速访问工具栏位于“应用程序”按钮的右侧，包括“新建”“打开”“保存”“另存为”“打印”“放弃”“重做”等，如图 1–6 所示。单击右侧下拉菜单按钮 ，系统弹出如图 1–7 所示“自定义快速访问工具栏”菜单，可根据需要设置常用的工具。

4. 菜单栏

默认状态下，AutoCAD 2020 工作界面中的菜单栏被隐藏了。单击图 1-7 所示“自定义快速访问工具栏”菜单中的“显示菜单栏”命令，可以调出菜单栏。

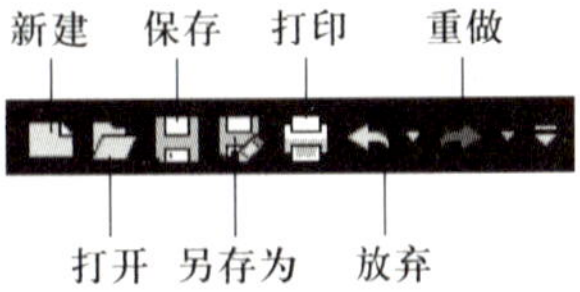

图 1-6 快速访问工具栏

同其他 Windows 程序一样，AutoCAD 的菜单也是下拉形式，并在菜单中包含子菜单。AutoCAD 2020 的菜单栏中包括“文件”“编辑”“视图”“插入”“格式”“工具”“绘图”“标注”“修改”“参数”“窗口”“帮助”12 个菜单，这些菜单几乎包含 AutoCAD 的所有命令。一般来讲，AutoCAD 下拉菜单中的命令有以下三种类型。

（1）带有小三角形的菜单命令

这种类型的命令后面带有子菜单。例如，单击“绘图”→“圆”命令，屏幕上就会进一步下拉出“圆”子菜单中所包含的命令，如图 1-8 所示。

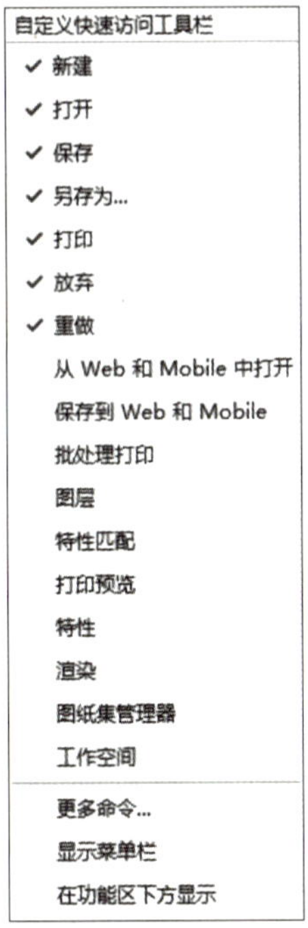

图 1-7 “自定义快速访问工具栏”菜单

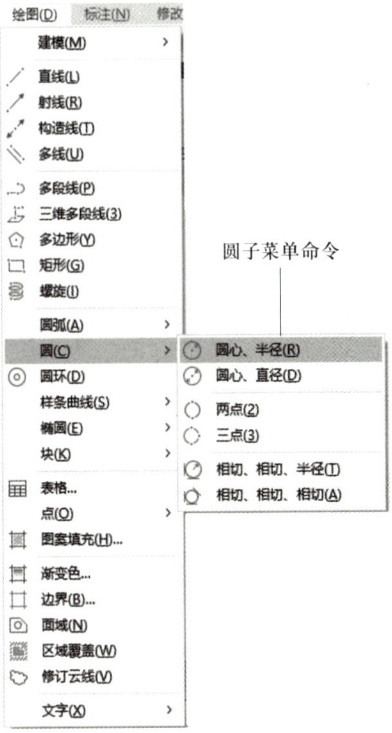

图 1-8 带有子菜单的菜单命令

（2）打开对话框的菜单命令

这种类型的命令后面带有省略号。例如，单击“格式”→“线型”，屏幕上就会打开“线型管理器”对话框，如图 1-9 所示。

（3）直接操作的菜单命令

选择这种类型命令将直接进行相应的绘图或其他操作，例如，单击“视图”→“重画”命令，系统将刷新显示所有视口。

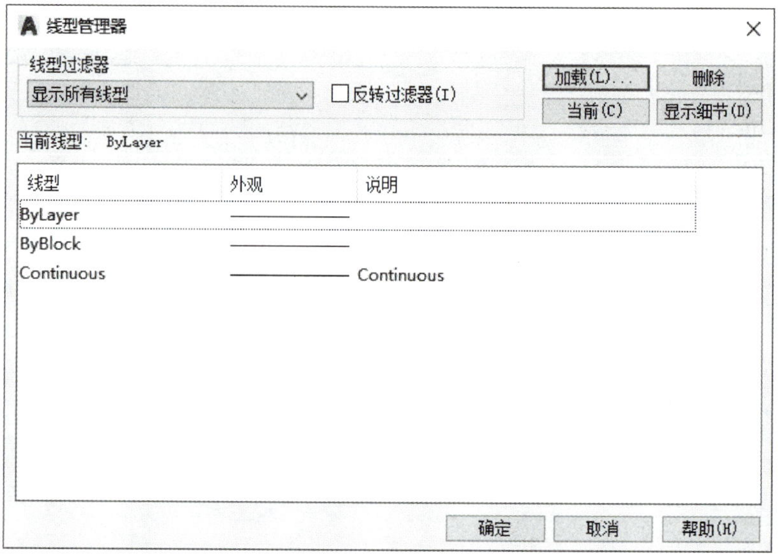

图 1-9 “线型管理器”对话框

5. 功能区

功能区是各命令选项卡的合称，它用于显示与绘图任务相关的按钮和控件。“草图与注释”工作空间的功能区包含了“默认”“插入”“注释”“参数化”“视图”“管理”“输出”“附加模块”“协作”“精选应用”选项卡，如图 1-10 所示。每个选项卡包含若干个面板，每个面板又包含许多由图标表示的命令按钮，方便用户使用。用户也可以单击功能区选项后面的  按钮控制功能的展开与收缩。

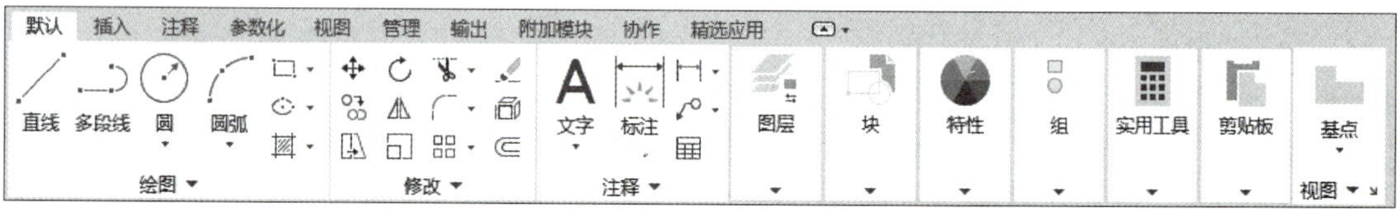

图 1-10 默认情况下显示的功能区选项卡

（1）设置选项卡

将光标放在面板的任意位置处，然后右击，打开如图 1-11 所示的快捷菜单。单击某一个未在功能区显示的选项卡名，则系统会自动在功能区打开该选项卡；反之，则关闭选项卡。

（2）选项卡中面板的“固定”与“浮动”

将光标放在某一面板上，按住鼠标左键，可将面板“浮动”到图形窗口，如图 1-12 所示。将光标放在“浮动”面板的右上角位置处，显示“将面板返回到功能区”注释，如图 1-13 所示，单击此处，“浮动”面板返回功能区。

6. 图形窗口

图形窗口是指在功能区下方的大片空白区域，它是用户使用 AutoCAD 绘制图形的区域，用户完成一幅设计图的主要工作都是在图形窗口中进行的。缺省状态下图形窗口是一个无限大的电子屏幕，无论尺寸多大或多小的图形，都可以在图形窗口中绘制和灵活显示。

图 1–11 设置“显示选项卡”

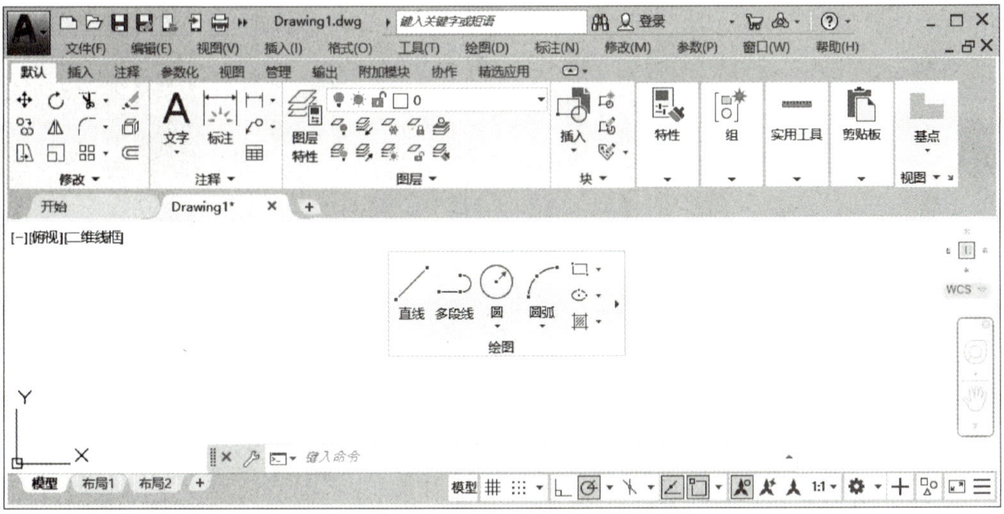

图 1–12 “浮动”面板

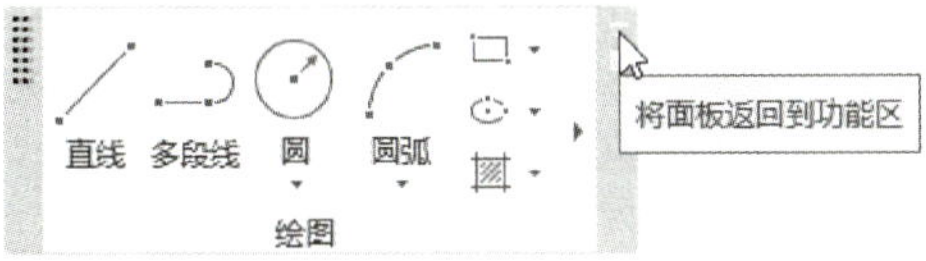

图 1–13 “浮动”面板返回到功能区操作

（1）图形窗口中的光标

工作过程中，光标将根据当前的活动发生变化。当系统提示指定点位置时，光标将显示为拾取点光标，如图 1–14a 所示。当系统提示选择对象时，光标将显示为小方形拾取框，如

图 1–14b 所示。当没有命令处于激活状态时，光标将是拾取点光标和拾取框的组合十字光标，如图 1–14c 所示。如果系统提示输入文字，光标将是垂直的文字输入光标，如图 1–14d 所示。

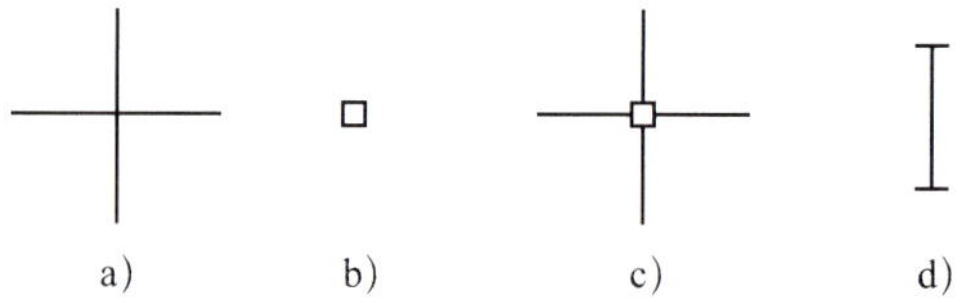

图 1–14 光标的类型

a）拾取点光标 b）拾取框 c）十字光标 d）文字输入光标

（2）修改图形窗口中十字光标的大小

在 AutoCAD 图形窗口中的光标是十字线状，其交点反映光标在当前坐标系中的位置。十字线的方向与当前用户坐标系的 *X* 轴、*Y* 轴方向平行，系统预设十字线的长度为屏幕大小的 5%。用户可以根据绘图实际需要更改其大小。操作方法如下：

选择“工具”菜单中的“选项”命令，打开“选项”对话框，选择“显示”选项卡，在“十字光标大小”选项组的文本框中直接输入数值，或拖拽文本框后面的滑块，即可对十字光标的大小进行调整，如图 1–15 所示。此外，还可以通过设置系统变量 CURSORSIZE 的值，实现对十字光标大小的更改，方法是在命令行中输入：

命令：cursorsize ↙
输入 CURSORSIZE 的新值 <5>:

在上述命令行提示下输入新值即可（默认值为 5%）。

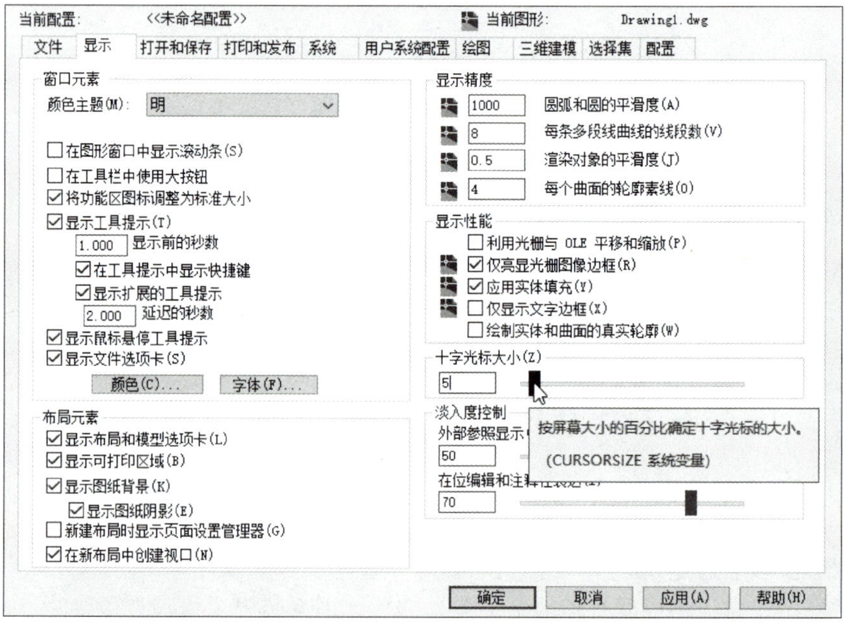

图 1–15 设置十字光标的大小

（3）修改图形窗口的颜色

在默认情况下，AutoCAD 的图形窗口的颜色为黑色背景，白色线条。图形窗口颜色可以根据绘图需要进行修改，其操作步骤如下：

1）选择“工具”→“选项”命令，打开“选项”对话框，选择“显示”选项卡，单击“窗口元素”选项组中的“颜色”按钮，打开如图 1–16 所示的“图形窗口颜色”对话框。

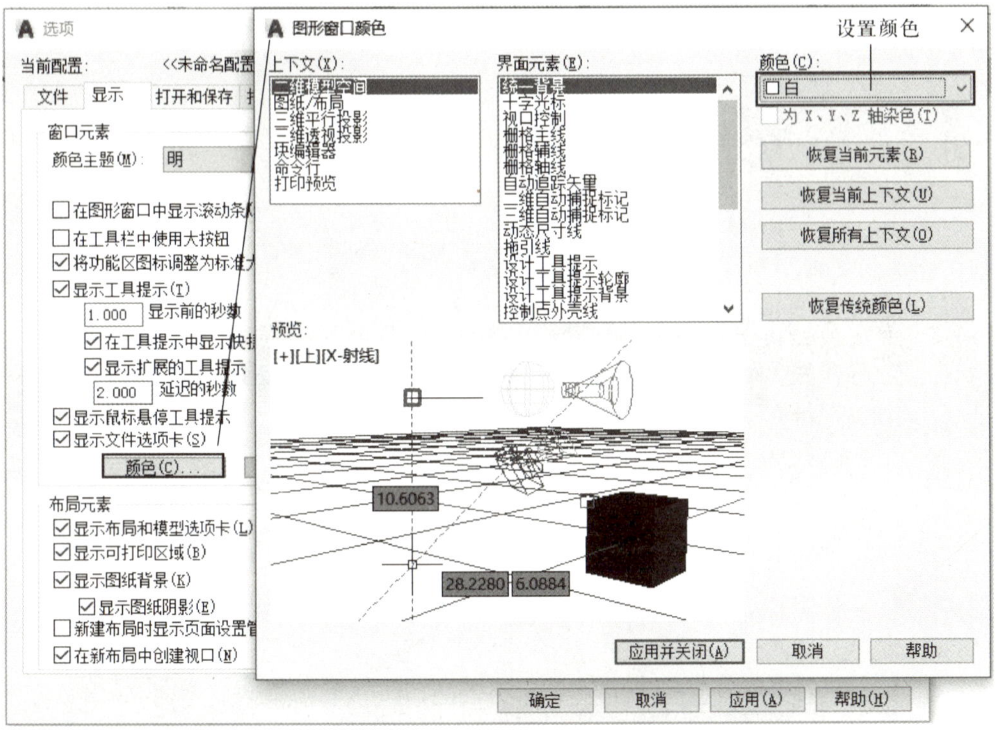

图 1–16 设置图形窗口颜色

2）在“颜色”下拉列表中选择需要的窗口颜色，然后单击“应用并关闭”按钮，此时 AutoCAD 的图形窗口颜色就变成了选择的颜色，按照通常视觉习惯一般用户会选择白色为窗口颜色。

7. 坐标系图标

在图形窗口的左下角有一个直线指向图标，称为坐标系图标，它表示用户绘图时正使用的坐标系形式，如图 1–2 所示。坐标系图标的作用是为点的坐标确定一个参照系。根据工作需要，用户可以将其打开或关闭，方法是选择“视图”→“显示”→“UCS 图标”→“开”命令，如图 1–17 所示。

8. 命令行窗口与文本窗口

默认情况下，命令行窗口布置于图形窗口下方，是输入命令和显示命令提示的区域，如图 1–18 所示。AutoCAD 通过命令行窗口反馈各种信息，包括出错信息，因此，用户要时刻关注命令行窗口中出现的信息。通过移动边框线可以扩大与缩小命令行窗口；通过拖拽命令行窗口可将其布置在图形窗口的其他位置。

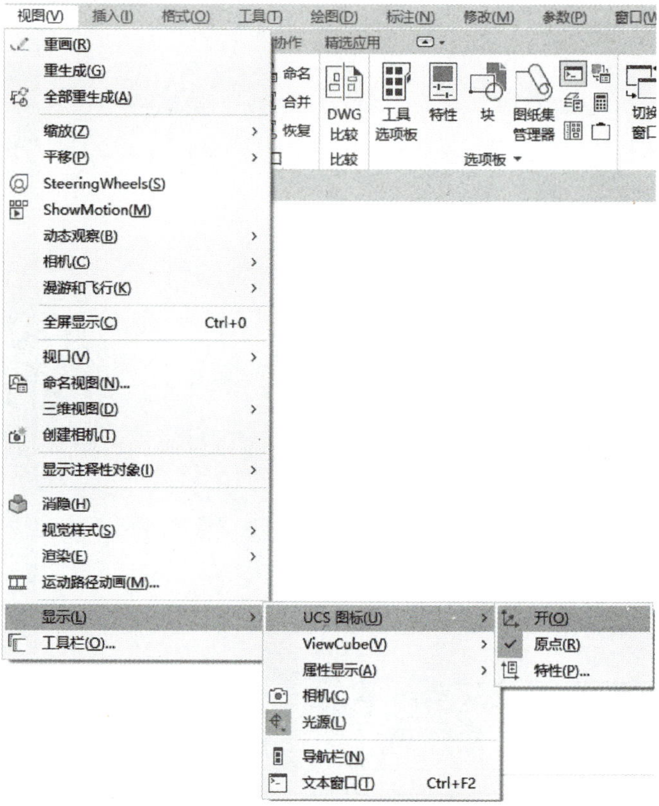

图 1-17　打开或关闭坐标系图标

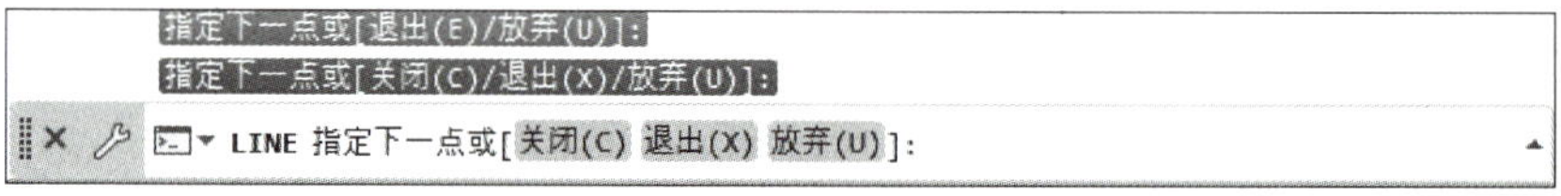

图 1-18　命令行窗口

对当前命令行中输入的内容可以在文本窗口中用文本编辑的方法进行编辑，如图 1-19 所示。AutoCAD 文本窗口和命令行窗口相似，可以显示当前 AutoCAD 进程中命令的输入和执行过程，在执行 AutoCAD 某些命令时，会自动切换至文本窗口，列出有关信息。

提示：在 AutoCAD 2020 中，可以通过下列三种方法打开文本窗口：

（1）单击“视图”→“显示”→“文本窗口”命令。

（2）命令行：textscr。

（3）快捷键：Ctrl+F2。

9．模型 / 布局标签

在图形窗口左下部有 3 个标签，即模型、布局 1、布局 2，分别代表了两种绘图空间，即模型空间和布局空间。模型代表了当前图形窗口处于模型空间，通常我们在模型空间进行绘图。布局 1 和布局 2 是缺省设置下的布局空间，主要用于图形的打印输出。用户可以通过单击相应的标签，在这两种操作空间之间进行切换。

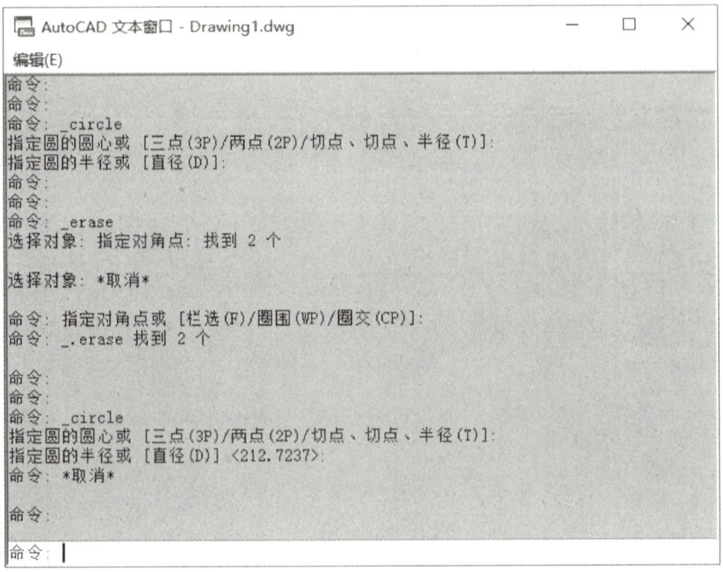

图 1-19 文本窗口

10. 状态栏

状态栏位于屏幕的最下方，包括当前光标的坐标和辅助工具栏，如图 1-20 所示。辅助工具栏的按钮主要提供一些辅助绘图功能，它包括“栅格”“捕捉栅格”“正交模式”“极轴追踪”“等轴测草图”“对象捕捉追踪”“对象捕捉”“显示注释对象”“切换工作空间”“全屏显示”等开关按钮。单击它们可在启用与不启用之间进行切换。通过右端的“自定义”命令可以控制状态栏上各种功能命令的有无。

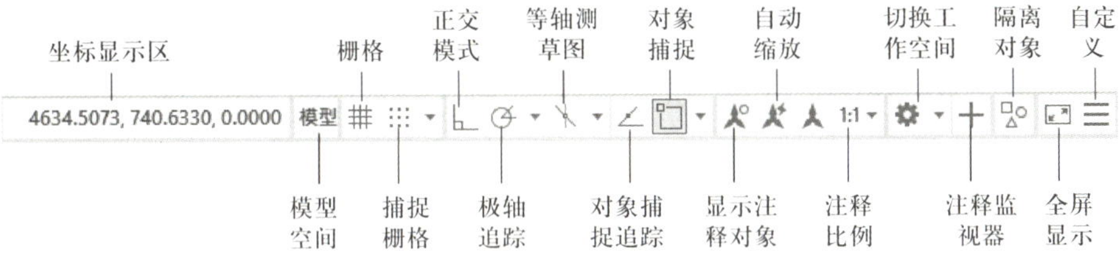

图 1-20 状态栏

11. 导航栏

导航栏位于屏幕的右侧，用户可以从中访问通用导航工具，包括全程导航控制盘、平移、缩放、动态观察等工具，如图 1-21 所示。

12. 工具栏

工具栏是一组图标型工具的集合，选择菜单栏中的“工具”→“工具栏”→“AutoCAD”命令，如图 1-22 所示，调出所需要的工具栏，把光标移动到某个图标，单击图标即可启动相应的命令。注意：当把光标移动到某个图标上稍停片刻，即在该图标一侧显示相应的工具提示，提示框中显示对应的功能说明和命令名。

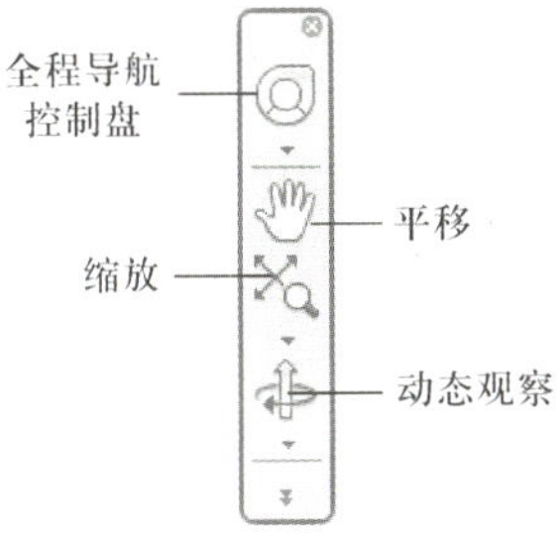

图 1-21 导航栏

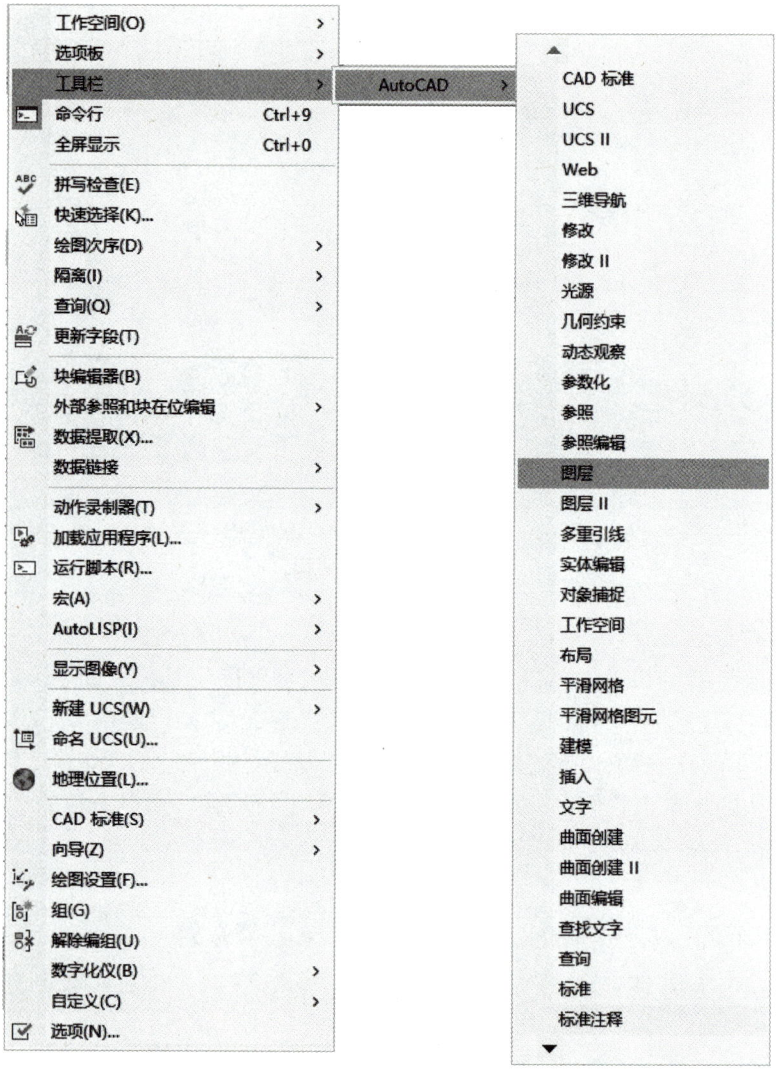

图 1–22 工具栏调用菜单

知识拓展

自定义 AutoCAD 2020 工作空间

1. 关闭功能区

单击“工具”→“选项板”→“功能区”命令，即可将功能区关闭，如图 1–23 所示。

2. 设置常用工具栏

单击“工具”→“工具栏”→“AutoCAD”→“标准”命令，即可打开标准工具栏。按照上述方法，依次打开样式工具栏、特性工具栏、图层工具栏、绘图工具栏、修改工具栏，结果如图 1–24 所示。

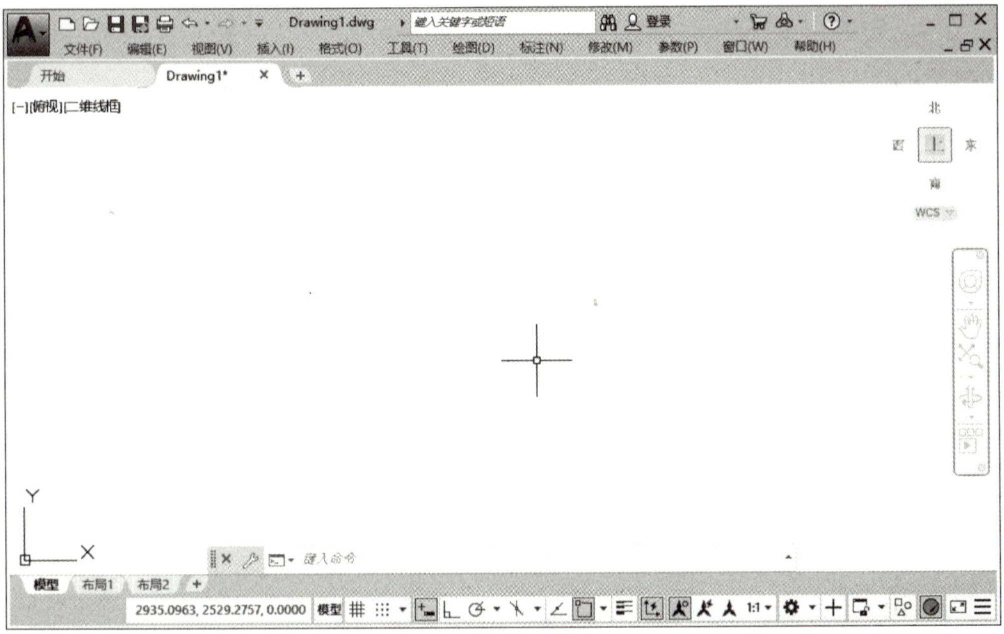

图 1–23　关闭功能区

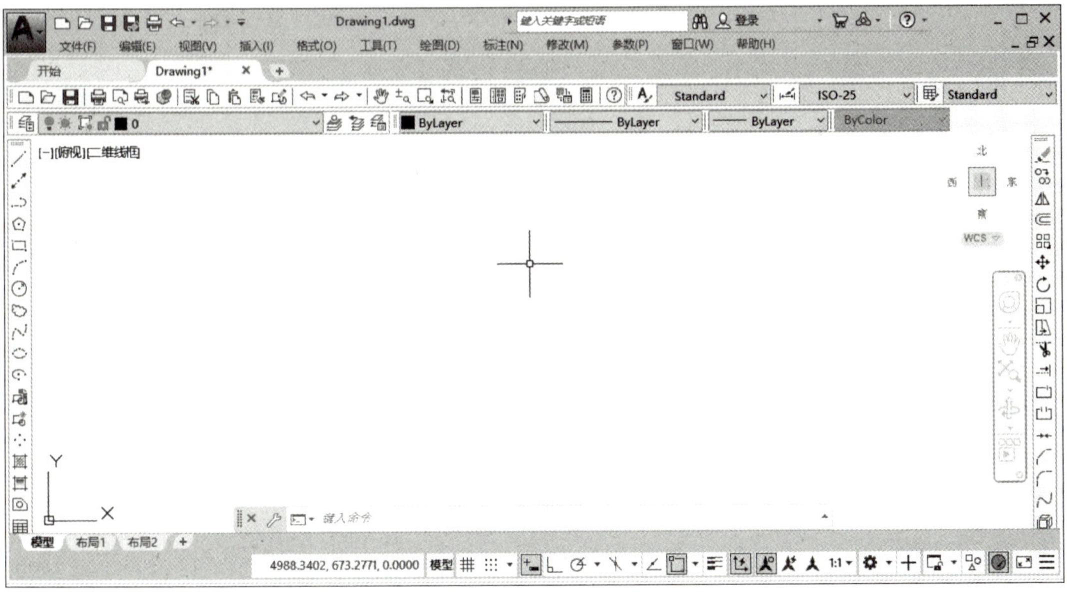

图 1–24　设置常用工具栏

3．保存工作空间

单击状态栏中的“切换工作空间”按钮，弹出如图 1–25a 所示的菜单。单击“将当前工作空间另存为 ...”命令，系统弹出“保存工作空间”对话框，如图 1–25b 所示。在名称处输入“我的工作空间”，单击“保存”按钮即可。可单击状态栏中的“切换工作空间”按钮查看保存的工作空间，如图 1–25c 所示。

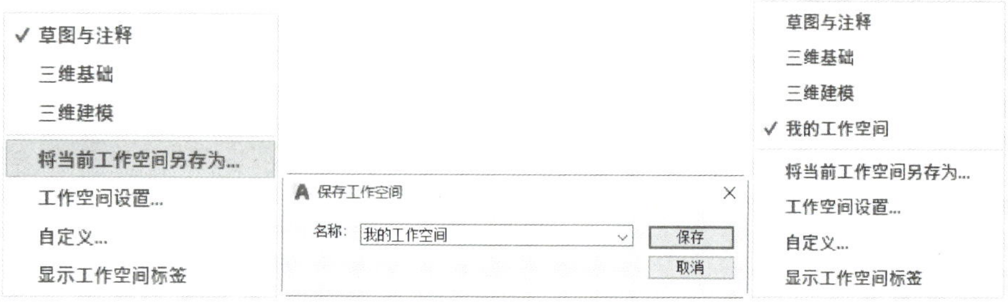

a)　　　　b)　　　　c)

图 1–25　保存工作空间

a）默认菜单　b）“保存工作空间”对话框　c）保存后的菜单

所创建的“我的工作空间”可以删除，单击“切换工作空间”→“自定义”命令，系统打开“自定义用户界面”对话框，选择“我的工作空间”，单击鼠标右键，在弹出的菜单中选择“删除”命令，即可删除创建的“我的工作空间”，如图 1–26 所示。

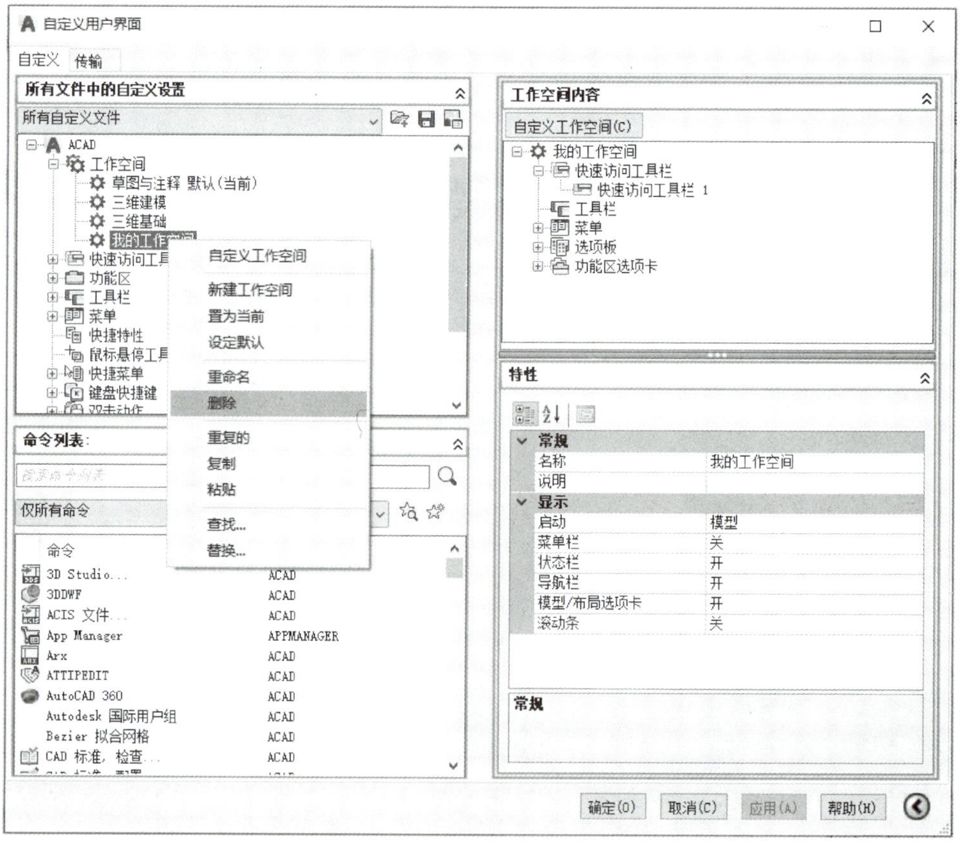

图 1–26　删除“我的工作空间”

提示：工作空间还可以恢复到安装后的默认界面。单击“工具”→“选项”命令，打开“选项”对话框，单击“配置”选项卡，如图 1–27 所示，单击“重置”按钮，系统打开如图 1–28 所示对话框，单击“是”按钮，工作空间恢复到刚安装完后的默认界面。

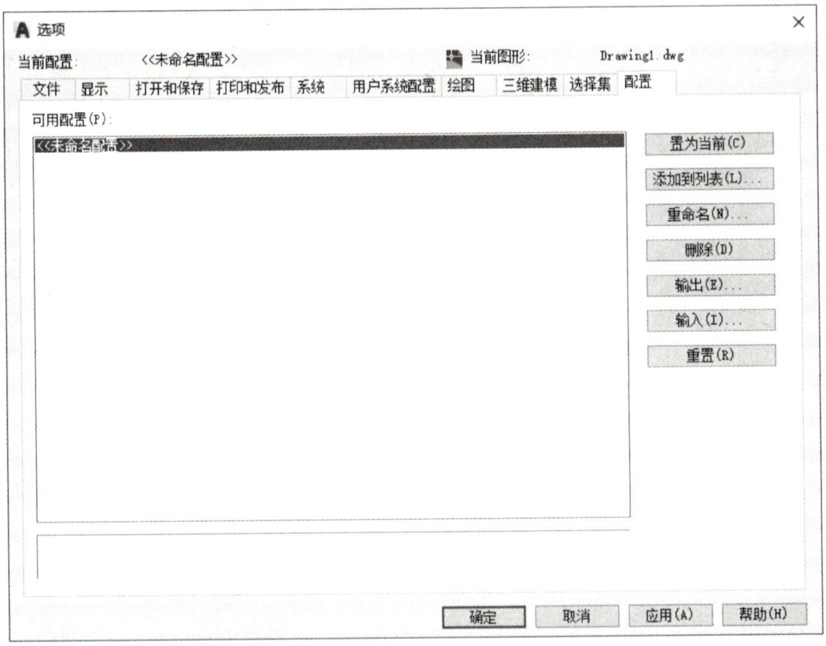

图 1-27 “配置”选项卡对话框

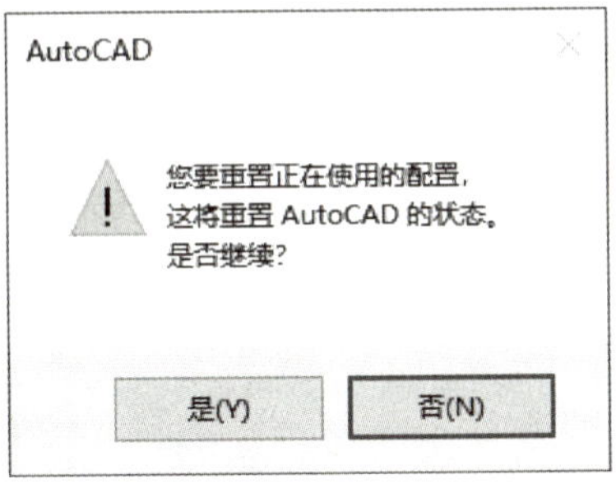

图 1-28 重置是否继续对话框

任务 2 基本操作

学习目标

1. 掌握命令的调用、重复、撤销和重做等操作。
2. 掌握数据的输入操作。
3. 掌握对象的选择方法。

任务引入

应用 AutoCAD 绘制和编辑图形，必然用到一些操作，如命令的调用、数据的输入、对象的选择等。这些操作是进行 AutoCAD 绘图必备的基本技能，也是深入学习 AutoCAD 功能的前提。本任务先调用“圆”命令，绘制图 1–29a 所示 $\phi30$ mm、$\phi50$ mm 和 $\phi60$ mm 三个同心圆，然后调用“删除”命令，删除 $\phi30$ mm 圆，结果如图 1–29b 所示。通过本任务初步掌握命令的调用、数据的输入和对象的选择等基本操作。

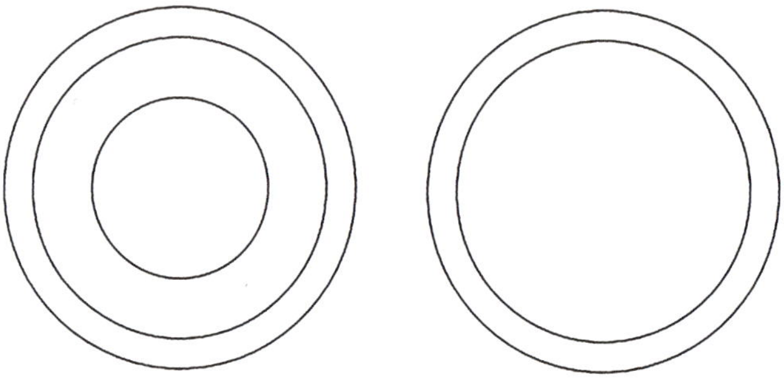

a）　　　　b）

图 1–29　圆的绘制

a）三个同心圆　b）两个同心圆

相关知识

一、命令的执行

1．命令的调用

在 AutoCAD 中，无论进行什么样的操作都必须调用命令。调用命令的方法主要有鼠标输入、键盘命令和按快捷键三种。

（1）鼠标输入

在菜单栏、快速访问工具栏、功能区或工具栏等位置找到需要执行命令的选项或图标，使用鼠标左键单击即可调用需要执行的命令。如，单击功能区“默认”选项卡中“绘图”面板上的“直线”命令图标 ／，即可执行“直线”命令。系统给出如下提示。

命令：_line（执行“直线”命令）

指定第一个点：（用鼠标左键在图形窗口指定直线的起点或输入起点坐标）

指定下一点或［放弃（U）］：（用鼠标左键在图形窗口指定直线的终点或输入终点坐标，此时，在图形窗口绘制出一条直线）

指定下一点或［退出（E）/ 放弃（U）］：（用鼠标左键在图形窗口指定一点或输入终点坐标，即可绘制出与第一条直线终点相连的直线）

指定下一点或［关闭（C）/ 退出（X）/ 放弃（U）］：

注意：命令行中不带方括号的提示为默认选项（如“指定下一点”），因此可以在图形窗口指定一点或直接输入直线的起点坐标，如果要选择其他选项，则应该首先输入该选项的标识字符，如“放弃”选项的标识字符“U”，然后按系统提示输入数据即可。在命令选项的后面有时还带有尖括号，尖括号内的数值为默认数值。

（2）键盘命令

在 AutoCAD 中，绝大部分功能都有对应的键盘命令。其中一部分十分常用的功能除了标准的键盘命令外，还会有一个简化命令。简化命令往往拼写十分简单，便于输入调用。如直线命令（line）的简化命令是 l，圆命令（circle）的简化命令是 c。在命令行中输入键盘命令或简化命令，按 Enter 键，即可调用该命令。

提示：1）在输入英文字母、数字及其他字符时，必须使用英文半角字符，不能使用全角字符。

2）在本教材中，按 Enter 键用符号“↙”表示。

3）在命令行中显示多个选项时，方括号中的选项字符显示灰色底纹（见图 1–30），单击带底纹的文字，可以执行该选项的命令。

图 1–30　命令行中带灰色底纹的字符

（3）按快捷键

快捷键又称为热键，按快捷键是指通过某些特定的按键、按键顺序或按键组合来完成一个操作。不同于键盘命令的是，按下快捷键后，需要调用的功能会立即执行，不必如键盘命令那样在键盘上输入 Enter 后才调用功能。因此，使用快捷键调用命令可以大幅提高绘图效率。

在常规的软件设计中，很多组合式的快捷键往往与键盘上的功能键 Alt、Ctrl、Shift 有关。如“新建”命令的快捷键是“Ctrl+N”，“复制”功能的快捷键是“Ctrl+C”，“另存文件”功能的快捷键是“Ctrl+Shift+S”等。

非组合式的快捷键主要是键盘最上方的 Esc 键和 F 系列功能键（F1 ~ F12）。其中 Esc 键用处非常广泛，在取消拾取、关闭对话框、中断操作等方面有广泛的应用。大部分的操作或特殊状态都可以通过按下 Esc 键退出或消除。

2. 命令的重复、撤销与重做

（1）命令的重复

在使用 AutoCAD 2020 的过程中，用户可以重复执行某个命令。以圆（circle）命令为例，重复执行命令的方法有以下几种。

1）在执行圆（circle）命令之后，按空格键或 Enter 键可以重复执行圆（circle）命令。

2）在图形窗口右击，然后从弹出的快捷菜单中选择“重复 circle（R）”选项。

3）在命令行中执行 multiple 命令，系统给出命令行提示：

```
输入要重复的命令名：
```

如果输入 circle 命令并按 Enter 键，系统给出下面的提示：

指定圆的圆心或［三点（3P）/ 两点（2P）/ 切点、切点、半径（T）]:（指定圆心位置）
指定圆的半径或［直径（D）］<50>：50↙（指定圆的半径）
命令：
CIRCLE（按 Enter 键或空格键重复执行圆命令）
指定圆的圆心或［三点（3P）/ 两点（2P）/ 切点、切点、半径（T）]:（指定圆心位置）
指定圆的半径或［直径（D）］<50.0000>：50↙（指定圆的半径）

系统会重复执行该命令，直到用户按 Esc 键强行中断为止。

4）应用快捷键 Ctrl+J 或 Ctrl+M，也可重复执行上一次的命令。

5）重复使用最近使用的命令

在使用 AutoCAD 2020 过程中，用户可以重复以前执行过的命令，而不用在命令行中再输入一遍命令，方法有以下几种。

①如执行圆（circle）、直线（line）、矩形（rectangle）等命令后，在命令行提示“键入命令”下，按键盘上的向上箭头键，系统向前依次给出 rectangle、line、circle 等命令提示，找到所要执行的命令，按 Enter 键可以重复执行该命令。类似地，按向下箭头键可以向后依次显示每个命令。这种方法能够执行多个以前运行的命令。

②单击命令文本框左侧的“最近使用的命令”按钮，在弹出的命令列表框中选择要执行的命令。

③在命令行中单击鼠标右键，然后从“最近使用的命令”列表中选择要执行的命令。

④在图形窗口中单击鼠标右键，然后从“最近的输入”列表中选择要执行的命令。

（2）命令的撤销

在使用 AutoCAD 2020 过程中，不可避免地会出现操作失误的问题。可以使用 AutoCAD 2020 提供的撤销（undo）命令来修正这些错误。执行撤销命令的方法有以下几种。

1）快速访问工具栏：“放弃”按钮 ↶。

2）菜单栏：“编辑”→“放弃”命令。

3）命令行：undo（快捷命令 u）。

注意：undo 对一些命令和系统变量无效，包括用以打开、关闭或保存窗口或图形，显示信息，更改图形显示，重生成图形或以不同格式输出图形的命令及系统变量。

（3）命令的重做

撤销一个或多个操作之后，如果又希望恢复某个操作，可执行重做命令，进行操作结果的恢复。执行重做命令的方法有以下几种。

1）快速访问工具栏：“重做”按钮 ↷。

2）菜单栏：选择“编辑”→“重做”命令。

3）命令行：redo。

4）快捷键：Ctrl+Y。

注意：重做（redo）命令只能跟随撤销（undo）命令之后执行。

AutoCAD 2020 可以一次执行多重放弃和重做操作。单击“快速访问”工具栏中的“放弃”按钮或“重做”按钮后面的小三角形，在弹出的菜单中可以选择要放弃或重做的命令，如图 1-31 所示。

二、数据的输入

当执行一个命令时，有时还要为命令的执行提供附加数据，如点的坐标、距离、角度等。

1. 点的坐标

在二维空间创建对象时，可以使用绝对直角坐标或相对直角坐标定位点，也可以使用绝对极坐标或相对极坐标定位点。

（1）绝对坐标

1）绝对直角坐标。绝对直角坐标是以原点（0，0）为参照点来定位所有的点的，其表达式为（X，Y），用户可以通过输入点的实际 X、Y 坐标值来定义点的坐标。

如 B 点的 X 坐标值为 35（该点在 X 轴上的垂足点到原点的距离为 35 个图形单位），Y 坐标值为 15（该点在 Y 轴上的垂足点到原点的距离为 15 个图形单位），那么 B 点的绝对坐标表达式为（35，15）。B 点在坐标系中的位置如图 1–32 所示。

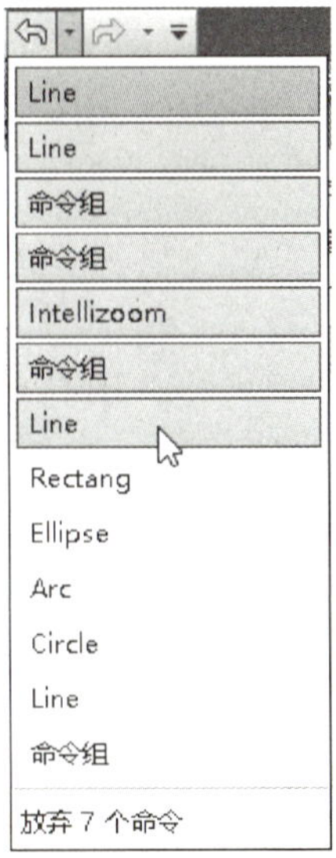

图 1–31　多重放弃选项

2）绝对极坐标。绝对极坐标是以原点作为极点，通过相对于原点的极轴和角度来定义点的位置的，其表达式为（$L<\alpha$）。α 为极轴与 X 轴正向的夹角，且规定 X 轴的正向为 0°，Y 轴的正向为 90°。如 D 点的极坐标为（20<30），则 D 点在坐标系中的位置如图 1–33 所示。

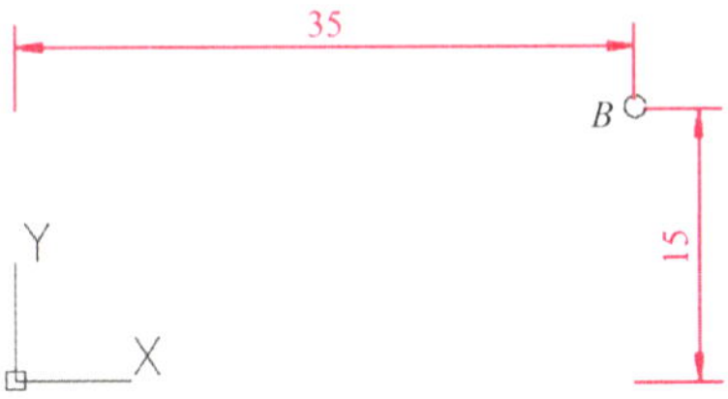

图 1–32　点的绝对直角坐标

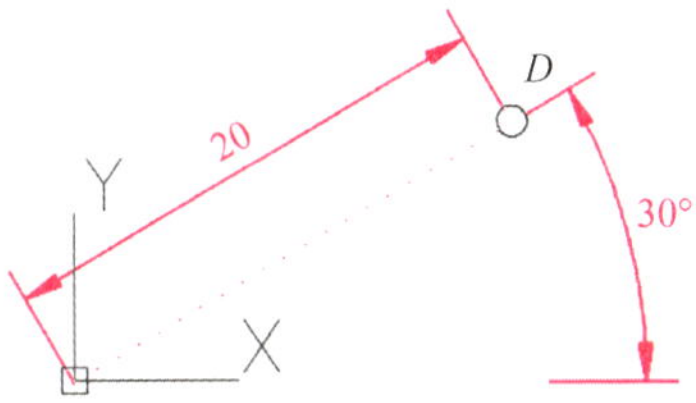

图 1–33　点的绝对极坐标

（2）相对坐标

1）相对直角坐标。相对直角坐标是指相对于某一点的 X 轴和 Y 轴位移。它的表示方法是在绝对坐标表达方式前加上“@”，如 A 点相对于 B 点的相对直角坐标为（@ 13，8），则 A 点相对 B 点的位置如图 1–34 所示。

2）相对极坐标。相对极坐标是指相对于某一点的距离和角度。它的表示方法也是在绝对坐标表达方式前加上“@”，其中，相对极坐标中的角度是新点和上一点连线与 X 轴的夹角。如 C 点相对于 D 点的相对极坐标为（@ 11<24），C 点相对于 D 点的位置如图 1–35 所示。

2. 距离

在 AutoCAD 命令中，有时需要提供高度、宽度、半径、直径、长度等距离值。AutoCAD 提供两种输入距离值的方式：一种是用键盘在命令行窗口中直接输入数值；另一种是用鼠标左键在屏幕上拾取两点，以两点的距离值定出所需数值。

3. 角度

在 AutoCAD 命令中，有时需要输入角度值，可通过键盘在命令行中直接输入角度值。AutoCAD 规定 0° 与 X 轴正向相同，90° 与 Y 轴正向相同，逆时针方向为正，顺时针方向为负。

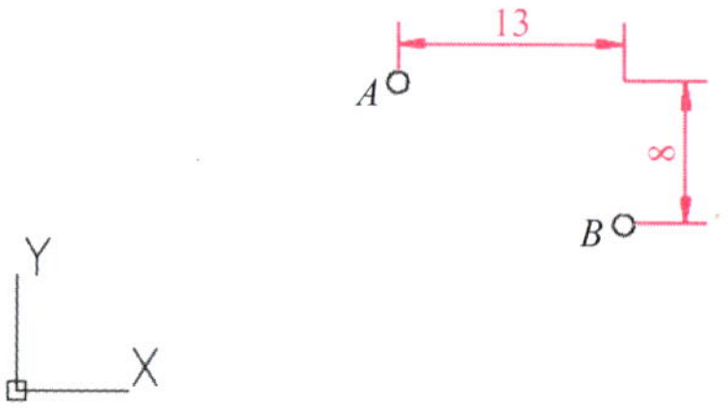

图 1–34　*A* 点相对 *B* 点的位置

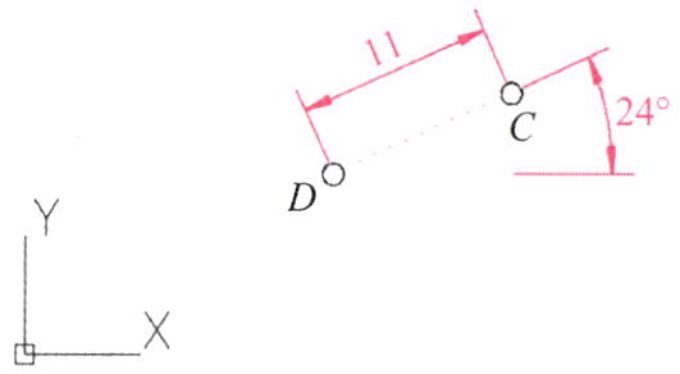

图 1–35　*C* 点相对于 *D* 点的位置

三、对象的选择

AutoCAD 2020 提供多种对象选择方法，如点取选择、窗口选择、窗交选择等。

1．点取选择

直接通过点取的方式选择对象，用鼠标或键盘移动拾取框，使其框住要选取的对象，然后单击，就会选中该对象并高亮显示。点取选择是系统默认的一种对象选择方法。

用户可以利用“工具”→“选项”命令，在打开的“选项”对话框中设置拾取框的大小。选择“选择”选项卡，移动“拾取框大小”选项组的滑动标尺可以调整拾取框的大小。左侧的空白区中会显示相应的拾取框的尺寸大小。

2．窗口选择

用由两个对角顶点确定的矩形窗口选取位于其范围内的所有图形，与边界相交的对象不会被选中。指定对角顶点时应遵照从左向右的顺序，矩形选择框以实线显示，内部为浅蓝色填充，如图 1–36a 所示。被选中的对象高亮显示，如图 1–36b 所示。

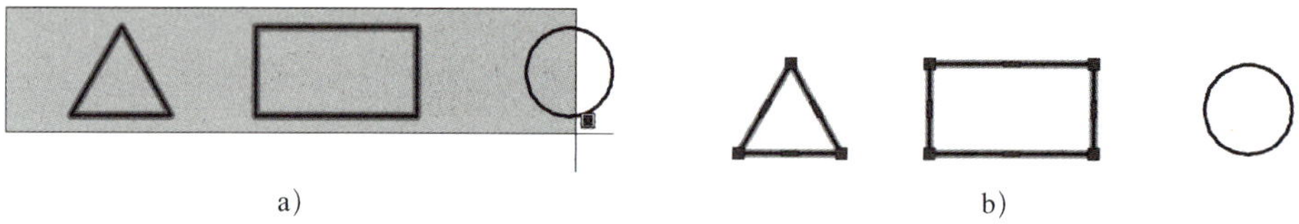

图 1–36　窗口选择

a）窗口选择过程　b）窗口选择结果

3．窗交选择

窗交选择与窗口选择类似，区别在于：它不但选中矩形窗口内部的对象，也选中与矩形窗口边界相交的对象。窗交选择指定对角顶点时应遵照从右向左的顺序，矩形选择框以点线显示，内部以浅绿色填充，如图 1–37a 所示。被选中的对象高亮显示，如图 1–37b 所示。

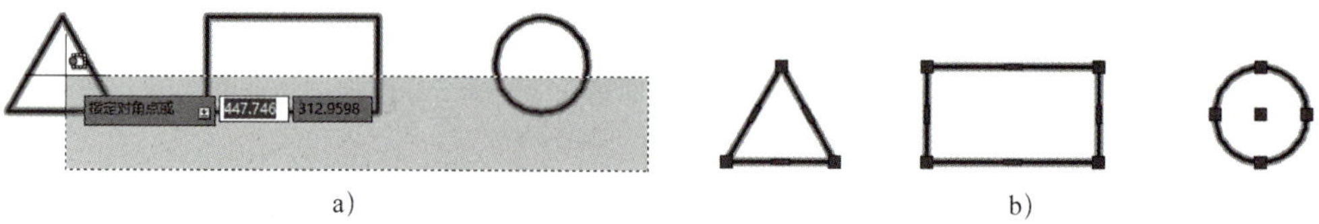

图 1–37　窗交选择

a）窗交选择过程　b）窗交选择结果

任务实施

1．启动 AutoCAD 2020。

2．调用圆命令，绘制 ϕ30 mm、ϕ50 mm 和 ϕ60 mm 三个同心圆。操作步骤如下：

命令：_circle（单击功能区“默认”选项卡“绘图”面板中的“圆”命令图标）

指定圆的圆心或［三点（3P）/ 两点（2P）/ 切点、切点、半径（T）］：（用鼠标左键在图形窗口指定圆的圆心）

指定圆的半径或［直径（D）］<5.0000>：15↙（输入 ϕ30 mm 圆的半径）

命令：

CIRCLE（按 Enter 键或空格键重复执行圆命令）

指定圆的圆心或［三点（3P）/ 两点（2P）/ 切点、切点、半径（T）］：（捕捉 ϕ30 mm 的圆心）

指定圆的半径或［直径（D）］<15.0000>：25↙（输入 ϕ50 mm 圆的半径）

命令：

CIRCLE（按 Enter 键或空格键重复执行圆命令）

指定圆的圆心或［三点（3P）/ 两点（2P）/ 切点、切点、半径（T）］：（捕捉 ϕ30 mm 的圆心）

指定圆的半径或［直径（D）］<25.0000>：30↙（输入 ϕ60 mm 圆的半径）

绘图结果如图 1–29a 所示。

3．调用“删除”命令，删除 ϕ30 mm 圆。操作步骤如下：

命令：_erase（单击功能区“默认”选项卡“修改”面板中的“删除”命令图标）

选择对象：找到 1 个（移动光标至 ϕ30 mm 圆上，ϕ30 mm 圆颜色变暗，如图 1–38 所示，按 Enter 键或鼠标右键确认）

绘图结果如图 1–29b 所示。

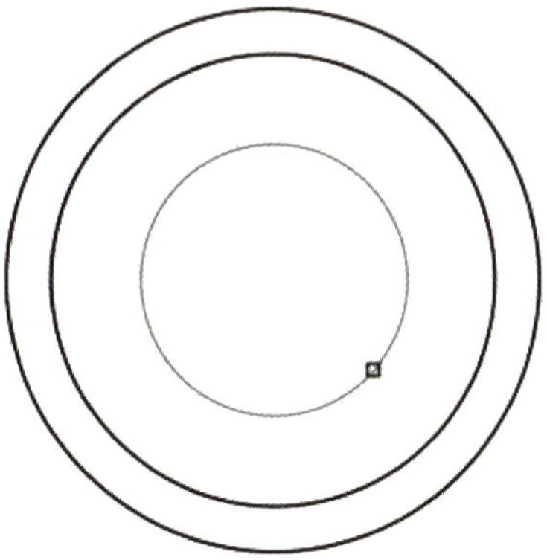

图 1–38　拾取 ϕ30 mm 圆

知识拓展

自定义快捷键

丰富的快捷键功能是 AutoCAD 的一大特点，用户可以修改系统默认的快捷键，或者创建自定义的快捷键。例如，“重做”命令默认的快捷键是 Ctrl+Y，因键盘上这两个键距离太远，故操作不方便，此时可以将其设置为 Ctrl+2。

选择“工具”→“自定义”→“界面”命令，系统弹出“自定义用户界面”对话框，如图 1–39 所示。在左上角的列表框中选择“键盘快捷键”选项，然后在右上角“快捷方式”列表中找到要定义的命令，双击其对应的主键值并进行修改，如图 1–40 所示。需要注意的是，按键定义不能与其他命令重复，否则系统弹出提示信息对话框，如图 1–41 所示。

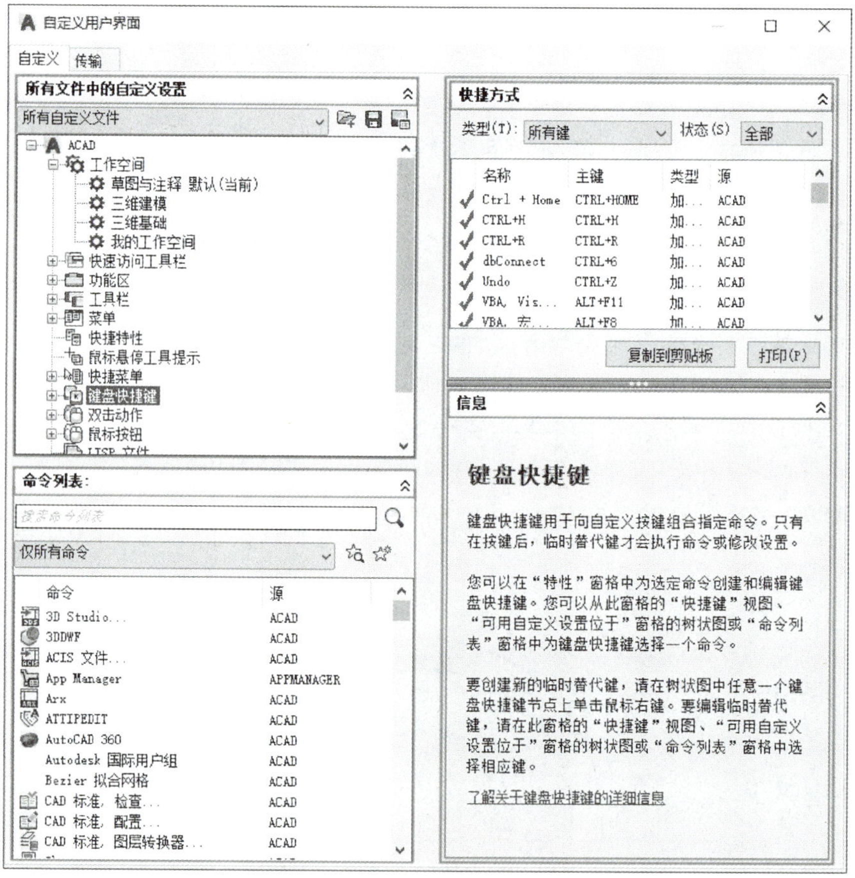

图 1–39 “自定义用户界面”对话框

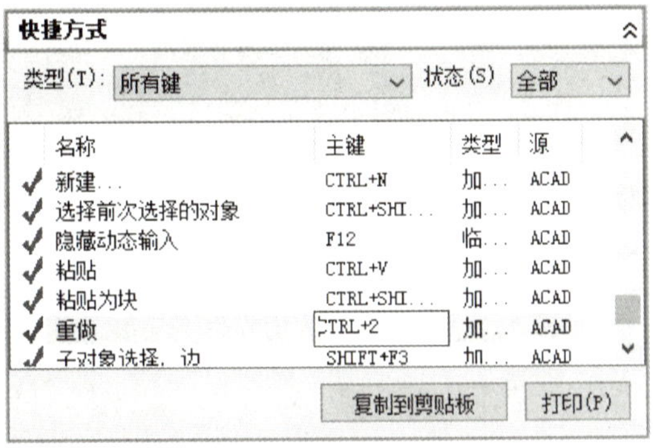

图 1-40 修改“重做”按键主键值

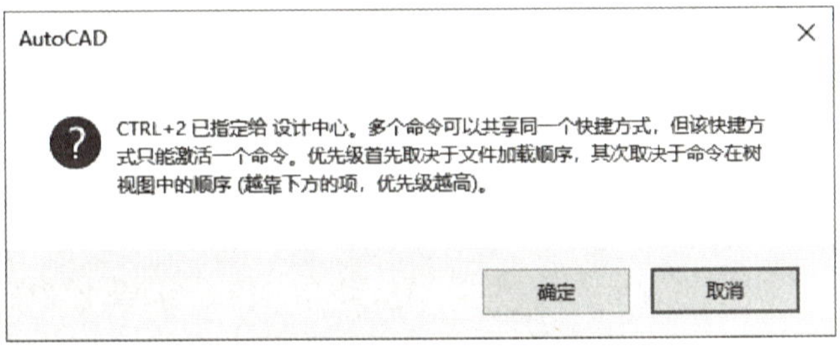

图 1-41 提示信息对话框

任务 3 图形文件的管理

学习目标

1. 掌握新建、打开、保存与另存为、关闭图形文件的命令执行方式。
2. 掌握新建、打开、保存与另存为、关闭图形文件的基本操作。

任务引入

在使用计算机绘图时，各种各样的图形信息都是以文件的形式存储在计算机中，并由计算机管理。AutoCAD 2020 为用户提供了功能齐全的文件管理系统，其中包括新建、打开、保存与另存为、关闭等命令。本次任务要求新建一个基于“acadiso.dwt”样板的图形文件，先将其保存到桌面上，文件名为“文件样例 .dwg”，再将其另存至 D 盘中的“cad 图形”文件夹。

相关知识

一、新建图形文件

新建图形文件用于选择一个图形样板文件新建一个新图形文件。样板文件是一种包含特定图形设置的图形文件（扩展名为“.dwt”），是为了保证同一项目中所有图形文件使用相同的图层、颜色、线型等对象特征设置的。

1. 命令执行方法

（1）快速访问工具栏：单击“新建”按钮 。

（2）菜单栏：选择“文件”→“新建”命令。

（3）应用程序按钮：选择“新建”命令。

（4）命令行：new。

（5）快捷键：Ctrl+N。

2. 说明

执行“新建”命令，弹出“选择样板”对话框，如图 1–42 所示。在“名称”列表框中选中某一样板文件，单击“打开”按钮，可以以选中的样板文件为样板创建新图形文件。还可以单击“打开”按钮右侧的下拉按钮 ，弹出如图 1–43 所示下拉菜单，选取其中的“无样板打开 – 公制（M）”选项，即可创建空白图形文件。

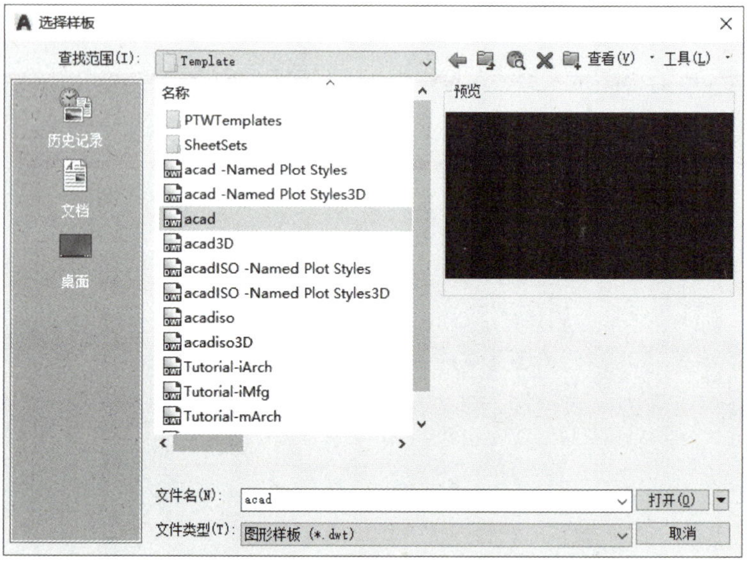

图 1–42 “选择样板”对话框

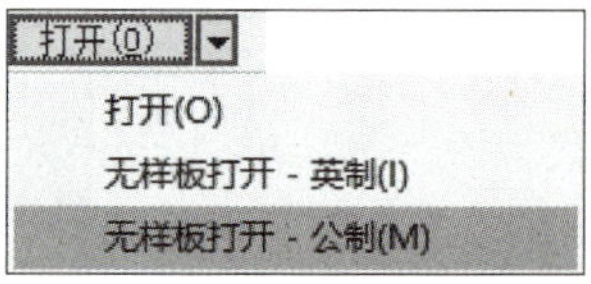

图 1–43 选择“无样板打开 – 公制（M）”选项

提示：在图形样板的“名称”列表框中选择“acadiso.dwt”图形样板，同样可以新建公制图形文件。

二、打开图形文件

当用户需要查看、使用或编辑已经存盘的图形文件时，可使用“打开”命令将图形文件打开。

1. 命令执行方法

（1）快速访问工具栏：“打开”按钮 。

（2）菜单栏：“文件”→“打开”命令。

（3）应用程序按钮：“打开”命令。

（4）命令行：open。

2. 说明

在 AutoCAD 2020 中，当启动“打开”命令后，系统弹出“选择文件”对话框（见图 1–44）。用户通过对话框顶部“查找范围（I）”下拉列表，查找文件打开的路径，选择需要打开的图形文件，右面的“预览”框中将显示该图形的预览图像，单击“打开”按钮，即可打开图形文件。默认情况下，打开图形文件的格式为“.dwg”。

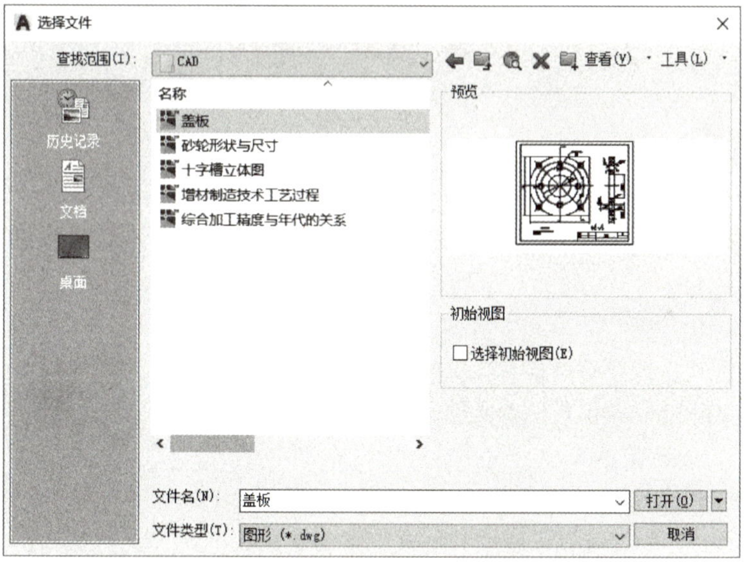

图 1–44 “选择文件”对话框

在 AutoCAD 中，可以以“打开”“以只读方式打开”“局部打开”“以只读方式局部打开”四种方式打开图形文件，如图 1–45 所示。当以“打开”和“局部打开”方式打开图形文件时，可以对打开的图形进行编辑；当以“以只读方式打开”和“以只读方式局部打开”方式打开图形文件时，则无法对打开的图形进行编辑。

如果选择以“局部打开”和“以只读方式局部打开”打开图形文件，则会弹出“局部打开”对话框，如图 1–46 所示。可以在“要加载几何图形的视图”选项组中选择要打开的视图，在“要加载几何图形的图层”选项组中选择要打开的图层，然后单击“打开”按钮，即可在视图中打开选中图层上的对象。

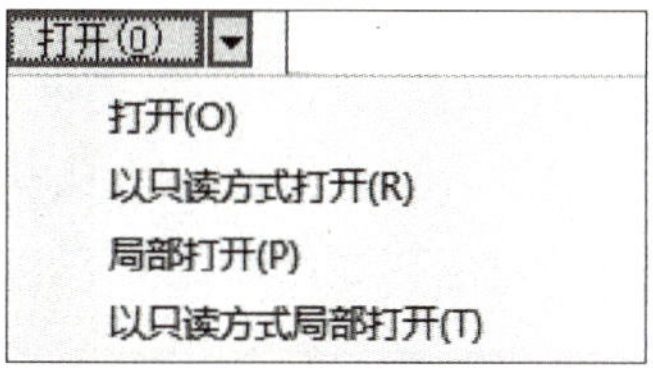

图 1–45 图形文件打开方式

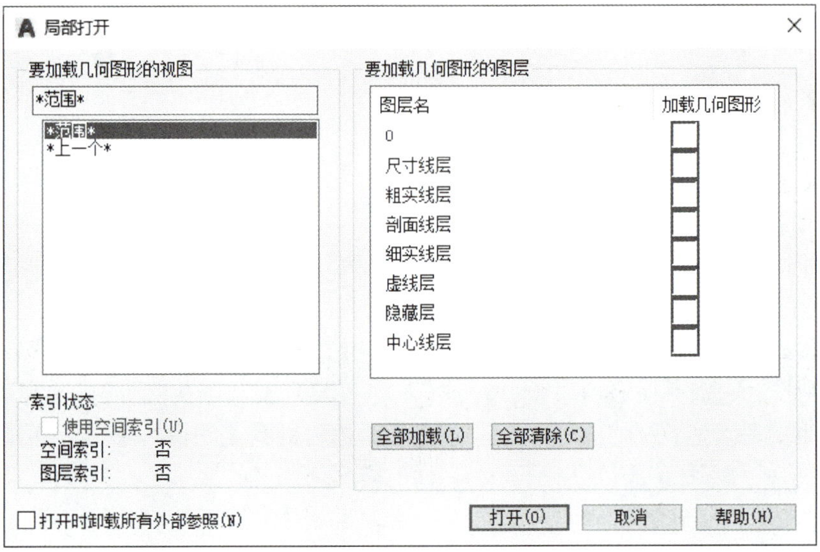

图 1-46 “局部打开”对话框

三、保存图形文件

保存图形文件是为了将绘制的图形以文件的形式进行存盘，在绘制图形过程中或绘制图形完毕都可以保存图形文件。

1. 命令执行方法

（1）快速访问工具栏：“保存”按钮 。

（2）菜单栏：“文件” → “保存”命令。

（3）应用程序按钮：“保存”命令。

（4）命令行：save 或 qsave。

（5）快捷键：Ctrl+S。

2. 说明

如果当前图形文件名是缺省名且是第一次存储文件，则系统会弹出“图形另存为”对话框，如图 1-47 所示。用户可以在“保存于”的下拉列表中设定文件的存储位置，在“文件名”的文本框中输入文件名，然后单击“保存”按钮即可完成图形文件保存。

如果当前图形文件已有文件名，即图形文件已保存过。此时启动“保存”命令，系统会将当前图形文件以原文件名存入磁盘，不会给用户任何提示。

四、另存为图形文件

AutoCAD 2020 还提供了另外一种保存文件的命令，即“另存为”命令。启动“另存为”命令的方法主要有以下几种：

（1）快速访问工具栏：“另存为”按钮 。

（2）菜单栏：“文件” → “另存为”命令。

（3）应用程序按钮：“另存为”命令。

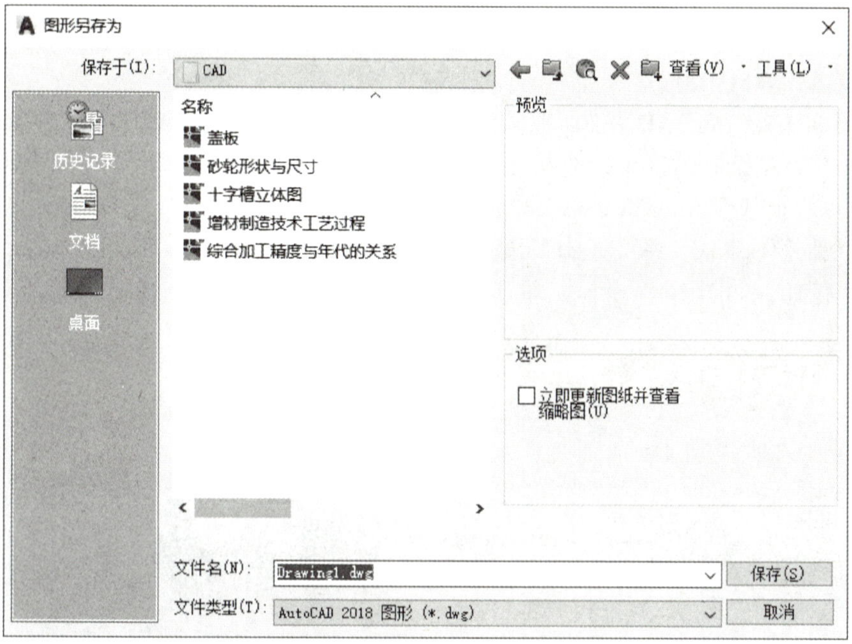

图 1–47 “图形另存为”对话框

（4）命令行：save as。

（5）快捷键：Ctrl+Shift+S。

“另存为”命令主要用于将当前的图形文件以新的文件名保存。

提示：默认状态下，AutoCAD 系统保存的文件格式为“*.dwg”。

五、关闭图形文件

在完成图形的绘制与编辑后，需要关闭图形文件并退出 AutoCAD 2020。在图形窗口中单击“关闭”按钮或选择“文件”→“关闭”命令，可以关闭当前图形文件。如果用户没有提前将绘制的图形进行保存，在执行“关闭”命令时，系统将弹出如图 1–48 所示的警示对话框。如单击“是（Y）”按钮，系统将弹出“图形另存为”提示对话框，用于对图形进行命名保存；如单击“否（N）”按钮，系统将放弃存盘，退出 AutoCAD 2020；如单击“取消”按钮，系统将取消退出命令，返回到 AutoCAD 2020 的工作界面。

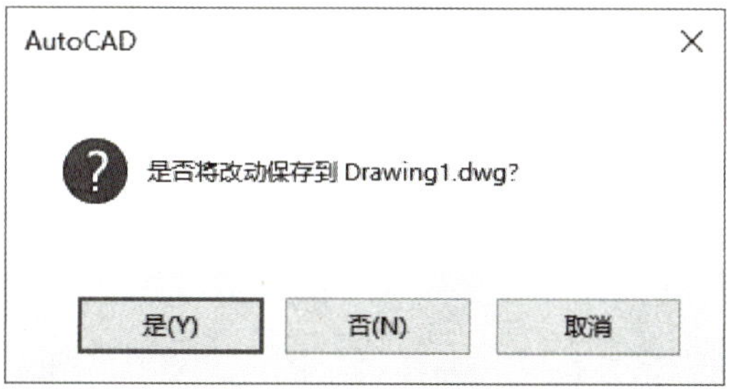

图 1–48 是否保存的警示对话框

任务实施

1．启动 AutoCAD 2020

双击桌面上的 AutoCAD 2020– 简体中文（Simplified Chinese）快捷图标，启动 AutoCAD 2020，单击“开始绘制”按钮，进入 AutoCAD 2020 绘图界面。

2．新建一个基于“acadiso.dwt”样板的图形文件

执行“新建”命令，系统弹出“选择样板”对话框，选择“acadiso.dwt”图形样板，单击“打开”按钮，如图 1–49 所示，即可新建一个基于“acadiso.dwt”样板的图形文件。

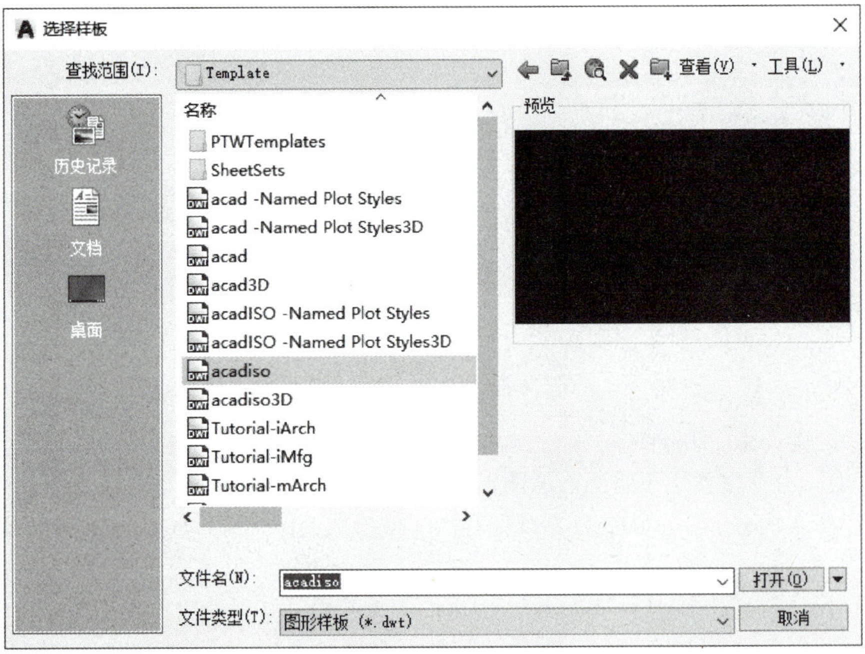

图 1–49 选择图形样板

3．保存图形文件至桌面

执行“保存”命令，系统弹出“图形另存为”对话框，单击对话框左侧蓝色区域中的“桌面”按钮，将“文件名”右侧文本框中的“Drawing2.dwg”改为“文件样例”，如图 1–50 所示，单击“保存”按钮，即可将当前文件保存到桌面上。

4．将图形文件另存至 D 盘中的“cad 图形”文件夹

执行“另存为”命令，系统弹出“图形另存为”对话框，单击“保存于”右侧的下拉菜单，选择 D 盘中的“cad 图形”文件夹并双击打开，在“文件名”文本框中输入“另存为样例”，单击“保存”按钮，如图 1–51 所示，即可完成图形文件的另存。

5．打开桌面上的“文件样例”图形文件

执行“打开”命令，系统弹出“选择文件”对话框，单击对话框左侧蓝色区域中的“桌面”按钮，在“名称”列表中选择“文件样例”图形文件，单击“打开”按钮，如图 1–52 所示，即可打开桌面上的“文件样例”图形文件。

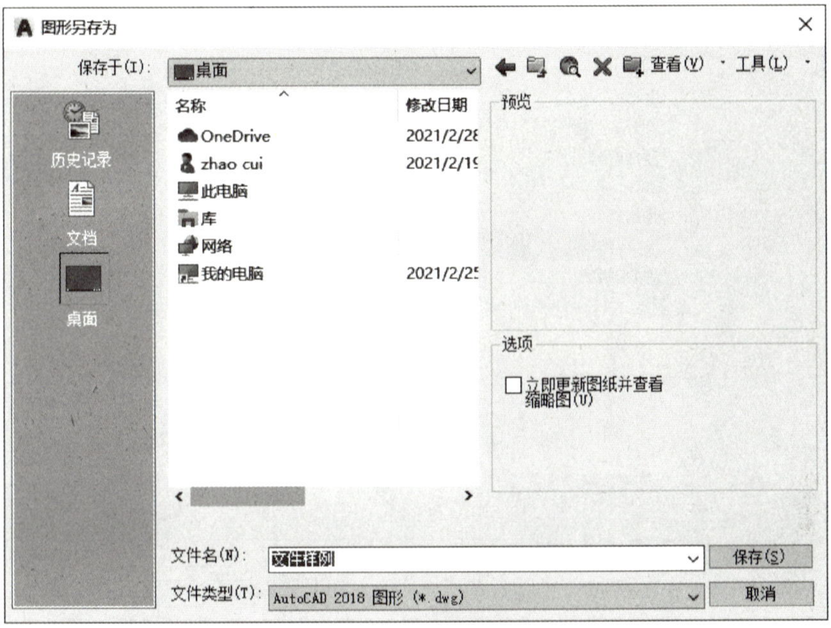

图 1–50 保存名为“文件样例 .dwg”的文件

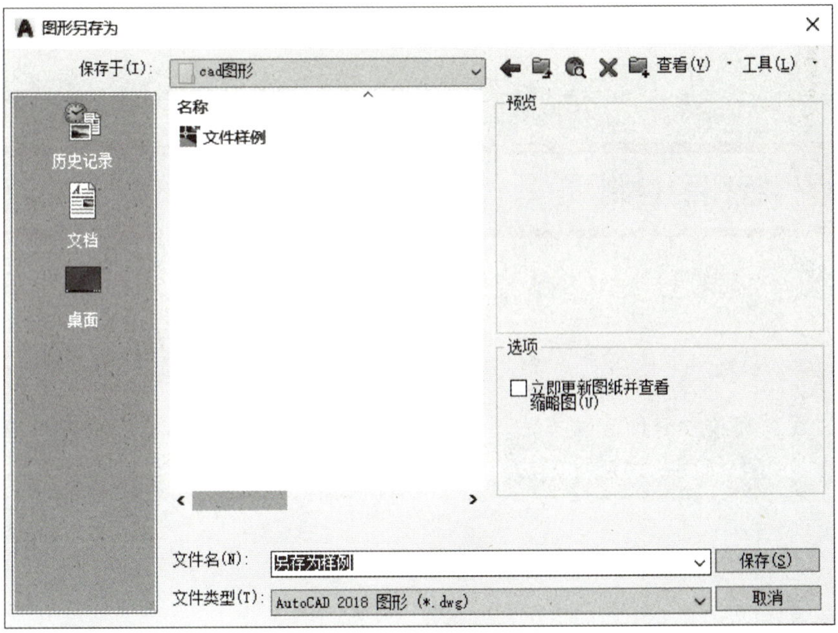

图 1–51 图形文件的另存

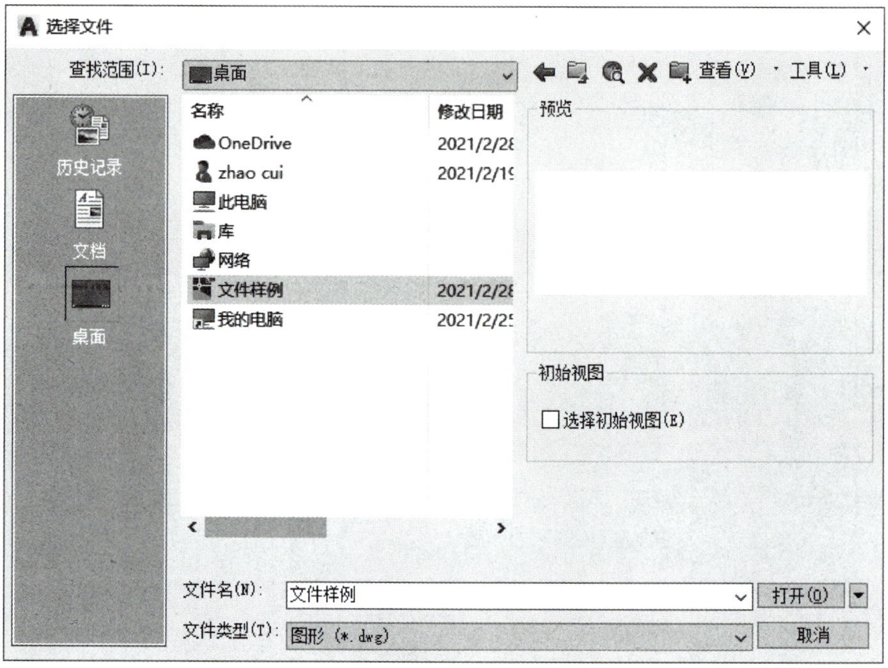

图 1–52　打开桌面上的“文件样例”图形文件

6. 关闭“文件样例”图形文件

单击功能区下方图形窗口标题栏右侧的“ 文件样例 × ”按钮，即可关闭“文件样例”图形文件。注意：此时关闭的是图形文件，而不是 AutoCAD 2020。

任务 4　视图的控制

学习目的

1. 掌握视图缩放命令的启动方法，能熟练对视图进行缩放操作。
2. 掌握视图平移命令的启动方法，能熟练对视图进行平移操作。

任务引入

在绘图过程中，为了更好地观察和绘制图形，通常需要对视图进行缩放、平移等操作，本任务通过查看如图 1–53 所示曲轴零件图细节，掌握 AutoCAD 视图的控制方法。

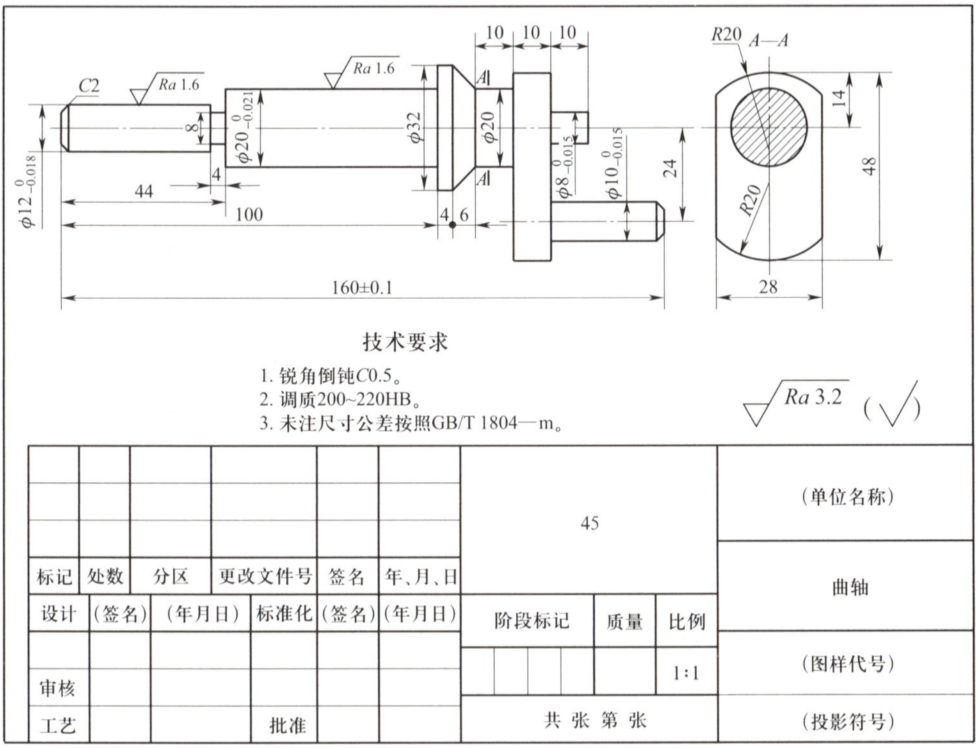

图 1–53 曲轴零件图

相关知识

在绘图过程中，可以通过“缩放”来更改视图的放大倍数，通过“平移”来重新确定视图的位置。它们只改变图形在屏幕上的显示情况，而不能使图形产生实质性的变化。

一、缩放视图

“缩放”视图命令将视图放大或缩小显示，以便观察和绘制图形，该命令并不改变图形实际尺寸。

1. 启动“缩放”命令的方法

（1）功能区：选择“视图”选项卡中“导航”面板上的视图缩放工具，如图 1–54 所示。

（2）菜单栏：选择“视图”菜单中的“缩放”菜单中的各类“缩放”命令。

（3）导航栏：单击“缩放”按钮的下拉箭头（见图 1–55），在弹出的菜单中选择“缩放”命令选项。

（4）命令行：zoom 或 z。

（5）快捷操作：滚动鼠标滚轮。

在命令行输入“zoom”后，系统给出如下提示。

命令：zoom↙（执行“缩放”命令）
指定窗口的角点，输入比例因子（nx 或 nxp），或者

[全部(A)/中心(C)/动态(D)/范围(E)/上一个(P)/比例(S)/窗口(W)/对象(O)]<实时>:

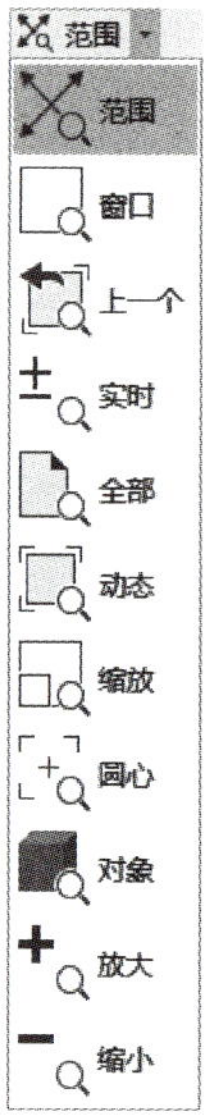

图 1-54 功能区“缩放”菜单

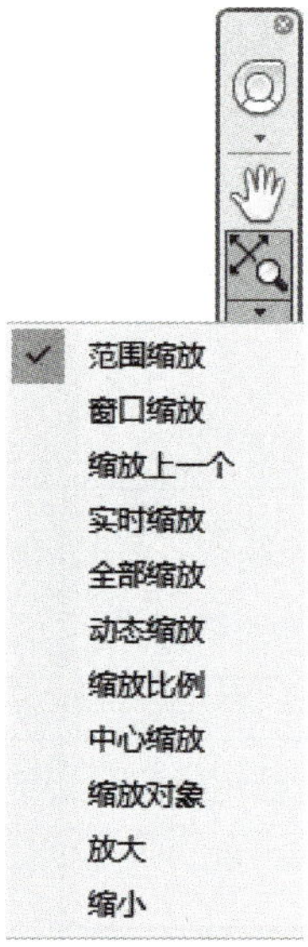

图 1-55 导航栏“缩放”菜单

2. “缩放”菜单常用选项的功能

(1)范围缩放：范围缩放使所有图形对象最大化显示，充满整个视口。视图包含已关闭图层上的对象，但不包含冻结图层上的对象。范围缩放仅与图形有关，而不会将坐标系原点计算在内。

(2)窗口缩放：窗口缩放可以将矩形窗口内选择的图形充满当前视口。

(3)缩放上一个：显示上一个视图。

(4)实时缩放：放大或缩小显示当前视口中对象的外观尺寸。

(5)全部缩放：缩放以显示所有可见对象(绘图界限范围内和范围外的所有对象)和视觉辅助工具(如栅格)，也包括坐标系原点。

(6)动态缩放：使用矩形视框平移和缩放。

(7)缩放比例：使用比例因子进行缩放，以更改视图的比例。

(8)中心缩放：缩放以显示由中心点及比例值或高度定义的视图。高度值较小时增加放大比例，高度值较大时减小放大比例。

(9)缩放对象：缩放以便尽可能大地显示一个或多个选定的对象并使其位于视图的中心。

(10)放大：使用比例因子 2 进行放大，增大当前视图的比例。

(11)缩小：使用比例因子 0.5 进行缩小，缩小当前视图的比例。

二、平移视图

“平移”命令对视图进行平移操作。该命令只改变图形在屏幕上的显示位置，而不改变图形的大小和角度。

1．启动“平移”命令的方法

（1）功能区：选择“视图”选项卡中“导航”面板上的“平移”按钮。

（2）菜单栏：选择“视图”菜单中的“平移”菜单中的各类“平移”命令。

（3）导航栏：单击“平移”按钮。

（4）命令行：pan 或 p。

（5）快捷操作：按住鼠标滚轮拖动，可以快速进行视图平移。

2．说明

视图平移可以分为“实时平移”和“定点平移”两种，其含义如下：

（1）实时平移：光标形状变为手形，按住鼠标左键不放并移动鼠标，即可实时移动图形。将图形移动到需要的位置后，按 Esc 键或 Enter 键结束平移操作。

（2）定点平移：通过指定平移起始点和目标点的方式进行平移。

在“平移”子菜单中，“ ”“ ”“ ”“ ”分别表示将视图向左、右、上、下四个方向移动。

提示：在没有命令执行的前提下或没有对象被选择的情况下，单击鼠标右键，弹出快捷菜单（见图 1–56），选择“平移”或“缩放”菜单，也可以对图形进行平移或缩放。

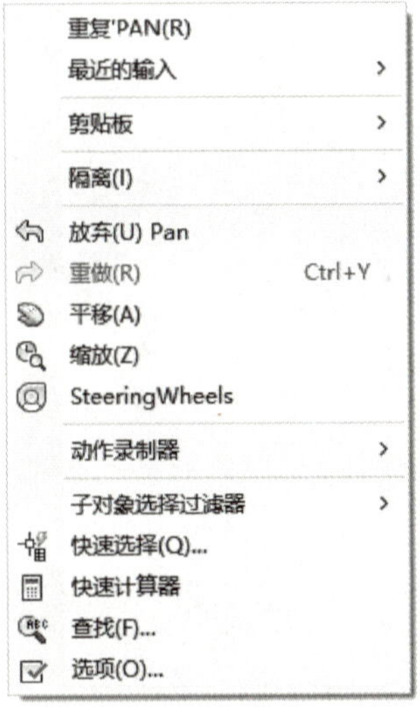

图 1–56　右键快捷菜单

任务实施

1．打开曲轴零件图源文件，如图 1–57 所示。

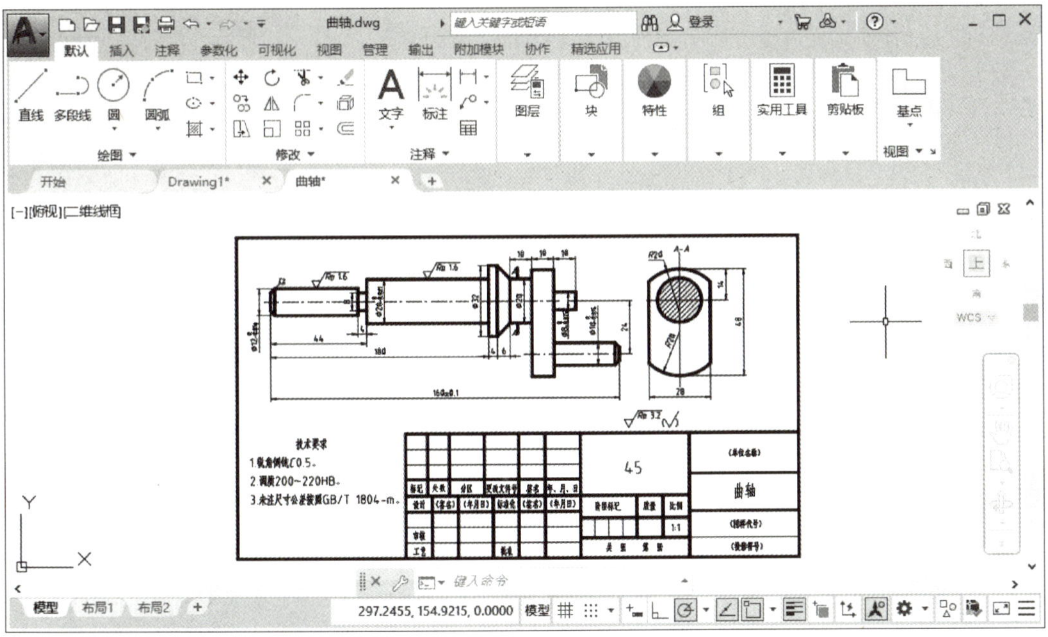

图 1–57　曲轴零件图

2．启动“平移”命令，按住鼠标左键向右平移视图，如图 1–58 所示。

3．按住鼠标滚轮，向左移动鼠标，将视图平移至中间位置。

4．单击导航栏“窗口缩放”按钮，用鼠标拖出一个缩放窗口（见图 1–59），单击鼠标左键，窗口缩放结果如图 1–60 所示。

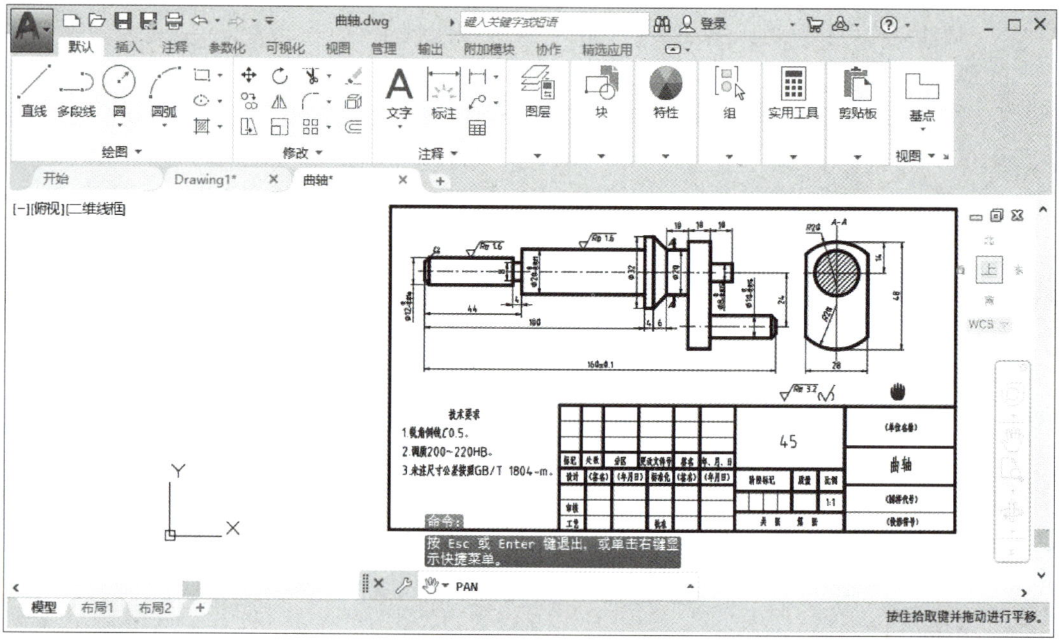

图 1–58 向右平移视图

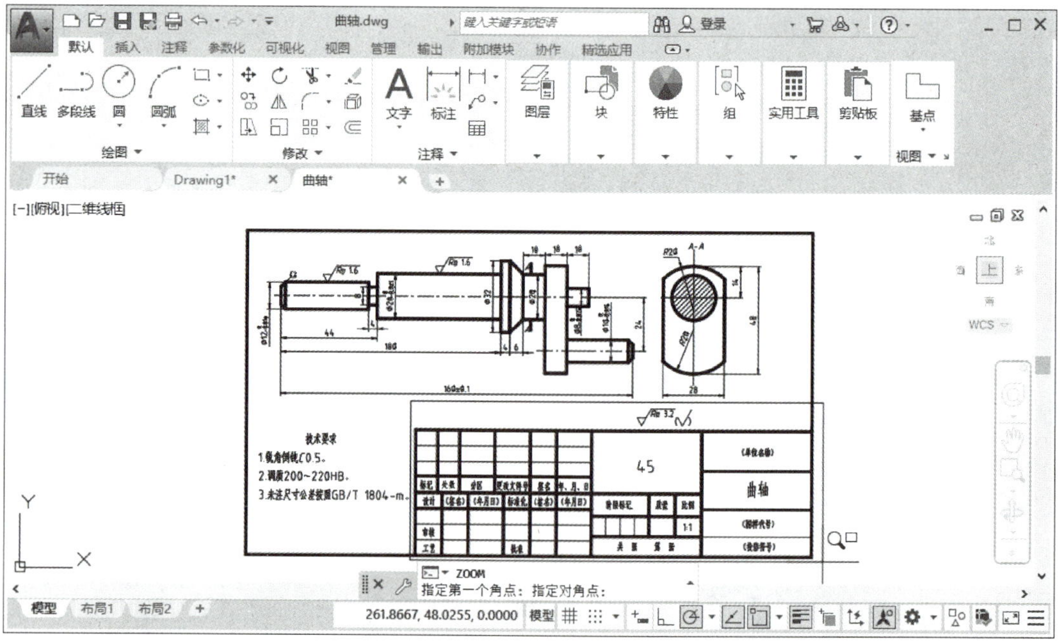

图 1–59 缩放窗口

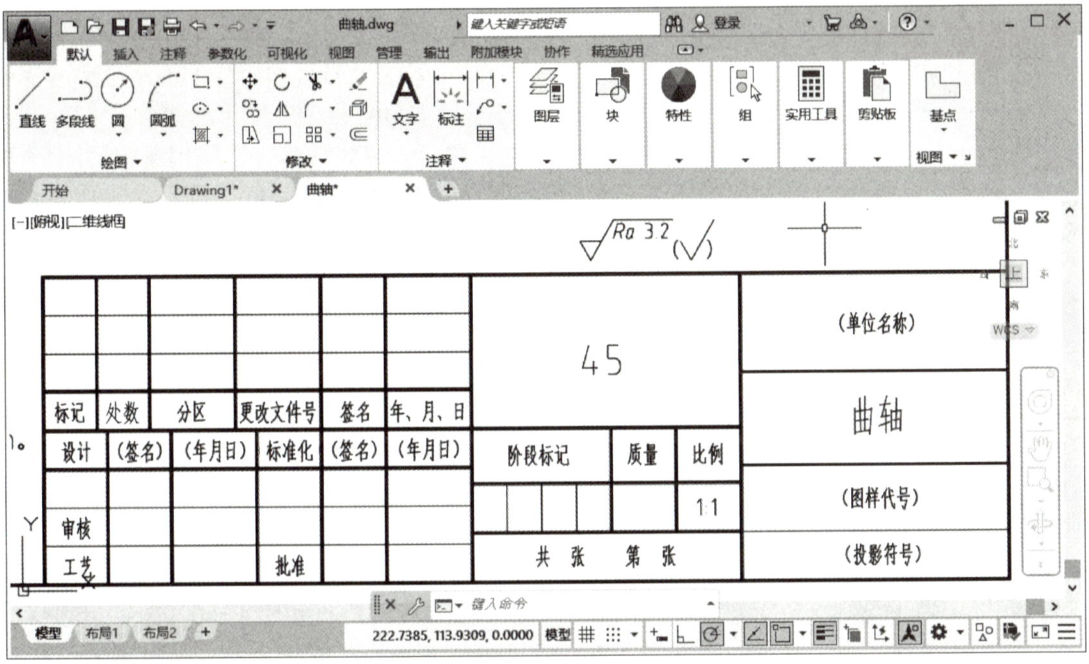

图 1–60　窗口缩放结果

5. 单击功能区“视图”选项卡“导航”面板上 上一个 按钮，视图缩放回到上一次图形窗口（见图 1–59）。

6. 向上和向下转动鼠标滚轮对图形进行实时放大与缩小。

7. 单击鼠标右键，在弹出的快捷菜单中，单击“缩放”菜单，向上移动对图形进行放大显示，向下移动对图形进行缩小显示。按下 Esc 键可结束缩放命令。

任务 5　创建机械绘图图形样板

学习目的

1. 掌握 AutoCAD 图形单位和图形界限的设置方法。
2. 掌握 AutoCAD 绘图系统的配置方法。
3. 掌握 AutoCAD 图层的设置方法。

任务引入

本任务要求创建一个机械绘图图形样板。该样板需要设置绘图环境、配置绘图系统、设置图层等操作。对于文字样式和标注样式的设置，在后面模块学习。当采用创建的图形样板来新建图形文件时，新建图形保留了样板中的所有设置。这样就避免了大量的重复设置工作，而且可以保证同一项目中所有图形文件的统一和标准。

相关知识

一、设置绘图环境

一般情况下，可以采用计算机默认的单位和图形界限，但有时要根据绘图的实际需要进行设置。在 AutoCAD 中，可以利用相关命令对图形单位和图形界限及工作文件进行具体设置。

1. 图形单位设置

在 AutoCAD 屏幕上显示的图形需要有实际的单位才能确定形状和大小，比如尺寸单位是选择英寸（in）还是毫米（mm），角度单位是选择“度 / 分 / 秒”（° / ' / "）还是“十进制度数”，所有这些在绘图前都需要进行设置。此外还需要对绘图的精度进行设置。

（1）启动“单位”命令的方法

1）命令行：un（units 或 ddunits）。

2）菜单栏：选择“格式”→“单位”命令。

执行“单位”命令后，系统打开“图形单位”对话框（见图 1-61），用户可以在“长

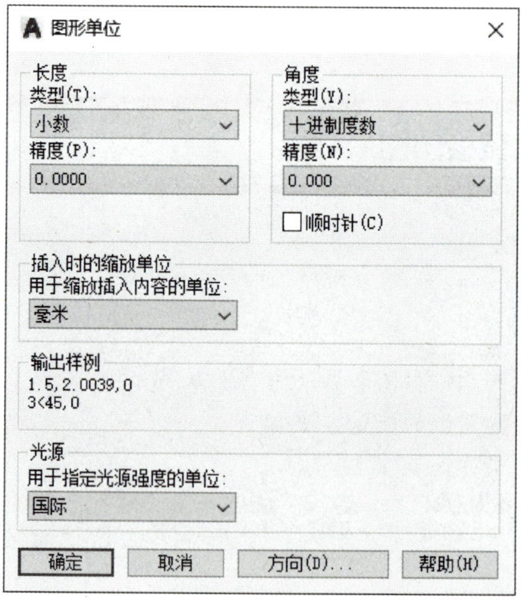

图 1-61 “图形单位”对话框

度”选项组中对长度的类型、精度进行设置，在“插入时的缩放单位”选项组对长度的单位进行设置，在“角度”选项组对角度的类型和精度进行设置。

（2）选项说明

1）长度：“类型”用于指定测量长度的类型，包括“建筑”“小数”“工程”“分数”“科学”。其中，“建筑”和“工程”格式提供英寸和英尺显示并假定每个图形单位表示一英寸。“精度”用于设置线性测量值显示的小数位数或分数大小。

2）角度：“类型”用于指定测量角度的类型，包括“十进制度数”“百分度”“度 / 分 / 秒”“弧度”“勘测单位”。“精度”用于指定测量角度的精度。

3）顺时针：用于设置角度的方向，如果选中该按钮，在绘图过程中就以顺时针方向为正角度方向，否则以逆时针方向为正角度方向。系统默认逆时针方向为正角度方向。

4）插入时的缩放单位：控制插入当前图形中的块和图形的比例。如果块与图形创建时使用的单位与选项指定的单位不同，则在插入这些块或图形时将对其按比例缩放。插入比例是源块或图形使用的单位与目标图形使用的单位之比。如果插入块时不按指定单位缩放，选择“无单位”选项。

5）输出样例：显示用当前单位和角度设置的例子。

6）光源：用于指定当前图形中光度控制光源强度的测量单位。

7）方向：单击“方向”按钮，系统弹出如图 1–62 所示的“方向控制”对话框。可在该对话框中进行方向控制的设置，系统默认“东”为 0°方向。

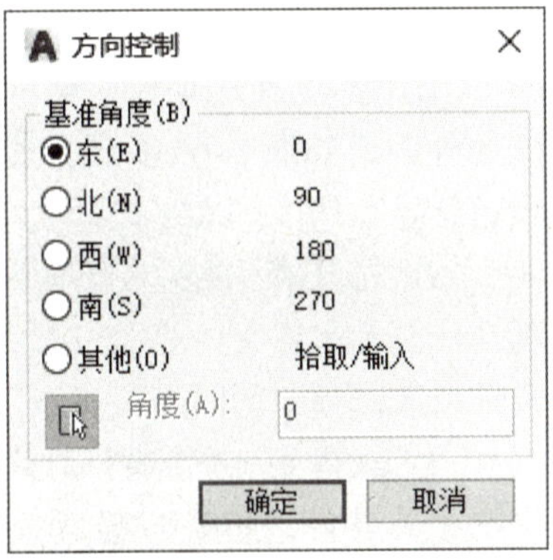

图 1–62 “方向控制”对话框

2. 图形界限设置

设置图形界限就是用来确定绘图的范围。相当于确定手工绘图时图纸的大小（图纸幅面），设置合适的绘图界限，有利于确定图纸绘制的大小、比例、图形之间的距离，可以检查图纸是否超出“图框”，避免盲目绘图。

（1）启动“图形界限”命令的方法

1）命令行：limits

2）菜单栏：单击“格式”菜单中的“图形界限”命令。

执行“图形界限”命令后，系统给出提示：

指定左下角点或［开（ON）/ 关（OFF）］<0.0000，0.0000>:（确定边界左下角的坐标后，按 Enter 键确定）

指定右上角点 <420.0000，297.0000>：297，210（设置边界右上角的坐标后，按 Enter 键确定。示例设置的是 A4 图幅）

（2）选项说明

1）开（ON）：使图形界限有效。系统在图形界限以外拾取的点视为无效。

2）关（OFF）：使图形界限无效。用户可以在图形界限以外拾取点或实体。

3）输入角点坐标：可以直接输入角点坐标值，也可以用鼠标左键确定角点位置。

二、配置绘图系统

每台计算机所使用的显示器、输入设备和输出设备的类型不同，用户喜好的风格及计算机的具体设置也不同。一般来讲，使用 AutoCAD 2020 的默认配置即可绘图，但为了使用定点设备或打印机，以及提高绘图的效率，用户可以在开始作图前进行必要的配置。

1. 启动“选项”命令的方法

（1）菜单栏：单击“工具”菜单中的“选项”命令。

（2）快捷菜单：在图形窗口右击，在弹出的快捷菜单中选择“选项”命令。

（3）命令行：options（或 preferences）。

启动“选项”命令后，系统弹出“选项”对话框。用户在该对话框中可以设置有关选项，对绘图系统进行配置。

2. 选项说明

（1）显示：“选项”对话框中的第二个选项卡为“显示”选项卡，用于控制 AutoCAD 系统的外观，如图 1–63 所示。通过该选项卡可以设置颜色主题、滚动条显示与否、图形窗口颜色、显示精度、十字光标大小等参数。

（2）打开和保存：“选项”对话框中的第三个选项卡为“打开和保存”选项卡，用于控制文件打开和保存的相关设置，如图 1–64 所示。通过该选项卡，可以设置文件保存的版本、文件自动保存时间间隔等参数。

（3）选择集：“选项”对话框中的第九个选项卡为“选择集”选项卡，用于设定选择对象的相关设置，如图 1–65 所示。通过该选项卡，可以设置拾取框大小、夹点尺寸、夹点颜色等参数。

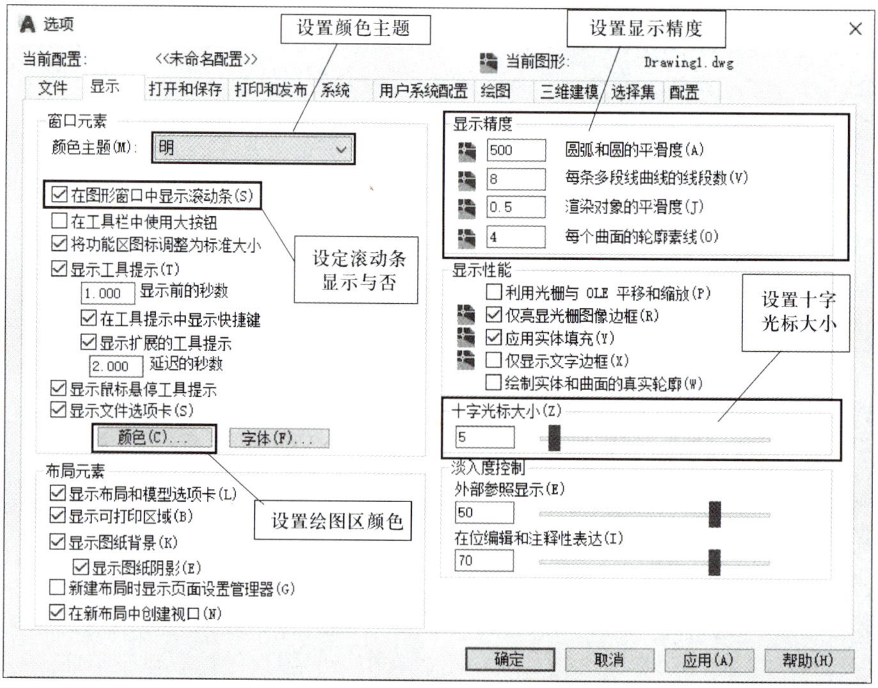

图 1–63 “显示”选项卡

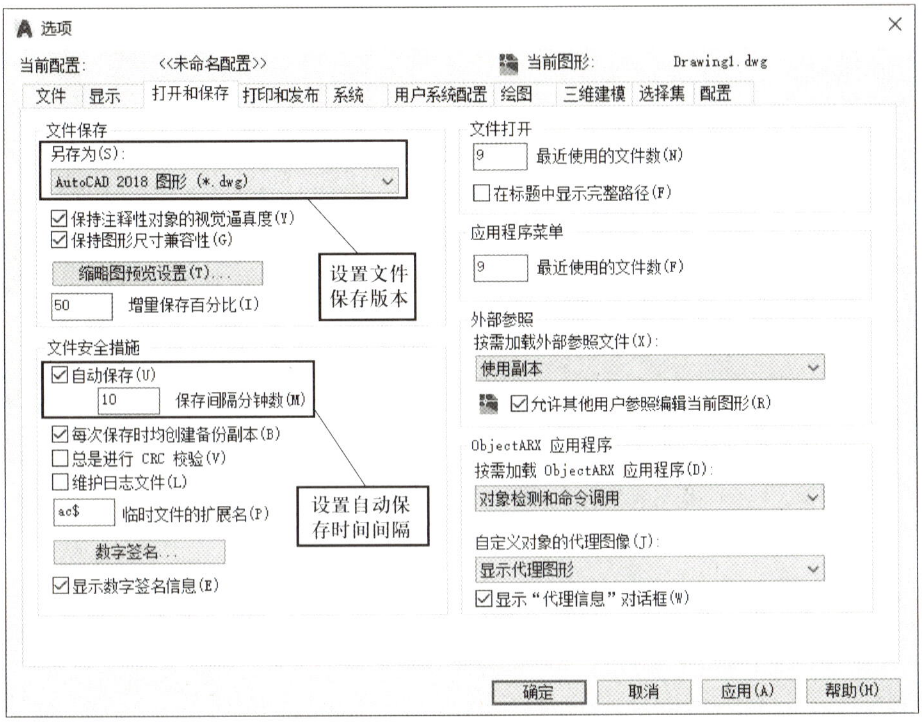

图 1-64 "打开和保存"选项卡

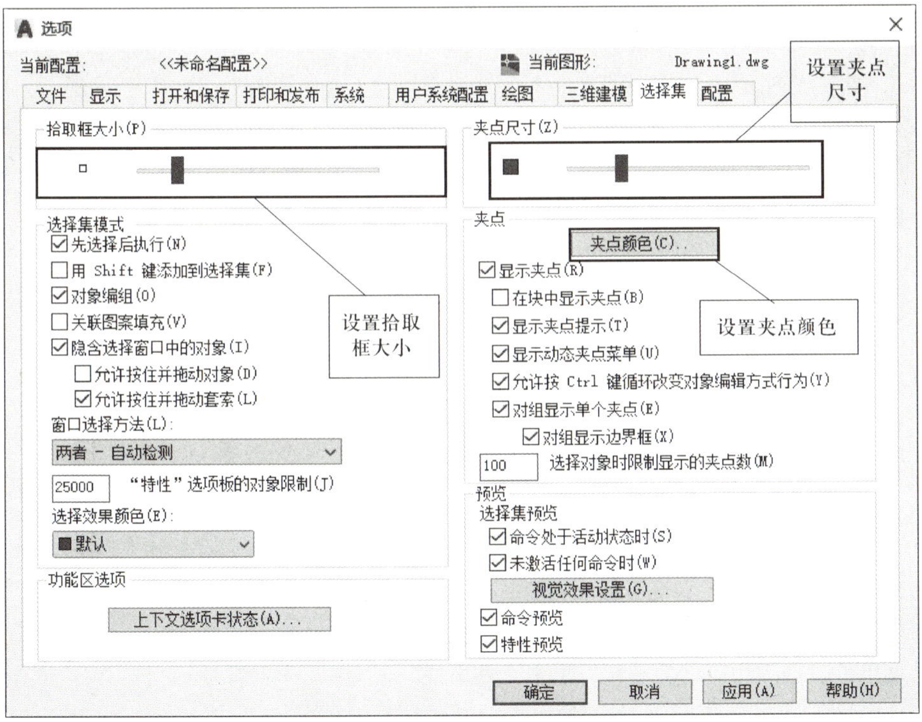

图 1-65 "选择集"选项卡

三、设置图层

1. 图层概述

（1）图层的概念

一幅机械工程图样包含各种各样的信息，有确定对象形状的几何信息，也有表示线型、颜色等属性的非几何信息，还有各种尺寸和符号。这么多的内容集中在一张图纸上，必然给设计、绘图工作造成很大负担。如果能够把相关的信息集中在一起，或把某个零件、某个组件集中在一起单独进行绘制或编辑，当需要时又能够组合或单独提取，那么将使设计、绘图工作变得既简单又方便。图层就具备这种功能，可以采用分层的设计方式完成上述要求。

AutoCAD 图层相当于传统图纸中使用的重叠图纸。它就如同一张张透明的图纸，整个 AutoCAD 文档是若干透明的图纸上下叠加的结果，如图 1–66 所示。用户可以根据不同的特征、类别或用途，将图形对象分类组织到不同的图层中。同一个图层中的图形对象具有许多相同的外观属性，如线宽、颜色、线型等。

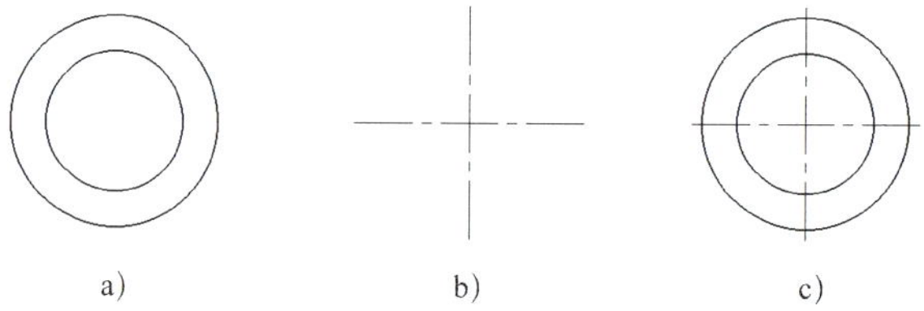

图 1–66　图层原理

a）透明图纸 1　b）透明图纸 2　c）两张透明图纸叠放起来

AutoCAD 中的图层具有以下特点：

1）在一幅图纸中可以创建任意多个图层，而且每一个图层中可创建的对象数量没有限制。

2）每一个图层都应有一个名称，系统自动创建图层名为 0，如果图纸或块中有标注，系统会自动设置标注点的 Defpoints 图层，该图层只能显示不能打印。

3）每个图层都可以设置为当前层，新绘制的图形只能生成在当前层上。

4）通常情况下，同一个图层上的对象只能为同一种颜色、同一种线型，但是在绘图过程中，可以根据需要随时改变各图层的颜色、线型。

5）可以对一个图层进行打开、关闭、冻结、解冻、锁定、解锁等操作。

6）如果重命名某个图层并更改其特性，则可以恢复除原始图层名外的所有原始特性。

7）如果删除或清理某个图层，则无法恢复该图层。

（2）图层特性管理器

AutoCAD 2020 提供了详细、直观的“图层特性管理器”选项板，用户可以方便地通过该选项板中的各选项及其二级对话框实现图层的各种设置。通过下列方式可以打开“图层特性管理器”对话框。

1）菜单栏：选择“格式”→“图层”命令。

2）功能区：单击“默认”→“图层”→“图层特性”按钮。

3）工具栏：单击“图层”→“图层特性管理器”按钮。

4）命令行：la 或 layer。

执行“图层”命令后，系统弹出“图层特性管理器”对话框，如图 1–67 所示。“图层特性管理器”对话框主要分为“图层树状区”与“图层设置区”两部分。“图层树状区”用于显示图形中图层和过滤器的层次结构列表，其中“全部”用于显示图形中所有的图层，而“所有使用的图层”过滤器则为只读过滤器，过滤器按字母顺序进行显示。“图层设置区”具有搜索、创建、删除图层等功能，并能显示图层具体的特性与说明。

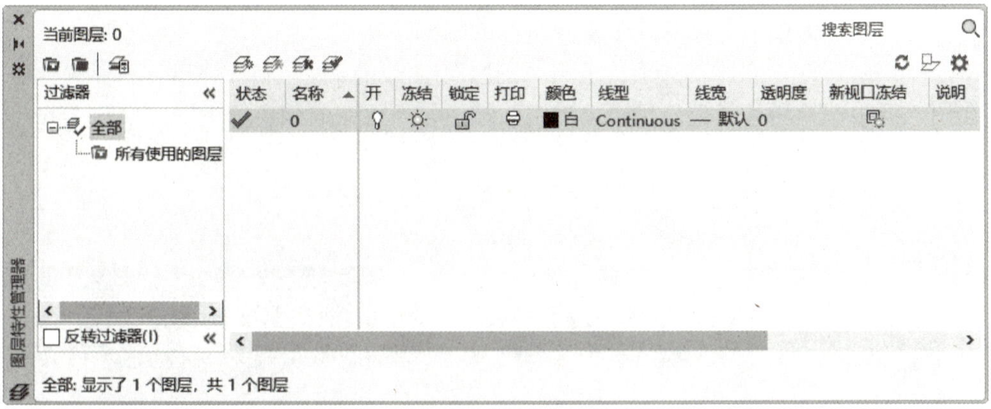

图 1–67 “图层特性管理器”对话框

2. 图层的基本操作

图层的新建、设置等操作通常在“图层特性管理器”对话框中进行。

（1）新建图层

单击“图层特性管理器”对话框上方的“新建”按钮，图层列表中将出现一个名称为“图层 1”（默认情况下，创建的图层会依次以“图层 1”“图层 2”等顺序命名）的新图层，如图 1–68 所示。用户可使用此名称，也可更改。图层名称可以包含字母、数字、空格和特殊符号，AutoCAD 2020 支持长达 255 个字符的图层名称。新的图层继承建层时所选中的已有图层的所有特性（如颜色、线型等），如果新建图层时没有图层被选中，则新图层具有默认的设置。

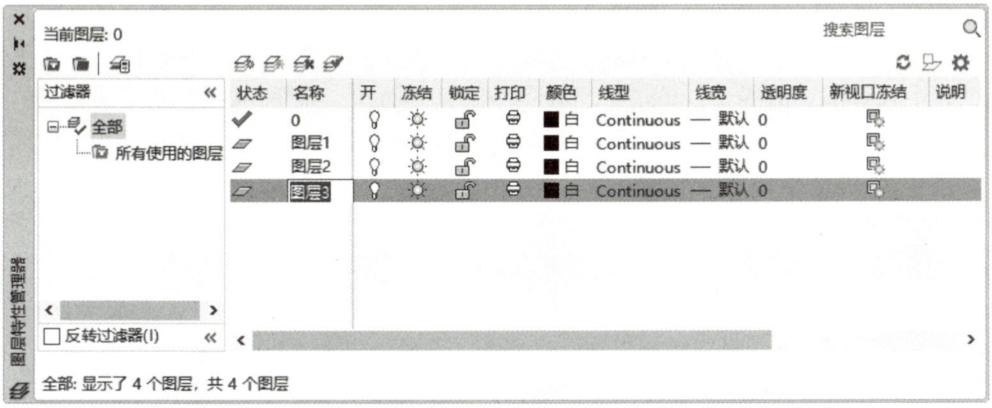

图 1–68 新建图层

提示：当用户创建了新图层后，需要对其重新命名，可以用以下三种方法进入编辑状态更改名称。

1）选择目标图层名称，然后单击名称。

2）选择目标图层，按快捷键 F2。

3）选择目标图层并单击鼠标右键，在弹出的菜单中选择“重新命名”选项。

（2）设置图层的颜色

为了区分不同的对象，通常为不同的图层设置不同的颜色。设置图层颜色之后，该图层上所有对象均显示为该颜色（修改了对象特性的图形除外）。

单击“图层特性管理器”选项板上某一图层对应的“颜色”项，弹出“选择颜色”对话框，在调色板中选择一种颜色，单击“确定”按钮，即可完成颜色的设置，如图 1–69 所示。

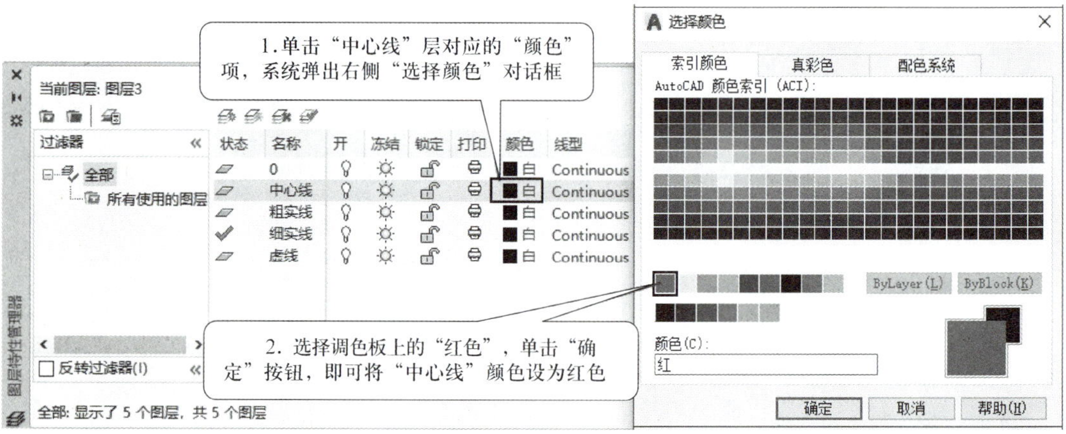

图 1–69 “选择颜色”对话框

（3）设置图层的线型

线型是指图形基本元素中线条的组成和显示方式，如实线、中心线、点画线、虚线等。通过线型的区别，可以直观判断图形对象的类别。在 AutoCAD 中默认的线型为实线（Continuous），其他的线型需要加载才能使用。

在“图层特性管理器”选项板中，单击某一图层中对应的“线型”项，弹出“选择线型”对话框，如图 1–70 所示。可从已加载的线型列表中选取所需要的线型。若列表中没有需要的线型，可单击“加载”按钮，系统弹出“加载或重载线型”对话框，在“可用线型”列表中选择需要的线型，单击“加载”按钮完成加载，如图 1–71 所示。加载后的线型将在“选择线型”对话框中的列表中显示，选中该线型，单击“确定”按钮即可完成线型的设置。

（4）设置图层的线宽

在“图层特性管理器”选项板中，如果要修改某一图层的线宽，单击该图层的“线宽”项，打开“线宽”对话框，如图 1–72 所示，从列表中选取需要的线宽即可完成线宽的设置。

提示：一般情况下，设置线的粗细在屏幕上并不显示出来（不影响打印）。有时为了方便读图，需要显示线宽，单击状态栏中的“显示 / 隐藏线宽”按钮 ☰，当该按钮为“开”时，屏幕上显示线宽；当该按钮为“关”时，屏幕不显示线宽。线宽显示的粗细，可通过单击

“格式”菜单中的“线宽”命令，打开如图 1–73 所示“线宽设置”对话框进行设置。“调整显示比例”可以调整线宽显示的粗细。注意：屏幕上显示线的宽度并不影响线的实际打印宽度。

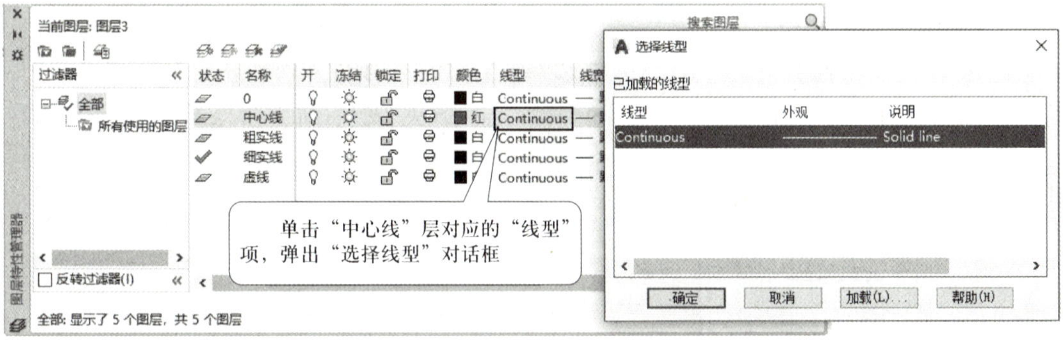

图 1–70 “选择线型”对话框

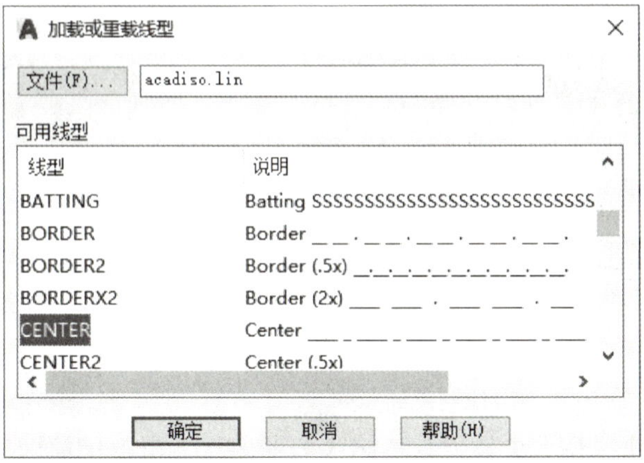

图 1–71 “加载或重载线型”对话框

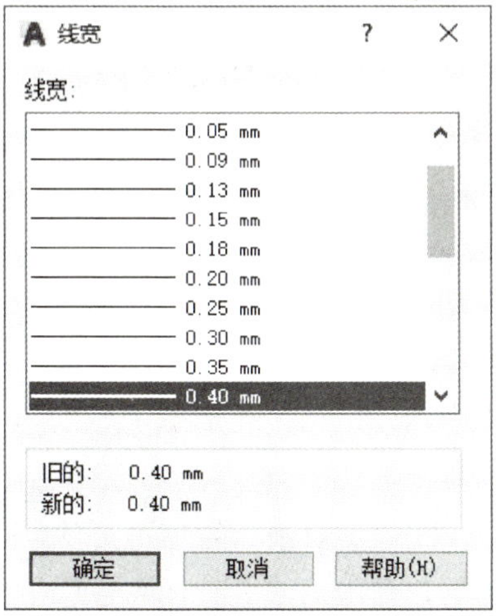

图 1–72 “线宽”对话框

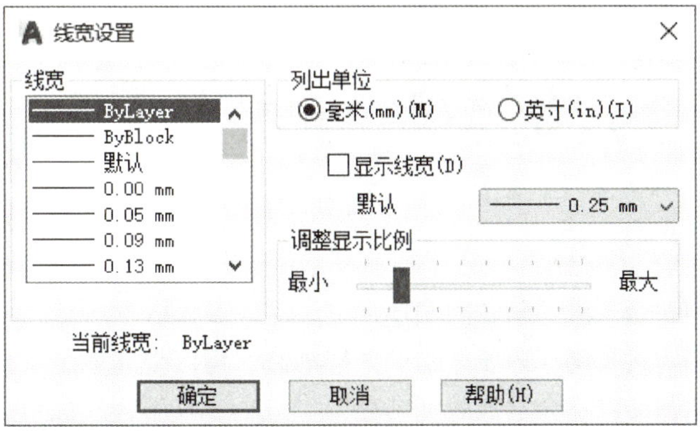

图 1–73 “线宽设置”对话框

3．图层的管理与控制

在 AutoCAD 中，还可以对图层进行隐藏、冻结以及锁定等操作，这样在使用 AutoCAD 绘制复杂的图形对象时，就可以有效地减少误操作，提高绘图效率。

（1）打开与关闭图层

1）在“图层特性管理器”对话框中选择要打开或关闭图层，单击“开”列中的图标 /，当为黄色灯泡图标时，图层处于打开状态，图层上所有对象会在屏幕上显示或由打印机打印出来；当为蓝色灯泡图标时，图层上所有对象将隐藏，屏幕上不显示，打印机也打印不出来。图 1–74 所示为尺寸标注图层打开和关闭的情形。

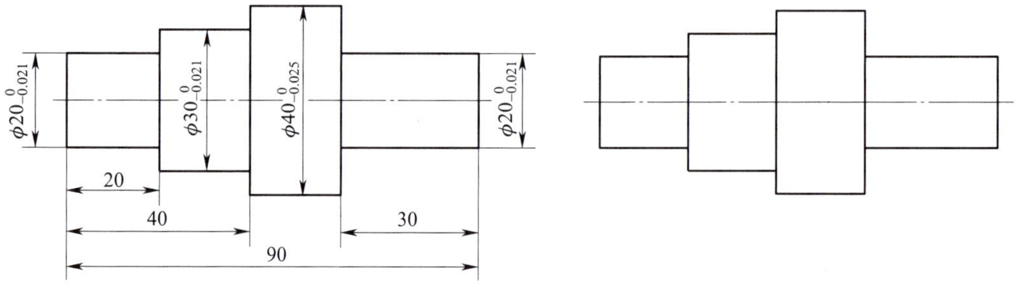

a) b)

图 1–74 打开和关闭尺寸标注图层

a）打开状态 b）关闭状态

2）在“默认”选项卡中，打开“图层”面板上的“图层控制”下拉列表，单击需要打开或关闭图层前的 / 图标（前者为黄色，后者为蓝色），即可完成打开或关闭图层操作，如图 1–75 所示。

提示：当关闭的图层为当前图层时，将弹出如图 1–76 所示的确认对话框，此时单击“关闭当前图层”项即可。如果要恢复关闭的当前图层，单击当前图层的“关闭”图标 ，即可打开图层。

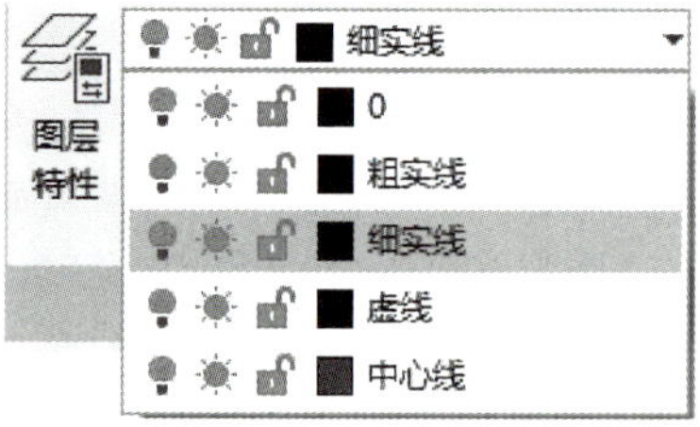

图 1–75 “图层控制”下拉列表

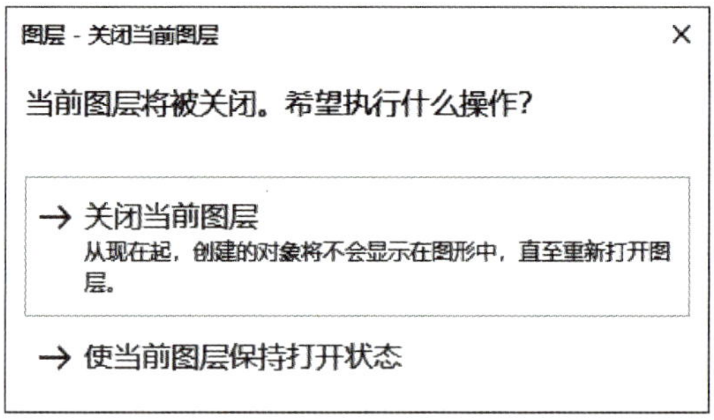

图 1–76 “关闭当前图层”确认对话框

（2）冻结与解冻图层

将长期不需要显示的图层冻结，可以提高系统运行速度，减少图形刷新的时间，因为这些图层将不会被加载到内存中。AutoCAD 不会在冻结图层显示、打印或重生成对象。

1）在“图层特性管理器”对话框中，单击要冻结或解冻的图层前的图标 /，即可冻结或解冻图层。当为黄色太阳图标时，图层为解冻状态；当为蓝色雪花图标时，图层为冻结状态。

2）在“默认”选项卡中，打开“图层”面板上的“图层控制”下拉列表，单击需要冻结或解冻图层前的或按钮，即可完成图层的冻结和解冻。

提示：当要冻结的图层为当前图层时，将弹出图 1–77 所示的提示框，提示无法冻结当前图层。如果要冻结当前图层，只能将其他图层设为当前图层。

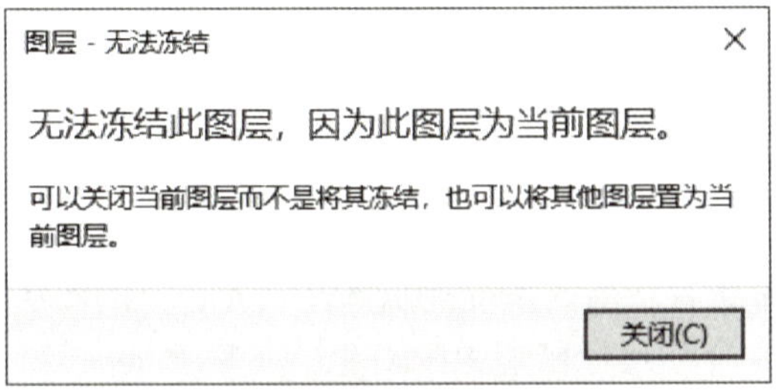

图 1–77 “无法冻结”当前图层提示框

（3）锁定与解锁图层

如果某个图层上的对象只需要显示，不需要选择和编辑，那么可以锁定该图层。被锁定的图层仍然可见，但会淡化显示，能够被选择、标注和测量，但不能被编辑和删除，另外还可以在该层上添加新的图形对象。因此，可将重要的中心线、辅助基准线进行锁定。

1）在“图层特性管理器”对话框中，单击要锁定或解锁图层前的 / 图标，即可锁定或解锁图层。当为黄色开锁图标时，图层为解锁状态；当为蓝色闭锁图标时，图层为锁定状态。

2）在“默认”选项卡中，打开“图层”面板中的“图层控制”下拉列表，单击需要锁定或解锁图层前的或按钮，即可完成图层的锁定和解锁。

（4）设置当前图层

当前图层是当前工作状态下所处的图层。设定某一图层为当前图层之后，接下来所绘制的对象都位于该图层中。如果需要在其他图层中绘图，就需要更改当前图层。

1）在“图层特性管理器”选项板中选择目标图层，单击“置为当前”按钮。被置为当前的图层在项目前会出现符号。

2）在“默认”选项卡中，打开“图层”面板中“图层控制”下拉列表，在其中选择需要的图层，即可将其设置为当前图层，如图 1–78 所示。或者选中图形中的对象，然后单击“图层”面板中“置为当前”按钮，即可把选中对象所在的图层置为当前图层。

3）在命令行中输入 clayer 命令，然后输入图层名称，也可把该图层置为当前图层。

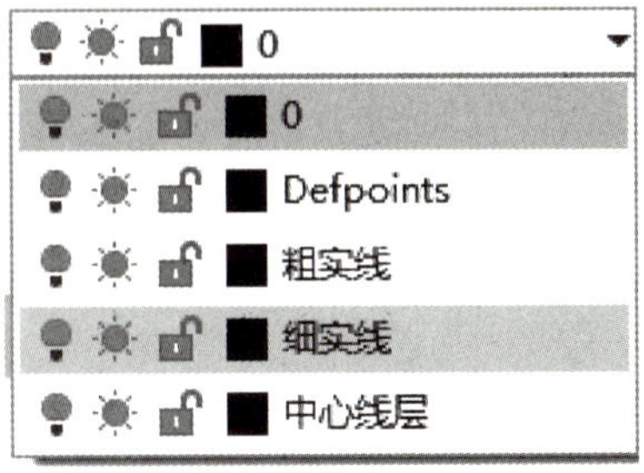

图 1–78 “图层控制”下拉列表

（5）删除图层

在图层创建过程中，如果新建了多余的图层，可以在“图层特性管理器”选项板中单击“删除”按钮将其删除，但 AutoCAD 规定以下四类图层不能被删除：

1）图层 0 和 Defpoints。

2）当前图层。要删除该层，必须更改当前图层到其他层。

3）包含对象（包括块定义中的对象）的图层。要删除该图层，必须先删除该层中所有的图形对象。

4）依赖外部参照的图层。要删除该图层，必须删除外部参照。

（6）图层合并

1）命令执行方法

①菜单栏：选择“格式”→“图层工具”→“图层合并”命令。

②功能区：单击“默认”选项卡中的“图层”面板上的“合并”按钮。

③命令行：laymrg。

2）操作过程

执行“图层合并”命令后，根据系统提示选择需要合并的图层上的对象并按 Enter 键确认，再根据提示选择需要合并目标图层上的对象，并按 Enter 键确认。系统弹出文本窗口，并弹出“是否继续”提示选项，选择“是”即可完成合并操作。

任务实施

1．启动 AutoCAD 2020

双击桌面上的 AutoCAD 2020 快捷图标，启动 AutoCAD 2020。单击启动界面“样板”菜单中的“acadiso.dwt”文件，如图 1–79 所示，软件打开 AutoCAD 2020 绘图界面。

2．设置绘图环境

（1）设置图形单位

单击“格式”菜单中的“单位”命令，系统打开“图形单位”对话框，“长度”的类型设置为“小数”，精度设为“0.000”；“角度”的类型设为“度 / 分 / 秒”，精度设为“0d00′00″”，如图 1–80 所示”。

图 1–79　选择“acadiso.dwt”样板

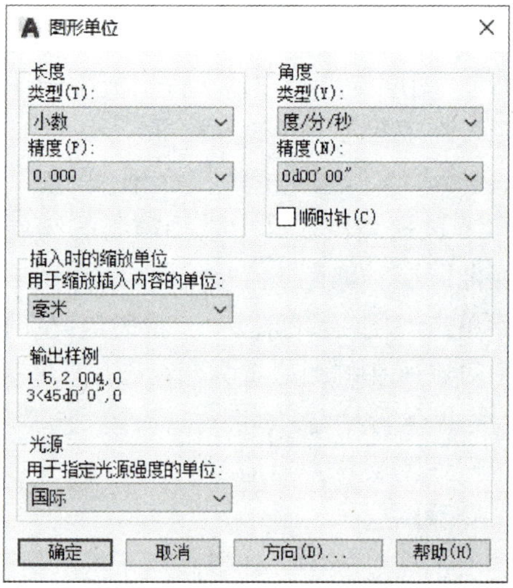

图 1–80　设置“图形单位”

（2）设置绘图界限

绘制的机械图样大多使用 A4 幅面的图纸，所以将机械绘图图形样板的绘图界限设置为 A4 幅面的大小。

选择“格式”菜单中的“图形界限”命令。执行该命令后，系统给出提示：

> 指定左下角点或［开（ON）/ 关（OFF）］<0.0000，0.0000>：（以坐标系原点为图形界限的左下角点，直接按 Enter 键确认）
>
> 指定右上角点 <420.0000，297.0000>：297，210（按 A4 幅面大小，输入右上角点坐标，按 Enter 键确认）

执行上述操作，完成图形界限的设置。

3．配置绘图系统

单击“工具”菜单中的“选项”命令，打开“选项”对话框。在“显示”选项卡中，将“颜色主题”设为“明”，图形窗口颜色设为“白”，十字光标大小设为“10”。在“打开和保存”选项卡中将“自动保存”时间间隔设为“20”。在“选择集”选项卡中设置拾取框的大小。其他选项采用 AutoCAD 默认参数。

4．设置图层

（1）新建图层

单击“默认”选项卡“图层”面板上的“图层特性”按钮，打开“图层特性管理器”对话框，单击“新建”按钮，新建“粗实线”“细实线”“细点画线”“细虚线”“细双点画线”五个图层，如图 1–81 所示。

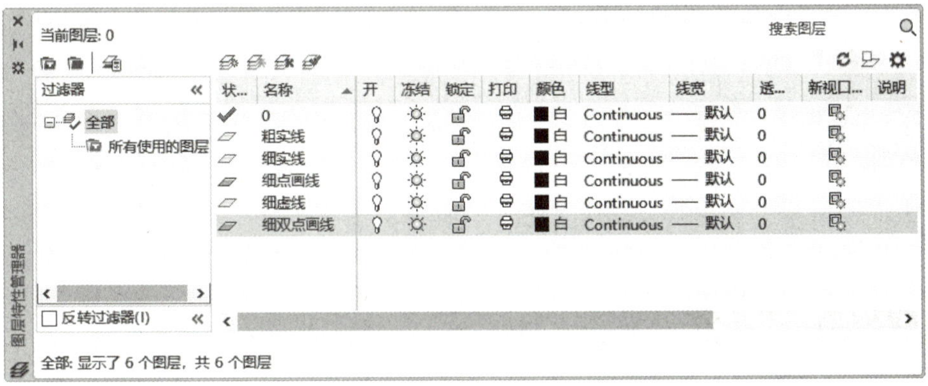

图 1–81　新建图层

（2）设置图层颜色

根据国家标准《机械工程　CAD 制图规则》（GB/T 14665—2012）的规定，图线在屏幕上的颜色可按表 1–1 设置。单击各图层中的“颜色”项，按照表 1–1 设置，结果如图 1–82 所示。

表 1–1　图线在屏幕上的颜色（摘自 GB/T 14665—2012）

图线类型	粗实线	细实线	细虚线	细点画线	细双点画线
屏幕上的颜色	白色	绿色	黄色	红色	粉红色

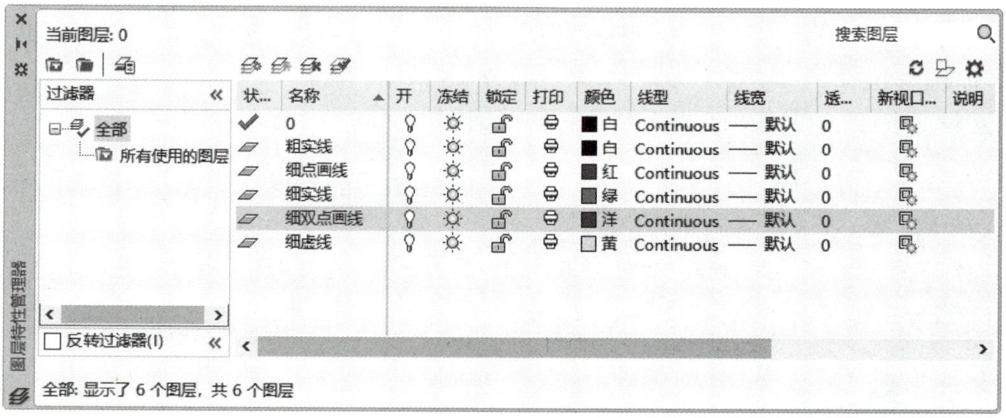

图 1-82 设置图层颜色

（3）设置图层线型

按照国家标准《机械制图 图样画法 图线》（GB/T 4457.4—2002）的规定设置线型，线型设置可以参照表 1-2。

表 1-2 线型设置

图线类型	粗实线	细实线	细虚线	细点画线	细双点画线
CAD 线型	Continuous	Continuous	ACAD_ISO02W100	CENTER	JIS_09_08

1）单击“细点画线”图层上的“线型”项，打开“选择线型”对话框，单击“加载”按钮，打开“加载或重载线型”对话框，选择“CENTER”线型，如图 1-83 所示，单击“确定”按钮，“CENTER”线型被加载到线型列表中，选择“CENTER”线型，单击“确定”按钮，“细点画线”层上的线型被设置为“CENTER”。

2）按照上述方法，将“细虚线”和“细双点画线”图层中的线型设置为“ACAD_ISO02W100”和“JIS_09_08”，其结果如图 1-84 所示。

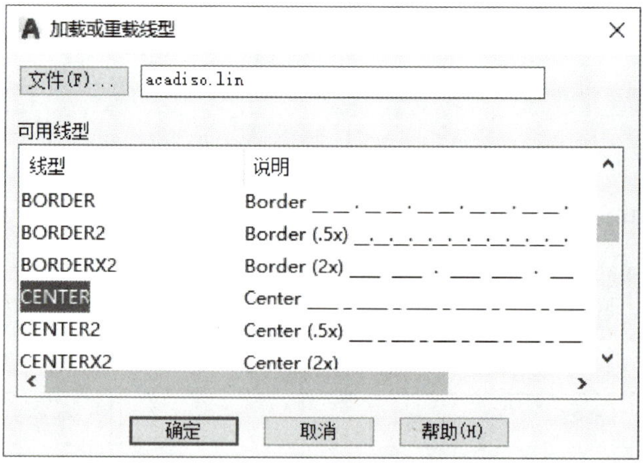

图 1-83 “加载或重载线型”对话框

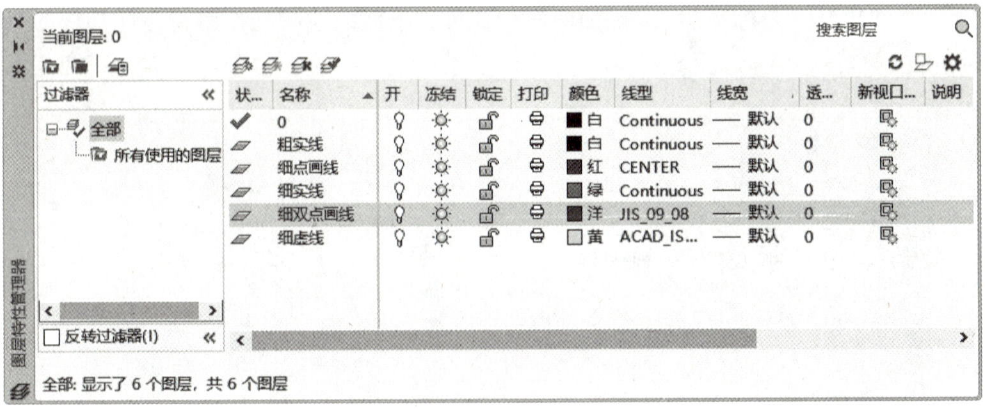

图 1–84 设置图层线型

（4）设置图层线宽

根据机械制图国家标准的有关规定，单击“粗实线”层中的“线宽”项，在弹出的“线宽”对话框中选择“0.40”线宽，单击“确定”按钮，即可将“粗实线”的线宽设为 0.40 mm。按上述操作方法，将细实线、细虚线、细点画线、细双点画线的线宽设置为 0.20 mm，设置结果如图 1–85 所示。

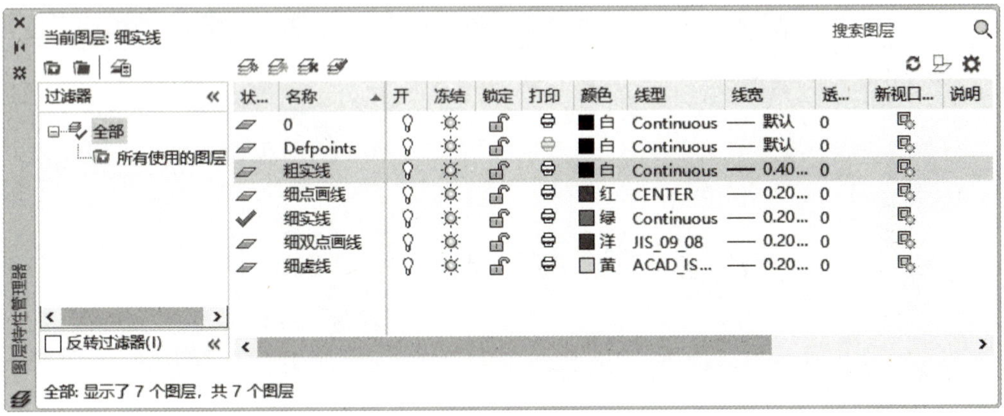

图 1–85 设置图层线宽

5. 保存图形样板

通过前面的操作，图形样板已经设置完毕，可以将其保存成图形样板文件。其操作步骤如下：

（1）选择“文件”菜单中的“另存为”命令，弹出“图形另存为”对话框。

（2）在“文件类型”格式栏中选择“AutoCAD 图形样板（*.dwt）”，对话框上方“保存于”显示“Template”文件夹。

（3）在“文件名”处输入“机械绘图”，如图 1–86 所示，单击“保存”按钮保存样板。

（4）保存完成后，系统弹出“样板选项”对话框，如图 1–87 所示。在“说明”文本框中输入对该样板的简短描述，并确定“测量单位”为“公制”，单击“确定”按钮完成图形样板的创建。

此时就创建好一个标准的 A4 幅面的样板文件，下面的绘图工作都将在此样板的基础上进行。

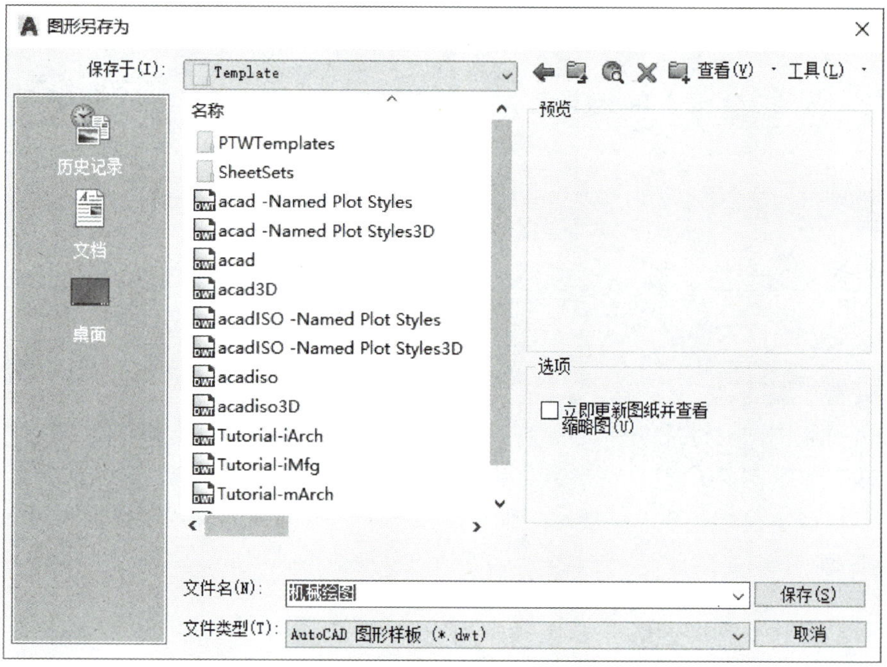

图 1-86 保存样板

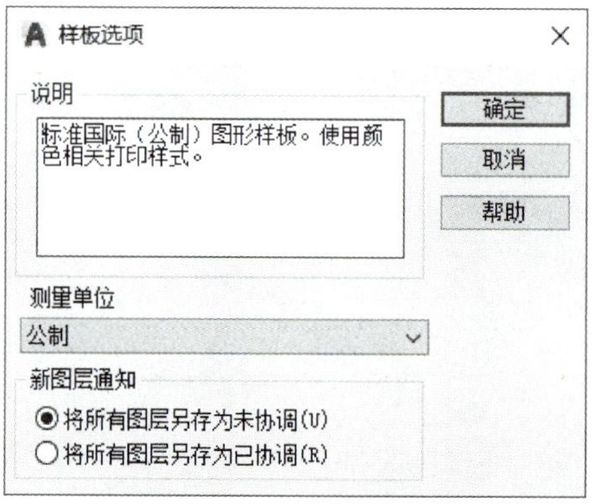

图 1-87 “样板选项”对话框

知识拓展

更改图层的特性

在用户确实需要的情况下，可以通过“特性”面板或工具栏为所选择的图形对象单独设置特性，绘制出既属于当前图层，又具有不同于当前图层特性的图形对象。

1. 改变图形的颜色

默认情况下，图形对象的颜色特性为 Bylayer（随图层），即与所在图层一致，这种情况下绘制的对象将使用当前图层的特性。但是，用户可以通过颜色特性的下拉列表修改图形对象的颜色，如图 1–88 所示。

2. 改变图形的线宽

默认情况下，图形对象的线宽特性为 Bylayer（随图层），即与所在图层一致，这种情况下绘制的图形对象将使用当前图层的线宽特性。用户可以通过线宽特性的下拉列表，修改图形对象的线宽，如图 1–89 所示。

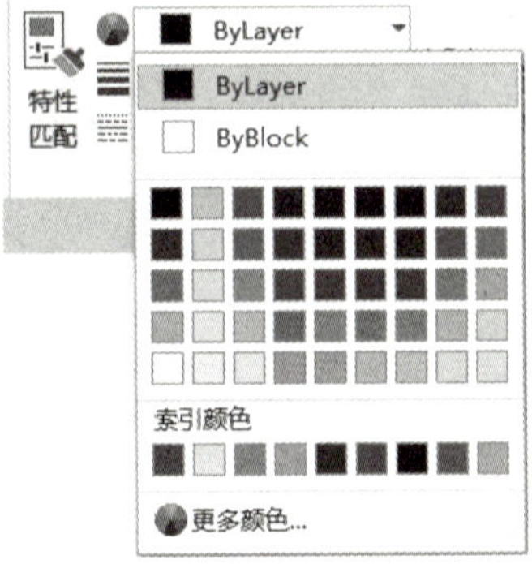

图 1–88 “颜色”下拉列表

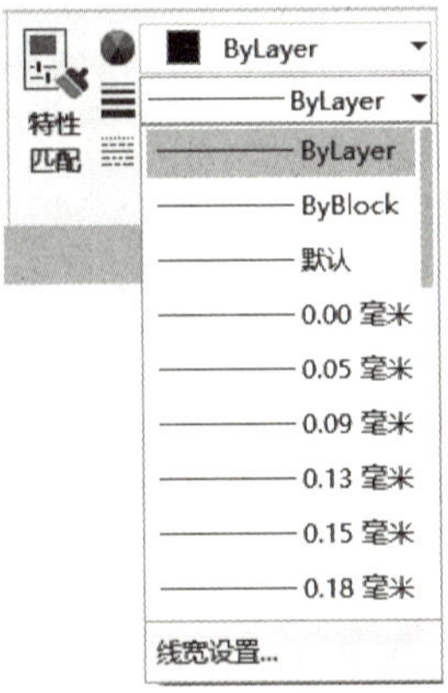

图 1–89 “线宽”下拉列表

3. 改变图形的线型

默认情况下，图形对象的线型特性为 Bylayer（随图层），即与所在图层一致，这种情况下绘制的图形对象将使用当前图层的线型特性。用户可以通过线型特性的下拉列表，修改图形对象的线型，如图 1–90 所示。如果列表中没有需要的线型，可单击“其他”按钮进行加载。

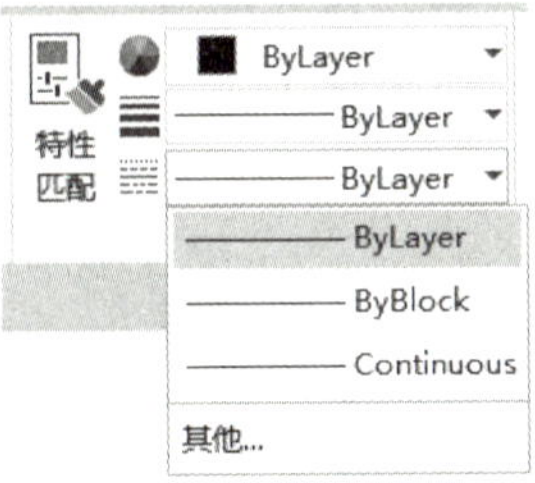

图 1–90 “线型”下拉列表

模块二

基本二维图形的绘制与编辑

任务1 绘制线段并等分

学习目标

1. 掌握“直线”命令执行方式及直线绘制方法。
2. 掌握“点样式”的设置。
3. 掌握单点、多点、定数等分点和定距等分点的绘制方法。
4. 能够绘制与水平线成任意夹角的线段，并能对其进行等分。

任务引入

本任务绘制如图 2-1 所示三条线段。*AB* 为水平线段，长为 50 mm；*CD* 为斜线段，*D* 点相距 *C* 点在水平和垂直方向上的距离分别为 40 mm 和 30 mm；*EF* 线段长为 50 mm，与水平线夹角为 45°。同时，三等分 *AB* 线段，四等分 *CD* 线段，五等分 *EF* 线段。通过本任务，学习“正交”“直线”“点”功能指令的应用。

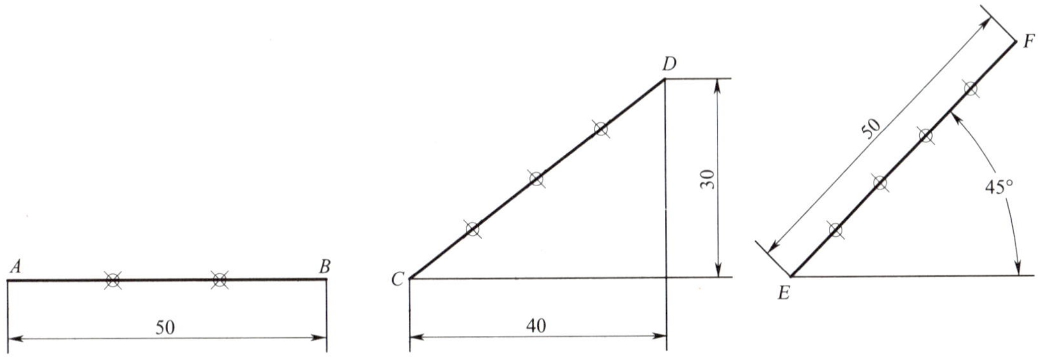

图 2-1　绘制线段并等分

相关知识

一、正交

AutoCAD 中的“正交”功能可以将光标限制在水平或垂直方向上移动。使用“正交”功能就如同使用了丁字尺绘图，可以保证绘制的直线完全呈水平或垂直状态，方便绘制水平线和垂直线。在绘图和编辑过程中，可以随时打开或关闭“正交”功能。

1. 打开或关闭“正交”功能的方法

（1）命令行：ortho。

（2）状态栏：单击“正交”功能按钮。

（3）快捷键：F8 键。

2. 说明

（1）在“正交”功能处于打开状态的情况下绘制直线，输入的第一点是任意的，但当移动光标准备指定第二点时，引出线已不再是这两点之间的连线，而是从起点到光标十字线的垂直线中较长的那段线，此时单击，引出线就变成所绘线段。

（2）在“正交”功能处于打开状态的情况下，可直接输入距离来创建指定长度的水平线或垂直线，或按指定的距离水平或垂直移动或复制对象。

（3）当“正交”功能处于打开状态的情况下，输入坐标或指定对象捕捉时将忽略“正交”。

注意：“正交”功能和“极轴追踪”功能不能同时打开。

二、绘制直线

直线是 AutoCAD 绘图中最简单、最常用的图形对象。应用“直线”命令可以绘制一条或多条连续线段。

1. 命令执行方法

（1）功能区：单击“默认”→“绘图”→“直线”命令按钮 ╱。

（2）菜单栏：选择“绘图”→ ╱ 直线(L) 命令。

（3）工具栏：单击“绘图”→“直线”按钮 ╱。

（4）命令行：line（或 l）。

2．操作步骤

执行“直线”命令，系统提示：

命令：_line（执行“直线”命令）

指定第一个点：（用鼠标指定直线起点，或输入直线起点的坐标）

指定下一点或 [放弃（U）]：（用鼠标指定直线的终点，或输入直线终点的坐标。输入 u，表示放弃前面的输入，按 Enter 键确认）

指定下一点或 [退出（E）/ 放弃（U）]：（指定下一条直线的终点。输入 u，表示放弃前面绘制的直线，按 Enter 键确认）

指定下一点或 [关闭（C）/ 退出（X）/ 放弃（U）]：（指定下一条直线的终点。输入 x，按 Enter 键确认，退出直线绘制。输入 c，按 Enter 键确认，可使图形闭合，即该条直线的终点为第一条直线的起点）

3．直线的绘制方法

（1）使用绝对坐标绘制直线

1）执行“直线”命令。

2）指定第一点。依次输入 *X* 值、逗号和 *Y* 值，输入直线起点绝对坐标。

3）按 Enter 键或空格键确认。

4）指定下一点。如果“动态输入”已启用，依次输入井号（#）、*X* 值、逗号和 *Y* 值；如果“动态输入”未启用，依次输入 *X* 值、逗号和 *Y* 值。输入直线终点绝对坐标。

5）按 Enter 键或空格键确认。

注意：在“动态输入”启用时，相对坐标是默认设置；在“动态输入”禁用时，绝对坐标是默认设置。

（2）使用相对坐标绘制直线

1）执行“直线”命令。

2）指定第一点。用鼠标指定直线的起点或输入直线的起点绝对坐标。

3）指定下一点。此时，要相对于第一个点指定第二个点。如果“动态输入”已启用，依次输入 *X* 值、逗号和 *Y* 值；如果“动态输入”已禁用，依次输入 @、*X* 值、逗号和 *Y* 值（如 @40，30）。

4）按 Enter 键或空格键确认。

（3）使用长度绘制直线（线段）

1）执行“直线”命令。

2）指定第一点。用鼠标指定直线（线段）的起点或输入直线（线段）的起点绝对坐标。

3）指定下一点。移动光标以指示方向和角度，然后输入直线（线段）长度。

4）按 Enter 键或空格键确认。

（4）使用绝对极坐标绘制直线

1）执行“直线”命令。

2）指定第一点。指定（0，0）为直线起点。

3）指定下一点。输入直线终点绝对极坐标（如 50<55）。

4）按 Enter 键或空格键确认。

（5）使用相对极坐标绘制直线

1）执行“直线”命令。

2）指定第一点。用鼠标指定直线的起点或输入直线的起点绝对坐标。

3）指定下一点。输入直线终点相对于起点的相对极坐标（如 @50<55）。

4）按 Enter 键或空格键确认。

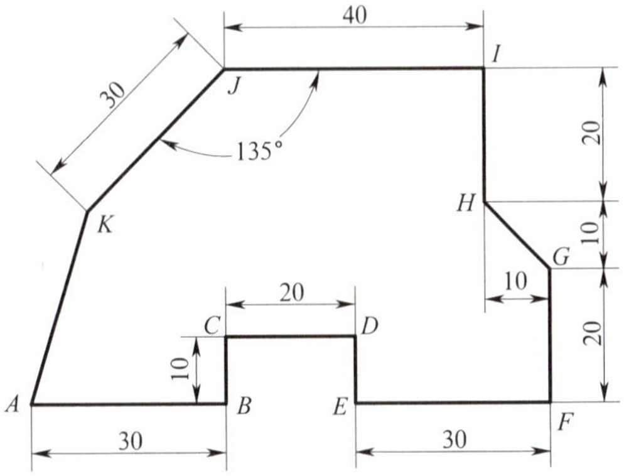

图 2–2 直线（线段）绘制示例

4．示例

应用“直线”命令绘制图 2–2 所示图形。其操作步骤如下：

命令：_line（执行“直线”命令）

指定第一个点：（用鼠标左键在屏幕上指定 *A* 点）

指定下一点或［放弃（U）］：< 正交　开 >30↙（打开“正交”，光标水平向右移动，输入 30，绘制出线段 *AB*）

指定下一点或［退出（E）/ 放弃（U）］：10↙（光标垂直向上移动，输入 10，绘制出线段 *BC*）

指定下一点或［关闭（C）/ 退出（X）/ 放弃（U）］：20↙（光标水平向右移动，输入 20，绘制出线段 *CD*）

指定下一点或［关闭（C）/ 退出（X）/ 放弃（U）］：10↙（光标垂直向下移动，输入 10，绘制出线段 *DE*）

指定下一点或［关闭（C）/ 退出（X）/ 放弃（U）］：30↙（光标水平向右移动，输入 30，绘制出线段 *EF*）

指定下一点或［关闭（C）/ 退出（X）/ 放弃（U）］：20↙（光标垂直向上移动，输入 20，绘制出线段 *FG*）

指定下一点或［关闭（C）/ 退出（X）/ 放弃（U）］：@–10，10↙（输入 *H* 点相对于 *G* 点的相对坐标，绘制出线段 *GH*）

指定下一点或［关闭（C）/ 退出（X）/ 放弃（U）］：20↙（光标垂直向上移动，输入 20，绘制出线段 *HI*）

指定下一点或［关闭（C）/ 退出（X）/ 放弃（U）］：40↙（光标水平向左移动，输入 40，绘制出线段 *IJ*）

指定下一点或［关闭（C）/ 退出（X）/ 放弃（U）］：@30<–135↙（输入 *K* 点相对于 *J* 点的相对极坐标，绘制出线段 *JK*）

指定下一点或［关闭（C）/ 退出（X）/ 放弃（U）］：< 极轴　开 >c↙（输入字母 c，绘制出线段 *KA*，图形闭合）

三、绘制点

点是最基本的图形单元，在机械图样中，点通常用来指定某个特殊的坐标位置，或作为绘制其他图形元素的起点或基础。点在 AutoCAD 中有多种不同的表示方式，用户可以根据需要进行设置。

1．设置点的样式

点样式设置用于设置屏幕中点的样式与大小。

（1）执行“点样式”命令的方法

1）菜单栏：选择“格式”→“点样式”命令。

2）命令行：ptype（或 ddptype）。

执行“点样式”命令后，系统打开“点样式”对话框，如图 2–3 所示。

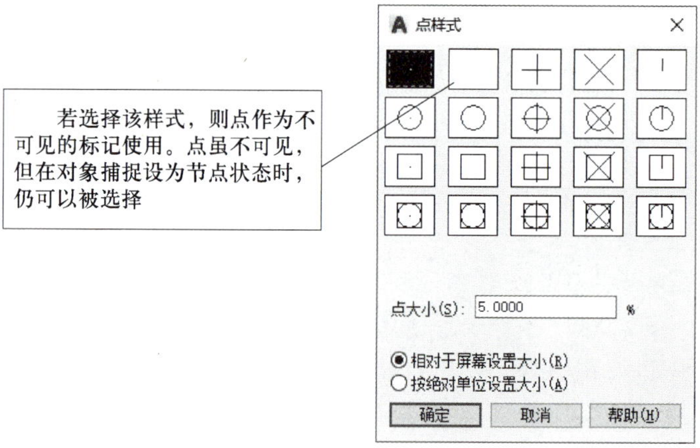

图 2–3 “点样式”对话框

（2）说明

点样式设置包括“点样式”设置与“点大小”设置两部分。

1）“点样式”设置。AutoCAD 提供了 20 种不同点的样式，以适应用户的需求，如图 2–3 所示。用鼠标左键单击所要选择的样式，选中的样式呈黑色显示。

2）“点大小”设置。“点大小”分为“相对于屏幕设置大小”与“按绝对单位设置大小”两种。

相对于屏幕设置大小：按屏幕尺寸的百分比设定点的显示大小，当进行缩放时，点的显示大小并不改变。

按绝对单位设置大小：按“点大小”下指定的实际单位设定点显示的大小，进行缩放时，显示的点大小随之改变。

设置完点的样式和大小后，单击“确定”按钮，退出即可。

2．绘制单点

使用“单点”命令，一次绘制一个点对象，当执行该命令绘制一个点后，系统自动结束此命令。

执行“单点”命令的方法主要有以下几种。

（1）菜单栏：选择“绘图”→“点”→“单点”命令。

（2）命令行：po（或 point）。

3．绘制多点

执行“多点”命令可以连续地绘制多个点对象，直到按下 Esc 键结束命令为止。

（1）执行“多点”命令的方法

1）功能区：单击“默认”→“绘图”→“多点”按钮。

2）菜单栏：选择“绘图”→“点”→“多点”命令。

3）工具栏：单击“绘图”→“多点”命令。

（2）示例

将点样式设置为“×”，点的大小设置为“2.5”个绝对单位，在屏幕上任意绘制三个点。操作步骤如下：

1）执行“点样式”命令，打开“点样式”对话框。设置点样式为“×”；选择“按绝对单位设置大小”方式设置点的大小，并在“点大小”文本框中输入“2.5”，如图 2–4 所示。单击“确定”按钮完成设置。

2）单击“默认”选项卡“绘图”面板上的“多点”按钮，在屏幕上绘制三个点，如图 2–5 所示。

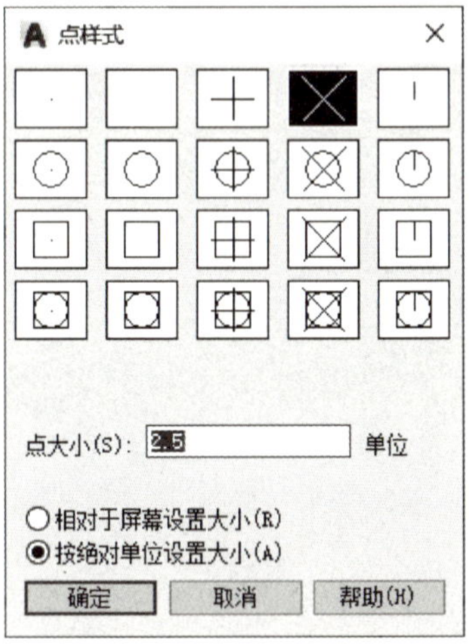

图 2–4 设置“点样式”

图 2–5 绘制三个点

3）按 Esc 键结束“多点”命令。

提示：终止“点”命令只能用 Esc 键，不能用空格键或 Enter 键。

4．绘制定数等分点

执行“定数等分”命令，可以创建沿对象的长度或周长等间隔排列的点对象。

（1）执行“定数等分”命令的方法

1）菜单栏：选择“绘图”→“点”→“定数等分”命令。

2）命令行：div（或 divide）。

（2）说明

执行“定数等分”命令，系统提示如下：

命令：_divide（执行“定数等分”命令）

选择要定数等分的对象：（指定单个几何对象，如线段、多段线、圆弧、圆、椭圆或样条曲线，作为定数等分的对象）

输入线段数目或［块（B）］：（输入线段数目，创建的点对象数比指定的线段数少一个）

5．绘制定距等分点

执行“定距等分”命令，沿对象的长度或周长按测定间隔创建点对象。

（1）执行“定距等分”命令的方法

1）菜单栏：选择“绘图”→“点”→“定距等分”命令。

2）命令行：me（或 measure）。

（2）说明

执行“定距等分”命令，系统提示如下：

命令：me↙（执行“定距等分”命令）

选择要定距等分的对象：（选择要定距等分的对象，可以是线段、圆弧、样条曲线、圆、椭圆或多段线）

指定线段长度或［块（B）］：（指定点之间的间隔长度）

任务实施

1．启动 AutoCAD 2020，打开“机械绘图”图形样板。

2．将“粗实线”图层置为当前图层。

3．绘制 *AB* 线段。

命令：_line（执行“直线”命令）

指定第一个点：（用鼠标左键在屏幕上确定 *A* 点）

指定下一点或［放弃（U）］：<正交　开>50↙（打开“正交”，光标水平向右移动，输入 50）

指定下一点或［退出（E）/放弃（U）］：（按 Esc 键或 Enter 键退出直线功能）

4．绘制 *CD* 线段。

命令：_line（重复执行“直线”命令）

指定第一个点：（用鼠标左键在屏幕上确定 *C* 点）

指定下一点或［放弃（U）］：@40，30↙（输入 *D* 点相对于 *C* 点的相对坐标）

指定下一点或［退出（E）/放弃（U）］：（按 Esc 键或 Enter 键退出直线功能）

5. 绘制 *EF* 线段。

命令：_line（重复执行“直线”命令）
指定第一个点：（用鼠标左键在屏幕上确定 *E* 点）
指定下一点或［放弃（U）］：@50<45↙（输入 *F* 点相对于 *E* 点的相对极坐标）
指定下一点或［退出（E）/ 放弃（U）］：（按 Esc 键或 Enter 键退出直线功能）

6. 对 *AB*、*CD*、*EF* 线段进行等分。

（1）将“细实线”图层置为当前图层。

（2）设置点的样式。

执行“点样式”命令，打开“点样式”对话框，设置点样式为“⊗”。

（3）进行定数等分。

命令：_divide（执行“定数等分”命令）
选择要定数等分的对象：（选择 *AB* 线段）
输入线段数目或［块（B）］：3↙（输入等分线段数目）

按上述方法，对 *CD* 线段进行四等分，对 *EF* 线段进行五等分，结果如图 2–6 所示。

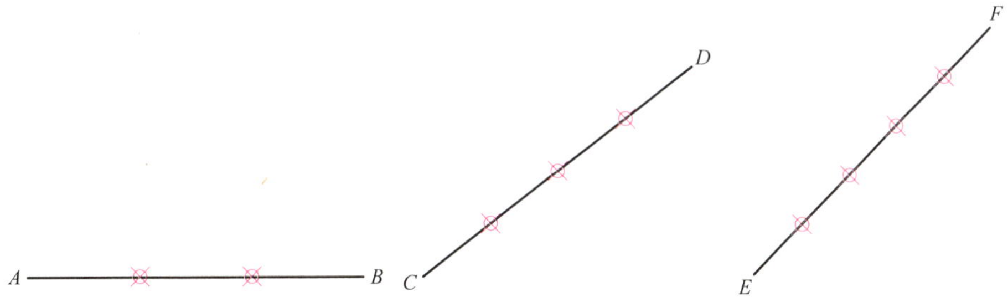

a） b） c）

图 2–6 绘制结果

a）*AB* 线段 b）*CD* 线段 c）*EF* 线段

任务 2 绘制三角形及其内切圆

学习目标

1. 掌握“对象捕捉”功能启用及设置方法。
2. 掌握圆的绘制方法。
3. 掌握“删除”命令的应用。
4. 能够绘制任意形状的三角形及其内切圆。

任务引入

本次任务绘制如图 2–7 所示四个三角形及其内切圆。△$A_1B_1C_1$ 为直角三角形，一直角边 A_1B_1 等于 40 mm，另一直角边 B_1C_1 为 30 mm；△$A_2B_2C_2$ 为等腰三角形，底边 A_2B_2 等于 40 mm，高为 30 mm；△$A_3B_3C_3$ 为等边三角形，边长为 40 mm；△$A_4B_4C_4$ 为普通三角形，A_4B_4 边长等于 42 mm，B_4C_4 边长等于 30 mm，A_4C_4 边长等于 40 mm。通过本任务，掌握“对象捕捉”“圆”“删除”功能指令的应用。

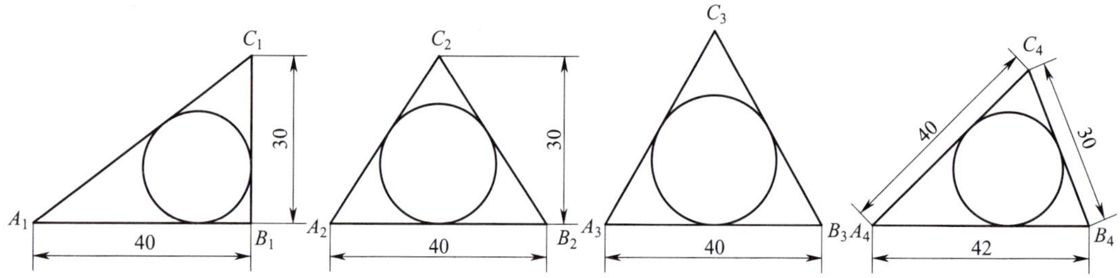

图 2–7　绘制三角形及其内切圆

相关知识

一、对象捕捉

在绘图的过程中，经常要指定一些对象上已有的点，例如端点、圆心、切点、垂足、中点等。如果只凭观察来拾取，不可能非常准确地找到这些点。AutoCAD 提供的“对象捕捉”功能，可以迅速、准确地捕捉到这些特殊点，从而精确地绘制图形。

1．启动“对象捕捉”功能的方法

（1）快捷键：按 F3 键可以切换“对象捕捉”开关状态。

（2）状态栏：单击状态栏上的“对象捕捉”按钮 ，若亮显则为开启。

（3）菜单栏：单击“工具”菜单栏中的“绘图设置”命令，在打开的“草图设置”对话框中打开“对象捕捉”选项卡，选中或取消“启动对象捕捉”复选框，可以打开或关闭对象捕捉。

（4）命令行：执行“osnap 或 ddosnap”命令，打开“草图设置”对话框，单击“对象捕捉”选项卡，选中或取消“启动对象捕捉”复选框，可以打开或关闭对象捕捉。

2．设置对象捕捉

AutoCAD 为用户提供了 14 种对象捕捉功能，如图 2–8 所示，使用这些功能可以非常方便地将光标定位到图形的特征点上。在“对象捕捉模式”区域勾选需要的选项，即可开启该项捕捉功能。

单击“对象捕捉”按钮 右侧的下拉箭头，在弹出的快捷菜单（见图 2–9）中勾选需要的选项，也可设置捕捉特征点。各特征点的含义见表 2–1。

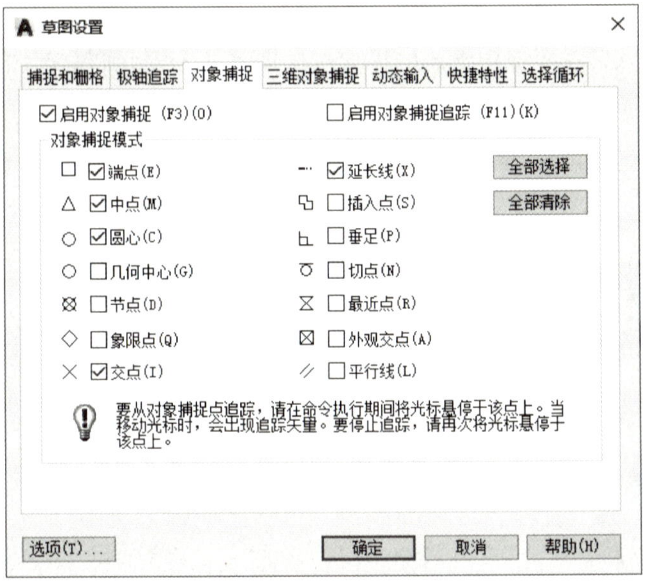

图 2-8 “对象捕捉”选项卡

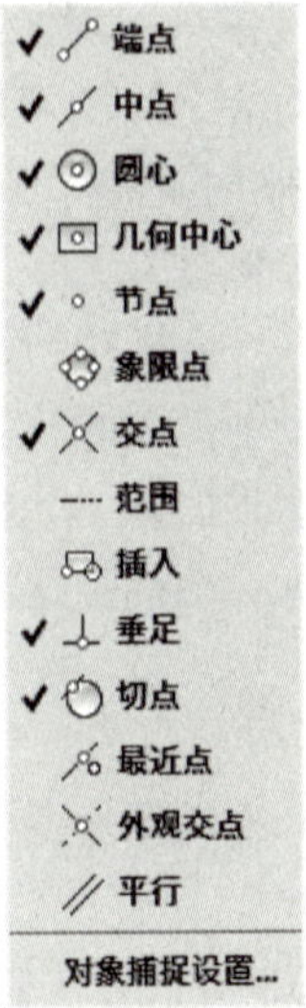

图 2-9 “对象捕捉”快捷菜单

表 2-1 特征点名称、命令及含义

名称	命令	含义
端点	END	捕捉到几何对象的最近端点或角点，如线段的端点，矩形、多边形的角点等
中点	MID	捕捉到几何对象的中点，如线段或圆弧的中点
圆心	CET	捕捉到圆弧、圆、椭圆或椭圆弧的中心点
几何中心	—	捕捉到任意闭合多段线和样条曲线的质心
节点	NOD	捕捉到点对象、标注定义点或标注文字原点
象限点	QUA	捕捉到圆弧、圆、椭圆或椭圆弧的象限点
交点	INT	捕捉到几何对象的交点
延伸	EXT	当光标经过对象的端点时，显示临时延长线或圆弧，以便用户在延长线或圆弧上指定点
插入点	INS	捕捉到对象（如属性、块或文字）的插入点
垂足	PER	捕捉到垂直于所选几何对象的点
切点	TAN	捕捉到圆弧、圆、椭圆、椭圆弧、多段线圆弧或样条曲线的切点
最近点	NEA	捕捉到对象（如圆弧、圆、椭圆、椭圆弧、直线、点、多段线、射线、样条曲线或构造线）的最近点
外观交点	—	捕捉在三维空间中不相交但在当前视图中看起来可能相交的两个对象的视觉交点
平行	PAR	可以通过悬停光标来约束新线段、多段线线段、射线或构造线以使其与标识的现有线性对象平行

提示：（1）单击“对象捕捉”设置菜单下方的“对象捕捉设置 ...”按钮，也可以打开“草图设置”对话框，并定位在“对象捕捉”选项卡界面。

（2）一旦设置了某种捕捉模式，系统将一直保持着这种捕捉模式，直到取消为止。

（3）在设置对象捕捉功能时，只需要选中常用的捕捉选项即可。不要开启全部捕捉功能，否则会给绘图带来不便。

3. 临时捕捉

为了方便绘图，AutoCAD 提供了“临时捕捉”功能。所谓“临时捕捉”，是指执行一次命令后，系统只能捕捉一次。如果需要再次捕捉，则需要再次执行该命令。按住 Ctrl 或 Shift 键单击右键即可打开“临时捕捉”快捷菜单，如图 2–10 所示。单击菜单中的相应命令，即可启动捕捉该类特征点的“临时捕捉”命令。

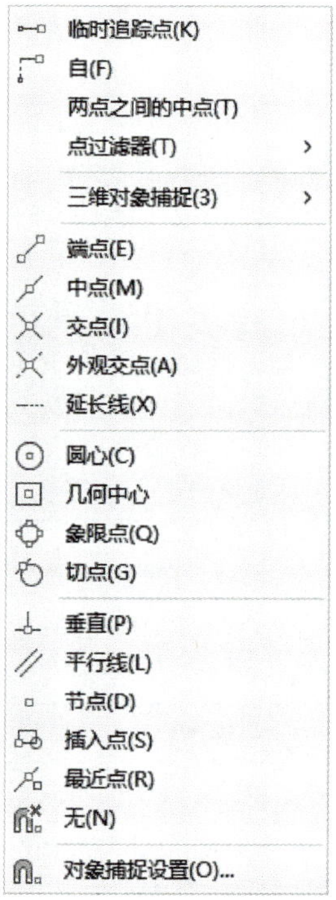

图 2–10 “临时捕捉”快捷菜单

二、绘制圆

圆也是绘图中常用的图形对象，在 AutoCAD 中共有六种绘制圆的方式。

1. 用“圆心、半径”命令绘制圆

该方式通过确定圆心的位置及圆的半径来绘制圆，常用于已知圆的圆心及半径的情况。

（1）命令执行方法

1）功能区：单击“默认”→“绘图”→“圆”下拉列表中的“圆心、半径”命令按钮。

2）菜单栏：选择“绘图”→“圆”→“圆心、半径”命令。

3）命令行：c（或 circle）。

（2）示例

利用“圆心、半径”命令绘制半径为 10 mm 的圆。操作步骤如下：

命令：_circle（执行“圆心、半径”命令）

指定圆的圆心或［三点（3P）/ 两点（2P）/ 切点、切点、半径（T）］：（在图形窗口适当位置单击鼠标左键，指定一点作为圆心位置）

指定圆的半径或［直径（D）］<10.0000>：10↙（输入圆的半径尺寸 10，如图 2–11a 所示）

绘制结果如图 2–11b 所示。

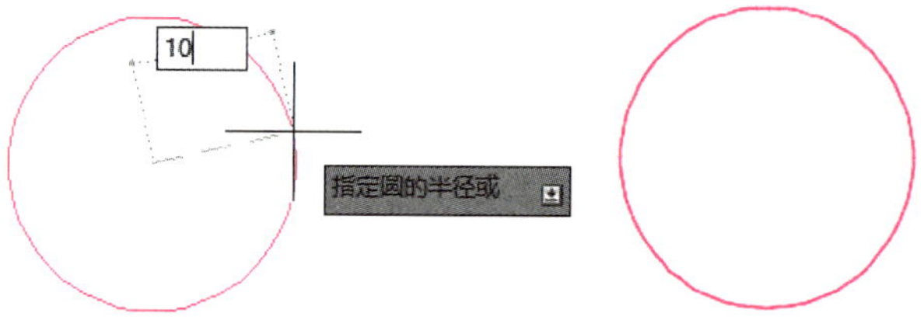

a） b）

图 2–11 “圆心、半径”命令应用示例

a）输入半径值 b）绘制结果

2. 用“圆心、直径”命令绘制圆

该方式通过确定圆心的位置及圆的直径来绘制圆，常用于已知圆的圆心及直径的情况。

（1）命令执行方法

1）功能区：单击“默认”→“绘图”→“圆”下拉列表中的“圆心、直径”命令按钮。

2）菜单栏：选择“绘图”→“圆”→“圆心、直径”命令。

3）命令行：c（或 circle）。

（2）示例

利用“圆心、直径”命令绘制直径为 15 mm 的圆。操作步骤如下：

命令：_circle（执行“圆心、直径”命令）

指定圆的圆心或［三点（3P）/ 两点（2P）/ 切点、切点、半径（T）］：（在图形窗口适当位置单击鼠标左键，指定一点作为圆心位置）

指定圆的半径或［直径（D）］<10.0000>：d↙

指定圆的直径 <20.0000>：15↙（输入圆的直径尺寸 15，如图 2-12a 所示）

绘制结果如图 2-12b 所示。

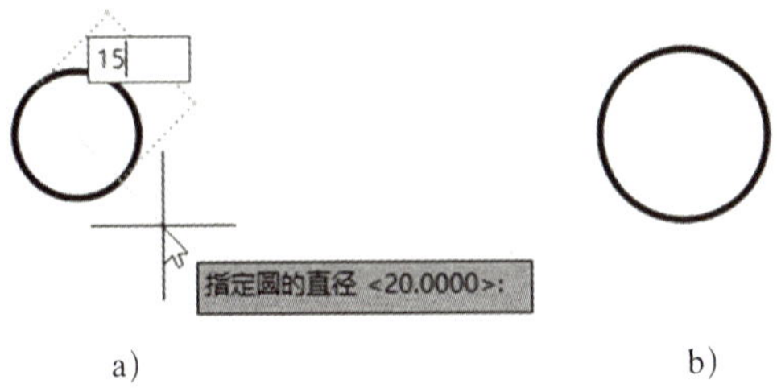

图 2-12 “圆心、直径”命令应用示例

a）输入直径值 b）绘制结果

3. 用“两点”命令绘制圆

该方式通过选择直径上的两个端点来绘制圆。

（1）命令执行方法

1）功能区：单击“默认”→“绘图”→“圆”下拉列表中的“两点”命令按钮。

2）菜单栏：选择“绘图”→“圆”→“两点”命令。

3）命令行：c（或 circle）。

（2）示例

以图 2-13a 所示长方形中的 *A*、*B* 两点为端点绘制圆。操作步骤如下：

命令：_circle

指定圆的圆心或［三点（3P）/ 两点（2P）/ 切点、切点、半径（T）］：2p↙

指定圆直径的第一个端点：（执行“两点”命令，并拾取 *A* 点）

指定圆直径的第二个端点：（拾取 *B* 点）

绘制结果如图 2-13b 所示。

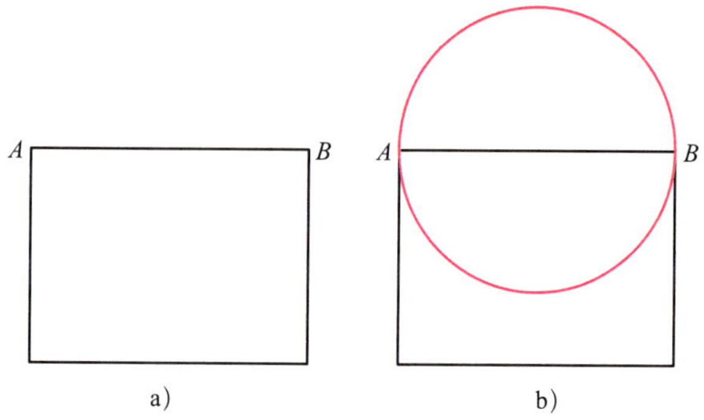

图 2–13 “两点”命令应用示例

a）绘制前 b）绘制结果

4. 用“三点”命令绘制圆

该方式通过确定圆上的任意三点来绘制圆。

（1）命令执行方法

1）功能区：单击“默认”→“绘图”→“圆”下拉列表中的“三点”命令按钮。

2）菜单栏：选择“绘图”→“圆”→“三点”命令。

3）命令行：c（或 circle）。

（2）示例

通过图 2–14a 所示三角形的三个顶点绘制圆。操作步骤如下：

命令：_circle
指定圆的圆心或［三点（3P）/ 两点（2P）/ 切点、切点、半径（T）］：3p↙
指定圆上的第一个点：（拾取 *A* 点）
指定圆上的第二个点：（拾取 *B* 点）
指定圆上的第三个点：（拾取 *C* 点）

绘制结果如图 2–14b 所示。

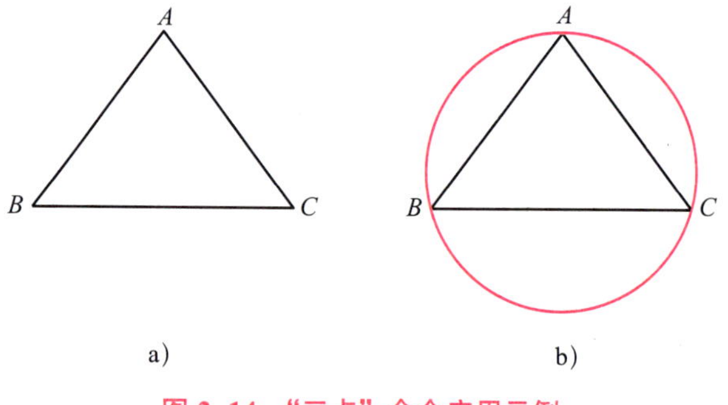

图 2–14 “三点”命令应用示例

a）绘制前 b）绘制结果

5. 用“相切、相切、半径”命令绘制圆

该方式通过选择两个与圆相切的对象，并输入圆的半径值来绘制圆。

（1）命令执行方法

1）功能区：单击“默认”→“绘图”→“圆”下拉列表中的“相切、相切、半径”命令按钮。

2）菜单栏：选择“绘图”→“圆”→“相切、相切、半径”命令。

3）命令行：c（或 circle）。

（2）示例

如图 2–15a 所示，两个 ϕ20 mm 圆水平相距 40 mm，试绘制该两个圆的外切圆，外切圆半径为 15 mm。操作步骤如下：

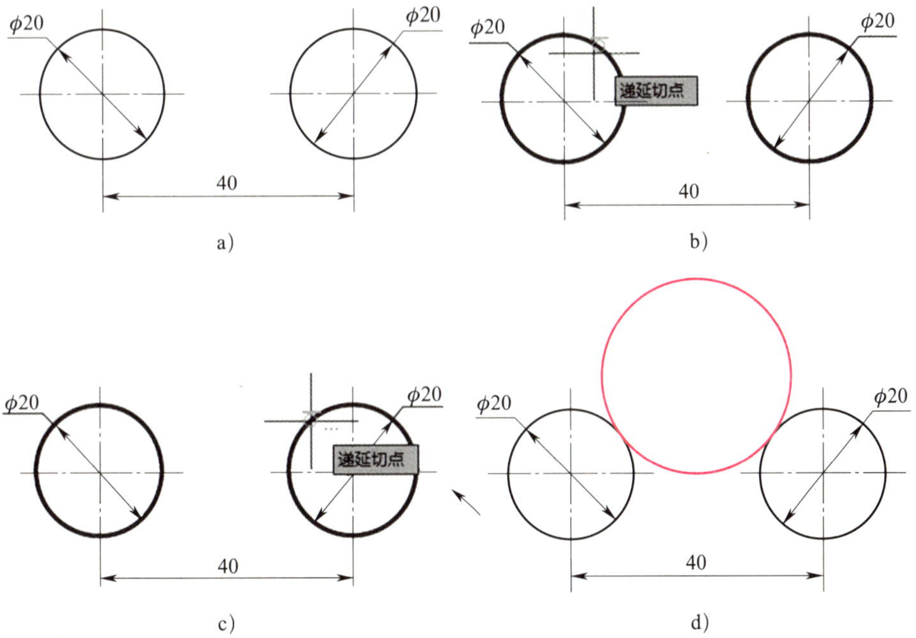

图 2–15　“相切、相切、半径”绘制圆

a）绘制前　b）捕捉第一个切点　c）捕捉第二个切点　d）绘制结果

命令：_circle

指定圆的圆心或［三点（3P）/ 两点（2P）/ 切点、切点、半径（T）］：_ttr

指定对象与圆的第一个切点：（移动光标到左侧 ϕ20 mm 圆的右上角捕捉第一个切点，如图 2–15b 所示）

指定对象与圆的第二个切点：（移动光标到右侧 ϕ20 mm 圆的左上角捕捉第二个切点，如图 2–15c 所示）

指定圆的半径 <14.5341>：15↙（输入圆的半径）

绘制结果如图 2–15d 所示。

6．用“相切、相切、相切”命令绘制圆

该方式通过选择三个与圆相切的对象来绘制圆。

（1）命令执行方法

1）功能区：单击“默认”→“绘图”→“圆”下拉列表中的“相切、相切、相切”命令按钮。

2）菜单栏：选择“绘图”→“圆”→“相切、相切、相切”命令。

3）命令行：c（或 circle）。

（2）示例

绘制如图 2-16a 所示三角形的内切圆。操作步骤如下：

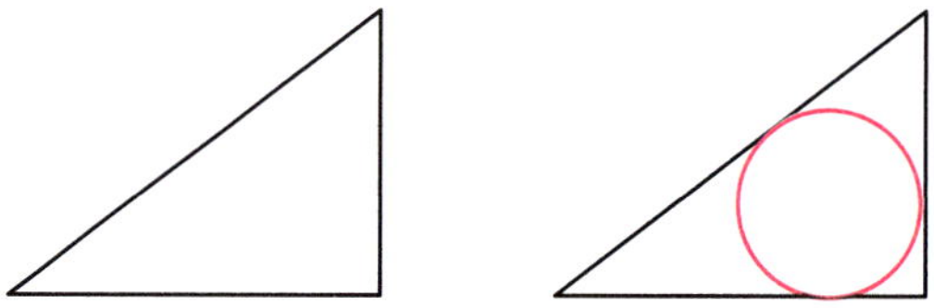

a）　　　　　　　　b）

图 2-16 “相切、相切、相切”命令绘制圆

a）三角形　b）绘制结果

命令：_circle

指定圆的圆心或［三点（3P）/ 两点（2P）/ 切点、切点、半径（T）］：3p↙

指定圆上的第一个点：_tan 到（拾取三角形任意一条边上的切点）

指定圆上的第二个点：_tan 到（拾取三角形另外一条边上的切点）

指定圆上的第三个点：_tan 到（拾取三角形第三条边上的切点）

绘制结果如图 2-16b 所示。

三、删除

“删除”命令用于删除图形中多余或错误的图形对象。

1. 启动“删除”命令的方法

（1）功能区：单击“默认”选项卡中的“修改”面板上的“删除”按钮 。

（2）菜单栏：选择“修改”菜单栏中的“删除”命令。

（3）命令行：e（或 erase）。

2. 示例

利用“删除”命令删除图 2-17a 中的直线。操作步骤如下：

命令：_erase（执行“删除”命令）

选择对象：找到 1 个（拾取竖直线）

选择对象：找到 1 个，总计 2 个（拾取水平直线）

选择对象：↙（按 Enter 键删除对象）

删除结果如图 2-17b 所示。

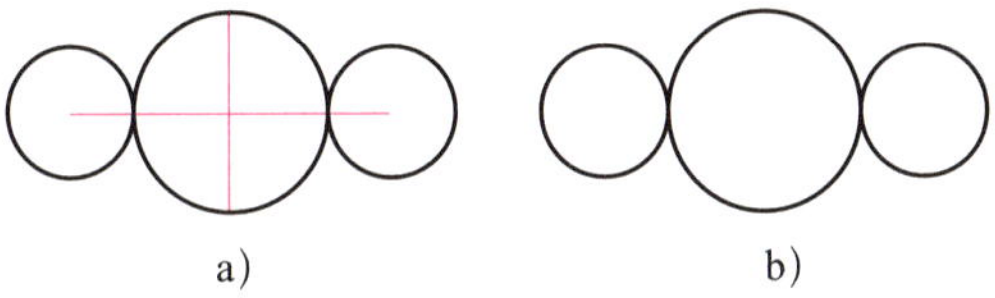

图 2-17 删除直线

a）删除前 b）删除后

任务实施

1. 绘制直角三角形及其内切圆

命令：_line（执行“直线”命令）
指定第一个点：（在屏幕上指定点 A_1）
指定下一点或［放弃（U）］：40↙（水平移动光标，输入距离 40）
指定下一点或［退出（E）/ 放弃（U）］：30↙（竖直移动光标，输入距离 30）
指定下一点或［关闭（C）/ 退出（X）/ 放弃（U）］：c↙（输入 c）
命令：_circle（执行“相切、相切、相切”圆命令）
指定圆的圆心或［三点（3P）/ 两点（2P）/ 切点、切点、半径（T）］：3p↙
指定圆上的第一个点：_tan 到（执行“相切、相切、相切”命令，并捕捉水平线切点）
指定圆上的第二个点：_tan 到（捕捉竖直线切点）
指定圆上的第三个点：_tan 到（捕捉斜边切点）

执行上述操作，结果如图 2-18a 所示。

2. 绘制等腰三角形及其内切圆

命令：_line（执行“直线”命令）
指定第一个点：（在屏幕上指定线段起点）
指定下一点或［放弃（U）］：40↙（水平移动光标，输入距离 40 并确认）
指定下一点或［退出（E）/ 放弃（U）］：↙（按 Enter 键退出“直线”命令）
命令：↙（按 Enter 键，重复“直线”命令）
LINE
指定第一个点：（捕捉水平线中点）
指定下一点或［放弃（U）］：30↙（竖直向上移动光标，输入高度 30 并确认）
指定下一点或［退出（E）/ 放弃（U）］：（捕捉水平线右侧端点）
指定下一点或［关闭（C）/ 退出（X）/ 放弃（U）］：↙（按 Enter 键退出“直线”命令）
命令：↙（按 Enter 键，重复“直线”命令）
LINE
指定第一个点：（捕捉竖直线上端点）
指定下一点或［放弃（U）］：（捕捉水平线左侧端点）
指定下一点或［退出（E）/ 放弃（U）］：↙（按 Enter 键退出“直线”命令）

命令：e↙（执行“删除”命令）

ERASE

选择对象：找到 1 个（拾取竖直线，按 Enter 键确认）

选择对象：

命令：_circle

指定圆的圆心或［三点（3P）/ 两点（2P）/ 切点、切点、半径（T）］：3p↙

指定圆上的第一个点：_tan 到（执行“相切、相切、相切”命令，并捕捉水平线切点）

指定圆上的第二个点：_tan 到（捕捉一斜边切点）

指定圆上的第三个点：_tan 到（捕捉另一斜边切点）

执行上述操作，结果如图 2–18b 所示。

3．绘制等边三角形及其内切圆

命令：_line（执行“直线”命令）

指定第一个点：（在屏幕上指定线段起点）

指定下一点或［放弃（U）］：40↙（水平移动光标，输入距离 40，并按 Enter 键确认）

指定下一点或［退出（E）/ 放弃（U）］：@40<120↙（输入相对极坐标，绘制斜边）

指定下一点或［关闭（C）/ 退出（X）/ 放弃（U）］：c↙（图形闭合）

命令：_circle

指定圆的圆心或［三点（3P）/ 两点（2P）/ 切点、切点、半径（T）］：3p↙

指定圆上的第一个点：_tan 到（执行“相切、相切、相切”命令，捕捉水平线切点）

指定圆上的第二个点：_tan 到（捕捉一斜边切点）

指定圆上的第三个点：_tan 到（捕捉另一斜边切点）

执行上述操作，结果如图 2–18c 所示。

4．绘制普通三角形及其内切圆

命令：_line（执行“直线”命令）

指定第一个点：（在屏幕上指定线段起点）

指定下一点或［放弃（U）］：42↙（水平移动光标，输入距离 42 并确认）

指定下一点或［退出（E）/ 放弃（U）］：↙（按 Enter 键退出“直线”命令）

命令：circle↙（执行“圆”命令）

指定圆的圆心或［三点（3P）/ 两点（2P）/ 切点、切点、半径（T）］：（拾取水平线左侧端点为圆心）

指定圆的半径或［直径（D）］<11.5470>：40↙（输入辅助圆半径尺寸 40 并确认）

命令：↙（按 Enter 键重复“圆”命令）

CIRCLE

指定圆的圆心或［三点（3P）/ 两点（2P）/ 切点、切点、半径（T）］：（拾取水平线右端点为圆心）

指定圆的半径或［直径（D）］<40.0000>：30↙（输入辅助圆半径尺寸 30 并确认）

命令：line↙（执行“直线”命令）
指定第一个点：（拾取水平线左侧端点）
指定下一点或［放弃（U）］：（拾取两辅助圆在水平线上端的交点）
指定下一点或［退出（E）/ 放弃（U）］：（拾取水平线右侧端点）
指定下一点或［关闭（C）/ 退出（X）/ 放弃（U）］：↙（按 Enter 键退出“直线”命令）
命令：erase↙（执行“删除”命令）
选择对象：找到 1 个
选择对象：找到 1 个，总计 2 个（拾取两辅助圆）
选择对象：↙（按 Enter 键结束拾取）
命令：_circle
指定圆的圆心或［三点（3P）/ 两点（2P）/ 切点、切点、半径（T）］：3p↙
指定圆上的第一个点：_tan 到（执行“相切、相切、相切”命令，并捕捉水平线切点）
指定圆上的第二个点：_tan 到（捕捉一斜边切点）
指定圆上的第三个点：_tan 到（捕捉另一斜边切点）

执行上述操作，结果如图 2-18d 所示。

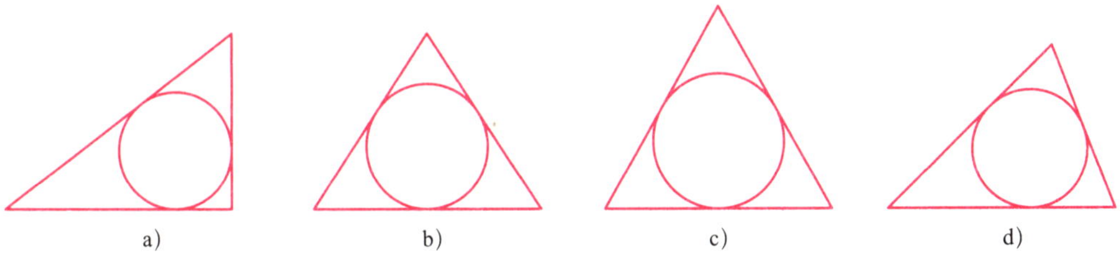

图 2-18 绘制结果

a）直角三角形及其内切圆 b）等腰三角形及其内切圆
c）等边三角形及其内切圆 d）普通三角形及其内切圆

任务 3 绘制四边形

学习目标

1. 掌握“矩形”命令的应用。
2. 掌握“极轴追踪”的设置与应用。
3. 掌握“移动”命令的应用。
4. 掌握夹点的概念以及夹点编辑功能的应用。
5. 掌握四边形的绘制方法。

任务引入

本次任务绘制如图 2–19 所示三个四边形。图 2–19a 所示为矩形，长为 60 mm，宽为 40 mm；图 2–19b 所示为平行四边形，底边为 60 mm，高为 40 mm，斜边与底边的夹角为 60°；图 2–19c 所示为等腰梯形，下底边为 60 mm，上底边为 30 mm，高为 40 mm。通过本任务，掌握“矩形”“极轴追踪”“移动”“夹点”等功能指令的应用。

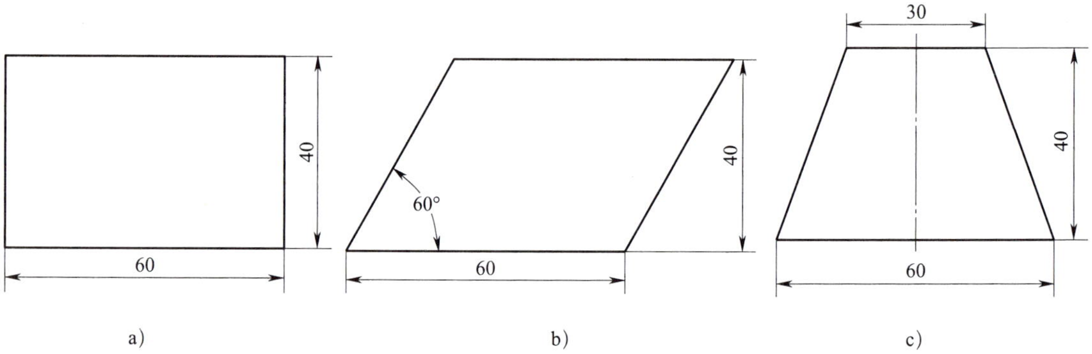

图 2–19 绘制四边形

a）矩形 b）平行四边形 c）等腰梯形

相关知识

一、绘制矩形

在 AutoCAD 中，应用“直线”命令可以绘制矩形，但系统还提供了直接绘制矩形的命令。应用“矩形”命令，可以按指定的参数（如对角点、倒角、标高、圆角、厚度和宽度）创建闭合矩形多段线。

1. 启动“矩形”命令的方法

（1）功能区：单击“默认”选项卡中的“绘图”面板上的“矩形”命令按钮 。

（2）菜单栏：选择“绘图”菜单中的“矩形”命令。

（3）命令行：rec（或 rectang）。

2. 说明

启动“矩形”命令，系统提示如下：

```
命令：_rectang（执行“矩形”命令）
指定第一个角点或[倒角（C）/标高（E）/圆角（F）/厚度（T）/宽度（W）]：
```

（1）第一个角点：指定矩形的一个角点。输入矩形的一个角点后，系统提示：

```
指定另一个角点或[面积（A）/尺寸（D）/旋转（R）]：
```

1）另一个角点。使用指定的点作为对角点创建矩形。

2）面积（A）。使用面积与长度或宽度创建矩形。如果“倒角”或“圆角”选项被激活，则区域将包括倒角或圆角在矩形角点上产生的效果。

3）尺寸（D）。使用长和宽创建矩形。

4）旋转（R）。按指定的旋转角度创建矩形。

（2）倒角（C）：设定矩形的倒角距离。

（3）标高（E）：指定矩形的 Z 值，默认值为 0.0。

（4）圆角（F）：设定矩形的圆角半径。

（5）厚度（T）：指定矩形的边显示为被拉伸的距离，默认值为 0。

（6）宽度（W）：为要绘制的矩形指定多段线的宽度。

3．示例

绘制如图 2-20 所示“矩形”。

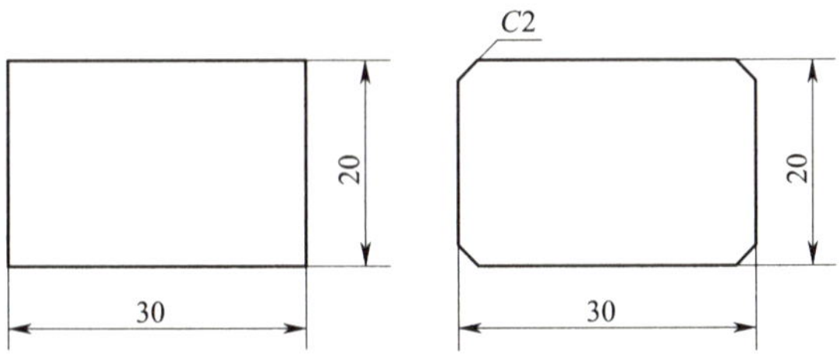

a) b)

图 2-20 “矩形”绘制示例

a）不带倒角的矩形 b）带倒角的矩形

命令：_rectang（执行“矩形”命令）

指定第一个角点或［倒角（C）/标高（E）/圆角（F）/厚度（T）/宽度（W）]：（在图形窗口指定一点为矩形的第一个角点）

指定另一个角点或［面积（A）/尺寸（D）/旋转（R）]：@30，20↙（通过输入相对直角坐标，指定矩形的另一个角点）

执行上述操作，绘制出如图 2-20a 所示不带倒角的矩形。

命令：_rectang（执行“矩形”命令）

指定第一个角点或［倒角（C）/标高（E）/圆角（F）/厚度（T）/宽度（W）]：c↙（输入倒角选项 c，按 Enter 键确定）

指定矩形的第一个倒角距离 <0.0000>：2↙（输入第一个倒角距离）

指定矩形的第二个倒角距离 <2.0000>：2↙（输入第二个倒角距离）

指定第一个角点或［倒角（C）/标高（E）/圆角（F）/厚度（T）/宽度（W）]：（在图形窗口指定矩形的第一个角点）

指定另一个角点或［面积（A）/尺寸（D）/旋转（R）]：@30，20↙（应用相对直角坐标指定矩形的另一个角点）

执行上述操作，绘制出如图 2–20b 所示带倒角的矩形。

二、极轴追踪

“极轴追踪”功能实际上是极坐标的一个应用。使用极轴追踪绘制线段时，捕捉到一定的极轴方向即确定了极角，然后输入线段的长度即确定了极半径，因此和正交绘制线段一样，极轴追踪绘制线段一般使用长度输入代替坐标输入确定线段的第二点。“极轴追踪”可以根据当前设置的追踪角度，引出相应的极轴追踪点线，追踪定位目标点，如图 2–21 所示。

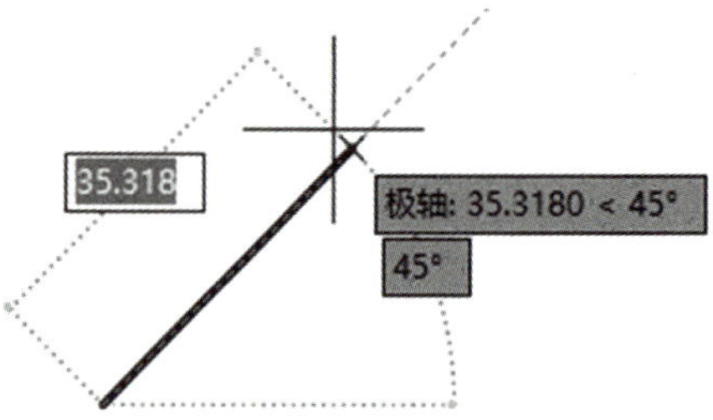

图 2–21　极轴追踪的效果

1. 启动和关闭“极轴追踪”功能的方法

（1）状态栏：单击“极轴追踪”功能按钮 。

（2）快捷键：F10。

（3）菜单栏：单击“工具”菜单中的“绘图设置”，在打开的“草图设置”对话框中选择“极轴追踪”选项卡（见图 2–22），勾选“启用极轴追踪”选择框。

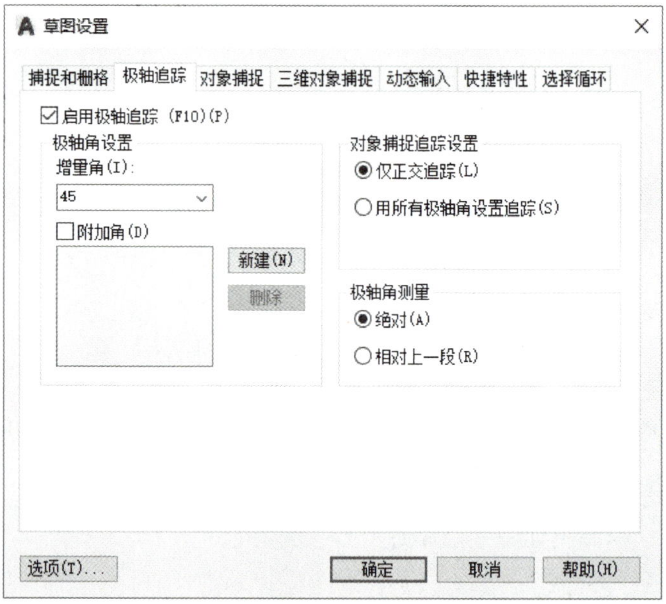

图 2–22　“极轴追踪”选项卡

提示：“极轴追踪”功能可以追踪 0°、90°、180° 和 270°，因此在某些情况下可以替代“正交”功能。

2. 设置“极轴追踪”增量角

在状态栏“极轴追踪”功能按钮的右侧有一个下拉箭头，单击可以打开“正在追踪设置”菜单，用户可以勾选需要的增量角，如图 2–23 所示。单击菜单下方的“正在追踪设置”按钮，也可以打开“草图设置”对话框的“极轴追踪”选项卡（见图 2–22），同样可以对增量角进行设置。

3. 设置“极轴追踪”附加角

勾选“极轴追踪”选项卡中的“附加角”，可以追踪列表中的附加角度，如图 2–24 所示。注意：附加角度是绝对的，而非增量的。要添加新的角度，单击“新建”按钮。要删除现有的角度，单击“删除”按钮。最多可以添加 10 个附加极轴追踪对齐角度。

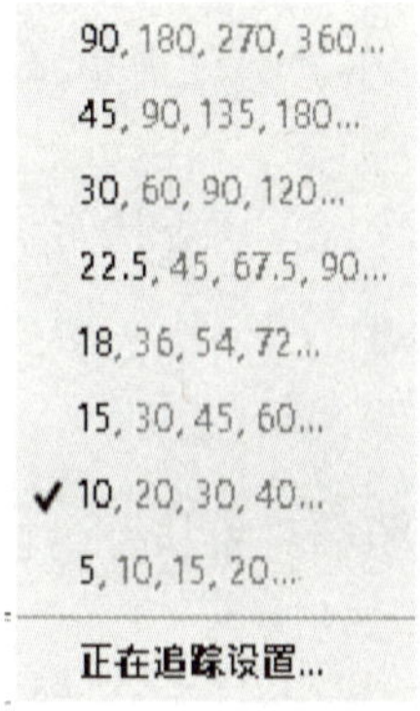

图 2–23 设置追踪角度增量角

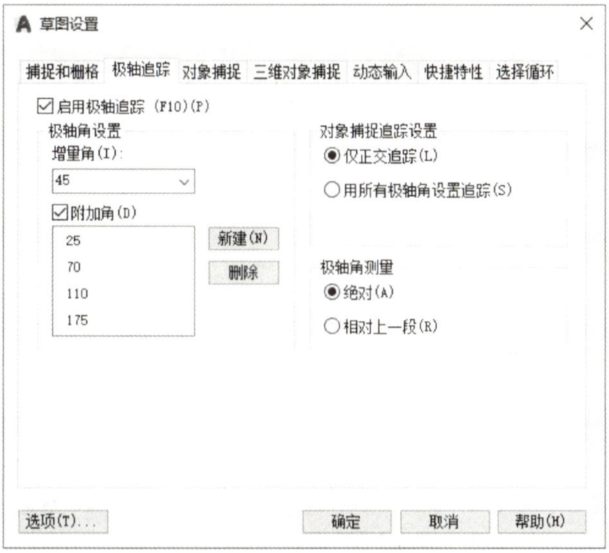

图 2–24 设置极轴追踪附加角

4. 示例

应用“极轴追踪”功能绘制如图 2–25 所示图形。

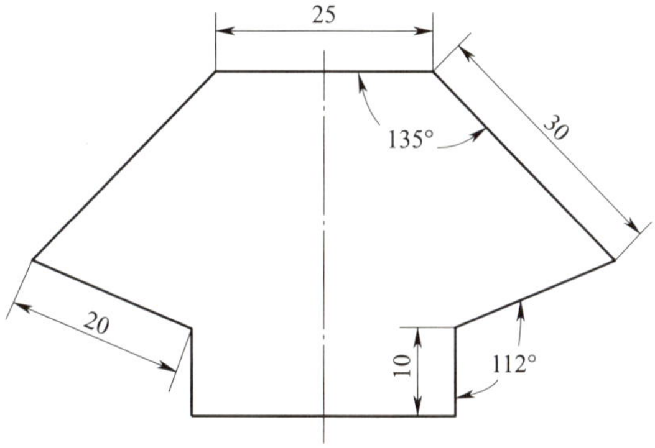

图 2–25 “极轴追踪”应用示例

设置“极轴追踪”增量角为“45，90，135，180...”，设置 22°和 338°附加角。绘制步骤如下：

命令：_line（执行“直线”命令）
指定第一个点：(在图形窗口指定线段的起点)
指定下一点或［放弃（U）］：10↙（沿 90°方向追踪，输入距离 10）

指定下一点或［退出（E）/ 放弃（U）］：20↙（沿 22°方向追踪，输入距离 20）

指定下一点或［关闭（C）/ 退出（X）/ 放弃（U）］：30↙（沿 135°方向追踪，输入距离 30）

指定下一点或［关闭（C）/ 退出（X）/ 放弃（U）］：25↙（沿 180°方向追踪，输入距离 25）

指定下一点或［关闭（C）/ 退出（X）/ 放弃（U）］：30↙（沿 225°方向追踪，输入距离 30）

指定下一点或［关闭（C）/ 退出（X）/ 放弃（U）］：20↙（沿 338°方向追踪，输入距离 20）

指定下一点或［关闭（C）/ 退出（X）/ 放弃（U）］：10↙（沿 270°方向追踪，输入距离 10）

指定下一点或［关闭（C）/ 退出（X）/ 放弃（U）］：c↙（输入 c，闭合图形）

三、移动

“移动”命令用于在不改变图形对象大小和形状的情况下，将图形对象从一个位置移动到另一位置。

1. 启动“移动”命令的方法

（1）功能区：单击“默认”选项卡上的“修改”面板中的“移动”命令按钮 。

（2）菜单栏：选择“修改”菜单中的“移动”命令。

（3）命令行：m（或 move）。

2. 示例

图 2-26a 所示圆的圆心与细点画线的左端点重合，应用“移动”命令，将该圆移动到细点画线的右侧，并使圆心与细点画线的右端点重合。操作步骤如下：

a)　　b)

图 2-26　移动圆

a）移动前　b）移动后

命令：_move（执行“移动”命令）

选择对象：找到 1 个（选择圆）

选择对象：↙（结束移动对象的拾取）

指定基点或［位移（D）］< 位移 >：（拾取圆心，作为移动基点）

指定第二个点或 < 使用第一个点作为位移 >：（移动光标，拾取细点画线右端点，作为移动的目标点）

移动结果如图 2-26b 所示。

3. “移动”命令中常用选项的功能

（1）基点

此选项通过两个特征点来确定对象的移动方向和移动距离，第一个点作为基点，第二个点作为目标点。此方式为系统默认的移动方式。

（2）位移

此选项通过输入一个位移矢量来移动对象，输入的位移矢量决定了被移动对象的移动距离和移动方向。

四、夹点

夹点指的是图形对象上的一些特征点，如端点、顶点、中点、中心点等，图形的位置和形状通常是由夹点的位置决定的，如图 2-27 所示。在 AutoCAD 中，夹点模式是一种集成的编辑模式，利用夹点可以编辑图形的大小、位置、方向以及对图形进行镜像复制操作等。

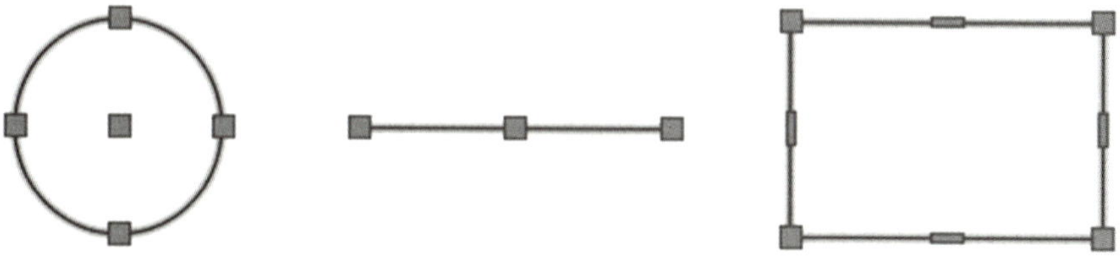

a）　　b）　　c）

图 2-27　图形对象的夹点

a）圆的夹点　b）线段的夹点　c）矩形的夹点

1. 使用夹点拉伸对象

（1）启用方法

在不执行任何命令的情况下，单击对象的一个夹点，系统自动将其作为拉伸的基点，即进入“拉伸”编辑模式。

（2）操作过程

通过移动夹点，就可以将图形对象拉伸至新位置，如图 2-28 所示。对于某些夹点，拖动时只能移动而不能拉伸，如文字、块、线段中点、圆心、椭圆中心和点对象上的夹点。

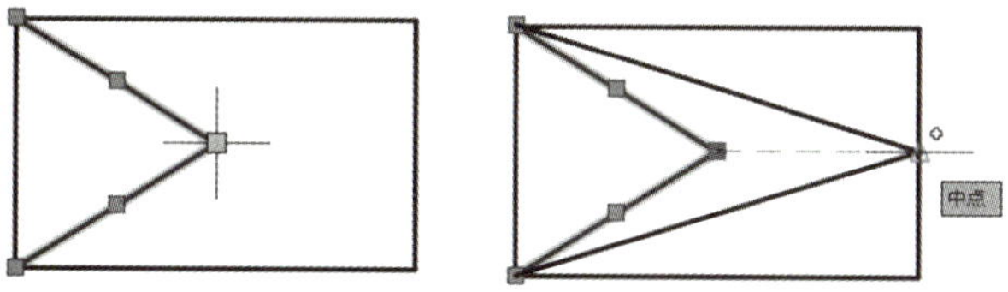

a）　　b）　　c）

图 2-28　使用夹点拉伸对象

a）选择夹点　b）拖动夹点　c）拉伸结果

（3）结束方法

单击空格键或 Enter 键进行确定，或单击鼠标右键，在弹出的快捷菜单中选择“确定”选项。

2. 使用夹点移动对象

（1）启用方法

1）方法一：选中一个夹点，按一次 Enter 键，即进入“移动”模式。

2）方法二：在夹点编辑模式下，确定基点后，输入扩展命令 m（移动）并按 Enter 键。

（2）操作过程

使用夹点移动对象，可以将对象从当前位置移动到新位置，如图 2-29 所示。

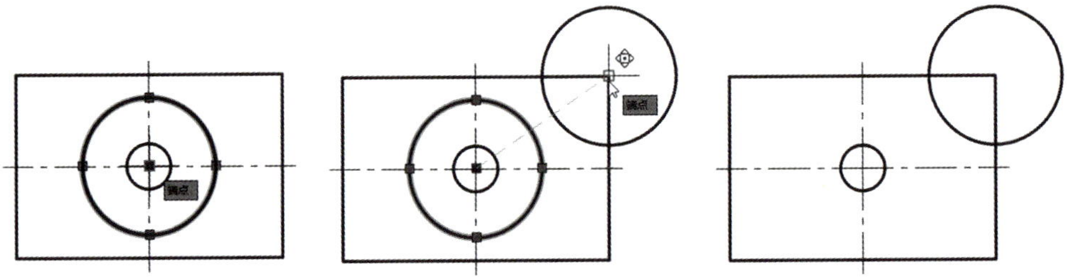

a)　　b)　　c)

图 2-29　使用夹点移动对象

a）选择夹点　b）按一次 Enter 键，拖动夹点　c）移动结果

（3）结束方法

单击空格键或 Enter 键进行确定，或单击鼠标右键，在弹出的快捷菜单中选择“确定”选项。

3. 使用夹点旋转对象

（1）启用方法

1）方法一：选中一个夹点，按两次 Enter 键，即进入“旋转”模式。

2）方法二：在夹点编辑模式下，确定基点后，输入扩展命令 ro（旋转）并按 Enter 键，选中的基点即为旋转基点。

（2）操作过程

执行上述操作，系统提示“指定旋转角度或［基点（B）/ 复制（C）/ 放弃（U）/ 参照（R）/ 退出（X）］：”。默认情况下，输入旋转角度或通过拖动方式确定旋转角度后，即可将对象绕基点旋转指定的角度，如图 2-30 所示。也可以选择“参照”选项，以参照方式旋转对象。

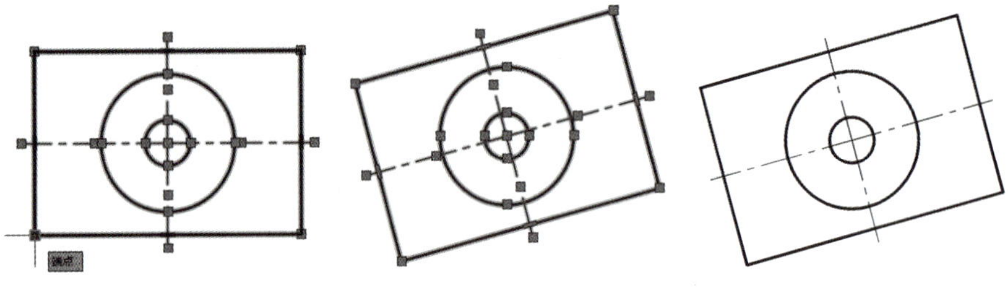

a)　　b)　　c)

图 2-30　使用夹点旋转对象

a）选择夹点　b）按两次 Enter 键，输入旋转角度 15°　c）旋转结果

（3）结束方法

单击空格键或 Enter 键进行确定，或单击鼠标右键，在弹出的快捷菜单中选择“确定”选项。

4. 使用夹点缩放对象

（1）启用方法

1）方法一：选中一个夹点，按三次 Enter 键，即进入“缩放”模式。

2）方法二：在夹点编辑模式下，确定基点后，输入扩展命令 sc（缩放）并按 Enter 键，选中的夹点即为缩放基点。

（2）操作过程

执行上述操作，系统提示“指定比例因子或［基点（B）/复制（C）/放弃（U）/参照（R）/退出（X）］：”。默认情况下，当确定了缩放比例因子后，AutoCAD 将相对于基点进行缩放对象操作。当比例因子大于 1 时放大对象，当比例因子大于 0 且小于 1 时缩小对象，如图 2–31 所示。

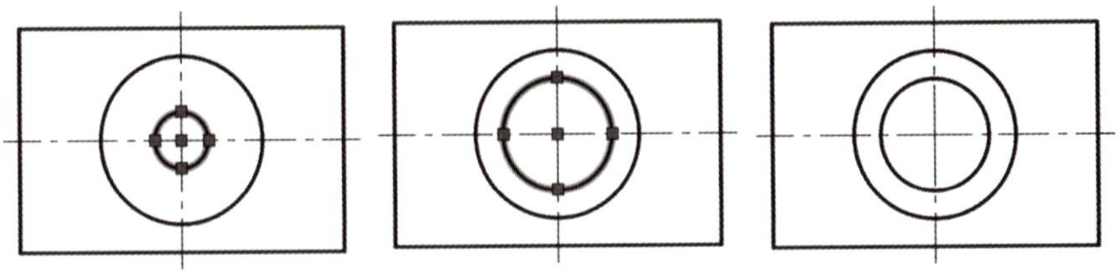

a) b) c)

图 2–31 使用夹点缩放对象

a）选择夹点 b）按三次 Enter 键后，输入缩放因子 2 c）缩放结果

（3）结束方法

单击空格键或 Enter 键进行确定，或单击鼠标右键，在弹出的快捷菜单中选择“确定”选项。

5. 使用夹点镜像对象

（1）启用方法

1）方法一：选中一个夹点，按四次 Enter 键，即进入“镜像”模式。

2）方法二：在夹点编辑模式下，确定基点后，输入扩展命令 mi（镜像）并按 Enter 键，选中的夹点即为缩放基点。

（2）操作过程

执行上述操作，系统提示“指定第二点或［基点（B）/复制（C）/放弃（U）/退出（X）］：”，当确定第二点后，AutoCAD 将以基点作为镜像线上的第一点，将对象镜像操作并删除源对象。若不删除源对象进行镜像操作，需要在指定第二点之前，输入“c”（复制）并按 Enter 键，如图 2–32 所示。

（3）结束方法

单击空格键或 Enter 键进行确定，或单击鼠标右键，在弹出的快捷菜单中选择“确定”选项。

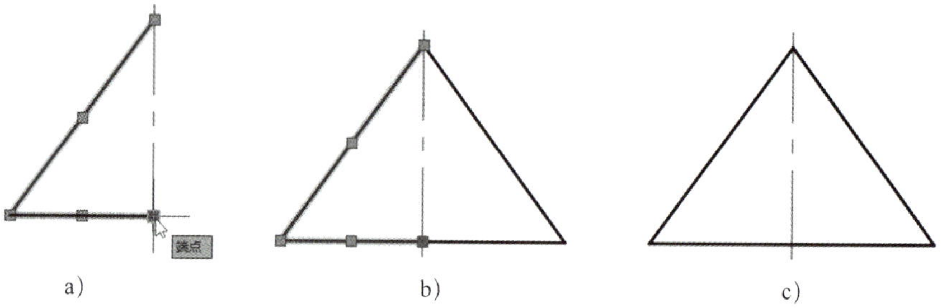

图 2-32 使用夹点镜像对象

a）选择夹点 b）使用夹点进行复制镜像操作 c）镜像结果

6．使用夹点复制对象

（1）启用方法

命令行：move → c。

（2）操作过程

选中夹点后，在命令行中输入 move（移动）并按 Enter 键，输入扩展命令 c（复制）并按 Enter 键，然后指定放置点即可（使用夹点复制功能，选定中心夹点进行拖动时需按住 Ctrl 键）。复制效果如图 2-33 所示。

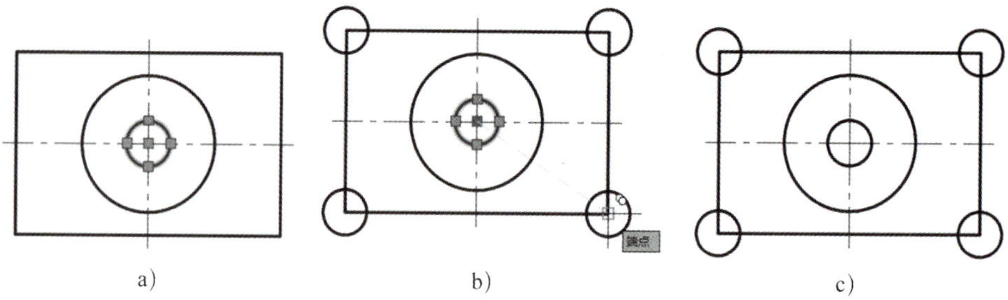

图 2-33 使用夹点复制对象

a）选择夹点 b）进入复制模式，指定放置点 c）复制结果

任务实施

1．绘制矩形

命令：_rectang（执行“矩形”命令）

指定第一个角点或 [倒角（C）/ 标高（E）/ 圆角（F）/ 厚度（T）/ 宽度（W）]：（用鼠标左键在图形窗口指定矩形第一个角点）

指定另一个角点或 [面积（A）/ 尺寸（D）/ 旋转（R）]：

指定另一个角点或 [面积（A）/ 尺寸（D）/ 旋转（R）]：@60，40↙（输入另一个角点相对直角坐标，按 Enter 键确定）

执行上述操作，结果如图 2–34 所示。

图 2–34 绘制矩形

2. 绘制平行四边形

（1）绘制平行四边形底边、高和对边

命令：_line（执行“直线”命令）
指定第一个点：（用鼠标左键在图形窗口指定底边起点）
指定下一点或［放弃（U）］：60↙（水平向右移动光标，输入 60）
指定下一点或［退出（E）/ 放弃（U）］：40↙（竖直向上移动光标，输入 40）
指定下一点或［关闭（C）/ 退出（X）/ 放弃（U）］：60↙（水平向左移动光标，输入 60）
指定下一点或［关闭（C）/ 退出（X）/ 放弃（U）］：（按 Enter 键或空格键退出“直线”命令）

执行上述操作，结果如图 2–35a 所示。

（2）绘制左侧斜边

命令：_line（执行“直线”命令）
指定第一个点：（捕捉底边左侧端点为起点）
指定下一点或［放弃（U）］：（沿 60° 方向追踪，捕捉 60° 追踪线与对边的交点，如图 2–35b 所示）
指定下一点或［退出（E）/ 放弃（U）］：（按 Esc 键退出“直线”命令）

执行上述操作，结果如图 2–35c 所示。

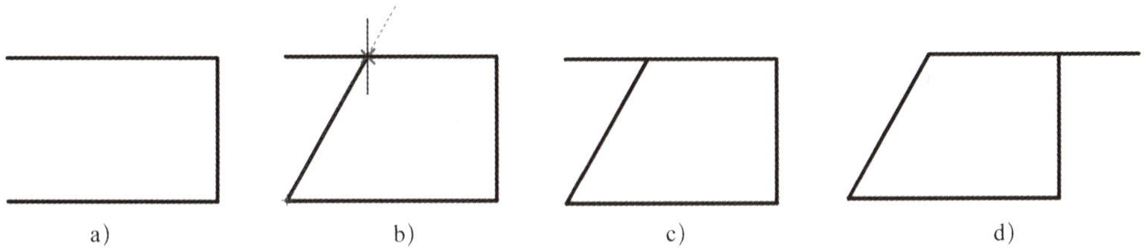

图 2–35 平行四边形绘制过程
a）绘制平行四边形底边、高和对边 b）沿 60° 追踪
c）绘制左斜边 d）移动对边

（3）移动对边

命令：_move（执行“移动”命令）
选择对象：找到一个（拾取对边）
选择对象：（按 Enter 键，确定移动对象）
指定基点或［位移（D）］<位移>：（指定对边左端点为基点）
指定第二个点或<使用第一个点作为位移>：（移动光标，拾取斜边上端点为移动的终点）

执行上述操作，结果如图 2–35d 所示。

（4）拉伸平行四边形的高形成右斜边

不执行任何命令，选择平行四边形的高，拾取上端夹点，将其拉伸至平行四边形对边的右端点，如图 2–36a 所示，单击鼠标左键确认，并按 Esc 键退出夹点编辑。绘制的平行四边形如图 2–36b 所示。

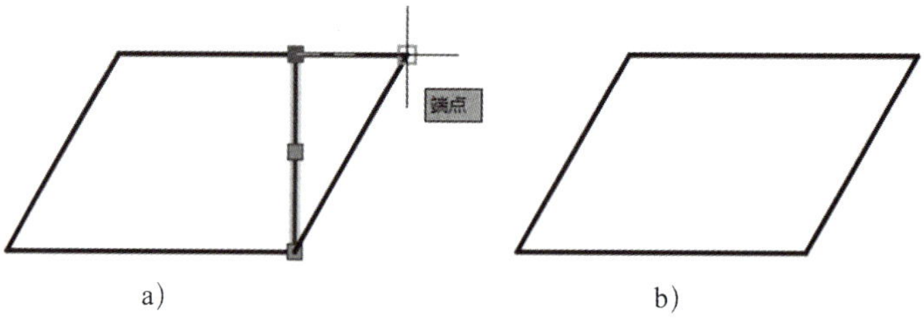

图 2–36　拉伸平行四边形的高形成右斜边

a）拉伸平行四边形的高　b）平行四边形

3．绘制等腰梯形

（1）绘制 30 mm × 40 mm 的矩形

命令：_rectang（执行“矩形”命令）

指定第一个角点或［倒角（C）/ 标高（E）/ 圆角（F）/ 厚度（T）/ 宽度（W）］：（在图形窗口确定第一个角点）

指定另一个角点或［面积（A）/ 尺寸（D）/ 旋转（R）］：@30，40↙（输入第二个角点的相对直角坐标）

执行上述操作，结果如图 2–37a 所示。

（2）应用夹点编辑功能，拉伸矩形形成等腰梯形

不执行任何命令，拾取矩形，以左下角点为基点，水平向左拉伸（见图 2–37b），输入拉伸距离 15 mm，结果如图 2–37c 所示。按照上述方法，向右拉伸右下角点，拉伸距离 15 mm，按 Esc 键退出夹点编辑，结果如图 2–37d 所示。

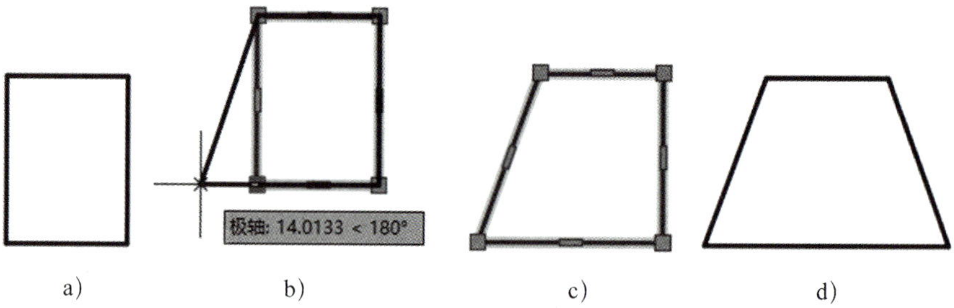

图 2–37　绘制等腰梯形

a）绘制 30 mm × 40 mm 矩形　b）向左拉伸左下角点

c）拉伸左下角点结果　d）绘制结果

任务 4 绘制五角星

学习目标

1. 掌握“多边形”命令的应用。
2. 掌握“修剪”命令的应用。
3. 掌握五角星的绘制方法。

任务引入

本任务要求绘制如图 2–38 所示五角星，其相邻两顶点的距离为 40 mm。通过绘制图形，掌握“多边形”和“修剪”命令的应用。

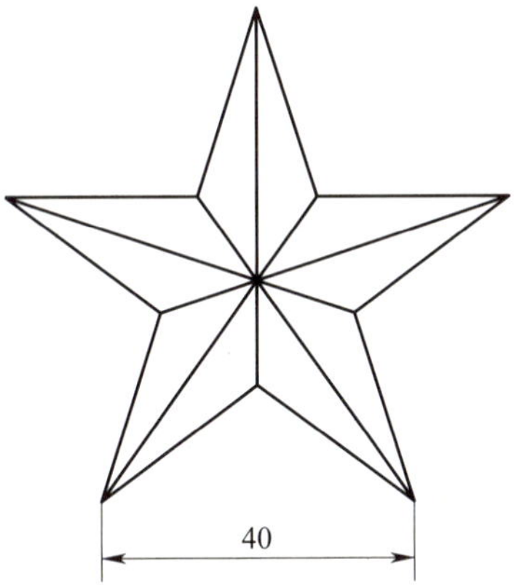

图 2–38 五角星

相关知识

一、正多边形

正多边形是指二维平面内各边相等、各角也相等的封闭图形，如正三角形、正五边形、正六边形、正八边形等。绘制正多边形可用“多边形”命令。

1. 启动“多边形”命令的方法

（1）功能区：单击“默认”→“绘图”→“多边形”按钮⬠。

（2）菜单栏：选择“绘图”→“多边形”命令。

（3）命令行：pol（或 polygon）。

2．操作步骤

```
命令：_polygon（执行“多边形”命令）
输入侧面数<4>：（指定多边形的边数，默认值为 4）
指定正多边形的中心点或［边（E）］：（指定中心点）
输入选项［内接于圆（I）/ 外切于圆（C）］<I>：（指定绘制多边形的方式）
指定圆的半径：（指定外接圆或内切圆的半径）
```

3．选项说明

（1）边数：指定多边形的边数，多边形的边数范围为 3 ～ 1 024，默认值为 4。

（2）正多边形的中心点：用于指定正多边形的中心点的位置。

（3）内接于圆：指定外接圆的半径，正多边形的所有顶点都在此圆周上，如图 2–39a 所示。

（4）外切于圆：指定从正多边形中心点到各边中点的距离，如图 2–39b 所示。

（5）边：通过指定第一条边的端点来定义正多边形。

提示：（1）当用定点方式确定圆的半径时，点的位置决定了正多边形的旋转角度和尺寸。

（2）在绘制正多边形时，当选定中心点位置后，屏幕上会自动弹出“输入选项”卡（见图 2–40），单击其中的某个选项，即可确定所绘制正多边形是内接于圆还是外切于圆。

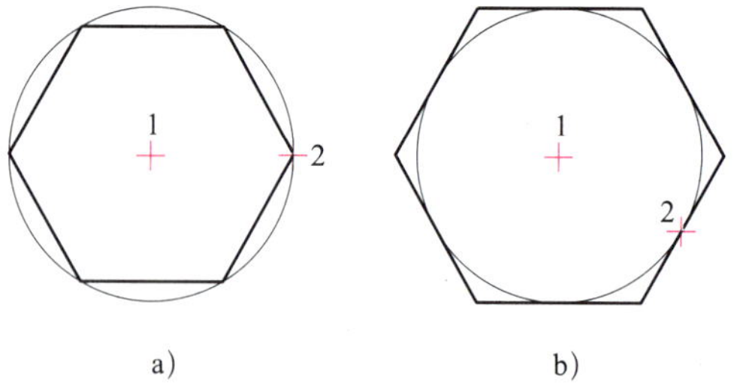

图 2–39 绘制正多边形

a）内接于圆方式绘制正六边形 b）外切于圆方式绘制正六边形

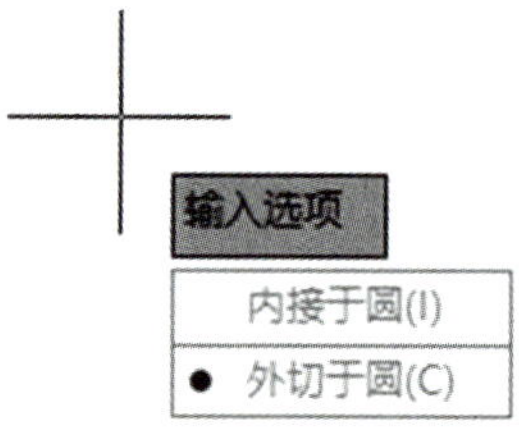

图 2–40 正多边形的“输入选项”卡

二、修剪

“修剪”命令用于沿指定的修剪边界修剪掉目标对象中不需要的部分，所选的修剪边界可以是圆弧、直线以及样条曲线等。在修剪对象时，边界必须与修剪对象相交，或与其延长线相交。

1．启动“修剪”命令的方法

（1）功能区：单击“默认”→“修改”→“修剪”按钮 -/--。

（2）菜单栏：选择“修改”→“修剪”命令。

（3）命令行：tr（或 trim）。

2．操作步骤

```
命令：_trim（执行“修剪”命令）
```

当前设置：投影 =UCS，边 = 无

选择剪切边 ...

选择对象或 <全部选择>：找到 1 个（选择一个或多个对象并按 Enter 键，或者按 Enter 键选择所有显示的对象）

选择要修剪的对象或按住 Shift 键选择要延伸的对象，或者 [栏选（F）/ 窗交（C）/ 投影（P）/ 边（E）/ 删除（R）]：（选择要修剪的对象）

3．选项说明

（1）在选择要修剪的对象时，如果按住 Shift 键，系统会自动将“修剪”命令转换成“延伸”命令。“延伸”命令将在后面模块中介绍。

（2）选择“边（E）”选项时，系统提示“输入隐含边延伸模式 [延伸（E）/ 不延伸（N）] < 不延伸 >：”，可以选择对象的修剪方式。

1）延伸：延伸边界进行修剪。在此方式下，如果修剪边没有与要修剪的对象相交，系统会自动延伸修剪边，直至与对象相交，然后再修剪，如图 2–41 所示。

2）不延伸：不延伸边界修剪对象，只修剪与修剪边相交的对象。

（3）栏选：选择该选项时，系统以栏选的方式选择被修剪对象，如图 2–42 所示。

（4）窗交：选择该选项时，系统以窗交的方式选择被修剪的对象，如图 2–43 所示。

（5）投影：指定修剪对象时使用的投影方式。

1）无：指定无投影。该命令只修剪与三维空间中的剪切边相交的对象。

2）UCS：指定在当前用户坐标系 *XY* 平面上的投影。该命令将修剪不与三维空间中的剪切边相交的对象。

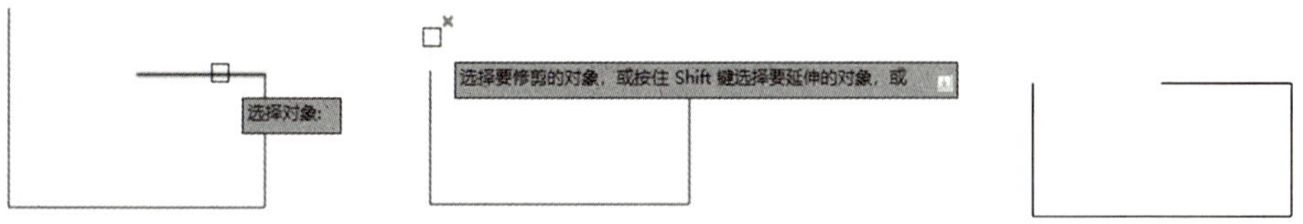

a） b） c）

图 2–41 延伸方式修剪对象

a）选择剪切边 b）选择要修剪的对象 c）修剪后的结果

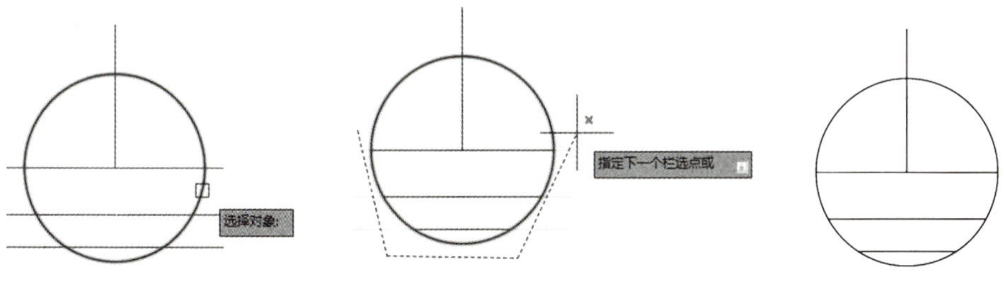

a） b） c）

图 2–42 栏选修剪对象

a）选择修剪边 b）使用栏选选定要修剪的对象 c）修剪结果

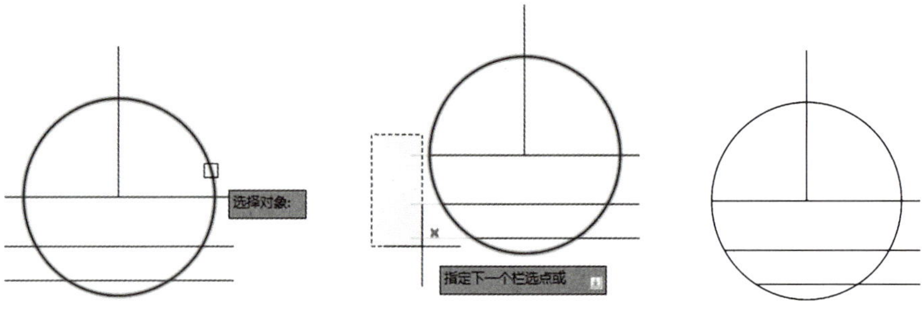

a)　　　　b)　　　　c)

图 2-43　窗交选择修剪对象

a）选定修剪边　b）使用窗交选择要修剪的对象　c）修剪结果

3）视图：指定沿当前观察方向的投影。该命令将修剪与当前视图中的边界相交的对象。

（6）删除：删除选定的对象。此选项提供了一种用来删除不需要的对象的简便方式，无须退出 trim 命令。

（7）放弃：撤销由 trim 命令所做的最近一次更改。

4. 示例

利用“修剪”命令修剪如图 2-44a 所示图形，得到如图 2-44c 所示图形。

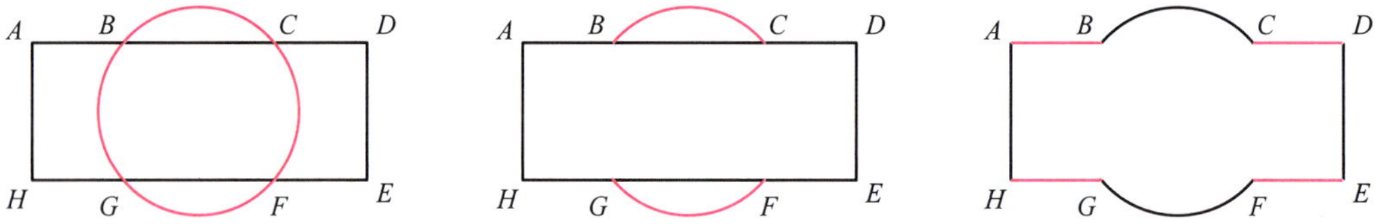

a)　　　　b)　　　　c)

图 2-44　修剪图形

a）修剪前　b）修剪圆弧　c）修剪线段

（1）用“修剪”命令修剪圆弧 $\overset{\frown}{BG}$ 和 $\overset{\frown}{CF}$

启动“修剪”命令，系统给出如下提示。

命令: _trim（执行“修剪”命令）

当前设置：投影 = UCS，边 = 无

选择剪切边 ...

选择对象或 < 全部选择 >：找到 1 个（选择线段 *AD* 为剪切边）

选择对象：找到 1 个，总计 2 个（选择线段 *HE* 为剪切边）

选择对象：↙（按 Enter 键结束剪切边界选择）

选择要修剪的对象，或按住 Shift 键选择要延伸的对象，或［栏选（F）/ 窗交（C）/ 投影（P）/ 边（E）/ 删除（R）/ 放弃（U）］：（选择要修剪的圆弧 $\overset{\frown}{BG}$）

选择要修剪的对象，或按住 Shift 键选择要延伸的对象，或［栏选（F）/ 窗交（C）/ 投影（P）/ 边（E）/ 删除（R）/ 放弃（U）］：（选择要修剪的圆弧 $\overset{\frown}{CF}$）

选择要修剪的对象，或按住 Shift 键选择要延伸的对象，或［栏选（F）/ 窗交（C）/ 投影（P）/ 边（E）/ 删除（R）/ 放弃（U）]：↙（按 Enter 键，结束修剪操作）

修剪结果如图 2-44b 所示。

（2）用“修剪”命令修剪线段 *BC* 和 *GF*

用同样的方法完成线段 *BC* 和 *GF* 的修剪，如图 2-44c 所示。

任务实施

1．绘制边长为 40 mm 的正五边形。

命令：pol ↙（执行“多边形”命令）

POLYGON

输入侧面数 <4>：5 ↙（输入边数 5）

指定正多边形的中心点或［边（E）]：e ↙（选择“边”选项）

指定边的第一个端点：（在屏幕上指定边的起点）

指定边的第二个端点：40 ↙（水平向右移动光标，输入 40）

执行上述操作，绘制出如图 2-45a 所示正五边形。

2．应用“直线”命令，依次连接正五边形相隔点，结果如图 2-45b 所示。

3．应用“删除”命令删除正五边形，结果如图 2-45c 所示。

4．修剪多余线条。

命令：tr ↙（执行“修剪”命令）

TRIM

当前设置：投影 =UCS，边 = 无

选择剪切边 ...

选择对象或 < 全部选择 >：↙（按 Enter 键，选择全部对象）

选择要修剪的对象，或按住 Shift 键选择要延伸的对象，或者［栏选（F）/ 窗交（C）/ 投影（P）/ 边（E）/ 删除（R）]：（选择 *AB* 线段）

选择要修剪的对象，或按住 Shift 键选择要延伸的对象，或［栏选（F）/ 窗交（C）/ 投影（P）/ 边（E）/ 删除（R）/ 放弃（U）]：（选择 *BC* 线段）

选择要修剪的对象，或按住 Shift 键选择要延伸的对象，或［栏选（F）/ 窗交（C）/ 投影（P）/ 边（E）/ 删除（R）/ 放弃（U）]：（选择 *CD* 线段）

选择要修剪的对象，或按住 Shift 键选择要延伸的对象，或［栏选（F）/ 窗交（C）/ 投影（P）/ 边（E）/ 删除（R）/ 放弃（U）]：（选择 *DE* 线段）

选择要修剪的对象，或按住 Shift 键选择要延伸的对象，或［栏选（F）/ 窗交（C）/ 投影（P）/ 边（E）/ 删除（R）/ 放弃（U）]：（选择 *AE* 线段）

选择要修剪的对象，或按住 Shift 键选择要延伸的对象，或［栏选（F）/ 窗交（C）/ 投影（P）/ 边（E）/ 删除（R）/ 放弃（U）]：↙（按 Enter 键结束修剪）

执行上述操作，结果如图 2–45d 所示。

5．应用“直线”命令，绘制对角点连接线，五角星绘制完毕，如图 2–45e 所示。

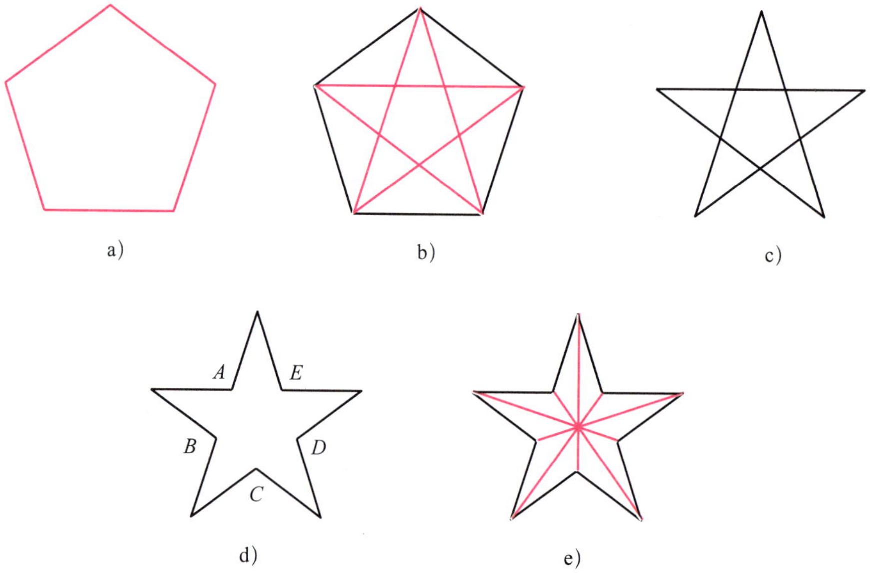

图 2–45　五角星绘制过程

a）绘制正五边形　b）绘制相隔点连接线　c）删除正五边形

d）修剪多余线条　e）绘制对角点连接线

任务 5　绘制密封板平面图

学习目标

1．掌握“偏移”命令的应用。

2．掌握“镜像”命令的应用。

3．掌握“打断”命令的应用

4．能应用 AutoCAD 绘制密封板平面图。

任务引入

绘制平面图时，应该首先对图形进行线段和尺寸分析，根据定形尺寸和定位尺寸，判断出已知线段、中间线段和连接线段，再按已知线段、中间线段、连接线段的绘图顺序完成图形的绘制。

本任务要求绘制图 2-46 所示密封板平面图，图中已知线段为中心 ϕ25 mm 圆、ϕ40 mm 圆弧、两个 R5 mm 圆弧、凹槽直线轮廓以及两端的四条竖直线段；连接线段为密封板外轮廓四条斜线段。该图形属于上下、左右对称图形，可以利用 AutoCAD 中的“偏移”和“镜像”命令绘制该图形。

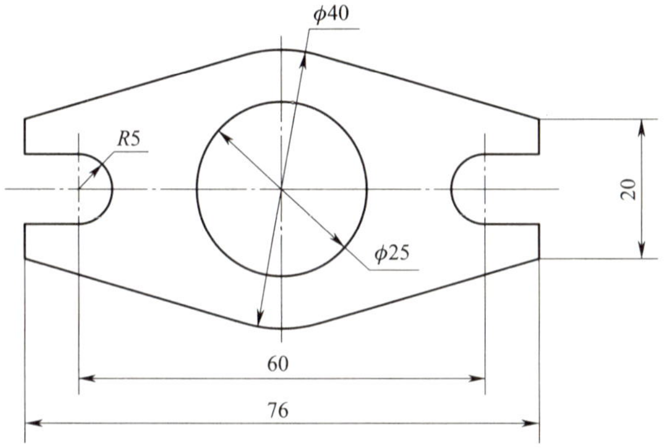

图 2-46 密封板平面图

相关知识

一、偏移

在 AutoCAD 中，可以使用“偏移”命令，在指定距离或通过一个点偏移对象。对指定的圆弧、圆等对象做同心偏移复制，根据偏移距离的不同，形状不发生变化，但其大小重新计算，如图 2-47a、b 所示。可将直线看作平行复制，如图 2-47c 所示。在实际应用中，常利用“偏移”命令的特性创建同心圆、平行线或等距离曲线。

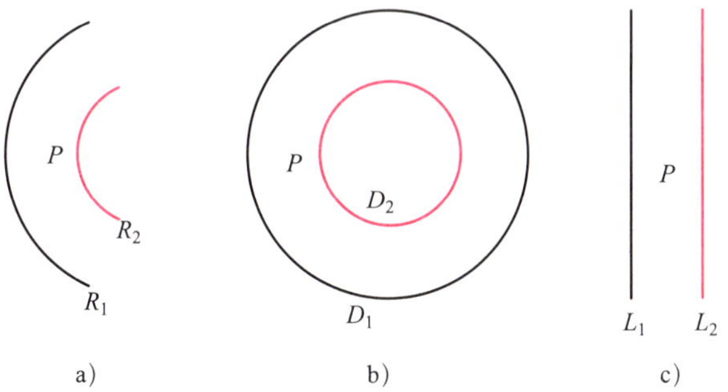

图 2-47 偏移对象示例

a）圆弧偏移 b）圆偏移 c）直线偏移

注意：图 2-47 中的 R_1、D_1、L_1 为偏移前的源对象，R_2、D_2、L_2 为偏移后生成的对象，P 为偏移方位。

1. 命令执行方法

（1）功能区：单击“默认”→“修改”→“偏移”按钮。

（2）菜单栏：选择“修改”→“偏移”命令。

（3）命令行：o（或 offset）。

2. 操作步骤

命令：o↙（执行“偏移”命令）

OFFSET

当前设置：删除源 = 否　图层 = 源　OFFSETGAPTYPE=0

指定偏移距离或［通过（T）/ 删除（E）/ 图层（L）］<10.0000>：（指定偏移距离）

选择要偏移的对象，或［退出（E）/ 放弃（U）］< 退出 >：（选择要偏移的对象）

指定要偏移的那一侧上的点，或［退出（E）/ 多个（M）/ 放弃（U）］< 退出 >：（指定要偏移的那一侧）

选择要偏移的对象，或［退出（E）/ 放弃（U）］< 退出 >：↙（按 Enter 键退出偏移操作）

3. 选项说明

（1）指定偏移距离：在距现有对象指定的距离处创建对象。

1）退出：退出 offset 命令。

2）多个：输入“多个”偏移模式，将使用当前偏移距离重复进行偏移操作。

3）放弃：放弃前一个偏移。

（2）通过：创建通过指定点的对象。

（3）删除：偏移源对象后将源对象删除。

（4）图层：确定将偏移对象创建在当前图层上还是源对象所在的图层上。

提示：为了使用方便，offset 命令是重复的。要退出该命令，需按 Enter 键。

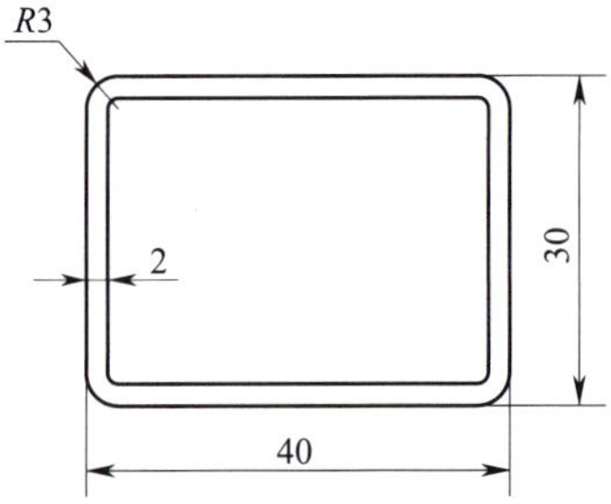

图 2-48　某容器俯视图

4. 示例

绘制如图 2-48 所示某容器俯视图。绘图步骤如下：

命令：_rectang（执行“矩形”命令）

指定第一个角点或［倒角（C）/ 标高（E）/ 圆角（F）/ 厚度（T）/ 宽度（W）］：f↙（选择“圆角”选项）

指定矩形的圆角半径 <0.0000>：3↙（输入圆角半径）

指定第一个角点或［倒角（C）/ 标高（E）/ 圆角（F）/ 厚度（T）/ 宽度（W）］：（在图形窗口确定矩形的第一个角点）

指定另一个角点或［面积（A）/ 尺寸（D）/ 旋转（R）］：@40，30↙（指定矩形的另一个角点）

执行上述操作，绘制出带有圆角（半径为 3 mm）的矩形。

命令：o↙（执行“偏移”命令）
OFFSET
当前设置：删除源 = 否　图层 = 源　OFFSETGAPTYPE=0
指定偏移距离或［通过（T）/ 删除（E）/ 图层（L）］<2.0000>：2↙（指定偏移距离）
选择要偏移的对象，或［退出（E）/ 放弃（U）］<退出>：（选择矩形作为偏移的对象）
指定要偏移的那一侧上的点，或［退出（E）/ 多个（M）/ 放弃（U）］<退出>：（指定矩形内部为偏移的那一侧）
选择要偏移的对象，或［退出（E）/ 放弃（U）］<退出>：↙（按 Enter 键，结束偏移操作）

执行上述操作，则完成某容器内壁轮廓的绘制。

二、镜像

在 AutoCAD 中，可以使用“镜像”命令，将对象以镜像线为对称中心线对称复制。

1. 命令执行方法

（1）菜单栏：选择“修改”→“镜像”命令（mirror）。

（2）功能区：单击“默认”→“修改”→“镜像”按钮。

（3）命令行：mi（或 mirror）。

2. 操作步骤

命令：_mirror（执行“镜像”命令）
选择对象：（选择要镜像的对象）
选择对象：↙（按 Enter 键结束选择或继续选择对象）
指定镜像线的第一点：（指定镜像线的第一点）
指定镜像线的第二点：（指定镜像线的第二点）
要删除源对象吗？［是（Y）/ 否（N）］<N>：↙（按 Enter 键确认）

执行上述操作，系统完成镜像对象。如图 2–49 所示，P_1 为镜像前的源对象，P_2 为镜像生成的对象，*AB* 轴为镜像线。当系统提示“要删除源对象吗？［是（Y）/ 否（N）］<N>：”信息时，如果直接按 Enter 键确认，则镜像对象 P_2，并保留原来的对象 P_1；如果输入 Y 并确认，则在镜像对象 P_2 的同时删除源对象 P_1。

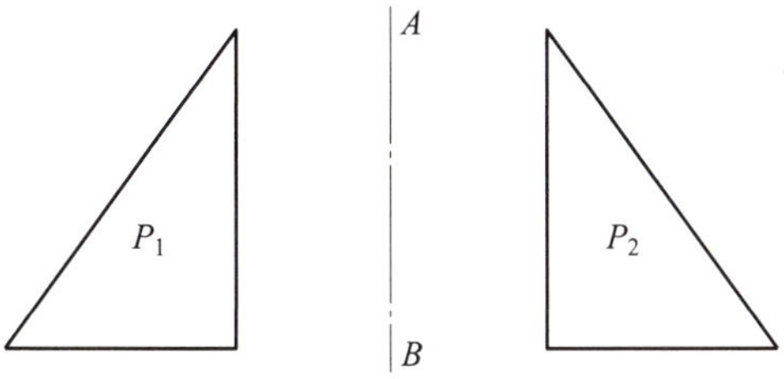

图 2–49　镜像对象示例

提示：在 AutoCAD 2020 中，使用系统变量 mirrtext 可以控制文字对象的镜像方向。如果 mirrtext 值为 0，则文字对象方向不镜像，如图 2–50a 所示；如果 mirrtext 值为 1，则文字对象完全镜像，镜像出来的文字变得不可读，如图 2–50b 所示。

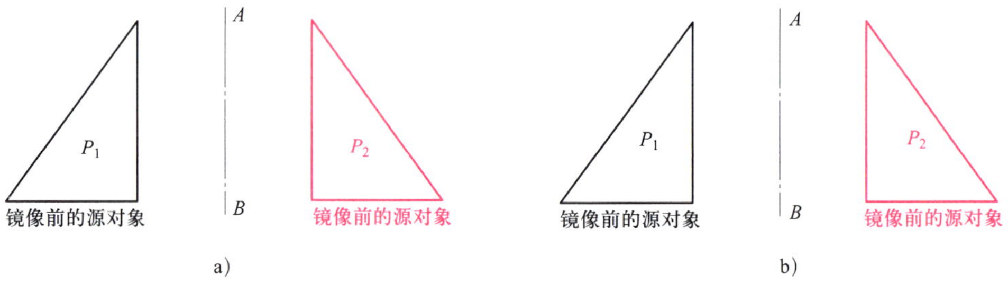

图 2–50 文字对象镜像示例

a）mirrtext 值为 0 时文字镜像结果　b）mirrtext 值为 1 时文字镜像结果

三、打断

在 AutoCAD 中，“打断”命令通过指定两点将对象上两点间的部分删除。还可以使用“打断于点”命令将对象在某一点处打断成两个对象。

1. 打断对象

（1）命令执行方法

1）菜单栏：选择“修改”→“打断”命令（break）。

2）功能区：单击“默认”→“修改”→“打断”按钮。

3）命令行：br（或 break）。

（2）操作步骤

命令：_break（执行“打断”命令）
选择对象：（选择打断对象）
指定第二个打断点或［第一点（F）］：（指定第二个打断点）

如果使用定点设备选择对象，选择对象并将选择点视为第一个打断点。在下一个提示下，可以继续指定第二个打断点或替换第一个打断点。两个指定点之间的对象部分将被删除，如图 2–51 所示。

另外，在打断圆或圆弧时，由于圆和圆弧有旋转方向性，断开的部分是从打断点 1 到打断点 2 之间沿逆时针方向旋转的部分，所以指定第一点时应考虑删除段的位置，如图 2–52b、c 所示。图 2–52a 为打断对象，图 2–52b 为经 *A* 点至 *B* 点沿逆时针方向打断对象后的结果，图 2–52c 为经 *B* 点至 *A* 点沿逆时针方向打断对象后的结果。

2. 打断于点

在“修改”工具栏中单击“打断于点”按钮，可以将对象在一点处打断成两个对象，它是从“打断”命令中派生出来的。执行该命令时，需要选择要被打断的对象，然后指定打断点，即可从该点打断对象。结束命令后，在选取点处被打断的对象以指定的分界点打断为两个实体，外观上没有任何变化，此时可以利用选择对象的夹点显示来辨识是否已打断。

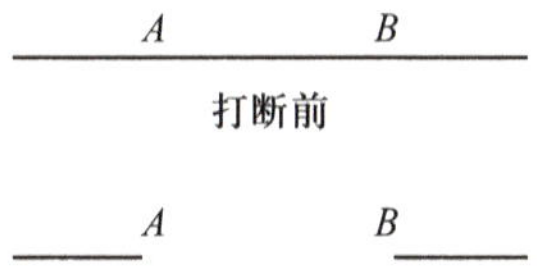

图 2-51 打断示例

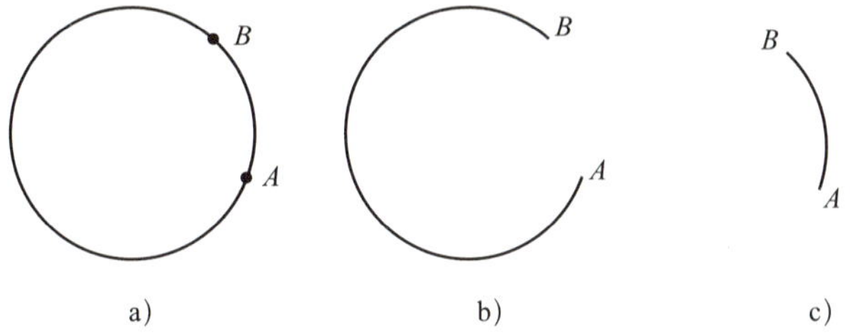

图 2-52 打断圆弧示例

a）打断对象 b）沿逆时针方向打断对象 c）沿逆时针方向打断对象

任务实施

1. 绘制中心线

（1）设置当前图层

启动 AutoCAD 2020，打开“机械绘图”图形样板，将“细点画线”图层置为当前图层。

（2）绘制水平和竖直中心线

应用“直线”命令绘制长为 80 mm 的水平中心线和长为 46 mm 的竖直中心线，如图 2-53 所示。

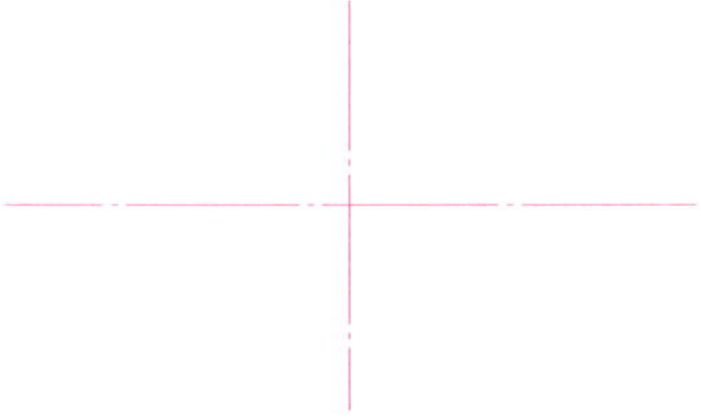

图 2-53 绘制中心线

（3）绘制左、右两侧 *R*5 mm 圆弧的竖直圆心定位线

命令：o↙（执行“偏移”命令）

OFFSET

当前设置：删除源 = 否 图层 = 源 OFFSETGAPTYPE=0

指定偏移距离或［通过（T）/ 删除（E）/ 图层（L）］< 通过 >：30↙（指定偏移距离）

选择要偏移的对象，或［退出（E）/ 放弃（U）］< 退出 >：（选择 46 mm 长的竖直中心线）

指定要偏移的那一侧上的点，或［退出（E）/ 多个（M）/ 放弃（U）］< 退出 >：（指定竖直中心线左侧，则偏移复制出左侧 *R*5 mm 圆弧的竖直圆心定位线）

选择要偏移的对象，或［退出（E）/ 放弃（U）］< 退出 >：（选择 46 mm 长的竖直中心线）

指定要偏移的那一侧上的点，或［退出（E）/ 多个（M）/ 放弃（U）］< 退出 >：（指定竖直中心线右侧，则偏移复制出右侧 *R*5 mm 圆弧的竖直圆心定位线）

选择要偏移的对象，或［退出（E）/ 放弃（U）］< 退出 >：↙（按 Enter 键退出偏移操作）

执行上述操作，结果如图 2–54 所示。

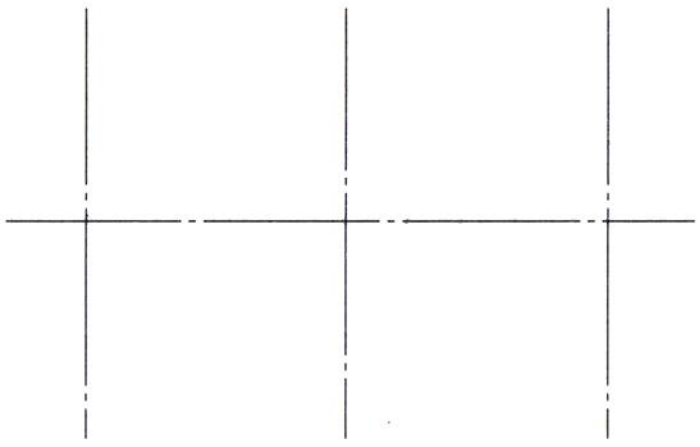

图 2–54 绘制左右两侧 $R5$ mm 圆弧的竖直圆心定位线

2. 绘制 $\phi25$ mm、$\phi40$ mm 同心圆及两侧 $R5$ mm 圆

（1）设置当前图层

将“粗实线”图层设为当前图层。

（2）绘制 $\phi25$ mm、$\phi40$ mm 两同心圆

命令：c↙（执行“圆”命令）

CIRCLE

指定圆的圆心或［三点（3P）/ 两点（2P）/ 切点、切点、半径（T）］：（拾取水平中心线与竖直中心线的交点作为圆心）

指定圆的半径或［直径（D）］<12.5000>：12.5↙（指定圆的半径）

命令：↙（按 Enter 键或空格键重复“圆”命令）

CIRCLE

指定圆的圆心或［三点（3P）/ 两点（2P）/ 切点、切点、半径（T）］：（拾取水平中心线与竖直中心线的交点作为圆心）

指定圆的半径或［直径（D）］<12.5000>：20↙（指定圆的半径）

执行上述操作，则绘制出 $\phi25$ mm 和 $\phi40$ mm 圆，如图 2–55a 所示。

（3）绘制两侧 $R5$ mm 圆

按 Enter 键重复“圆”命令，绘制出两侧 $R5$ mm 的圆，如图 2–55b 所示。

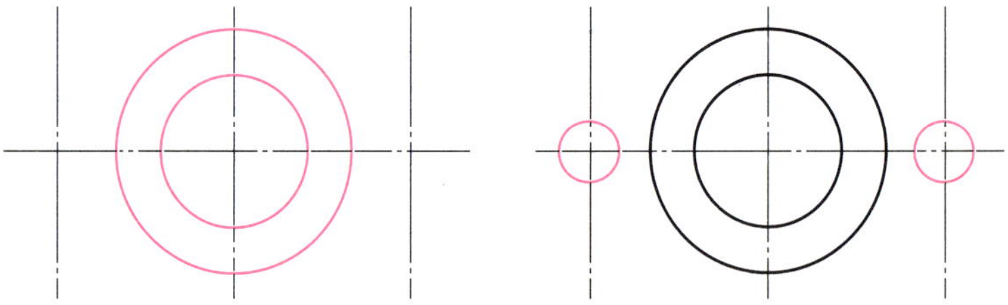

a）　　　　b）

图 2–55 绘制 $\phi25$ mm、$\phi40$ mm 同心圆及两侧 $R5$ mm 圆

a）绘制 $\phi25$ mm 和 $\phi40$ mm 同心圆　b）绘制两侧 $R5$ mm 圆

一般情况下，绘制的圆或其他曲线在屏幕上显示得非常不光滑，可通过设置当前视口中对象的分辨率来改变显示质量。

命令：viewres ↙
是否需要快速缩放［是（Y）/ 否（N）］<Y>：↙（按 Enter 键确认）
输入圆的缩放百分比（1–20000）< 当前值 >：（输入 1 到 20000 之间的整数，并按 Enter 键重新生成模型）

viewres 使用短矢量控制圆、圆弧、样条曲线和多段线弧的外观。矢量数目越大，圆或圆弧的外观越平滑。例如，如果创建了一个很小的圆然后将其放大，它可能显示为一个多边形。使用 viewres 增大缩放百分比并重新生成图形，可以更新圆的外观并使其平滑。减小缩放百分比会有相反的效果。

3．绘制槽及外形线段轮廓

（1）绘制右侧上部线段轮廓

命令：_line（执行“直线”命令）
指定第一个点：（捕捉右侧 *R*5 mm 圆与其竖直中心线的交点，如图 2–56a 所示）
指定下一点或［放弃（U）］：8 ↙（水平向右移动光标，输入距离 8，如图 2–56b 所示）
指定下一点或［退出（E）/ 放弃（U）］：5 ↙（竖直向上移动光标，输入距离 5）
指定下一点或［关闭（C）/ 退出（X）/ 放弃（U）］：（捕捉 ϕ40 mm 圆上的切点，如图 2–56c 所示）
指定下一点或［关闭（C）/ 退出（X）/ 放弃（U）］：↙（按 Enter 键退出命令）

执行上述操作，结果如图 2–56d 所示。

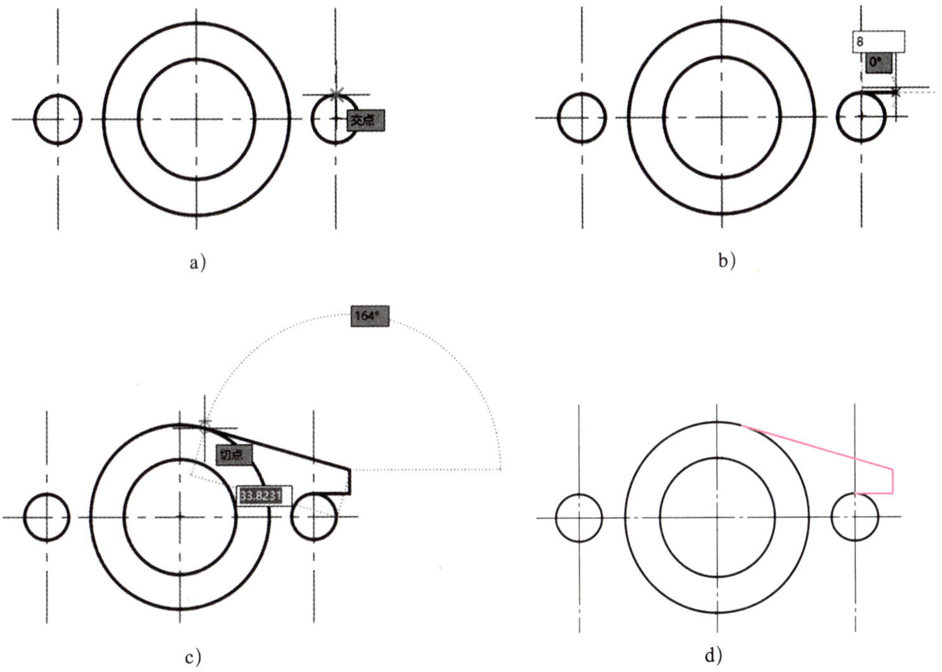

图 2–56 绘制右上侧线段轮廓

a）捕捉交点 b）绘制 8 mm 长的水平线段 c）捕捉 ϕ40 mm 圆切点 d）结果

（2）上下镜像

命令：_mirror（执行“镜像”命令）
选择对象：找到 1 个（选择 8 mm 水平线段）
选择对象：找到 1 个，总计 2 个（选择 5 mm 竖直线段）
选择对象：找到 1 个，总计 3 个（选择与 ϕ40 mm 圆相切的斜线段）
选择对象：↙（按 Enter 键结束选择镜像对象）
指定镜像线的第一点：（指定水平中心线左侧端点）
指定镜像线的第二点：（指定水平中心线右侧端点）
要删除源对象吗？［是（Y）/ 否（N）］<否>：↙（直接按 Enter 键确定）

执行上述操作，结果如图 2–57a 所示。

（3）左右镜像

再利用“镜像”命令，将右侧六条线段进行左右镜像，结果如图 2–57b 所示。

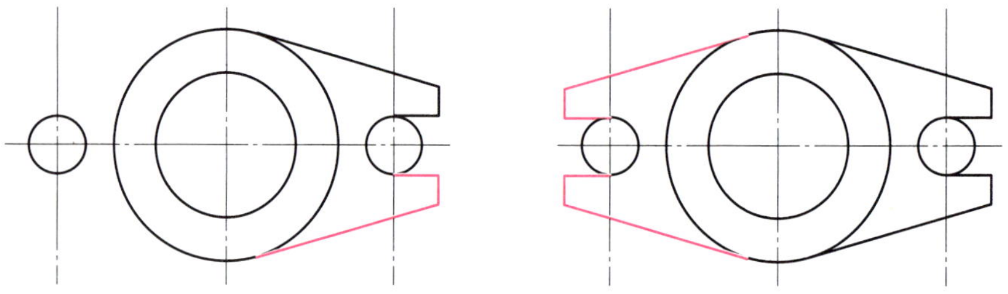

a)　　b)

图 2–57　镜像

a）上下镜像　b）左右镜像

4. 编辑图形

（1）修剪多余的轮廓线

命令：_trim（执行“修剪”命令）
当前设置：投影 =UCS，边 = 无
选择剪切边 ...
选择对象或 <全部选择>：↙（按 Enter 键，全部选中）
选择要修剪的对象，或按住 Shift 键选择要延伸的对象，或者［栏选（F）/ 窗交（C）/ 投影（P）/ 边（E）/ 删除（R）］：（选择右侧 *R*5 mm 圆的右上部分圆弧，如图 2–58a 所示，则该部分圆弧被修剪掉）

根据提示，继续修剪其他多余的轮廓线，结果如图 2–58b 所示。

（2）打断两 *R*5 mm 圆弧竖直中心线

图 2–58b 所示图形中的 *R*5 mm 圆弧的竖直中心线过长，不符合机械制图要求，可应用 AutoCAD 中的“打断”命令，对其进行编辑。操作步骤如下：

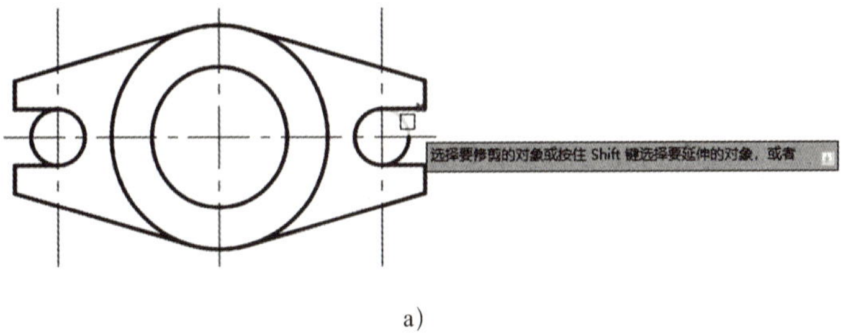

图 2–58　修剪多余的轮廓线

a）修剪 *R*5 mm 圆弧右上部分　b）修剪结果

命令：_break（执行“打断”命令）

选择对象：（拾取框移动到右侧 *R*5 mm 圆弧的竖直中心线上方适当位置，该线变为图 2–59a 所示样式，单击鼠标左键，拾取打断对象，拾取点为第一打断点）

指定第二打断点或［第一点（F）］：（沿 *R*5 mm 圆弧的竖直中心线向上移动光标至端点，将要打断部分变成细灰色线，如图 2–59b 所示，单击鼠标左键，所选部分被删除，如图 2–59c 所示）

用相同的操作方法，打断其他过长的线条，如图 2–59d 所示。

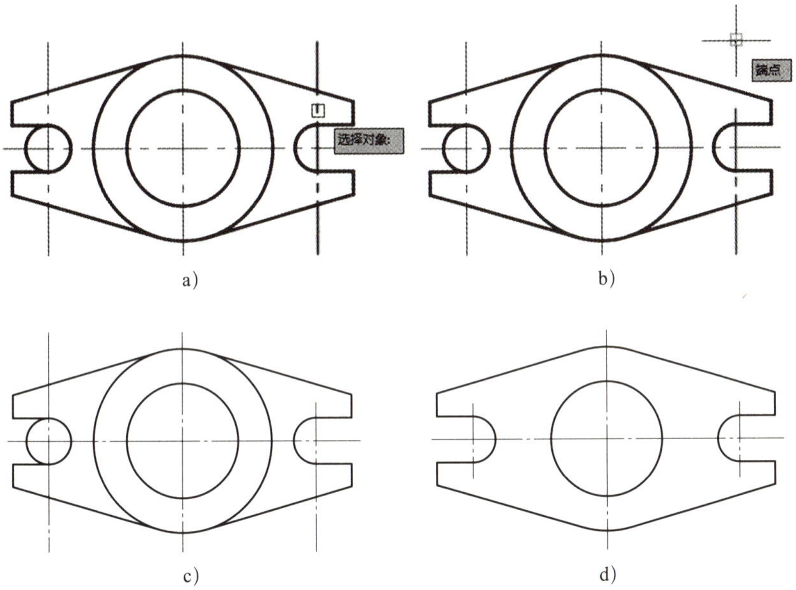

图 2–59　打断两 *R*5 mm 圆弧竖直中心线

a）拾取框移动到要打断的线上　b）指定端点为第二打断点

c）打断结果　d）打断其他过长的线条

5. 保存图形

完成密封板平面图的绘制，将该图保存。

任务 6 绘制等边三角形模板平面图

学习目标

1. 掌握“复制”命令的应用。
2. 掌握“多段线”命令的应用。
3. 掌握“缩放”命令的应用。
4. 能应用 AutoCAD 绘制等边三角形模板平面图。

任务引入

本任务要求绘制如图 2-60 所示等边三角形模板平面图。该图形外轮廓为一等边三角形，边长为 100 mm；内部为 4 层共 10 个大小相同的圆，每个圆都与其相邻的直线或圆相切，但没有给出 10 个圆的半径。应用前面所学知识，边长为 100 mm 的等边三角形很容易绘制，但内部 4 层共 10 个大小相同的圆较难绘制。能不能先绘制内部 4 层共 10 个大小相同的圆，再绘制三角形，最后对图形进行缩放，使外切三角形的边长等于 100 mm？答案是肯定的。下面介绍“复制”“多段线”“缩放”等命令，利用所学命令完成图 2-60 所示等边三角形模板平面图的绘制。

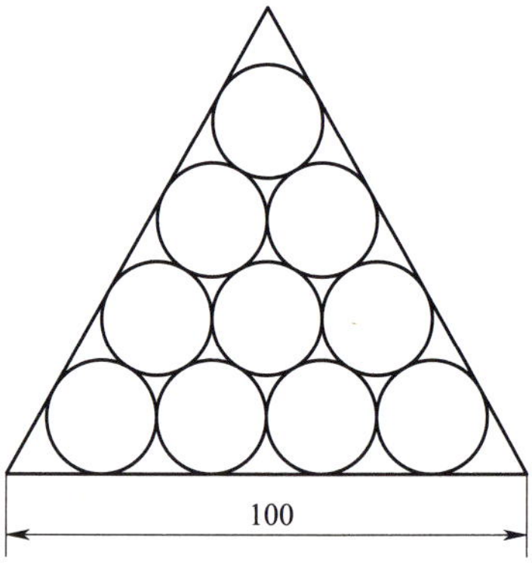

图 2-60 等边三角形模板平面图

相关知识

一、复制

使用“复制”命令，可创建与原有对象相同的图形。在 AutoCAD 中，可以在当前图形内复制单个或多个对象，也可以在不同的图形间复制对象。复制有单个复制和多重复制两种复制方式。

1. 命令执行方法

（1）菜单栏：选择“修改”→“复制”命令。

（2）功能区：单击“默认”→“修改”→“复制”按钮。

（3）命令行：co（或 copy）。

（4）快捷菜单：选择要复制的对象，在图形窗口中单击鼠标右键，在弹出的快捷菜单中单击“复制选择”按钮。

2. 操作步骤

```
命令: _copy（执行“复制”命令）
选择对象:（使用对象选择方法选择复制对象，并在完成后按 Enter 键）
当前设置: 复制模式 = 多个
指定基点或 [位移（D）/ 模式（O）] <位移>:（指定复制对象的基点）
指定第二个点或 [阵列（A）] <使用第一个点作为位移>:（指定对象新位置）
```

3. 选项说明

（1）位移：使用坐标指定相对距离和方向。指定的两点定义一个矢量，指示复制对象的放置离原位置有多远以及以哪个方向放置。如果在“指定第二个点”提示下按 Enter 键，则第一个点将被认为是 *X*，*Y*，*Z* 相对位移。例如，如果指定基点为（2，3）并在下一个提示下按 Enter 键，对象将被复制到距其当前位置在 *X* 方向上 2 个单位、在 *Y* 方向上 3 个单位的位置。

（2）模式：控制命令是否自动重复（由 copymode 系统变量控制）。

```
指定基点或 [位移（D）/ 模式（O）] <位移>: O↙
输入复制模式选项 [单个（S）/ 多个（M）] <多个>:
```

1）单个：创建选定对象的单个副本，并结束命令。

2）多个：替代“单个”模式设置。在命令执行期间，将 copy 命令设定为自动重复。

（3）阵列：指定在线性阵列中排列的副本数量。

```
指定第二个点或 [阵列（A）/ 退出（E）/ 放弃（U）] <退出>: a↙（选择阵列选项）
输入要进行阵列的项目数: 4↙（输入进行阵列的项目数）
指定第二个点或 [布满（F）]:（确定阵列相对于基点的距离和方向，如图 2-61a 所示）
```

默认情况下，阵列中的第一个副本将放置在指定的位移位置，其余的副本使用相同的增量位移放置在超出该点的线性阵列中，如图 2-61b 所示。

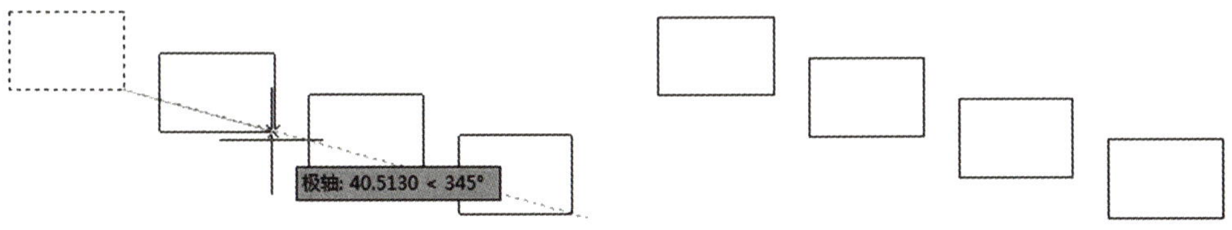

a）　　　　b）

图 2-61　阵列复制

a）确定距离和方向　b）阵列复制结果

提示：“编辑”菜单中的“复制”命令（或标准工具栏中的“复制”按钮）是将选定的所有对象复制到剪贴板。剪贴板中的内容可粘贴到文档或图形中。

二、多段线

多段线是由一组等宽或不等宽的线段或圆弧组成的单一实体。

1. 命令执行方法

（1）菜单栏：选择“绘图”→“多段线”命令。

（2）功能区：单击“默认”→“绘图”→“多段线”按钮。

（3）命令行：pl（或 pline）。

2. 操作步骤

命令：_pline（执行“多段线”命令）

指定起点：（指定多段线的起点）

当前线宽为 0.0000

指定下一点或［圆弧（A）/半宽（H）/长度（L）/放弃（U）/宽度（W）］：（指定多段线的下一个点）

指定下一点或［圆弧（A）/闭合（C）/半宽（H）/长度（L）/放弃（U）/宽度（W）］：（指定多段线的下一个点，或按 Enter 键结束绘制）

3. 选项说明

（1）指定下一点：按直线方式绘制多段线，线宽为当前值。

（2）圆弧：按圆弧方式绘制多段线。选择该项后，系统提示：

指定圆弧的端点或［角度（A）/圆心（CE）/闭合（CL）/方向（D）/半宽（H）/直线（L）/半径（R）/第二个点（S）/放弃（U）/宽度（W）］：

1）角度：用于指定圆弧的圆心角。输入正值，沿逆时针方向绘制圆弧；输入负值，沿顺时针方向绘制圆弧。

2）圆心：用于指定圆心来绘制圆弧。

3）闭合：用于闭合多段线，即将选定的最后一点与多段线的起点连接。

4）方向：用于确定圆弧在起始点处的切线方向。

5）半宽：用于确定圆弧线的宽度，即输入宽度的一半。

6）直线：用于转换成绘制直线的方式。

7）半径：用于指定半径来绘制圆弧。

8）第二个点：用于输入第二点来绘制圆弧。

9）放弃：用于取消上一段绘制的圆弧。

10）宽度：用于确定圆弧的宽度。

（3）长度：用于指定绘制的线段长度。其方向与前一段线段相同或与前一段圆弧相切。

其余选项含义与圆弧方式绘制的选项含义相同，这里不再重复。

4. 示例

利用多段线绘制图 2-62 所示键形平面图。

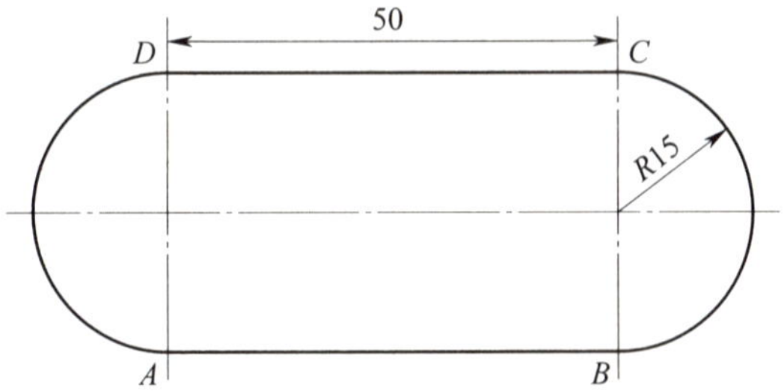

图 2-62 键形平面图

命令: _pline（执行“多段线”命令）

指定起点:（在图形窗口指定多段线起点 *A*）

当前线宽为 0.0000

指定下一点或［圆弧（A）/ 半宽（H）/ 长度（L）/ 放弃（U）/ 宽度（W）］: 50↙（水平向右移动光标，输入距离 50，即可确定 *B* 点位置）

指定下一点或［圆弧（A）/ 闭合（C）/ 半宽（H）/ 长度（L）/ 放弃（U）/ 宽度（W）］: a↙（选择“圆弧”选项）

指定圆弧的端点（按住 Ctrl 键以切换方向）或［角度（A）/ 圆心（CE）/ 闭合（CL）/ 方向（D）/ 半宽（H）/ 直线（L）/ 半径（R）/ 第二个点（S）/ 放弃（U）/ 宽度（W）］: 30↙（竖直方向移动光标，输入距离 30，确定 *C* 点位置，即可绘制出半径为 15 mm 的 180° 圆弧）

指定圆弧的端点（按住 Ctrl 键以切换方向）或［角度（A）/ 圆心（CE）/ 闭合（CL）/ 方向（D）/ 半宽（H）/ 直线（L）/ 半径（R）/ 第二个点（S）/ 放弃（U）/ 宽度（W）］: l↙（选择“直线”选项）

指定下一点或［圆弧（A）/ 闭合（C）/ 半宽（H）/ 长度（L）/ 放弃（U）/ 宽度（W）］: 50↙（水平向左移动光标，输入距离 50，即可确定 *D* 点位置）

指定下一点或［圆弧（A）/ 闭合（C）/ 半宽（H）/ 长度（L）/ 放弃（U）/ 宽度（W）］: a↙（选择“圆弧”选项）

指定圆弧的端点（按住 Ctrl 键以切换方向）或［角度（A）/ 圆心（CE）/ 闭合（CL）/ 方向（D）/ 半宽（H）/ 直线（L）/ 半径（R）/ 第二个点（S）/ 放弃（U）/ 宽度（W）］: cl↙（选择闭合选项，即可绘制出左侧 *R*15 mm 圆弧）

执行上述操作，即可绘制出图 2-62 所示键形平面图。

三、缩放

比例缩放命令可将对象按指定的比例因子相对于基点进行放大或缩小，也可参照长度把对象缩放到指定尺寸。

1. 命令执行方法

（1）菜单栏：选择“修改”→“缩放”命令。

（2）功能区：单击“默认”→“修改”→“缩放”按钮。

（3）命令行：sc（或 scale）。

2．操作步骤

命令：_scale（执行“缩放”命令）
选择对象：（按选择对象方法选择缩放对象，并在完成后按 Enter 键）
指定基点：（指定缩放对象的基点）
指定比例因子或［复制（C）/ 参照（R）］：（按比例因子或参照长度缩放对象）

3．选项说明

（1）选择对象：指定要调整其大小的对象。

（2）指定基点：指定缩放操作的基点。指定的基点表示选定对象的大小发生改变（从而远离静止基点）时位置保持不变的点。

说明：当使用具有注释性对象的 scale 命令时，对象的位置将相对于缩放操作的基点进行缩放，但对象的尺寸不会更改。

（3）指定比例因子：按指定的比例放大或缩小选定对象的尺寸。大于 1 的比例因子使对象放大，介于 0 和 1 之间的比例因子使对象缩小。还可以拖动光标使对象变大或变小。

（4）复制：创建要缩放的选定对象的副本。

（5）参照：按参照长度和指定的新长度缩放所选对象。

4．示例

（1）示例 1

指定比例因子放大图 2-63a 中的圆。

命令：_scale（执行“缩放”命令）
选择对象：找到 1 个（选择图 2-63a 中的圆，并在完成后按 Enter 键）
指定基点：（捕捉圆心作为基点）
指定比例因子或［复制（C）/ 参照（R）］：2↙（指定比例因子）

执行上述操作，图 2-63a 中的圆被放大为原来的 2 倍，结果如图 2-63b 所示。

（2）示例 2

按照参照三角形的边长缩放图 2-63a 中的三角形。

命令：_scale（执行“缩放”命令）
选择对象：找到 1 个（选择图 2-63a 中的三角形，并在完成后按 Enter 键）
指定基点：（捕捉三角形底边左端点为基点）
指定比例因子或［复制（C）/ 参照（R）］：r↙（选择参照选项）
指定参照长度 <1.0000>：（捕捉三角形底边左端点）
指定第二点：（捕捉三角形底边右端点）
指定新的长度或［点（P）］<1.0000>：20↙（输入底边新的长度）

执行上述操作，图 2-63a 中的三角形的边长被缩小至 20 mm，如图 2-63c 所示。

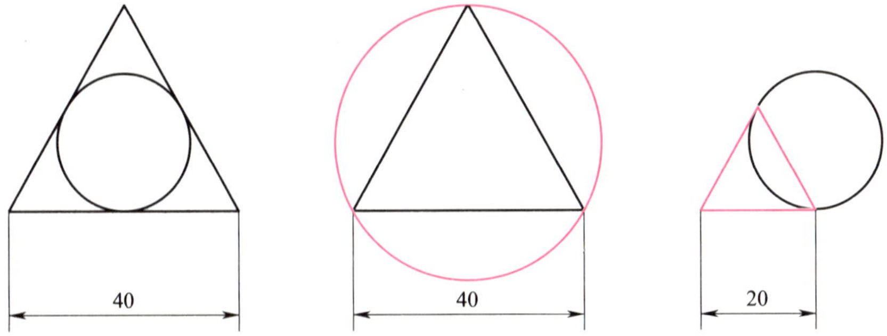

a)　　b)　　c)

图 2-63　比例缩放示例

a）源图形　b）按比例因子放大圆　c）参照边长缩放三角形

如果直接指定缩放的比例因子，对象将根据该比例因子相对于基点缩放，当比例因子大于 0 而小于 1 时缩小对象，当比例因子大于 1 时放大对象；如果选择“参照（R）”选项，对象将按参照的方式缩放，需要依次输入参照长度的值和新的长度值，AutoCAD 根据参照长度与新长度的值自动计算比例因子（比例因子 = 新长度值 / 参照长度值），然后进行缩放。

任务实施

1. 绘制 10 个圆

（1）设置当前图层

将“粗实线”图层设为当前图层。

（2）绘制半径为 10 mm 的圆

为了便于操作，先绘制一个半径为 10 mm 的圆，如图 2-64 所示。

图 2-64　绘制半径为 10 mm 的圆

（3）复制圆

1）复制第一层三个圆

命令：_copy（执行“复制”命令）

选择对象：（选择半径为 10 mm 的圆，按 Enter 键结束选择）

当前设置：复制模式 = 多个

指定基点或 [位移（D）/ 模式（O）] <位移>：（指定圆心作为基点）

指定第二个点或 <使用第一个点作为位移>：20↙（沿水平方向移动光标，输入 20 并确认，复制出一个半径为 10 mm 且与第一个圆相切的圆，如图 2-65a 所示）

指定第二个点或 [退出（E）/ 放弃（U）] <退出>：40↙（沿水平方向继续复制第二个小圆，如图 2-65b 所示）

指定第二个点或 [退出（E）/ 放弃（U）] <退出>：60↙（沿水平方向继续复制第三个小圆，如图 2-65c 所示）

指定第二个点或 [退出（E）/ 放弃（U）] <退出>：↙（按 Enter 键结束复制）

完成上述操作，绘制出第一层四个圆，如图 2-65d 所示。

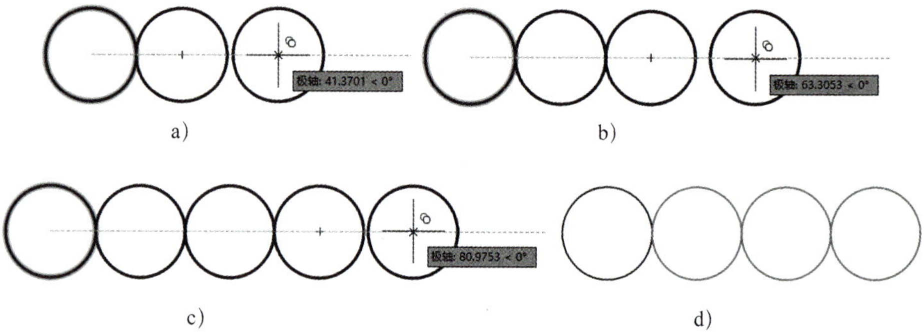

图 2-65　复制第一层圆

a）复制第二个圆　b）复制第三个圆　c）复制第四个圆　d）复制结果

2）复制第二层三个圆

命令: _copy（执行“复制”命令）

选择对象:（选择第一层左边三个圆，按 Enter 键结束选择）

当前设置：复制模式 = 多个

指定基点或［位移（D）/ 模式（O）］<位移>:（选择左边第一个圆的圆心作为基点）

指定第二个点或 <使用第一个点作为位移>：20↙（利用极轴追踪功能，沿 60° 方向追踪，如图 2-66a 所示，输入 20，按 Enter 键确定，复制出第二层三个圆）

指定第二个点或［退出（E）/ 放弃（U）］<退出>：↙（按 Enter 键结束复制）

执行上述操作，复制出第二层三个圆，如图 2-66b 所示。

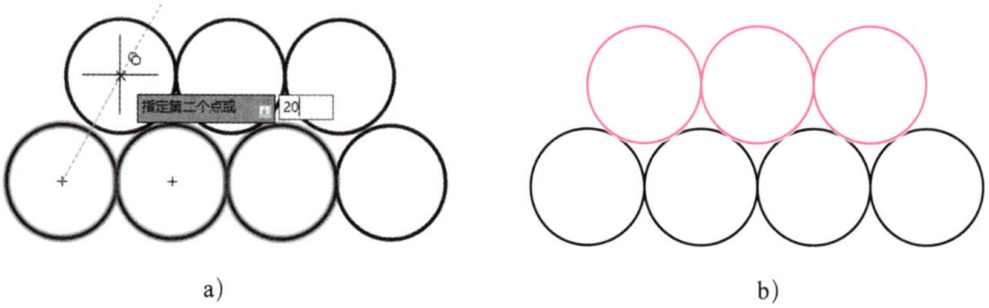

图 2-66　复制第二层圆

a）追踪 60°，输入 20　b）复制结果

3）复制第三层二个圆和第四层一个圆

命令: _copy（执行“复制”命令）

选择对象:（选择第一层左边二个圆和第二层左边第一个圆，按 Enter 键结束选择）

当前设置：复制模式 = 多个

指定基点或［位移（D）/ 模式（O）］<位移>:（选择第一层左边第一个圆的圆心作为基点）

指定第二个点或 <使用第一个点作为位移>：40↙（利用极轴追踪功能，沿 60° 方向追踪，如图 2–67a 所示，输入距离 40，按 Enter 键确定）

指定第二个点或［退出（E）/ 放弃（U）］<退出>：↙（按 Enter 键结束复制）

执行上述操作，复制出第三层二个圆和第四层一个圆，如图 2–67b 所示。

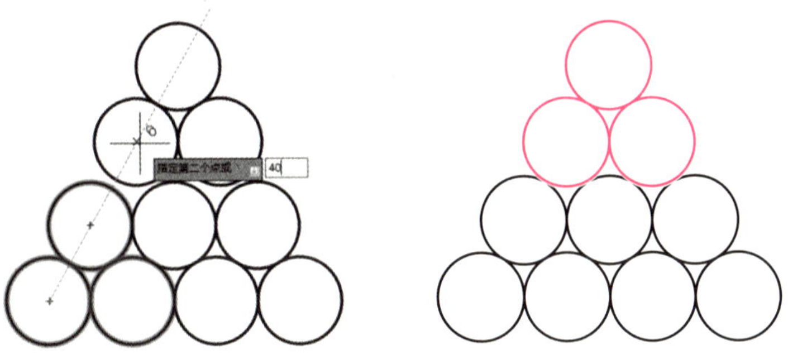

a)　　b)

图 2–67　复制第三层二个圆和第四层一个圆

a）追踪 60°，输入 40　b）复制结果

2．绘制等边三角形

（1）绘制辅助三角形

命令：_pline（执行“多段线”命令）

指定起点：（指定第一层最左侧圆的圆心作为多段线起点，如图 2–68a 所示）

当前线宽为 0.0000

指定下一点或［圆弧（A）/ 半宽（H）/ 长度（L）/ 放弃（U）/ 宽度（W）]：（拾取第一层最右侧圆的圆心作为第二点，如图 2–68b 所示）

指定下一点或［圆弧（A）/ 闭合（C）/ 半宽（H）/ 长度（L）/ 放弃（U）/ 宽度（W）]：（拾取第四层圆的圆心作为第三点，如图 2–68c 所示）

指定下一点或［圆弧（A）/ 闭合（C）/ 半宽（H）/ 长度（L）/ 放弃（U）/ 宽度（W）]：c↙（输入闭合项 c，按 Enter 键确认）

执行上述操作，结果如图 2–68d 所示图形。

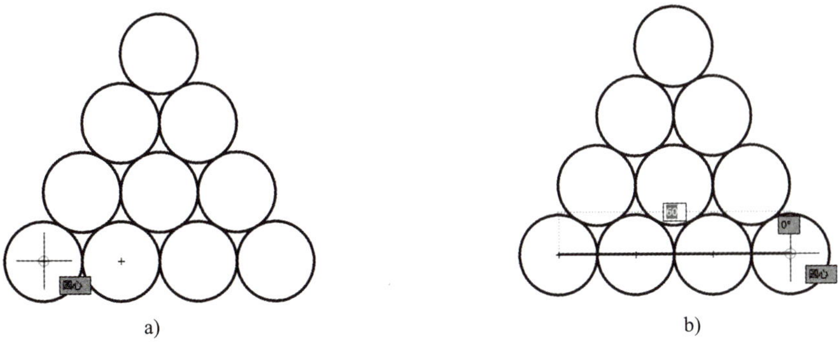

a)　　b)

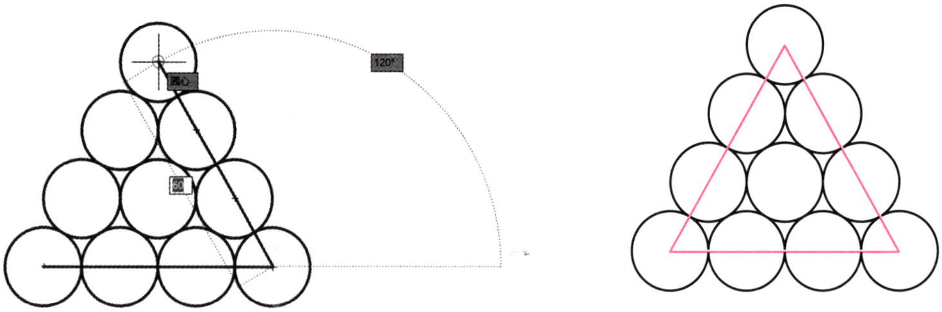

c)　　d)

图 2-68　应用多段线绘制辅助三角形

a）捕捉第一层最左侧圆的圆心　b）捕捉第一层最右侧圆的圆心

c）捕捉第四层圆的圆心　d）绘制结果

（2）偏移辅助三角形

命令：_offset（执行“偏移”命令）

当前设置：删除源 = 否　图层 = 源　OFFSETGAPTYPE=0

指定偏移距离或［通过（T）/ 删除（E）/ 图层（L）］<通过>：10↙（输入 10，按 Enter 键确认）

选择要偏移的对象，或［退出（E）/ 放弃（U）］<退出>：（选择辅助三角形）

指定要偏移的那一侧的点，或［退出（E）/ 多个（M）/ 放弃（U）］：（单击辅助三角形的外侧）

执行上述操作，绘制出如图 2-69 所示图形。

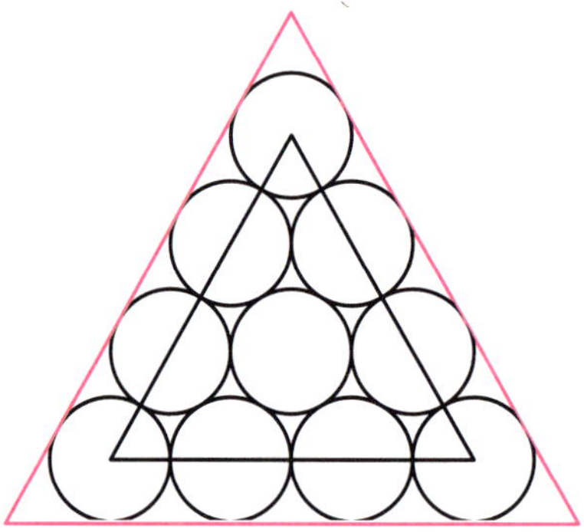

图 2-69　偏移辅助三角形

（3）删除辅助三角形

命令：_erase（执行“删除”命令）

选择对象：找到 1 个（拾取辅助三角形）

选择对象：（单击鼠标右键，退出删除功能）

执行上述操作，得到如图 2-70 所示图形。

提示：若用“直线”命令绘制辅助三角形，偏移的结果如图 2–71 所示。所以辅助三角形采用“多段线”命令绘制。

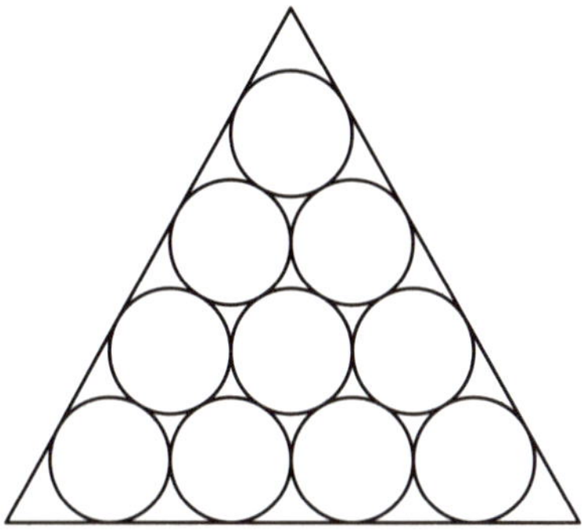

图 2–70 删除辅助三角形

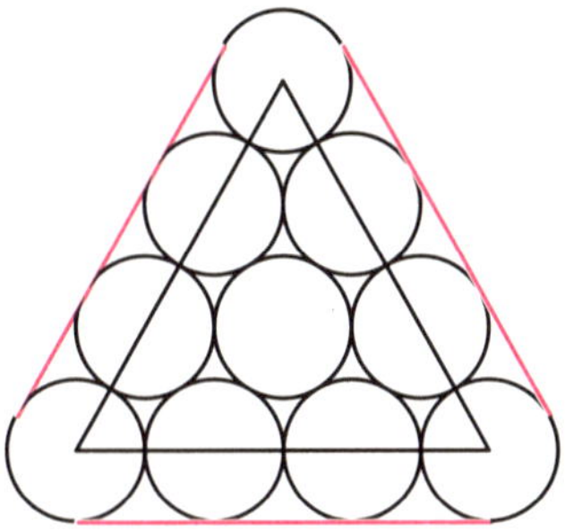

图 2–71 偏移“直线”对象的结果

3. 参照缩放

绘制出来的图形尺寸不符合图 2–60 尺寸要求，其等边三角形的边长为 94.64 mm，如图 2–72a 所示。这需要将图 2–72a 所示图形进行缩放，使等边三角形的边长等于 100 mm。

命令：_scale（执行“缩放”命令）

选择对象：找到了 11 个（用窗交方式，拾取等边三角形和 10 个圆，按 Enter 键确认）

指定基点：（指定等边三角形底边左侧端点为缩放基点）

指定比例因子或［复制（C）/ 参照（R）］<1.0000>：r↙（选择参照选项，按 Enter 键确认）

指定参照长度 <1.0000>：（指定等边三角形底边左侧端点为参照长度的起点）

指定第二点：（指定等边三角形底边右侧端点为参照长度的终点）

指定新的长度或［点（P）］<1.0000>：100↙（指定新的长度）

执行上述操作，得到如图 2–72b 所示图形。

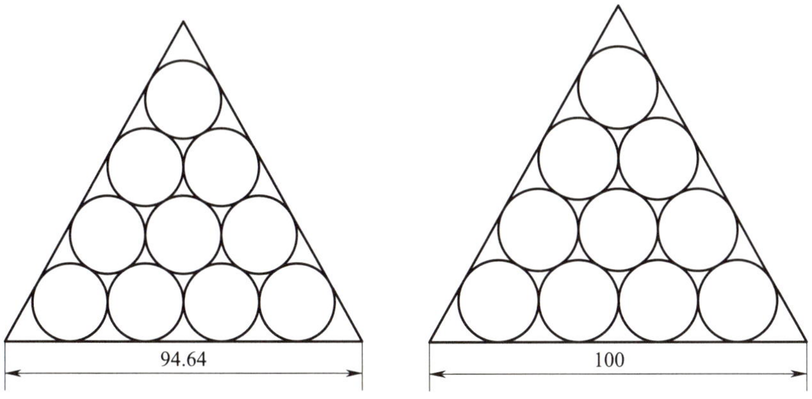

a）　　　　b）

图 2–72 参照缩放图形

a）缩放前 b）缩放后

4．保存图形

完成等边三角形模板的绘制，将图形保存。

任务 7 绘制铣刀平面图

学习目标

1．掌握“矩形阵列”“环形阵列”“路径阵列”命令的应用。

2．掌握铣刀平面图的绘制方法。

任务引入

本任务要求绘制如图 2-73 所示铣刀平面图。该图形由 ϕ20 mm 孔、ϕ40 mm 凸台、6 mm 宽的键槽和 12 个铣刀齿组成，12 个铣刀齿均匀分布在 ϕ80 mm 和 ϕ90 mm 两圆之间。绘制时，可先绘制四个同心圆和键槽，再利用阵列命令绘制铣刀齿。通过绘制该图，掌握图形的显示控制、阵列等命令。

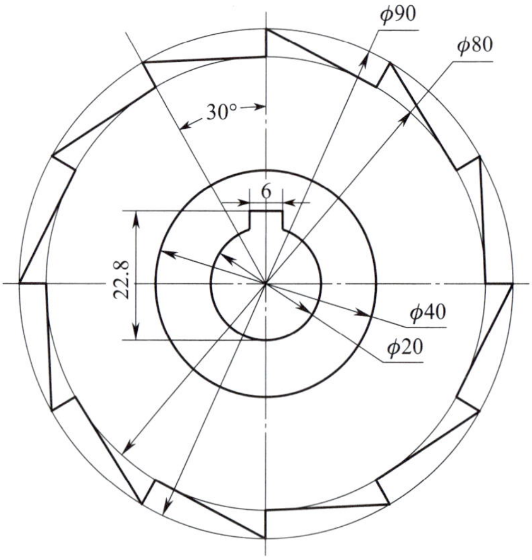

图 2-73 铣刀平面图

相关知识

阵列命令可以按照一定的排列规律一次复制多个图形对象。在 AutoCAD 2020 中，阵列有矩形阵列、环形阵列、路径阵列三种模式。

一、矩形阵列

矩形阵列主要用于将选择的图形对象按指定的行数和列数呈矩形排列。

1．命令执行方法

（1）菜单栏：选择“修改”→“阵列”→“矩形阵列”命令。

（2）功能区：单击“默认”→“修改”→“矩形阵列”按钮。

（3）命令行：ar（或 array）。

2．操作步骤

（1）应用“阵列创建”选项卡进行矩形阵列

执行“矩形阵列”命令，命令行提示“选择对象”，选择阵列对象后，按 Enter 键确认，在功能区弹出“阵列创建”选项卡，如图 2–74 所示，同时在图形窗口显示系统默认的四列三行阵列图形。

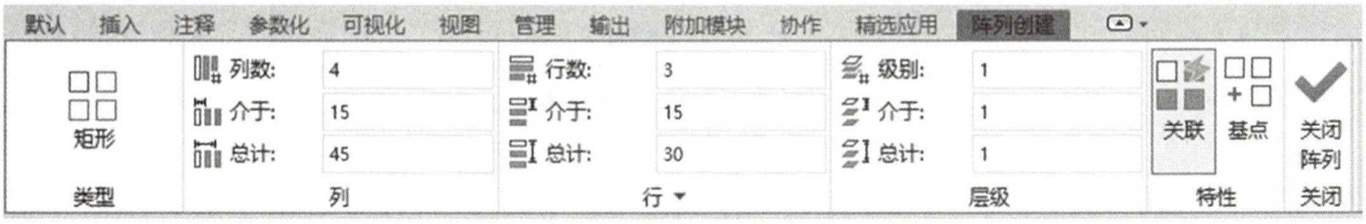

图 2–74 “阵列创建”（矩形阵列）选项卡

“阵列创建”（矩形阵列）选项卡说明如下：

1）在“行数”和“列数”文本框中设置阵列的行数及列数。“行”的方向与坐标系的 X 轴平行，“列”的方向与 Y 轴平行。每输入完一个数值，按 Enter 键或单击其他文本框，系统显示预览效果图。

2）分别在“行”和“列”面板中的“介于”文本框中输入行间距和列间距。行间距和列间距的数值可为正值或负值。若为正值，则 AutoCAD 沿 X、Y 轴正向形成阵列；否则，沿反向形成阵列。

3）“层级”面板的参数用于设定阵列的层数及层高，“层”的方向沿着 Z 轴方向。

4）默认情况下，“关联”按钮是按下的，表明创建的矩形阵列是一个整体对象（否则每个项目为单独对象）。选中关联的阵列对象，弹出“阵列”选项卡，如图 2–75 所示，通过此选项卡可编辑阵列参数。此外，还可以重新设定阵列基点以及通过修改阵列中的某个图形对象使所有阵列对象发生变化。

（2）应用命令行提示进行矩形阵列

执行“矩形阵列”命令后，系统在命令行给出矩形阵列相关操作提示，可应用命令行中的提示进行矩形阵列，操作步骤如下：

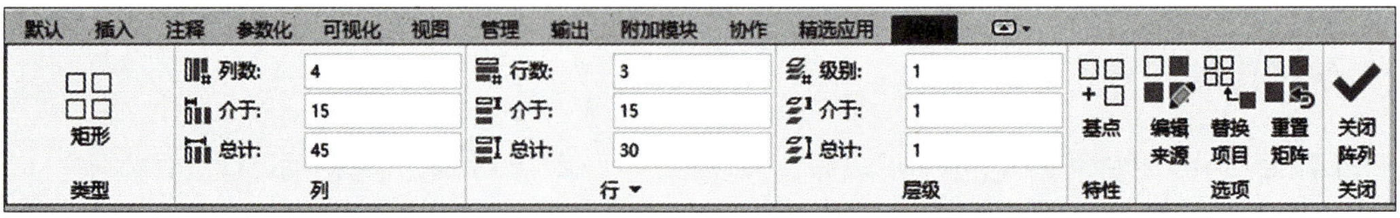

图 2–75 “阵列”选项卡

命令：_arrayrect（执行“矩形阵列”命令）

选择对象：（使用对象选择方法选择阵列对象，按 Enter 键结束选择）

类型 = 矩形 关联 = 是

选择夹点以编辑阵列或［关联（AS）/ 基点（B）/ 计数（COU）/ 间距（S）/ 列数（COL）/ 行数（R）/ 层数（L）/ 退出（X）］< 退出 >:

1）在阵列预览中，拖动夹点可以移动阵列、调整行距或列距、调整行数和列数等，阵列预览中各夹点的作用如图 2–76 所示。

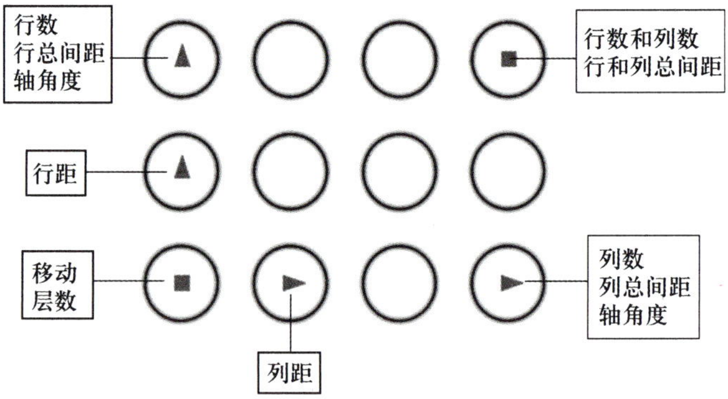

图 2–76 阵列预览中各夹点的作用

2）关联：指定阵列中的对象是关联的还是独立的。

3）基点：定义阵列基点和基点夹点的位置。

4）计数：指定行数和列数并使用户在移动光标时可以动态观察结果。

5）间距：指定行间距和列间距并使用户在移动光标时可以动态观察结果。行间距指定从每个对象的相同位置测量的每行之间的距离。列间距指定从每个对象的相同位置测量的每列之间的距离。

6）列数：编辑列数和列间距。

7）行数：指定阵列中的行数、它们之间的距离以及行之间的增量标高。

8）层：指定三维阵列的层数和层间距。

9）退出：退出命令。

3. 示例

（1）示例 1

应用“阵列创建”选项卡创建如图 2–77 所示图形。

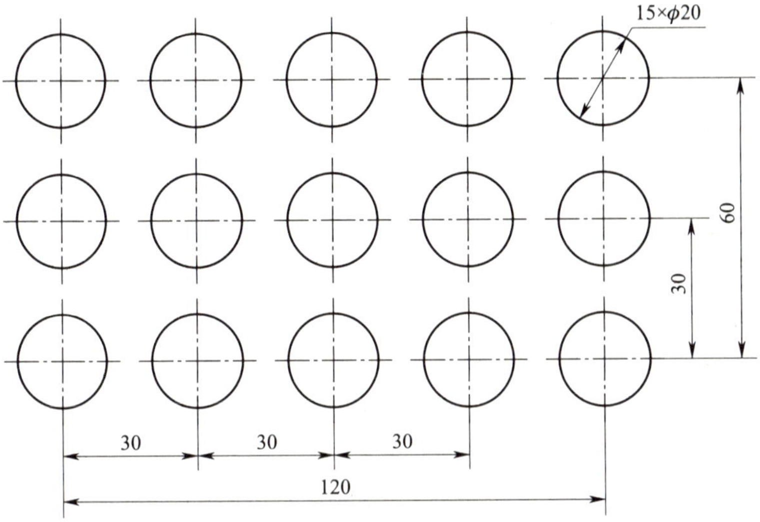

图 2-77 矩形阵列示例 1

操作步骤如下：

1）绘制 ϕ20 mm 的圆及其中心线。

2）执行“矩形阵列”命令，系统提示“选择对象”，选择 ϕ20 mm 圆及其中心线，按 Enter 键确认，系统在功能区弹出“阵列创建”选项卡，将“列数”设置为 5，“介于”设置为 30，“行数”设置为 3，“介于”设置为 30，如图 2-78 所示。单击“关闭阵列”按钮，则绘制出如图 2-79 所示图形。

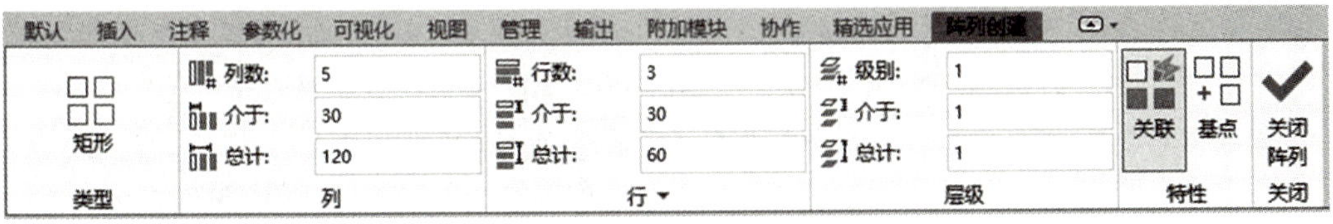

图 2-78 设置“矩形创建”选项卡

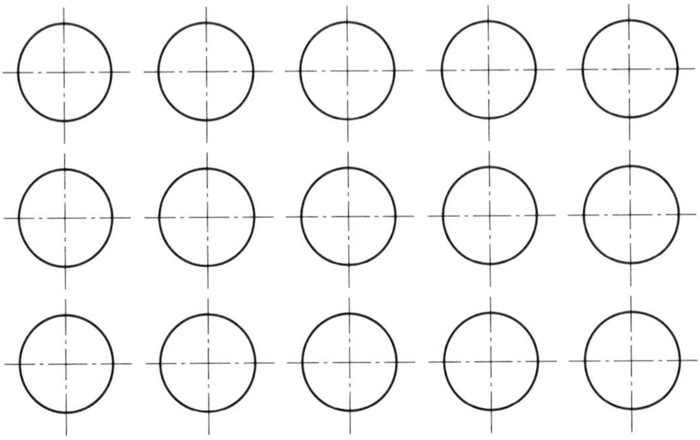

图 2-79 示例 1 绘制结果

（2）示例 2

应用矩形阵列，完成图 2–80 所示图形的绘制。

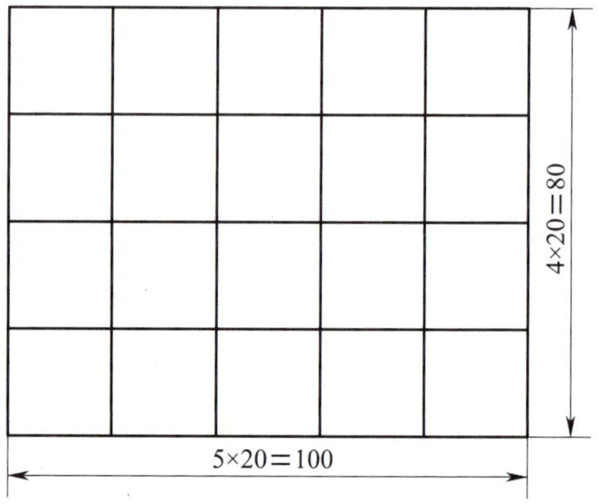

图 2–80　矩形阵列示例 2

操作步骤如下：

1）执行“正多边形”命令，绘制边长为 20 mm 的正方形。

2）执行“矩形阵列”命令，根据命令行中的提示进行矩形阵列，操作过程如下：

命令：_arrayrect（执行“矩形阵列”命令）

选择对象：找到 1 个（选择边长为 20 mm 的正方形，按 Enter 键确认）

类型 = 矩形　关联 = 是

选择夹点以编辑阵列或［关联（AS）/ 基点（B）/ 计数（COU）/ 间距（S）/ 列数（COL）/ 行数（R）/ 层数（L）/ 退出（X）］< 退出 >：col↙（输入“列数”选项）

输入列数数或［表达式（E）］<4>：5↙（输入列数）

指定列数之间的距离或［总计（T）/ 表达式（E）］<30>：20↙（输入列间距）

选择夹点以编辑阵列或［关联（AS）/ 基点（B）/ 计数（COU）/ 间距（S）/ 列数（COL）/ 行数（R）/ 层数（L）/ 退出（X）］< 退出 >：r↙（输入“行数”选项）

输入行数数或［表达式（E）］<3>：4↙（输入行数）

指定行数之间的距离或［总计（T）/ 表达式（E）］<30>：20↙（输入行间距）

指定行数之间的标高增量或［表达式（E）］<0>：↙（按 Enter 键确认）

选择夹点以编辑阵列或［关联（AS）/ 基点（B）/ 计数（COU）/ 间距（S）/ 列数（COL）/ 行数（R）/ 层数（L）/ 退出（X）］< 退出 >：↙（按 Enter 键确认）

执行上述操作，则绘制出如图 2–81 所示图形。

二、环形阵列

环形阵列是指把对象绕阵列中心等角度均匀分布。决定环形阵列的主要参数有阵列中心、阵列总角度及阵列数目。此外，也可通过输入阵列总数及每个对象间的夹角来生成环形阵列。

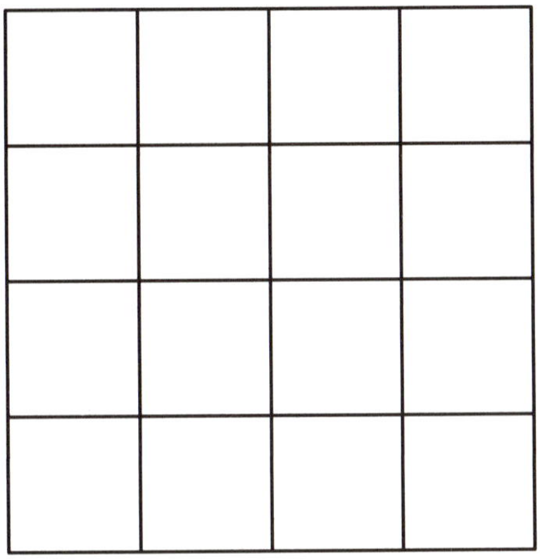

图 2-81 示例 2 绘制结果

1. 命令执行方法

（1）菜单栏：选择“修改”→“阵列”→“环形阵列”命令。

（2）功能区：单击“默认”→“修改”→“环形阵列”按钮。

（3）命令行：ar（或 array 或 arraypolar）。

2. 操作步骤

执行“环形阵列”命令，选择要阵列的图形对象，再指定阵列中心，在功能区弹出“阵列创建”选项卡，如图 2-82 所示。

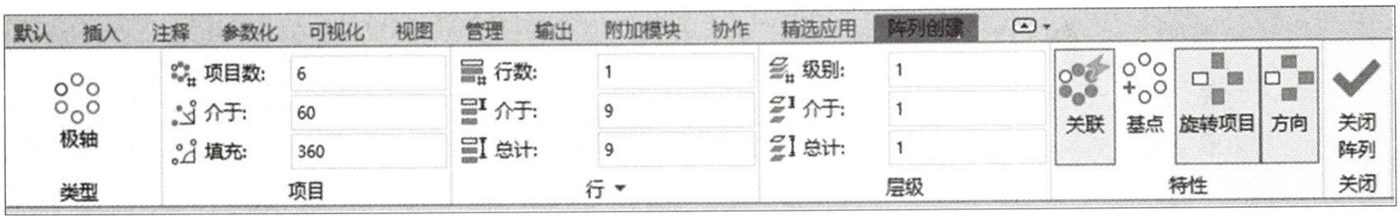

图 2-82 “阵列创建”（环形阵列）选项卡

“阵列创建”（环形阵列）选项卡说明如下：

（1）在“项目”面板中的“项目数”和“填充”文本框中输入阵列的数目及阵列分布的总角度值，在“介于”文本框中输入阵列项目间的夹角。

（2）在“行”面板中可以设定环形阵列沿径向分布的数目及间距。

（3）在“层级”面板中可以设定环形阵列沿 Z 轴方向阵列的数目及间距。

（4）单击“特性”面板中的“方向”按钮，设定环形阵列沿顺时针或逆时针方向。

（5）默认情况下，环形阵列中的项目是关联的，表明创建的阵列是一个整体对象（否则每个阵列项目为单独对象）。

3. 示例

应用环形阵列命令绘制图 2-83 所示图形。

绘制步骤如下：

（1）绘制 ϕ20 mm、ϕ40 mm、ϕ60 mm、ϕ80 mm 与 ϕ90 mm 的同心圆，同时在水平中心

线上距圆心 20 mm 处，绘制 ϕ6 mm 的圆，如图 2-84a 所示。

（2）执行“环形阵列”命令，选择 ϕ6 mm 圆，并指定环形阵列中心点，功能区弹出“阵列创建”选项卡，将“项目数”设为 8，“行数”设为 3，“行间距”设为 10，其他参数采用默认值，单击“关闭阵列”按钮，阵列结果如图 2-84b 所示。

（3）采用相同的方法，环形阵列水平中心线，结果如图 2-84c 所示。

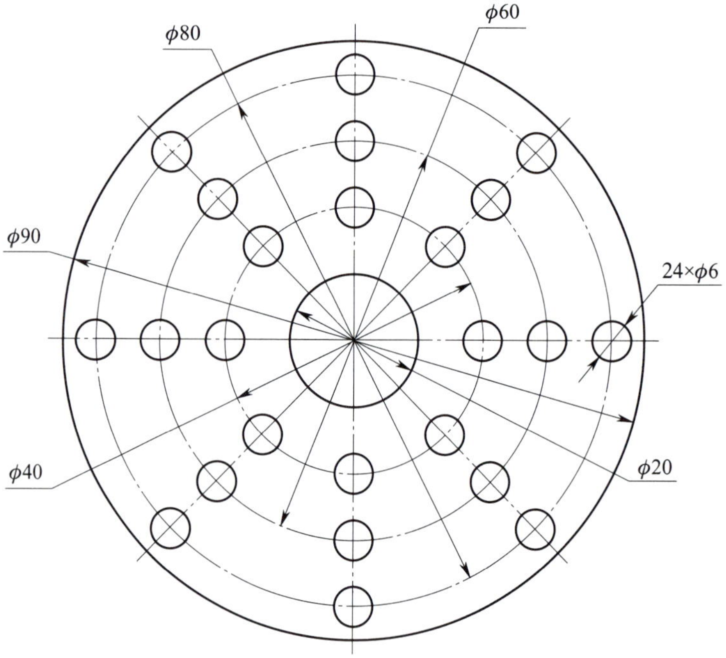

图 2-83 环形阵列示例

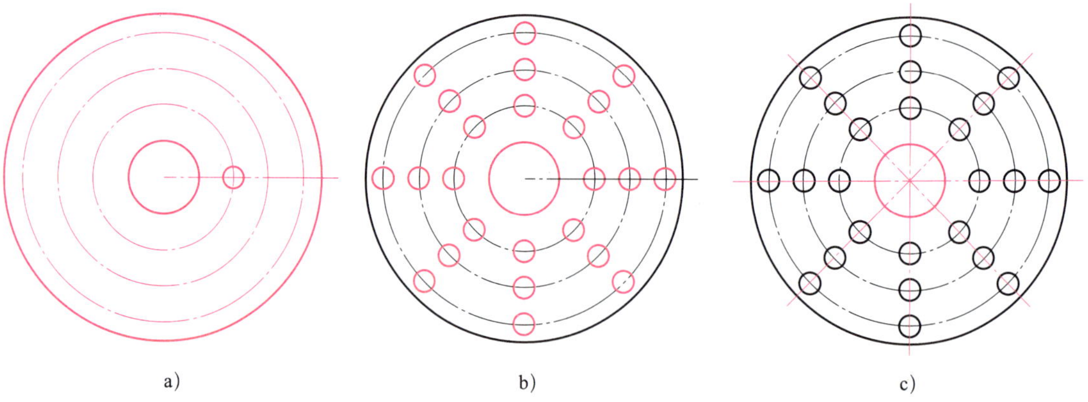

图 2-84 环形阵列示例过程图

a）绘制圆与水平中心线 b）环形阵列 ϕ6 mm 圆 c）环形阵列水平中心线

三、路径阵列

在路径阵列中，项目将均匀地沿路径或部分路径分布。路径可以是直线、多段线、三维多段线、样条曲线、螺旋、圆弧、圆或椭圆。

1. 命令执行方法

（1）菜单栏：选择“修改”→“阵列”→“路径阵列”命令。

（2）功能区：单击“默认”→“修改”→“路径阵列”按钮。

（3）命令行：ar（或 array 或 arraypath）。

2. 操作步骤

执行“路径阵列”命令，选择要阵列的对象，选择阵列路径后，功能区弹出“阵列创建”（路径阵列）选项卡，如图 2–85 所示。

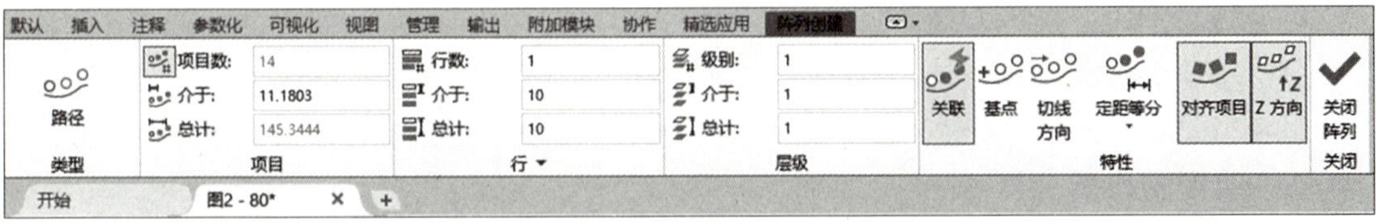

图 2–85 “阵列创建”（路径阵列）选项卡

“阵列创建”（路径阵列）选项卡说明：

（1）路径阵列有两种类型：定距等分和定数等分。定距等分以特定间隔分布对象，定数等分则将指定数量的项目沿路径的长度均匀分布。单击“特性”面板中的“定距等分”下拉箭头，可选择路径阵列类型。

（2）当路径阵列为定距等分时，“项目”面板中的“介于”文本框处于可编辑状态，可根据绘图需要输入间距值。当路径阵列为定数等分时，“项目”面板中的“项目数”文本框处于可编辑状态，可根据路径阵列需要输入项目数值。

（3）“特性”面板上的“对齐项目”用于观察阵列对齐的效果。

3. 示例

应用路径阵列命令绘制图 2–86 所示图形。

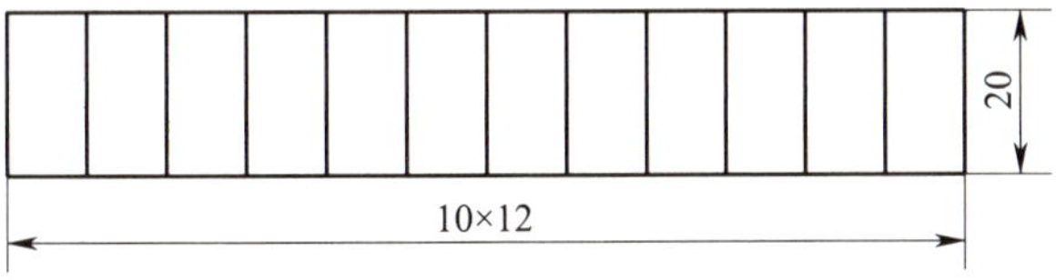

图 2–86 路径阵列示例

操作步骤如下：

（1）绘制两条相距 20 mm 且长度为 120 mm 的平行线，并用线段连接两条平行线的左端点，如图 2–87a 所示。

（2）执行“路径阵列”命令，选择连接两平行线左端点的线段为路径阵列对象，以其中一条水平线为阵列路径，功能区弹出“阵列创建”选项卡，在“特性”面板上设置路径阵列类型为“定距等分”，在“项目”面板中的“介于”文本框中输入 10，其他参数采用路径阵列默认值。单击“关闭阵列”按钮，路径阵列结果如图 2–87b 所示。

图 2–87 路径阵列示例过程图

a）绘制两平行线及左端点连线 b）路径阵列结果

任务实施

1. 绘制四个同心圆

（1）绘制中心线

设置当前图层为“中心线”图层，执行“直线”命令，绘制如图 2–88a 所示中心线。

（2）绘制同心圆

分别将“粗实线”图层和“细实线”图层设为当前图层，执行“圆”命令，绘制如图 2–88b 所示四个同心圆。

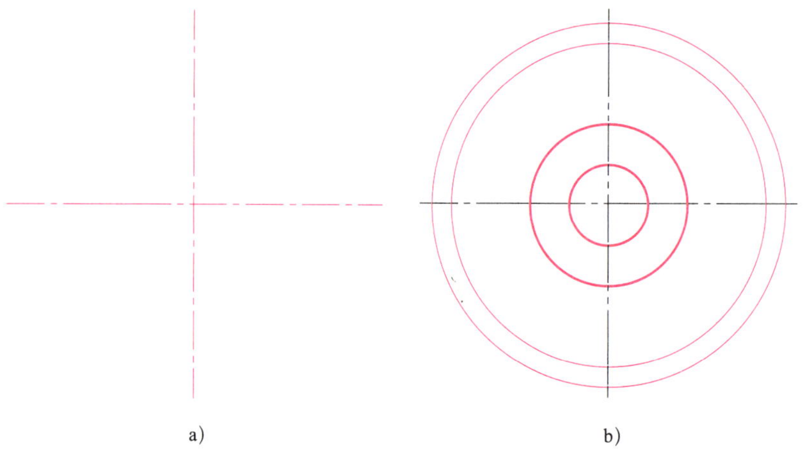

图 2–88 绘制中心线及四个同心圆

a）绘制中心线 b）绘制四个同心圆

2. 绘制键槽

（1）绘制辅助线

执行“偏移”命令，将水平中心线向上偏移 12.8 mm，竖直中心线向左、右各偏移 3 mm，如图 2–89a 所示

（2）绘制键槽轮廓线

将“粗实线”图层置为当前图层，执行“直线”命令，绘制键槽轮廓线，如图 2–89b 所示。

提示：中心孔键槽尺寸较小，为了方便画图，可利用图形显示功能对其放大后再进行绘制。

（3）修改图形

删除辅助线，修剪多余线条，得到如图 2–89c 所示图形。

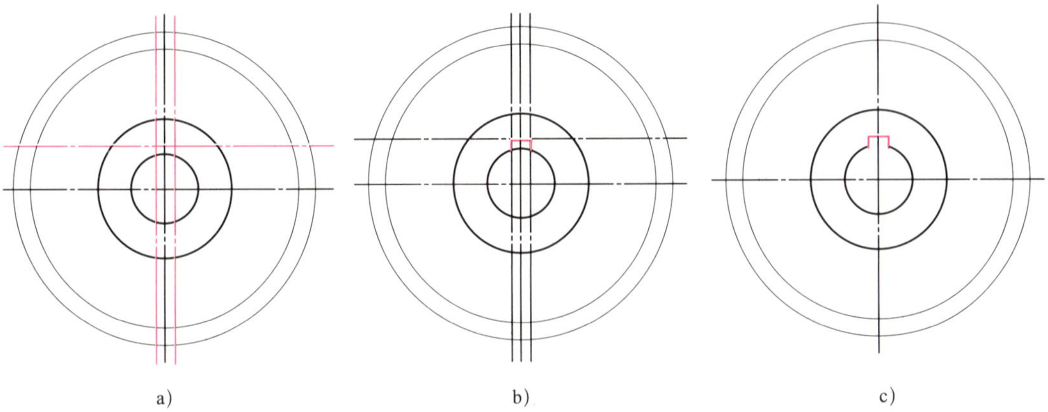

图 2–89 绘制键槽

a）绘制辅助线 b）绘制键槽轮廓线 c）修改图形

3．绘制铣刀齿

（1）绘制一个铣刀齿轮廓线

将“细实线”图层置为当前图层，利用极轴追踪功能，应用“直线”命令绘制一条 120°斜线，如图 2–90a 所示。将“粗实线”图层置为当前图层，应用“直线”命令，绘制如图 2–90b 所示铣刀齿轮廓线。

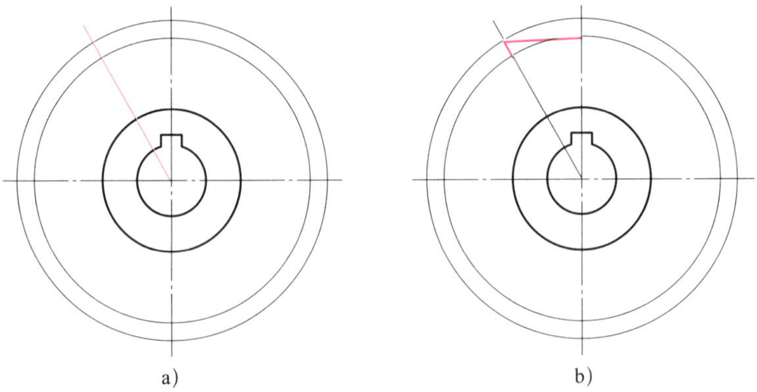

图 2–90 绘制铣刀齿轮廓线

a）绘制 120°斜线 b）绘制一个铣刀齿轮廓线

（2）环形阵列

执行“环形阵列”命令，选择铣刀齿轮廓线作为阵列对象，选择中心线交点为阵列的中心点，将“阵列创建”选项卡中的“项目数”设置为 12，单击“关闭阵列”按钮，则绘制出 12 个铣刀齿轮廓线，如图 2–91 所示。

4．保存图形

完成铣刀齿平面图的绘制，将图形保存。

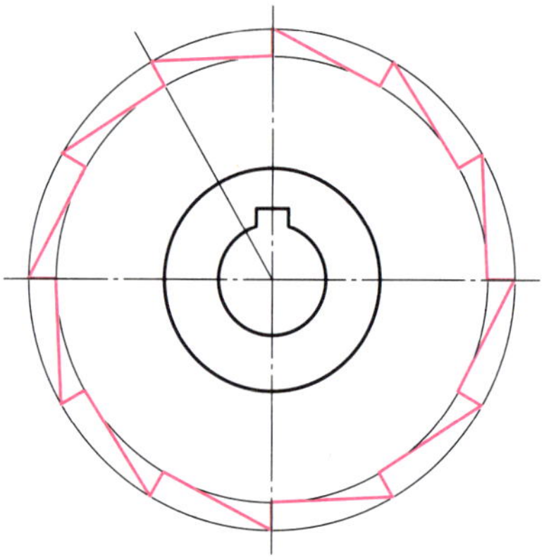

图 2–91　绘制 12 个铣刀齿轮廓线

任务 8　绘制手柄平面图

学习目标

1．掌握倒角和圆角命令的应用。

2．能绘制手柄平面图。

任务引入

本任务要求绘制如图 2–92 所示手柄平面图。图形左端为 ϕ20 mm 的圆柱，其长为 15 mm，圆柱左端为 *C*2 mm 倒角。该图形右端由 *R*10 mm、*R*52 mm、*R*12 mm 和 *R*15 mm 四段圆弧组成，*R*10 mm 和 *R*15 mm 圆弧为已知线段，可以直接绘制；*R*52 mm 圆弧为中间线段，它与相距中心线为 16 mm 的水平线和 *R*10 mm 圆弧相切；*R*12 mm 圆弧为未知线段，它与 *R*15 mm 和 *R*52 mm 圆弧相切，需要在绘制出 *R*52 mm 圆弧后绘制。

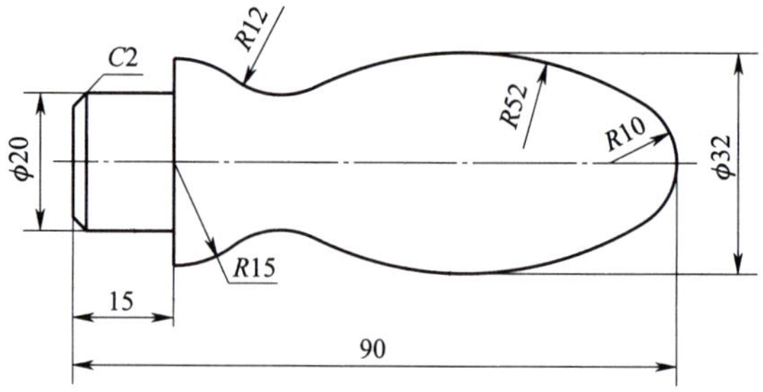

图 2–92　手柄平面图

相关知识

一、倒角

倒角是指用斜线连接两个不平行的线型对象，可以用斜线连接线段、双向无限长线、射线和多段线。

1. 倒角方法

AutoCAD 采用两种方法确定连接两个线型对象的斜线，一种方法是指定斜线距离，另一种方法是指定斜线距离与夹角。

（1）指定斜线距离

斜线距离是指从被连接的对象与斜线的交点到被连接的两对象可能的交点距离，如图 2–93a 所示。

（2）指定斜线距离与夹角

采用这种方法时，需要输入两个参数，斜线与一个对象的斜线距离和斜线与该对象的夹角，如图 2–93b 所示。

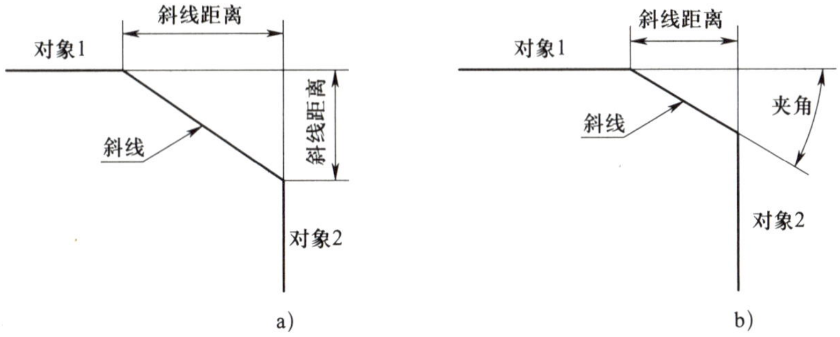

图 2–93　倒角方法

a）指定斜线距离　b）指定斜线距离与夹角

2. 启动“倒角”命令的方法

（1）功能区：单击“默认”→“修改”→“倒角”按钮 。

（2）菜单栏：选择“修改”→“倒角”命令。

（3）命令行：cha（或 chamfer）。

3. 操作过程

（1）指定斜线距离

命令：_chamfer（执行“倒角”命令）

（“修剪”模式）当前倒角距离 1=2.0000，距离 2=2.0000

选择第一条直线或［放弃（U）/ 多段线（P）/ 距离（D）/ 角度（A）/ 修剪（T）/ 方式（E）/ 多个（M）］: d↙（选择“距离”选项）

指定第一个倒角距离 <2.0000>: 8↙（指定第一个倒角距离）

指定第二个倒角距离 <8.0000>：10↙（指定第二个倒角距离）

选择第一条直线或［放弃（U）/ 多段线（P）/ 距离（D）/ 角度（A）/ 修剪（T）/ 方式（E）/ 多个（M）］：（指定第一条直线）

选择第二条直线，或按住 Shift 键选择直线以应用角点或［距离（D）/ 角度（A）/ 方法（M）］：（指定第二条直线）

选项说明：

1）第一条直线：选择两个对象中的第一个对象或二维多段线的第一条线段来定义倒角。

2）第二条直线，或按住 Shift 键选择对象以应用角点：选择两个对象中的第二个对象或二维多段线的第二个对象或线段来定义倒角。

3）多段线：在二维多段线中两条线段相交的每个顶点处插入倒角线。

4）距离：设置距第一个对象和第二个对象的交点的倒角距离。如果这两个距离值均设置为零，则选定对象或线段将被延伸或修剪，以使其相交。

5）角度：设置距选定对象的交点的倒角距离，以及与第一个对象或线段所成的角度。如果这两个值均设置为零，则选定对象或线段将被延伸或修剪，以使其相交。

6）修剪：控制是否修剪选定对象以与倒角线的端点相交。一旦设置了“修剪”模式，系统将一直沿用该模式，直至修改为止。图 2–94 所示为“不修剪”状态下的倒角结果。

7）方式：控制如何根据选定对象或线段的交点计算出倒角线。

8）多个：允许为多组对象创建倒角。

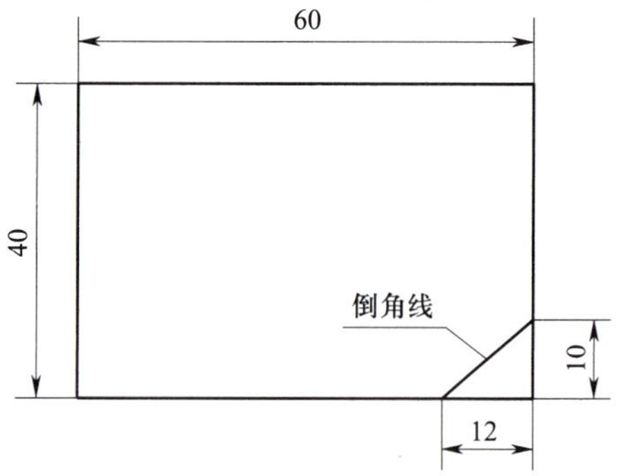

图 2–94 “不修剪”状态下的倒角结果

（2）指定斜线距离与夹角

命令：_chamfer（执行“倒角”命令）

（“修剪”模式）当前倒角距离 1=8.0000，距离 2=10.0000

选择第一条直线或［放弃（U）/ 多段线（P）/ 距离（D）/ 角度（A）/ 修剪（T）/ 方式（E）/ 多个（M）］：a↙（选择“角度”选项）

指定第一条直线的倒角长度 <0.0000>：20↙（输入第一条直线的倒角长度）

指定第一条直线的倒角角度 <0>：30↙（指定第一条直线的倒角角度）

选择第一条直线或［放弃（U）/ 多段线（P）/ 距离（D）/ 角度（A）/ 修剪（T）/ 方式（E）/ 多个（M）］：（选择第一条直线）

选择第二条直线，或按住 Shift 键选择直线以应用角点或［距离（D）/ 角度（A）/ 方法（M）］：（选择第二条直线）

4．示例

图 2–95 所示图形为上述两种方法倒角示例。

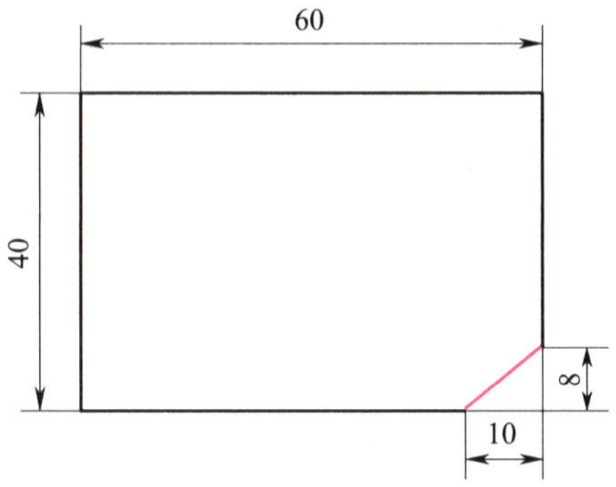

a）

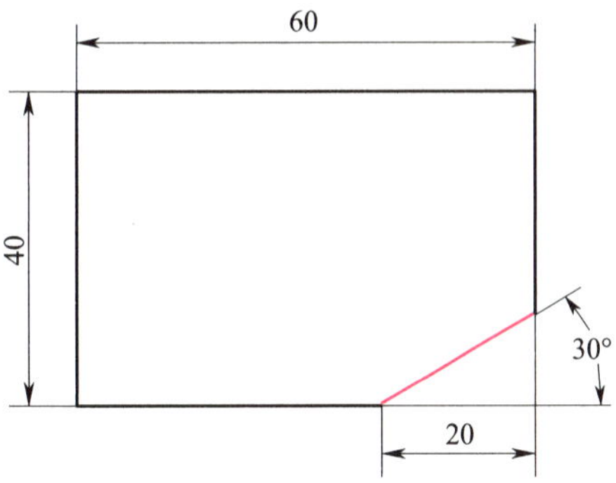

b）

图 2-95 倒角示例

a）指定斜线距离 b）指定斜线距离与夹角

二、圆角

圆角是指用指定的半径决定的一段平滑圆弧连接两个对象。AutoCAD 规定可以圆滑连接线段、多段线、样条曲线、圆弧和椭圆弧等。

1. 启动“圆角”命令的方法

（1）功能区：单击“默认”→“修改”→“圆角”按钮 。

（2）菜单栏：选择“修改”→“圆角”命令。

（3）命令行：f（或 fillet）。

2. 操作步骤

命令：_fillet（执行“圆角”命令）

当前设置：模式＝修剪，半径＝0.0000

选择第一个对象或［放弃（U）/ 多段线（P）/ 半径（R）/ 修剪（T）/ 多个（M）]：r↙（选择“半径”选项）

指定圆角半径 <0.0000>：5↙（指定圆角半径）

选择第一个对象或［放弃（U）/ 多段线（P）/ 半径（R）/ 修剪（T）/ 多个（M）]：（选择第一个对象）

选择第二个对象，或按住 Shift 键选择对象以应用角点或［半径（R）]：（选择第二个对象）

选项说明：

（1）多段线：在二维多段线中两条线段相交的每个顶点处插入圆角。

（2）半径：设置后续圆角的半径，更改此值不会影响现有圆角。

说明：零半径值可用于创建锐角。为两条直线、射线、参照线或二维多段线的线段创建半径为零的圆角会延伸或修剪对象以使其相交。

其余选项的含义与倒角中的选项含义相同。

3. 示例

对图 2-96a 所示矩形进行倒圆角操作，圆角半径为 5 mm。操作过程如下：

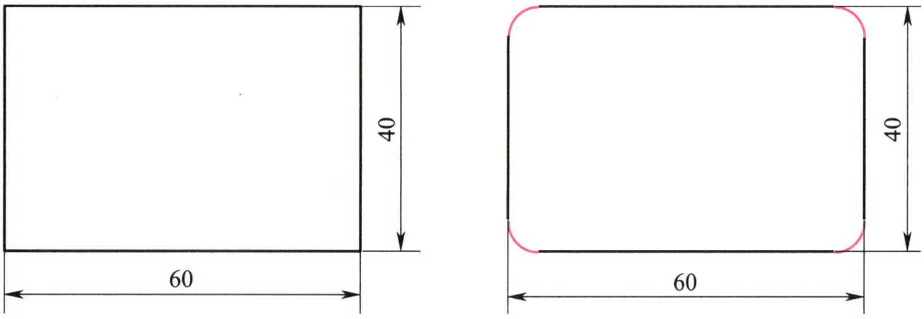

a)　　b)

图 2–96　圆角示例

a）操作前　b）操作后

命令：_fillet（执行“圆角”命令）

当前设置：模式 = 修剪，半径 =2.0000

选择第一个对象或［放弃（U）/ 多段线（P）/ 半径（R）/ 修剪（T）/ 多个（M）]：r↙（选择“半径”选项）

指定圆角半径 <2.0000>：5↙（指定圆角半径）

选择第一个对象或［放弃（U）/ 多段线（P）/ 半径（R）/ 修剪（T）/ 多个（M）]：m↙（选择“多个”选项）

选择第一个对象或［放弃（U）/ 多段线（P）/ 半径（R）/ 修剪（T）/ 多个（M）]：（选择第一个对象）

选择第二个对象，或按住 Shift 键选择对象以应用角点或［半径（R）]：（选择第二个对象）

按照命令行提示，依次对其余角进行倒圆角操作，结果如图 2–96b 所示。

任务实施

1．绘制水平中心线

将“中心线”层置为当前图层，绘制长为 100 mm 的水平中心线，如图 2–97 所示。

图 2–97　绘制水平中心线

2．绘制左侧线段轮廓

将“粗实线”层置为当前图层。根据图 2–92 所示尺寸，应用“直线”命令绘制左侧线段轮廓，如图 2–98 所示。

图 2–98　绘制左侧线段轮廓

3．绘制 *C*2 mm 倒角及倒角线

命令：_chamfer（执行"倒角"命令）
（"修剪"模式）当前倒角距离 1=1.0000，距离 2=1.0000
选择第一条直线或［放弃（U）/ 多段线（P）/ 距离（D）/ 角度（A）/ 修剪（T）/ 方式（E）/ 多个（M）］：d↙（选择"距离"选项）
指定第一个倒角距离 <1.0000>：2↙（指定第一个倒角距离）
指定第二个倒角距离 <2.0000>：↙（指定第二个倒角距离）
选择第一条直线或［放弃（U）/ 多段线（P）/ 距离（D）/ 角度（A）/ 修剪（T）/ 方式（E）/ 多个（M）］：（选择左侧竖直轮廓线为第一条直线）
选择第二条直线，或按住 Shift 键选择直线以应用角点或［距离（D）/ 角度（A）/ 方法（M）］：（选择水平轮廓线作为第二条直线）

执行上述操作，则绘制出 *C*2 mm 倒角。执行"直线"命令，绘制出倒角轮廓线，结果如图 2–99 所示。

4．绘制 *R*15 mm 和 *R*10 mm 圆

执行"圆"命令，根据图 2–92 所示尺寸，绘制 *R*15 mm 和 *R*10 mm 圆，结果如图 2–100 所示。

图 2–99　绘制 *C*2 mm 倒角及倒角轮廓线

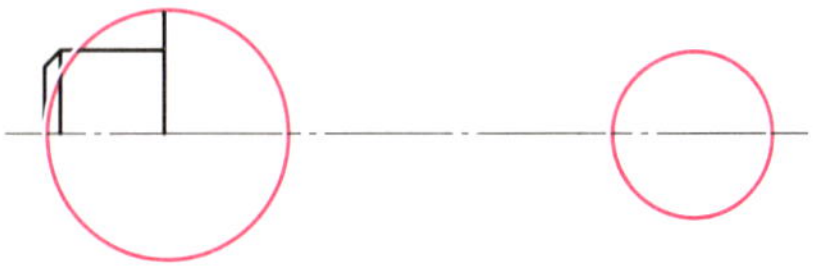

图 2–100　绘制 *R*15 mm 和 *R*10 mm 圆

5．偏移细点画线

执行"偏移"命令，将细点画线向上偏移 16 mm，如图 2–101 所示。

6．绘制 *R*52 mm 圆

执行"相切、相切、圆"命令，捕捉偏移细点画线和 *R*10 mm 圆的切点，输入圆半径值 52，则绘制出 *R*52 mm 圆，如图 2–102 所示。

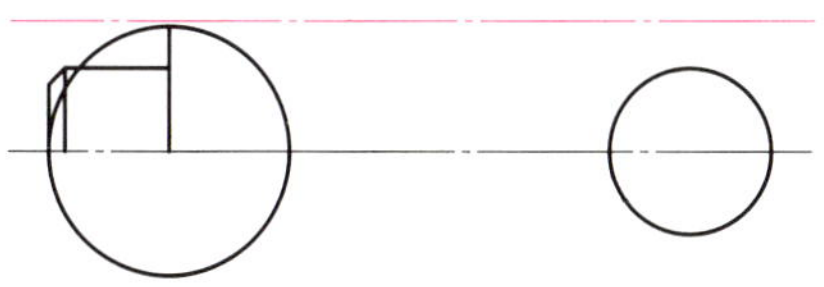

图 2–101　偏移细点画线

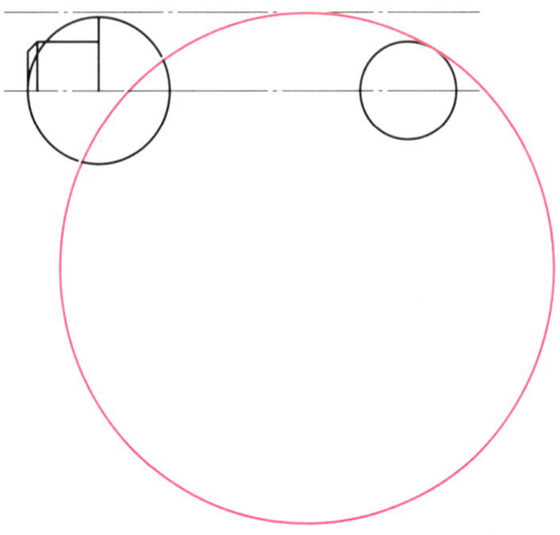

图 2–102　绘制 *R*52 mm 圆

7．修改图形

执行“修剪”命令，修剪多余的圆弧；应用“删除”命令删除偏移的细点画线，结果如图 2–103 所示。

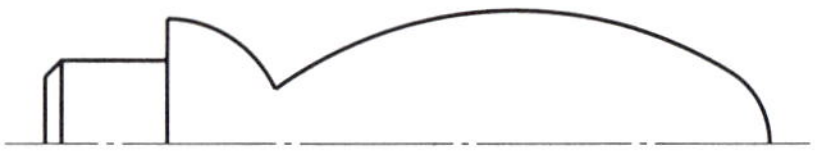

图 2–103　修改图形

8．绘制 *R*12 mm 圆弧

命令：_fillet（执行“圆角”命令）

当前设置：模式 = 修剪，半径 =10.0000

选择第一个对象或［放弃（U）/ 多段线（P）/ 半径（R）/ 修剪（T）/ 多个（M）］：r↙（选择“半径”选项）

指定圆角半径 <10.0000>：12↙（指定圆角半径）

选择第一个对象或［放弃（U）/ 多段线（P）/ 半径（R）/ 修剪（T）/ 多个（M）］：（选择 *R*15 mm 圆弧）

选择第二个对象，或按住 Shift 键选择对象以应用角点或［半径（R）］：（选择 *R*52 mm 圆弧）

执行上述操作，则绘制出 *R*12 mm 圆弧，如图 2–104 所示。

9．镜像

执行“镜像”命令，选中手柄中心线以上所有轮廓线作为镜像对象，以中心线为镜像线进行镜像，结果如图 2–105 所示。

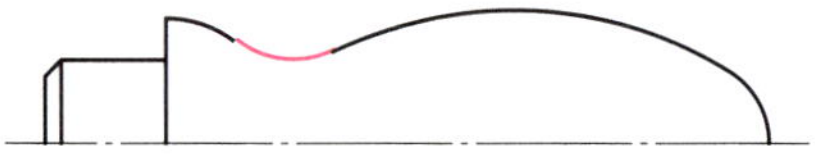

图 2–104　绘制 *R*12 mm 圆弧

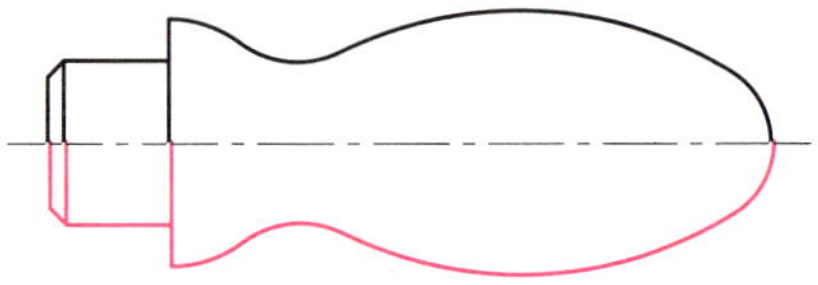

图 2–105　镜像

模块三

复杂二维图形的绘制与编辑

任务1 绘制连杆平面图

学习目标

1. 掌握“旋转”命令的应用。
2. 能绘制连杆平面图。

任务引入

本次任务要求绘制如图3–1所示连杆平面图。连杆是由中间带有ϕ36 mm孔的凸台、横臂和斜臂组成的，横臂和斜臂的形状相同，只要绘制出横臂，可以通过旋转生成斜臂。

相关知识

“旋转”命令用于在不改变对象大小和形状的前提下，将图形对象绕某一基点旋转一定角度并改变对象的位置，可以一次旋转一个或多个对象。

1. 启动“旋转”命令的方法

（1）功能区：单击“默认”→“修改”→“旋转”命令按钮。

（2）菜单栏：选择“修改”→“旋转”命令。

（3）命令行：ro（或rotate）。

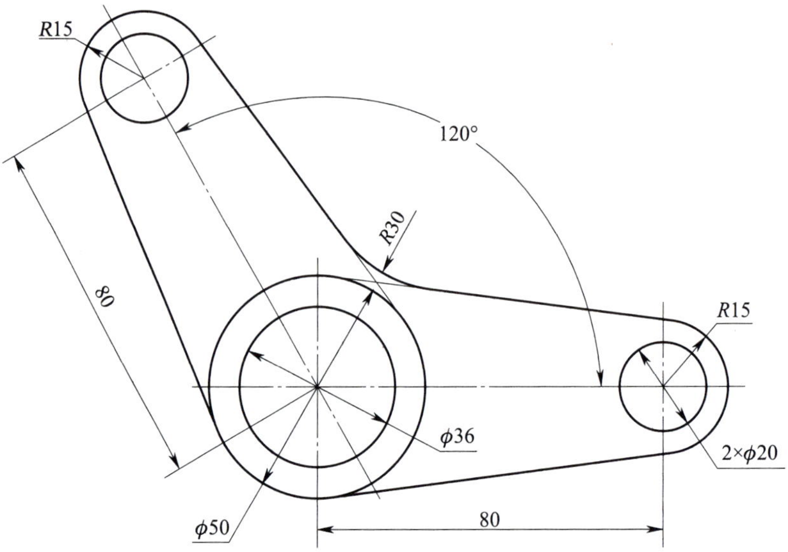

图 3-1 连杆平面图

2．操作步骤

命令：_rotate（执行“旋转”命令）
UCS 当前的正角方向：ANGDIR= 逆时针 ANGBASE=0
选择对象：（使用对象选择方法并在完成选择后按 Enter 键）
指定基点：（指定旋转基点）
指定旋转角度，或［复制（C）/ 参照（R）］<120>：c↙（选择“复制”选项）
指定旋转角度，或［复制（C）/ 参照（R）］<120>：120↙（输入旋转角度）

选项说明：

（1）复制：旋转图形对象的同时保留原对象，如图 3-2 所示，图 3-2b 中的 120°处细点画线和小圆就是旋转复制 0°处的细点画线和小圆（见图 3-2a）的结果。

（2）参照。将对象从指定的角度旋转到新的绝对角度。

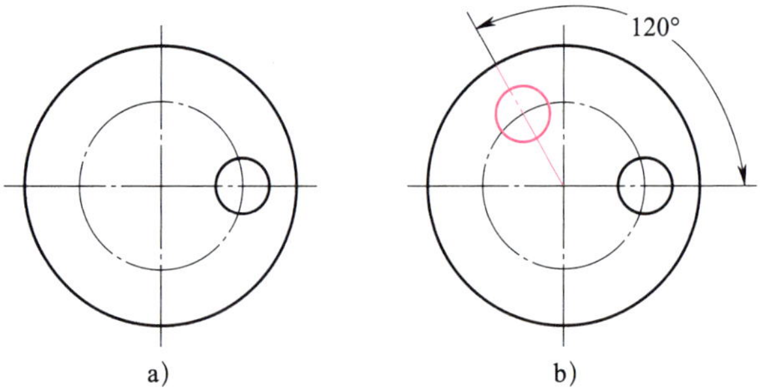

图 3-2 旋转复制

a）操作前 b）操作后

3．示例

（1）示例 1

利用“旋转”命令将如图 3–3a 所示的正五边形旋转 90°。

命令：_rotate（执行“旋转”命令）
UCS 当前的正角方向：ANGDIR= 逆时针　ANGBASE=0
选择对象：找到 1 个（选择正五边形）
选择对象：↙（结束选择）
指定基点：（选择圆心作为旋转基点）
指定旋转角度，或［复制（C）/ 参照（R）］<0>：90↙（指定旋转角度）

旋转结果如图 3–3b 所示。

（2）示例 2

利用“旋转”命令将如图 3–4a 所示矩形绕 *A* 点顺时针旋转，使 *AB* 与 *CD* 平行。

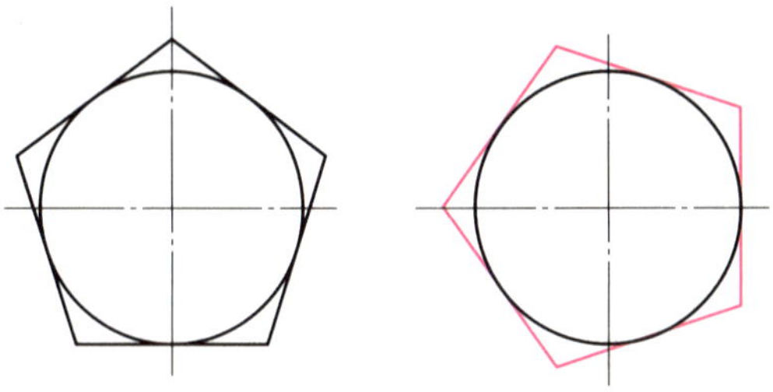

a）　b）

图 3–3　旋转正五边形

a）操作前　b）操作后

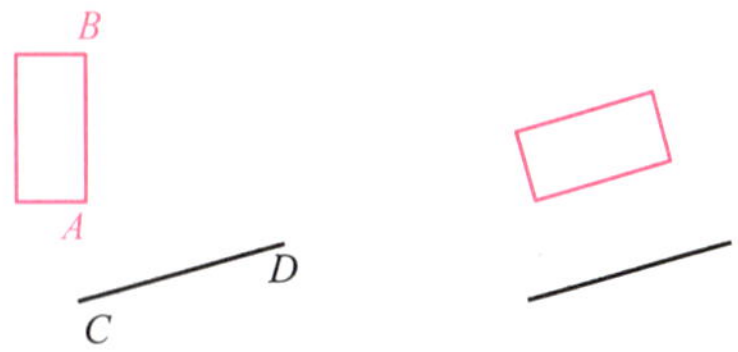

a）　b）

图 3–4　旋转矩形

a）操作前　b）操作后

命令：_rotate（执行“旋转”命令）
UCS 当前的正角方向：ANGDIR= 逆时针　ANGBASE=0
选择对象：找到 1 个（选择矩形）
选择对象：↙（结束选择）
指定基点：（指定矩形上 *A* 点作为旋转基点）
指定旋转角度，或［复制（C）/ 参照（R）］<0>：r↙（选择“参照”选项）
指定参照角 <0>：指定第二点：（先拾取 *A* 点，然后拾取 *B* 点）
指定新角度或［点（P）］<0>：P↙（选择“点”选项）
指定第一点：指定第二点：（先拾取 *C* 点，然后拾取 *D* 点）

旋转结果如图 3–4b 所示。

任务实施

1．绘制中心线及带孔凸台

（1）绘制中心线

将“中心线”层置为当前图层，根据图 3–1 所示尺寸，应用“直线”命令绘制水平中心线和竖直中心线，如图 3–5a 所示。

（2）绘制带孔凸台

将“粗实线”层置为当前图层，应用“圆”命令绘制 ϕ50 mm 和 ϕ36 mm 圆，如图 3–5b 所示。

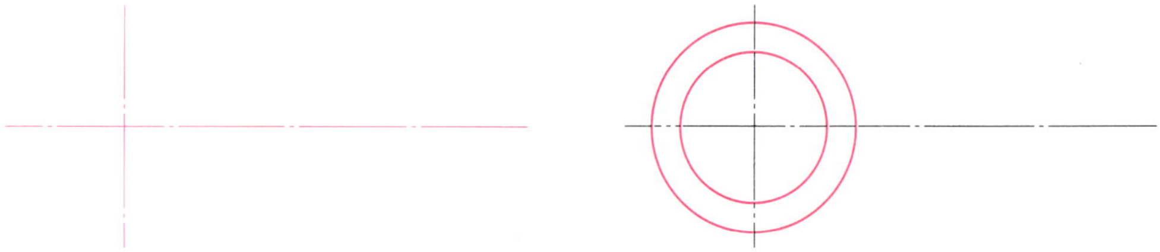

a）　　　　b）

图 3–5　绘制中心线及带孔凸台

a）绘制中心线　b）绘制 ϕ50 mm 和 ϕ36 mm 圆

2．绘制横臂

（1）偏移竖直中心线

执行“偏移”命令，将竖直中心线向右偏移 80 mm，如图 3–6a 所示。

（2）绘制 ϕ20 mm 和 ϕ30 mm 圆

应用“圆”命令，绘制 ϕ20 mm 和 ϕ30 mm 圆，如图 3–6b 所示。

（3）绘制 ϕ50 mm 和 ϕ30 mm 圆的切线

应用“直线”命令，绘制 ϕ50 mm 和 ϕ30 mm 圆的切线，如图 3–6c 所示。

（4）修剪 ϕ30 mm 圆弧线

执行“修剪”命令，修剪 ϕ30 mm 圆多余的圆弧线，结果如图 3–6d 所示。

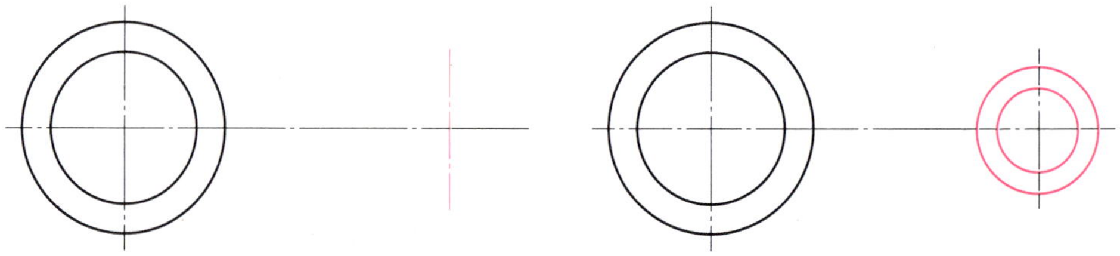

a）　　　　b）

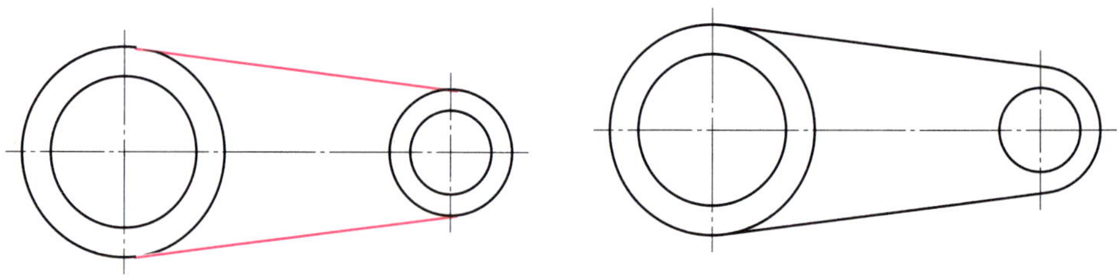

c）　　　　d）

图 3–6　绘制横臂

a）偏移竖直中心线　b）绘制 ϕ20 mm 和 ϕ30 mm 圆　c）绘制切线　d）修剪

3．绘制斜臂

命令：_rotate（执行"旋转"命令）
UCS 当前的正角方向：ANGDIR= 逆时针　ANGBASE=0
选择对象：（选择水平中心线及横臂所有对象）
选择对象：↙（按 Enter 键结束选择）
指定基点：（指定 ϕ50 mm 圆的圆心为旋转基点）
指定旋转角度，或［复制（C）/ 参照（R）］<0>：c↙（选择"复制"选项）
指定旋转角度，或［复制（C）/ 参照（R）］<0>：120↙（输入旋转角度）

执行上述操作，结果如图 3–7 所示。

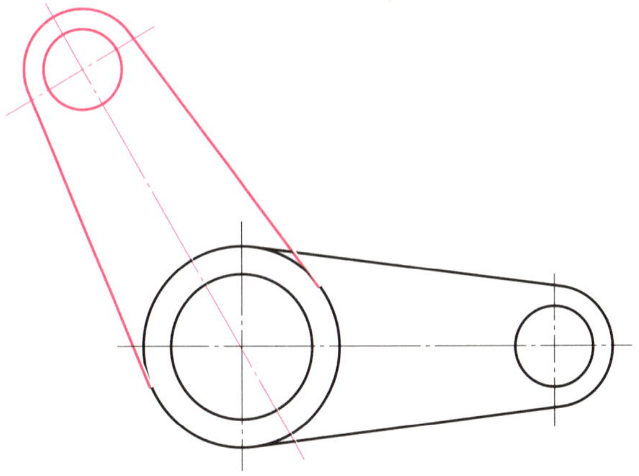

图 3–7　绘制斜臂

4．绘制 R30 mm 圆角

命令：_fillet（执行"圆角"命令）
当前设置：模式 = 修剪，半径 =20.0000
选择第一个对象或［放弃（U）/ 多段线（P）/ 半径（R）/ 修剪（T）/ 多个（M）]：t↙（选择"修剪"选项）
输入修剪模式选项［修剪（T）/ 不修剪（N）］< 修剪 >：n↙（选择"不修剪"选项）
选择第一个对象或［放弃（U）/ 多段线（P）/ 半径（R）/ 修剪（T）/ 多个（M）]：r↙（选择"半径"选项）
指定圆角半径 <20.0000>：30↙（指定圆角半径值）
选择第一个对象或［放弃（U）/ 多段线（P）/ 半径（R）/ 修剪（T）/ 多个（M）]：（选择横臂切线）
选择第二个对象，或按住 Shift 键选择对象以应用角点或［半径（R）]：（选择斜臂切线）

执行上述操作，结果如图 3–8 所示。

5．打断两切线

执行“打断于点”命令，将与 $R30$ mm 圆角相切的两条切线打断。

6．修改线型

拾取 $R30$ mm 圆角与 $\phi50$ mm 圆之间的切线，将其线型改为细实线，如图 3–9 所示。注意：该两段线为辅助线，其线型应为细实线。

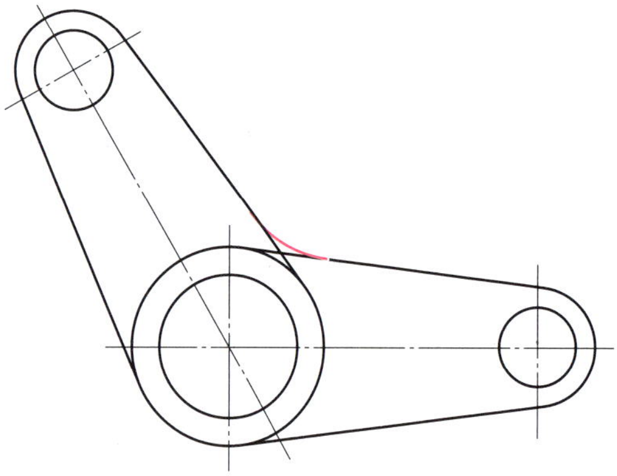

图 3–8　绘制 $R30$mm 圆角

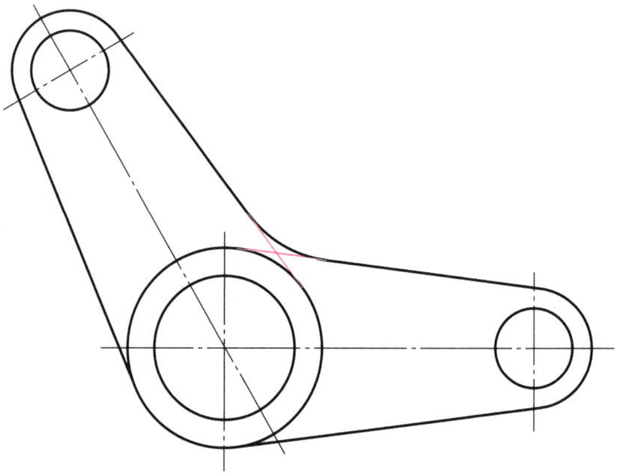

图 3–9　修改线型

任务 2　绘制台阶轴平面图

学习目标

1．掌握“延伸”命令的应用。
2．掌握“拉长”命令的应用。
3．掌握“拉伸”命令的应用。
4．学会绘制台阶轴平面图。

任务引入

本次任务要求绘制如图 3–10 所示两个台阶轴平面图。台阶轴主要由线段轮廓组成，且上下对称，所以可应用连续线段快速绘制其二分之一平面图，然后应用“倒角”命令绘制倒角，应用“延伸”命令延伸端面线，最后应用“镜像”命令完成整个台阶轴的绘制。台阶轴 1 与台阶轴 2 仅右侧 $\phi32$ mm 轴段的长度不同，所以台阶轴 2 可在台阶轴 1 的基础上进行拉伸生成。

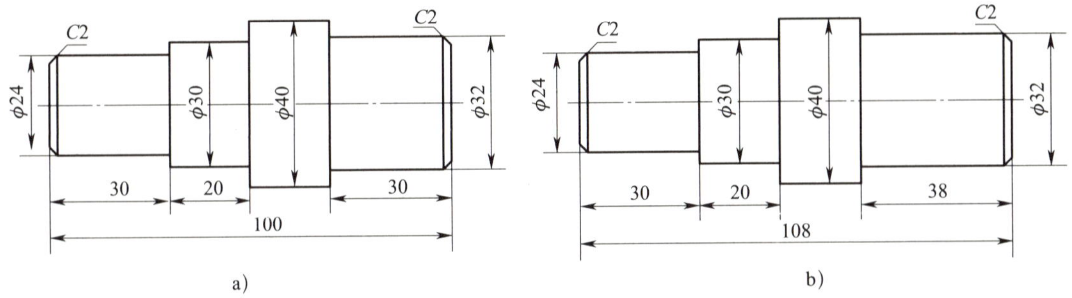

图 3-10 台阶轴平面图

a）台阶轴 1 b）台阶轴 2

相关知识

一、延伸

“延伸”命令用于将线段、曲线等对象延伸到指定边界对象上，使其与边界对象相交。此边界对象有时可能是隐含边界，此时对象延伸后并不与边界对象直接相交，而是与隐含的边界对象相交。

1. 启动“延伸”命令的方法

（1）功能区：单击“默认”→“修改”→“延伸”按钮。

（2）菜单栏：选择“修改”→“延伸”命令。

（3）命令行：ex（或 extend）。

2. 操作步骤

命令：_extend（执行“延伸”命令）
当前设置：投影 =UCS，边 = 无
选择边界的边 ...
选择对象或 <全部选择>：（选择延伸边界）
选择对象：↙（按 Enter 键结束延伸边界选择）
选择要延伸的对象，或按住 Shift 键选择要修剪的对象，或者 [栏选（F）/ 窗交（C）/ 投影（P）/ 边（E）]：（选择要延伸的对象或其他选项）

选项说明：

（1）选择对象：使用选定对象来定义对象延伸到的边界。

（2）要延伸的对象：指定要延伸的对象，按 Enter 键结束命令。

（3）按住 Shift 键选择要修剪的对象：将选定对象修剪到最近的边界而不是将其延伸。这是在修剪和延伸之间切换的简便方法。

（4）栏选：选择与选择栏相交的所有对象。选择栏是一系列临时线段，它们是用两个或多个栏选点指定的。选择栏不构成闭合环。

（5）窗交：选择矩形区域（由两点确定）内部或与之相交的对象。

（6）投影：指定延伸对象时使用的投影方法。

（7）边：该选项包含“延伸”和“不延伸”两个子选项，“延伸”子选项是指将对象延伸到另一个对象的隐含边，“不延伸”子选项是指对象不延伸到另一个对象的隐含边，如图 3–11 所示。

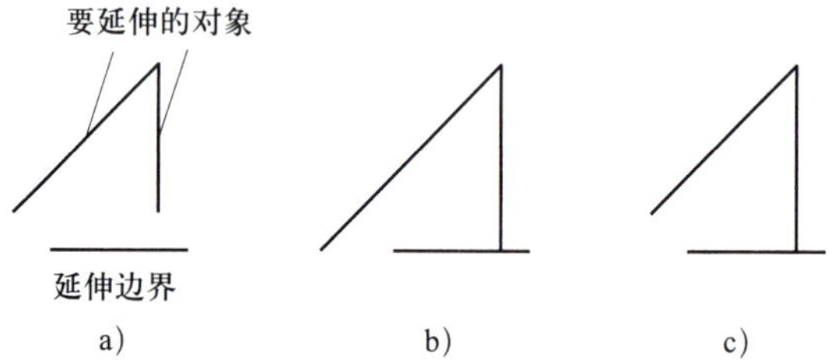

图 3–11 “延伸”与“不延伸”示例

a）操作前 b）延伸 c）不延伸

3. 示例

将图 3–12a 中左侧两根线段延伸至内圆轮廓，右侧三根线段延伸至外圆轮廓，如图 3–12b 所示。操作步骤如下：

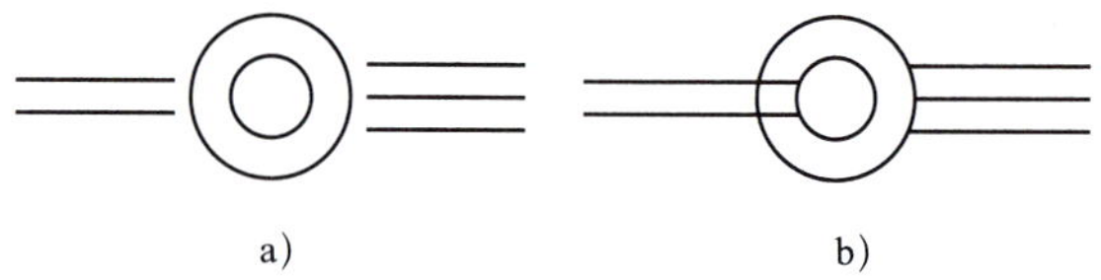

图 3–12 延伸示例

a）延伸前 b）延伸后

命令：_extend（执行“延伸”命令）

当前设置：投影 =UCS，边 = 无

选择边界的边 ...

选择对象或 < 全部选择 >：（选择内圆作为延伸边界）

选择对象：↙（按 Enter 键结束边界选择）

选择要延伸的对象，或按住 Shift 键选择要修剪的对象，或者 [栏选（F）/ 窗交（C）/ 投影（P）/ 边（E）]：（选择左侧第一根线段）

选择要延伸的对象，或按住 Shift 键选择要修剪的对象，或者 [栏选（F）/ 窗交（C）/ 投影（P）/ 边（E）/ 放弃（U）]：（选择左侧第二根线段）

执行上述操作，则将左侧两根线段延伸至内圆轮廓。按照上述方法，将右侧三根线段延伸至外圆轮廓，结果如图 3–12b 所示。

二、拉长

“拉长”命令用于更改对象的长度和圆弧的包含角。“拉长”命令不影响闭合的对象。

1. 启动“拉长”命令的方法

（1）功能区：单击“默认”→“修改”→“拉长”按钮。

（2）菜单栏：选择“修改”→“拉长”命令。

（3）命令行：len（或 lengthen）。

2. 操作步骤

命令：_lengthen（执行“拉长”命令）
选择要测量的对象或［增量（DE）/ 百分数（P）/ 总计（T）/ 动态（DY）]< 增量（DE）>:

选项说明：

（1）对象选择：选定对象后将显示对象的长度和包含角（如果对象有包含角）。

（2）增量：选择该项时，将以指定的增量修改对象的长度，该增量从距离选择点最近的端点处开始拉长对象。对于圆弧对象，可以以指定的角度增量修改圆弧，该增量从距离选择点最近的端点处开始拉长对象，如图 3–13 所示。增量值可以为正值，也可以为负值，正值拉长对象，负值修剪对象。

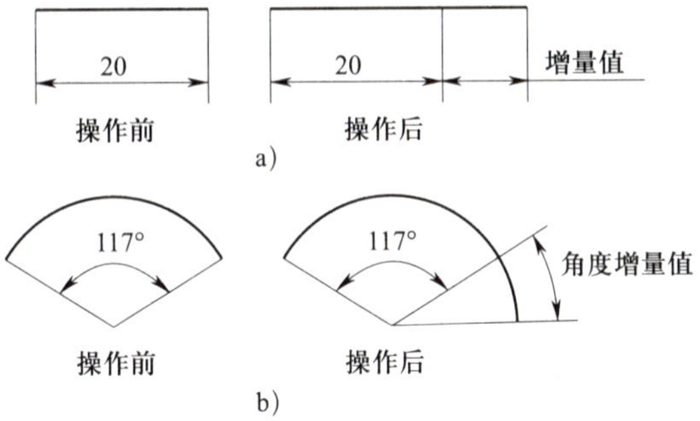

图 3–13 拉长示例

a）线段拉长示例 b）圆弧拉长示例

（3）百分数：通过指定对象总长度的百分数设定对象长度。

（4）总计：通过指定从固定端点测量的总长度的绝对值来设定选定对象的长度。该选项也可按照指定的总角度设置选定圆弧的包含角。

（5）动态：打开动态拖动模式。通过拖动选定对象的端点之一来更改其长度。其他端点保持不变。

三、拉伸

“拉伸”命令用于拉伸与选择窗口或多边形交叉的对象，完全包含在窗交窗口中的对象或单独选定的对象，将产生移动而不是拉伸，某些对象类型（例如圆、椭圆和块）无法拉伸。“拉伸”命令仅移动窗交选择内的顶点和端点，不更改那些窗交选择外的顶点和端点。“拉伸”命令不修改三维实体、多段线宽度、切向或者曲线拟合的信息。

1. 启动“拉伸”命令的方法

（1）功能区：单击“默认”→“修改”→“拉伸”按钮。

（2）菜单栏：选择“修改”→“拉伸”命令。

（3）命令行：s 或 stretch

2．操作步骤

命令：_stretch（执行“拉伸”命令）
以交叉窗口或交叉多边形选择要拉伸的对象 ...
选择对象：指定对角点：（用窗口选择拉伸对象）
选择对象：↙（按 Enter 键结束选择）
指定基点或［位移（D）］<位移>：（指定拉伸基点）
指定第二个点或 <使用第一个点作为位移>：（指定拉伸长度或位置）

选项说明：

（1）基点：指定基点，将计算自该基点的拉伸的偏移。此基点可以位于拉伸的区域的外部。

（2）第二个点：指定第二个点，该点定义拉伸的距离和方向。从基点到此点的距离和方向将定义对象的选定部分拉伸的距离和方向。

（3）使用第一个点作为位移：指定拉伸距离和方向将基于从图形中的（0，0，0）坐标到指定基点的距离和方向。

（4）位移：指定拉伸的相对距离和方向。

3．示例

应用“拉伸”命令，将图 3–14a 所示长方形拉伸成图 3–14c 所示平行四边形。操作步骤如下：

命令：_stretch（执行“拉伸”命令）
以交叉窗口或交叉多边形选择要拉伸的对象 ...
选择对象：指定对角点：找到 2 个（自右向左的拾取窗口拾取长方形的顶边和两侧边，如图 3–14b 所示）
选择对象：↙（按 Enter 键结束选择）
指定基点或［位移（D）］<位移>：（指定长方形的右上端点为基点）
指定第二个点或 <使用第一个点作为位移>：30↙（光标向右移动，输入距离 30）

执行上述操作，结果如图 3–14c 所示。

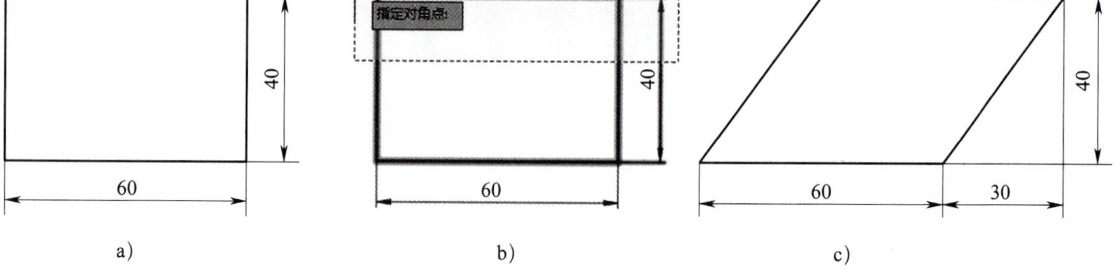

图 3–14　拉伸示例

a）长方形　b）窗口拾取　c）平行四边形

任务实施

1. 绘制中心线及台阶轴 1 二分之一轮廓线

应用“直线”命令，按照图 3–10 所示台阶轴 1 尺寸，绘制中心线及台阶轴 1 二分之一轮廓线，如图 3–15 所示。

图 3–15　绘制中心线及台阶轴 1 二分之一轮廓线

2. 绘制 *C*2 mm 倒角

应用“倒角”命令绘制两端 *C*2 mm 倒角，并应用“直线”命令绘制倒角线，结果如图 3–16 所示。

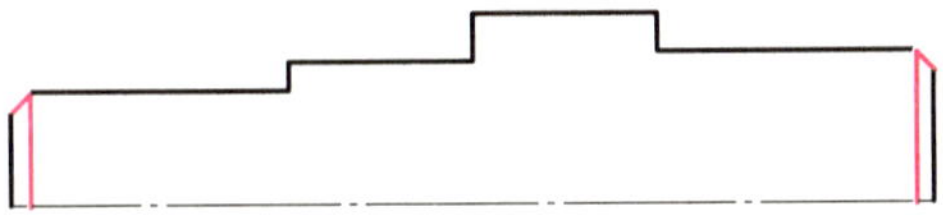

图 3–16　绘制 *C*2 mm 倒角

3. 延伸端面线

命令：_extend（执行“延伸”命令）
当前设置：投影 =UCS，边 = 无
选择边界的边 ...
选择对象或 <全部选择>：找到 1 个（选择中心线为延伸边界）
选择对象：↙（按 Enter 键结束选择）
选择要延伸的对象，或按住 Shift 键选择要修剪的对象，或者 [栏选（F）/ 窗交（C）/ 投影（P）/ 边（E）]：（选择左端第一条端面线）

执行上述操作，左端第一条端面线延伸至中心线，依次延伸第二条、第三条端面线，结果如图 3–17 所示。按 Enter 键结束延伸命令。

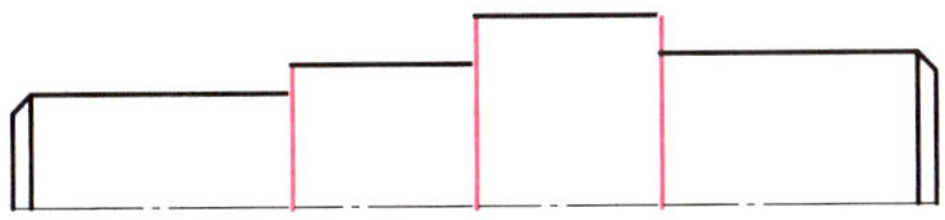

图 3–17　延伸端面线

4. 镜像

执行“镜像”命令，选择台阶轴 1 二分之一轮廓线为镜像对象，以中心线为镜像线进行镜像，结果如图 3–18 所示。

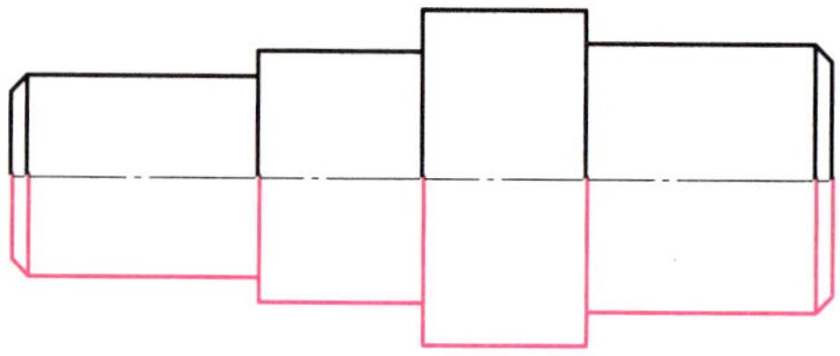

图 3-18 镜像

5．拉长中心线

命令：_lengthen（执行“拉长”命令）
选择要测量的对象或 [增量（DE）/ 百分数（P）/ 总计（T）/ 动态（DY）] < 增量（DE）>: ↙（默认“增量”选项）
输入长度增量或 [角度（A）] <2.0000>：3↙（输入长度增量值）
选择要修改的对象或 [放弃（U）]：（用光标单击中心线左侧）
选择要修改的对象或 [放弃（U）]：（用光标单击中心线右侧）
选择要修改的对象或 [放弃（U）]：↙（按 Enter 键结束“拉长”命令）

执行上述操作，结果如图 3-19 所示。

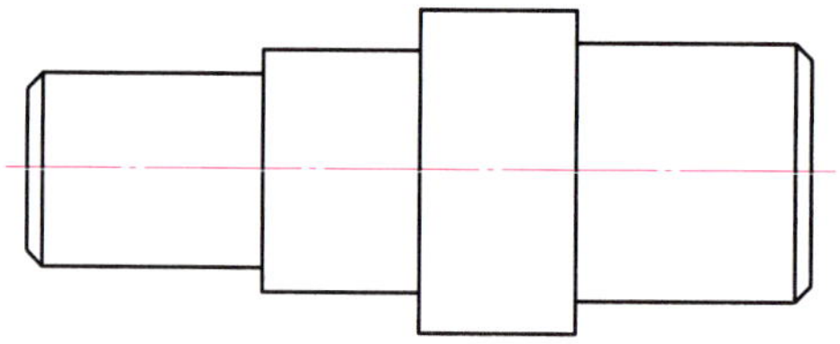

图 3-19 拉长中心线

6．复制台阶轴 1

执行“复制”命令，选择台阶轴 1 为复制对象，以中心线左端点为基点，光标水平向右移动，在台阶轴 1 右侧指定第二点，按 Enter 键结束复制，结果如图 3-20 所示。

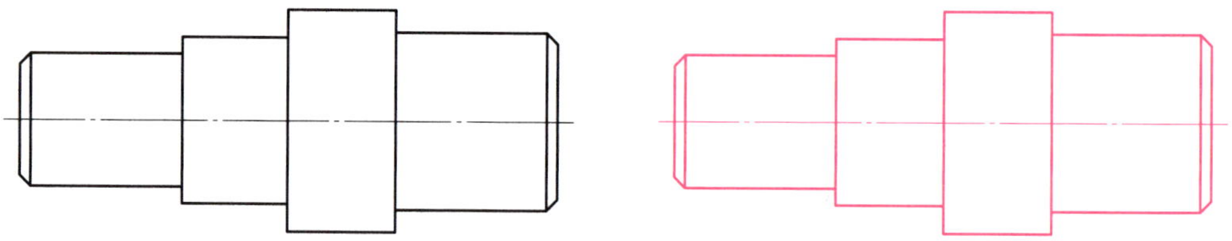

图 3-20 复制台阶轴 1

7．拉伸 ϕ32 mm 轴段生成台阶轴 2

命令：_stretch（执行“拉伸”命令）
以交叉窗口或交叉多边形选择要拉伸的对象 ...
选择对象：指定对角点：找到 9 个（按图 3-21 所示，窗口选择拉伸对象）

选择对象：（按 Enter 键结束选择）
指定基点或［位移（D）］<位移>：（以中心线右端点为基点）
指定第二个点或<使用第一个点作为位移>：8↙（输入拉伸距离）

执行上述操作，结果如图 3-22 所示。

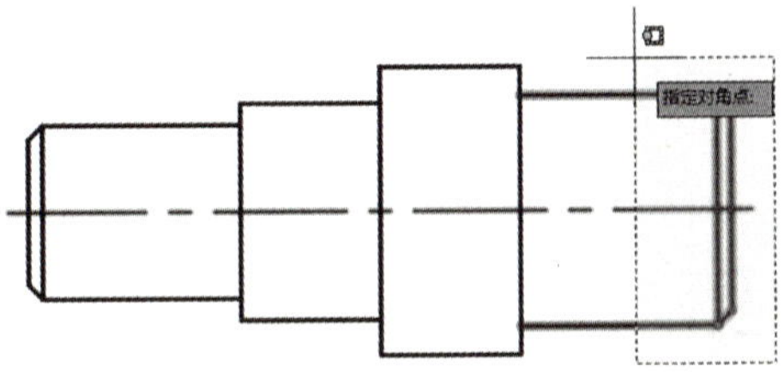

图 3-21 窗口选择拉伸对象

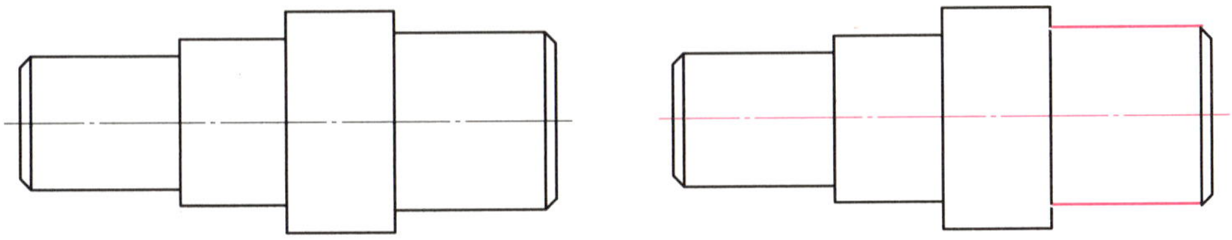

a） b）

图 3-22 拉伸生成台阶轴 2

a）台阶轴 1 b）台阶轴 2

任务 3 绘制滑杆平面图

学习目标

1．掌握“圆弧”命令的应用。
2．学会绘制滑杆平面图。

任务引入

本任务要求绘制图 3-23 所示滑杆平面图。该图形主要以圆弧为主，绘制时，先根据尺寸绘制中心线、定位线及 *R*54 mm 细点画线圆，然后绘制定位圆（ϕ16 mm、ϕ29 mm、*R*4 mm、*R*7 mm、*R*3 mm），最后绘制各个连接圆弧和过渡圆弧。

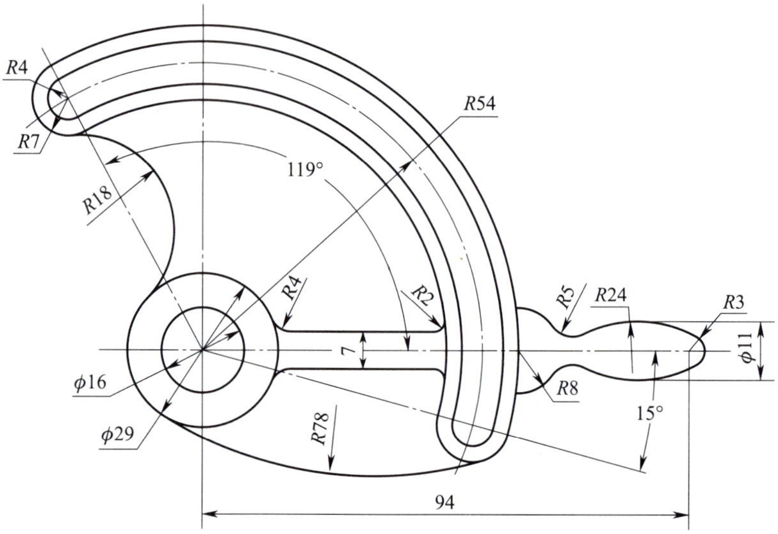

图 3–23　滑杆平面图

相关知识

“圆弧”命令用于创建圆弧。要绘制圆弧，可以指定圆心、端点、起点、半径、角度、长度和方向的各种组合形式。默认情况下，以逆时针方向绘制圆弧。AutoCAD 2020 提供了 11 种绘制圆弧的方式，圆弧的子菜单列出了具体的方式，如图 3–24 所示。

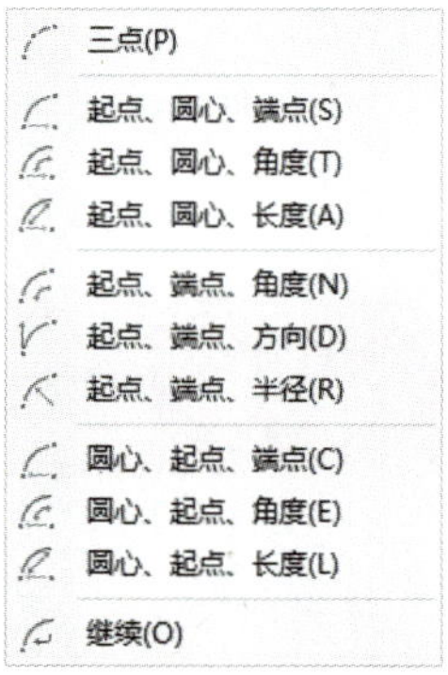

图 3–24　“圆弧”子菜单

启动“圆弧”命令的方法主要有以下几种：

菜单栏：选择“绘图”→“圆弧”的下拉菜单中的子命令，如图 3–24 所示。

功能区：单击“默认”→“绘图”→“圆弧”的下拉菜单中的子命令。

命令行：a（或 arc）。

1. 用“三点”命令绘制圆弧

该命令通过分别确定圆弧的起点、弧上一点、端点的方式绘制圆弧。其中“弧上一点”为除起点和端点外的弧上任意一点。此方式为 AutoCAD 2020 默认的绘制圆弧的方法。

如图 3–25 所示，利用“三点”命令，过△ *ABC* 的三个顶点绘制圆弧 $\overset{\frown}{ABC}$。操作步骤如下：

命令：_arc（执行“三点”圆弧命令）
指定圆弧的起点或 [圆心（C）]：（捕捉 *A* 点为圆弧起点）
指定圆弧的第二个点或 [圆心（C）/ 端点（E）]：（捕捉 *B* 点，如图 3–25b 所示）
指定圆弧的端点：（捕捉 *C* 点为圆弧端点）

执行上述操作，结果如图 3–25c 所示。

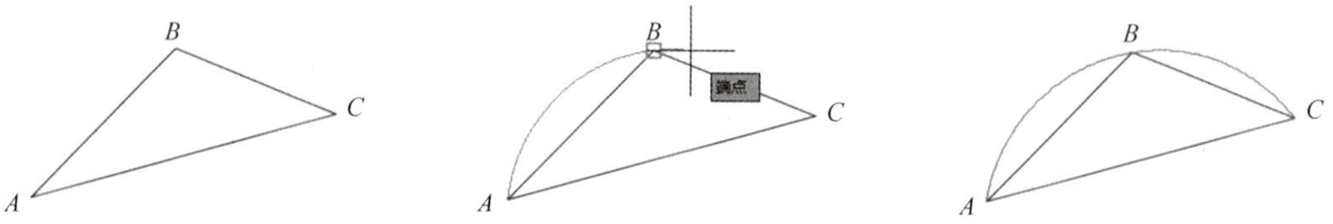

a)　　b)　　c)

图 3–25　用“三点”命令绘制圆弧

a）任意△ABC　b）捕捉弧上 B 点　c）绘制结果

2. 用“起点、圆心、端点”命令绘制圆弧

该命令通过依次确定圆弧的起点、圆心及端点的方式绘制圆弧。

如图 3–26 所示，利用“起点、圆心、端点”命令，以 A 点为圆弧起点、O 点为圆心、B 点为端点，绘制圆弧$\widehat{AB}$。操作步骤如下：

命令：_arc（执行“起点、圆心、端点”命令）
指定圆弧的起点或［圆心（C）］：（捕捉 A 点为圆弧起点）
指定圆弧的第二个点或［圆心（C）/ 端点（E）］：c↙
指定圆弧的圆心：（捕捉 O 点为圆弧的圆心）
指定圆弧的端点（按住 Ctrl 键以切换方向）或［角度（A）/ 弦长（L）］：（捕捉 B 点为圆弧的端点）

执行上述操作，结果如图 3–26b 所示。

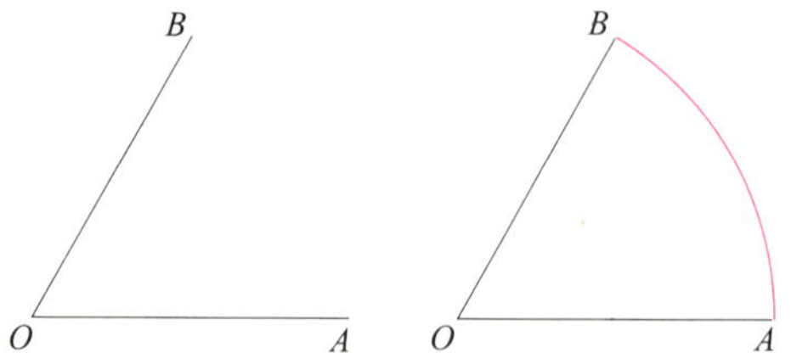

a)　　b)

图 3–26　用“起点、圆心、端点”命令绘制圆弧

a）操作前　b）操作后

提示：（1）如果线段 OA 与 OB 长度不相等，系统会将圆弧的端点自动调节到线段 OB 上或其延长线上。

（2）在利用该命令绘制圆弧时，系统默认按逆时针方向绘制，如果以 B 点为起点顺时针绘制圆弧$\widehat{AB}$，在选择端点 A 点时，要同时按住 Ctrl 键以切换方向。

3. 用“起点、圆心、角度”命令绘制圆弧

该命令通过确定圆弧的起点、圆心及圆弧角度值的方式来绘制圆弧。

如图 3–27 所示，利用“起点、圆心、角度”命令，绘制一条以 A 点为圆弧起点、O 点为圆心、角度为 30°的圆弧$\widehat{AB}$。操作步骤如下：

命令：_arc（执行“起点、圆心、角度”命令）
指定圆弧的起点或［圆心（C）］：（捕捉 *A* 点为圆弧起点）
指定圆弧的第二个点或［圆心（C）/ 端点（E）］：c↙
指定圆弧的圆心：（捕捉 *O* 点为圆弧的圆心）
指定圆弧的端点（按住 Ctrl 键以切换方向）或［角度（A）/ 弦长（L）］：a↙
指定夹角（按住 Ctrl 键以切换方向）：30↙（输入角度值）

执行上述操作，结果如图 3–27b 所示。

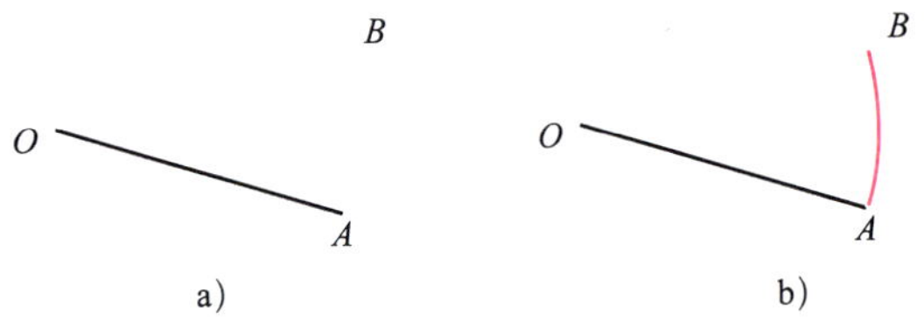

图 3–27 用“起点、圆心、角度”命令绘制圆弧

a）操作前 b）操作后

4．用“起点、圆心、长度”命令绘制圆弧

该命令用起点、圆心和弦长创建圆弧，起点和圆心之间的距离确定半径，圆弧的另一端通过指定圆弧的起点与端点之间的弦长来确定。所得圆弧始终从起点按逆时针方向绘制。

如图 3–28 所示，用“起点、圆心、长度”命令绘制一条弦长为 40 mm 的圆弧 $\overset{\frown}{AB}$。操作步骤如下：

命令：_arc（执行“起点、圆心、长度”命令）
指定圆弧的起点或［圆心（C）］：（指定圆弧起点 *A*）
指定圆弧的第二个点或［圆心（C）/ 端点（E）］：c↙
指定圆弧的圆心：（指定圆弧圆心 *O*）
指定圆弧的端点（按住 Ctrl 键以切换方向）或［角度（A）/ 弦长（L）］：l↙
指定弦长（按住 Ctrl 键以切换方向）：40↙（指定圆弧的弦长）

执行上述操作，结果如图 3–28b 所示。

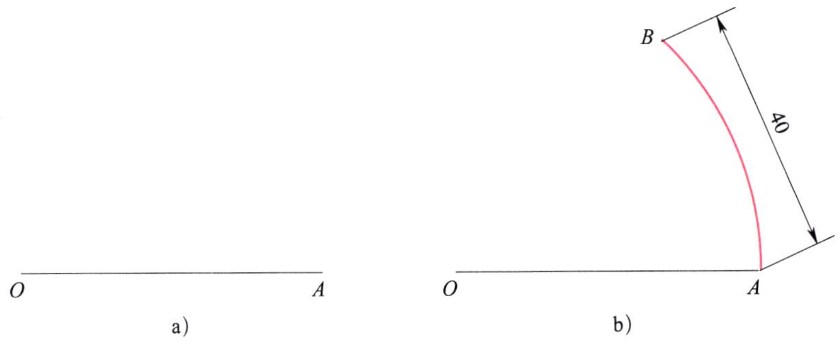

图 3–28 用“起点、圆心、长度”命令绘制圆弧

a）操作前 b）操作后

提示：弦长为正值时，表示圆心角为 0 ~ 180°的圆弧；弦长为负值时，表示圆心角为 180° ~ 360°的圆弧。

5. 用“起点、端点、角度”命令绘制圆弧

该命令通过确定圆弧的起点、端点和包含角的方式绘制圆弧。圆弧起点和端点之间的夹角确定了圆弧的圆心和半径。

如图 3–29 所示，用“起点、端点、角度”命令绘制一条圆心角为 180°的圆弧$\widehat{AB}$。操作步骤如下：

命令：_arc（执行“起点、端点、角度”命令）
指定圆弧的起点或［圆心（C）］：（指定 *A* 点为圆弧起点）
指定圆弧的第二个点或［圆心（C）/ 端点（E）］：e↙
指定圆弧的端点：（指定 *B* 点为圆弧端点）
指定圆弧的中心点（按住 Ctrl 键以切换方向）或［角度（A）/ 方向（D）/ 半径（R）］：a↙
指定夹角（按住 Ctrl 键以切换方向）：180↙（指定圆心角）

执行上述操作，结果如图 3–29b 所示。

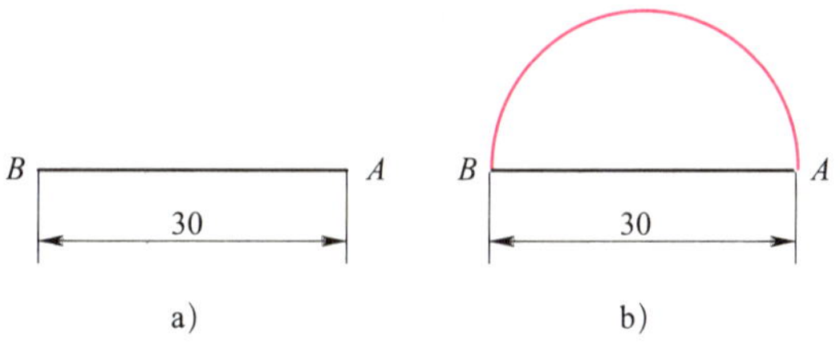

图 3–29 用“起点、端点、角度”命令绘制圆弧
a）操作前 b）操作后

6. 用“起点、端点、方向”命令绘制圆弧

该指令通过指定圆弧的起点、端点和起点处的切线方向创建圆弧。

如图 3–30 所示，用“起点、端点、方向”命令绘制一条在起点 *A* 处与 135°线相切的圆弧$\widehat{AB}$。操作步骤如下：

命令：_arc（执行“起点、端点、方向”命令）
指定圆弧的起点或［圆心（C）］：（指定圆弧起点 *A*）
指定圆弧的第二个点或［圆心（C）/ 端点（E）］：e↙
指定圆弧的端点：（指定圆弧端点 *B*）
指定圆弧的中心点（按住 Ctrl 键以切换方向）或［角度（A）/ 方向（D）/ 半径（R）］：d↙
指定圆弧起点的相切方向（按住 Ctrl 键以切换方向）：135↙（指定切线角度，如图 3–30b 所示）

执行上述操作，则绘制出如图 3–30c 所示圆弧。

7. 用“起点、端点、半径”命令绘制圆弧

该命令通过确定圆弧的起点、端点及半径的方式来绘制圆弧。

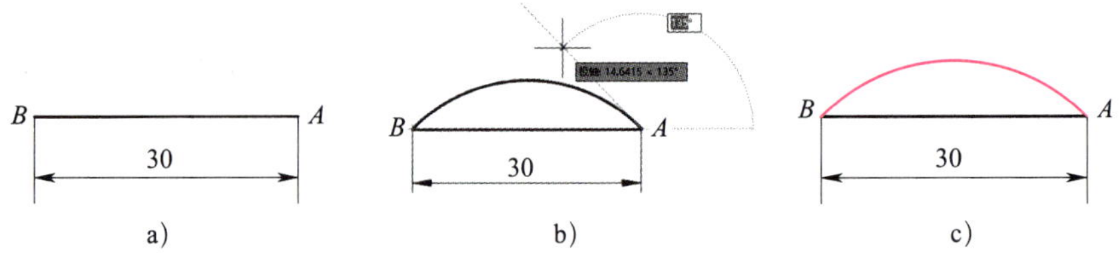

图 3-30 用“起点、端点、方向”命令绘制圆弧

a）操作前 b）确定起点处的切线方向 c）操作后

如图 3-31b 所示，用“起点、端点、半径”命令绘制一条半径为 50 mm 的向上突起的圆弧$\overset{\frown}{AB}$。操作步骤如下：

命令：_arc（执行“起点、端点、半径”命令）

指定圆弧的起点或［圆心（C）］：（捕捉 *A* 点为圆弧起点）

指定圆弧的第二个点或［圆心（C）/ 端点（E）］：e↙

指定圆弧的端点：（捕捉 *B* 点为圆弧端点）

指定圆弧的中心点（按住 Ctrl 键以切换方向）或［角度（A）/ 方向（D）/ 半径（R）］：r↙

指定圆弧的半径（按住 Ctrl 键以切换方向）：50↙（输入圆弧半径值）

执行上述操作，结果如图 3-31b 所示。

提示：利用“起点、端点、半径”命令绘制图 3-31b 所示圆弧时，必须沿逆时针方向拾取 *A* 点为起点、*B* 点为端点，若反向，则绘制的圆弧内凹，如图 3-31c 所示。

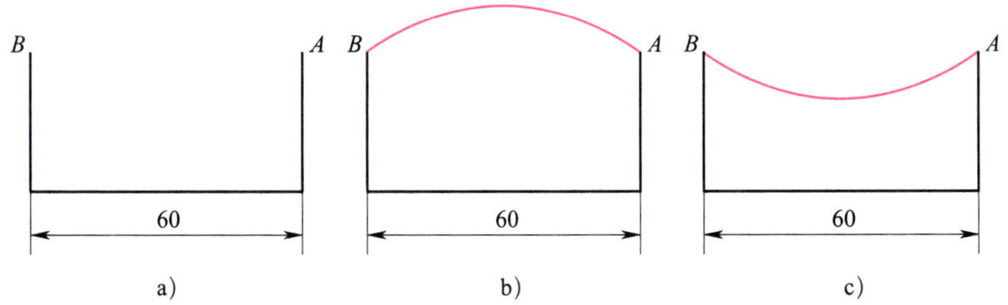

图 3-31 用“起点、端点、半径”命令绘制圆弧

a）操作前 b）*A* 为起点、*B* 为端点 c）*B* 为起点、*A* 为端点

注意：“圆心、起点、端点”“圆心、起点、角度”“圆心、起点、长度”三种绘制圆弧方式与“起点、圆心、端点”“起点、圆心、角度”“起点、圆心、长度”方式类似，此处不再赘述。

8. 用“继续”命令绘制圆弧

该命令可以创建与上一次绘制的直线或圆弧相切的圆弧，绘制时，只需指定圆弧的端点即可。

任务实施

1. 绘制中心线和定位线

将“中心线”层置为当前图层，利用“直线”和“圆”命令，根据图 3–23 所示尺寸，绘制中心线和定位线，如图 3–32 所示。

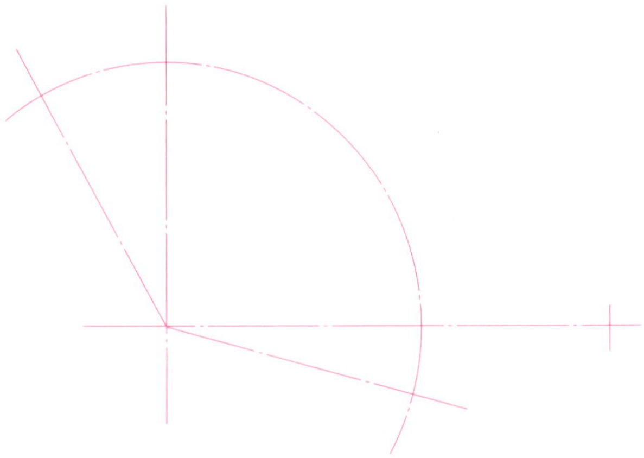

图 3–32 绘制中心线和定位线

2. 绘制已知圆

根据图 3–23 所示尺寸，绘制图中已确定位置的 ϕ16 mm、ϕ29 mm、R7 mm、R4 mm、R3 mm 七个圆，如图 3–33 所示。

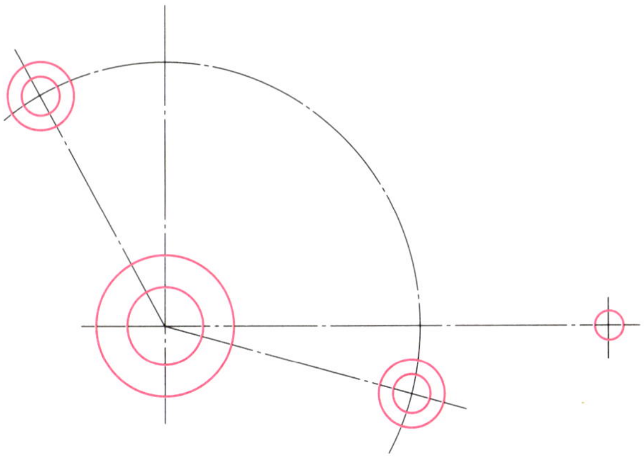

图 3–33 绘制已知圆

3. 绘制圆弧

（1）绘制圆弧 1、2、3、4

命令：_arc（执行“起点、圆心、端点”命令）
指定圆弧的起点或［圆心（C）］：（指定圆弧起点 A）

指定圆弧的第二个点或［圆心（C）/端点（E）］：c↙
指定圆弧的圆心：（指定圆心 *O*）
指定圆弧的端点（按住 Ctrl 键以切换方向）或［角度（A）/弦长（L）］：（指定圆弧端点 *B*）

执行上述操作，则绘制出圆弧 1，如图 3-34a 所示。同理，绘制圆弧 2、3、4，如图 3-34b 所示。修剪多余的线条，结果如图 3-34c 所示。

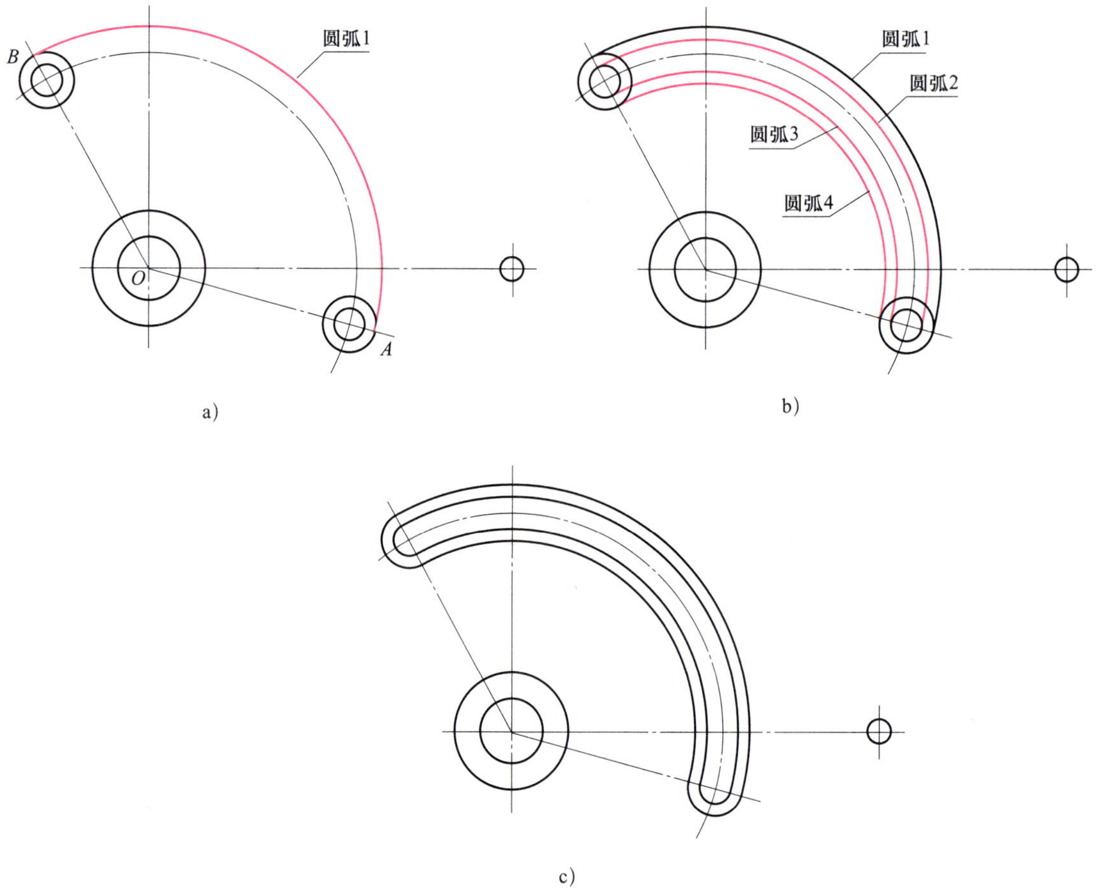

图 3-34　用“起点、圆心、端点”命令绘制圆弧
a）绘制圆弧 1　b）绘制圆弧 2、3、4　c）修剪多余的线条

（2）绘制圆弧 5、6、7

用“相切、相切、半径”命令绘制 *R*18 mm、*R*78 mm、*R*24 mm 圆，如图 3-35a 所示。修剪多余的线条，绘制出如图 3-35b 所示圆弧 5、6、7。

（3）绘制圆弧 8

应用“圆”命令，绘制 *R*8 mm 圆，修剪多余的线条，得到如图 3-36 所示圆弧 8。

（4）绘制 *R*5 mm 连接弧

应用“圆角”命令，绘制圆弧 *R*8 mm 与圆弧 *R*24 mm 连接的 *R*5 mm 圆弧，如图 3-37 所示。

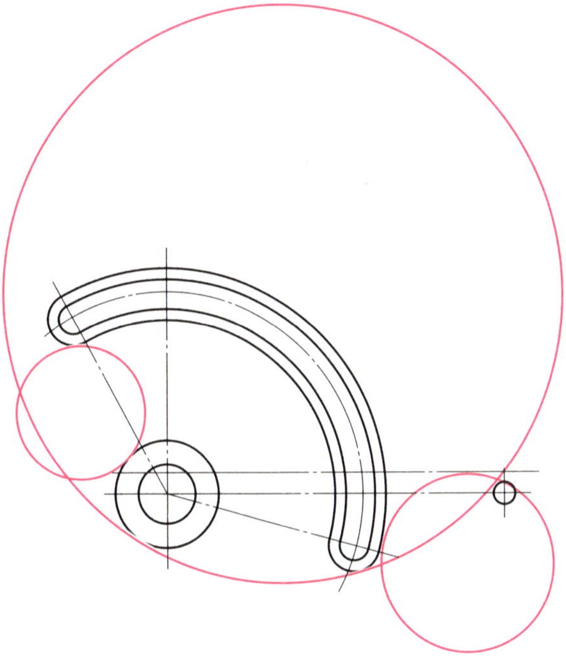

a）

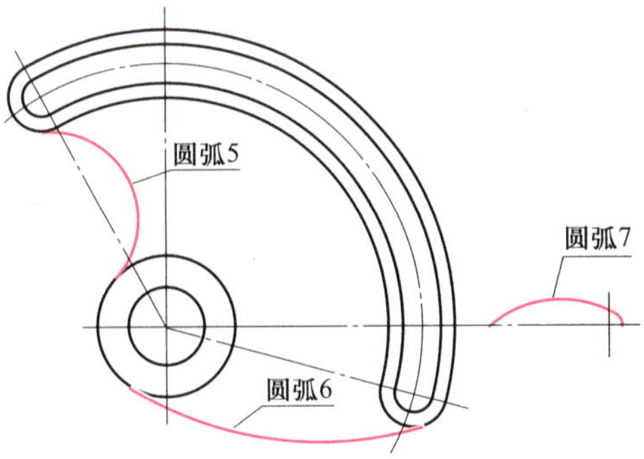

b）

图 3–35 绘制圆弧 5、6、7

a）绘制 *R*18 mm、*R*78 mm、*R*24 mm 圆 b）修剪多余的线条

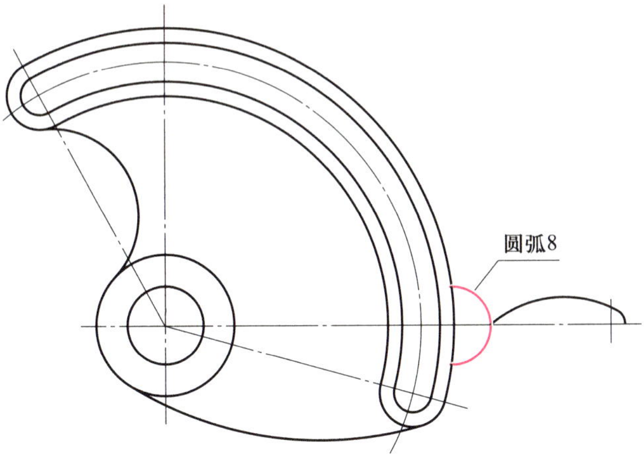

图 3–36 绘制圆弧 8

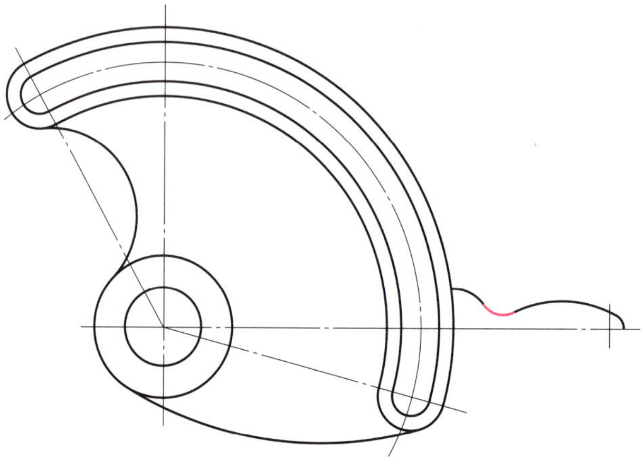

图 3-37 绘制 *R*5 mm 连接弧

（5）镜像圆弧

对图 3-37 中的 *R*8 mm、*R*5 mm、*R*24 mm、*R*3 mm 圆弧进行镜像操作，得到图 3-38 所示图形。

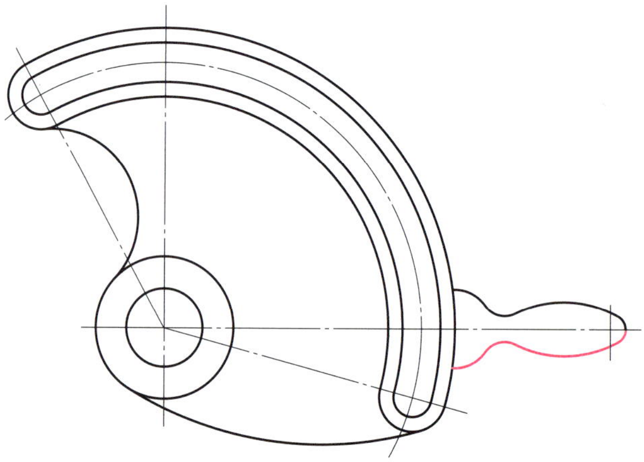

图 3-38 镜像圆弧

4. 绘制中间线段及过渡圆弧

（1）绘制辅助线

将水平中心线分别向上、向下偏移 3.5 mm，得到如图 3-39a 所示的两条辅助线。

（2）绘制线段

应用“直线”命令，绘制如图 3-39b 所示的两条线段，并删除辅助线。

（3）绘制过渡圆弧

应用“圆角”命令（采用“不修剪”方式），绘制线段两端的 *R*4 mm、*R*2 mm 过渡圆弧，并修剪多余的线条，结果如图 3-40 所示。

5. 整理并保存

整理图形使其符合机械制图国家标准，并保存图形。

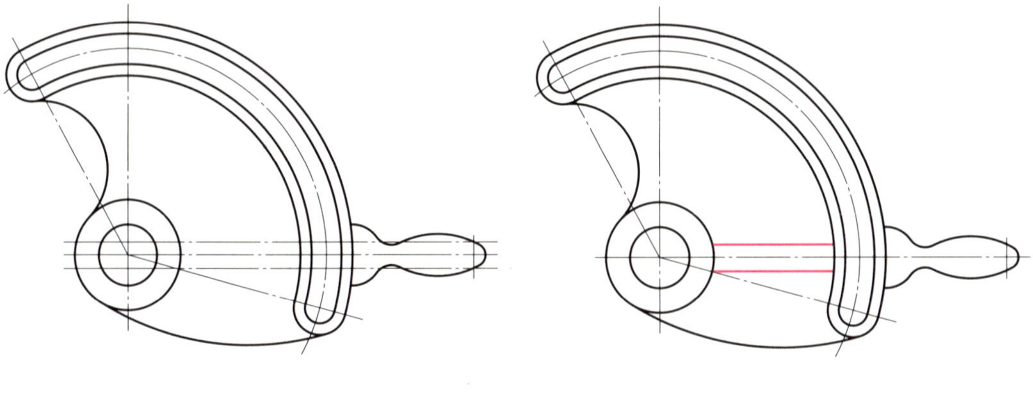
a)　　b)

图 3-39　绘制辅助线和线段

a）绘制辅助线　b）绘制线段

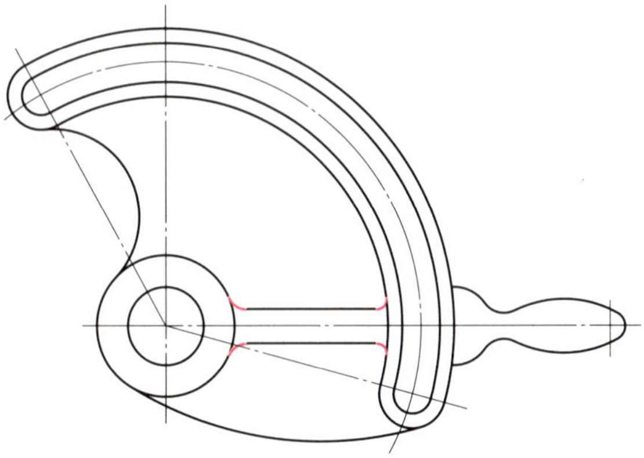

图 3-40　绘制过渡圆弧

任务 4　绘制支架平面图

学习目标

1. 掌握椭圆和椭圆弧的绘制方法。
2. 学会绘制支架平面图。

任务引入

本任务要求绘制图 3-41 所示的支架平面图，支架轮廓主要由圆、圆弧和椭圆弧构成。

绘图时，应先绘制定位线，然后绘制已知圆，最后利用椭圆和圆之间的相切关系绘制椭圆或椭圆弧。

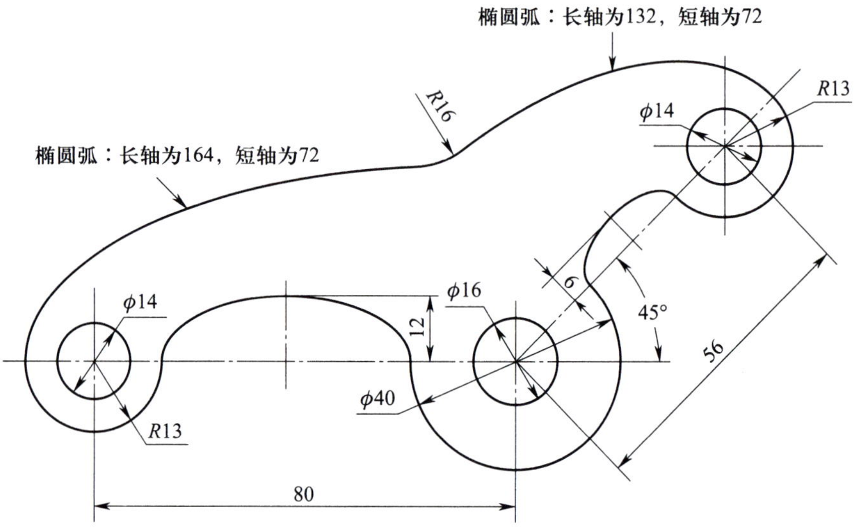

图 3-41　支架平面图

相关知识

椭圆是一种典型的封闭曲线，圆在某种意义上可以看成是椭圆的特例。椭圆几何特征主要包含中心点、端点、长轴（或长半轴）和短轴（或短半轴），如图 3-42 所示。“椭圆”命令主要用于创建椭圆和椭圆弧。执行“椭圆”命令的方法主要有以下几种。

菜单栏：选择“绘图”→“椭圆”下拉菜单中的子菜单。

功能区：单击“默认”→“绘图”→“椭圆”下拉命令中的子命令。

命令行：el（或 ellipse）。

1. 用“轴、端点”命令绘制椭圆

运用“轴、端点”命令绘制椭圆是指定一条轴的两个端点和另一条轴的半长来绘制椭圆。绘制如图 3-43 所示椭圆。操作步骤如下：

命令：_ellipse（执行“轴、端点”命令）
指定椭圆的轴端点或 [圆弧（A）/ 中心点（C）]：（在图形窗口指定椭圆的轴端点）
指定轴的另一个端点：60↙（光标水平向右移动，输入 60，指定轴的另一个端点）
指定另一条半轴长度或 [旋转（R）]：15↙（光标竖直向上移动，输入另一半轴长度）

执行上述操作，绘制出图 3-43 所示的椭圆。

提示：操作提示中的“旋转（R）”表示通过绕第一条轴旋转圆来创建椭圆。输入值越大，椭圆的离心率就越大。输入“0”将定义圆。

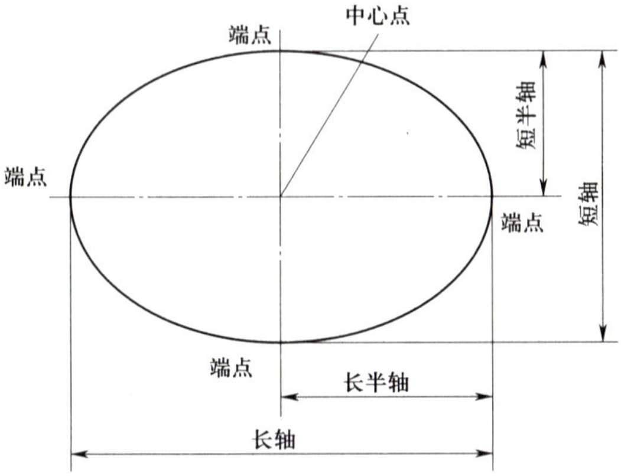

图 3-42　椭圆的几何特征

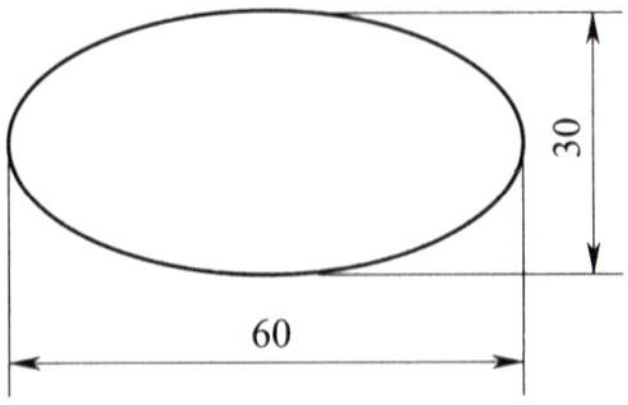

图 3-43　用“轴、端点”命令绘制椭圆

2．用“圆心”命令绘制椭圆

用“圆心”命令绘制椭圆是用中心点、第一个轴的端点和第二个半轴的长度来创建椭圆，可以通过单击所需距离处的某个位置和输入长度值来指定距离。

利用“圆心”命令绘制如图 3-44 所示的椭圆。操作步骤如下：

命令：_ellipse（执行“圆心”命令）
指定椭圆的轴端点或［圆弧（A）/ 中心点（C）］：c↙
指定椭圆的中心点：（指定 *O* 点为椭圆中心）
指定轴的端点：（指定 *A* 点为轴的端点）
指定另一条半轴长度或［旋转（R）］：22↙（指定另一条半轴的长度）

执行上述操作，绘制出图 3-44b 所示的椭圆。

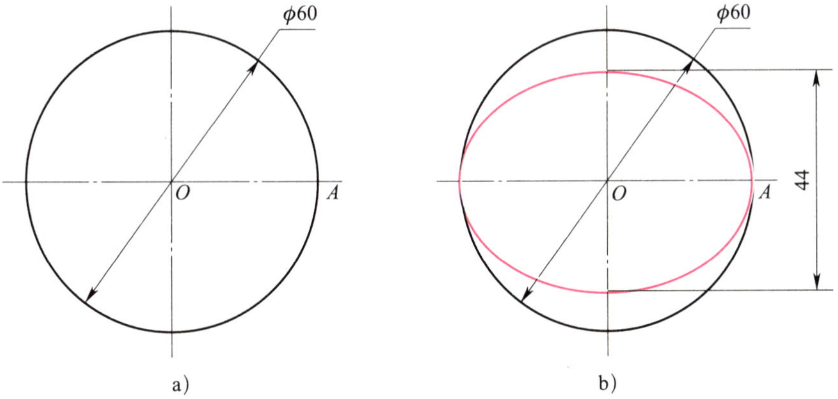

图 3-44　用“圆心”命令绘制椭圆
a）操作前　b）操作后

3．用“椭圆弧”命令绘制椭圆弧

用“椭圆弧”命令创建一段椭圆弧，如图 3-45 所示，绘制该椭圆弧时，1 点和 2 点确

定第一条轴的位置和长度，3 点确定椭圆弧的中心点与第二条轴的端点之间的距离，4 点和 5 点确定椭圆弧起点和端点的角度。操作步骤如下：

命令：_ellipse
指定椭圆的轴端点或［圆弧（A）/ 中心点（C）］：a↙（执行“椭圆弧”命令）
指定椭圆弧的轴端点或［中心点（C）］：（指定 1 点为椭圆弧的轴端点）
指定轴的另一个端点：（指定 2 点为轴的另一个端点）
指定另一条半轴长度或［旋转（R）］：（指定 3 点以确定另一条半轴的长度）
指定起点角度或［参数（P）］：30↙（指定椭圆弧起点角度）
指定端点角度或［参数（P）/ 夹角（I）］：210↙（指定椭圆弧端点角度）

执行上述操作，绘制出图 3-45 所示的椭圆弧。

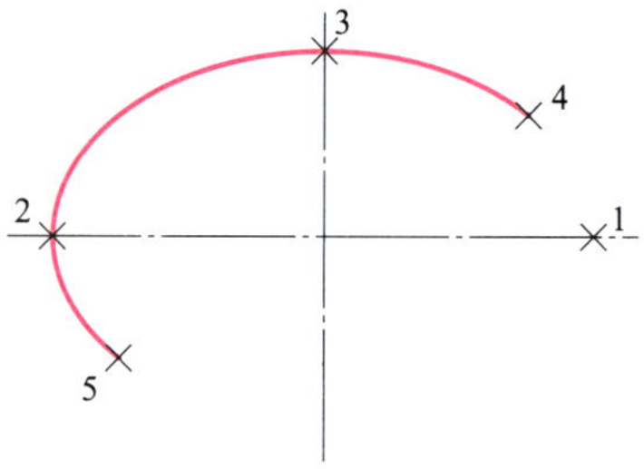

图 3-45　绘制椭圆弧

任务实施

1．绘制圆的中心线及定位线

将“中心线”层置为当前图层，根据图 3-41 所示尺寸，应用“直线”命令绘制圆的中心线及定位线，如图 3-46 所示。

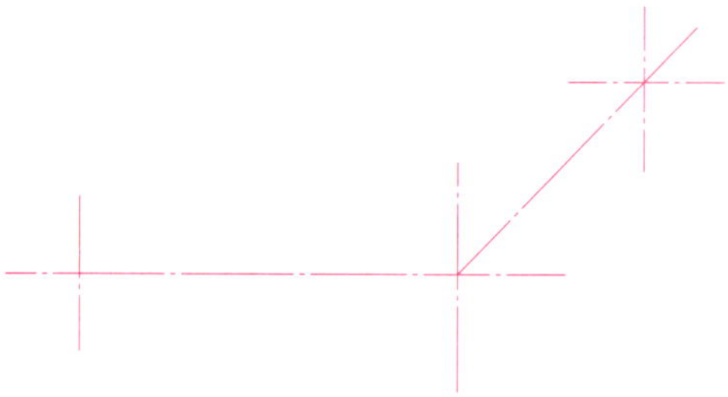

图 3-46　绘制中心线及定位线

2．绘制已知圆

将“粗实线”层置为当前图层，根据图 3-41 所示尺寸，应用“圆”命令绘制 ϕ14 mm、R13 mm、ϕ16 mm、ϕ40 mm 的 6 个圆，如图 3-47 所示。

3．绘制椭圆

（1）绘制小椭圆

命令：_ellipse（执行“轴、端点”命令）
指定椭圆的轴端点或［圆弧（A）/ 中心点（C）］：（拾取图 3–48a 中的 1 点）
指定轴的另一个端点：（拾取图 3–48a 中的 2 点）
指定另一条半轴长度或［旋转（R）］：12↙（指定另一条半轴的长度）

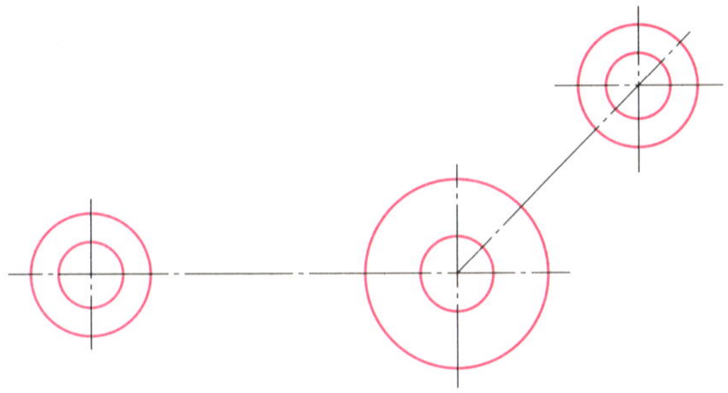

图 3–47　绘制已知圆

执行上述操作，结果如图 3–48a 所示。

（2）绘制大椭圆

命令：_ellipse（执行“轴、端点”命令）
指定椭圆的轴端点或［圆弧（A）/ 中心点（C）］：（拾取图 3–48b 中 3 点）
指定轴的另一个端点：164↙（光标水平向右移动，输入 164 确定另一个端点）
指定另一条半轴长度或［旋转（R）］：36↙（指定另一条半轴的长度）

执行上述操作，绘制出如图 3–48b 所示的大椭圆。

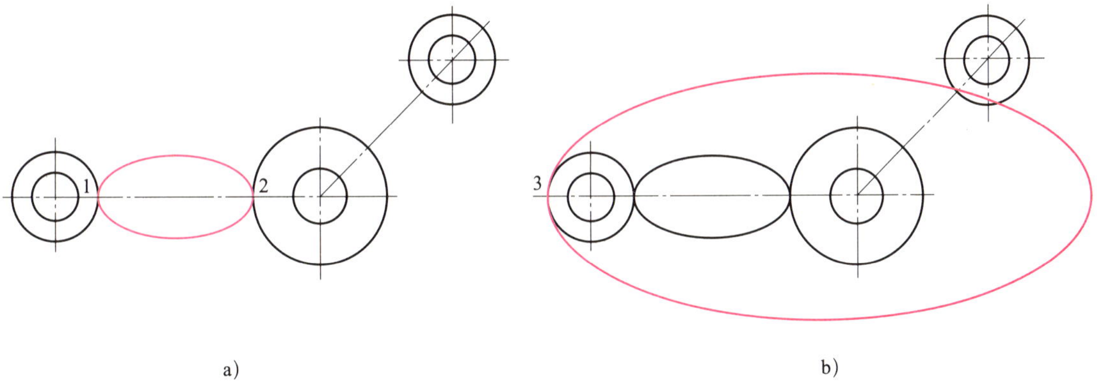

图 3–48　绘制小椭圆和大椭圆
a）绘制小椭圆　b）绘制大椭圆

（3）修剪左侧 R13 mm 圆和大、小椭圆

执行“修剪”命令，修剪左侧 R13 mm 圆多余部分，及大、小椭圆多余部分，结果如图 3–49 所示。

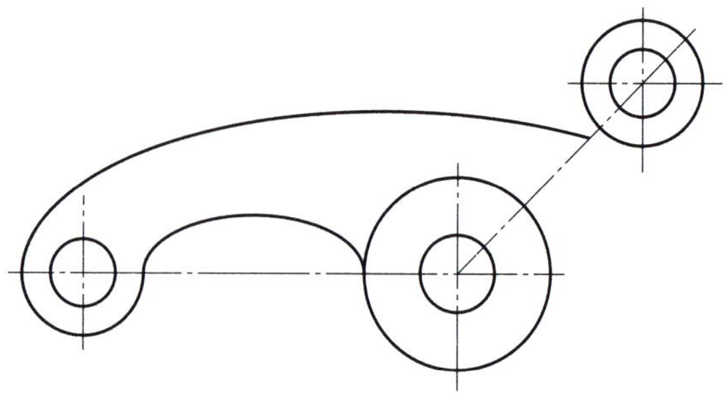

图 3-49　修剪左侧 *R*13mm 圆和大小椭圆

4．绘制椭圆弧

命令：_ellipse（执行“椭圆弧”命令）
指定椭圆的轴端点或［圆弧（A）/ 中心点（C）］：a↙
指定椭圆弧的轴端点或［中心点（C）］：（拾取图 3-50 中的 1 点）
指定轴的另一个端点：（拾取图 3-50 中的 2 点）
指定另一条半轴长度或［旋转（R）］：6↙（输入另一条半轴长度）
指定起点角度或［参数（P）］：0↙（输入椭圆弧的起点角度）
指定端点角度或［参数（P）/ 夹角（I）］：180↙（输入椭圆弧的端点角度）

执行上述操作，绘制出图 3-50 中的 1 点至 2 点的椭圆弧。

命令：_ellipse（执行“椭圆弧”命令）
指定椭圆的轴端点或［圆弧（A）/ 中心点（C）］：a↙
指定椭圆弧的轴端点或［中心点（C）］：（拾取图 3-50 中的 3 点）
指定轴的另一个端点：132↙（光标沿 -135° 方向追踪，输入长度 132，确定轴的另一个端点）
指定另一条半轴长度或［旋转（R）］：36↙（输入另一条半轴长度）
指定起点角度或［参数（P）］：0↙（输入椭圆弧的起点角度）
指定端点角度或［参数（P）/ 夹角（I）］：90↙（输入椭圆弧的端点角度）

执行上述操作，绘制出图 3-50 中的 3 点至 4 点的椭圆弧。

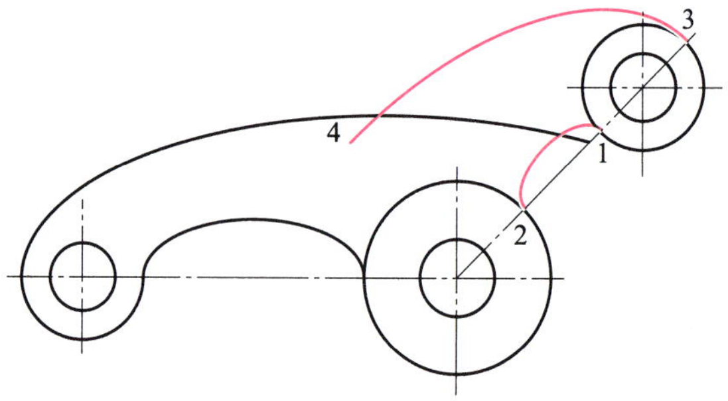

图 3-50　绘制椭圆弧

5. 绘制 $R16$ mm 圆弧

执行“圆角”命令，绘制 $R16$ mm 圆弧，如图 3–51 所示。

6. 修剪图形

执行“修剪”命令，修剪右上侧 $R13$ mm 圆和 $\phi40$ mm 圆多余的部分，结果如图 3–52 所示。

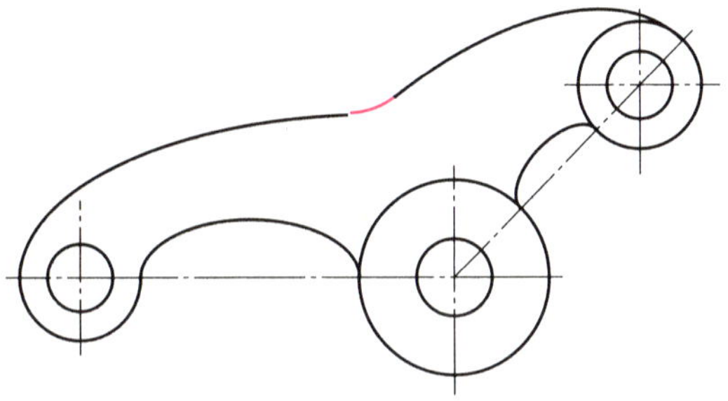

图 3–51 绘制 $R16$ mm 圆弧

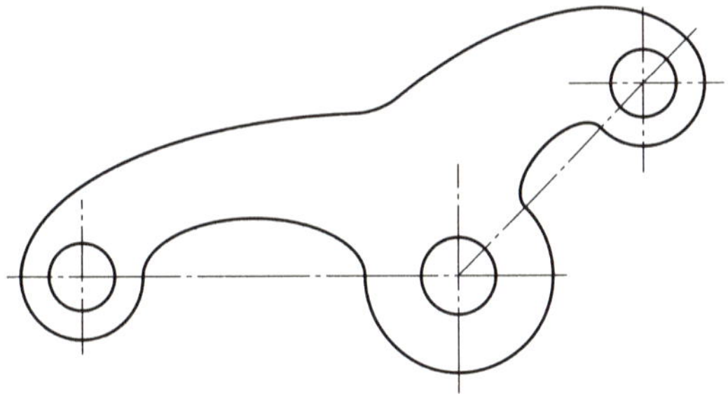

图 3–52 修剪图形

7. 整理并保存

整理图形使其符合机械制图国家标准，并保存图形。

任务 5 绘制棘轮平面图

学习目标

1. 掌握“编辑多段线”命令的应用。
2. 掌握查询功能的应用。
3. 掌握“合并”命令的应用。
4. 会绘制棘轮平面图，并能查询棘轮的实际面积。

任务引入

本任务要求绘制如图 3–53 所示的棘轮，并查询棘轮的实际面积。棘轮外轮廓为 12 个棘轮齿，齿顶为 $R5$ mm 圆弧，齿根为 $R3$ mm 圆弧；棘轮内轮廓是带有 8 个均匀分布矩形键槽的孔。绘制时，先绘制 $\phi40$ mm 孔及 8 个键槽，再绘制 12 个棘轮齿，最后应用查询功能查询棘轮的实际面积。

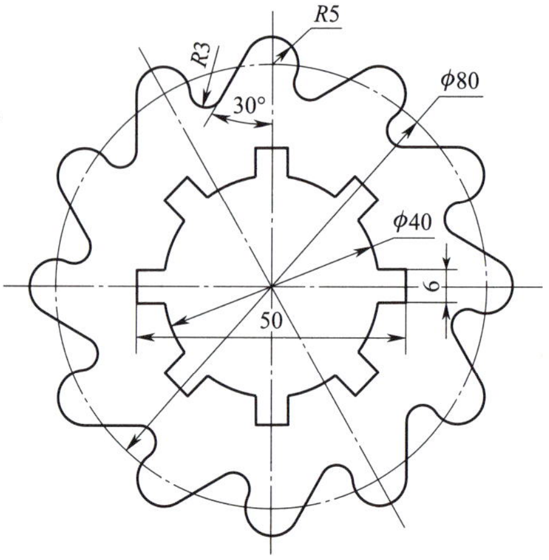

图 3-53 棘轮平面图

相关知识

一、编辑多段线

编辑多段线的常见用途包含合并二维多段线、将线条和圆弧转换为二维多段线以及将多段线转换为近似 B 样条曲线的曲线（拟合多段线）。

1. 命令执行方法

（1）菜单栏：选择“修改”→“对象”→“多段线”命令。

（2）功能区：单击“修改”→“编辑多段线”按钮。

（3）命令行：pe（或 pedit）。

2. 操作步骤

执行“编辑多段线”命令，系统提示：

命令：_pedit（执行“编辑多段线”命令）
选择多段线或 [多条（M）]：（使用对象选择方法或输入 m）

其余提示取决于所选对象的类型。

（1）如果选定对象是直线、圆弧或样条曲线，系统提示：

选定的对象不是多段线。
是否将其转换为多段线？ <Y>：（输入 y 或 n，或按 Enter 键）

输入 y 可以将对象转换为多段线，或输入 n 以清除选择。在选择样条曲线并将其转换为多段线时，系统提示：

指定精度 <10>：（输入新的精度值或按 Enter 键）

精度值决定生成的多段线与源样条曲线拟合的精确程度，精度值为 0 ~ 99 之间的整数。

（2）如果选择二维多段线，系统提示：

输入选项［闭合（C）/ 合并（J）/ 宽度（W）/ 编辑顶点（E）/ 拟合（F）/ 样条曲线（S）/ 非曲线化（D）/ 线型生成（L）/ 反转（R）/ 放弃（U）]：

注意：如果选择的是闭合多段线，则“打开（O）”会替换提示中的“闭合（C）”选项。

1）闭合：创建多段线的闭合线，将首尾连接。除非使用“闭合（C）”选项闭合多段线，否则系统将会认为多段线是开放的。图 3–54b 所示图形是对图 3–54a 所示图形执行“闭合”的结果。

2）打开：删除多段线的闭合线段。除非使用“打开（O）”选项打开多段线，否则系统将认为它是闭合的。图 3–54c 所示图形是对图 3–54b 所示图形执行“打开”的结果。

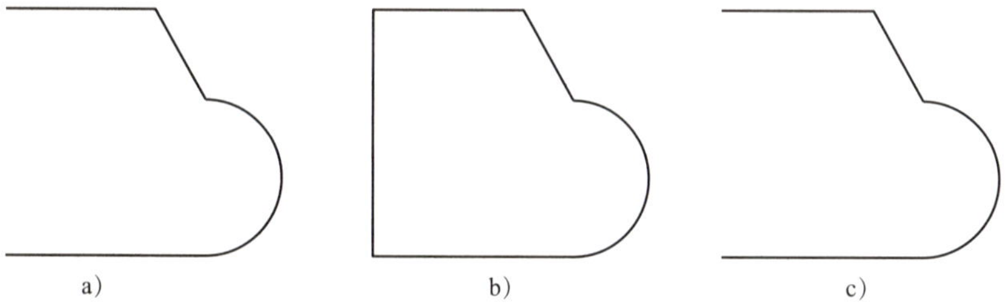

图 3–54　闭合与打开多段线示例
a）闭合前　b）闭合后　c）打开后

3）合并：以选中的多段线为主体，合并其他线段、圆弧和多段线，使其成为一条多段线，能合并的条件是选择对象的端点首尾相连。图 3–55a 所示图形是由多段线 *AB*、线段 *BC* 和圆弧 *CA* 组成的图形，图 3–55b 所示图形为一闭合的多段线，它是对图 3–55a 执行合并的结果。

注意：图 3–55a 和图 3–55b 所示图形从外形上看不出差别，但选中后的夹点是不相同的，如图 3–56 所示。

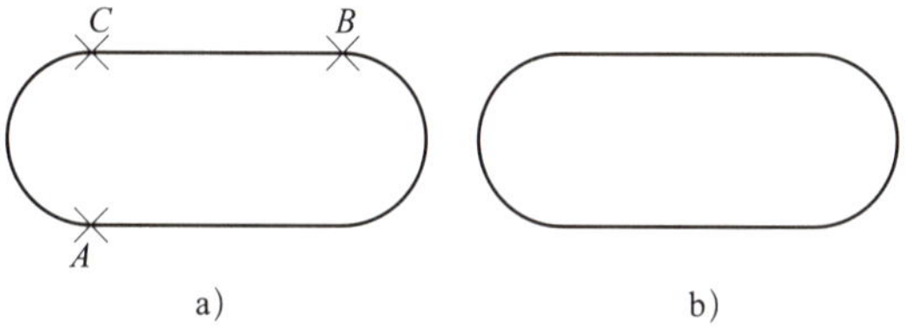

图 3–55　合并示例
a）合并前　b）合并后

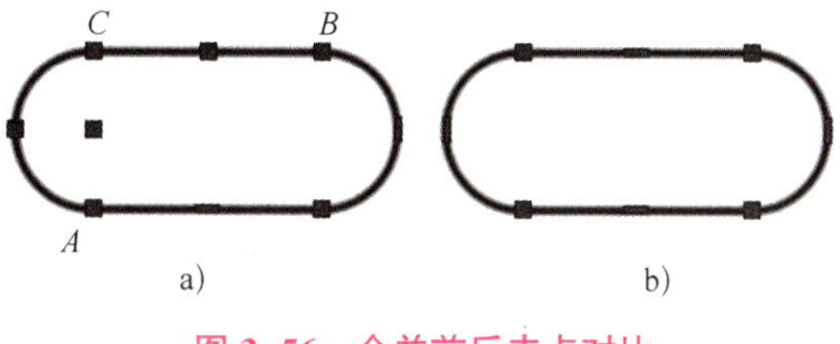

图 3–56　合并前后夹点对比
a）合并前的夹点　b）合并后的夹点

合并类型：设定合并选定多段线的方法。

①延伸：通过将线段延伸或剪切至最接近的端点来合并选定的多段线。

②添加：通过在最接近的端点之间添加线段来合并选定的多段线。

③两者：如有可能，通过延伸或剪切来合并选定的多段线。否则，通过在最接近的端点之间添加线段来合并选定的多段线。

4）宽度：修改整条多段线的宽度，使其具有统一线宽。可以使用“编辑顶点（E）”选项的“宽度（W）”选项来更改线段的起点宽度和端点宽度。

5）编辑顶点：选择该项后，在多段线起点出现一个“×”，它为当前顶点的标记，并在命令行出现进行后操作的提示：

[下一个（N）/ 上一个（P）/ 打断（B）/ 插入（I）/ 移动（M）/ 重生成（R）/ 拉直（S）/ 切向（T）/ 宽度（W）/ 退出（X）] <N>:

这些选项允许用户进行移动、插入顶点和修改任意两点间的线宽等操作。

6）拟合：将指定的多段线生成由光滑圆弧连接的圆弧拟合曲线，曲线经过多段线的所有顶点，如图 3–57 所示。

a)　　b)

图 3–57　拟合示例

a）拟合前　b）拟合后

7）样条曲线：将指定的多段线以各顶点为控制点生成 B 样条曲线，如图 3–58 所示。

a)　　b)

图 3–58　样条曲线示例

a）样条化之前　b）样条化之后

提示：用“样条曲线”拟合多段线与用“拟合”选项产生的曲线有很大差别。

8）非曲线化：将指定的多段线中的圆弧由线段代替。对于选用“拟合（F）”或“样条曲线（S）”选项后生成的圆弧拟合曲线或样条曲线，则删除生成曲线时新插入的顶点，恢复成由线段组成的多段线，如图 3–59 所示。

9）线型生成：当多段线的线型为点画线时，控制多段线的线型生成方式开关。选择此项，系统提示：

输入多段线线型生成选项 [开（ON）/ 关（OFF）] < 关 >:

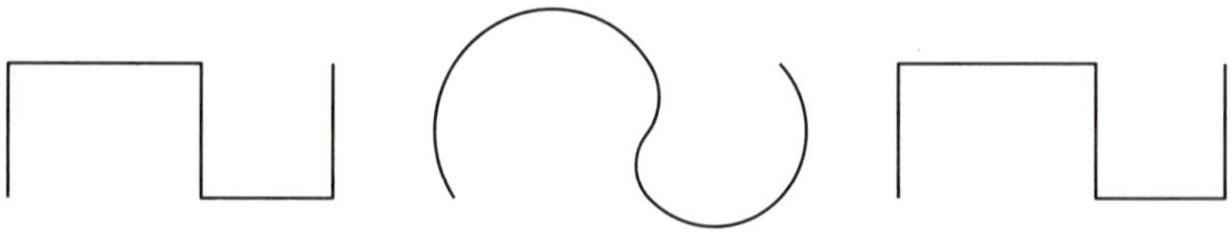

a) b) c)

图 3-59 非曲线化示例

a）拟合前 b）拟合后 c）非曲线化

选择“开（ON）”时，将在每个顶点处以短点画线开始和结束生成线型，选择“关（OFF）”时，将在每个顶点处以长点画线开始和结束生成线型。

提示：不能用于带变宽线段的多段线。

10）反转：反转多段线顶点的顺序。使用此选项可反转使用包含文字线型的对象的方向。例如，根据多段线的创建方向，线型中的文字可能会倒置显示。

二、合并

“合并”命令可以将直线、圆弧、椭圆弧和样条曲线等独立的对象合并为一个对象。产生的对象类型取决于选定的对象类型、首先选定的对象类型以及对象是否共面。

1．命令执行方法

（1）功能区：单击“默认”→“修改”→“合并”按钮。

（2）菜单栏：选择“修改”→“合并”命令。

（3）命令行：j（或 join）。

2．操作步骤

命令：_join（执行“合并”命令）
选择源对象或要一次合并的多个对象：（选择合并对象）

3．示例

将如图 3-60a 所示的三条线段（两端的线段为粗实线，中间的线段为细点画线）合并成图 3-60b 所示的一条线段。

a) b)

图 3-60 合并对象

a）合并前 b）合并后

命令：_join（执行“合并”命令）
选择源对象或要一次合并的多个对象：（选择图 3-60a 所示三条线段）
选择要合并的对象：（按 Enter 键结束选择）

执行上述操作，结果如图 3-60b 所示。

提示：有时合并前后对象的线型一致，从外形上很难看出。

三、分解

“分解”命令用于将矩形、正多边形、多段线等复合图形对象分解成简单的基本图形对象，以便利用编辑工具对复合图形中的单个或多个基本对象进行编辑。

1. 命令执行方法

（1）功能区：单击“默认”→“修改”→“分解”按钮。

（2）菜单栏：选择“修改”→“分解”命令。

（3）命令行：x（或 explode）。

2. 操作步骤

```
命令：_explode（执行“分解”命令）
选择对象：（选择要分解的对象）
```

3. 选项说明

选择的对象不同，分解的结果也不同，下面列出几种对象的分解结果。

（1）二维多段线：放弃所有关联的宽度或切线信息。对于宽多段线，将沿多段线中心放置结果直线和圆弧。

（2）三维多段线：分解成线段。为三维多段线指定的线型将应用到每一个得到的线段。

（3）三维实体：将平整面分解成面域，将非平整面分解成曲面。

（4）注释性对象：将当前比例图示分解为构成该图示的组件（已不再是注释性）。

（5）圆弧：圆弧如果位于非一致比例的块内，则分解为椭圆弧。

（6）阵列：将关联阵列分解为原始对象的副本。

（7）块：一次删除一个编组级。如果一个块包含一个多段线或嵌套块，那么对该块的分解就首先显露出该多段线或嵌套块，再分别分解该块中的各个对象。

（8）体：体分解成一个单一表面的体（非平面表面）、面域或曲线。

（9）圆：圆如果位于非一致比例的块内，则分解为椭圆。

（10）引线：根据引线的不同，引线可分解成直线、样条曲线、实体（箭头）、块插入（箭头、注释块）、多行文字或公差对象。

（11）网格对象：将每个面分解成独立的三维面对象，将保留指定的颜色和材质。注意在 AutoCAD LT 中不可用。

（12）多行文字：将多行文字分解成文字对象。

（13）多面网格：将单顶点网格分解成点对象，双顶点网格分解成直线，三顶点网格分解成三维面。

（14）面域：分解成直线、圆弧或样条曲线。

四、面积查询方法

系统可以计算圆、椭圆、多段线、多边形、面域和三维实体的封闭面积、周长。显示的信息取决于选定的对象类型。

1．命令执行方法

（1）菜单栏：选择“工具”→“查询”→“面积”命令。

（2）功能区：单击“默认”→“实用工具”→“测量”→“面积”按钮。

（3）命令行：area。

2．操作步骤

命令：area↙（执行“面积”命令）

指定第一个角点或［对象（O）/ 增加面积（A）/ 减少面积（S）]< 对象（O）>：↙（确定以“对象”方式查询面积）

选择对象：（选择要查询的对象）

执行上述操作时，系统弹出查询对象的面积和周长。

3．选项说明

（1）指定角点：计算由指定点所定义的面积和周长。所有点必须都在与当前用户坐标系（UCS）的 *XY* 平面平行的平面上。指定第一个点后，系统将显示第一个指定的点与光标之间的橡皮线。指定第二个点后，所选区域将显示具有绿色填充。继续指定点以定义多边形，然后按 Enter 键完成周长定义。要计算的面积以绿色显示。如果不闭合这个多边形，将假设从最后一点到第一点绘制了一条线段，然后计算所围区域的面积。计算周长时，该线段的长度也会计算在内。如查询图 3–61a 所示矩形的面积，操作步骤如下：

命令：area↙（执行“面积”命令）

指定第一个角点或［对象（O）/ 增加面积（A）/ 减少面积（S）]< 对象（O）>：（指定矩形左上角点）

指定下一个点或［圆弧（A）/ 长度（L）/ 放弃（U）]：（指定矩形右上角点）

指定下一个点或［圆弧（A）/ 长度（L）/ 放弃（U）]：（指定矩形右下角点）

指定下一个点或［圆弧（A）/ 长度（L）/ 放弃（U）/ 总计（T）]< 总计 >：（指定矩形左下角点）

指定下一个点或［圆弧（A）/ 长度（L）/ 放弃（U）/ 总计（T）]< 总计 >：↙（按 Enter 键结束指定）

执行上述操作，查询结果如图 3–61b 所示。

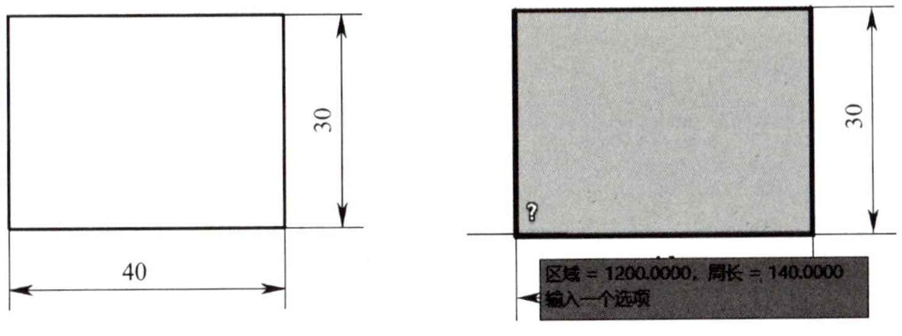

a） b）

图 3–61 以指定角点的方式查询矩形面积

a）矩形 b）查询结果

（2）对象：计算选定对象的面积和周长。可以计算类似圆、椭圆、样条曲线、多段线、多边形、面域和三维实体等对象的面积。

如果选择开放的多段线，将假设从最后一点到第一点绘制了一条线段，然后计算所围区域的面积。计算周长时，将忽略该线段的长度。

（3）增加面积：打开“加”模式后，继续定义新区域时应保持总面积平衡。可以使用“增加面积”选项计算各个定义区域和对象的面积、周长，以及所有定义区域和对象的总面积。也可以进行选择以指定点。指定点时，系统将显示第一个指定的点与光标之间的橡皮线。要加上的面积以绿色显示。按 Enter 键，系统将计算面积和周长，并提示“加”模式选择对象，可通过选择点或对象选择需要增加的面积。

提示：如果不闭合这个多边形，将假设从最后一点到第一点绘制了一条线段，然后计算所围区域的面积。计算周长时，该线段的长度也会计算在内。

（4）减少面积：与“增加面积”选项类似，但减少面积和周长。可以使用“减少面积”选项从总面积中减去指定面积，也可以通过点指定要减去的区域。将显示第一个指定的点与光标之间的橡皮线。指定要减去的面积以红色显示。

任务实施

1．绘制中心线及辅助圆

将“中心线”层置为当前图层，应用“直线”和“圆”命令，绘制中心线和辅助圆，如图 3–62 所示。

2．绘制 ϕ40 mm 内轮廓圆

将“粗实线”层置为当前图层，应用“圆”命令，绘制 ϕ40 mm 内轮廓圆，如图 3–63 所示。

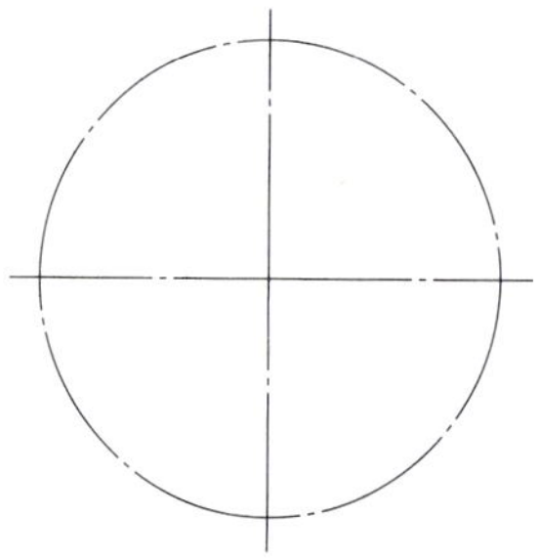

图 3–62　绘制中心线及 ϕ80 mm 圆

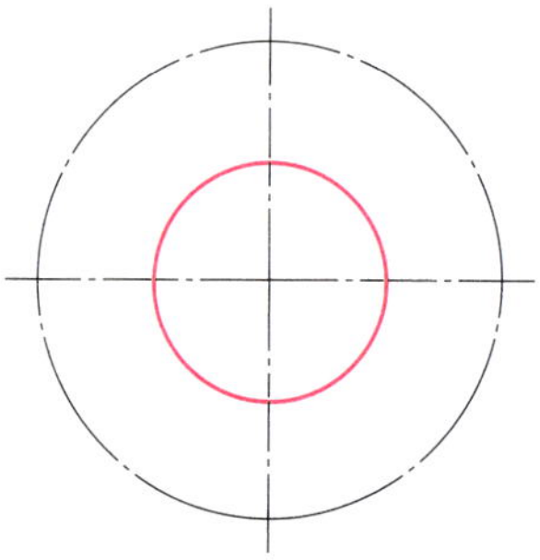

图 3–63　绘制 ϕ40 mm 内轮廓圆

3．绘制内轮廓 8 个均布矩形键槽

（1）绘制单个矩形键槽边线

根据矩形键槽位置和尺寸，绘制单个矩形键槽边线，如图 3–64a 所示。

（2）环形阵列

命令：_arraypolar（执行“环形阵列”命令）
选择对象：（选择单个矩形键槽边线，按 Enter 键结束选择）

类型 = 极轴　关联 = 是

指定阵列的中心点或［基点（B）/ 旋转轴（A）］:（指定 ϕ40 mm 圆的圆心为阵列中心点）

选择夹点以编辑阵列或［关联（AS）/ 基点（B）/ 项目（I）/ 项目间角度（A）/ 填充角度（F）/ 行（ROW）/ 层（L）/ 旋转项目（ROT）/ 退出（X）］< 退出 >:i↙（选择“项目”选项）

输入阵列中的项目数或［表达式（E）］<6>: 8↙（输入阵列项目数）

选择夹点以编辑阵列或［关联（AS）/ 基点（B）/ 项目（I）/ 项目间角度（A）/ 填充角度（F）/ 行（ROW）/ 层（L）/ 旋转项目（ROT）/ 退出（X）］〈退出〉: ↙（按 Enter 键结束阵列）

执行上述操作，绘制出 8 个键槽的边线，如图 3–64b 所示。

（3）修剪多余的线条

修剪多余的线条，结果如图 3–64c 所示。

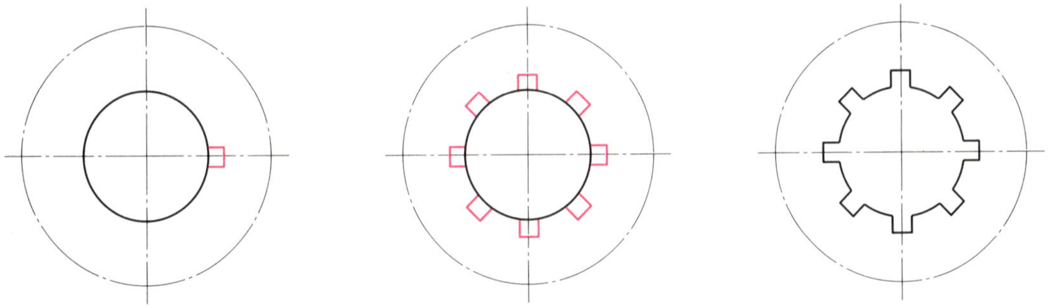

a)　　b)　　c)

图 3–64　绘制内轮廓 8 个均布矩形键槽

a）绘制单个矩形键槽边线　b）环形阵列　c）修剪多余的线条

4. 编辑多段线

为了便于查询内孔及键槽的面积，需要将组成内轮廓的各个线段、圆弧段编辑成一条闭合的多段线，或者合并为一个封闭图形。此处将其编辑成一条闭合的多段线，操作步骤如下：

命令: _pedit（执行“编辑多段线”命令）

选择多段线或［多条（M）］: m↙（选择“多条”选项）

选择对象:（选择内轮廓各组成线段和圆弧段，共 32 个）

选择对象: ↙（按 Enter 键结束选择）

是否将直线、圆弧和样条曲线转换为多段线？［是（Y）/ 否（N）］？ <Y>↙

输入选项［闭合（C）/ 打开（O）/ 合并（J）/ 宽度（W）/ 拟合（F）/ 样条曲线（S）/ 非曲线化（D）/ 线型生成（L）/ 反转（R）/ 放弃（U）］: j↙（选择“合并”选项）

合并类型 = 延伸

输入模糊距离或［合并类型（J）］<1.0000>：↙

输入选项［闭合（C）/ 打开（O）/ 合并（J）/ 宽度（W）/ 拟合（F）/ 样条曲线（S）/ 非曲线化（D）/ 线型生成（L）/ 反转（R）/ 放弃（U）］：↙（按 Enter 键结束“编辑多段线”指令）

执行上述操作，结果如图 3–65 所示。

提示：若环形阵列时选用了关联，编辑多段线之前，需要采用“分解”命令将其分解。

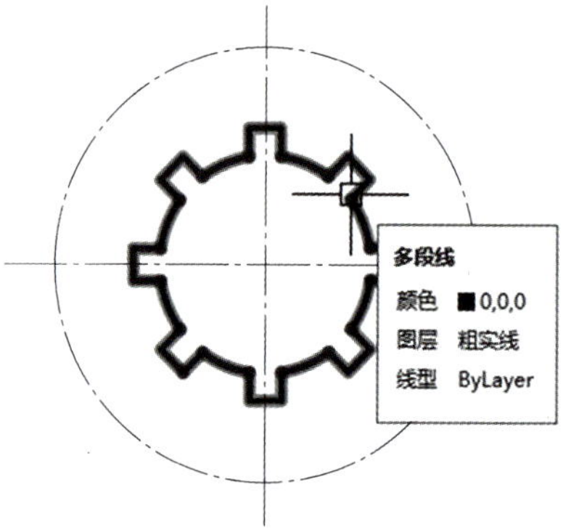

图 3–65 编辑多段线

5．绘制单个棘轮齿

由于棘轮中每个棘轮齿都与其他相邻棘轮齿相关联，因此绘制单个棘轮齿时需要绘制左右两侧棘轮齿的部分图形。

（1）绘制辅助线及 *R*5 mm 圆

因为棘轮共有 12 个棘轮齿，所以每个棘轮齿相隔 30°。将中心线层置为当前图层，绘制 120°辅助线。将粗实线层置为当前图层，在辅助圆 90°与 120°位置处绘制两个 *R*5 mm 圆，如图 3–66a 所示。

（2）绘制 30°切线

命令：_line（执行“直线”命令）

指定第一个点：（捕捉辅助圆 90°处 *R*5 mm 圆的在第二象限处的切点）

指定下一点或［放弃（U）］：@15<–120↙（指定切线长度与倾斜角度）

指定下一点或［放弃（U）］：↙（按 Enter 键结束“直线”命令）

执行上述操作，结果如图 3–66b 所示。

（3）圆角过渡

对 30°切线及辅助圆 120°处的 *R*5 mm 圆执行圆角操作，圆角半径为 3 mm，结果如图 3–66c 所示。

（4）对 *R*3 mm 圆角进行阵列

命令：_arraypolar（执行“环形阵列”命令）

选择对象：（选择 *R*3 mm 圆角）

选择对象：↙（按 Enter 键结束选择）

类型 = 极轴　关联 = 是

指定阵列的中心点或［基点（B）/ 旋转轴（A）］：（指定水平与竖直中心线的交点为阵列中心）

选择夹点以编辑阵列或［关联（AS）/ 基点（B）/ 项目（I）/ 项目间角度（A）/ 填充角度（F）/ 行（ROW）/ 层（L）/ 旋转项目（ROT）/ 退出（X）］<退出>：i↙（选择“项目”选项）

输入阵列中的项目数或［表达式（E）］<6>：2↙（输入阵列项目数）

选择夹点以编辑阵列或［关联（AS）/ 基点（B）/ 项目（I）/ 项目间角度（A）/ 填充

角度（F）/ 行（ROW）/ 层（L）/ 旋转项目（ROT）/ 退出（X）]< 退出 >:a↙（选择“项目间角度”选项）

指定项目间的角度或 [表达式（EX）] <180>：330↙（指定项目间的角度）

选择夹点以编辑阵列或 [关联（AS）/ 基点（B）/ 项目（I）/ 项目间角度（A）/ 填充角度（F）/ 行（ROW）/ 层（L）/ 旋转项目（ROT）/ 退出（X）] < 退出 >：↙（按 Enter 键结束阵列）

执行上述操作，结果如图 3–66d 所示。

（5）修剪图形

对多余的线条进行修剪和删除，绘制出一个棘轮齿，如图 3–66e 所示。

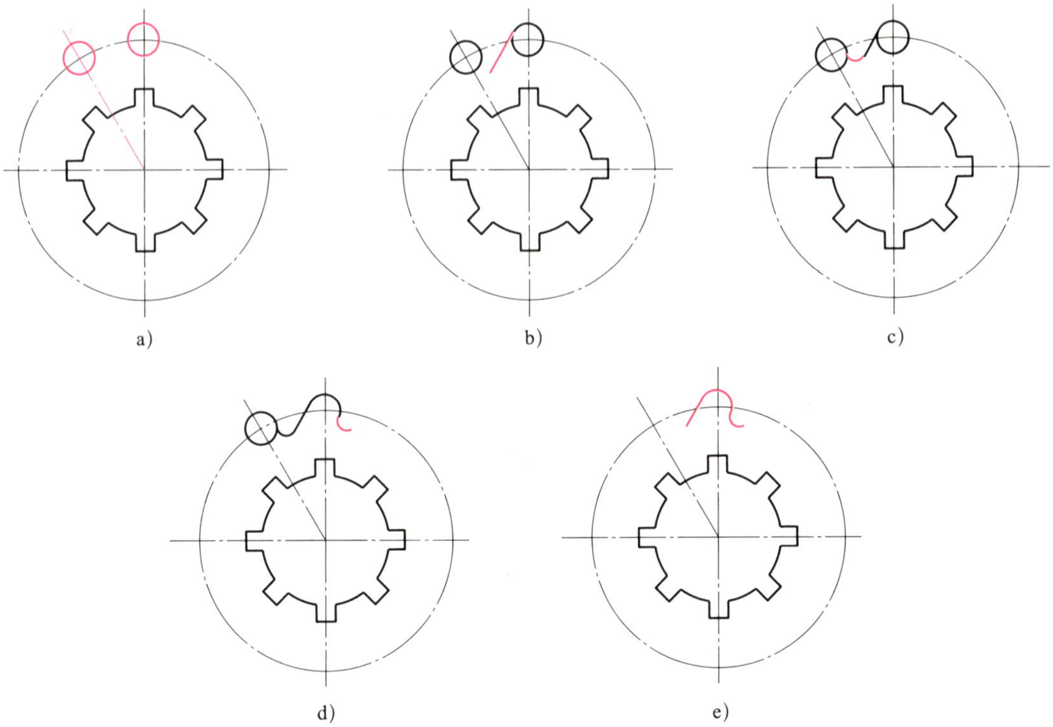

图 3–66　绘制单个棘轮齿

a）绘制辅助线及 R5 mm 圆　b）绘制切线　c）圆角　d）阵列　e）修剪

6．环形阵列

执行“环形阵列”命令，选择所绘制的一个棘轮齿为阵列对象，以中心线交点为阵列中心进行阵列操作，阵列项目数为 12，结果如图 3–67 所示。

7．将棘轮外轮廓合并成一条封闭的多段线

命令：_join（执行“合并”命令）

选择源对象或要一次合并的多个对象：（选择棘轮外轮廓所有线段和圆弧段）

选择要合并的对象：↙（按 Enter 键结束选择）

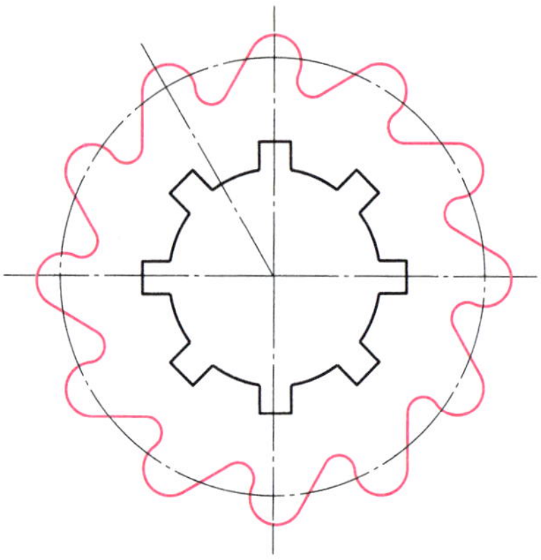

图 3-67 环形阵列

执行上述操作，将棘轮外轮廓合并成一条封闭的多段线。

8. 查询棘轮面积

命令：area↙（执行“面积”命令）

指定第一个角点或［对象（O）/ 增加面积（A）/ 减少面积（S）］<对象（O）>：a↙（选择“增加面积”选项）

指定第一个角点或［对象（O）/ 减少面积（S）］：o↙（选择“对象”选项）

（“加”模式）选择对象：（选择棘轮外轮廓多段线，按 Enter 键结束选择）

区域 =5064.9995，周长 =395.9842

总面积 =5064.9995

指定第一个角点或［对象（O）/ 减少面积（S）］：s↙（选择“减少面积”选项）

指定第一个角点或［对象（O）/ 增加面积（A）］：o↙（选择“对象”选项）

（“减”模式）选择对象：（选择棘轮内轮廓多段线，按 Enter 键结束选择）

区域 =1500.2493，周长 =209.1023

总面积 =3564.7502

执行上述操作，查询出棘轮的实际面积为 3 564.750 2 mm^2。图形窗口显示绿色的区域为查询区，如图 3-68 所示。

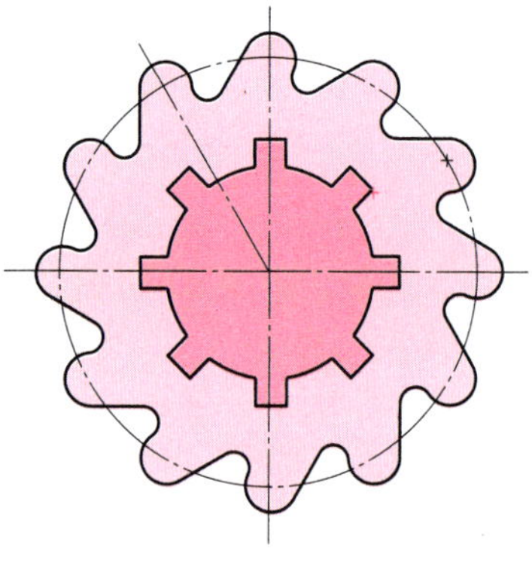

图 3-68 查询棘轮面积

提示：在查询棘轮面积时，必须先选择“加”模式，查出外轮廓所包含的总面积，再选择“减”模式，减去棘轮内轮廓所包含的区域后，得到的面积差才是棘轮的实际面积。

9．整理并保存

整理图形使其符合机械制图国家标准，并保存图形。

任务6 绘制法兰盘平面图

学习目标

1．掌握“面域”命令的应用。
2．掌握布尔运算命令的应用。
3．会绘制法兰盘平面图。

任务引入

本任务要求绘制如图3–69所示的法兰盘平面图。法兰盘内外轮廓主要由圆和圆弧组成，如果只需要单独绘制零件图形，则可以利用一些基本绘图命令和编辑命令来完成。现需要计算质量特性数据，则考虑采用“面域”命令和布尔运算命令来绘制图形并计算质量特性数据。

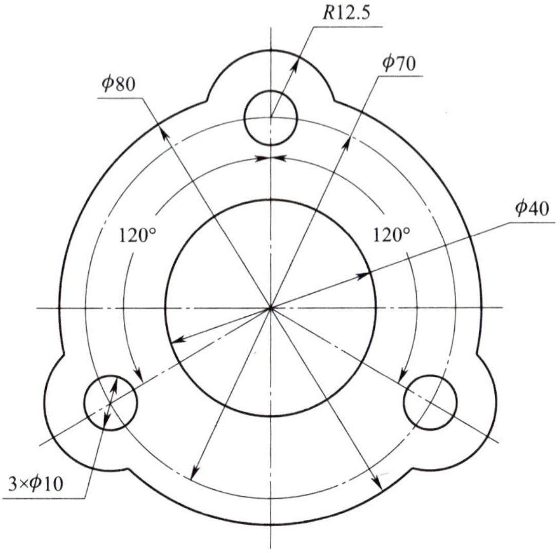

图3–69 法兰盘平面图

相关知识

一、面域

“面域”命令能将封闭区域的对象转换为二维面域对象。面域是具有物理特性（如质心）的二维封闭区域，内部可以包含孔。在 AutoCAD 中，用户可以将由某些对象围成的封闭区域转变为面域，这些封闭区域可以是圆、椭圆、封闭二维多段线和封闭的样条曲线等对象，也可以是由圆弧、线段、二维多段线和样条曲线等对象构成的封闭区域。

1. 命令执行方法

（1）功能区：单击“默认”→“绘图”→“面域”按钮。

（2）菜单栏：选择“绘图”→“面域”命令。

（3）命令行：reg（或 region）。

2. 操作步骤

命令：reg↙（执行“面域”命令）
选择对象：（选择对象）

选择对象后，系统自动将所选的对象转换成面域。

二、布尔运算

布尔运算是数学上的一种逻辑运算，其在 AutoCAD 绘图中能够极大地提高绘图的效率。通常的布尔运算包括并集、交集和差集，操作方法类似。

提示：布尔运算的对象只包括实体和共面的面域，普通的线条图形对象无法进行布尔运算。

1. 命令执行方法

（1）菜单栏：选择“修改”→“实体编辑”→“并集（交集、差集）”命令。

（2）功能区：单击“实体编辑”→“并集（交集、差集）”按钮。

（3）命令行：union（并集）、intersect（交集）或 subtract（差集）。

2. 操作步骤

（1）并集

命令：union↙（执行“并集”命令）
选择对象：（选择图 3-70a 中的矩形和圆二个面域）

执行并集操作后的结果如图 3-70b 所示。

（2）交集

命令：intersect↙（执行“交集”命令）
选择对象：（选择图 3-71a 中的矩形和圆二个面域）

执行交集操作后的结果如图 3-71b 所示。

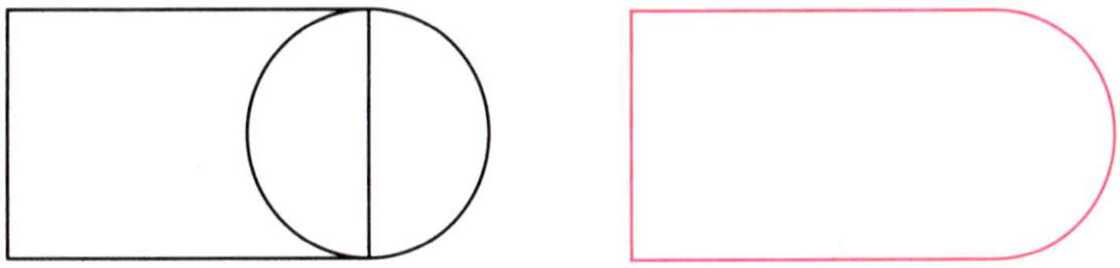

a) b)

图 3-70 并集示例

a）操作前 b）操作后

（3）差集

命令：subtract↙（执行“差集”命令）
选择要从中减去的实体、曲面和面域...
选择对象：（选择图 3-71a 中矩形面域）
选择对象：↙（按 Enter 键结束选择）
选择要减去的实体、曲面和面域...
选择对象：（选择图 3-71a 中的圆面域）

执行差集操作后的结果如图 3-71c 所示。

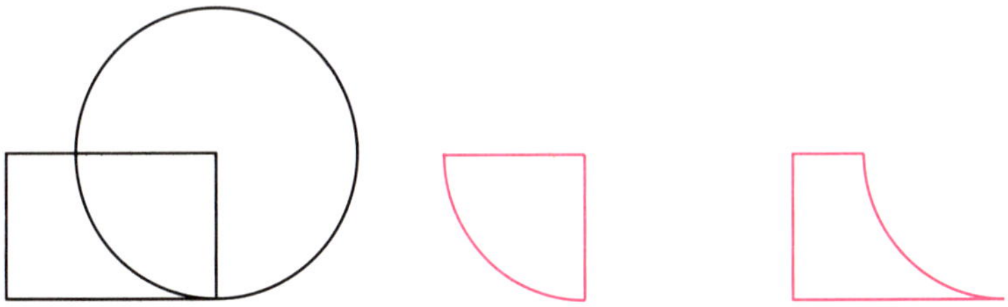

a) b) c)

图 3-71 交集与差集示例

a）面域原图 b）交集 c）差集

任务实施

1．绘制中心线及 ϕ70 mm 圆

将“中心线”层置为当前图层，应用“直线”和“圆”命令，绘制中心线和 ϕ70 mm 圆，如图 3-72 所示。

2．绘制粗实线圆

将“粗实线”层置为当前图层，应用“圆”命令，绘制 ϕ40 mm、ϕ80 mm、ϕ10 mm 和 R12.5 mm 共四个圆，如图 3-73 所示。

3．环形阵列

执行“环形阵列”命令，将 R12.5 mm 圆、ϕ10 mm 圆及竖直中心线以中心线交点为阵列中心进行环形阵列，结果如图 3-74 所示。

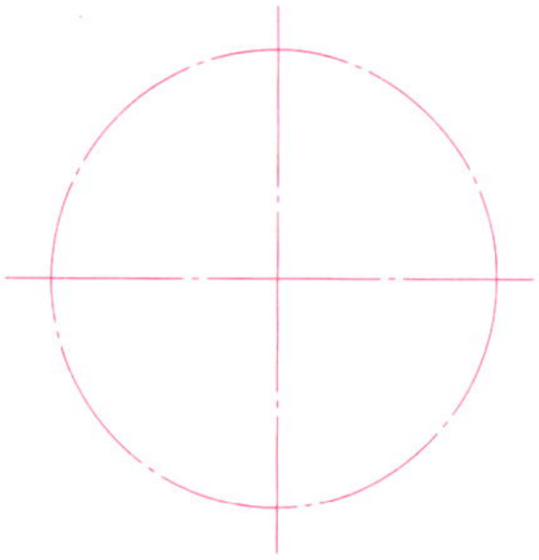

图 3-72　绘制中心线及 ϕ70mm 圆

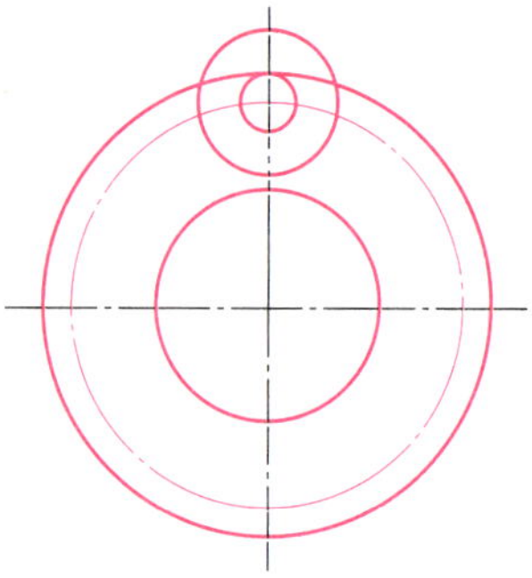

图 3-73　绘制粗实线圆

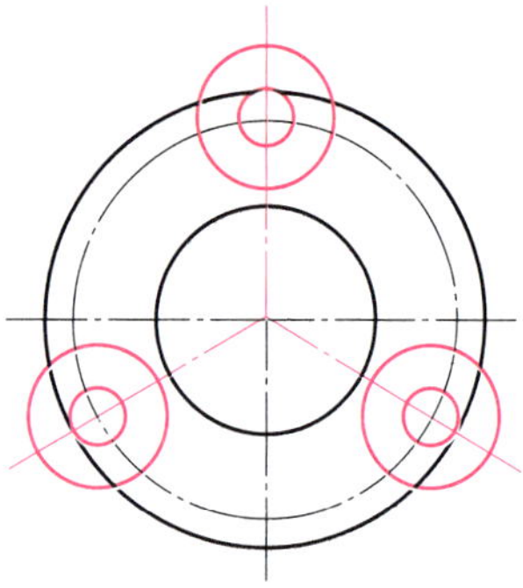

图 3-74　环形阵列

4．创建面域

命令：region↙（执行“面域”命令）
选择对象：（选择除 ϕ70 mm 圆以外的封闭区域）
选择对象：（按 Enter 键结束选择）
已提取 8 个环。
已创建 8 个面域。

执行上述操作，创建了 8 个面域。

提示：若环形阵列时选择了对象关联，创建面域前，需要应用“分解”命令对其进行分解。

5．并集运算

命令：union↙（执行“并集”命令）
选择对象：（选择 ϕ80 mm 圆和 3 个 R12.5 mm 圆）
选择对象：↙（按 Enter 键结束选择）

执行上述操作，结果如图 3-75 所示。

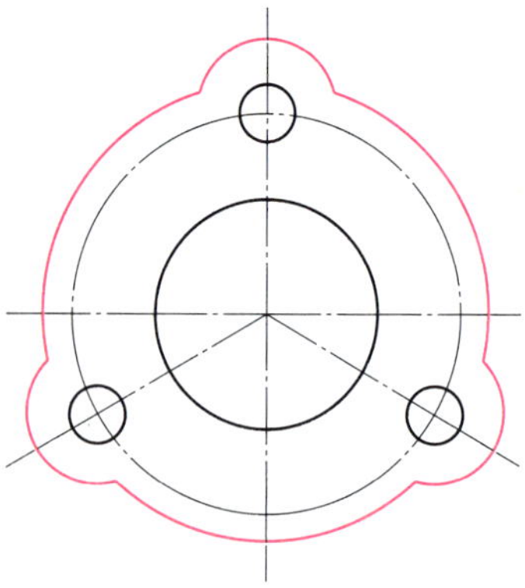

图 3-75　并集运算

6．差集运算

为了查询法兰盘的质量特性，还需要将其内部孔进行差集运算。

命令：subtract↙（执行“差集”命令）
选择要从中减去的实体、曲面和面域 ...
选择对象：（选择并集运算后的面域）
选择对象：↙（按 Enter 键结束选择）
选择要减去的实体、曲面和面域 ...
选择对象：（选择 ϕ40 mm 圆和三个 ϕ10 mm 圆）
选择对象：↙（按 Enter 键结束选择）

执行上述操作，法兰盘面域去除了内部的孔。去除内部的孔后，图形外观上没有任何变化，但把光标放在该面域的任何轮廓上，整个面域所有轮廓变粗，如图 3–76 所示。

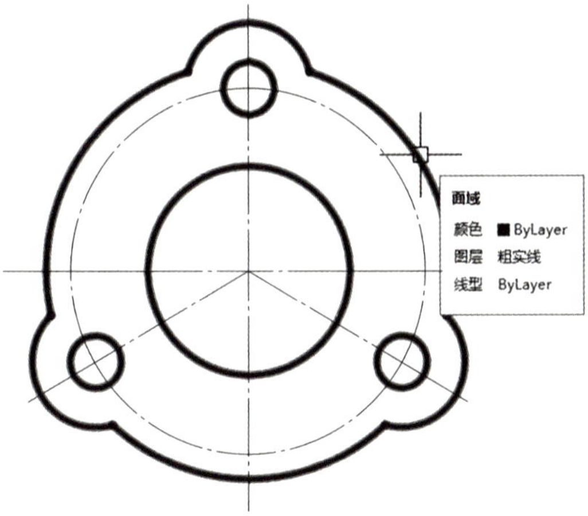

图 3–76 查看面域

7. 查询面域质量特性

单击“工具”菜单→“查询”→“面域 / 质量特性”命令，可以查询法兰盘面域的质量特性。

任务 7 绘制螺纹轴平面图

学习目标

1. 掌握“样条曲线拟合”命令的应用。
2. 掌握“图案填充”命令的应用。
3. 会绘制螺纹轴平面图。

任务引入

本次任务要求绘制如图 3–77 所示的螺纹轴平面图。该螺纹轴的内外轮廓是由线段组成的，右侧表达了螺纹、槽和锥体；左侧表达了外圆、孔和宽槽。为了表达左侧的孔，采取了局部剖视图，剖视部分需要绘制剖面线和剖视界线（波浪线）。在 AutoCAD 软件中，一般采用“图案填充”命令绘制剖面线，采用“样条曲线”命令绘制剖视界线。

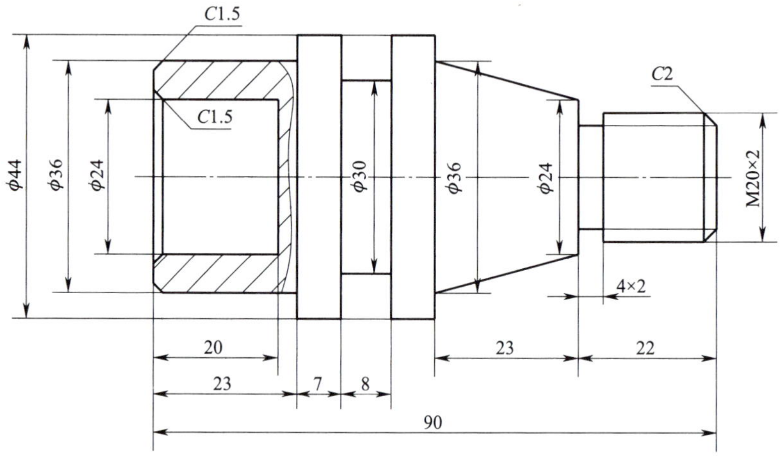

图 3–77　螺纹轴平面图

相关知识

一、样条曲线拟合

spline 创建称为非均匀有理 B 样条曲线（NURBS）的曲线。为简便起见，非均匀有理 B 样条曲线称为样条曲线。样条曲线使用拟合点或控制点进行定义。默认情况下，拟合点与样条曲线重合，而控制点定义控制框，如图 3–78 所示。

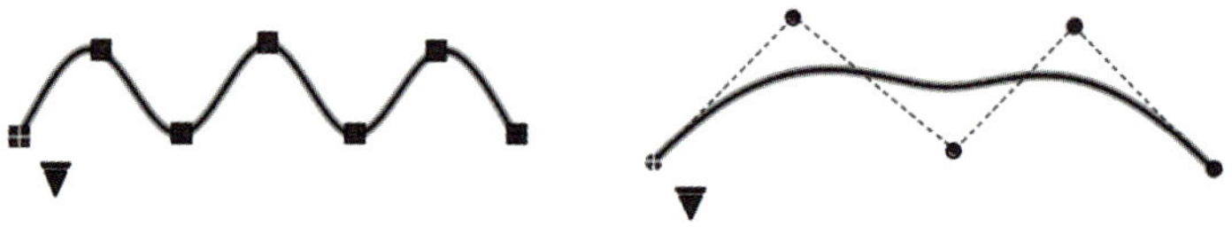

a)　　b)

图 3–78　样条曲线

a）使用拟合点创建样条曲线　b）使用控制点创建样条曲线

1．命令执行方法

启动“样条曲线拟合”命令的方法主要有以下几种。

（1）菜单栏：选择“绘图”→“样条曲线”→“拟合点”命令。

（2）功能区：单击“默认”→“绘图”→“样条曲线拟合”命令按钮。

（3）命令行：spl（或 spline）。

2. 操作步骤

命令：_spline（执行“样条曲线拟合”命令）
当前设置：方式 = 拟合　节点 = 弦
指定第一个点或［方式（M）/ 节点（K）/ 对象（O）］：_M
输入样条曲线创建方式［拟合（F）/ 控制点（CV）］< 拟合 >：_FIT
当前设置：方式 = 拟合　节点 = 弦
指定第一个点或［方式（M）/ 节点（K）/ 对象（O）］：
输入下一个点或［起点切向（T）/ 公差（L）］：
输入下一个点或［端点相切（T）/ 公差（L）/ 放弃（U）］：
输入下一个点或［端点相切（T）/ 公差（L）/ 放弃（U）/ 闭合（C）］：

3. 选项说明

（1）第一个点：指定样条曲线的第一个点。

（2）下一个点：创建其他样条曲线段，直到按 Enter 键为止。

（3）放弃：删除最后一个指定点。

（4）闭合：通过定义与第一个点重合的最后一个点闭合样条曲线。

（5）方式：控制是使用拟合点还是使用控制点来创建样条曲线。

（6）拟合：通过指定样条曲线必须经过的拟合点来创建三阶（三次）B 样条曲线。

（7）控制点：通过指定控制点来创建样条曲线。使用此方法创建一阶（线性）、二阶（二次）、三阶（三次）直到最高为十阶的样条曲线。通过移动控制点调整样条曲线的形状通常可以获得比移动拟合点更好的效果。

（8）对象：将二维或三维的二次或三次样条曲线拟合多段线转换成等效的样条曲线。

（9）节点：指定节点参数化，它是一种计算方法，用来确定样条曲线中连续拟合点之间的零部件曲线如何过渡。

（10）起点相切：指定在样条曲线起点的相切条件。

（11）端点相切：指定在样条曲线端点的相切条件。

（12）公差：指定样条曲线可以偏离指定拟合点的距离。公差值为 0 时，要求生成的样条曲线直接通过拟合点。

4. 示例

应用“样条曲线拟合”命令，在图 3-79a 所示图形的右侧绘制波浪线。

命令：_spline（执行“样条曲线拟合”命令）
当前设置：方式 = 拟合　节点 = 弦
指定第一个点或［方式（M）/ 节点（K）/ 对象（O）］：_M
输入样条曲线创建方式［拟合（F）/ 控制点（CV）］< 拟合 >：_FIT
当前设置：方式 = 拟合　节点 = 弦
指定第一个点或［方式（M）/ 节点（K）/ 对象（O）］：（拾取 *A* 点）
输入下一个点或［起点切向（T）/ 公差（L）］：（在 *A* 点右下侧拾取一点）

输入下一个点或［端点相切（T）/公差（L）/放弃（U）］:（在 *B* 点左上侧拾取一点）
输入下一个点或［端点相切（T）/公差（L）/放弃（U）/闭合（C）］:（拾取 *B* 点）
输入下一个点或［端点相切（T）/公差（L）/放弃（U）/闭合（C）］: ↙（按 Enter 键结束拾取）

执行上述操作，则绘制出如图 3-79b 所示的波浪线。

提示：“样条曲线控制点”命令应用方法与“样条曲线拟合”命令一致，在此不再赘述。

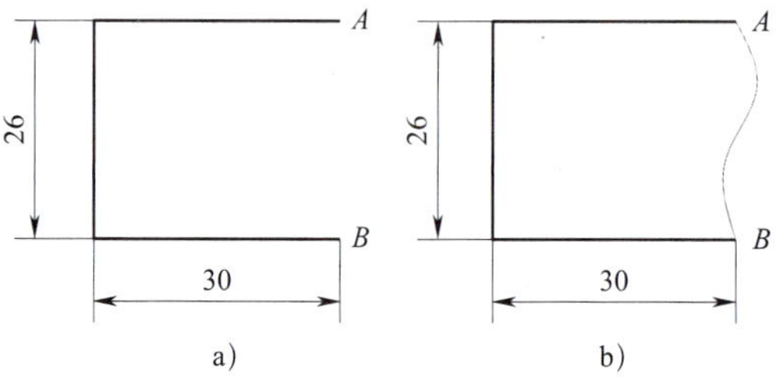

图 3-79 绘制波浪线

a）操作前 b）操作后

二、图案填充

“图案填充”命令用于将某一个图案填充到封闭区域，从而使该区域表达一定的信息，如图 3-80 所示。

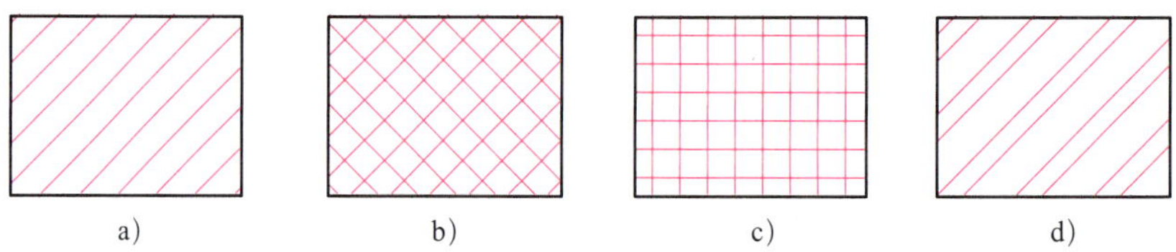

图 3-80 不同材料的剖面符号

a）金属材料 b）非金属材料 c）线性绕组元件 d）砖

1．基本概念

（1）图案边界

进行图案填充时，首先要确定填充图案的边界。定义边界的对象只能是直线、双向射线、单向射线、多线、样条曲线、圆弧、圆、椭圆、椭圆弧、面域等对象或用这些对象定义的块，而且作为边界的对象在当前屏幕上必须全部可见。

（2）孤岛

在进行图案填充时，把位于总填充域内的封闭区域称为孤岛，如图 3-81 所示。在用“图案填充”命令填充时，AutoCAD 允许用户以点取点的方式确定填充边界，即在希望填充的区域内任意点取一点，系统即自动确定填充边界，同时也确定该边界内的孤岛。如果以点取对象的方式确定填充边界，则必须确切地点取这些孤岛。

2．图案填充的操作

（1）命令执行方法

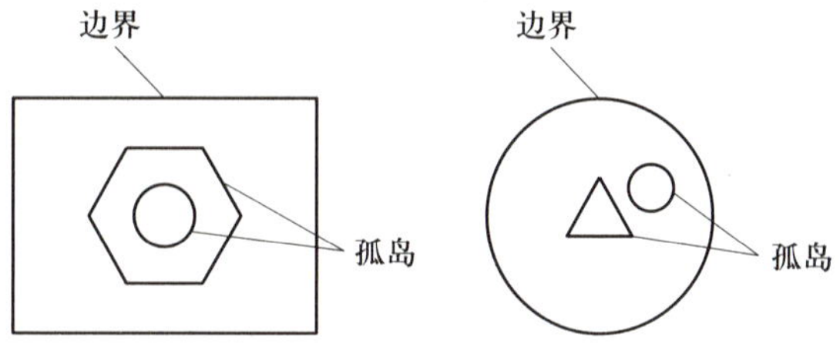

图 3-81 孤岛

1）菜单栏：选择“绘图”→“图案填充”命令。

2）功能区：单击“默认”→“绘图”→“图案填充”按钮。

3）命令行：hc 或 hatch 或 bhatch。

如果功能区处于活动状态，执行“图案填充”命令，将显示“图案填充创建”选项卡，如图 3-82 所示。如果功能区处于关闭状态，执行“图案填充”命令，将显示“图案填充和渐变色”对话框，如图 3-83 所示。单击“图案填充创建”选项卡中的“选项”面板右下角的按钮，也可打开“图案填充和渐变色”对话框。

图 3-82 “图案填充创建”选项卡

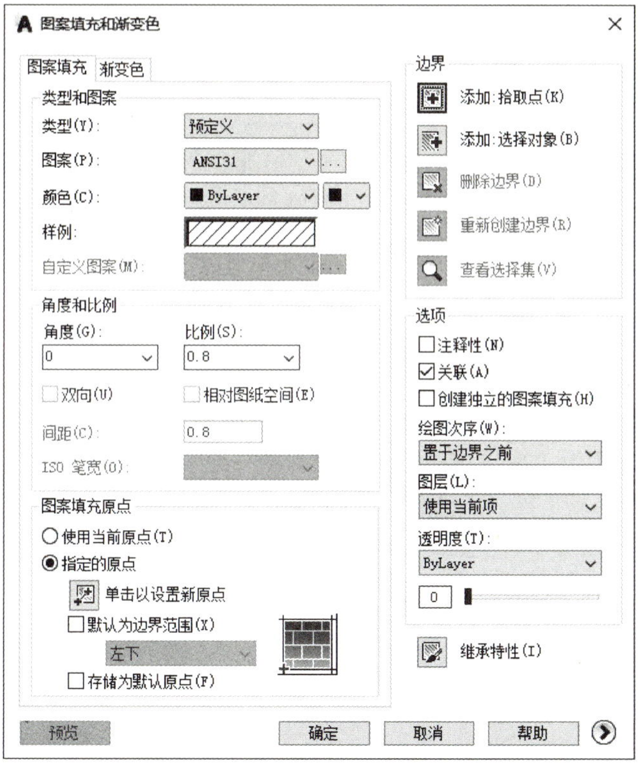

图 3-83 “图案填充和渐变色”对话框

（2）“图案填充创建”选项卡常用选项的功能

1）拾取点：根据围绕指定点构成封闭区域的现有对象来确定边界，如图 3–84b 所示。

2）选择边界对象：根据构成封闭区域的选定对象确定边界，如图 3–84c 所示。

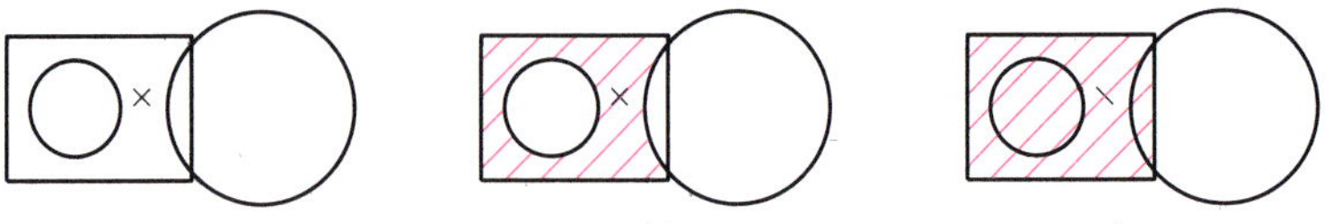

a)　　b)　　c)

图 3–84　拾取点与选择边界对象示例

a）操作前　b）拾取矩形内一点　c）选择矩形

3）角度：用来指定所填充图案的旋转角度（默认为“0°”），正值为逆时针方向，负值为顺时针方向。图 3–85 所示图形是应用“ANSI31”图案填充时，“角度”应用示例。

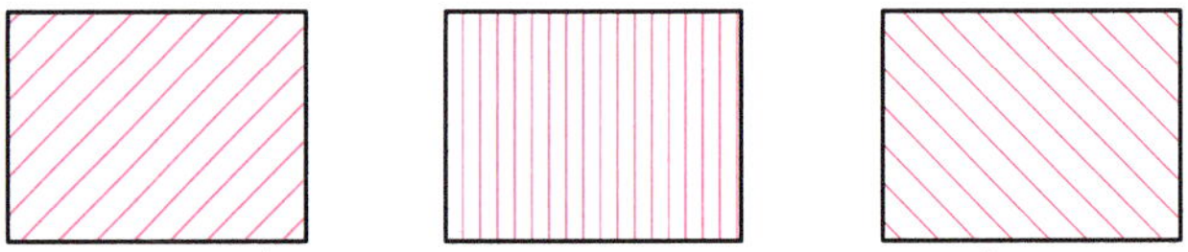

a)　　b)　　c)

图 3–85　“角度”应用示例

a）角度为 0°　b）角度为 45°　c）角度为 90°

4）比例：用来确定所填充图案的放大系数，以调整填充线条的疏密，数值越大线条密度越稀疏，反之越密集。图 3–86 所示图形是应用“ANSI31”图案填充时，“比例”应用示例。

a)　　b)　　c)

图 3–86　“比例”应用示例

a）比例为 0.5　b）比例为 1　c）比例为 2

5）孤岛检测：单击“选项”面板上的下拉按钮，打开“选项”面板所有选项，再单击“普通孤岛检测”右侧下拉按钮，可以打开孤岛检测设置选项，如图 3–87 所示。

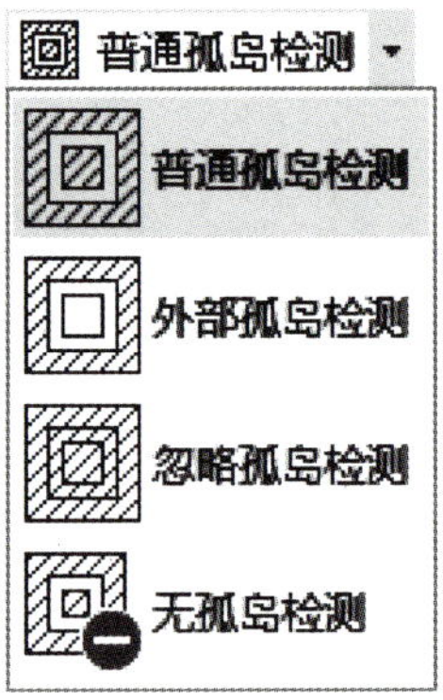

图 3–87　“普通孤岛检测”下拉选项

普通孤岛检测：该方式从边界开始，由每条填充线或每个填充符号的两端向里绘制，遇到内部对象与之相交时，填充线或符号断开，直到遇到下一次相交时再继续绘制，如图 3–88a 所示。该方式为系统的默认方式。

外部孤岛检测：该方式从边界向里绘制剖面符号，只要在边界内部与对象相交，剖面符号即由此断开，而不再继续绘制，如图 3–88b 所示。

忽略孤岛检测：该方式忽略边界内的对象，所有内部结构都被剖面符号覆盖，如图3-88c所示。

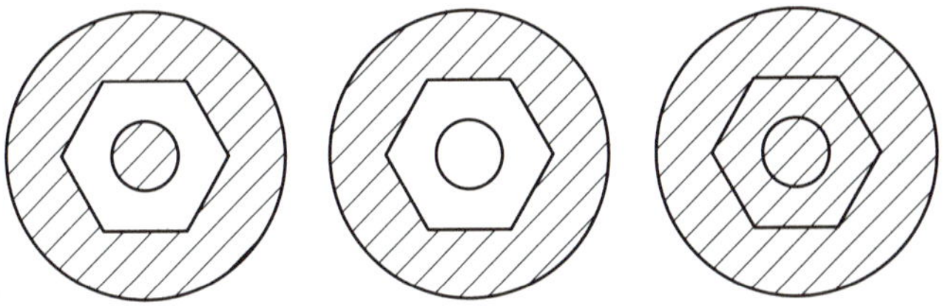

a） b） c）

图 3-88 填充方式

a）普通孤岛检测 b）外部孤岛检测 c）忽略孤岛检测

任务实施

1．绘制中心线及内外线段轮廓

根据图3-77所示尺寸，应用“直线”命令，绘制中心线及螺纹轴的二分之一内外线段轮廓，如图3-89所示。

2．倒角

应用“倒角”命令，绘制右端 $C2$ mm倒角和左端二处 $C1.5$ mm倒角，如图3-90所示。

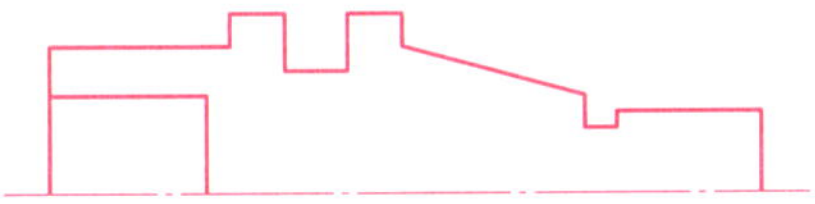

图 3-89 绘制中心线及内外线段轮廓

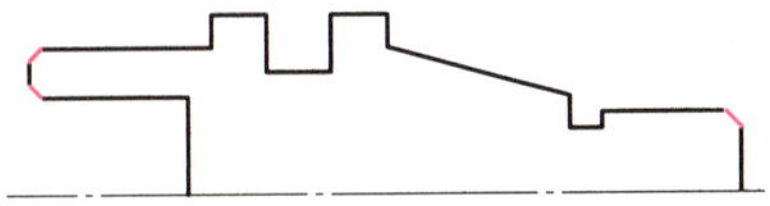

图 3-90 倒角

3．绘制端面线、倒角边线和螺纹牙底线

应用“延伸”命令，将未与中心线相交的端面线延伸至中心线；应用“直线”命令，绘制倒角边线和螺纹牙底线。结果如图3-91所示。

4．镜像

应用“镜像”命令，将螺纹轴的二分之一轮廓线进行镜像，结果如图3-92所示。

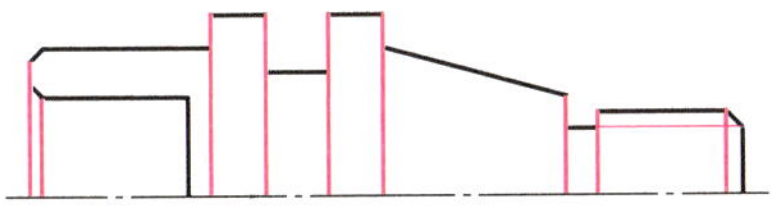

图 3-91 绘制端面线、倒角边线和螺纹牙底线

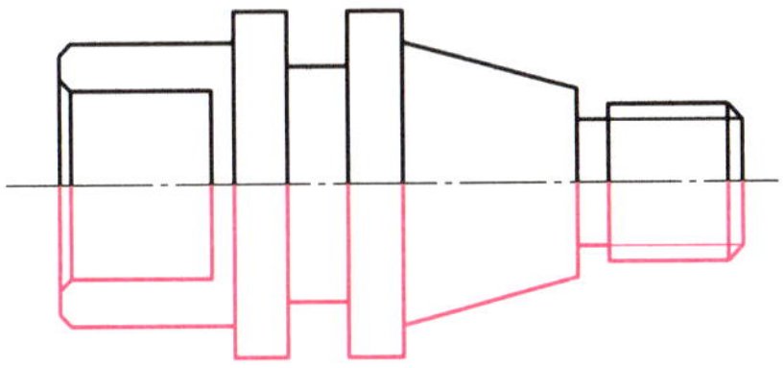

图 3-92 镜像

5. 绘制局部剖视图的界线

应用“样条曲线拟合”命令，绘制局部剖视图的界线，如图 3–93 所示。绘制时，至少确定 4 个位置点。

6. 绘制剖面线

执行“图案填充”命令，选择“ANSI31”图案，其他采用默认选项，通过拾取点的方式，拾取局部剖视图内的二点，则绘制出如图 3–94 所示剖面线。

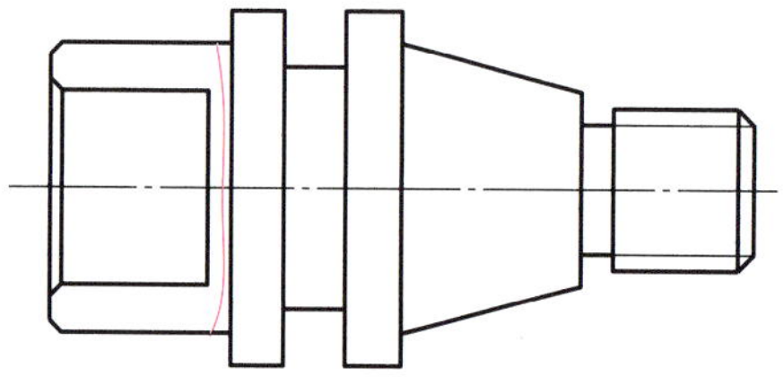

图 3–93 绘制局部剖视图的界线

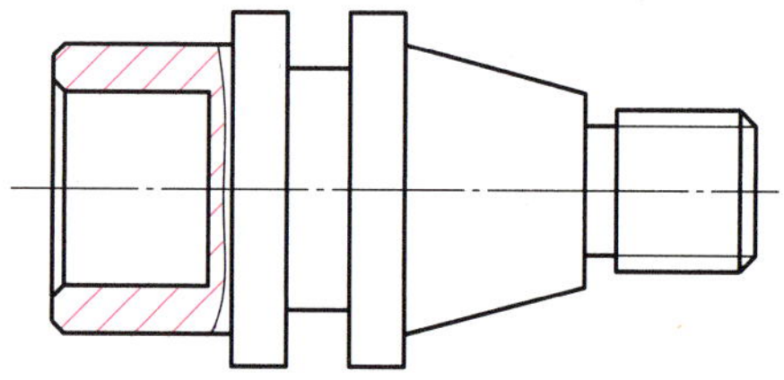

图 3–94 绘制剖面线

任务 8 绘制支座组合体三视图

学习目标

1. 掌握“构造线”命令的应用。
2. 会绘制支座组合体三视图。

任务引入

本任务要求绘制如图 3–95 所示的支座组合体三视图。绘制组合体三视图前，首先应对组合体进行形体分析，通常假设把组合体分解成若干个基本体，弄清楚各基本体的形状、相对位置、组合形式以及表面间的相对位置关系，这种分析方法称为形体分析法。

利用形体分析法，可把图 3–95 所示支座组合体分为六部分：圆柱筒、圆柱筒上部的凹槽、底板、底板上部的台阶板、台阶板与圆柱筒间的肋板、底板与台阶板上的圆弧槽。绘制该图形时应三个视图同时进行绘制，不要一个视图绘制完后再去绘制另一个视图。绘制该图形时，应首先绘制出定位线，确定出三视图的位置，然后依次绘制圆柱筒、圆柱筒上部的凹槽、底板、台阶板、底板与台阶板上的圆弧槽、肋板，最后绘制各个结构的细节部分。

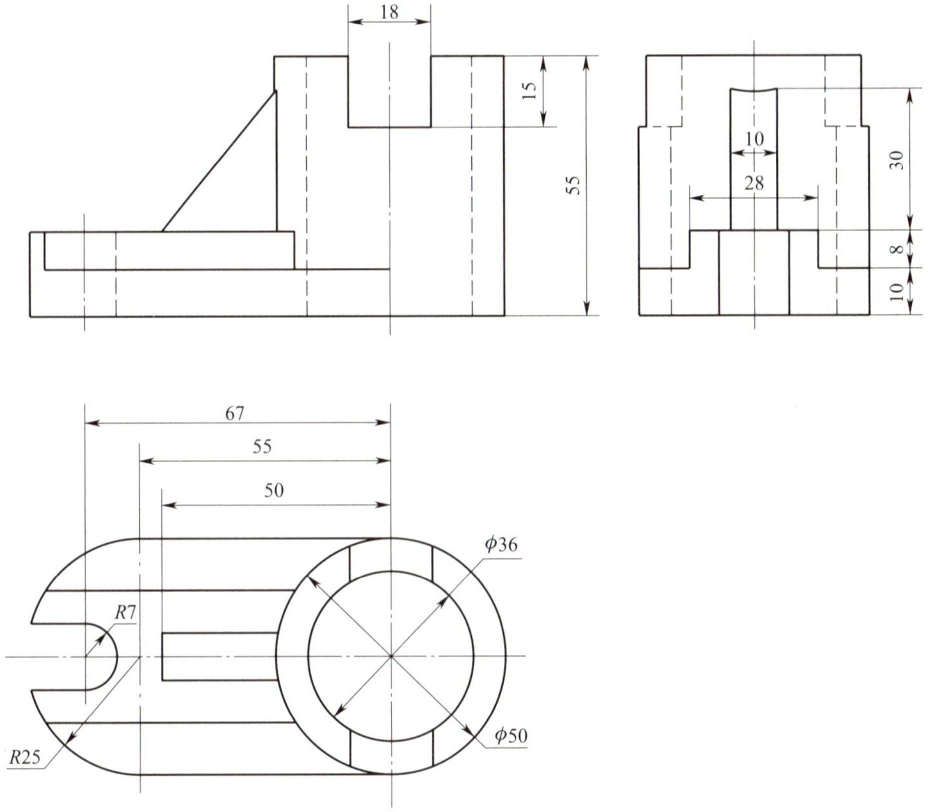

图 3–95 支座组合体三视图

相关知识

构造线是无穷长的直线，用于模拟作图中的辅助线。构造线的主要用途是作为绘制机械制图中三视图的辅助线，构造线的应用保证了三视图之间“主、俯视图长对正，主、左视图高平齐，俯、左视图宽相等”的对应关系。图 3–96 所示为应用构造线辅助绘制三视图的示例，图中细实线为构造线，粗实线为三视图的轮廓线。

1. 命令执行方法

（1）菜单栏：选择“绘图”→“构造线”命令。

（2）功能区：单击“默认”→“绘图”→“构造线”按钮。

（3）命令行：xl（或 xline）。

2. 操作步骤

```
命令：_xline（执行“构造线”命令）
指定点或［水平（H）/ 垂直（V）/ 角度（A）/ 二等分（B）/ 偏移（O）］：
```

3. 项目说明

（1）指定点：通过指定两点确定构造线的位置。

（2）水平：创建一条通过选定点的水平构造线。

（3）垂直：创建一条通过选定点的垂直构造线。

（4）角度：以指定的角度创建一条构造线。

（5）二等分：创建一条构造线，它经过选定的角顶点，并且将选定的两条线之间的夹角平分。

（6）偏移：创建平行于另一个对象的构造线。

4．示例

（1）绘制 30°构造线。

命令：_xline（执行“构造线”命令）

指定点或［水平（H）/ 垂直（V）/ 角度（A）/ 二等分（B）/ 偏移（O）］:a↙（选择“角度”选项）

输入构造线的角度（0）或［参照（R）］：30↙（指定构造线与 X 轴的夹角）

指定通过点：（指定构造线通过的点）

执行上述操作，则绘制出如图 3–97 所示构造线。

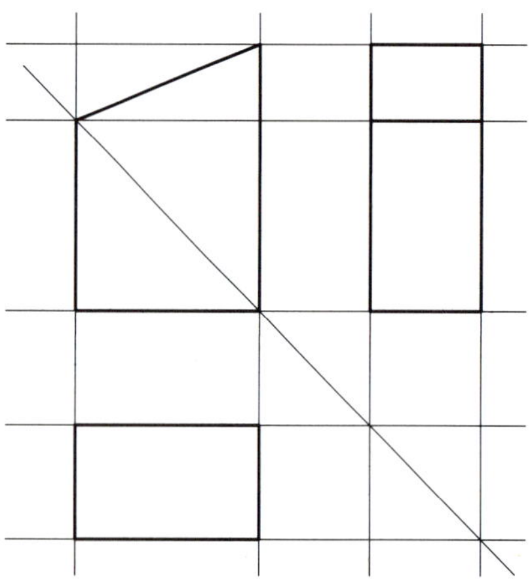

图 3–96　应用构造线辅助绘制三视图的示例

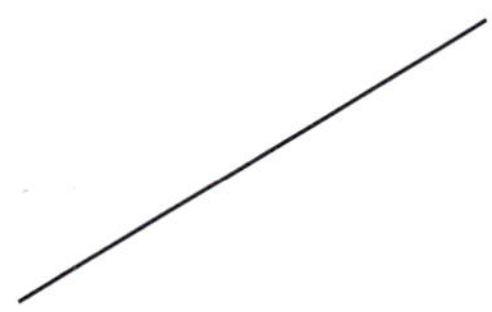

图 3–97　30°构造线绘制示例

（2）绘制如图 3–98a 所示∠ ABC 的二等分构造线。

命令：_xline（执行“构造线”命令）

指定点或［水平（H）/ 垂直（V）/ 角度（A）/ 二等分（B）/ 偏移（O）］:B↙（选择“二等分”选项）

指定角的顶点：（拾取 B 点）

指定角的起点：（拾取 A 点）

指定角的端点：（拾取 C 点）

执行上述操作，则绘制出∠ ABC 的二等分构造线，如图 3–98b 所示。

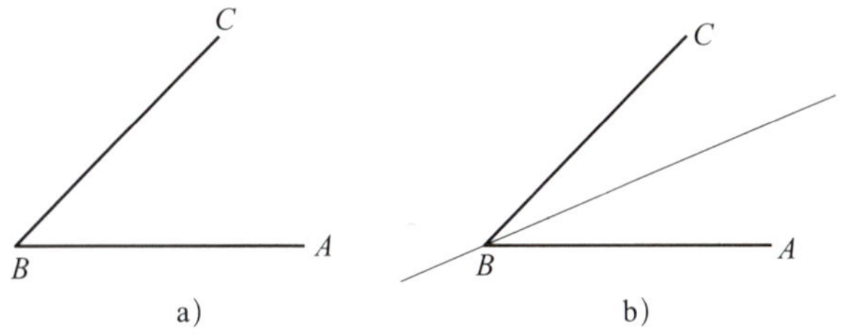

图 3–98　二等分构造线绘制示例

a）操作前　b）操作后

任务实施

1. 绘制圆柱筒三视图

（1）根据圆柱筒的尺寸及其三视图对应关系，绘制水平、垂直和135°构造线，如图 3–99a 所示。

（2）应用“圆”命令绘制俯视图 ϕ36 mm、ϕ50 mm 的两个圆，应用“直线”命令绘制圆柱筒的主视图和左视图，如图 3–99b 所示。

（3）为了避免构造线太多影响绘图，删除用不到的构造线，结果如图 3–99c 所示。

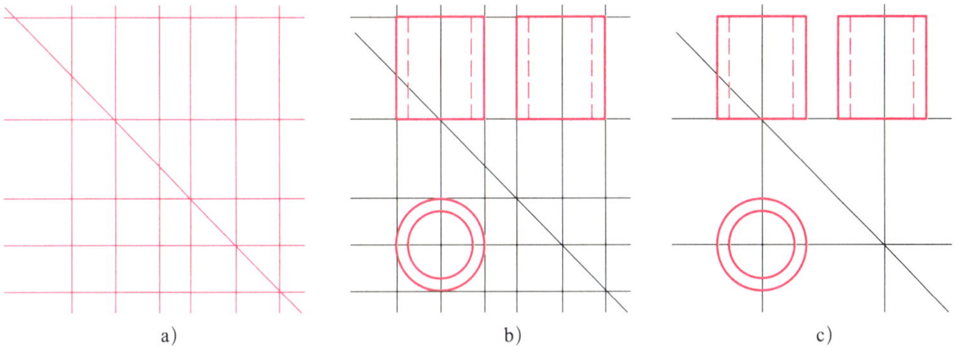

图 3–99　绘制圆柱筒三视图

a）绘制构造线　b）绘制轮廓线　c）删除部分构造线

2. 绘制圆柱筒上部凹槽三视图

（1）根据圆柱筒上部凹槽尺寸及三视图的对应关系，绘制水平和垂直构造线，如图 3–100a 所示。

（2）应用“直线”命令绘制圆柱筒上部凹槽的主视图、俯视图和左视图，并修剪左视图中多余的线条，结果如图 3–100b 所示。

（3）删除用不到的构造线，结果如图 3–100c 所示。

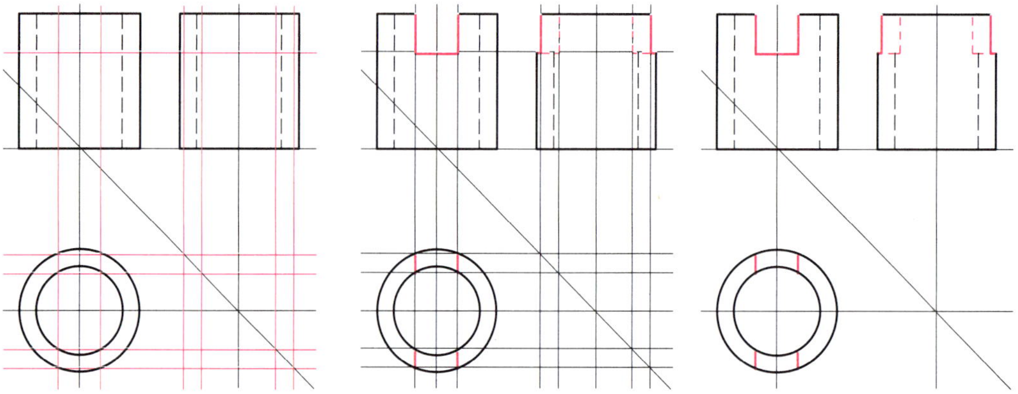

a) b) c)

图 3-100 绘制圆柱筒上部凹槽三视图

a）绘制构造线 b）绘制轮廓线 c）删除部分构造线

3．绘制底板三视图

（1）根据底板尺寸绘制构造线，如图 3-101a 所示。

（2）利用“圆”和“直线”命令来绘制底板俯视图、主视图和左视图，并修剪主视图中被遮盖的线条，结果如图 3-101b 所示。

4．绘制台阶板三视图

（1）根据台阶板尺寸和三视图对应关系，绘制构造线，如图 3-102a 所示。

（2）应用“直线”命令绘制台阶板俯视图、主视图和左视图，修剪多余的线条，并删除用不到的构造线，结果如图 3-102b 所示。

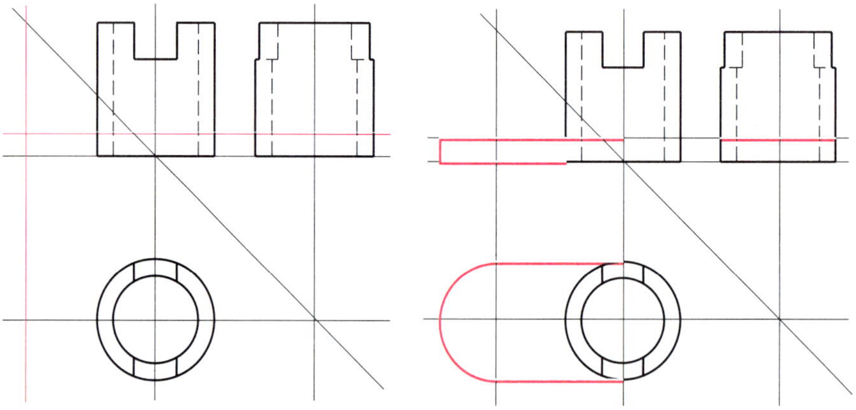

a) b)

图 3-101 绘制底板三视图

a）绘制构造线 b）绘制轮廓线

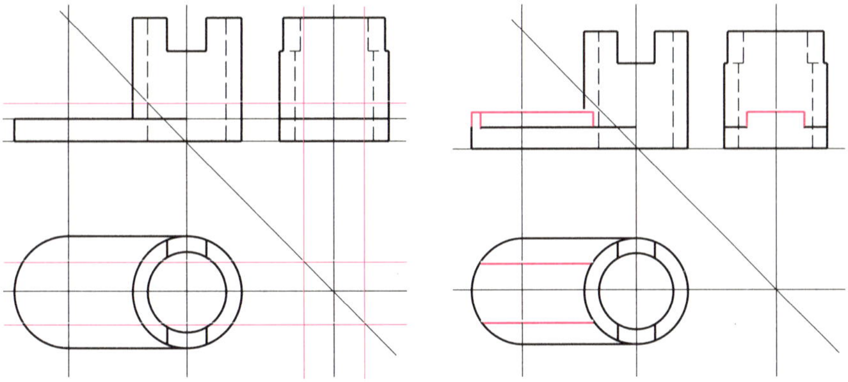

a) b)

图 3–102 绘制台阶板三视图

a）绘制构造线 b）绘制轮廓线

5. 绘制圆弧槽三视图

（1）根据圆弧槽尺寸及三视图对应关系，绘制构造线，如图 3–103a 所示。

（2）利用“直线”和“圆弧”命令绘制圆弧槽俯视图、主视图和左视图轮廓线，修剪三视图中多余的线条，并删除不用的构造线，结果如图 3–103b 所示。

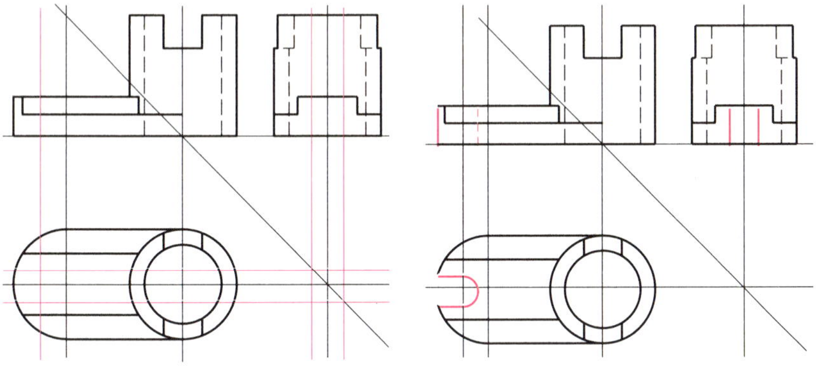

a) b)

图 3–103 绘制圆弧槽三视图

a）绘制构造线 b）绘制轮廓线

注意：绘制圆弧槽俯视图时，底板和台阶板左侧被切掉了一部分，故主视图中左端轮廓线发生了改变。

6. 绘制肋板三视图

（1）根据肋板尺寸和三视图对应关系，绘制构造线，如图 3–104a 所示。

（2）利用“直线”和“圆弧”命令绘制肋板俯视图、主视图和左视图中的轮廓线，并修剪多余线条，删除用不着的构造线，结果如图 3–104b 所示。

注意：由于肋板与圆柱体相交，交线位置在主视图和左视图中都有改变，在绘制图形时要注意利用辅助线确定好各自线的位置和点的位置，以准确地绘制出所需要的图形。

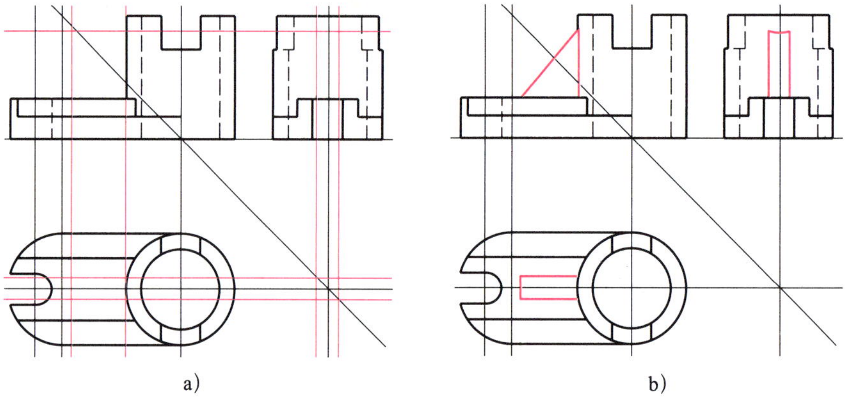

图 3-104　绘制肋板三视图

a）绘制构造线　b）绘制轮廓线

7. 整理并保存

补画中心线，并删除构造线，调整视图位置，使其符合机械制图国家标准，结果如图 3-105 所示。将绘制好的图形进行保存。

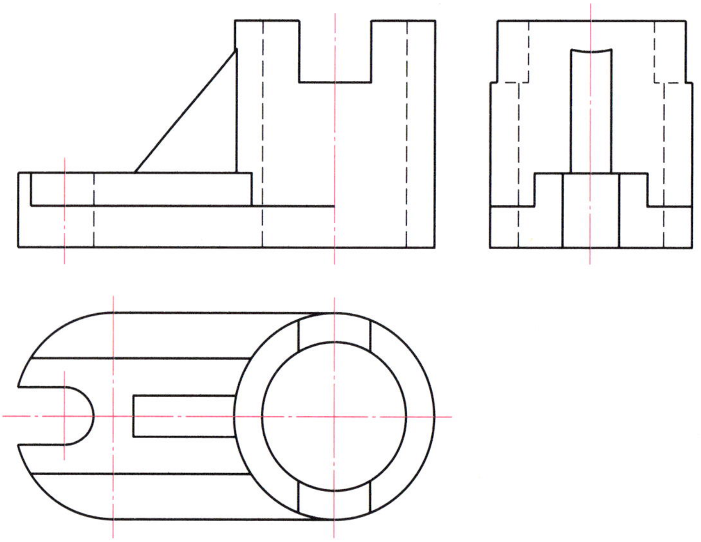

图 3-105　补画中心线、删除构造线

任务拓展

绘制射线

射线是单向无限长的直的线，相当于光线从某一点单向发射出去。射线可以替代构造线作为绘图辅助线，也可以在某些场合替代线段使用。

1. 命令执行方法

（1）菜单栏：选择“绘图”→“射线”命令。

（2）功能区：单击“默认”→“绘图”→“射线”按钮 ⟋。

（3）命令行：ray。

2. 操作步骤

命令：_ray（执行“射线”命令）
指定起点：（指定射线起点）
指定通过点：（指定射线通过点，画出一条射线）
指定通过点：↙（按 Enter 键结束命令）

执行上述操作，即可根据指定位置绘制一条射线。

模块四

绘制机械零件图

任务1　绘制技术制图标题栏

学习目标

1. 掌握文字样式的设置。
2. 掌握文字的标注。
3. 会绘制技术制图标题栏。

任务引入

本次任务要求绘制如图 4–1 所示的技术制图标题栏。标题栏一般由更改区、签字区、其他区、名称及代号区组成，其格式和尺寸按 GB/T 10609.1—2008《技术制图　标题栏》的规定绘制。线型有粗实线和细实线两种，文字为长仿宋体，字号有大、小两种。

相关知识

文字是机械制图和工程制图中不可缺少的内容。在一个完整的图样中，通常包含一些文字注释来标注图样中的一些非图形信息。例如，机械工程图样中的标题栏、明细表、技术要求等都包含文字。

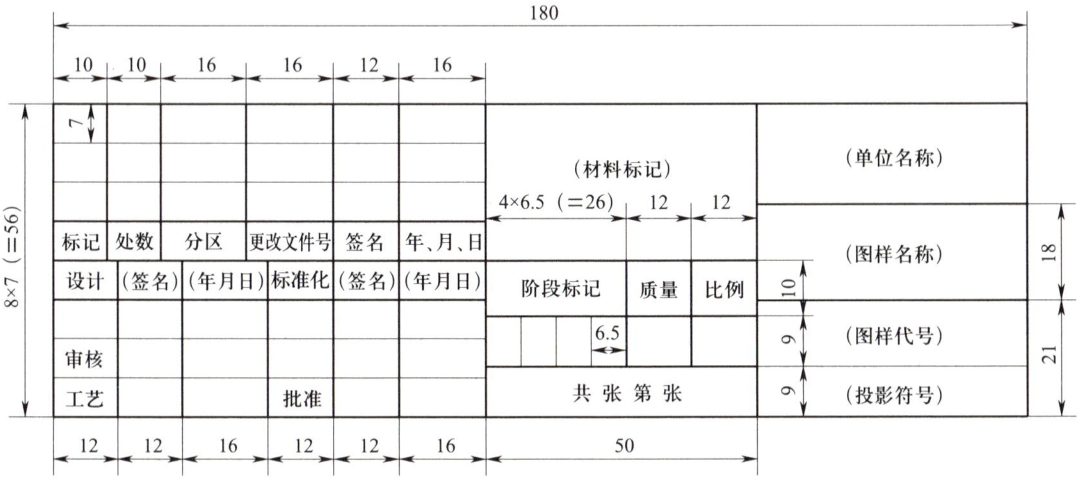

图 4–1　技术制图标题栏

一、文字样式

"文字样式"命令主要用于控制文字的外观效果，如字体、字号、倾斜角度、旋转角度以及其他的特殊效果等。

1．命令执行方法

（1）菜单栏：选择"格式"→"文字样式"命令。

（2）功能区：单击"默认"→"注释"→"文字样式"命令按钮 A。

（3）命令行：st（或 style）。

执行"文字样式"命令后，系统弹出"文字样式"对话框（见图 4–2）。用户可以利用该对话框修改或创建文字样式，并设置当前的文字样式。

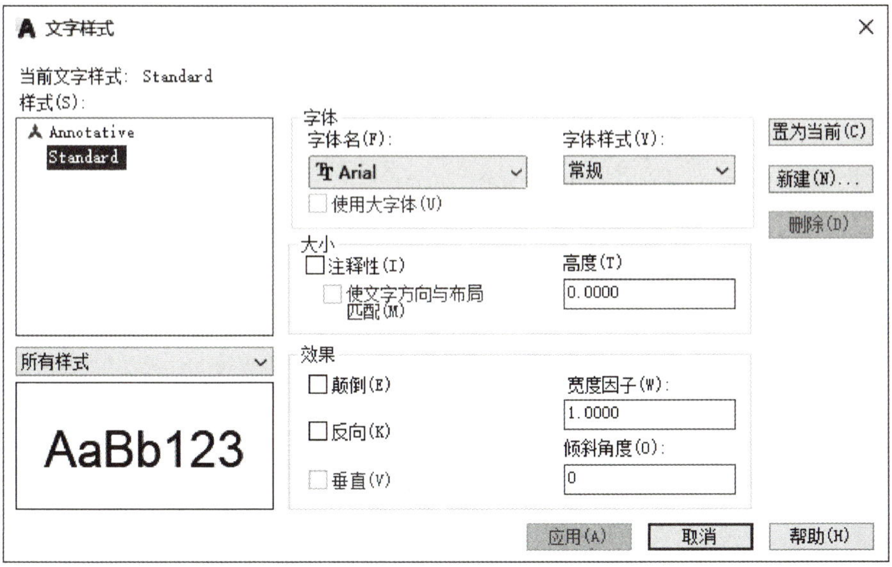

图 4–2　"文字样式"对话框

2. 选项说明

（1）当前文字样式：列出当前文字样式。

（2）样式：显示图形中的样式列表。样式名前的 图标指示样式为注释性。

（3）样式列表过滤器：下拉列表指定是所有样式还是仅使用中的样式显示在样式列表中。

（4）预览：显示随着字体的更改和效果的修改而动态更改的样例文字。

（5）字体：更改文字样式的字体。说明：如果更改现有文字样式的方向或字体文件，当图形重新生成时所有具有该样式的文字对象都将使用新值。

1）字体名：列出 Fonts 文件夹中所有注册的 TrueType 字体和所有编译的形（SHX）字体的字体族名。从列表中选择名称后，系统将读取指定字体的文件。

2）字体样式：指定字体格式，比如斜体、粗体或者常规字体。选定“使用大字体”后，该选项变为“大字体”，用于选择大字体文件。

3）使用大字体：指定亚洲语言的大字体文件。只有 SHX 文件可以创建“大字体”。

（6）大小：更改文字的大小。

1）注释性：指定文字为注释性。注释性对象和样式用于控制注释对象在模型空间或布局中显示的尺寸和比例。

2）使文字方向与布局匹配：指定图纸空间视口中的文字方向与布局方向匹配。如果未选择“注释性”选项，则该选项不可用。

3）高度：根据输入的值设置文字高度。输入大于 0.0 的高度将自动为此样式设置文字高度。如果输入 0.0，则文字高度将默认为上次使用的文字高度，或使用存储在图形样板文件中的值。在相同的高度设置下，TrueType 字体显示的高度可能会小于 SHX 字体。如果选择了“注释性”选项，则输入的值将设置图纸空间中的文字高度。

（7）效果：修改字体的特性，例如宽度因子、倾斜角度以及是否颠倒显示、反向或垂直对齐，如图 4-3 所示。

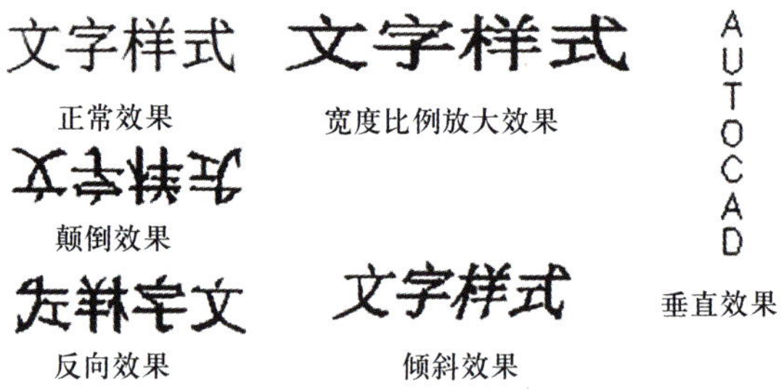

图 4-3 文字效果

1）颠倒：颠倒显示字符。

2）反向：反向显示字符。

3）垂直：显示垂直对齐的字符。只有在选定字体支持双向时“垂直”才可用。TrueType 字体的“垂直”不可用。

4）宽度因子：设置字符间距。输入小于 1.0 的值将压缩字符间距。输入大于 1.0 的值则扩大字符间距。

5）倾斜角度：设置文字的倾斜角。输入 –85 和 85 之间的值将使文字倾斜。

（8）置为当前：将在“样式”下选定的样式设定为当前。

（9）新建：单击该按钮，将显示“新建文字样式”对话框并自动提供默认名称，如图 4–4 所示。样式名最长可达 255 个字符。名称中可包含字母、数字和特殊字符，如美元符号（$）、下划线（_）和连字符（–）。

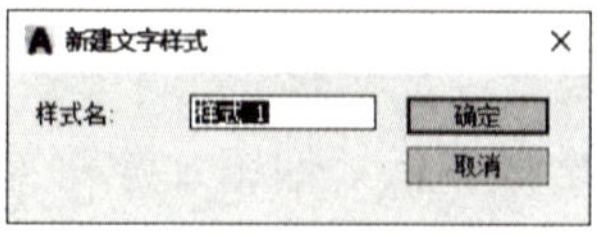

图 4–4 “新建文字样式”对话框

（10）删除：删除未使用文字样式。

（11）应用：将对话框中所做的样式更改应用到当前样式和图形中具有当前样式的文字。

二、单行文字

“单行文字”命令用于创建一行或多行文字，所创建的每行文字都是独立的对象，可对其进行移动、格式设置或其他修改。

1. 命令执行方法

（1）菜单栏：选择“绘图”→“文字”→“单行文字”命令。

（2）功能区：单击“默认”→“注释”→“单行文字”按钮 A。

（3）命令行：dt（或 text 或 dtext）。

2. 操作步骤

命令：_text（执行“单行文字”命令）
当前文字样式：“Standard” 文字高度：2.5000 注释性：否 对正：左
指定文字的起点或［对正（J）/ 样式（S）］：（指定文字的起点）
指定高度 <2.5000>：（指定文字的高度）
指定文字的旋转角度 <0>：（指定文字的旋转角度）
输入文字：（输入文本）

在此提示下输入一行文本后按 Enter 键，AutoCAD 继续显示“输入文字：”提示，可继续输入文本，待全部输入完后在此提示下直接按 Enter 键，则退出 text 命令。因此，text 命令可以创建多行文本，只是这种多行文本每一行是一个对象，不能对多行文本同时进行操作。

如果上次输入的命令为 text，则在“指定文字的起点”提示下按 Enter 键将跳过图纸高度和旋转角度的提示。用户在文本框中输入的文字将直接放置在前一行文字下。在该提示下指定的点也被存储为文字的插入点。

注意：只有当前文本样式中设置的字符高度为 0 时，在使用 text 命令时，AutoCAD 才出现要求用户确定字符高度的提示信息。AutoCAD 允许将文本行倾斜排列，图 4–5 所示为倾斜角度为 0°、45° 和 –45° 时的排列效果。在“指

图 4–5 文本行倾斜排列的效果

定文字的旋转角度 <0>：”提示下输入文本行的倾斜角度或在屏幕上拉出一条直线来指定倾斜角度，这与图 4–3 中文字倾斜标注不同。

提示：如果将 texted 系统变量设定为 1，则使用 text 命令创建的文字将显示“编辑文字”对话框。如果将 texted 系统变量设置为 2，将显示在位文字编辑器。

3．选项说明

（1）指定文字的起点：指定文字对象的起点。

（2）设置对正方式：控制文字的对正方式。输入“J”，按 Enter 键，此时命令行显示如下提示信息，同时在光标右下方弹出对正快捷菜单，如图 4–6 所示。

输入选项 [左（L）/ 居中（C）/ 右（R）/ 对齐（A）/ 中间（M）/ 布满（F）/ 左上（TL）/ 中上（TC）/ 右上（TR）/ 左中（ML）/ 正中（MC）/ 右中（MR）/ 左下（BL）/ 中下（BC）/ 右下（BR）]:

图 4–6　对正快捷菜单

在此提示下，选择一个选项作为文本的对正方式。

文字的对正方式是基于如图 4–7 所示的四条参考线而言的，这四条参考线分别为顶线、中线、基线、底线。单行文字对正方式及含义见表 4–1，单行文字对正点的位置如图 4–8 所示。

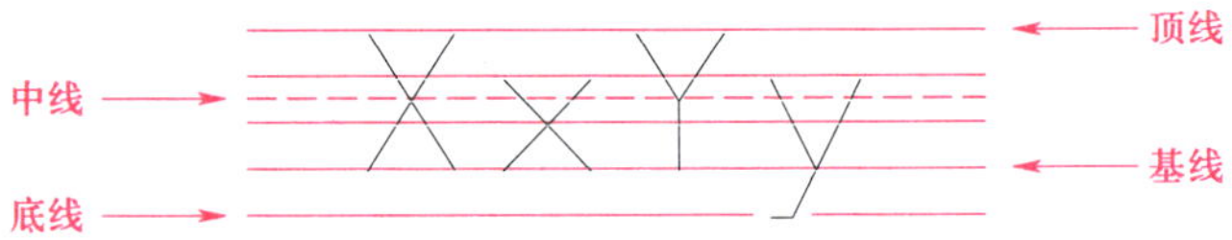

图 4–7　文字对正参考线

表 4–1　单行文字对正方式及含义

序号	对正选项	含义及使用说明
1	左	在由用户给出的点指定的基线上左对齐文字
2	居中	在基线的水平中心上对齐文字，此基线由用户给出的点指定
3	右	在由用户给出的点指定的基线上右对齐文字
4	对齐	通过指定基线端点来指定文字的高度和方向。字符的大小根据其高度按比例调整；文字字符串越长，字符越矮
5	中间	文字在基线的水平中点和指定高度的垂直中点上对齐
6	布满	指定文字按照由两点定义的方向和一个高度值布满一个区域。此选项只适用于水平方向的文字。其高度以图形单位表示，是大写字母从基线开始的延伸距离，指定的文字高度是文字起点到用户指定点之间的距离。文字字符串越长，字符越窄，而字符的高度保持不变

续表

序号	对正选项	含义及使用说明
7	左上	以指定为文字顶点的点左对正文字，此选项只适用于水平方向的文字
8	中上	以指定为文字顶点的点居中对正文字，此选项只适用于水平方向的文字
9	右上	以指定为文字顶点的点右对正文字，此选项只适用于水平方向的文字
10	左中	在指定为文字中间点的点上靠左对正文字，此选项只适用于水平方向的文字
11	正中	在文字的中央水平和垂直居中对正文字，此选项只适用于水平方向的文字。“中间”选项与“正中”选项不同，“中间”选项使用的中点是所有文字包括下行文字在内的中点，而“正中”选项是使用大写字母时高度的中点
12	右中	在指定为文字中间点的点上靠右对正文字，此选项只适用于水平方向的文字
13	左下	以指定为下方基准的点左对正文字，此选项只适用于水平方向的文字
14	中下	以指定为下方基准的点居中对正文字，此选项只适用于水平方向的文字
15	右下	以指定为下方基准的点右对正文字，此选项只适用于水平方向的文字

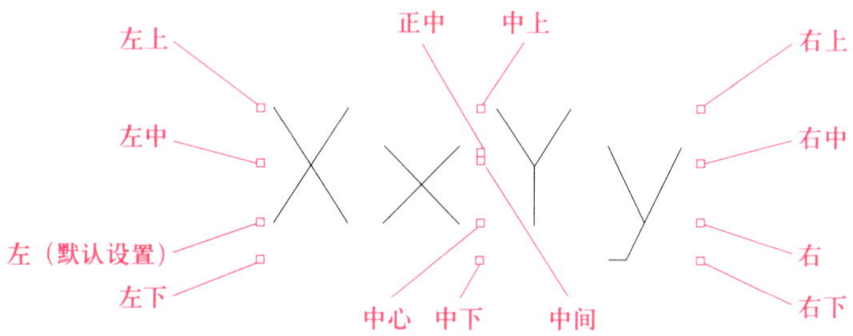

图 4-8　单行文字对正点的位置

（3）设置当前文字样式：用于设置当前使用的文字样式。选择该选项时，命令行显示如下提示信息：

输入样式名或 [?] < 标注样式 >:

可以直接输入文字样式的名称，也可输入“?”，命令行提示“输入要列出的文字样式 <*>:”，按 Enter 键，系统在“AutoCAD 文本窗口”中显示当前图形已有的文字样式。

（4）指定文字的旋转角度：输入文字旋转角度，按 Enter 键确认。

4. 特殊字符

实际绘图时，有时需要标注一些特殊字符，如直径符号、上划线、下划线、角度符号等。由于这些符号不能直接由键盘输入，因此 AutoCAD 提供了一些控制码以实现这些要求。常用的控制码见表 4-2。

表 4–2　　AutoCAD 常用的控制码

符号	功能	符号	功能
%%c	直径	\U+0278	电相位
%%d	度	\U+E101	流线
%%p	正负	\U+2261	恒等于
%%o	上划线	\U+E200	初始长度
%%u	下划线	\U+E102	界碑线
\U+2248	几乎相等	\U+2260	不相等
\U+2200	角度	\U+2126	欧姆
\U+E100	边界线	\U+03A9	欧米茄
\U+2104	中心线	\U+214A	地界线
\U+0394	差值	\U+2082	下标 2
\U+00B3	立方	\U+00B2	平方

%%o 和 %%u 分别是上划线和下划线的开关，第一次出现此符号时开始画上划线或下划线，第二次出现此符号时终止画上划线或下划线。例如，在“text：”提示下输入“I want to %%ugo to Beijing%%u”，则得到如图 4–9 所示的文本行。

图 4–9　文本行

三、多行文字

“多行文字”又称段落文字，是一种更易于管理的文字对象，可以由两行以上的文字组成，而且各行文字均作为一个整体处理。

1. 命令执行方法

（1）菜单栏：选择“绘图”→“文字”→“多行文字”命令。

（2）功能区：单击“默认”→“注释”→“多行文字”按钮 A。

（3）命令行：t（或 mtext）。

2. 操作步骤

命令：_mtext（执行“多行文字”命令）

当前文字样式：“Standard”　文字高度：5　注释性：否

指定第一角点：（指定文本边框的第一角点）

指定对角点或［高度（H）/ 对正（J）/ 行距（L）/ 旋转（R）/ 样式（S）/ 宽度（W）/ 栏（C）］：（指定文本边框的第二角点或者输入有关的选项）

通过指定文字输入框的对角点以定义多行文字对象的宽度，如图 4–10 所示。如果功能区处于活动状态，将显示“文字编辑器”选项卡，如图 4–11 所示。如果功能区未处于活动状态，将显示“文字格式”工具栏，如图 4–12 所示。

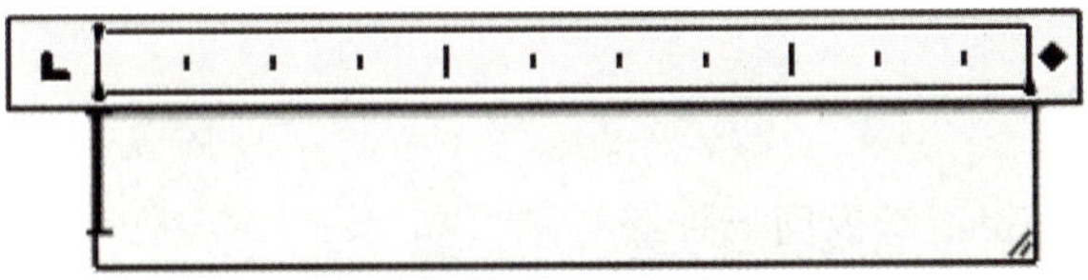

图 4–10 文字输入框

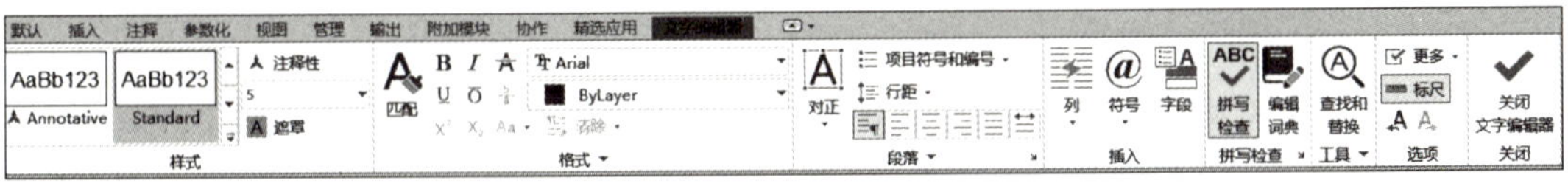

图 4–11 “文字编辑器”选项卡

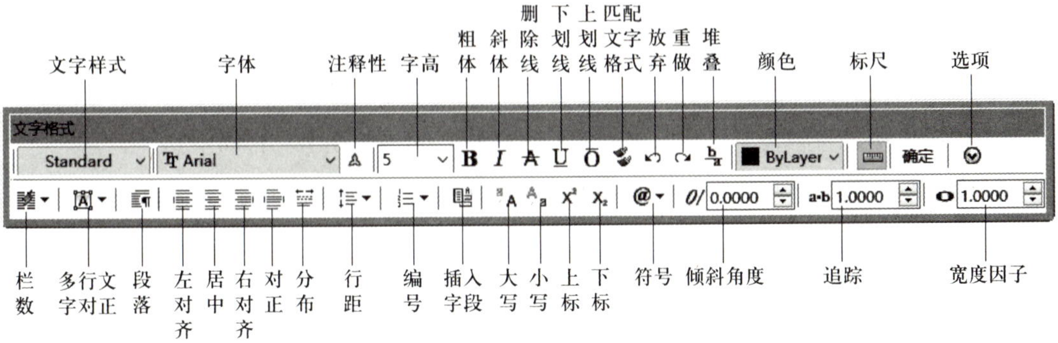

图 4–12 “文字格式”工具栏

3. 选项说明

（1）高度：指定用于多行文字字符的文字高度。

（2）对正：确定所标注文本的对齐方式。选择此选项，AutoCAD 提示：

输入对正方式［左上（TL）/ 中上（TC）/ 右上（TR）/ 左中（ML）/ 正中（MC）/ 右中（MR）/ 左下（BL）/ 中下（BC）/ 右下（BR）］<左上（TL）>:

这些对正方式与“单行文字”命令中的各对正方式相同，这里不再赘述。

（3）行距：确定多行文本的行间距，这里所说的“行间距”是指相邻两文本行基线之间的垂直距离。执行此选项，AutoCAD 提示：

输入行距类型［至少（A）/ 精确（E）］<至少（A）>:

在此提示下有两种方式确定行间距：“至少（A）”方式和“精确（E）”方式。在“至少（A）”方式下，AutoCAD 根据每行文本中最大字符自动调整行间距；在“精确（E）”方式下，AutoCAD 为多行文本赋予一个固定的行间距。可以直接输入一个确切的间距值，也可以输入 nx 的形式，其中 n 是一个具体数，表示行间距设置为单行文本高度（x）的 n 倍，而单行文本高度是本行文本字符高度的 1.66 倍。

（4）旋转：指定文字边界的旋转角度。选择此选项，AutoCAD 提示：

指定旋转角度 <0>:（指定旋转角度）

输入角度值后，按 Enter 键返回上一级提示。

（5）样式：确定当前的文本样式。

（6）宽度：指定多行文本的宽度。可以在屏幕上选取一点与由前面确定的第一个角点组成的矩形框的宽作为多行文本宽度。可以输入一个数值，精确设置多行文本的宽度。

提示：在创建多行文本时，只要给定文本行的起始点和宽度，AutoCAD 就会打开如图 4–11 所示的“文字编辑器”选项卡，用户可以在编辑器中输入和编辑多行文本，包括字高、文本样式及倾斜角等。

（7）栏：指定多行文字对象的列选项。选择此项，AutoCAD 提示：

输入栏类型 [动态（D）/ 静态（S）/ 不分栏（N）] < 动态（D）>:

1）动态：指定栏宽、栏间距宽度和栏高。动态栏由文字驱动。调整栏将影响文字流，而文字流将导致添加或删除栏。

2）静态：指定总栏宽、栏数、栏间距宽度（栏之间的间距）和栏高。

3）不分栏：将不分栏模式设置给当前多行对象。

4. 堆叠文字

（1）创建堆叠文字的步骤

1）单击“常用”选项卡中“注释”面板的“多行文字”按钮 A。

2）指定边框的对角点以定义多行文字对象的宽度。

3）输入要堆叠的文字，并用以下字符中的一个作为分隔符：

正斜杠（/）以垂直方式堆叠文字，由水平线分隔；井号（#）以对角形式堆叠文字，由对角线分隔；插入符（^）创建公差堆叠，不用线段分隔。

4）执行以下操作之一，即可生成堆叠文字。

选择文字，然后在“格式”面板的“文字编辑器”选项卡上，单击“堆叠”按钮。

如果在正斜杠、井号或插入符前后输入了数字字符，输入一个空格或输入表 4–3 中的一个有效字符，文字将自动堆叠。

表 4–3 常用符号

名称	符号	名称	符号	名称	符号
波浪号	~	重音符	`	感叹号	!
at 符号	@	井号	#	美元符号	$
百分比符号	%	插入符	^	“与”符号	&
星号	*	圆括号	( )	下划线	_

续表

名称	符号	名称	符号	名称	符号
等号	=	大括号	{}	中括号	[ ]
竖杠	|	反斜杠	\	冒号	:
分号	;	双引号	“	单引号	‘
小于号与大于号	< >	问号	?	逗号	,

例如，要输入$\frac{1}{2}$，应先输入“1/2”，然后选中“1/2”，再单击“堆叠”按钮 $\frac{b}{a}$ 即可；要输入$10_{-0.1}^{0}$，应输入“10、空格、0、^、–、0.1”，然后选中“空格、0、^、–、0.1”，再单击“堆叠”按钮 $\frac{b}{a}$ 即可。

（2）更改堆叠文字的特性

1）双击多行文字对象，然后选择已堆叠的文字。

2）单击显示在文字附近的闪电图标，弹出如图4–13所示闪电图标快捷菜单。

3）单击快捷菜单中的“堆叠特性”命令，弹出如图4–14a所示的“堆叠特性”对话框。

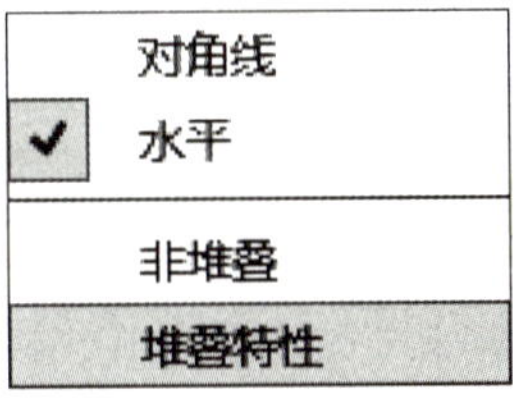

图 4–13　闪电图标快捷菜单

4）在“堆叠特性”对话框中，根据需要更改设置。

5）要指定自动堆叠的特性，可单击“自动堆叠”按钮，弹出如图4–14b所示的对话框。

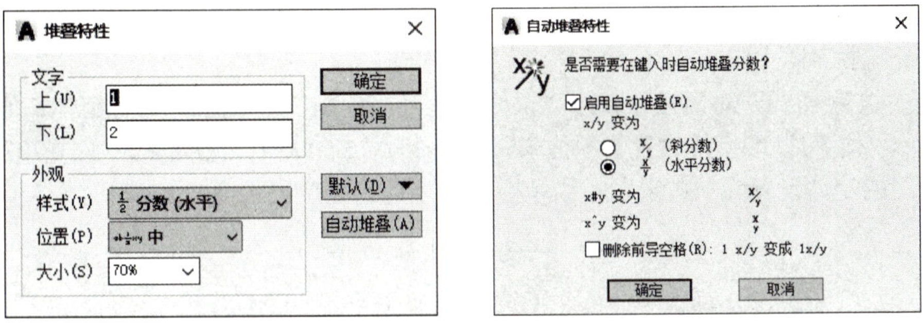

a）　　　　b）

图 4–14　“堆叠特性”和“自动堆叠特性”对话框

a）“堆叠特性”对话框　b）“自动堆叠特性”对话框

（3）取消堆叠

1）双击多行文字对象，然后选择已堆叠的文字。

2）单击显示在文字附近的闪电图标，弹出闪电图标快捷菜单。

3）单击菜单中的“非堆叠”命令，即可取消堆叠。

5．输入文字

在多行文字的文字输入窗口中，可以直接输入多行文字，也可以在文字输入窗口中右击，在弹出的快捷菜单中选择“输入文字”命令，将已经在其他文字编辑器中创建的文字内容直接导入到当前图形中。

6. 编辑多行文字

要编辑多行文字，可选择“修改”→“对象”→“文字”→“编辑”命令，并单击多行文字，打开多行文字编辑窗口，然后参照多行文字的设置方法，修改并编辑文字。也可以在图形窗口中双击输入的多行文字，或在输入的多行文字上右击，从弹出的快捷菜单中选择“重复编辑多行文字”命令或“编辑多行文字”命令，打开多行文字编辑窗口。

任务实施

1. 绘制标题栏的图线

根据图 4-1 所示尺寸，应用“直线”“偏移”和“修剪”命令，绘制如图 4-15 所示标题栏的图线。

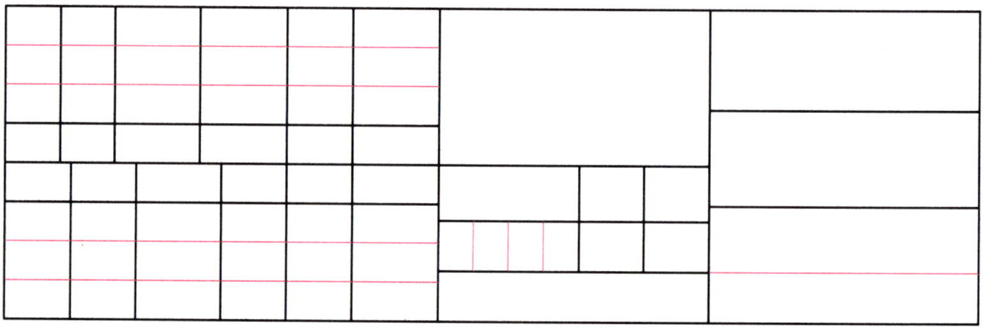

图 4-15 绘制标题栏的图线

2. 新建文字样式

打开“文字样式”对话框，新建“长仿宋字 1”和“长仿宋字 2”两种字体，如图 4-16 所示。“长仿宋字 1”的字体设置为“仿宋”，字高为“2.5000”，宽度因子为“0.7070”；“长仿宋字 2”的字体设置为“仿宋”，字高为“3.5000”，宽度因子为“0.7070”。

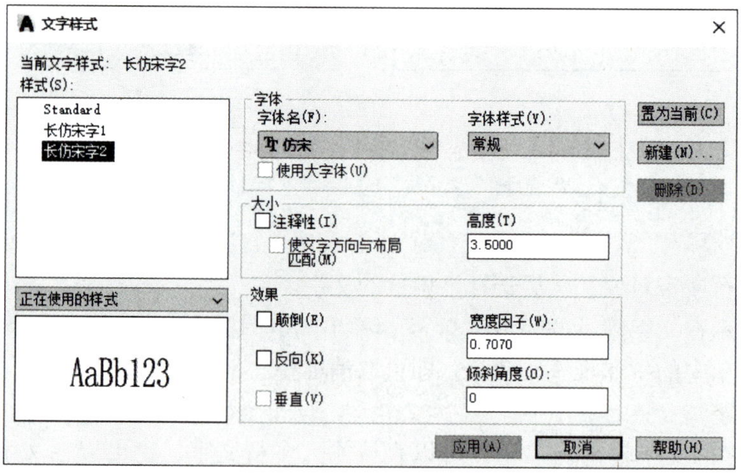

图 4-16 新建文字样式

3．输入字高为“3.5”的文字

将“长仿宋字 2”置为当前文字样式，执行“多行文字”命令，系统提示：

命令：_mtext（执行“多行文字”命令）

当前文字样式：“长仿宋字 2” 文字高度：3.5 注释性：否

指定第一角点：（指定投影符号位置处的左上角点为文字输入框的第一角点）

指定对角点或［高度（H）/ 对正（J）/ 行距（L）/ 旋转（R）/ 样式（S）/ 宽度（W）/ 栏（C）］：j↙（选择“对正”选项）

输入对正方式［左上（TL）/ 中上（TC）/ 右上（TR）/ 左中（ML）/ 正中（MC）/ 右中（MR）/ 左下（BL）/ 中下（BC）/ 右下（BR）］<左上（TL）>：mc↙（选择“正中”选项）

指定对角点或［高度（H）/ 对正（J）/ 行距（L）/ 旋转（R）/ 样式（S）/ 宽度（W）/ 栏（C）］：（指定投影符号位置处的右下角点为文字输入框的第二角点）

执行上述操作后，界面如图 4-17 所示。输入文字“（投影符号）”，并关闭“文字编辑器”，结果如图 4-18 所示。

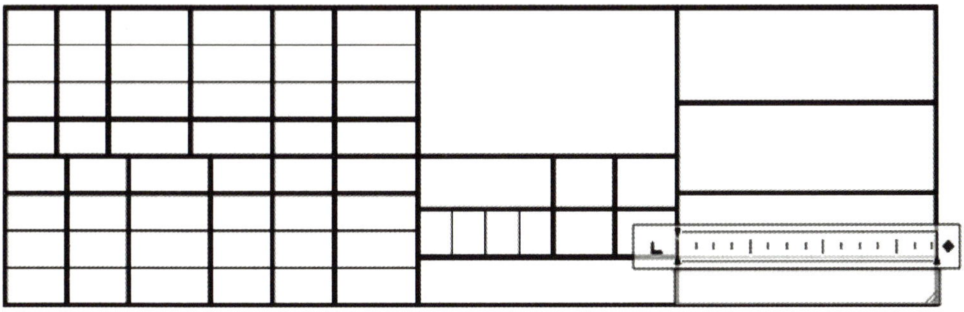

图 4-17 确定文字输入位置

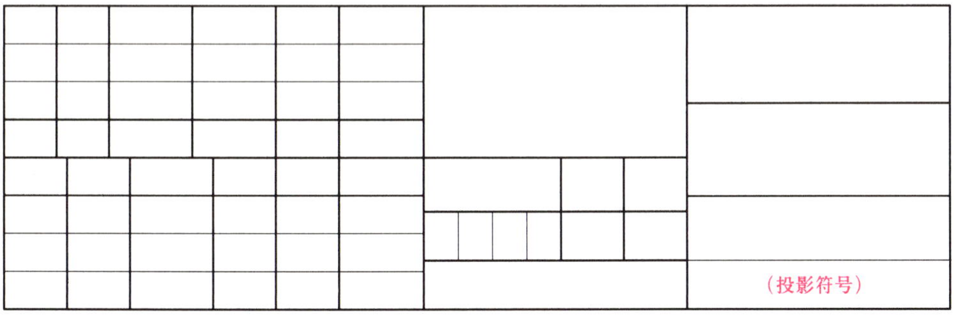

图 4-18 输入“（投影符号）”

按照上述方法，依次完成其余字高为“3.5”文字的输入，结果如图 4-19 所示。

4．输入字高为“2.5”的文字

将“长仿宋字 1”置为当前文字样式，应用“多行文字”命令，依次输入字高为“2.5”的文字，结果如图 4-20 所示。

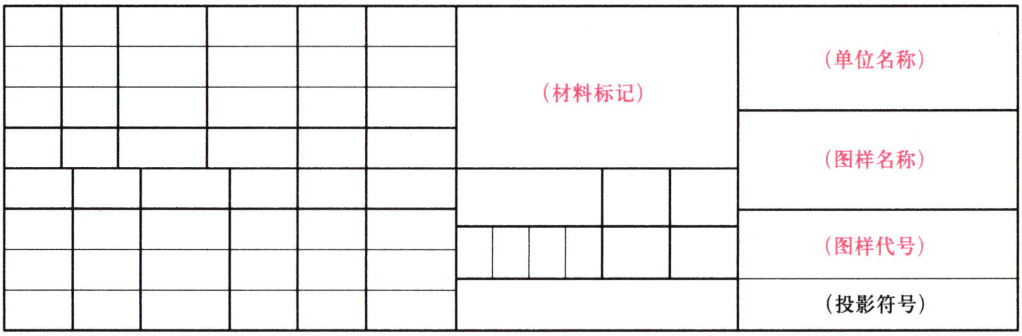

图 4-19　输入其余字高为“3.5”的文字

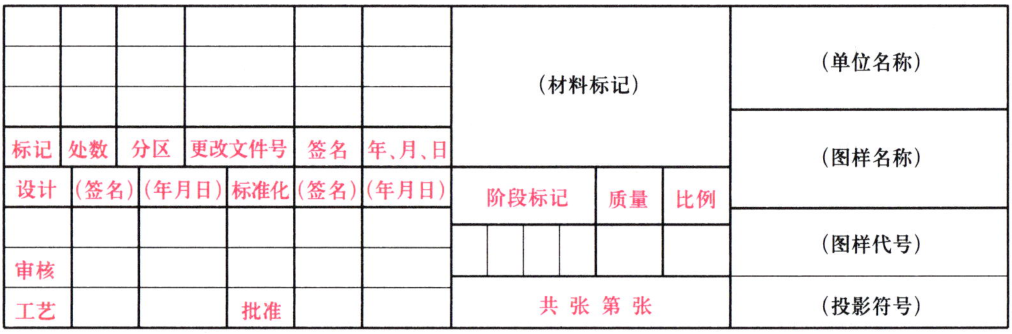

图 4-20　输入字高为“2.5”的文字

注意：采用“多行文字”命令可以快速确定输入文字位于选定区域的正中位置，若采用“单行文字”命令，需要首先确定选定区域的中点位置，增加了辅助操作。

5．整理并保存

将绘制好的标题栏整理并保存。

任务 2　绘制卡槽零件图

学习目标

1．掌握标注样式的设置。
2．掌握常用尺寸的标注。
3．会绘制卡槽零件图，并标注尺寸。

任务引入

本次任务要求绘制如图 4–21 所示的卡槽零件图，并标注尺寸。该零件为薄板类零件，其右上角为 90° 圆弧，半径为 13 mm；距其左侧上部 14 mm 处，有一个与上平面呈 45° 的卡槽，槽宽为 15 mm，槽左边线长为 36 mm；距左端 75 mm，且高度为 25 mm 处，有一个 ϕ25 mm 孔。该图形轮廓较简单，但尺寸类型较多，有水平尺寸、垂直尺寸、倾斜尺寸、角度尺寸、半径尺寸和直径尺寸。本次任务重点学习上述尺寸的标注。

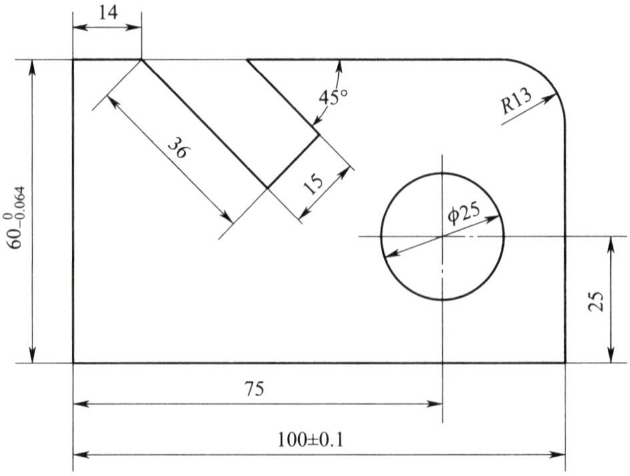

图 4–21　卡槽零件图

相关知识

尺寸是工程图中的一项重要内容，它描述设计图形各组成部分的大小及相对位置关系，是实际生产的重要依据。标注尺寸在图纸设计中是一个关键环节，正确的尺寸标注是产品生产的保证。

一、标注样式

标注样式是指标注尺寸的外观，比如标注文字的样式、箭头类型、颜色等都属于标注样式。尺寸标注样式由 AutoCAD 系统提供的多个尺寸变量来控制，用户可以根据需要对其进行设置并保存。

1. 尺寸标注的组成

尺寸标注是一个复合对象，它以块的形式存储在图形中，其组成元素包括尺寸线、尺寸界线、标注文字和箭头等，如图 4–22 所示。各组成要素的含义及功能如下：

（1）标注文字：用于表示图形大小的数值。

（2）尺寸线：表明尺寸长短并指明标注的方向。

（3）尺寸界线：用于标明标注范围，控制尺寸线的位置。

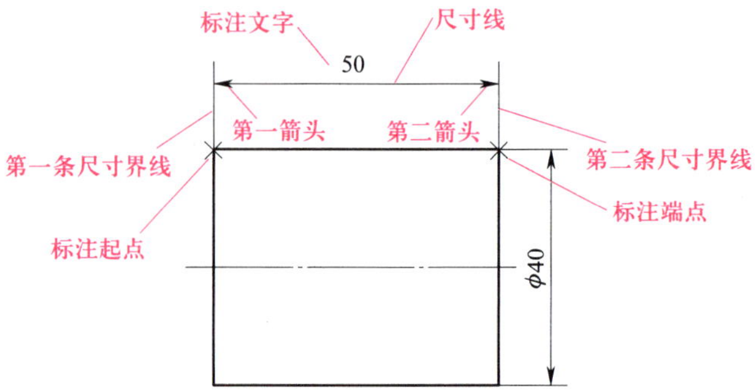

图 4–22 尺寸的组成

（4）箭头：用于指出测量的开始和结束位置。

（5）标注起点：它是标注对象的起始点，AutoCAD 系统测量的数据均以起点为计算点。

（6）标注端点：它是标注对象的结束点，AutoCAD 系统测量的数据均以端点为结束点。

2. 执行“标注样式”命令的方法

（1）功能区：单击“默认”→“注释”→“标注样式”命令按钮。

（2）菜单栏：选择“格式”→“标注样式”命令。

（3）命令行：d（dimstyle）。

3. “标注样式管理器”对话框

执行“标注样式”命令后，系统弹出“标注样式管理器”对话框，如图 4–23 所示，各选项的含义如下：

（1）当前标注样式：显示当前标注样式的名称，默认标注样式为标准。当前样式将应用于所创建的标注。

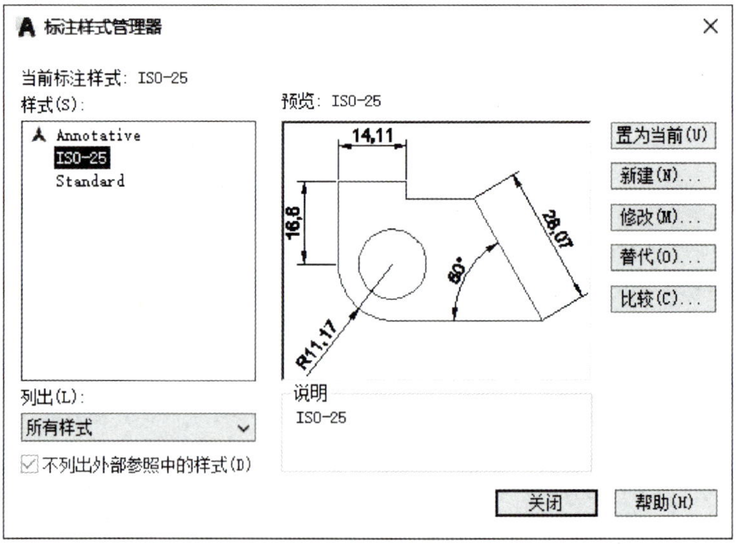

图 4–23 “标注样式管理器”对话框

（2）样式：列出图形中的标注样式，当前样式亮显。在列表中单击鼠标右键可显示快捷菜单及选项，可用于设定当前标注样式、重命名样式和删除样式。不能删除当前样式或当前图形使用的样式。

（3）列出：在“样式”列表中控制样式显示。如果要查看图形中所有的标注样式，应选择“所有样式”。如果只希望查看图形中标注当前使用的标注样式，应选择“正在使用的样式”。

（4）预览：显示“样式”列表中选定样式的图示。

（5）置为当前：将“样式”列表中的某个标注样式设置为当前使用的样式。

（6）新建：创建一个新的标注样式。

（7）修改：修改已有的某个标注样式。

（8）替代：可显示“替代当前样式”对话框，从中可以设定标注样式的临时替代值。

（9）比较：可显示“比较标注样式”对话框，从中可以比较两个标注样式或列出一个标注样式的所有特性。

4. “创建新标注样式”对话框

在“标注样式管理器”中，单击“新建”按钮，系统弹出“创建新标注样式”对话框（见图 4–24），可在该对话框中输入新建样式的名称，选择基础样式和使用范围。

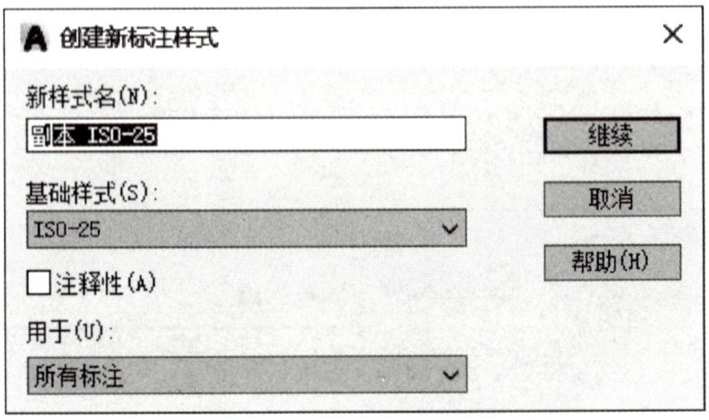

图 4–24 “创建新标注样式”对话框

“创建新标注样式”对话框中各选项意义如下。

（1）新样式名：用于输入新标注样式的名称。

（2）基础样式：选择一种基础样式，新样式将在该基础样式基础上修改。

（3）注释性：指定标注样式为注释性。

（4）用于：创建一种仅适用于特定标注类型的标注子样式。如所有标注、线性标注、角度标注等。

（5）继续：显示“新建标注样式”对话框，从中可以定义新的标注样式特性，如图 4–25 所示。该对话框有 7 个选项卡，在这些选项卡中可以设置各尺寸变量。设置完成后单击“确定”按钮，即完成一个新标注样式的创建。

5. “修改标注样式”对话框

在“标注样式管理器”中，单击“修改”按钮，系统弹出“修改标注样式”对话框，如图 4–26 所示。该对话框与图 4–25 所示“新建标注样式”对话框相同。

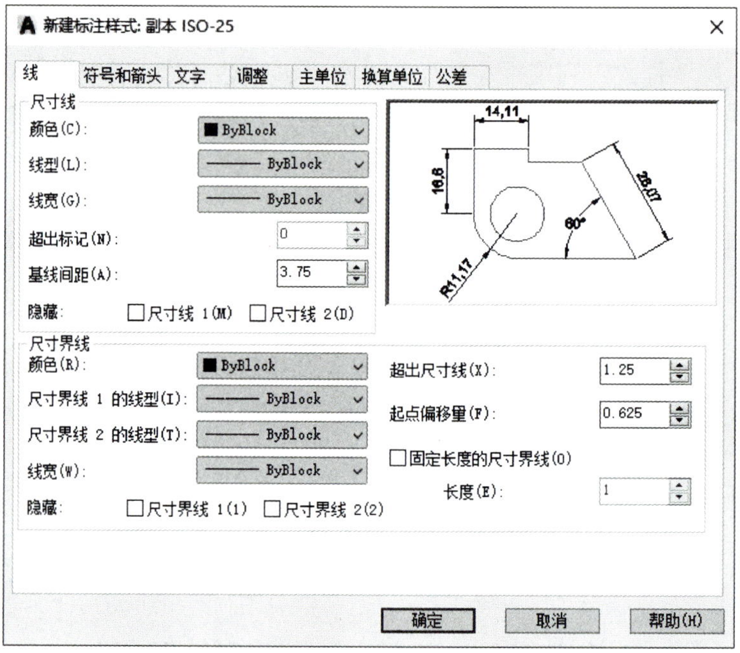

图 4-25 “新建标注样式”对话框

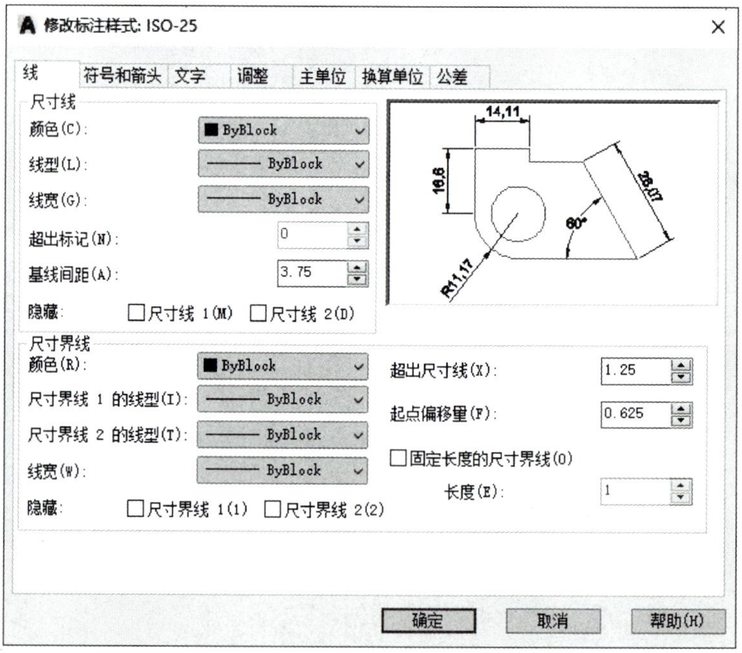

图 4-26 “修改标注样式”对话框

二、“新建标注样式”对话框的设置

1．“线”选项卡

使用图 4–25 所示“新建标注样式”对话框中的“线”选项卡，可以设置尺寸线和尺寸界线的颜色、线型、线宽等参数。

（1）“尺寸线”选项组

“尺寸线”选项组用于设置尺寸线的特性。

1）颜色：显示并设定尺寸线的颜色。如果单击“选择颜色”（在“颜色”列表的底部），将显示“选择颜色”对话框。也可以输入颜色名或颜色号。可以从 255 种 AutoCAD 颜色索引（ACI）颜色、真彩色和配色系统颜色中选择颜色。

2）线型：设定尺寸线的线型。

3）线宽：设定尺寸线的线宽。

4）超出标记：当箭头使用倾斜标记、建筑标记、积分和无标记时，指定尺寸线超过尺寸界线的距离。如图 4–27 所示，当箭头采用倾斜标记时，标注的尺寸线每端都超出原来 2 mm（超出标记为 2）。

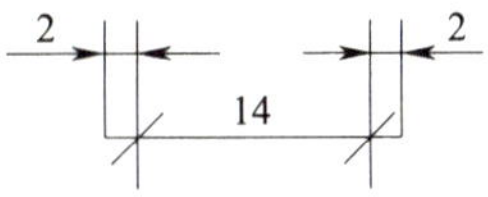

图 4–27　超出标记示例

5）基线间距：设定基线标注的尺寸线之间的距离。

6）隐藏：隐藏尺寸线。如图 4–28 所示，勾选“尺寸线 1”时，隐藏第一条尺寸线；勾选“尺寸线 2”时，隐藏第二条尺寸线。

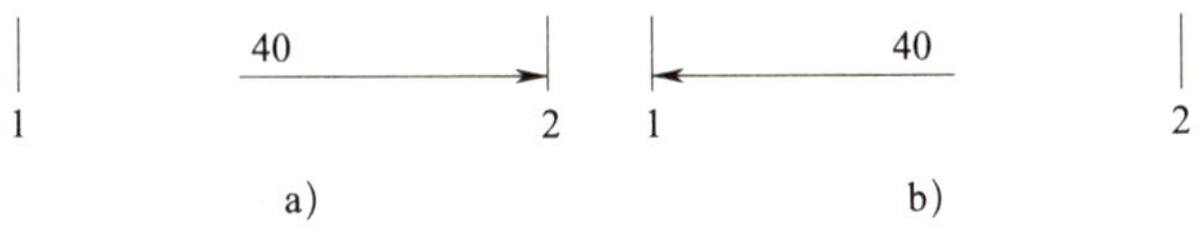

图 4–28　隐藏尺寸线示例

a）勾选“尺寸线 1”　b）勾选“尺寸线 2”

（2）“尺寸界线”选项组

“尺寸界线”选项组用于确定尺寸界线的形式。

1）颜色：设定尺寸界线的颜色。

2）尺寸界线 1 的线型：设定第一条尺寸界线的线型。

3）尺寸界线 2 的线型：设定第二条尺寸界线的线型。

4）线宽：设定尺寸界线的线宽。

5）隐藏：隐藏尺寸界线。如图 4–29 所示，勾选“尺寸界线 1”时，隐藏第一条尺寸界线；勾选“尺寸界线 2”时，隐藏第二条尺寸界线。

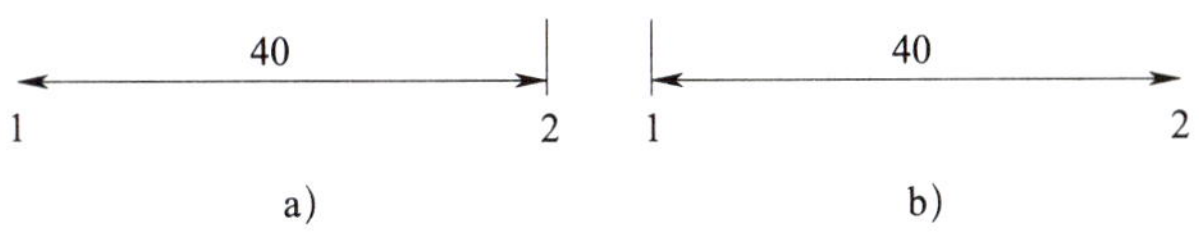

图 4–29　隐藏尺寸界线示例

a）勾选“尺寸界线 1”　b）勾选“尺寸界线 2”

6）超出尺寸线：用于控制尺寸界线超出尺寸线的距离，如图 4–30 所示。

7）起点偏移量：用于控制尺寸界线起点与标注对象端点间的距离，如图 4–31 所示。

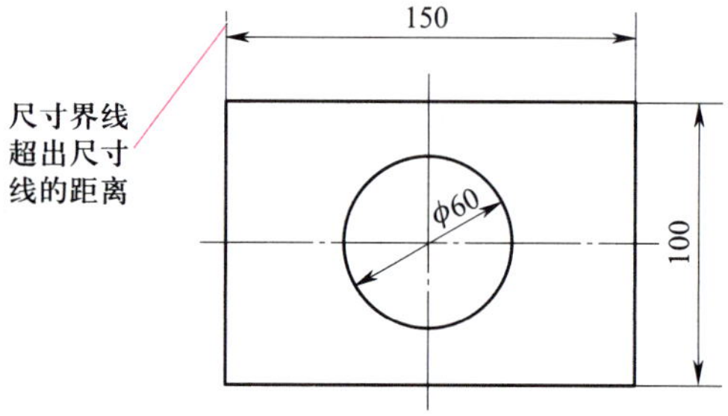

图 4–30　设置尺寸界线超出尺寸线的距离

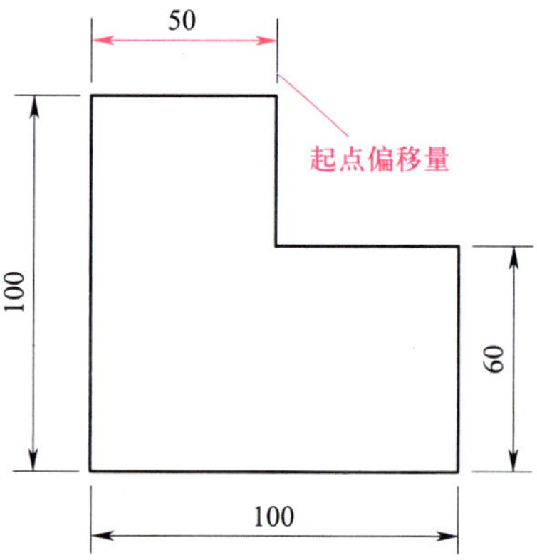

图 4–31　控制起点偏移距离

8）固定长度的尺寸界线：勾选该选项，启用固定长度的尺寸界线。可在“长度”文本框中设定尺寸界线的总长度。该长度起始于尺寸线，直到标注原点。“长度”设置为 5 时，尺寸界线如图 4–32 所示。

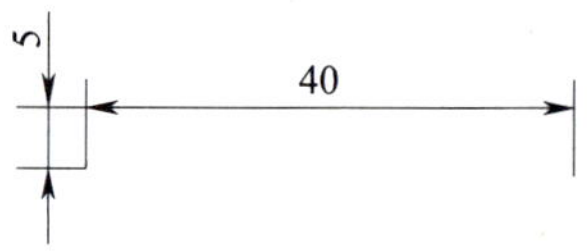

图 4–32　固定长度的尺寸界线示例

2. “符号和箭头”选项卡

如图 4–33 所示，使用“符号和箭头”选项卡可以设置箭头的样式与大小。

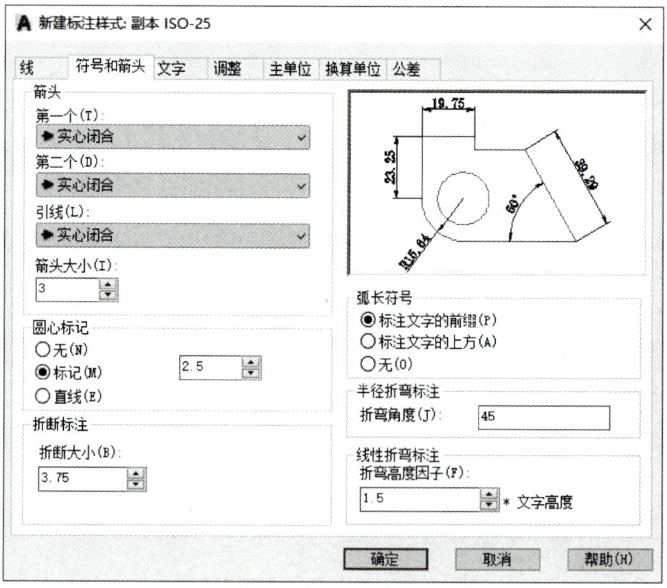

图 4–33　“符号和箭头”选项卡

（1）“箭头”选项组

“箭头”选项组用于设置尺寸箭头的形式。

1）“第一个”和“第二个”：用于选择尺寸线两端箭头的样式。AutoCAD系统提供了多种箭头的样式（见图4–34），通过调整两个列表框中的箭头样式就可以控制尺寸线两端箭头的类型。如选择了第一个箭头的样式，第二个箭头也将采用相同的样式，若要使它们不同，就需要在第一个下拉列表和第二个下拉列表中分别进行选择。在机械制图中，实心闭合、点、小点、倾斜等常用于尺寸标注，实心基准三角形用于绘制基准符号。

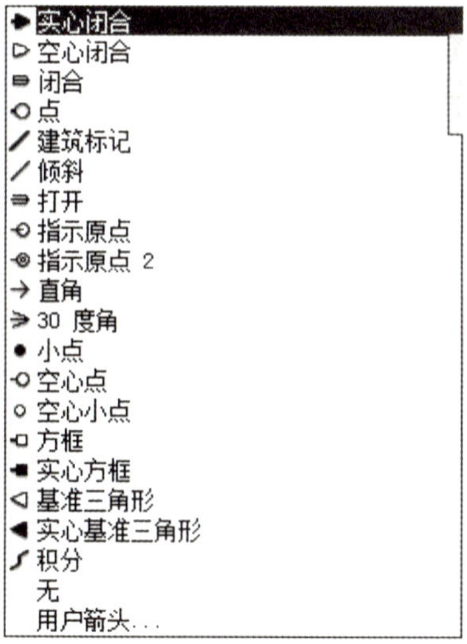

图 4–34 箭头样式

2）引线：设定引线箭头。

3）箭头大小：用于设置箭头的大小。

（2）“圆心标记”选项组

控制直径标注和半径标注的圆心标记和中心线的外观。

1）无：不创建圆心标记或中心线。

2）标记：创建圆心标记。

3）直线：创建中心线。

4）大小：该文本框用于显示和设定圆心标记或中心线的大小。

（3）“折断标注”选项

“折断标注”选项用于控制折断标注的间隙宽度。“折断大小”文本框用于显示和设定折断标注的间隙大小。

（4）“弧长符号”选项组

“弧长符号”选项组用于控制弧长标注中圆弧符号的显示。

1）标注文字的前缀：将弧长符号放置在标注文字之前。

2）标注文字的上方：将弧长符号放置在标注文字的上方。

3）无：不显示弧长符号。

（5）“半径折弯标注”选项

“半径折弯标注”选项用于控制折弯（Z 字型）半径标注的显示，如图 4–35 所示。半径折弯标注通常在圆或圆弧的圆心位于页面外部时创建。在“折弯角度”文本框中可以输入连接半径标注的尺寸界线和折弯线段之间的角度。

（6）“线性折弯标注”选项

“线性折弯标注”选项用于控制线性折弯标注的显示，如图 4–36 所示。当标注不能精确表示实际尺寸时，通常将折弯线添加到线性标注中。在“折弯高度因子”文本框中输入的数值乘以文字高度，即可确定形成折弯的两个顶点之间的距离，即折弯高度。

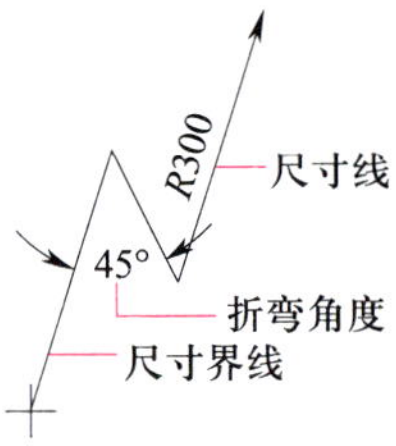

图 4–35　半径折弯标注示例

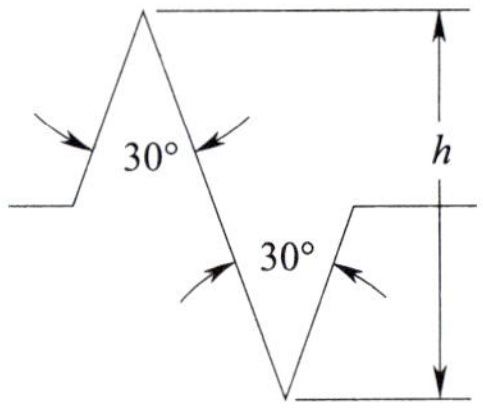

图 4–36　线性折弯标注示例

3.“文字”选项卡

“文字”选项卡（见图 4–37）用于设置标注文字的格式、放置和对齐方式。

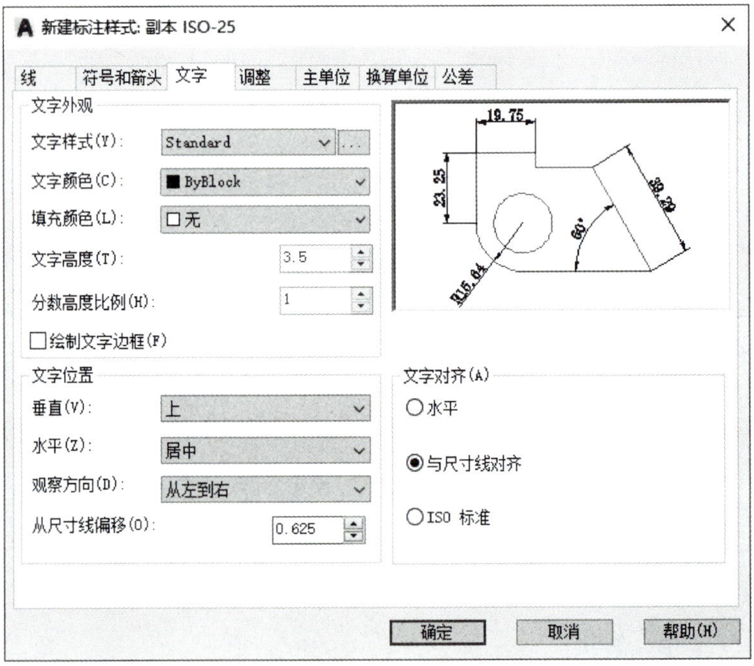

图 4–37　“文字”选项卡

（1）“文字外观”选项组

“文字外观”选项组用于控制标注文字的格式和大小。

1）文字样式：列出可用的文字样式。单击右侧的“文字样式”按钮 ...，将显示“文字样式”对话框，从中可以创建或修改文字样式。

2）文字颜色：设定标注文字的颜色。如果单击“选择颜色”（在“颜色”列表的底部），将显示“选择颜色”对话框。也可以输入颜色名或颜色号。

3）填充颜色：设定标注中文字背景的颜色。如果单击“选择颜色”（在“颜色”列表的底部），将显示“选择颜色”对话框。也可以输入颜色名或颜色号。

4）文字高度：设定当前标注文字样式的高度。

5）分数高度比例：设定相对于标注文字的分数比例。

6）绘制文字边框：显示标注文字的矩形边框。

（2）“文字位置”选项组

“文字位置”选项组用于控制标注文字的位置。

1）垂直：控制标注文字相对尺寸线的垂直位置。垂直位置选项包括：居中、上方、外部、JIS 和下方，如图 4-38 所示。

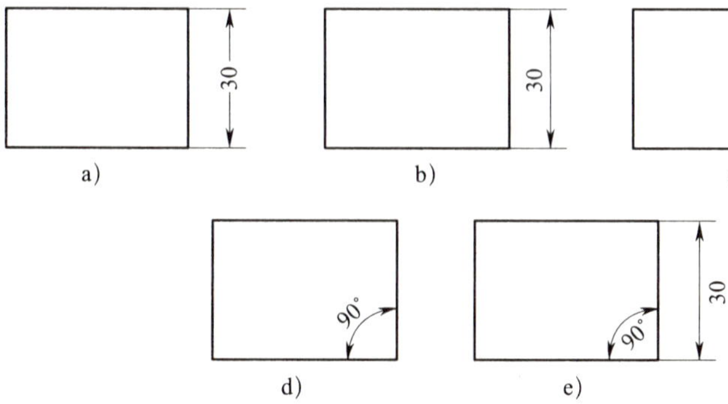

图 4-38 尺寸文字在垂直方向的位置

a）居中 b）上方 c）外部 d）JIS e）下方

2）水平：控制标注文字在尺寸线上相对于尺寸界线的水平位置。水平位置选项包括：居中、第一条尺寸界线、第二条尺寸界线、第一条尺寸界线上方、第二条尺寸界线上方，如图 4-39 所示。

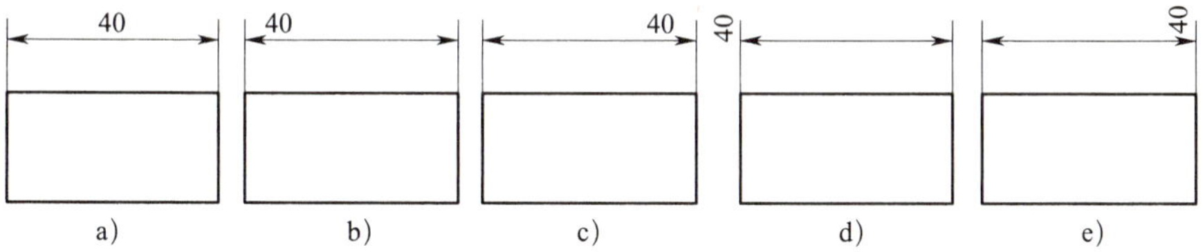

图 4-39 尺寸文字在水平方向的位置

a）居中 b）第一条尺寸界线 c）第二条尺寸界线

d）第一条尺寸界线上方 e）第二条尺寸界线上方

3）观察方向：控制标注文字的观察方向。“观察方向”包括以下选项。

从左到右：按从左到右阅读的方式放置文字。

从右到左：按从右到左阅读的方式放置文字。

4）从尺寸线偏移：设定当前文字间距，文字间距是指当尺寸线断开以容纳标注文字时标注文字周围的距离。此值也用作尺寸线段所需的最小长度。

仅当生成的线段至少与文字间距同样长时，才会将文字放置在尺寸界线内侧。仅当箭头、标注文字以及页边距有足够的空间容纳文字间距时，才将尺寸线上方或下方的文字置于内侧。

（3）“文字对齐”选项组

该选项组用于控制标注文字放在尺寸界线外边或里边时的方向是保持水平还是与尺寸界线平行。

1）水平：水平放置文字，如图 4-40a 所示。

2）与尺寸线对齐：文字与尺寸线对齐，如图 4-40b 所示。

3）ISO 标准：当文字在尺寸界线内时，文字与尺寸线对齐；当文字在尺寸界线外时，文字水平排列；如图 4-40c 所示。

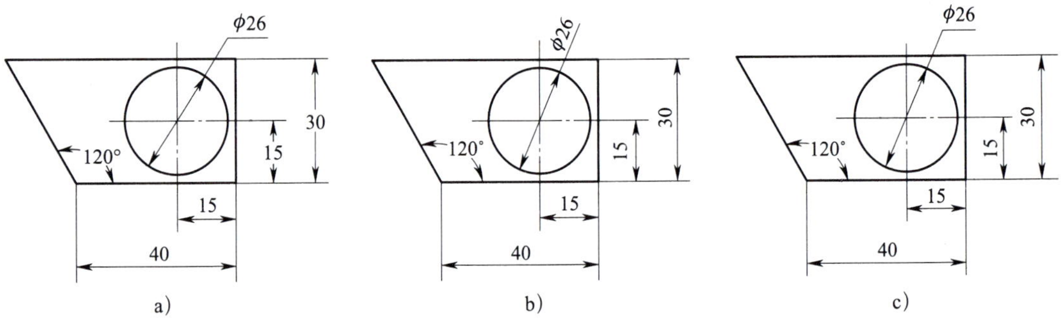

图 4-40 “文字对齐”示例

a）水平 b）与尺寸线对齐 c）ISO 标准

4.“调整”选项卡

“调整”选项卡（见图 4-41）根据两条尺寸界线之间的空间，设置将尺寸文本、尺寸箭头放在两条尺寸界线的里边还是外边。如果空间允许，AutoCAD 总是把尺寸文本和箭头放在尺寸界线的里边；如果空间不够，则根据本选项卡的各项设置放置。

（1）“调整选项”选项组

该选项组用于控制基于尺寸界线之间可用空间的文字和箭头的位置。

1）文字或箭头（最佳效果）：按照最佳效果将文字或箭头移动到尺寸界线外。

2）箭头：先将箭头移动到尺寸界线外，然后移动文字。

3）文字：先将文字移动到尺寸界线外，然后移动箭头。

4）文字和箭头：当尺寸界线间距离不足以放下文字和箭头时，文字和箭头都移到尺寸界线外。

5）文字始终保持在尺寸界线之间：始终将文字放在尺寸界线之间。

6）若箭头不能放在尺寸界线内，则将其消除：如果尺寸界线内没有足够的空间，则不显示箭头。

（2）“文字位置”选项组

“文字位置”选项组用于设定标注文字从默认位置（由标注样式定义的位置）移动时标注文字的位置。

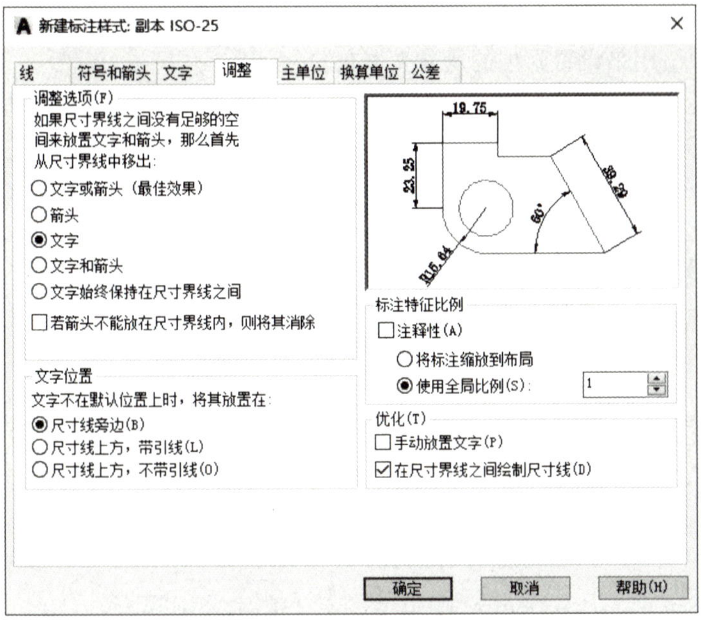

图 4–41 “调整”选项卡

1）尺寸线旁边：如果选定，只要移动标注文字尺寸线就会随之移动，如图 4–42a 所示。

2）尺寸线上方，带引线：如果选定，移动文字时尺寸线不会移动。如果将文字从尺寸线上移开，将创建一条连接文字和尺寸线的引线，如图 4–42b 所示。当文字非常靠近尺寸线时，将省略引线。

3）尺寸线上方，不带引线：如果选定，把标注文字放在尺寸线的上方，中间无引线，如图 4–42c 所示。

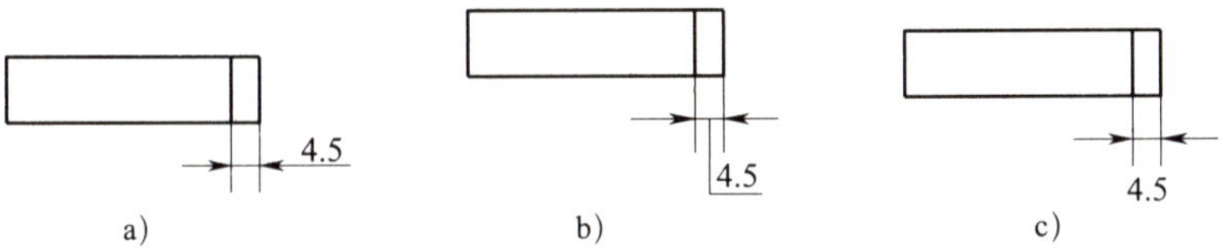

图 4–42 尺寸文本的位置

a）尺寸线旁边 b）尺寸线上方，带引线 c）尺寸线上方，不带引线

（3）“标注特征比例”选项组

该选项组用于设定全局标注比例值或图纸空间比例。

1）注释性：指定标注为注释性。注释性对象和样式用于控制注释对象在模型空间或布局中显示的尺寸和比例。

2）将标注缩放到布局：根据当前模型空间视口和图纸空间之间的比例确定比例因子，默认值为 1。

3）使用全局比例：为所有标注样式设置设定一个比例，这些设置指定了大小、距离或间距，包括文字和箭头大小。该缩放比例并不更改标注的测量值。

（4）“优化”选项组

“优化”选项组用来设置附加的尺寸文本布置。

1）手动放置文字：忽略所有水平对正设置并把文字放在“尺寸线位置”提示下指定的位置。

2）在尺寸界线之间绘制尺寸线：即使箭头放在测量点之外，也在测量点之间绘制尺寸线。

5．“主单位”选项卡

“主单位”选项卡（见图 4–43）用来设置尺寸标注的主单位和精度，以及给尺寸文本添加固定的前缀或后缀。

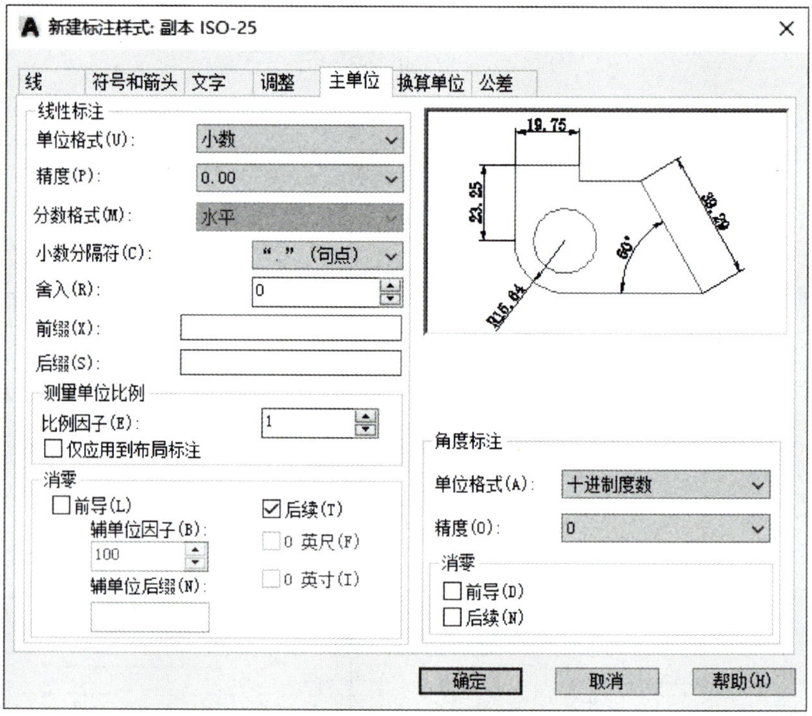

图 4–43 “主单位”选项卡

（1）“线性标注”选项组

该选项组用来设置线性标注的格式和精度。

1）单位格式：设定除角度之外的所有标注类型的当前单位格式。系统提供了“科学”“小数”“工程”“建筑”“分数”“Windows 桌面”6 种单位制，根据需要选择。

2）精度：显示和设定标注文字中的小数位数。

3）分数格式：设定分数格式。

4）小数分隔符：设定用于十进制格式的分隔符。

5）舍入：设置除“角度”之外尺寸测量的圆整规则。如果输入 0.25，则所有标注距离都以 0.25 为单位进行舍入。如果输入 1.0，则所有标注距离都将舍入为最接近的整数。注意，小数点后显示的位数取决于“精度”设置。

6）前缀：在标注文字中包含指定的前缀。

7）后缀：在标注文字中包含指定的后缀。

8）测量单位比例：用于定义线性比例选项。“比例因子”文本框用于设置线性标注测量值的比例因子。建议不要更改此值的默认值 1.00。如果选中“仅应用到布局标注”复选框，则设置的比例因子只应用于在布局视口中创建的标注。

9）“消零”选项组

用于控制是否禁止输出前导零和后续零以及零英尺和零英寸部分。

①前导：不输出所有十进制标注中的前导零。例如，0.5000 变为 .5000。

②辅单位因子：将辅单位的数量设定为一个单位。它用于在距离小于一个单位时以辅单位为单位计算标注距离。

③辅单位后缀：在标注值子单位中包含后缀。可以输入文字或使用控制代码显示特殊符号。例如，输入 cm 可将 .96 m 显示为 96 cm。

④后续：不输出所有十进制标注的后续零。例如，12.5000 变成 12.5，30.0000 变成 30。

⑤ 0 英尺：采用“工程”和“建筑”单位制时，如果长度小于一英尺，则消除英尺 – 英寸标注中的英尺部分。例如，0′–6 1/2″ 变成 6 1/2″。

⑥ 0 英寸：采用“工程”和“建筑”单位制时，如果长度为整英尺数，则消除英尺 – 英寸标注中的英寸部分。例如，1′–0″ 变为 1′。

（2）“角度标注”选项组

该选项组用于显示和设定角度标注的当前角度格式。

1）单位格式：设定角度单位格式，系统提供“十进制度数”“度 / 分 / 秒”“百分度”“弧度”四种角度单位，根据需要选择。

2）精度：设定角度标注的小数位数。

3）消零：控制是否禁止输出前导零和后续零。

①前导：禁止输出角度十进制标注中的前导零。例如，0.5000 变成 .5000。也可以显示小于一个单位的标注距离（以辅单位为单位）。

②后续：禁止输出角度十进制标注中的后续零。

6．“换算单位”选项卡

“换算单位”选项卡（见图 4–44）用于设定标注测量值中换算单位的显示并设定其格式和精度。

（1）“显示换算单位”复选框

选中此复选框，则向标注文字添加换算单位。

（2）“换算单位”选项组

该选项组用于显示和设定除角度之外的所有标注类型的当前换算单位格式。

1）单位格式：设定换算单位的单位格式。

2）精度：设定换算单位中的小数位数。

3）换算单位倍数：指定主单位和换算单位之间的转换因子。

4）舍入精度：设定除角度之外的所有标注类型的换算单位的舍入规则。

5）前缀：在换算标注文字中包含前缀。

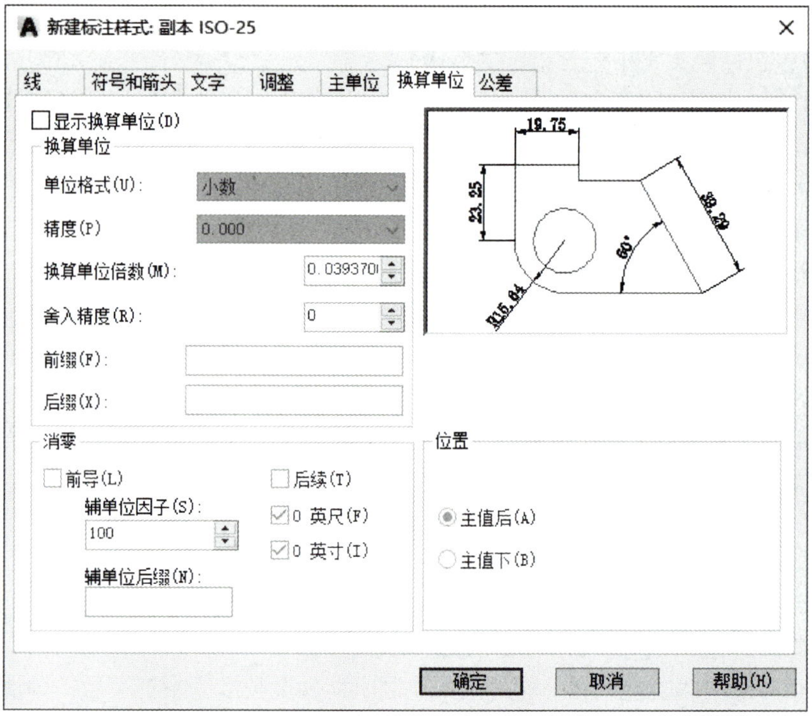

图 4-44 “换算单位”选项卡

6）后缀：在换算标注文字中包含后缀。

（3）“消零”选项组

设置是否省略尺寸标注中的 0。

（4）“位置”选项组

该选项组用于控制标注文字中换算单位的位置。

1）主值后：将换算单位放在标注文字中的主单位之后。

2）主值下：将换算单位放在标注文字中的主单位下面。

7. “公差”选项卡

“公差”选项卡（见图 4-45）用于设定标注文字中公差的显示及格式。

（1）“公差格式”选项组

该选项组用于控制公差格式。

1）方式：设定计算公差的方法。单击右侧的向下箭头，在弹出的下拉列表中列出了五种标注公差的形式，分别是“无”“对称”“极限偏差”“极限尺寸”和“基本尺寸”。其中，“无”表示不标注公差，其余四种标注如图 4-46 所示。

2）精度：设定小数位数。

3）上偏差：设定上极限尺寸或上偏差。

4）下偏差：设定下极限尺寸或下偏差。

注意：系统自动在上偏差数值前加“+”，在下偏差数值前加“–”，如果上偏差是负值或下偏差是正值，都需要在输入的偏差值前加上“–”，如下偏差是“+0.005”，则需要在“下偏差”输入框中输入“–0.005”。

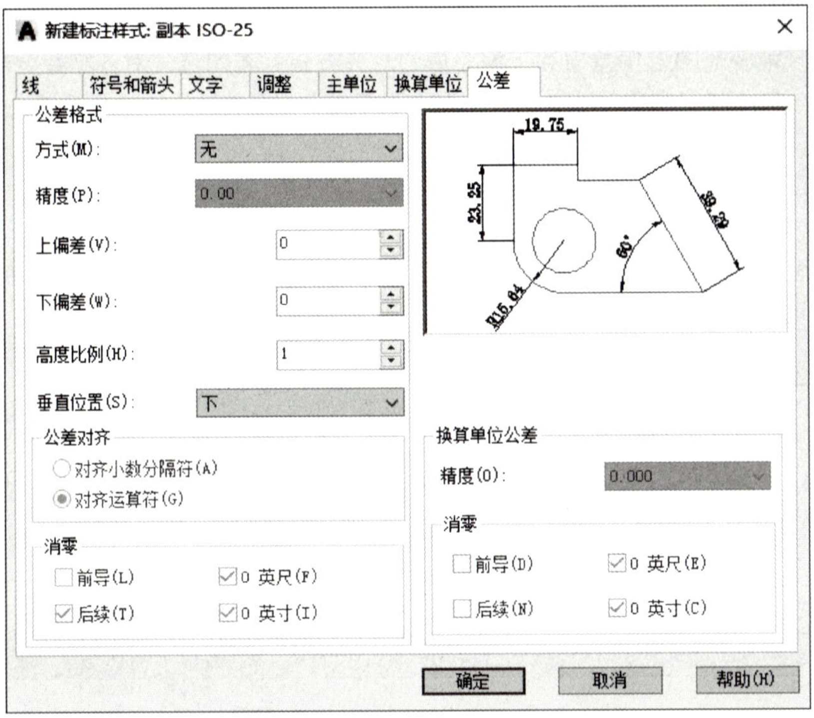

图 4–45 “公差”选项卡

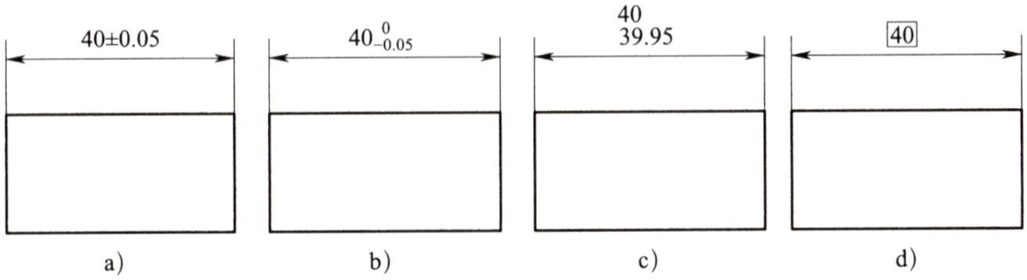

图 4–46 公差标注的形式

a）对称 b）极限偏差 c）极限尺寸 d）基本尺寸

5）高度比例：设定公差文字的当前高度。

6）垂直位置：控制对称公差和极限公差的文字对正，有“上”“中”和“下”三种形式，如图 4–47 所示。

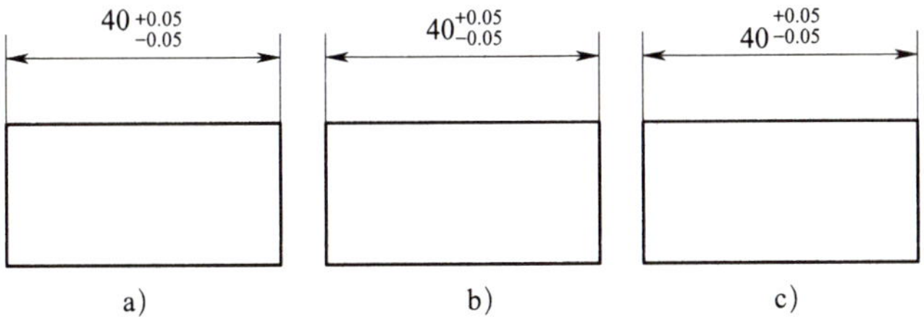

图 4–47 公差文本的对齐方式

a）上对齐 b）中对齐 c）下对齐

7）“公差对齐”选项组

用于设置堆叠时的上偏差值和下偏差值的对齐方式。若勾选“对齐小数分隔符”方式，将通过值的小数分隔符堆叠值；若勾选“对齐运算符”，将通过值的运算符堆叠值。

8）“消零”选项组

设置是否省略公差标注中的 0。

（2）“换算单位公差”选项组

该选项组用来设定换算单位公差的格式。各项的设置与“换算单位”选项卡中的设置方法相同，在此不再赘述。

三、尺寸标注

1．尺寸标注类型

AutoCAD 2020 提供了多种尺寸标注类型，如图 4–48、图 4–49 所示。这些标注方式的名称、对应的按钮及功能见表 4–4。

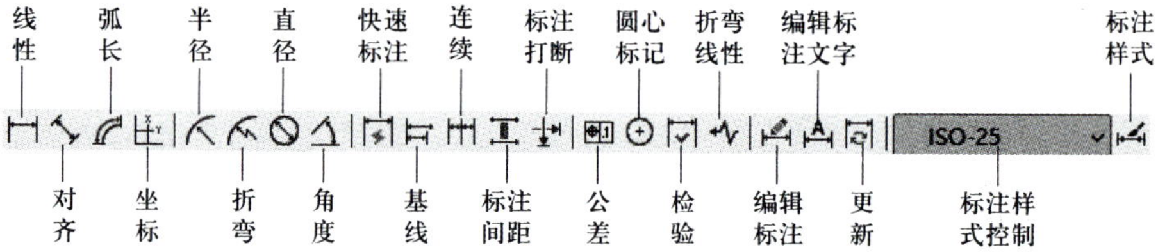

图 4–48 “标注”工具栏

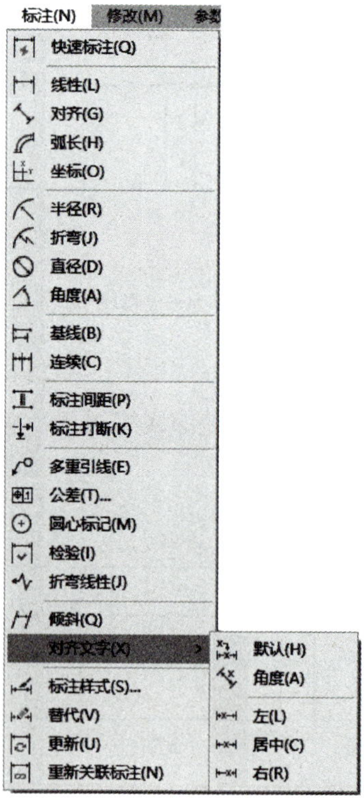

图 4–49 “标注”菜单

表 4-4　　标注工具栏中各按钮的名称、命令及功能

按钮	名称	命令	功能
	线性	dimlinear	使用水平、竖直或旋转的尺寸线创建线性标注
	对齐	dimaligned	创建与尺寸界线的原点对齐的线性标注
	弧长	dimarc	创建弧长标注。弧长标注用于测量圆弧或多段线圆弧上的距离。弧长标注的尺寸界线可以正交或径向。在标注文字的上方或前面将显示圆弧符号
	坐标	dimordinate	创建坐标标注。坐标标注用于测量从原点（称为基准）到要素的水平或垂直距离
	半径	dimradius	创建圆或圆弧的半径标注。测量选定圆或圆弧的半径，并显示前面带有半径符号的标注文字
	折弯	dimjogged	创建圆和圆弧的折弯标注。测量选定对象的半径，并显示前面带有半径符号的标注文字
	直径	dimdiameter	创建圆或圆弧的直径标注。测量选定圆或圆弧的直径，并显示前面带有直径符号的标注文字
	角度	dimangular	创建角度标注
	快速标注	qdim	为选定对象快速创建一系列标注。创建一系列基线或连续标注，或者为一系列圆或圆弧创建标注时，此命令特别有用
	基线	dimbaseline	从上一个或选定标注的基线作一系列线性、角度或坐标标注
	连续	dimcontinue	创建从先前创建的标注的尺寸界线开始的标注。自动从创建的上一个线性约束、角度约束或坐标标注上继续创建其他标注，或者从选定的尺寸界线上继续创建其他标注。将自动排列尺寸线
	标注间距	dimspace	调整线性标注或角度标注之间的间距。平行尺寸线之间的间距将设为相等。也可以通过使用间距值 0 使一系列线性标注或角度标注的尺寸线平齐。间距仅适用于平行的线性标注或共用一个顶点的角度标注

续表

按钮	名称	命令	功能
	标注打断	dimbreak	在标注和尺寸界线与其他对象的相交处打断或恢复标注和尺寸界线。可以将折断标注添加到线性标注、角度标注和坐标标注等
	公差	tolerance	创建包含在特征框中的几何公差标注
	圆心标记	dimcenter	创建圆和圆弧的圆心标记或中心线
	检验	diminspect	为选定的标注添加或删除检验信息。检验标注用于指定应检查制造的部件的频率，以确保标注值和部件公差处于指定范围内
	折弯线性	dimjogline	在线形或对齐标注上添加或删除折弯线。标注中的折弯线表示所标注的对象中的折断。标注值表示实际距离，而不是图形中测量的距离
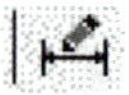	编辑标注	dimedit	编辑标注文字和尺寸界线。旋转、修改或恢复标注文字。更改尺寸界线的倾斜角
	编辑标注文字	dimtedit	移动和旋转标注文字，重新定位尺寸线
	更新	-dimstyle	在命令提示下，创建和修改标注样式
	标注样式	dimstyle	创建和修改标注样式。标注样式是标注设置的命名集合，用于控制标注的外观。用户可以创建标注样式，以快速指定标注的格式，并确保标注符合标准

2．创建尺寸标注的基本步骤

在 AutoCAD 中对图形进行尺寸标注的基本步骤如下：

（1）选择“格式”→“文字样式”命令，在打开的“文字样式”对话框中创建一种文字样式，用于尺寸标注。

（2）选择“格式”→“标注样式”命令，在打开的“标注样式管理器”对话框中设置标注样式。

（3）打开“图层特性管理器”对话框，创建一个独立的图层，用于尺寸标注。

（4）使用注释功能区中的标注按钮，或标注工具栏中的标注按钮，或标注菜单中的标注命令，对图形中的元素进行标注。

3．常用标注命令的应用

（1）线性标注

命令：_dimlinear（执行“线性”标注命令）

指定第一个尺寸界线原点或 <选择对象>：（指定 *A* 点为第一个尺寸界线原点）

指定第二条尺寸界线原点：（指定 *B* 点为第二条尺寸界线原点）

指定尺寸线位置或［多行文字（M）/ 文字（T）/ 角度（A）/ 水平（H）/ 垂直（V）/ 旋转（R）］：（移动光标至合适位置，单击鼠标左键确定尺寸线位置）

标注文字 =40

命令：（按 Enter 键，重复“线性”标注命令）

指定第一个尺寸界线原点或 <选择对象>：（指定 *C* 点为第一个尺寸界线原点）

指定第二条尺寸界线原点：（指定 *B* 点为第二条尺寸界线原点）

指定尺寸线位置或［多行文字（M）/ 文字（T）/ 角度（A）/ 水平（H）/ 垂直（V）/ 旋转（R）］：（移动光标至合适位置，单击鼠标左键确定尺寸线位置）

标注文字 =30

执行上述操作，则标注出水平尺寸 40 和垂直尺寸 30，如图 4–50 所示。

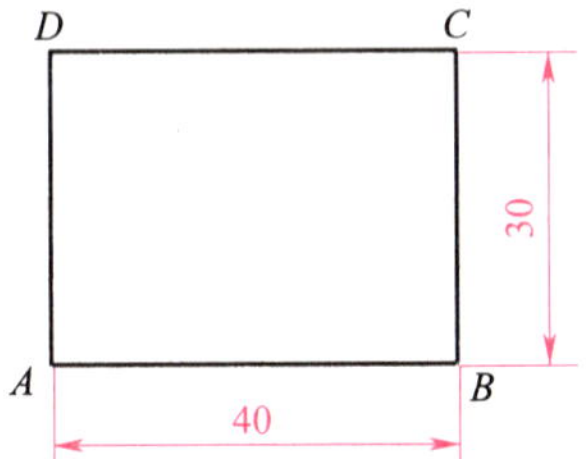

图 4–50　线性标注示例

（2）对齐标注

命令：_dimaligned（执行“对齐”标注命令）

指定第一个尺寸界线原点或 <选择对象>：（指定 *A* 点为第一个尺寸界线原点）

指定第二条尺寸界线原点：（指定 *B* 点为第二条尺寸界线原点）

指定尺寸线位置或［多行文字（M）/ 文字（T）/ 角度（A）］：（移动光标，确定尺寸线位置）

标注文字 =42

执行上述操作，则标注出图 4–51 所示的对齐尺寸。

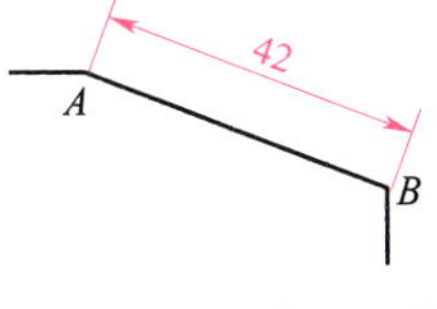

图 4–51　对齐标注示例

（3）角度标注

命令：_dimangular（执行“角度”标注命令）
选择圆弧、圆、直线或 <指定顶点>：（选择线段 *AB*）
选择第二条直线：（选择线段 *AC*）
指定标注弧线位置或［多行文字（M）/ 文字（T）/ 角度（A）/ 象限点（Q）］：（移动光标至图 4-52 所示适当位置后，单击鼠标左键确定标注弧线位置）
标注文字 =50

执行上述操作，则标注出图 4-52 所示角度。

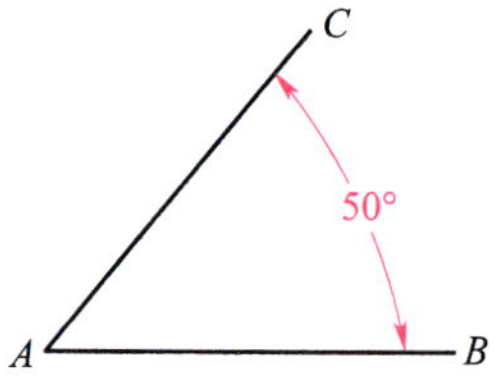

图 4-52　角度标注示例

（4）半径标注

命令：_dimradius（执行“半径”标注命令）
选择圆弧或圆：（拾取图 4-53 中的圆弧）
标注文字 =15
指定尺寸线位置或［多行文字（M）/ 文字（T）/ 角度（A）］：（移动光标，确定尺寸线位置）

执行上述操作，则标注出图 4-53 所示半径尺寸。

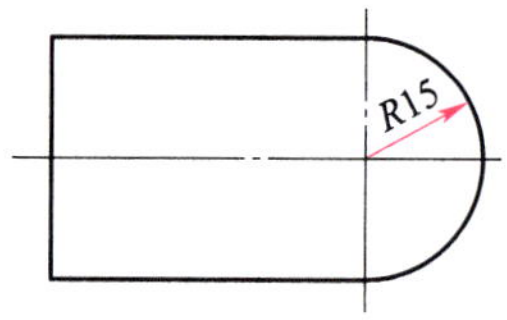

图 4-53　半径标注示例

（5）直径标注

命令：_dimdiameter（执行“直径”标注命令）
选择圆弧或圆：（选择图 4-54 所示圆）
标注文字 =30
指定尺寸线位置或［多行文字（M）/ 文字（T）/ 角度（A）］：（移动光标确定尺寸线位置）

执行上述操作，则标注出图 4–54 所示直径尺寸。

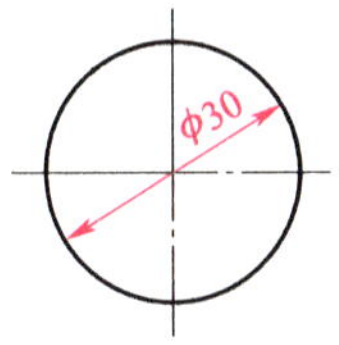

图 4–54 直径标注示例

任务实施

1. 绘制图形

根据图 4–21 所示尺寸，绘制卡槽零件图，如图 4–55 所示。

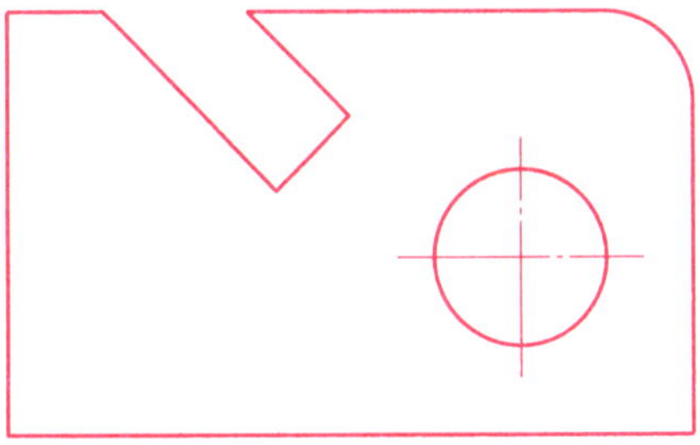

图 4–55 绘制卡槽零件图

2. 设置文字样式

单击“格式”→“文字样式”命令，系统弹出“文字样式”对话框，将字体设为“宋体”，字高为“3.5000”，其他采用系统默认值，如图 4–56 所示。

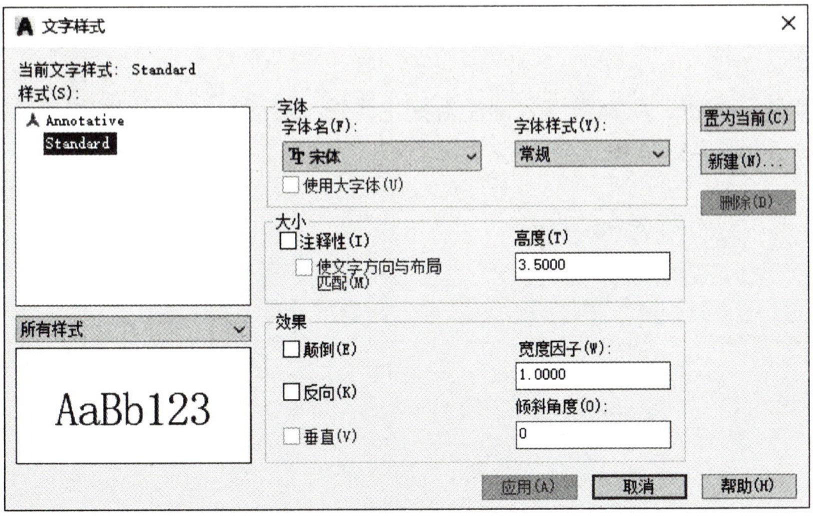

图 4–56 设置文字样式

3．设置标注样式

（1）修改“ISO–25”标注样式

选择“格式”→“标注样式”命令，系统弹出“标注样式”对话框。选择“ISO–25”样式，单击“修改”按钮，系统弹出“修改标注样式：ISO–25”对话框，如图 4–57 所示。

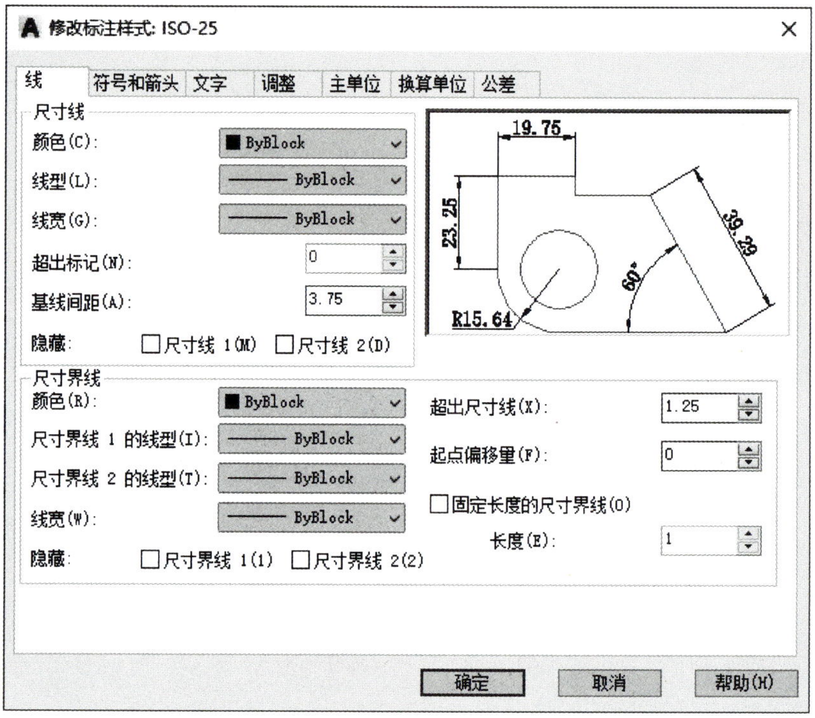

图 4–57 “修改标注样式：ISO–25”对话框

将“线”选项卡中的“起点偏移量”设为 0，将“文字”选项卡中的“文字对齐”设为“ISO 标准”，将“主单位”选项卡中的“小数分隔符”设为“. 句点”，其余参数采用系统默认值。设置完后，单击“确定”按钮，关闭“修改标注样式”对话框。

（2）新建“角度”标注样式

单击“新建”按钮，系统弹出“创建新标注样式”对话框，在“用于”下拉列表中选择“角度标注”，如图 4–58 所示。

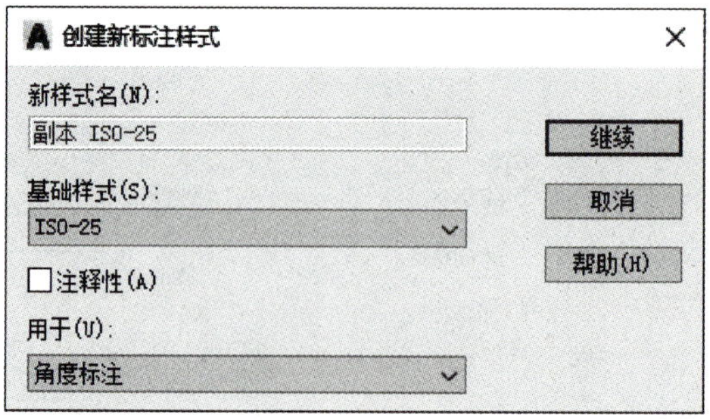

图 4–58 “创建新标注样式”对话框

单击“继续”按钮，系统弹出“新建标注样式：ISO-25：角度”对话框。将“文字”选项卡中的“文字对齐”设为“水平”，如图 4-59 所示。其余参数采用“ISO-25”设置。

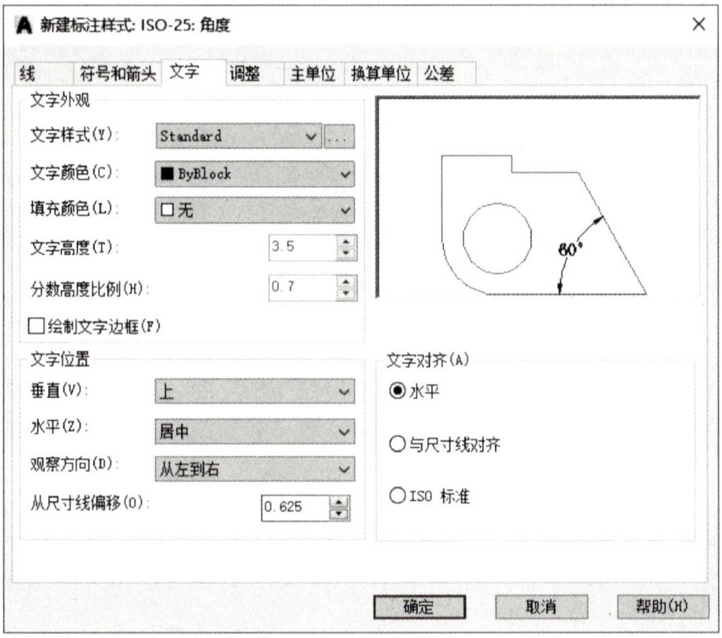

图 4-59 “新建标注样式：ISO-25：角度”对话框

4．标注尺寸

（1）标注线性尺寸 75、14 和 25

将“ISO-25”样式置为当前标注样式，执行“线性”标注命令，系统提示如下：

命令：_dimlinear（执行“线性”标注命令）

指定第一个尺寸界线原点或 <选择对象>：（指定图 4-60 中的 *A* 点为第一个尺寸界线原点）

指定第二条尺寸界线原点：（指定图 4-60 中的 *B* 点为第二条尺寸界线原点）

指定尺寸线位置或［多行文字（M）/ 文字（T）/ 角度（A）/ 水平（H）/ 垂直（V）/ 旋转（R）］：（指定尺寸线位置）

标注文字 =75

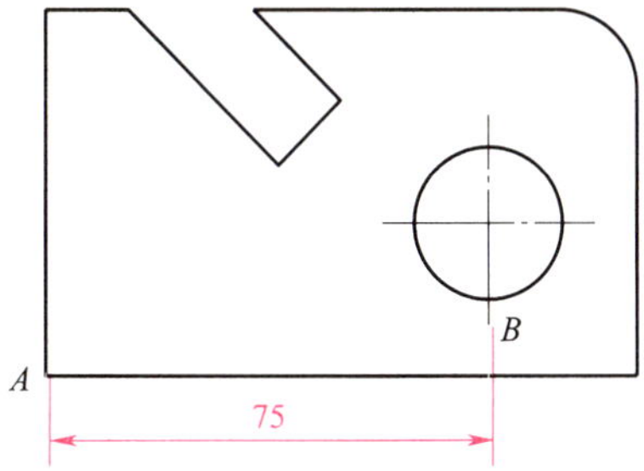

图 4-60 标注线性尺寸 75

执行上述操作，即可标注出线性尺寸 75。按照上述操作方法标注线性尺寸 14 和 25，结果如图 4–61 所示。

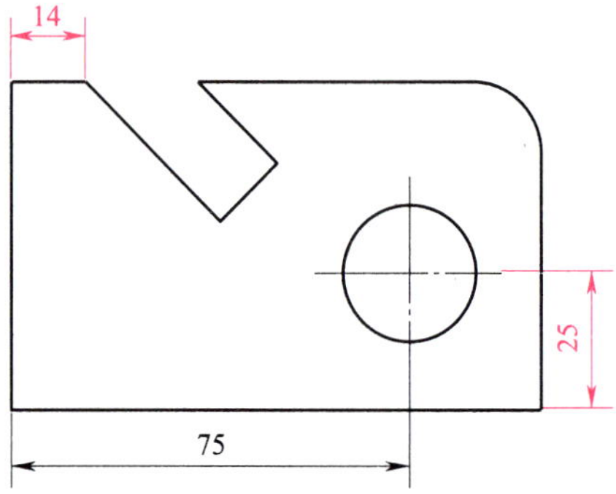

图 4–61 标注线性尺寸 14 和 25

（2）标注线性尺寸 100 ± 0.1

命令：_dimlinear（执行“线性”标注命令）

指定第一个尺寸界线原点或 <选择对象>：（指定图 4–62 中的 *A* 点为第一个尺寸界线原点）

指定第二条尺寸界线原点：（指定图 4–62 中的 *C* 点为第二条尺寸界线原点）

指定尺寸线位置或［多行文字（M）/ 文字（T）/ 角度（A）/ 水平（H）/ 垂直（V）/ 旋转（R）］：m↙（选择“多行文字”选项）

指定尺寸线位置或［多行文字（M）/ 文字（T）/ 角度（A）/ 水平（H）/ 垂直（V）/ 旋转（R）］：（在尺寸数字 100 后面输入“%%P0.1”，并指定尺寸线位置）

标注文字 =100

执行上述操作，即可标注出线性尺寸 100 ± 0.1，如图 4–62 所示。

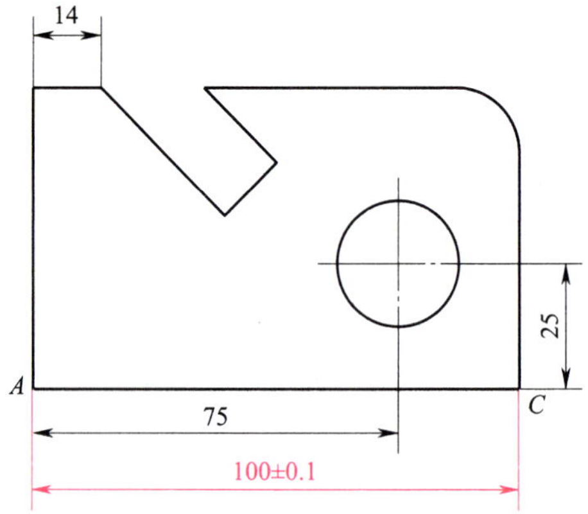

图 4–62 标注线性尺寸 100 ± 0.1

（3）标注线性尺寸 60 及其公差

命令：_dimlinear（执行“线性”标注命令）

指定第一个尺寸界线原点或 <选择对象>：（指定图 4-63 中的 *A* 点为第一个尺寸界线原点）

指定第二条尺寸界线原点：（指定图 4-63 中的 *D* 点为第二条尺寸界线原点）

指定尺寸线位置或［多行文字（M）/ 文字（T）/ 角度（A）/ 水平（H）/ 垂直（V）/ 旋转（R）］：m↙（选择“多行文字”选项）

指定尺寸线位置或［多行文字（M）/ 文字（T）/ 角度（A）/ 水平（H）/ 垂直（V）/ 旋转（R）］：（将光标移到 60 的后面，依次输入“空格、0、^、-0.064”，选中输入的字符和符号，单击“堆叠”按钮，即可生成尺寸 60 的公差。并指定尺寸线位置）

标注文字 =60

执行上述操作，可标注出线性尺寸 60 及其公差，如图 4-63 所示。

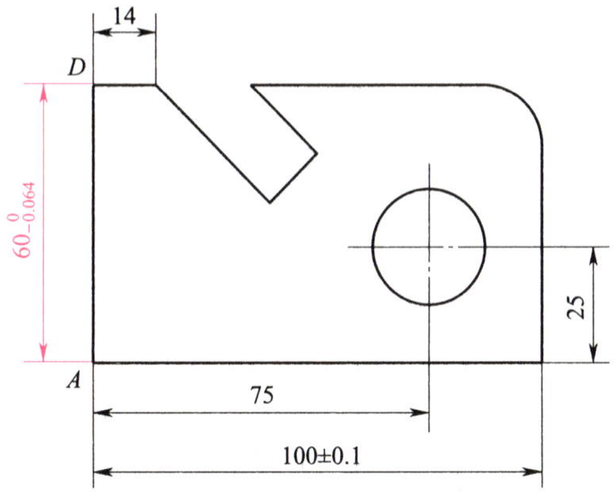

图 4-63 标注线性尺寸 $60_{-0.064}^{0}$

（4）标注线性尺寸 36 和 15

命令：_dimaligned（执行“对齐”标注命令）

指定第一个尺寸界线原点或 <选择对象>：（拾取 *E* 点为第一个尺寸界线原点）

指定第二条尺寸界线原点：（拾取 *F* 点为第二条尺寸界线原点）

指定尺寸线位置或［多行文字（M）/ 文字（T）/ 角度（A）］：（指定尺寸线位置）

标注文字 =36

执行上述操作，则标注出线性尺寸 36，按同样操作方法，可标注出线性尺寸 15，如图 4-64 所示。

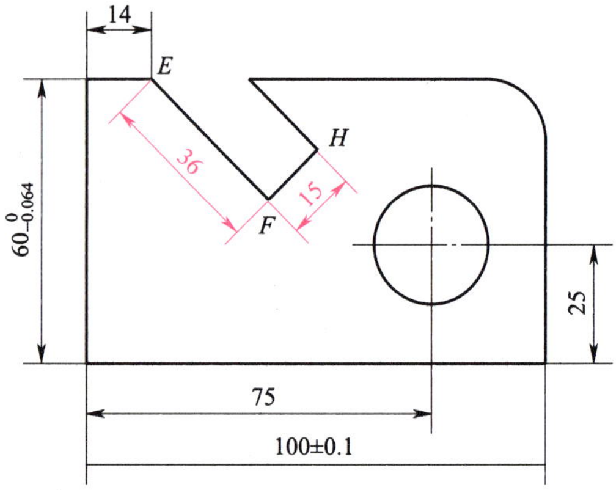

图 4-64　标注线性尺寸 36 和 15

（5）标注半径尺寸 *R*13

命令：_dimradius（执行“半径”标注命令）

选择圆弧或圆：（选择 *R*13 mm 圆弧）

标注文字 =13

指定尺寸线位置或［多行文字（M）/ 文字（T）/ 角度（A）]：M↙（输入“多行文字”选项）

指定尺寸线位置或［多行文字（M）/ 文字（T）/ 角度（A）]：（删除自动生成的“R13”，重新输入“R13”，并选中字母“R”使其为斜体，然后指定尺寸线位置）

执行上述操作，则完成圆弧半径标注，如图 4-65 所示。

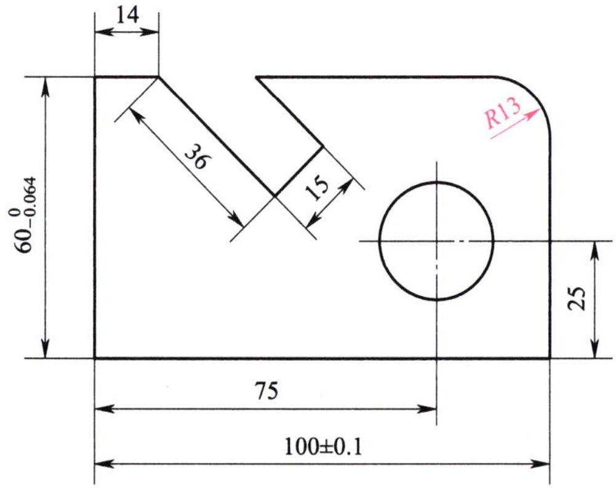

图 4-65　标注圆弧半径 *R*13

（6）标注直径尺寸 ϕ25

命令：_dimdiameter（执行“直径”标注命令）

选择圆弧或圆：（选择 ϕ25 mm 圆）

标注文字 =25

指定尺寸线位置或［多行文字（M）/ 文字（T）/ 角度（A）]：（指定尺寸线位置）

执行上述操作，完成 ϕ25 mm 直径尺寸的标注，如图 4–66a 所示。但标注的直径符号和数字与中心线重叠，不符合机械制图要求，可以应用“打断”命令，将中心线与尺寸标注重合部分删除，如图 4–66b 所示。或者将“ϕ25”拉伸至空白处，如图 4–66c 所示。

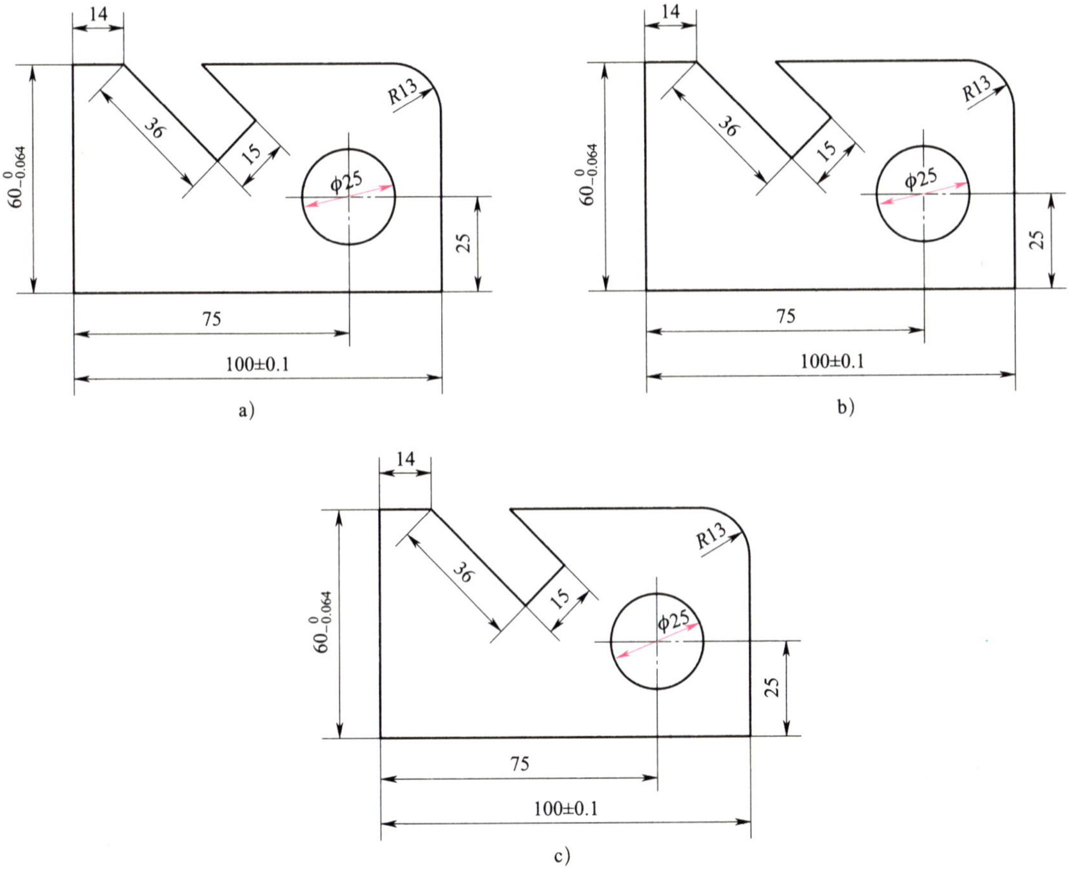

图 4–66　标注 ϕ25

a）标注直径　b）打断中心线　c）拉伸“ϕ25”至空白处

（7）标注角度 45°

命令：_dimangular（执行“角度”标注命令）
选择圆弧、圆、直线或 <指定顶点>：（拾取 45° 角的水平线）
选择第二条直线：（拾取 45° 角的斜线）
指定标注弧线位置或［多行文字（M）/ 文字（T）/ 角度（A）/ 象限点（Q）］：（指定标注弧线位置）
标注文字 =45

执行上述标注，完成 45° 角的标注，如图 4–67 所示。

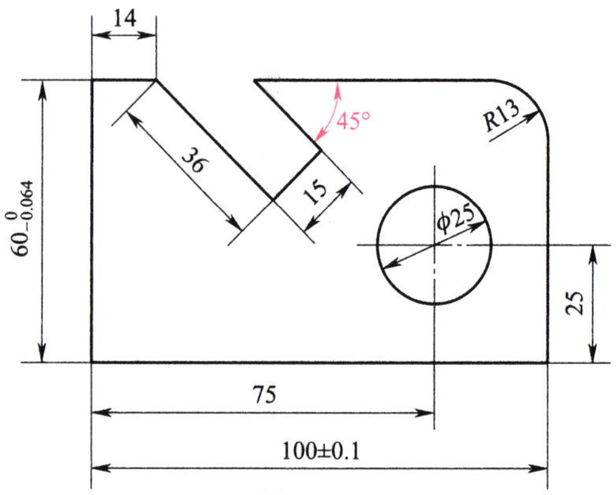

图 4-67　标注角度 45°

任务 3　绘制光轴零件图

学习目标

1. 掌握多重引线样式的设置。
2. 掌握引线的标注。
3. 会绘制光轴零件图。

任务引入

本次任务要求绘制如图 4-68 所示的光轴零件图，该图形轮廓相对简单，标注内容为零件的长度、直径、倒角和中心孔。零件长度和直径可通过“线性”命令进行标注，而倒角和中心孔需要应用“多重引线”命令进行标注，这是本次任务学习重点。

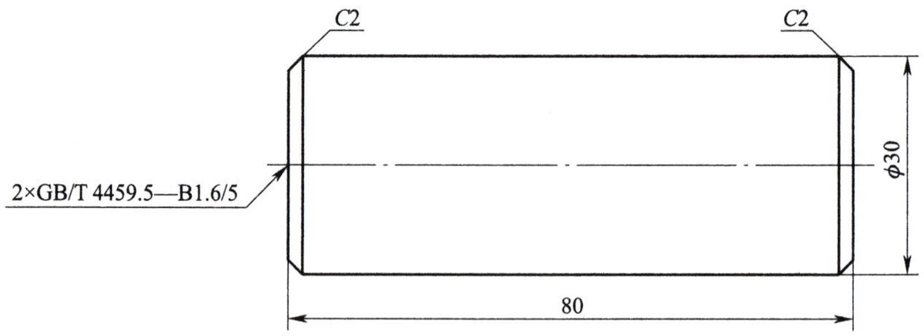

图 4-68　光轴零件图

相关知识

一、引线标注的组成

引线标注一般由引线、基线和文字三部分组成，如图 4–69 所示。由于引线标注的文字位置不方便调整，因此在添加引线标注的文字时，建议采用“多行文字”方式进行录入。

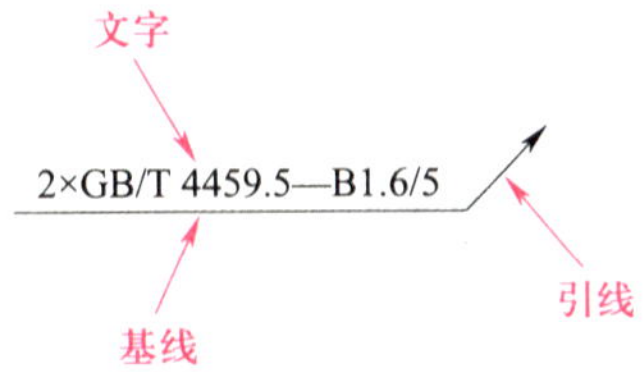

图 4–69　引线标注的组成

二、“多重引线样式”命令

使用“多重引线样式”命令可以创建或修改多重引线的样式。

1. 命令执行方法

（1）功能区：单击“默认”→“注释”→“多重引线样式”按钮；或单击“注释”→“引线”右侧的斜箭头。

（2）菜单栏：选择“格式”→“多重引线样式”命令。

（3）命令行：mleaderstyle。

执行“多重引线样式”命令，系统弹出“多重引线样式管理器”对话框，如图 4–70 所示。

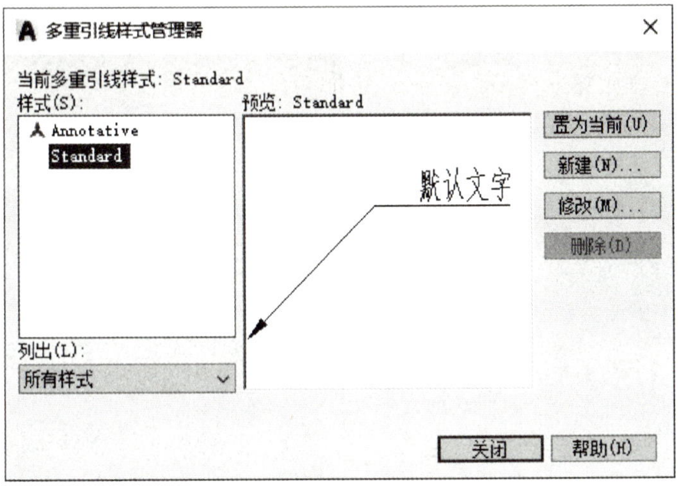

图 4–70　“多重引线样式管理器”对话框

2. 选项说明

（1）样式：显示样式列表，当前样式亮显。

（2）列出：控制“样式”列表的内容。单击“所有样式”，可显示图形中可用的所有样式。单击“正在使用的样式”，仅显示当前图形中参照的样式。

（3）预览：显示“样式”列表中选定样式的预览图像。

（4）置为当前：将“样式”列表中选定的样式设定为当前样式。所有新的多重引线都将使用此样式进行创建。

（5）新建：显示“创建新多重引线样式”对话框，从中可以定义新样式。

（6）修改：显示“修改多重引线样式”对话框，从中可以修改样式。

（7）删除：删除“样式”列表中选定的样式。不能删除图形中正在使用的样式。

3. 新建引线样式的步骤

（1）在“多重引线样式管理器”中，单击“新建”，系统弹出“创建新多重引线样式”对话框，如图 4–71 所示。

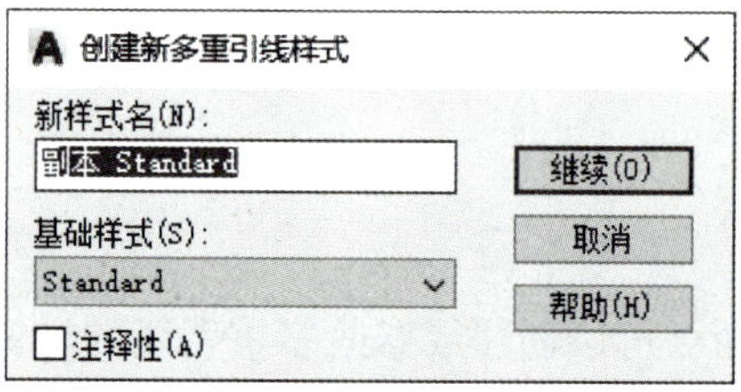

图 4–71 “创建新多重引线样式”对话框

（2）在“新样式名”文本框中指定新多重引线样式的名称，单击“继续”按钮，系统弹出“修改多重引线样式”对话框，如图 4–72 所示。

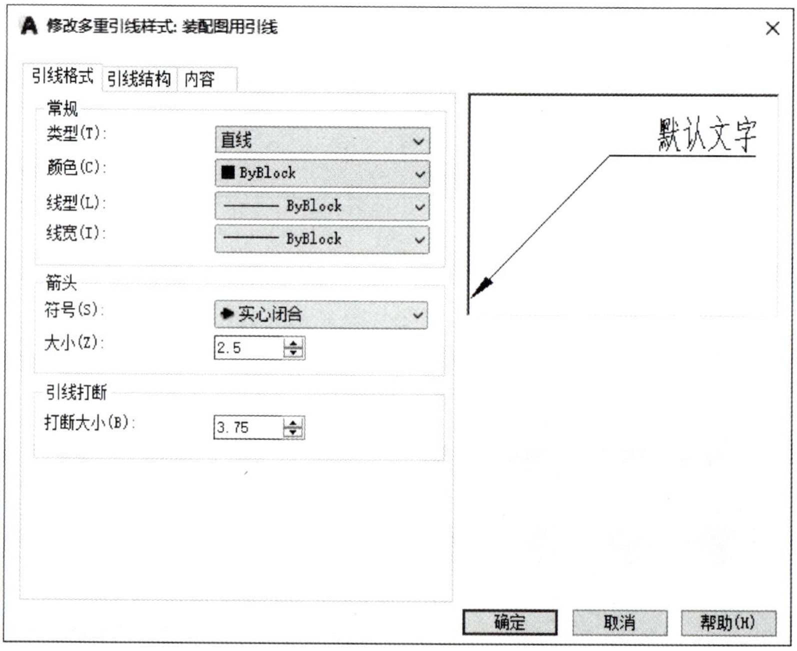

图 4–72 “修改多重引线样式”对话框

（3）在“修改多重引线样式”对话框的“引线格式”选项卡中，可以设置基线的类型、颜色、线型和线宽。

（4）在“箭头”选项组可指定多重引线箭头的符号和尺寸。

（5）在“引线结构”选项卡（见图 4–73）上，可以设置最大引线点数、第一段角度和第二段角度、基线距离等。

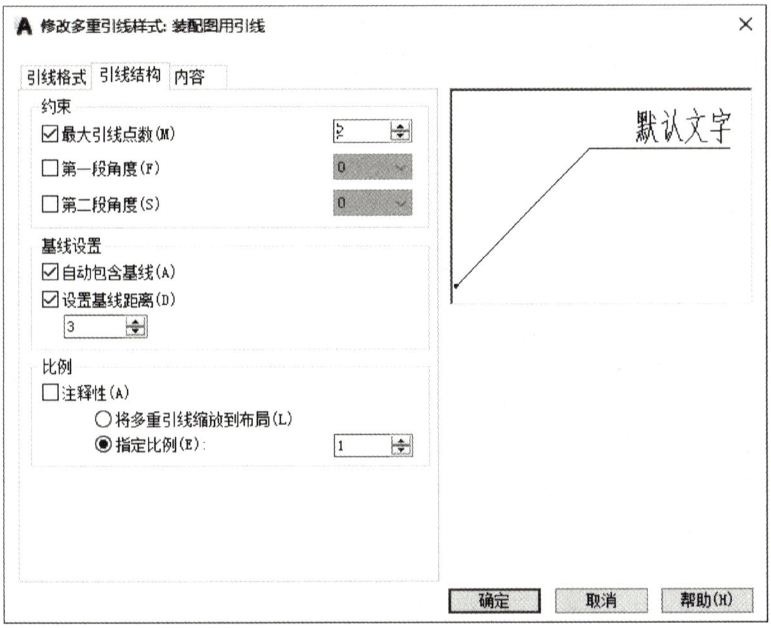

图 4–73 “引线结构”选项卡

（6）在“内容”选项卡上，为多重引线指定文字或块。如果多重引线对象包含文字内容，可以设定多重引线内容的默认文字、文字样式、文字角度、文字颜色、文字高度、文字边框、附着和基线间距。如果指定了块内容，可以指定用于多重引线内容的块，可以指定将块附着到多重引线对象的方式，可以指定多重引线块内容的颜色。

三、“多重引线”命令

“多重引线”命令用于创建多重引线对象。

1．命令执行方法

（1）功能区：单击“默认”→“注释”→“引线”按钮；或者单击“注释”→“引线”→“多重引线”按钮。

（2）菜单栏：选择“标注”→“多重引线”命令。

（3）命令行：mleader。

2．操作过程

执行“多重引线”命令，在图形中单击确定引线箭头的位置，然后在打开的文字输入窗口中输入注释内容即可，命令提示如下：

命令：_mleader（执行“多重引线”命令）

指定引线箭头的位置或［引线基线优先（L）/ 内容优先（C）/ 选项（O）］<选项>：（指定引线箭头的位置）

指定引线基线的位置：（指定引线基线的位置）

3．示例

使用“多重引线”命令标注图 4–74 所示机用虎钳装配示意图的零件序号。

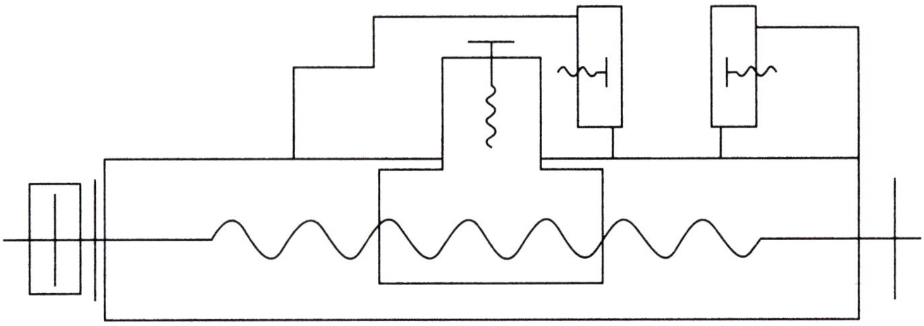

图 4–74 机用虎钳装配示意图

（1）创建多重引线样式

1）启动“多重引线样式”命令，系统弹出“多重引线样式管理器”对话框，单击“新建”按钮，系统弹出“创建新多重引线样式”对话框，新样式名为“零件序号”，基础样式选择“Standard”，如图 4–75 所示。

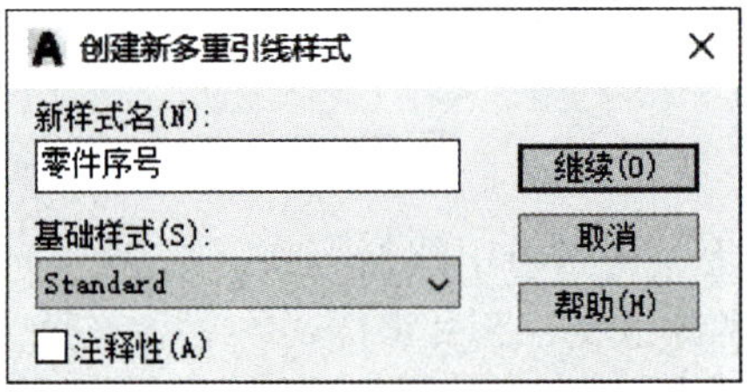

图 4–75 “创建新多重引线样式”对话框

2）单击“继续”按钮，系统弹出“修改多重引线样式”对话框，在“箭头”选项组中，“符号”设置为“小点”，“大小”设置为“1.5”，如图 4–76 所示。

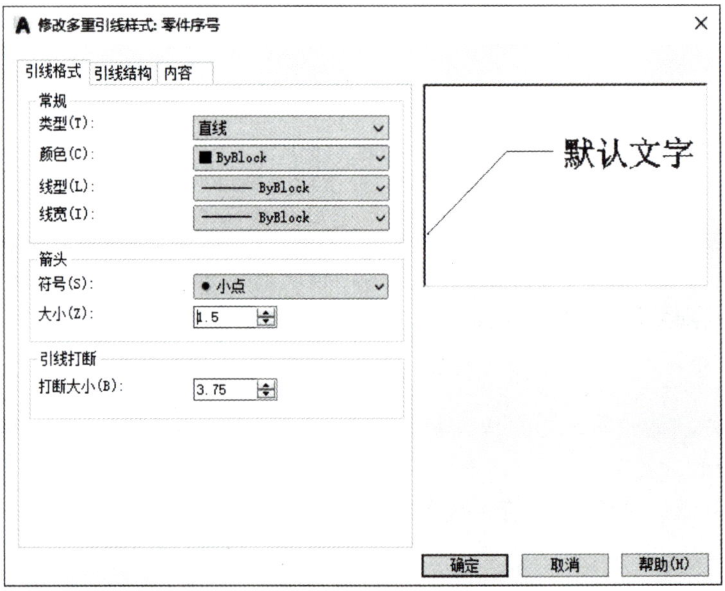

图 4–76 设置“符号”和“大小”

3）在“引线结构”选项卡中，将“设置基线距离”设置为“0”，同时不勾选“自动包含基线”选项，如图 4–77 所示。

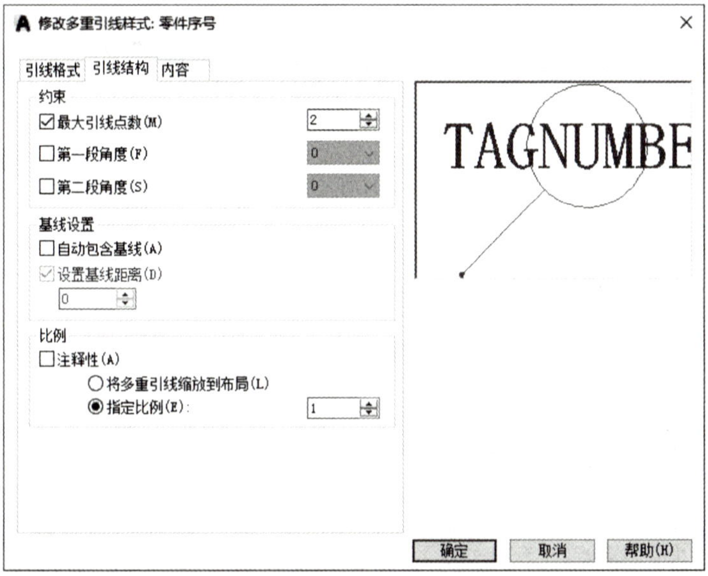

图 4–77　设置基线距离

4）在“内容”选项卡中，将“多重引线类型”设置为“块”，“源块”设置为“○圆”，“附着”设置为“插入点”，如图 4–78 所示。

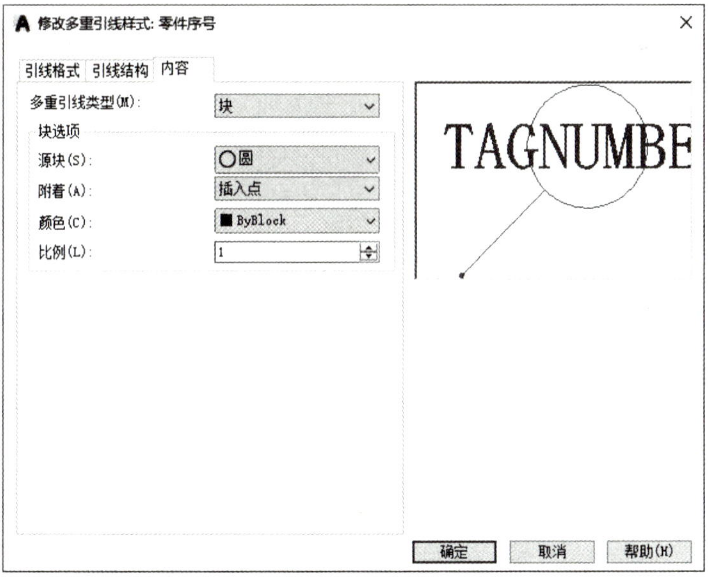

图 4–78　设置“多重引线类型”及“源块”选项

5）设置完毕，单击“确定”按钮，完成“零件序号”多重引线样式的设置，并返回“多重引线样式管理器”对话框。“零件序号”多重引线样式就呈现在“样式”列表框中（见图 4–79），单击“关闭”按钮，完成设置。

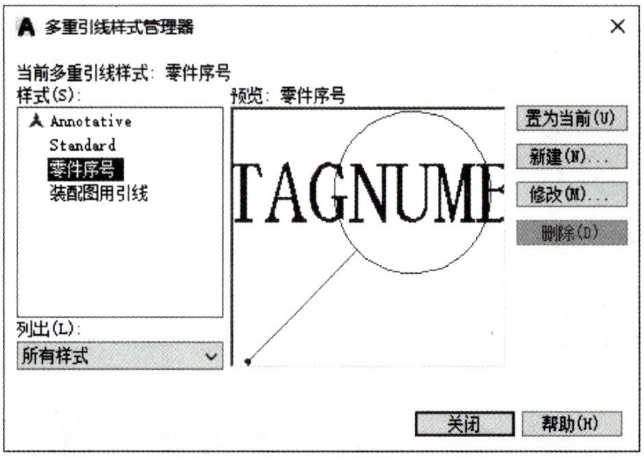

图 4-79　多重引线样式管理器

（2）标注零件序号

1）单击“默认”→“注释”→“引线”按钮，启动“多重引线”标注命令，系统给出如下提示。

命令：_mleader（执行“多重引线”标注命令）

指定引线箭头的位置或［引线基线优先（L）/ 内容优先（C）/ 选项（O）］<选项>：（指定引线箭头的位置）

指定引线基线的位置：（指定引线基线的位置）

2）执行上述操作，系统弹出“编辑属性”对话框，如图 4-80 所示，在“输入标记编号”文本框中输入“1”，单击“确定”按钮，则标注出零件 1 的序号，如图 4-81 所示。

图 4-80　“编辑属性”对话框

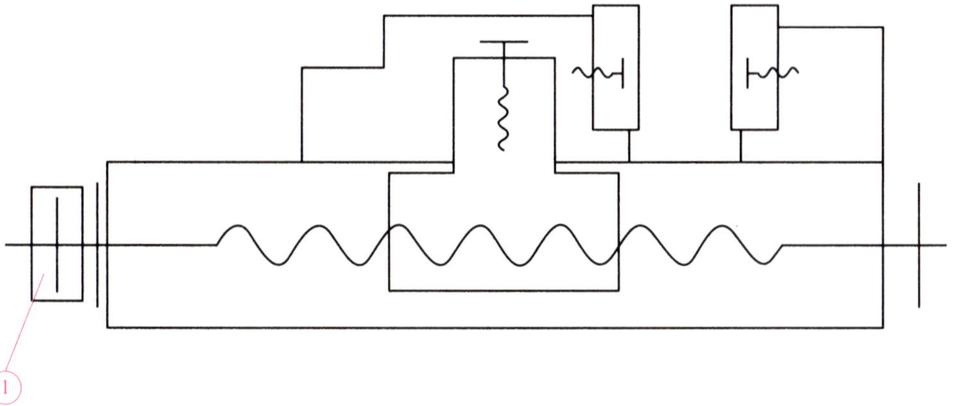

图 4–81 标注零件 1 的序号

3）用相同的方法，完成其他零件序号的引线标注，如图 4–82 所示。

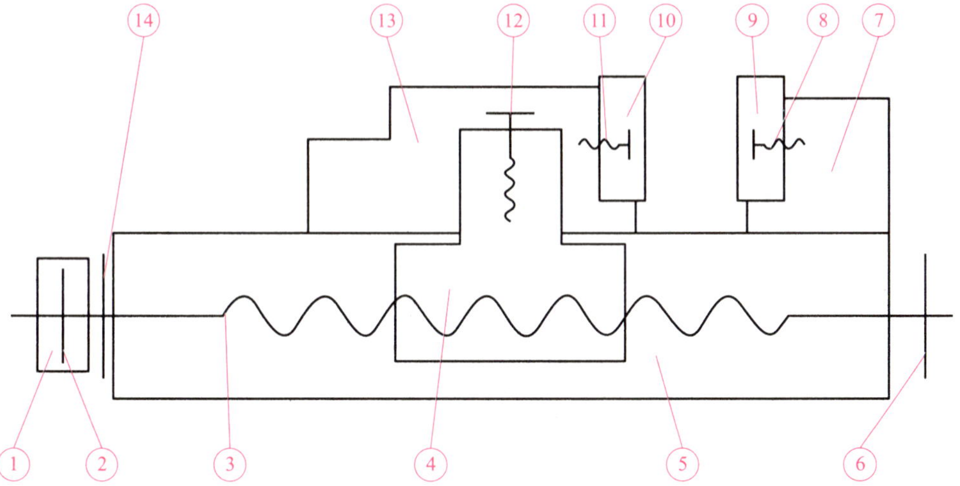

图 4–82 标注机用虎钳装配示意图的零件序号

任务实施

1. 绘制光轴并标注线性尺寸，如图 4–83 所示。

图 4–83 绘制光轴并标注线性尺寸

2. 标注倒角

（1）启动“多重引线样式”命令，新建“倒角样式”，在“引线格式”选项卡中，将“箭头”选项组的“符号”设为“无”，“引线打断”选项组的“打断大小”设为0，在“引线结构”选项卡中，将“基线距离”设为0，“内容”选项卡的设置如图4–84所示。

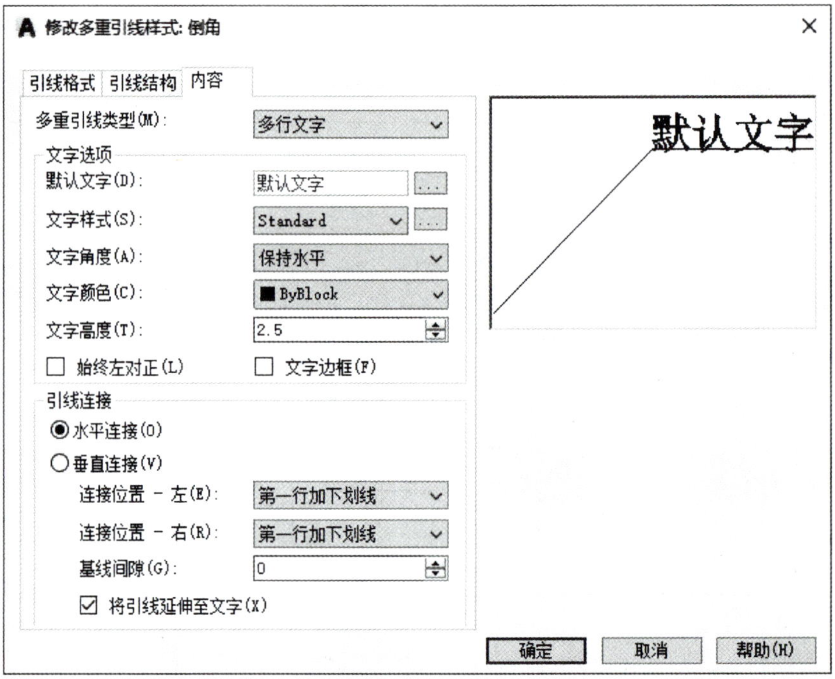

图4–84 “内容”选项卡的设置

（2）启动“多重引线”命令，在倒角处引出引线并输入“*C*2”，完成倒角标注，注意字母*C*为斜体。用同样的方法，标注另一侧的倒角，结果如图4–85所示。

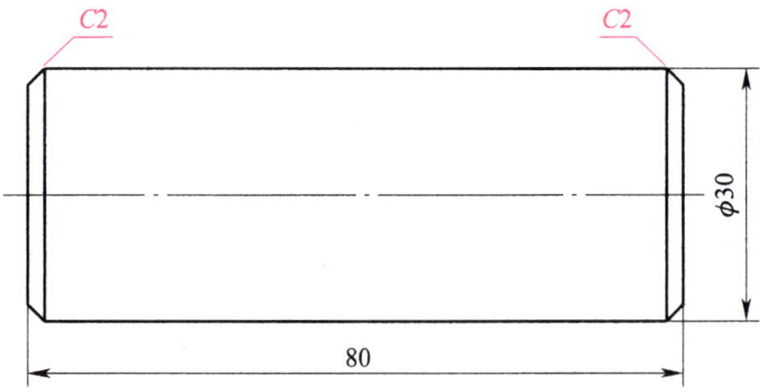

图4–85 应用“多重引线”命令标注倒角

3. 标注中心孔

（1）启动“多重引线样式”命令，将“Standard”样式置为当前样式，单击“修改”按钮，对箭头大小、字体高度进行设置，使其与标注样式所用箭头和字体高度一致。

（2）启动“多重引线”命令，根据系统提示进行下列操作：

命令: _mleader (执行 “多重引线” 命令)
指定引线箭头的位置或 [引线基线优先 (L) / 内容优先 (C) / 选项 (O)] < 选项 >: (用鼠标拾取光轴左端面中点为引线箭头位置)
指定引线基线的位置: (移动光标至合适的位置，指定引线基线位置)
指定基线距离 <0.0000>: (直接按 Enter 键)

完成上述操作，光标变为文字输入状态，输入 “2×GB/T 4459.5—B1.6/5” 后，关闭文字编辑器，结果如图 4-86 所示。

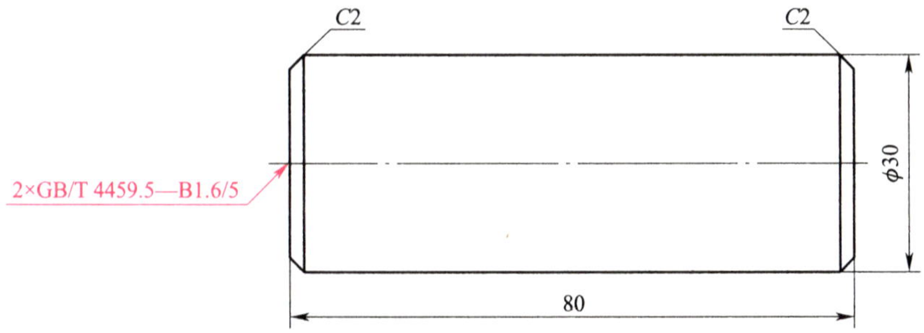

图 4-86 应用 “多重引线” 命令标注中心孔

知识拓展

编辑多重引线对象

编辑多重引线对象的操作主要包括对齐多重引线、添加引线、删除引线和合并多重引线等。

1. 多重引线工具命令

AutoCAD 系统提供的常用多重引线工具命令见表 4-5。

表 4-5 常用多重引线工具命令

序号	命令	按钮	功能
1	多重引线		创建多重引线对象
2	添加引线		将引线添加至现有的多重引线对象
3	删除引线		将引线从现有的多重引线对象中删除
4	对齐		对齐并间隔排列选定的多重引线对象

续表

序号	命令	按钮	功能
5	合并		将包含块的选定多重引线整理到行或列中，并通过单引线显示结果
6	多重引线样式		创建和修改多重引线样式，用于控制多重引线的外观

2. 对齐并间隔排列选定的多重引线对象

（1）步骤

对齐并间隔排列选定的多重引线对象的步骤如下。

1）单击“对齐”命令按钮 。

2）选择要对齐的多重引线。

3）选择作为对齐基准的多重引线。

4）指定方向。

（2）示例

对齐如图 4–87a 所示的多重引线标注。启动“对齐”引线标注命令，系统给出如下提示。

```
命令：_mleaderalign（执行“对齐”命令）
选择多重引线：（选择序号 1 和 2 多重引线）
选择多重引线：（按 Enter 键结束选择）
当前模式：使用当前间距
选择要对齐到的多重引线或［选项（O）］：（选择序号 3 多重引线）
指定方向：（指定水平方向为指定方向）
```

执行上述操作，结果如图 4–87b 所示。

a） b）

图 4–87 对齐示例

a）操作前 b）操作后

（3）“选项”命令的功能

在命令行出现“选择要对齐到的多重引线或［选项（O）］：”时，输入“O”按 Enter 键即可激活“选项（O）”命令，系统给出如下提示。

选择要对齐到的多重引线或［选项（O）］：O↙（输入“O”）

输入选项［分布（D）/使引线线段平行（P）/指定间距（S）/使用当前间距（U）］<指定间距>：

各“选项”命令的功能如下。

1）分布：将内容在两个选定点之间均匀隔开。

2）使引线线段平行：放置内容并使选定多重引线中的每条最后的引线线段均平行。

3）指定间距：指定选定的多重引线内容范围之间的间距。

4）使用当前间距：使用多重引线内容之间的当前间距。

3．添加引线

（1）步骤

添加引线的操作步骤如下。

1）单击“添加引线”命令按钮。

2）选择已经绘制的多重引线。

3）指定新添加引线箭头的位置，可以继续添加其他引线箭头。

4）按 Enter 键完成命令。

（2）示例

在如图 4–88a 所示引线标注的基础上，添加两处引线，如图 4–88b 所示。

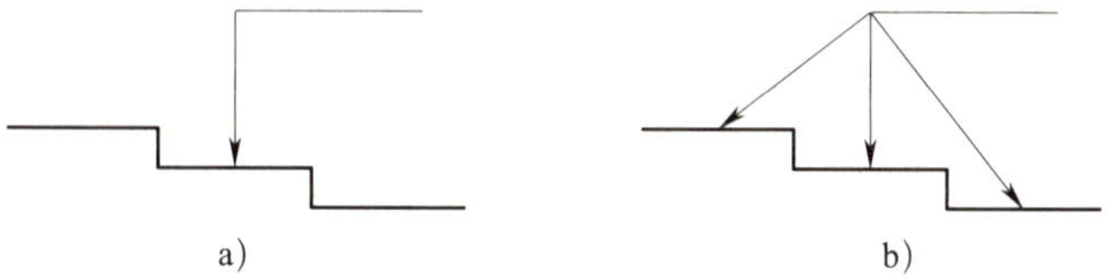

图 4–88 添加引线示例

a）操作前 b）操作后

执行“添加引线”命令，系统提示如下：

选择多重引线：（选择图 4–88a 所标注的多重引线）

指定引线箭头位置或［删除引线（R）］：（移动光标至左端台阶面，指定引线箭头位置）

指定引线箭头位置或［删除引线（R）］：（移动光标至右端台阶面，指定引线箭头位置）

指定引线箭头位置或［删除引线（R）］：（按 Enter 键结束添加）

执行上述操作，结果如图 4–88b 所示。

4．合并多重引线

合并多重引线如图 4–89 所示。

合并多重引线的步骤如下。

（1）单击多重引线的“合并”按钮。

图 4–89 合并多重引线

a）合并前 b）合并后

（2）选择要合并成组的多重引线对象（要求多重引线的类型为块），按 Enter 键。

（3）指定合并后的多重引线位置。在指定该位置之前，可以进行“垂直”“水平”或“缠绕”设置。

5．删除引线

将引线从现有的多重引线对象中删除的步骤如下。

（1）单击“删除引线”按钮。

（2）选择多重引线。

（3）选择要删除的一条或多条引线。

任务 4 绘制传动轴零件图

学习目标

1．掌握内部块和外部块的创建与插入。
2．会创建与编辑动态块和属性块。
3．会标注几何公差和基准符号。
4．会绘制传动轴零件图。

任务引入

本次任务要求绘制如图 4–90 所示的传动轴零件图，该图采用了一个主视图和两个断面图来表达传动轴的形状和结构。传动轴左端 $\phi45^{+0.018}_{+0.012}$ mm 和右端 $\phi58^{+0.060}_{+0.041}$ mm 外圆用于安装齿轮，其表面粗糙度值为 $Ra1.6$ μm；中间和右端 $\phi55^{+0.021}_{+0.002}$ mm 外圆用来安装轴承，其表面粗糙度值为 $Ra0.8$ μm；$\phi52$ mm 外圆的左端面为齿轮安装限位面；$\phi66$ mm 轴段起限位作用。传动轴有两处键槽，左端键槽尺寸为 14N9，中间键槽尺寸为 16N9，$\phi58^{+0.060}_{+0.041}$ mm 外圆标注了对轴线的径向圆跳动公差，$\phi66$ mm 轴段两端面标注了轴向圆跳动公差，键槽标注了对称度公差。本次任务不仅要求绘制零件图，还要求标注轮廓尺寸、基准符号、表面结构要求的图形符号和几何公差等。

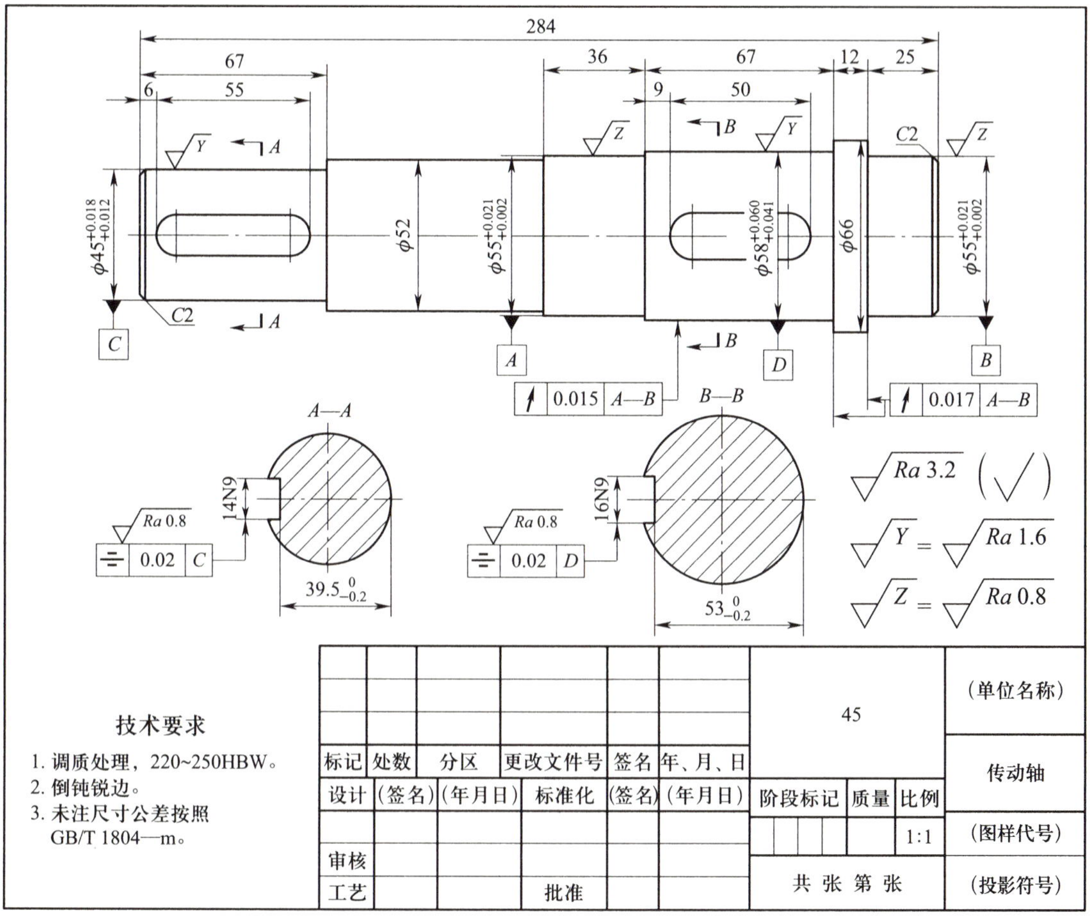

图 4-90 传动轴零件图

相关知识

一、图块及其属性

在绘制和设计机械图样的过程中，经常会发现一个图形中含有很多重复的部分，例如，在一张机械图样的标注中可能会包含许多相同的部分（如表面结构要求的图形符号、基准符号等）。对于这些重复的部分，若一一绘制会相当麻烦。AutoCAD 通过提供图块和外部参照来解决这些问题。

图块是将多个图形元素组合在一起形成的一个整体的图形集合单元。用户可以将这个图形集合单元作为单一的图形对象进行编辑和使用。图块主要由块名、组成块的对象、用于插入块的基点坐标值及相关的属性数据等组成元素构成。

1. 创建内部块

内部块是存储在图形文件内部的块，只能在存储文件中使用，而不能在其他图形文件中使用。

（1）启动内部块“创建”命令的方法

1）功能区：单击“默认”→“块”→“创建”按钮 。

2）菜单栏：选择“绘图”→“块”→“创建”命令。

3）命令行：b（或 block）。

执行“创建”命令后，系统弹出“块定义”对话框，如图 4–91 所示。

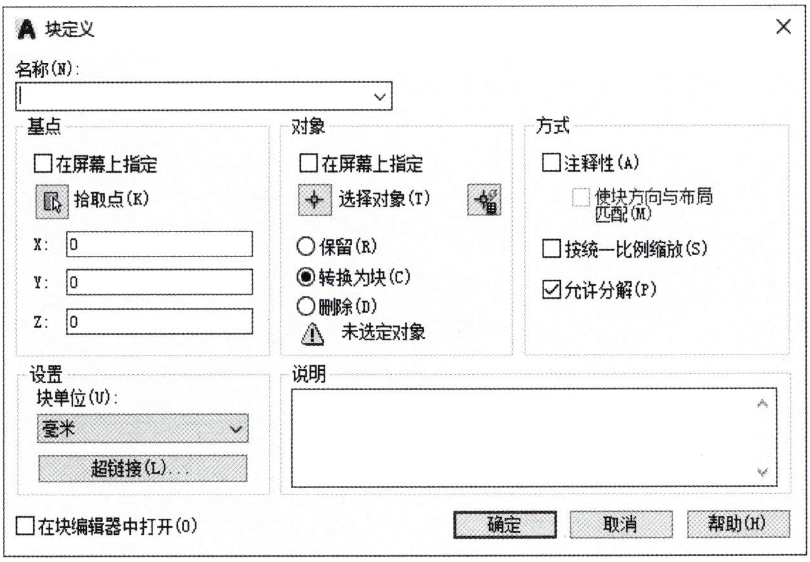

图 4–91 “块定义”对话框

（2）选项说明

1）“名称”下拉框：指定块的名称。名称最多可以包含 255 个字符，包括字母、数字、空格以及系统或程序未作他用的任何特殊字符。块名称及块定义保存在当前图形中。

2）“基点”选项组

在屏幕上指定：在屏幕上指定创建图块的基点。关闭对话框时，将提示用户指定基点。

拾取点：用于在图形窗口拾取基点。单击该按钮，暂时关闭“块定义”对话框，允许用户在图形窗口拾取基点。完成拾取后，重新弹出“块定义”对话框，X、Y、Z 的文本框显示拾取点的坐标值。

3）“对象”选项组

在屏幕上指定：在屏幕上指定创建图块的实体对象。关闭对话框时，将提示用户指定对象。

选择对象：用于在图形窗口选择对象。单击该按钮，暂时关闭“块定义”对话框，允许用户选择块对象。确定选择对象后，重新弹出“块定义”对话框，并在“选择对象”下面提示“已选定对象数目”。

保留：用于创建图块后保留原对象。

转换为块：用于创建图块后，将原对象转换为图块。

删除：用于创建图块后，删除原对象。

4）“方式”选项组

注释性：指定块为注释性。单击信息图标可了解有关注释性对象的更多信息。

使块方向与布局匹配：指定在图纸空间视口中的块参照的方向与布局的方向匹配。如果未选择“注释性”选项，则该选项不可用。

按统一比例缩放：指定是否阻止块参照不按统一比例缩放。

允许分解：指定块参照是否可以被分解。

5）“设置”选项组

块单位：指定块参照插入单位。

超链接：打开“插入超链接”对话框，可以使用该对话框将某个超链接与块定义相关联。

6）说明：指定块的文字说明。

7）在块编辑器中打开：单击“确定”后，在块编辑器中打开当前的块定义。

（3）示例

根据图 4–92 所示图形及尺寸，创建六角螺母块（图中所示尺寸为螺母规定画法的绘图比例尺寸，非螺母实际尺寸）。

1）按照图 4–92 所示尺寸绘制六角螺母，如图 4–93 所示。

2）单击“默认”→“块”→“创建”按钮，打开“块定义”对话框。

3）在对话框中的“名称”文本框中输入块的名称“六角螺母”。

4）单击“基点”选项组上的“拾取点”按钮，软件返回图形窗口。拾取圆心作为块的基点，如图 4–94 所示。

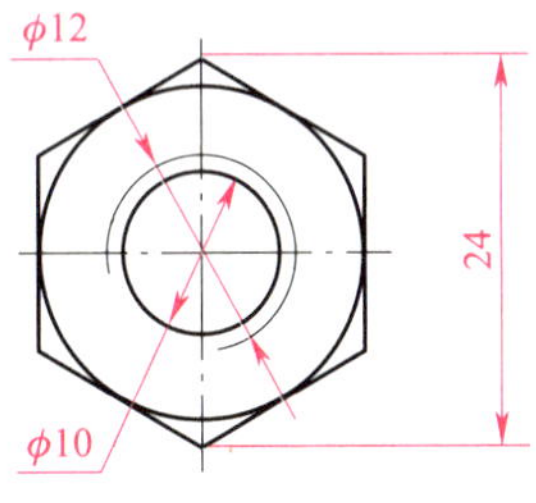

图 4–92　六角螺母及绘图比例尺寸

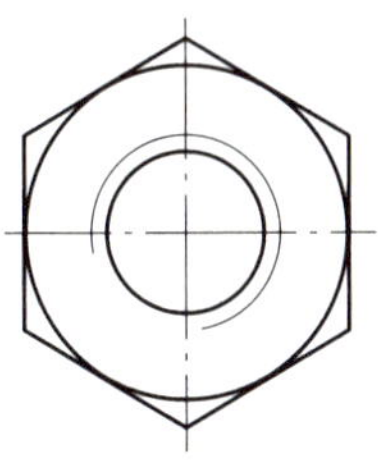

图 4–93　绘制六角螺母

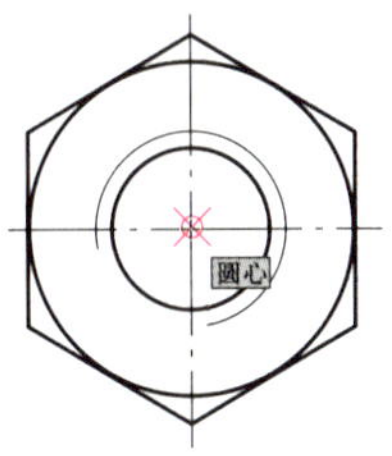

图 4–94　拾取圆心作为块的基点

5）单击“对象”选项组上的“选择对象”按钮，系统返回图形窗口，用鼠标框选六角螺母所有图形对象作为图块组成对象。

6）按 Enter 键，返回“块定义”对话框，如图 4–95 所示。

7）单击“块定义”对话框上的“确定”按钮，返回图形窗口，完成块的定义。

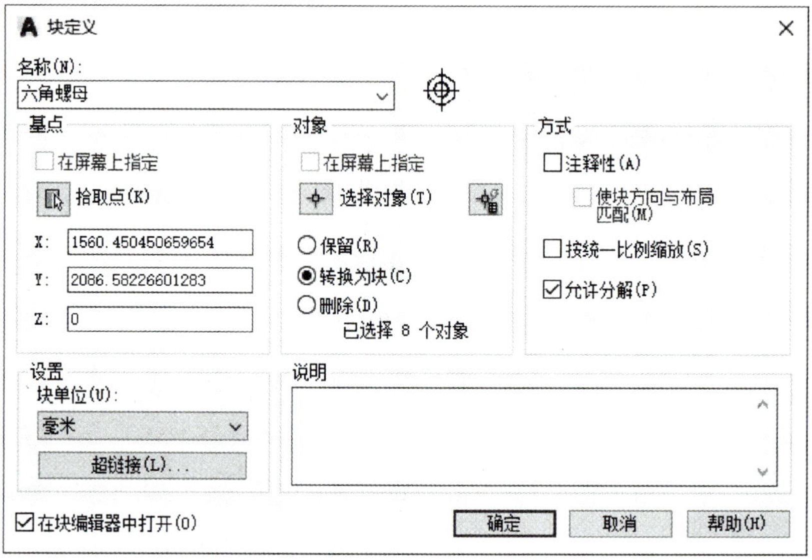

图 4–95 “块定义”对话框

2. 创建外部块

内部块仅限于在创建块的图形文件中使用，当在其他文件中也需要使用时，则需要创建外部块。外部块不依赖于当前图形，可以在任意图形文件中调用并插入。使用“写块”命令可以创建外部块。在命令行中执行“w”（或“wblock”）命令，弹出图 4–96 所示的“写块”对话框，对话框中各项含义如下。

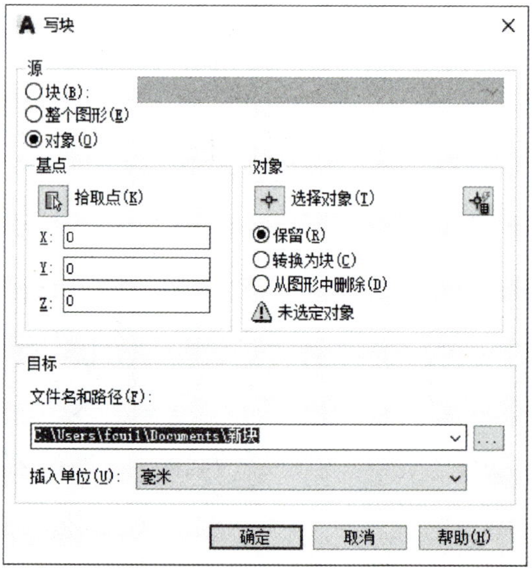

图 4–96 “写块”对话框

（1）“源”选项组：指定块和对象，将其另存为文件并指定插入点。

1）块：指定要另存为其他文件的现有块。从列表中选择名称。

2）整个图形：选择要另存为其他文件的当前图形。

3）对象：选择要另存为其他文件的对象。指定基点并选择所要保存的对象。

4）“基点”选项组：指定块的基点，默认值是（0，0，0）。

①拾取点：单击该按钮，暂时关闭对话框以使用户能在当前图形中拾取基点。

②X：指定基点的 X 坐标值。

③Y：指定基点的 Y 坐标值。

④Z：指定基点的 Z 坐标值。

5）“对象”选项组：选择创建块的对象。

①选择对象：单击该按钮，临时关闭该对话框以便可以选择一个或多个对象以保存至文件。

②保留：将选定对象另存为其他文件后，在当前图形中仍保留它们。

③转换为块：将选定对象另存为其他文件后，在当前图形中将它们转换为块。块指定为“文件名”中的名称。

④从图形中删除：将选定对象另存为其他文件后，从当前图形中删除它们。

⑤快速选择：打开“快速选择”对话框，从中可以过滤选择集。

（2）“目标”选项组：指定文件的新名称和新位置以及插入块时所用的测量单位。

1）文件名和路径：指定文件名和保存块或对象的路径。

2）...：显示标准的文件选择对话框。

3）插入单位：指定从设计中心拖动新文件或将其作为块插入到使用不同单位的图形中时用于自动缩放的单位值。如果希望插入时不自动缩放图形，应选择“无单位”。

3. 插入图块

在用 AutoCAD 绘图的过程中，可根据需要随时把定义好的图块或图形文件插入当前图形的任意位置处，在插入的同时还可以改变图块的大小，旋转一定角度或把图块分解等。

（1）启动“插入块”命令的方法

1）功能区：单击“默认”→“块”→“插入”下拉菜单中“最近使用的块...”或“其他图形中的块...”命令。也可以直接选择“插入”下拉菜单中的已有图块。

2）菜单栏：选择“插入”→“块选项板”命令。

3）命令行：i（或 insert）。

执行“插入块”命令，系统打开“块”选项板，如图 4-97 所示。在该选项板中可以指定要插入的图块及插入位置。

（2）选项说明

1）“当前图形”选项卡：显示当前图形中可用块定义的预览或列表。

2）“最近使用”选项卡：显示当前和上一个任务中最近插入或创建的块定义的预览或列表。这些块可能来自各种图形。

提示：可以删除“最近使用”选项卡中显示的块，方法是在其上单击鼠标右键，并选择“从最近列表中删除”选项。若要删除“最近使用”选项卡中显示的所有块，应将 blockmrulist 系统变量设置为 0。

3）“其他图形”选项卡：显示从单个指定图形中插入的块定义的预览或列表。块定义可以存储在任何图形文件中。将图形文件作为块插入还会将其所有块定义输入到当前图形中。

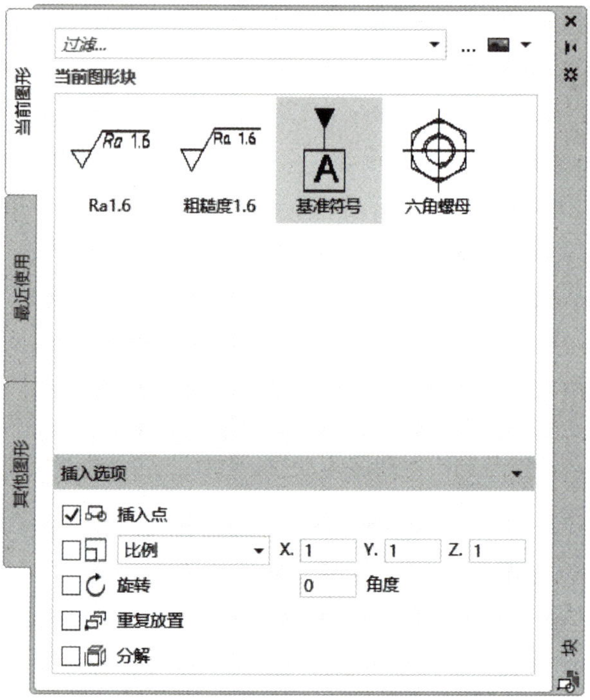

图 4–97 “块”选项板

提示：可以创建存储所有相关块定义的“块库图形”。如果使用此方法，则在插入“块库图形”时选择选项板中的“分解”选项，可防止图形本身在预览区域中显示或列出。

4）插入选项：插入块的位置和方向取决于 UCS 的位置和方向。说明：仅当单击并放置块而不是拖放它们时，才可应用这些选项。

插入点：指定块的插入点。如果选中该选项，则插入块时使用定点设备或手动输入坐标即可指定插入点。如果取消选中该选项，将使用之前指定的坐标。说明：若要使用此选项在先前指定的坐标处定位块，必须在选项板中双击该块。

比例：指定插入块的缩放比例。如果选中该选项，则指定 X、Y 和 Z 方向的比例因子。如果为 X、Y 和 Z 比例因子输入负值，则块将作为围绕该轴的镜像图像插入。如果取消选中该选项，将使用之前指定的比例。

旋转：在当前 UCS 中指定插入块的旋转角度。如果选中该选项，使用定点设备或输入角度指定块的旋转角度。如果取消选中该选项，将使用之前指定的旋转角度。

重复放置：控制是否自动重复块插入。如果选中该选项，系统将自动提示其他插入点，直到按 Esc 键取消命令。如果取消选中该选项，将插入指定的块一次。

分解：控制块在插入时是否自动分解为其构件对象。如果选中该选项，则块中的构件对象将解除关联并恢复为其原有特性。如果取消选中此选项，将在块不分解的情况下插入指定块。说明：只能使用统一比例因子指定此选项。如果需要分解比例不统一的块，仍可以使用 explode 命令手动完成（如果块在选中“允许分解”选项的情况下创建）。

（3）示例

插入如图 4–98 所示的“六角螺母”块。

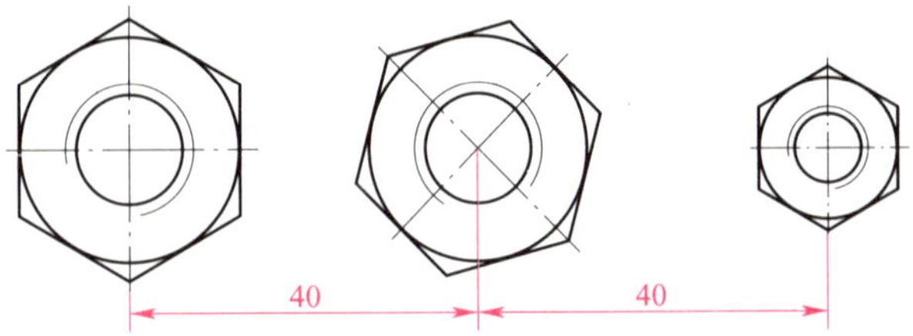

图 4–98 插入“六角螺母”块

1）绘制点。

绘制三个点，如图 4–99 所示。

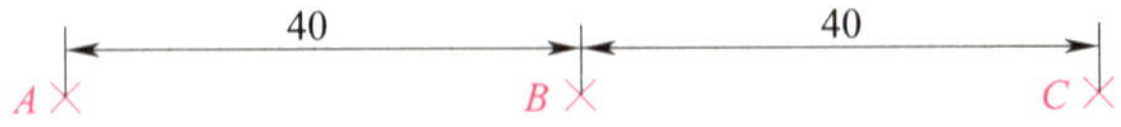

图 4–99 绘制点

2）在 A 点插入一个“六角螺母”图块。

单击“默认”→“块”→“插入”下拉菜单中的“最近使用的块 ...”命令，打开“块”选项板，在“插入选项”中，勾选“插入点”。单击“六角螺母”的图块，屏幕中显示出一个跟随光标移动的“六角螺母”图块，如图 4–100 所示，拾取 A 点，“六角螺母”图块被插入到指定位置。

3）在 B 点插入一个旋转 45° 的“六角螺母”图块。

在“块”选项板“插入选项”中，勾选“插入点”和“旋转”。单击“六角螺母”的图块后，移动光标拾取 B 点，根据系统提示，输入旋转角度 45，按 Enter 键，则在 B 点插入了一个旋转 45° 的“六角螺母”图块，如图 4–101 所示。

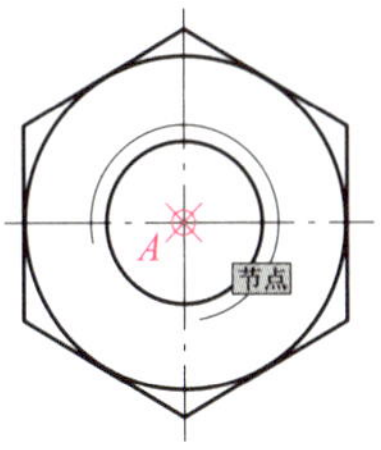

图 4–100 在 A 点插入“六角螺母”图块

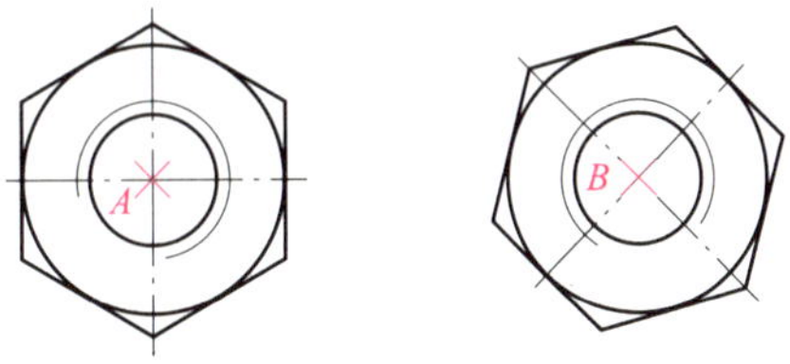

图 4–101 在 B 点插入旋转 45° 的“六角螺母”图块

4）在 C 点插入一个比例因子为 0.5 的“六角螺母”图块。

在“块”选项板“插入选项”中，勾选“插入点”和“比例”选项，并在“比例”下拉选项中选择“统一比例”。单击“六角螺母”的图块后，移动光标拾取 C 点，根据系统提示，输入“统一比例”0.5，按 Enter 键，则在 C 点插入了一个比例因子为 0.5 的“六角螺母”图块，如图 4–102 所示。

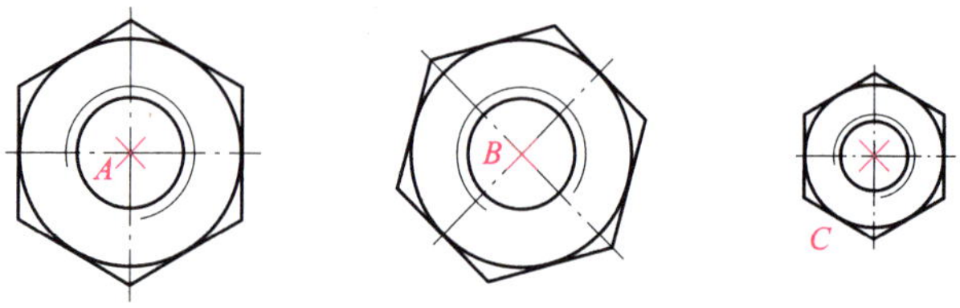

图 4-102 在 *C* 点插入比例因子为 0.5 的“六角螺母”图块

4. 创建与编辑动态块

在 AutoCAD 中，可以为普通图块添加动作，将其转换为动态块，动态块可以直接通过移动动态夹点来调整图块大小、角度，避免了频繁的参数输入或命令调用（如缩放、旋转、镜像命令等），使图块的操作变得更加轻松。

（1）动态块的定义

简单地说，动态块就是给图块定义一些参数、动作，这些参数和动作配合，可以让图块按照需要进行变化。要使块变为动态块，需要打开“块编辑器”功能界面，然后通过“块编写选项板”来设置动态块的参数和动作等。

（2）设置动态参数

要使块变成动态块，必须至少包含一个参数，参数可以是点、线性、旋转、翻转等。在机械制图中，表面结构要求的图形符号的大小是随着标注文字的大小而变化的，为了能够灵活使用表面结构要求的图形符号，可将表面结构要求的图形符号设置为动态符号。

1）打开“编辑块定义”对话框

菜单栏：选择“工具”→“块编辑器”命令。

功能区：单击“默认”→“块”→“块编辑器”按钮 。

命令行：be（或 bedit）。

使用上述任何一种方法都可以打开“编辑块定义”对话框，在该对话框中选择要编辑的块名，可预览该块效果，如图 4-103 所示。

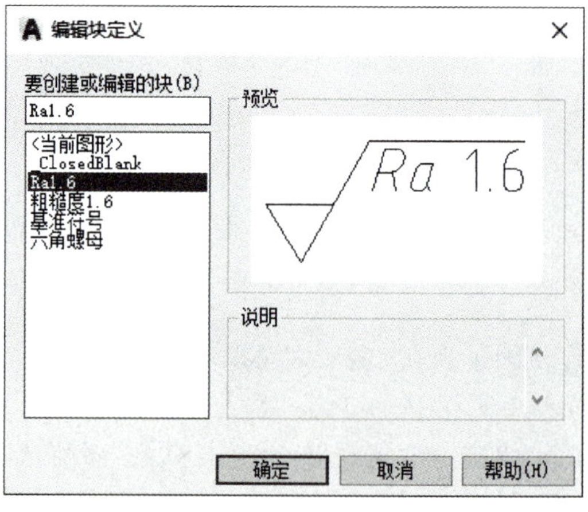

图 4-103 “编辑块定义”对话框

2）打开“块编辑器”

单击“确定”按钮即可在“块编辑器”（见图 4–104）中打开需要编辑的图块。

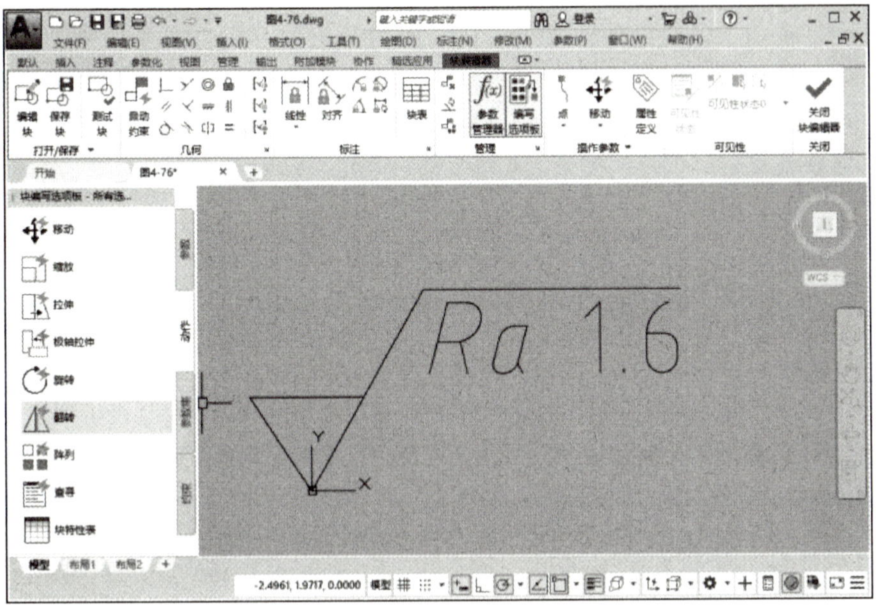

图 4–104 “块编辑器”

3）设置动态参数

在“块编写选项板”上单击“参数”选项卡中的“线性”按钮，标出“距离 1”，如图 4–105 所示。

（3）添加动态动作

在“块编写选项板”上单击“动作”选项卡中的“缩放”按钮，在系统提示下选择参数“距离 1”，然后选择需要缩放的对象，即选择表面结构要求的图形符号所有组成对象，并按 Enter 键确认。

（4）保存

设置参数和动作后，单击“关闭块编辑器”按钮，系统弹出“块 – 未保存更改”对话框（见图 4–106），选择“将更改保存到 Ra1.6（S）”即可。

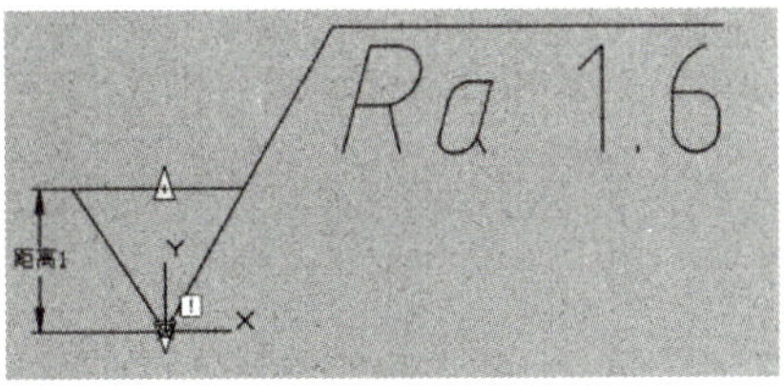

图 4–105 定义“线性”参数

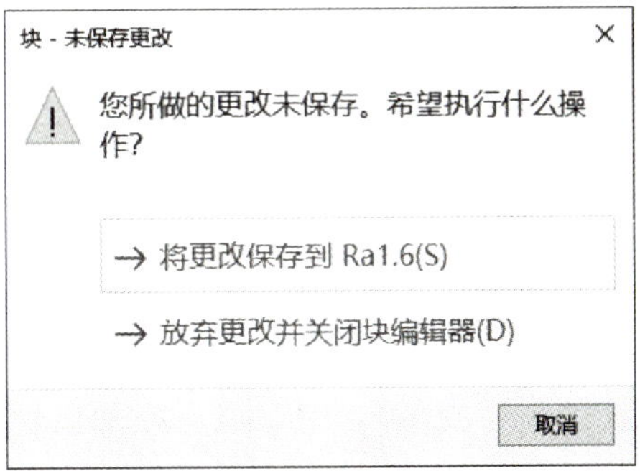

图 4–106 “块 – 未保存更改”对话框

（5）动态块的应用

将动态块插入到指定位置后，就可以根据设置的参数调整块的大小，如对插入到图中的表面结构要求的图形符号，就可以通过调整参数夹点改变整个符号的大小，如图 4–107 所示。

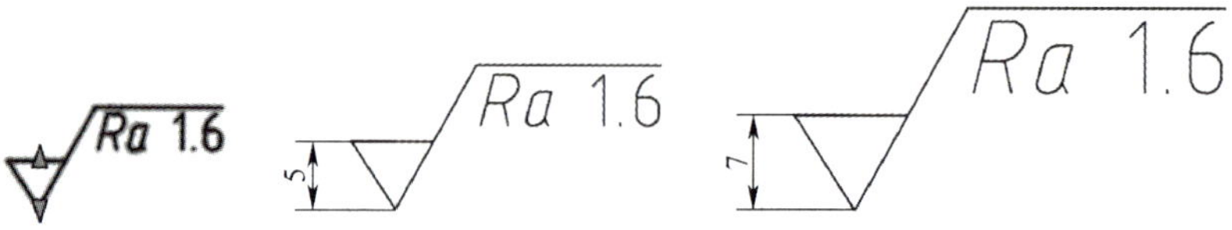

a）　　b）　　c）

图 4–107　动态块应用示例

a）动态块调整夹点　b）三角形高度为“5”　c）三角形高度为“7”

5. 创建属性块

块包含图形和非图形两类信息，块的非图形信息称为块的属性，是块的一个组成部分，与图形对象构成一个整体，在插入块时，AutoCAD 可以把图形对象连同属性一起插入到图形中。

（1）启动块“定义属性”命令的方法

1）功能区：单击“默认”→“块”→“定义属性”按钮 。

2）菜单栏：选择“绘图”→“块”→“定义属性”命令。

3）命令行：att（或 attdef）。

执行“定义属性”命令，打开“属性定义”对话框，如图 4–108 所示。

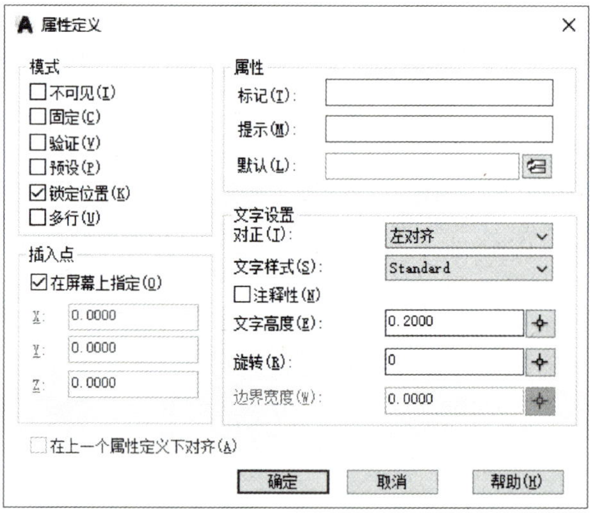

图 4–108　“属性定义”对话框

（2）选项说明

1）“模式”选项组：在图形中插入块时，设定与块关联的属性值选项。

不可见：指定插入块时不显示或打印属性值。

固定：在插入块时指定属性的固定属性值。此设置用于永远不会更改的信息。

验证：插入块时提示验证属性值是否正确。

预设：插入块时，将属性设置为其默认值而无需显示提示。仅在提示将属性值设置为在“命令”提示下显示（attdia 设置为 0）时，应用“预设”选项。

锁定位置：锁定块参照中属性的位置。解锁后，属性可以相对于使用夹点编辑的块的其他部分移动，并且可以调整多行文字属性的大小。

多行：指定属性值可以包含多行文字，并且允许指定属性的边界宽度。

2）“属性”选项组：设定属性数据。

标记：指定用来标识属性的名称。使用任何字符组合（空格除外）输入属性标记。小写字母会自动转换为大写字母。

提示：指定在插入包含该属性定义的块时显示的提示。如果不输入提示，属性标记将用作提示。如果在“模式”区域选择“常数”模式，“属性提示”选项将不可用。

默认：指定默认属性值。

3）“插入点”选项组：用来确定属性文本的位置。可以在插入时由用户在图形中确定属性文本的位置，也可在 X、Y、Z 的文本框中直接输入属性文本的位置坐标。

4）“文字设置”选项组：用来设置属性文本的对齐方式、文本样式、字高和倾斜角度。

5）“在上一个属性定义下对齐”复选框：选中该复选框，表示把属性标签直接放在前一个属性的下面，而且该属性继承前一个属性的文本样式、字高和倾斜角度等特性。

（3）示例

以创建“表面结构要求的图形符号”属性块为例，介绍创建属性块的操作步骤。

1）定义块属性。执行“定义属性”命令，系统弹出“属性定义”对话框，分别填写“标记”、“提示”和“默认”的文本框，再设置好文字对齐等属性，如图 4–109 所示。单击“确定”，完成属性定义。

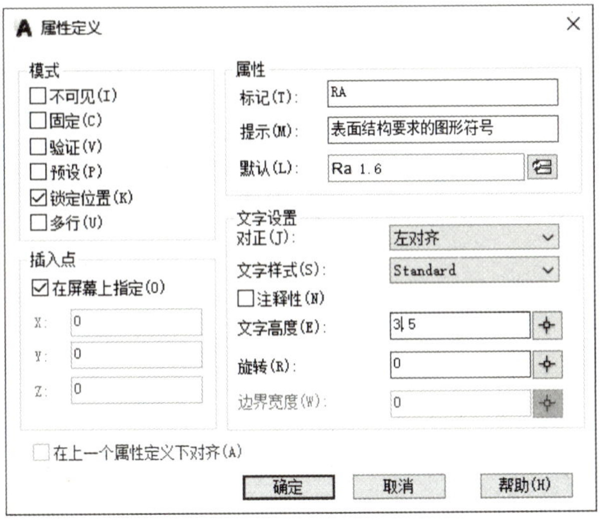

图 4–109 设置“属性定义”

2）创建图块。执行“创建”块命令，打开“块定义”对话框，如图 4–110 所示，输入名称，设置基点，选择图块对象后，单击“确定”按钮即可打开“编辑属性”对话框，如图 4–111 所示。

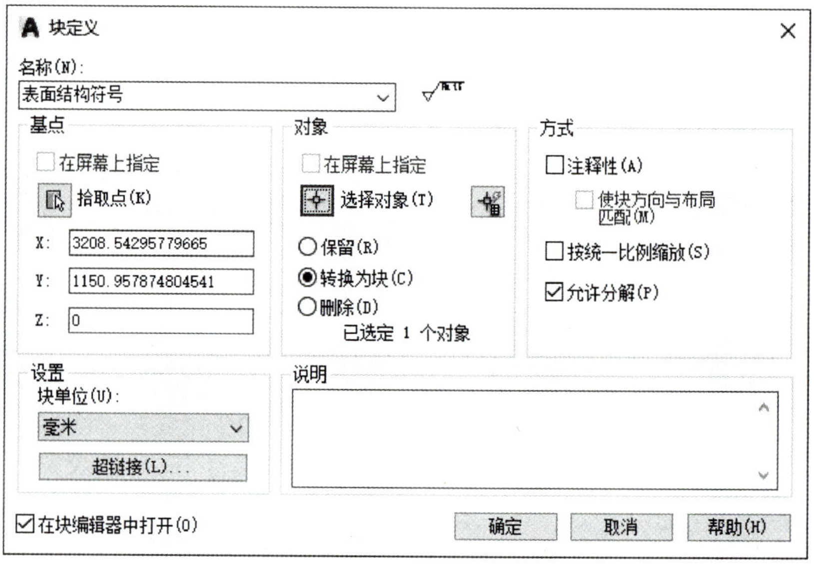

图 4-110 “块定义”对话框

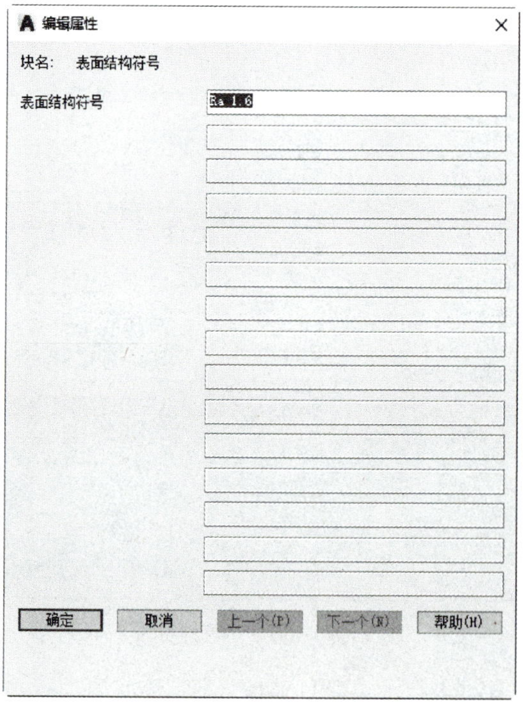

图 4-111 “编辑属性”对话框

3）在“编辑属性”对话框中输入属性值并单击“确定”，即可创建属性块。如图 4–112 所示四种不同表面粗糙度值的表面结构要求的图形符号，即通过插入“表面结构要求的图形符号”属性块时修改属性值得到。

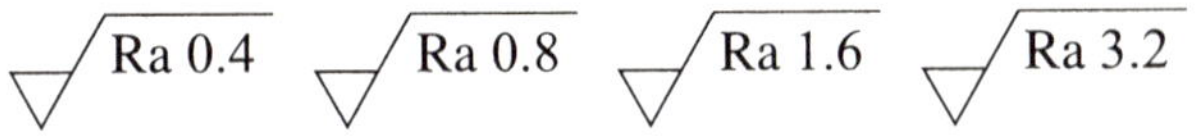

图 4–112 四种不同表面粗糙度值的表面结构要求的图形符号

6. 编辑属性块

创建块的属性后，用户可以修改块的属性值。如果是将属性块对象和非属性块创建在一起的图块，则可通过“增强属性编辑器”对话框修改属性块内容、文字高度、颜色等信息，一般用于图名、标题栏、轴线编号等的修改。

（1）启动“编辑属性块”命令的方法

1）快捷方式：双击属性块。

2）命令行：eattedit。

（2）操作过程

启动“编辑属性块”命令后，系统弹出“增强属性编辑器”对话框，如图 4–113 所示。在“属性”选项卡的列表中选择要修改的文字属性，然后在下面的“值”文本框中输入块中定义的标记和值属性，“文字选项”用于修改属性文字的格式，“特性”选项用于修改属性文字的图层以及其线宽、线型、颜色及打印样式等。

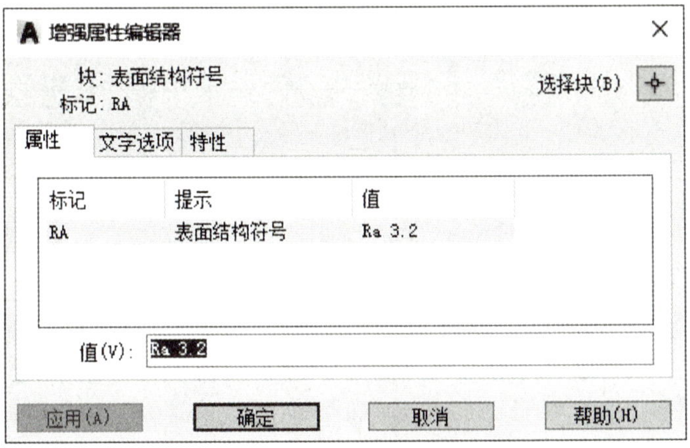

图 4–113 “增强属性编辑器”对话框

二、几何公差的标注

几何公差由带箭头的引线和几何公差框格组成，如图 4–114 所示。几何公差框格一般由两个或三个矩形框组成，第一个矩形框格内放置几何公差的类型符号，如位置度、平行度、垂直度等符号；第二个矩形框格包含公差值，可根据需要在公差值的前面添加一个直径符号；第三矩形框格用于填写表示基准的字母。

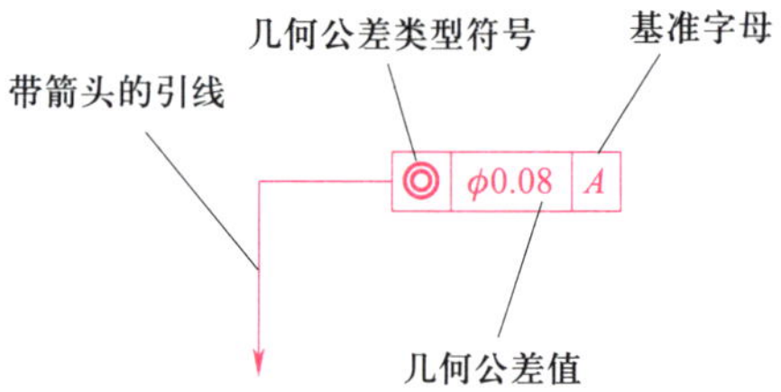

图 4-114　几何公差的组成

在 AutoCAD 2020 中标注几何公差的方法有两种，分别用于不带引线的几何公差标注和带引线的几何公差标注。

1. 不带引线的几何公差标注

（1）启动“公差”命令的方法

1）功能区：单击“注释”→“标注”→“公差”按钮 。

2）菜单栏：选择“标注”→“公差”命令。

3）命令行：tol（或 tolerance）。

执行“公差”命令，系统弹出“形位公差”对话框，如图 4-115 所示。

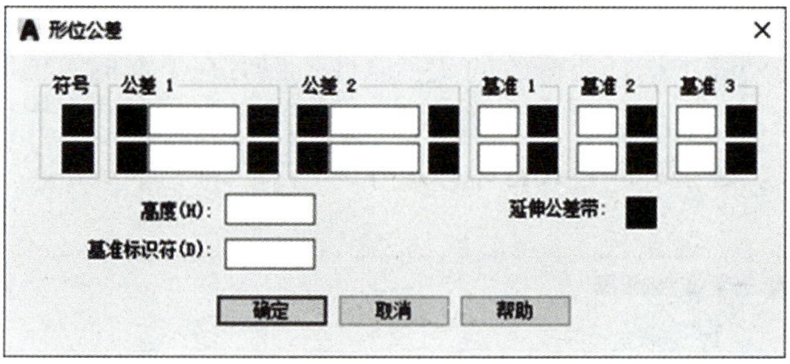

图 4-115　“形位公差”对话框

（2）选项说明

1）在“符号”选项区单击小黑框 ■，系统弹出“特征符号”对话框，如图 4-116 所示，通过该对话框可以选择几何公差符号。

2）在“公差 1”和“公差 2”选项区域中，在白色文本框中可以输入几何公差值，单击文本框前面的小黑框 ■，系统会自动为公差值加上前缀“ϕ”，单击文本框后面的小黑框 ■，系统会弹出如图 4-117 所示“附加符号”对话框，通过此对话框可以选择附加符号。

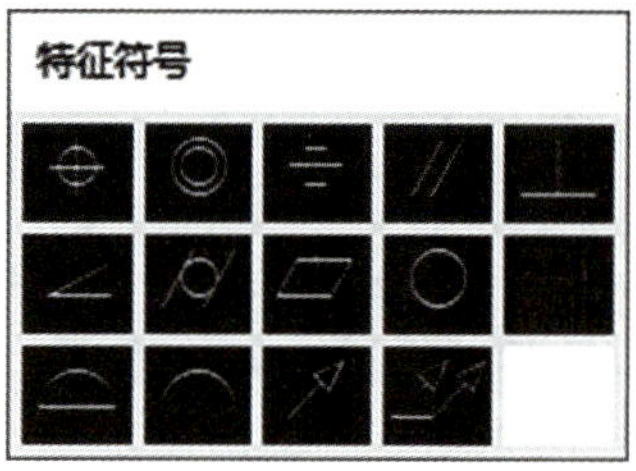

图 4-116　“特征符号”对话框

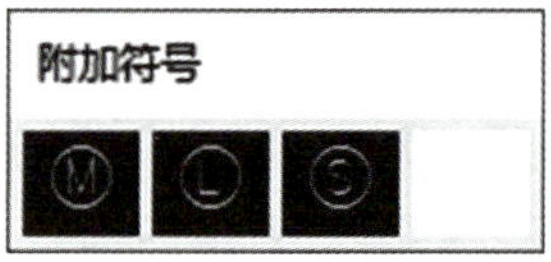

图 4-117　“附加符号”对话框

3）在“基准”选项区中，在白色文本框中可以输入基准符号，单击文本框后面的小黑框■，系统会弹出“附加符号”对话框，通过此对话框可以选择附加符号。

设置完毕，单击“确定”按钮，关闭“形位公差”对话框，一个设置好的几何公差框格随着光标的移动而移动，在图形窗口适当位置确定几何公差框格的放置点即可。

（3）示例

创建如图 4–118 所示的几何公差框格（不带引线）。

图 4–118　几何公差框格（不带引线）示例

1）启动“公差”命令，系统弹出“形位公差”对话框。

2）在“符号”选项区单击小黑框■，系统弹出“特征符号”对话框（见图 4–116），点击同轴度符号◎。

3）单击“公差 1”文本框前面的小黑框■，系统会自动为公差值加上前缀“ϕ”，在文本框里输入公差值“0.02”，如图 4–119 所示。

4）在“基准 1”文本框里输入“A”，单击“确定”按钮，如图 4–119 所示。

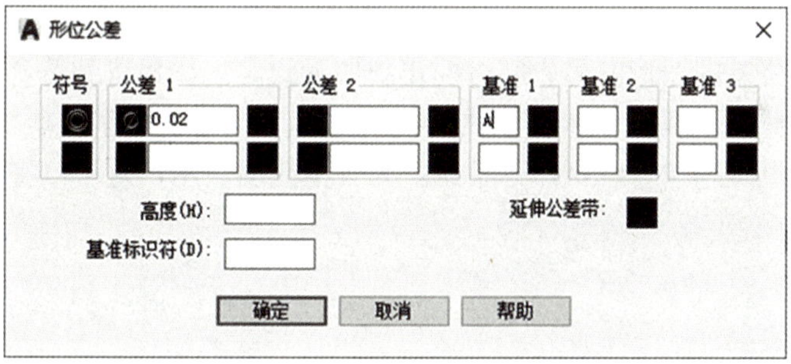

图 4–119　设置“形位公差”

5）在图形窗口适当位置单击鼠标左键，设置好的几何公差框格（不带引线）被绘制出来。

2. 带引线的几何公差标注

（1）绘制带引线的几何公差的方法

1）在命令行中输入“LE”，启动“引线”命令。

2）当命令行提示“指定第一个引线点或［设置（S）］<设置>：”时，输入“S”并按 Enter 键，系统弹出“引线设置”对话框，选择对话框“注释”选项卡中的“公差”选项如图 4–120 所示，然后单击“确定”按钮。

3）在命令行的提示下设置引线的位置，完成后系统会弹出“形位公差”对话框，输入公差参数，单击“确定”按钮，即可标注带引线的几何公差。

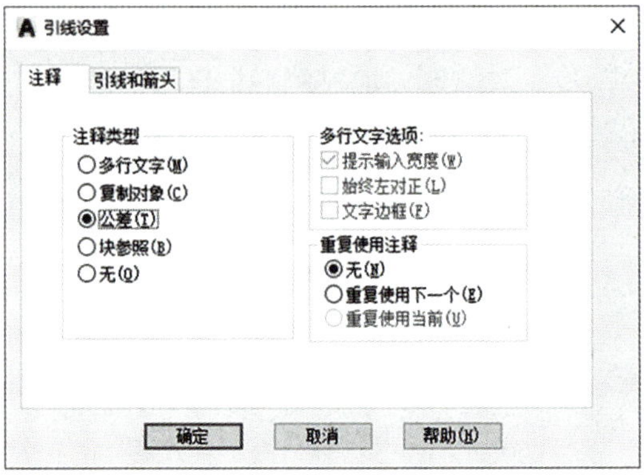

图 4–120 “引线设置”对话框

（2）示例

创建如图 4–121 所示的带引线的对称度公差。

1）在命令行中输入“LE”，启动“引线”命令。

2）在图形窗口适当位置确定引线的位置（需要确定引线的起点、中间转折点和终点），系统弹出“形位公差”对话框。在符号处选择“对称度”符号，在“公差 1”处填写公差值 0.12，在“基准 1”处填写大写字母 A（注意：直接通过公差标注生成的基准字母为正体，而制图标准上基准字母为斜体），单击“确定”按钮，即可绘制出如图 4–121 所示带引线的对称度公差。

3．绘制几何公差框格

AutoCAD 2020 自带的几何公差框格在许多情况下并不符合我国机械制图国家标准的相关规定，比如几何公差的图形符号、字母的正斜体形式等。要想得到符合国家标准的几何公差框格，可以自行绘制，其尺寸参照如图 4–122 所示（尺寸非国家标准规定）。框格可以用表格的形式绘制，也可用“直线”命令绘制。为方便使用，用户还可以将其创建成块。

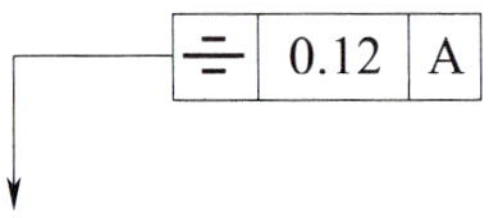

图 4–121 带引线的对称度公差

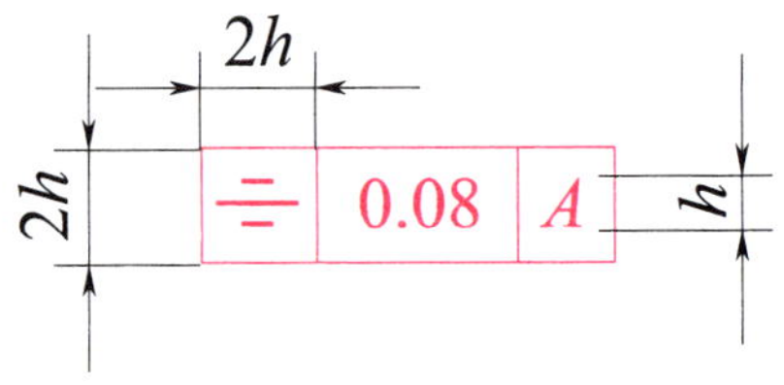

图 4–122 几何公差框格的尺寸

三、基准符号的标注

1．基准符号的组成

基准符号由基准三角形、引线、方框和字母组成，如图 4–123 所示。

2．基准符号的绘制

绘制如图 4–123 所示的基准符号。

（1）创建引线标注样式

启动“多重引线样式”命令，创建“基准符号”多重引线样式，具体设置如下。

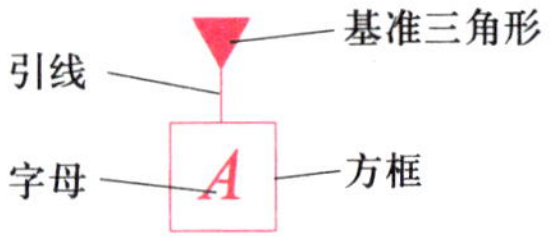

图 4–123 基准符号的组成

1）选择菜单栏“格式”→“多重引线样式”命令，系统弹出“多重引线样式管理器”对话框，选择“基准”样式，然后单击“修改”按钮，系统弹出如图 4–124 所示对话框。

2）在“引线格式”选项卡中，将“符号”设置为“实心基准三角形”，“大小”设置为“3.5”，“打断大小”设置为“0”，如图 4–124 所示。

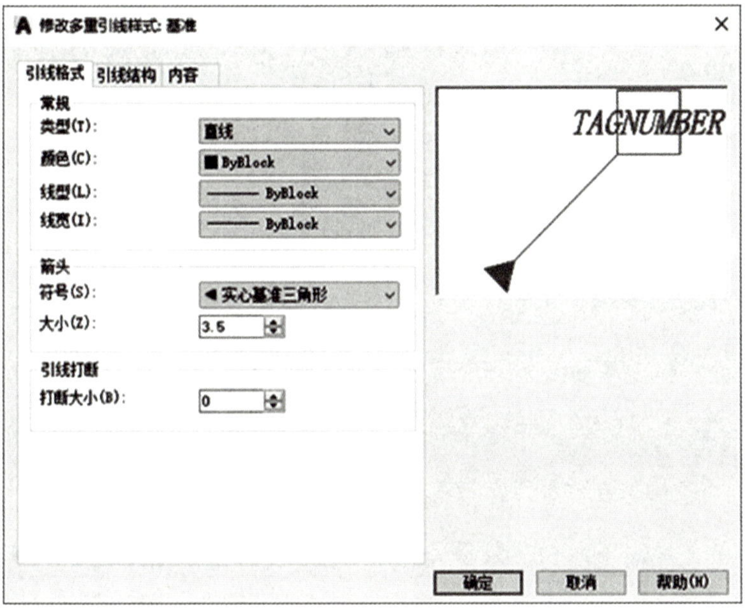

图 4–124　设置“引线格式”

3）在“引线结构”选项卡中，在“设置基线距离”的文本框中输入“0”，不勾选“自动包含基线”选项，如图 4–125 所示。

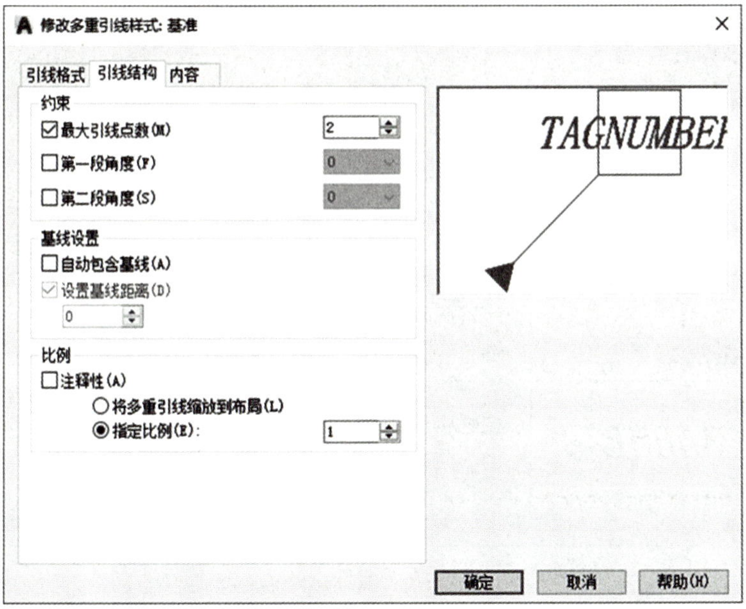

图 4–125　设置“引线结构”

4）在“内容”选项卡中，将“多重引线类型”设置为“块”，“源块”设置为方框，“附着”设为“插入点”，“比例”设置为“1”，如图 4–126 所示。

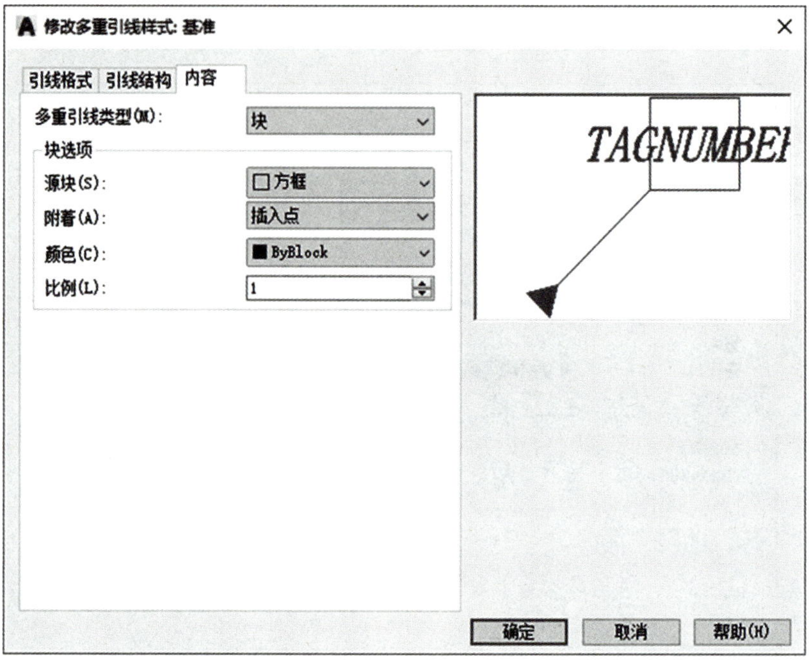

图 4–126 设置“内容”

（2）绘制基准符号

1）选择“格式”→“文字样式”命令，打开“文字样式”对话框，新建“基准用文字”样式，并置为当前，如图 4–127 所示。

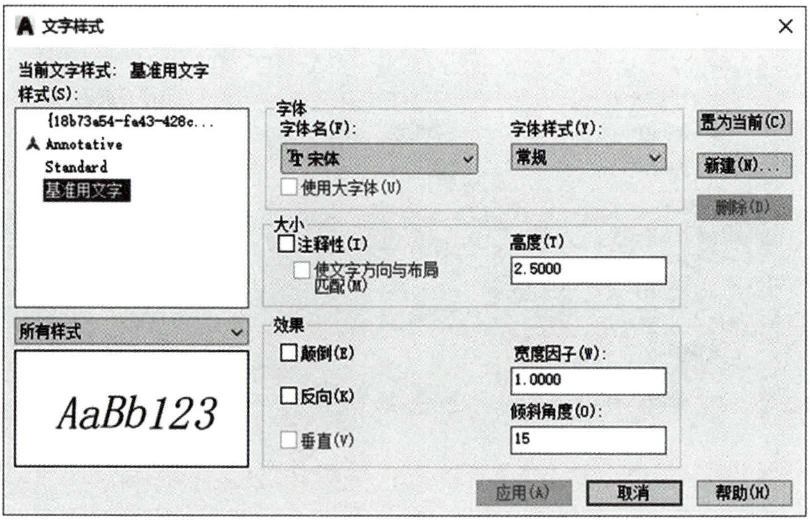

图 4–127 新建“基准用文字”样式

2）单击“默认”→“注释”→“引线”按钮，启动“多重引线”标注命令。

3）在图形窗口单击指定一点作为引线的起点，向下拖动鼠标到适当位置，系统弹出“编辑属性”对话框，输入字母 A，按“确定”按钮，则绘制出如图 4–128 所示的基准符号。

图 4–128 用“多重引线”命令绘制的基准符号

任务实施

1. 绘制图框和标题栏

根据传动轴轮廓尺寸，绘制 A3 图框和标题栏。

2. 绘制主视图

（1）绘制长为 290 mm 的中心线。

（2）应用“直线”命令，绘制如图 4–129 所示主视图上半部分轮廓。

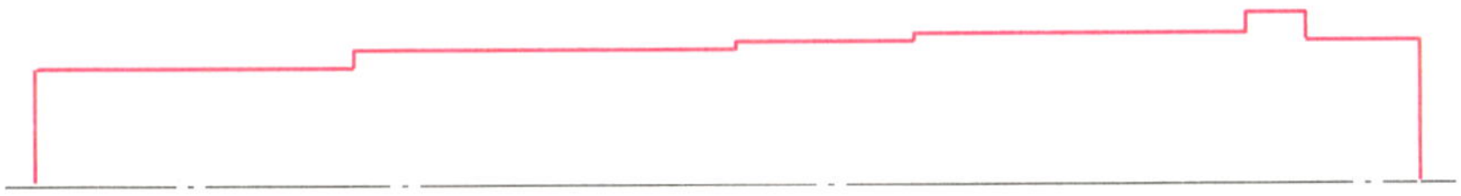

图 4–129 绘制主视图上半部分轮廓

（3）应用“延伸”命令，延伸短竖直线至中心线，如图 4–130 所示。

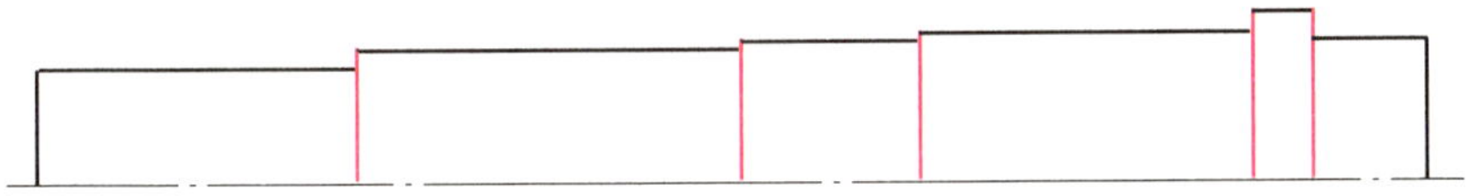

图 4–130 延伸短竖直线至中心线

（4）应用“倒角”命令绘制两端 $C2$ mm 倒角，并绘制倒角线，如图 4–131 所示。

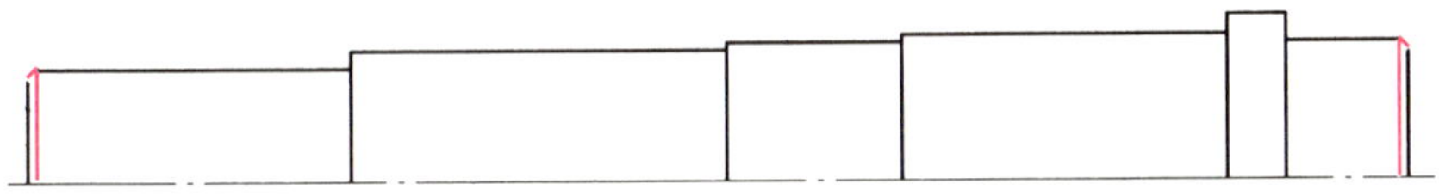

图 4–131 倒角

（5）应用“镜像”命令，将主视图上半部分轮廓镜像生成下半部分轮廓，如图 4–132 所示。

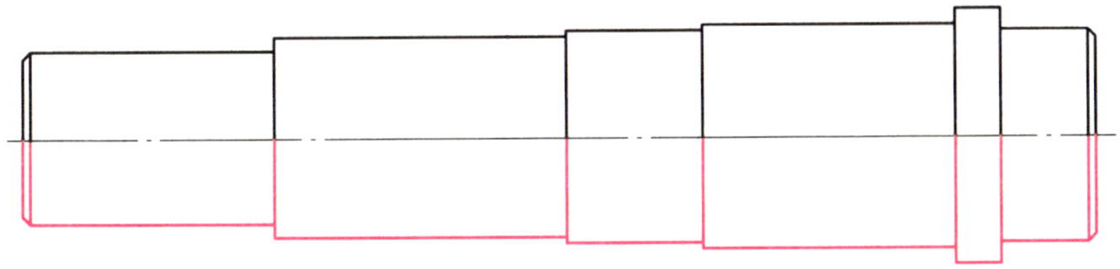

图 4–132 镜像生成下半部分轮廓

（6）根据键槽尺寸，绘制主视图上的两处键槽，如图 4–133 所示。

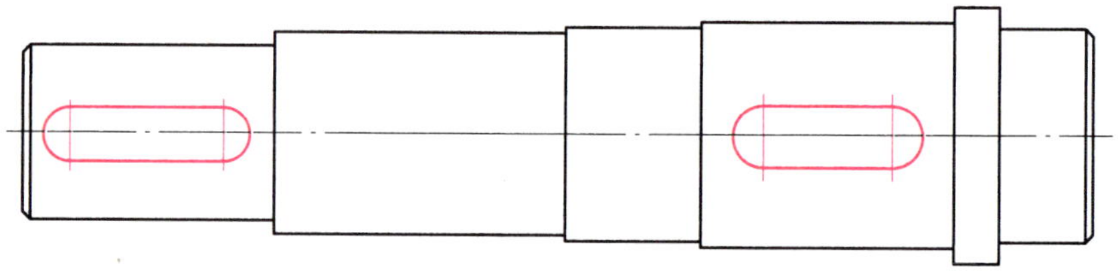

图 4–133　绘制主视图上的两处键槽

3．绘制断面图

应用“直线”“圆”“等距”和“图案填充”等命令绘制两断面图，如图 4–134 所示。

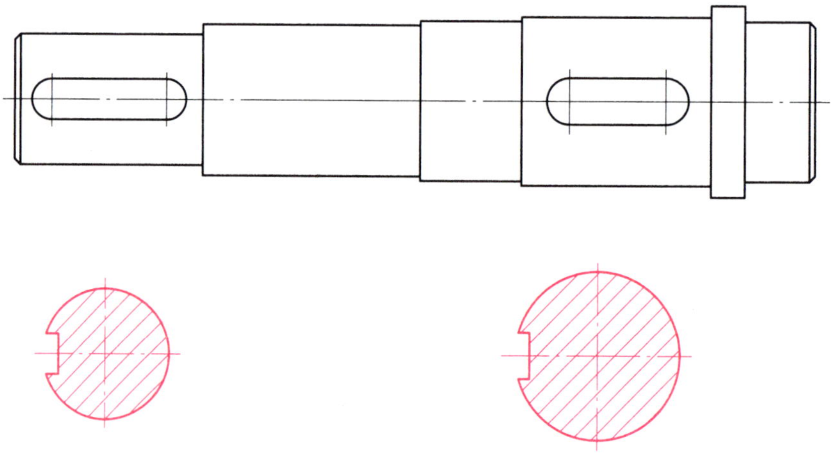

图 4–134　绘制两断面图

4．标注尺寸及几何公差等

（1）标注线性尺寸

应用“线性”标注命令，标注传动轴零件图中的线性尺寸及公差，如图 4–135 所示。

（2）标注基准符号

设置“多重引线样式”，应用“多重引线”命令，在主视图中标注四处基准符号，如图 4–136 所示。

（3）标注几何公差

应用“公差”命令，标注主视图和断面图上的几何公差，如图 4–137 所示。

（4）标注表面结构要求的图形符号

创建表面结构要求的图形符号图块，并将其插入到标注位置，如图 4–138 所示。

（5）标注倒角及断面符号

新建多重引线样式，应用“多重引线”命令标注两端倒角和剖切符号，应用“多行文字”命令标注字母，如图 4–139 所示。

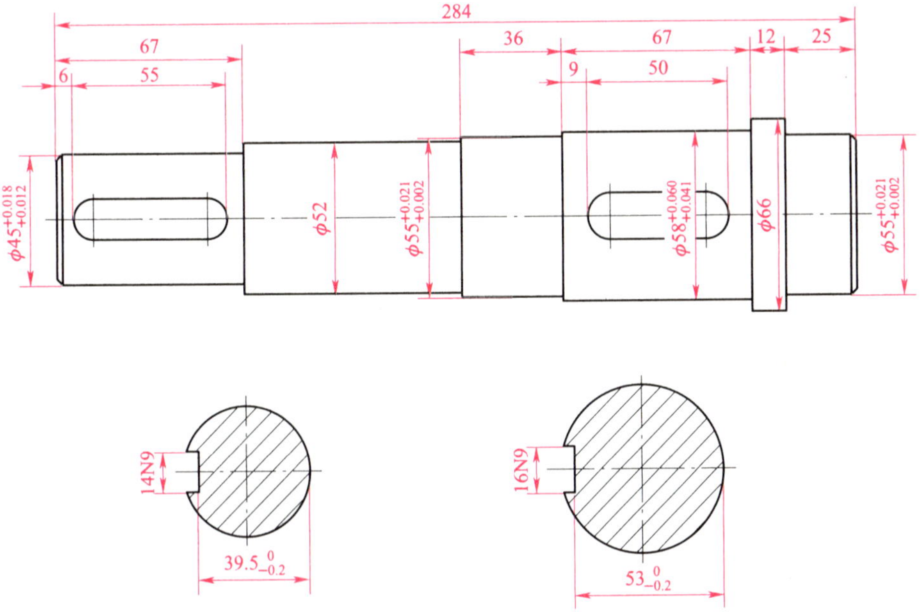

图 4-135　标注线性尺寸及公差

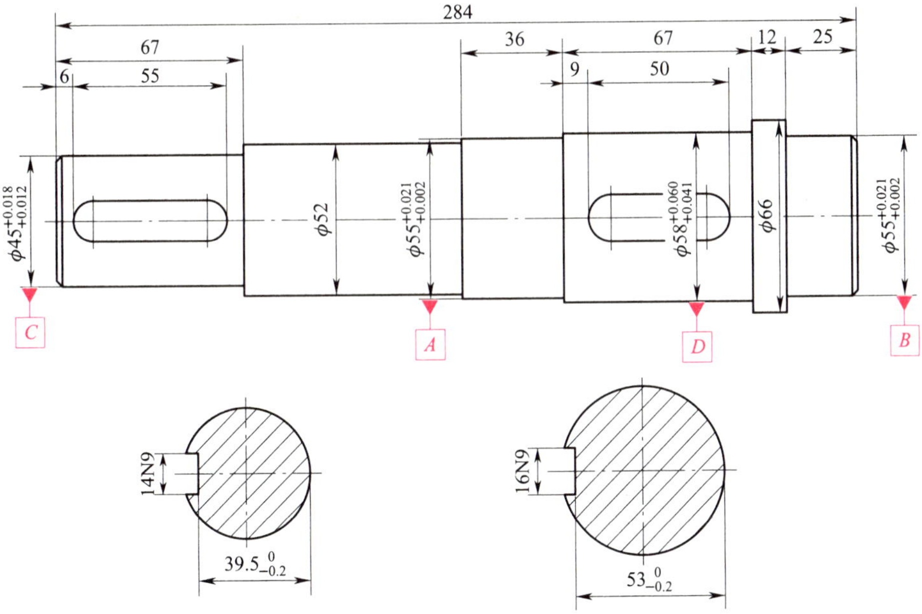

图 4-136　标注基准符号

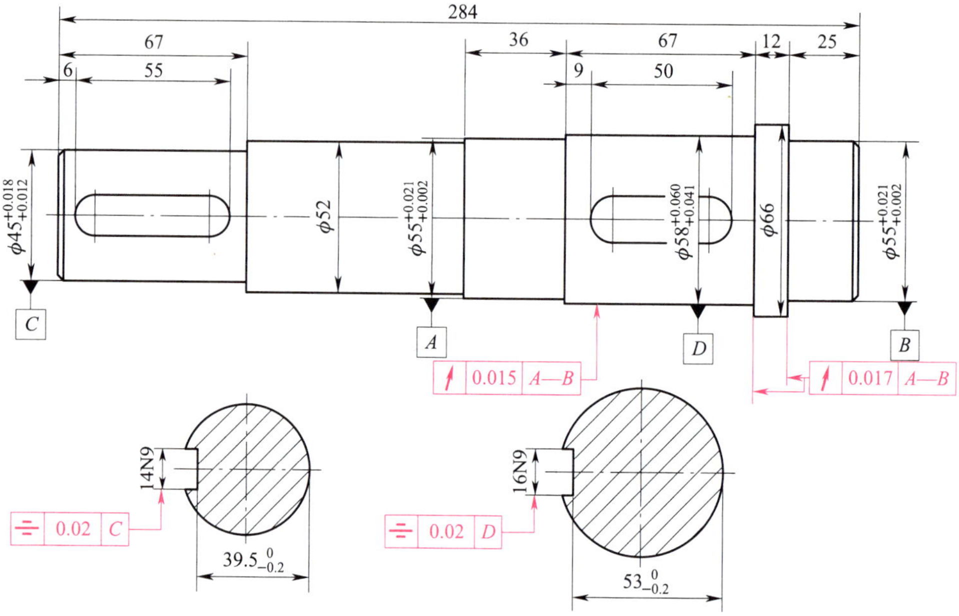

图 4-137 标注几何公差

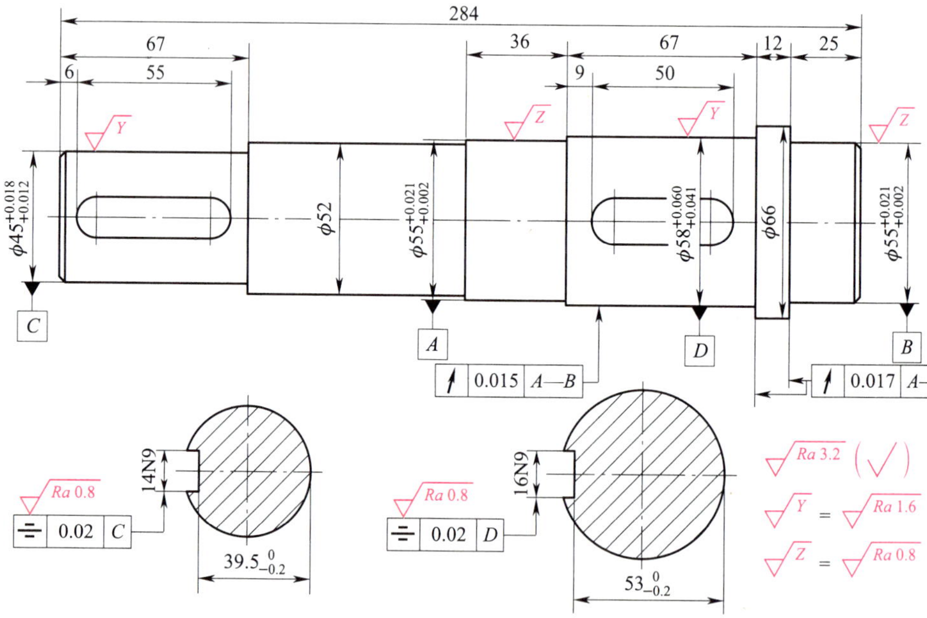

图 4-138 标注表面结构要求的图形符号

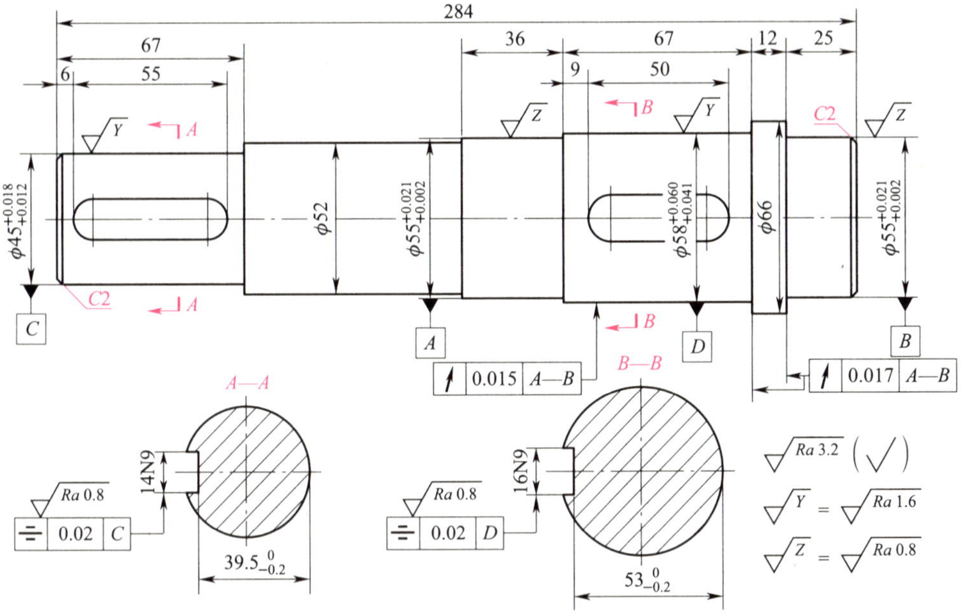

图 4-139 标注倒角及断面符号

5．标注技术要求

应用“多行文字”命令，标注传动轴零件图技术要求。

6．保存文件

将绘制的传动轴零件图保存到指定位置。

任务 5 绘制齿轮零件图

学习目标

1．掌握表格样式的创建。

2．掌握“表格”命令的应用。

3．会绘制齿轮零件图。

任务引入

本次任务要求绘制如图 4-140 所示的齿轮零件图。有时零件图仅靠图形和尺寸表达的信息是不够全面的，如齿轮技术参数通过图形和尺寸标注是表达不出来的，这时需要通过表格来表达，如图 4–140 所示齿轮零件图还绘制了齿轮技术参数表。本次任务的学习重点是表格样式的创建与表格的绘制。

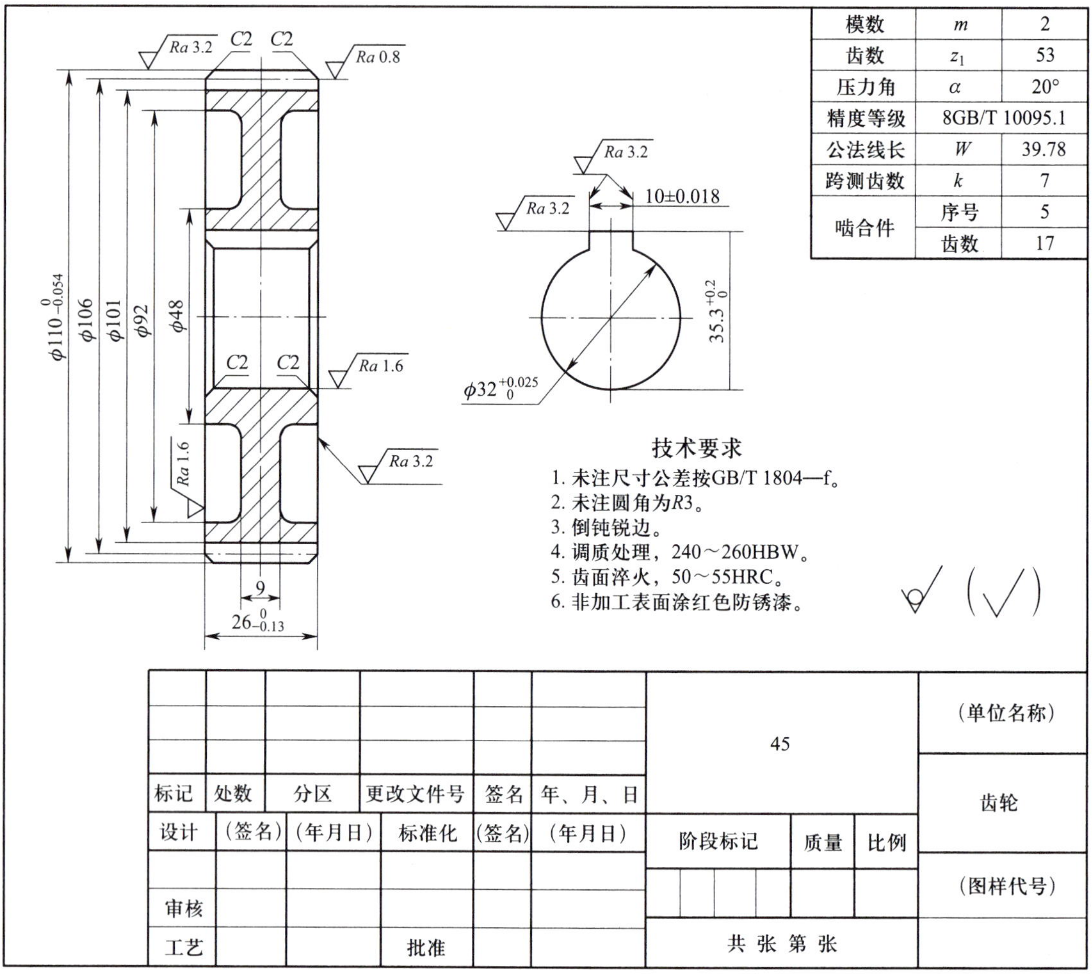

图 4–140　齿轮零件图

相关知识

模块四任务一要求绘制的技术制图标题栏是采用“直线”、“偏移”、“多行文字”和“复制”等命令来完成的，这样的操作过程烦琐而复杂，不利于提高绘图效率。使用表格功能使创建表格变得非常容易，用户可以直接插入设置好样式的表格，而不用绘制由单独的图线组成的表格。

一、创建表格样式

和文字标注样式一样，表格也有表格样式。表格样式是用来控制表格基本形状和间距的一组设置。

1．启动“表格样式”命令的方法

（1）功能区：单击“默认”→“注释”→“表格样式”命令按钮 。

（2）菜单栏：选择“格式”→“表格样式”命令。

（3）命令行：ts 或 tablestyle。

执行“表格样式”命令，系统弹出“表格样式”对话框，如图 4-141 所示。

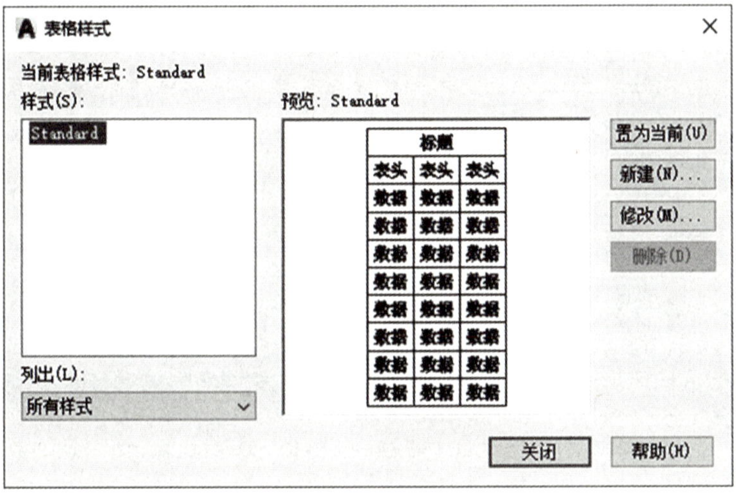

图 4-141 “表格样式”对话框

2．选项说明

（1）新建

单击“新建”按钮，系统弹出“创建新的表格样式”对话框，如图 4-142 所示。输入新的表格样式名后，单击“继续”按钮，系统打开“新建表格样式”对话框，如图 4-143 所示，可以定义新的表格样式。

1）表格方向：设置表格方向。“向下”将创建由上而下读取的表格，即标题行和列标题行位于表格的顶部。“向上”将创建由下而上读取的表格，标题行和列标题行位于表格的底部。

2）单元样式：设置数据单元、单元文字和单元边框的外观。“单元样式”下拉列表中包含“数据”“表头”“标题”三个选项，分别控制表格中数据、列标题和总标题的有关参数，如图 4-144 所示。下面以“数据”单元样式为例说明各选项的设置。

“常规”选项卡：用于指定单元的背景色、文字的对正和对齐方式，以及控制单元边框和单元内容之间的间距等。

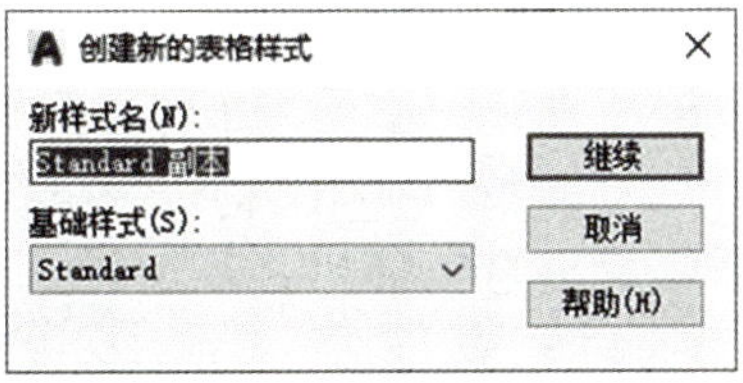

图 4-142 “创建新的表格样式”对话框

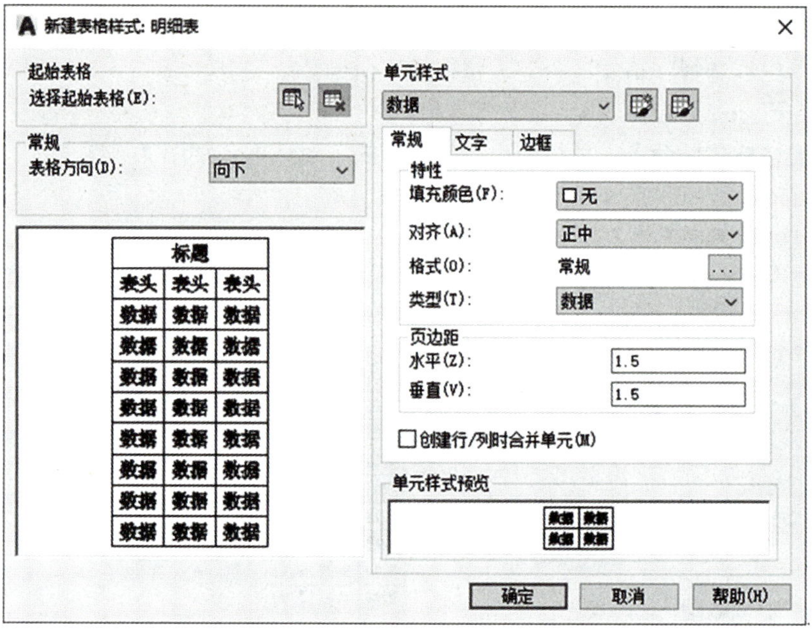

图 4–143 “新建表格样式”对话框

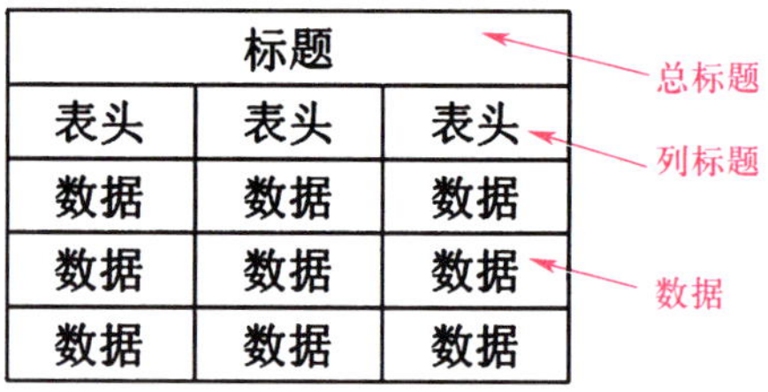

图 4–144 单元样式

“文字”选项卡：用于设置文字的样式、文字的高度、文字的颜色和文字的角度。

“边框”选项卡：用于设置表格的边框属性，如线宽、线型、颜色、双线、间距。下面的边框按钮用于控制单元边框的外观。

（2）修改

对当前表格样式进行修改，单击该按钮，系统打开“修改表格样式”对话框，其选项设置与“新建表格样式”相同。

二、创建表格

在设置好表格样式后，用户可以利用“表格”命令创建表格。

1. 启动“表格”命令的方法

（1）功能区：单击“默认”→“注释”→“表格”命令按钮 ▦。

（2）菜单栏：选择“绘图”→“表格”命令。

（3）命令行：tb（或 table）。

执行“表格”命令，系统打开“插入表格”对话框，如图 4–145 所示。

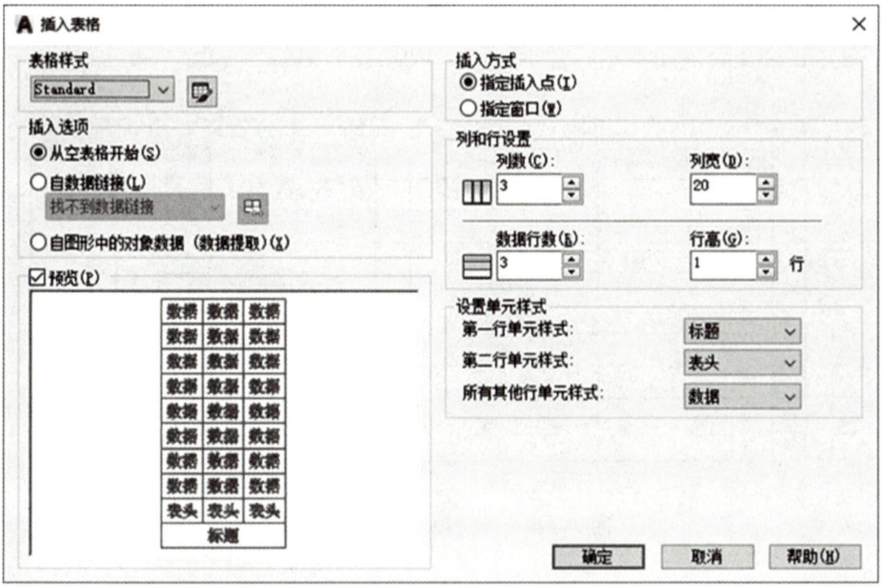

图 4–145 “插入表格”对话框

2．选项说明

（1）表格样式

在要创建表格的当前图形中选择表格样式，通过单击下拉列表旁边的按钮可以创建新的表格样式。

（2）插入选项

指定插入表格的方式。

（3）插入方式

1）指定插入点：指定表格左上角的位置。如果表格样式将表格的方向设定为由下而上读取，则插入点位于表格的左下角。

2）指定窗口：指定表格的大小和位置。选定此选项时，行数、列数、列宽和行高取决于窗口的大小以及列和行设置。

（4）列和行设置

设置列和行的数目和大小。

（5）设置单元样式

1）第一行单元样式：指定表格中第一行的单元样式。默认情况下，使用标题单元样式。

2）第二行单元样式：指定表格中第二行的单元样式。默认情况下，使用表头单元样式。

3）所有其他行单元样式：指定表格中所有其他行的单元样式。默认情况下，使用数据单元样式。

三、示例

绘制如图 4–146 所示的滑动轴承装配图明细表。

1．新建图形文件

打开“制图样板”，新建图形文件。

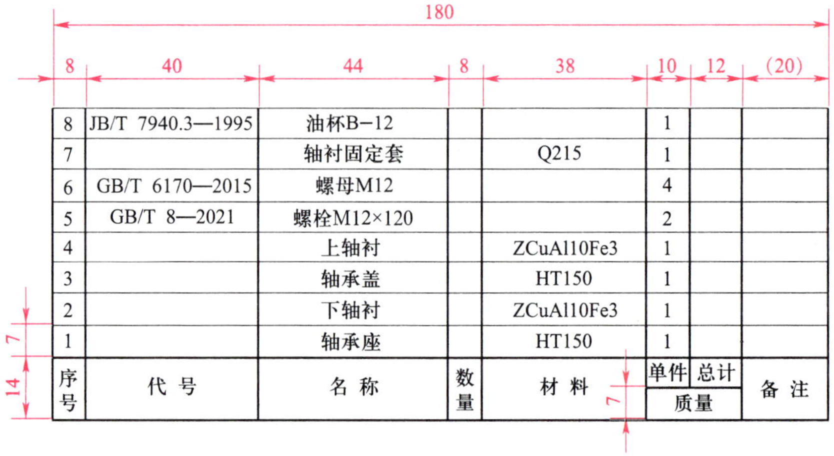

图 4–146 滑动轴承装配图明细表

2．设置图层

由于滑动轴承装配图明细表中大部分图线是粗实线，因此将“粗实线”图层设置为当前图层。

3．设置表格样式

（1）执行“表格样式”命令，系统打开“表格样式”对话框。单击“新建”按钮，打开“创建新的表格样式”对话框。在“新样式名”文本框中输入“明细表”。单击“继续”按钮，打开“新建表格样式：明细表”对话框，如图 4–147 所示。

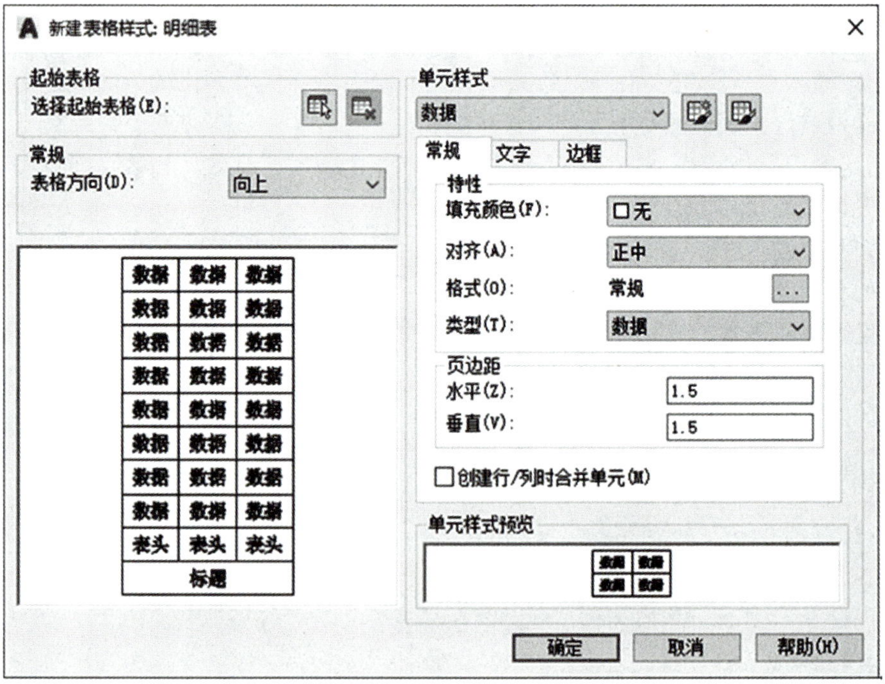

图 4–147 “新建表格样式：明细表”对话框

（2）“表格方向”栏设置为“向上”，“常规”选项卡中的“对齐”方式设置为“正中”，其他采用默认设置。

（3）在“文字”选项卡中，“文字样式”设置为“宋体”，“文字高度”设置为“2.5”，其他采用默认设置，如图 4–148 所示。

（4）在“边框”选项卡中，“线宽”设置为“0.2 mm”，单击底部“上边框”按钮，将该线宽应用于上边框，其他边框的线宽则采用当前图层的线宽，如图 4–149 所示。

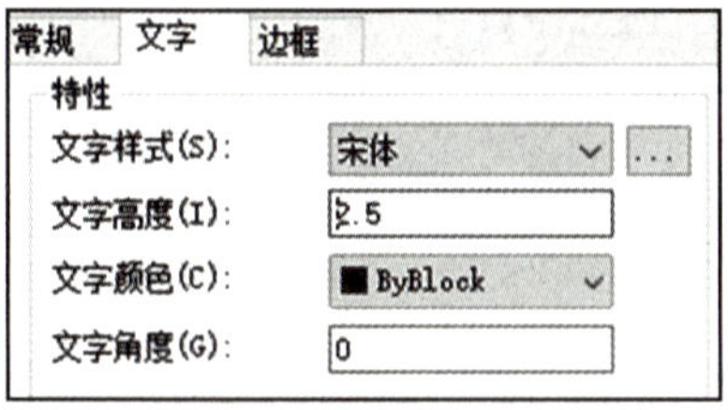

图 4–148　设置“文字”选项卡

图 4–149　设置“边框”选项

（5）单击“确定”按钮，系统关闭“新建表格样式”对话框，新建“明细表”样式就呈现在“样式”栏中，单击“关闭”按钮，关闭“表格样式”对话框。

4. 插入表格

（1）执行“插入表格”命令，系统打开“插入表格”对话框。“表格样式”选择“明细表”；“列数”设置为“8”，“列宽”设置为“20”；“数据行数”设置为“8”，“行高”设置为“1”（默认设置）；“第一行单元样式”和“第二行单元样式”都设置为“数据”；其他参数采用默认设置，如图 4–150 所示。

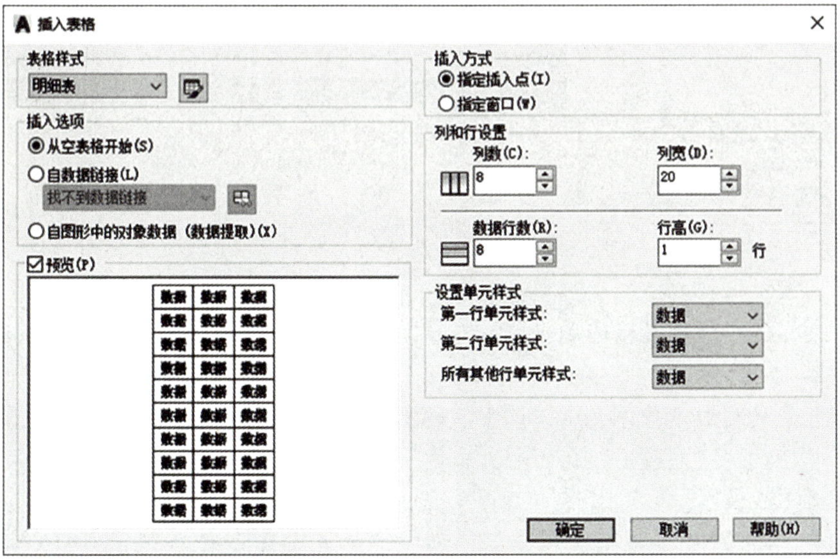

图 4–150　设置表格参数

（2）单击“确定”按钮，在图形窗口插入表格，如图 4–151 所示。

图 4–151　插入表格

5．编辑表格的高度和宽度

（1）单击“默认”→“特性”面板右侧的斜箭头，弹出“特性”对话框，如图 4–152 所示。

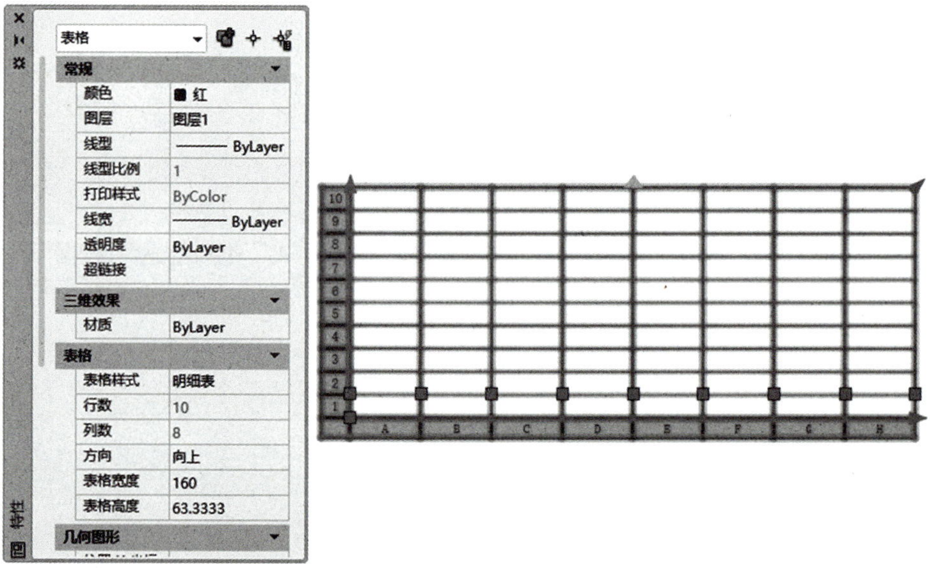

图 4–152　“特性”对话框

（2）在表格的左下单元格内单击鼠标左键，该单元格四周边框呈黄色粗线，并呈现蓝色夹点，如图 4–153 所示。

（3）向上拖动右上角蓝色夹点，选中该列所有行，如图 4–154 所示。

（4）在“特性”对话框中，将“单元宽度”修改为“8”，“单元高度”修改为“7”，修改结果如图 4–155 所示。

（5）用同样的方法，将第 2 列至第 7 列中“单元宽度”依次修改为 40、44、8、38、10、12，结果如图 4–156 所示。

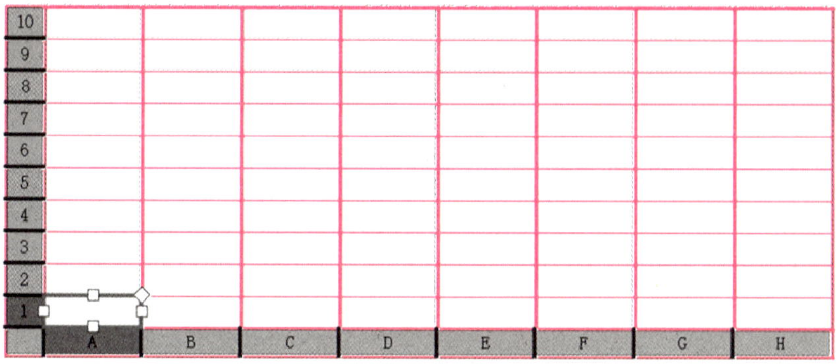

图 4–153　选中单元格

图 4–154　选中左侧第一列所有行

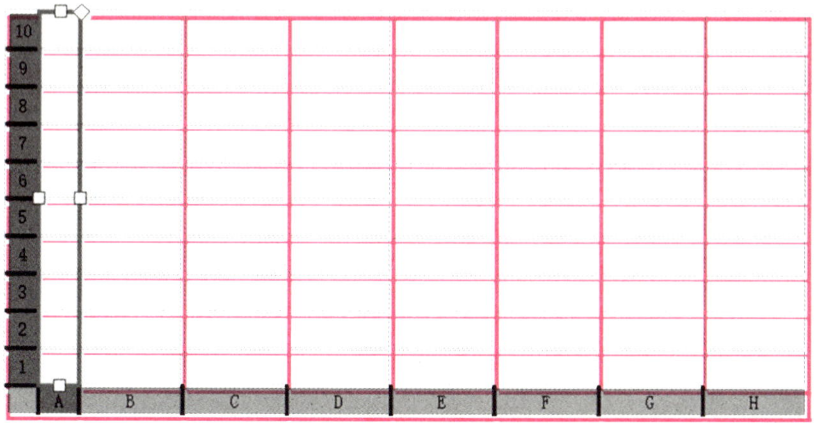

图 4–155　单元宽度和高度修改结果

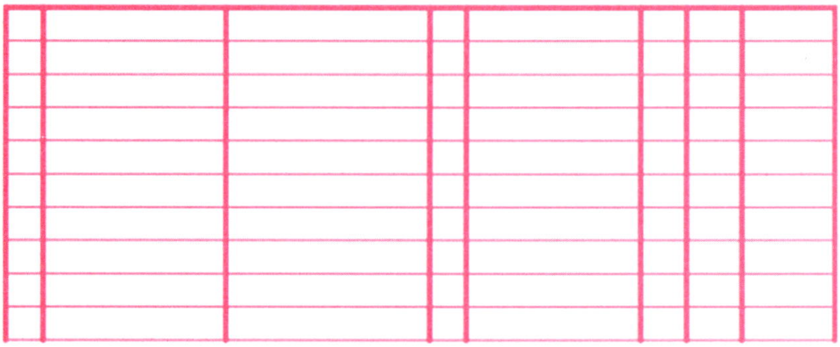

图 4–156 编辑列宽

6. 合并单元格

在明细栏中，下方表头的格式与数据行有所不同，需要合并某些单元格。

（1）在选中一个单元格时，系统会弹出一个“表格单元”对话框，如图 4–157 所示。在该对话框中，可以进行插入行、删除行、插入列、删除列、合并等操作。

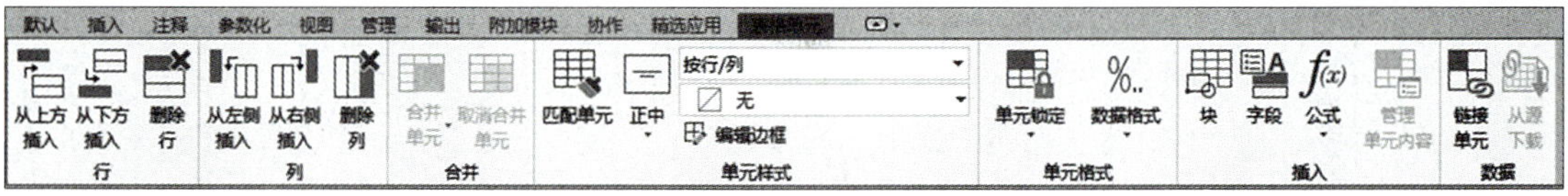

图 4–157 表格单元

（2）选择左下角的单元格，按住 Shift 键的同时选择第 5 列第 2 行单元格，则选中了第 1 列至第 5 列中的第 1 行、第 2 行单元格，如图 4–158 所示。

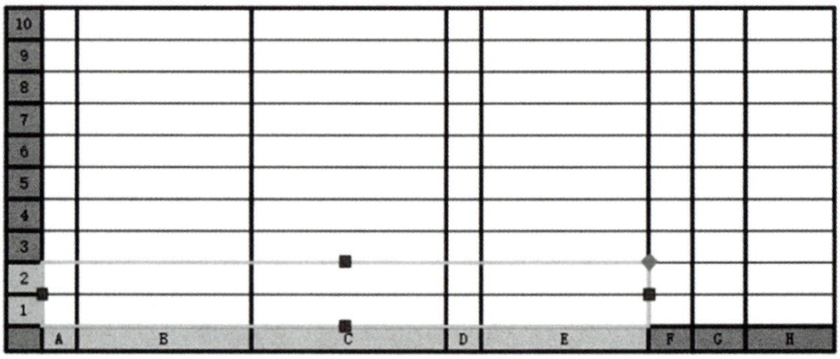

图 4–158 选择多个单元格

（3）单击“表格单元”→“合并”→“按列合并”按钮，将选中的单元格按列进行合并，合并结果如图 4–159 所示。

（4）用同样的方法，合并第 6、第 7 两列中的第一行单元格，以及合并第 8 列的第 1、第 2 行单元格，结果如图 4–160 所示。

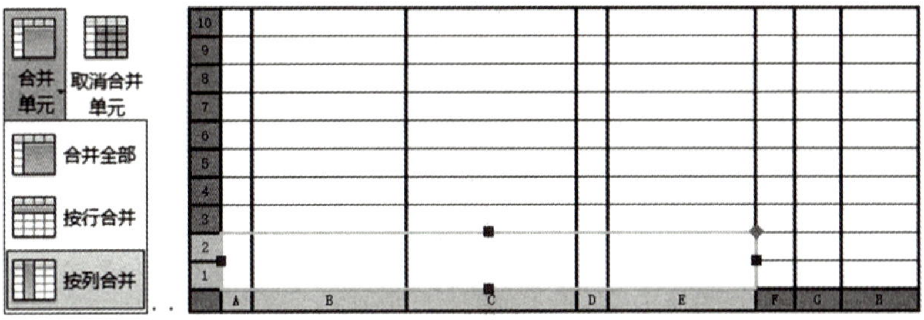

图 4-159　按列合并结果

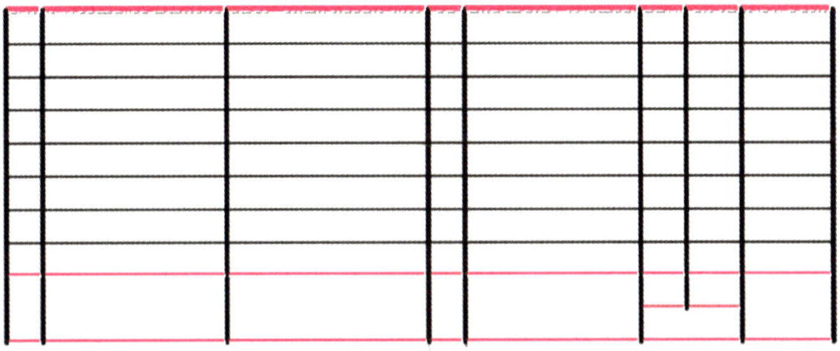

图 4-160　合并其余单元格

7. 编辑单元格的线宽

对比分析图 4-146 和图 4-160 可知，两个图中的部分线宽不一致，需要修改。即图 4-160 所示表头的三条细实线要修改为粗实线，表格上边框粗实线要修改为细实线。

（1）先选择表头，再单击“表格单元”→“单元样式”→“编辑边框”按钮，系统弹出“单元边框特性”对话框，如图 4-161 所示。“线宽”设置为“0.40 mm”，然后单击“所有边框”按钮，再单击“确定”按钮，选中表头单元格的所有边框线的线宽修改为 0.40 mm，如图 4-162 所示。

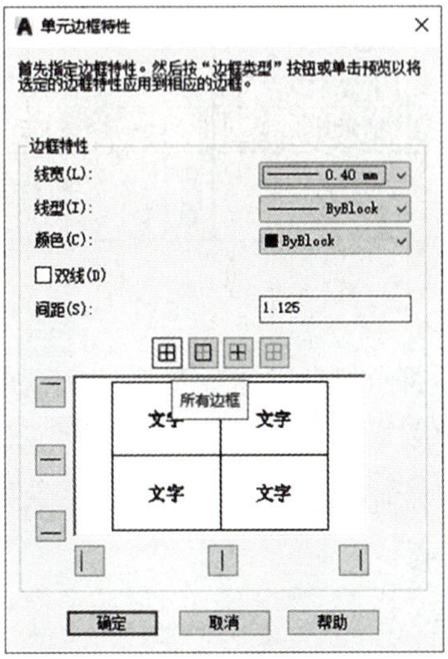

图 4-161　“单元边框特性”对话框

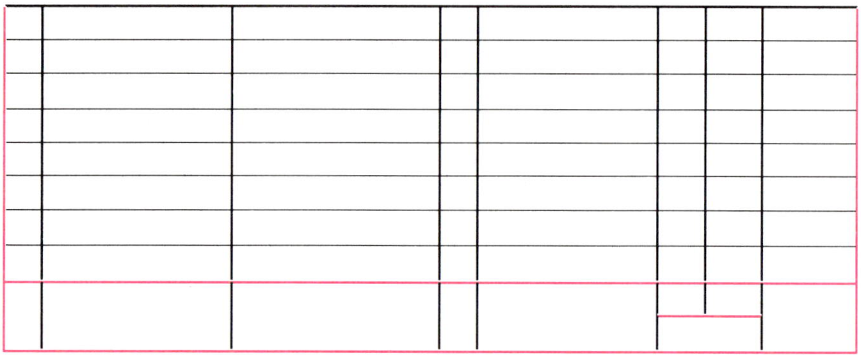

图 4–162　修改表头线宽

（2）选择表格顶部所有单元格，单击“表格单元”→“单元样式”→“编辑边框”按钮，系统弹出“单元边框特性”对话框（见图 4–161）。“线宽”设为“0.20 mm”，然后单击“下边框”按钮（因表格方向为“向上”），则表格上边框线宽修改为 0.20 mm。

8．填写文字

（1）在需要填写文字的单元格中双击鼠标左键，即可进入文字编辑状态，按下键盘上的箭头键，可将光标移到相邻单元格。在填写“序号”列的数字时，可以先填写“1”，然后向上拖动光标选中其余各行，系统会按次序自动填写其他数字。文字填写情况如图 4–163 所示。

8	JB/T 7940.3—1995	油杯B−12			1		
7		轴衬固定套		Q215	1		
6	GB/T 6170—2015	螺母M12			4		
5	GB/T 8—2021	螺栓M12×120			2		
4		上轴衬		ZCuAl10Fe3	1		
3		轴承盖		HT150	1		
2		下轴衬		ZCuAl10Fe3	1		
1		轴承座		HT150	1		
序号	代 号	名 称	数量	材 料	单件	总计	备 注
					质量		

图 4–163　填写文字

（2）填写后的文字有可能不符合排版要求，如图 4–163 所示的数字采用的是“右中”的格式。由于本表中的所有文字都要求是“正中”模式，所以选择所有单元格，然后单击“表格单元”→“单元样式”→“对齐”→“正中”按钮，将文字在单元格中的位置设置为“正中”，如图 4–164 所示。至此，表格绘制完毕。

8	JB/T 7940.3—1995	油杯B-12			1		
7		轴衬固定套		Q215	1		
6	GB/T 6170—2015	螺母M12			4		
5	GB/T 8—2021	螺栓M12×120			2		
4		上轴衬		ZCuAl10Fe3	1		
3		轴承盖		HT150	1		
2		下轴衬		ZCuAl10Fe3	1		
1		轴承座		HT150	1		
序号	代 号	名 称	数量	材 料	单件	总计	备 注
					质量		

图 4-164 对齐文字

任务实施

1. 绘制图形

根据图 4-140 所示尺寸，绘制齿轮零件图，如图 4-165 所示。

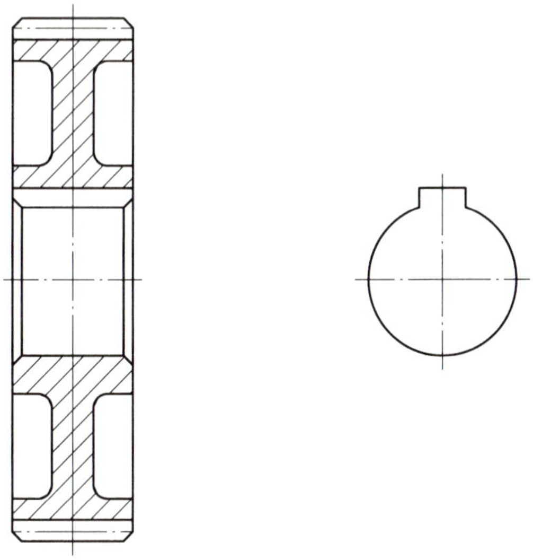

图 4-165 绘制齿轮零件图

2. 标注尺寸

标注线性尺寸和倒角，结果如图 4-166 所示。

3. 标注表面结构要求的图形符号

创建表面结构要求的图形符号图块，并将其插入到标注位置，如图 4-167 所示。

4. 绘制图框和标题栏

应用“直线”和“表格”命令绘制图框和标题栏，如图 4-168 所示。如果把标题栏作为一个表格绘制，则非常麻烦。如果把表格分解成更改区、签字区、其他区和名称及代号区四个区域（见图 4-169），分别绘制四个表格，然后将表格组合在一起，则非常简单，具体绘制步骤在此不再赘述。

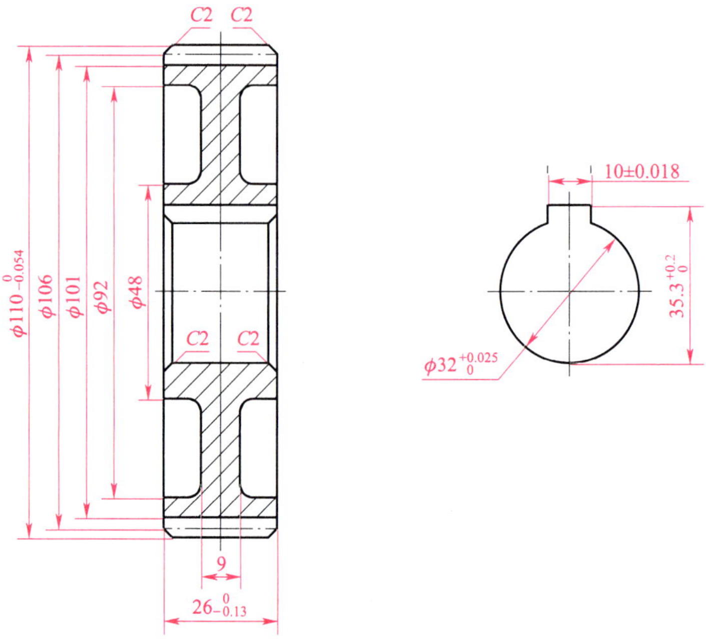

图 4-166 标注线性尺寸和倒角

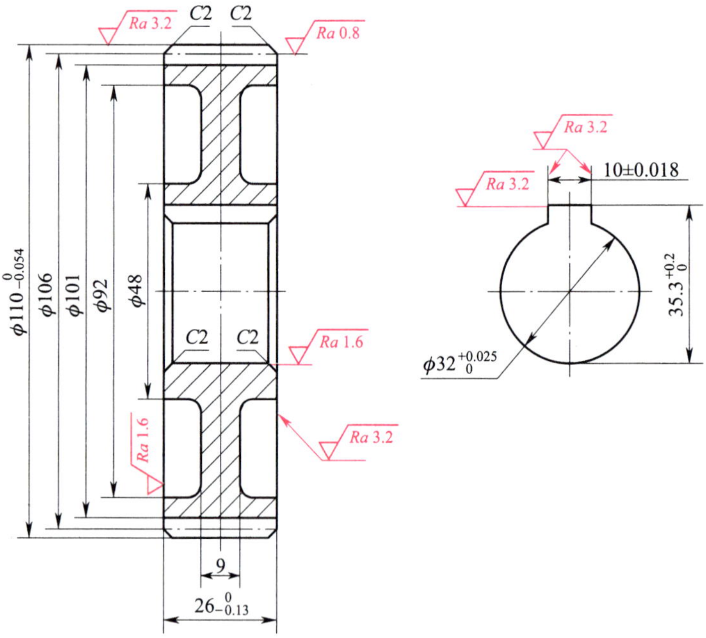

图 4-167 标注表面结构要求的图形符号

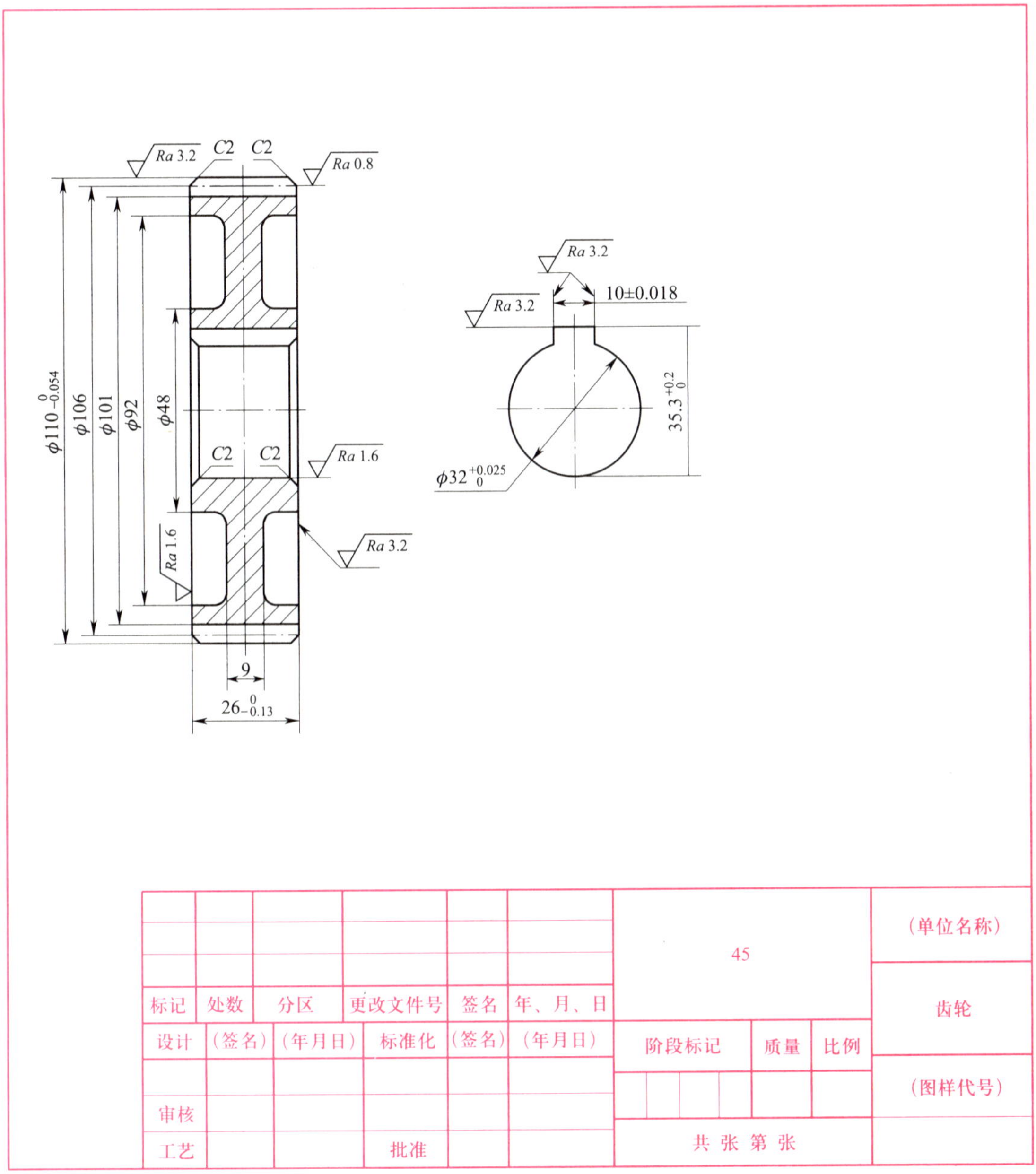

图 4-168 绘制图框和标题栏

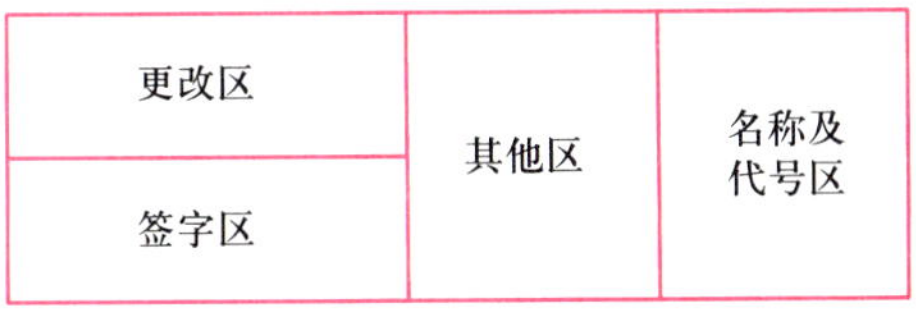

图 4-169 将标题栏分解为四个区域

5．绘制齿轮技术参数表

应用“表格”命令绘制齿轮技术参数表，如图 4–170 所示。

6．标注技术要求

应用“多行文字”命令，标注技术要求，如图 4–171 所示。

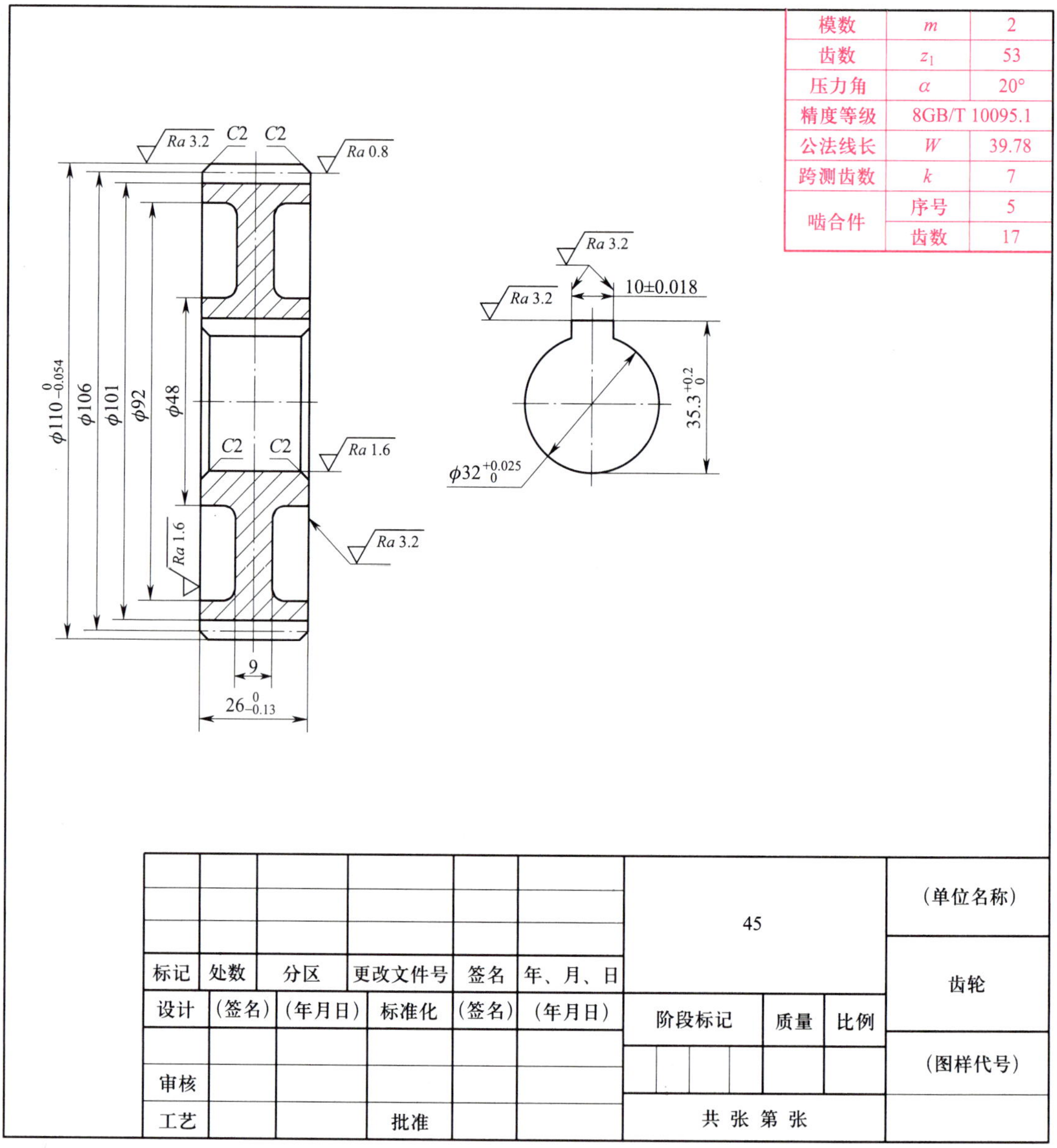

图 4–170　绘制齿轮技术参数表

模数	m	2
齿数	z_1	53
压力角	α	20°
精度等级	8GB/T 10095.1	
公法线长	W	39.78
跨测齿数	k	7
啮合件	序号	5
	齿数	17

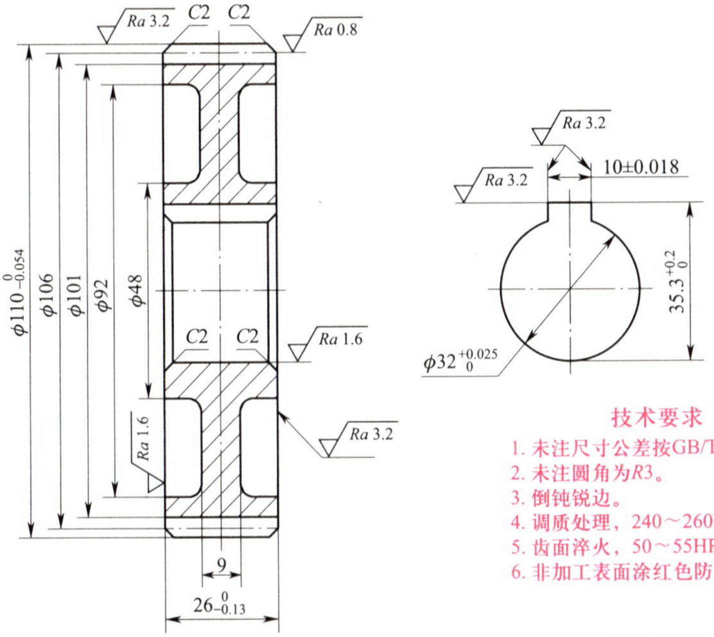

技术要求

1. 未注尺寸公差按GB/T 1804—f。
2. 未注圆角为$R3$。
3. 倒钝锐边。
4. 调质处理，240～260HBW。
5. 齿面淬火，50～55HRC。
6. 非加工表面涂红色防锈漆。

						45			（单位名称）
标记	处数	分区	更改文件号	签名	年、月、日				齿轮
设计	（签名）	（年月日）	标准化	（签名）	（年月日）	阶段标记	质量	比例	（图样代号）
审核									
工艺			批准			共 张 第 张			

图 4-171 标注技术要求

模块五

绘制二维装配图

任务1 绘制凸缘联轴器装配图

学习目标

1．会创建凸缘联轴器组成零件的图块。

2．会拼装凸缘联轴器二维装配图。

任务引入

二维装配图是用于表达部件或机器的工作原理、零件之间的装配关系和相互位置，以及装配、检验、安装所需要的尺寸数据的技术文件。在设计过程中，一般都先绘制出装配图，再由装配图所提供的结构形式和尺寸拆画零件图；也可以先绘制零件图，再根据零件图来拼画装配图。

本次任务要求绘制如图5-1所示的某凸缘联轴器装配图，该联轴器由二个半联轴器、四根螺栓和四个螺母组成，图5-2至图5-4分别为其零件图。绘制装配图时，需要先绘制出各组成零件的零件图（不标注尺寸），并将其创建为图块，然后进行拼装。

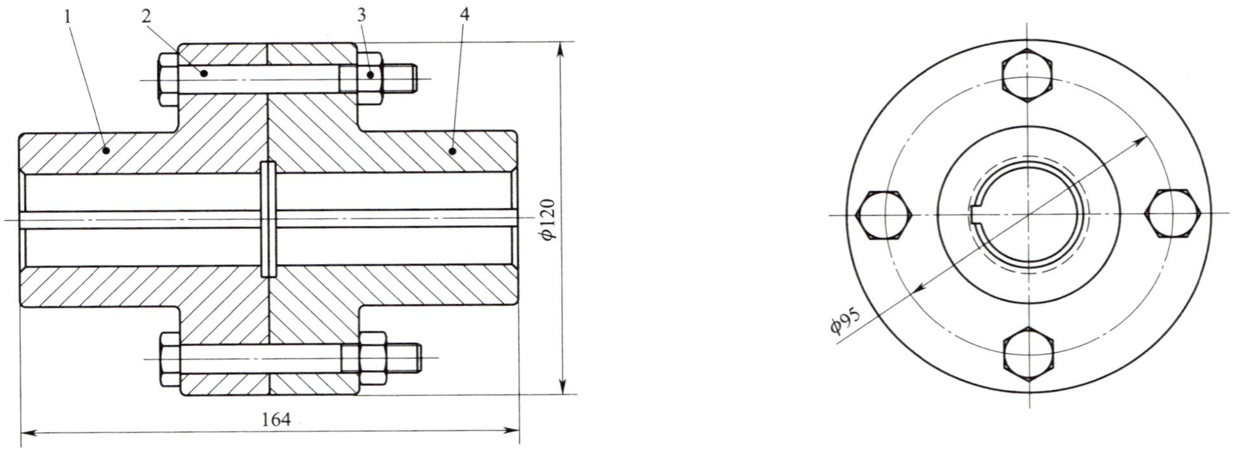

技术要求

1.零件在装配前必须清理和清洗干净。

2.螺栓和螺母紧固时，严禁打击或使用不合适的旋具和扳手，紧固后螺母和螺栓不得损坏。

3.联轴器装配后，两端孔的同轴度误差不大于0.02。

序号	代号	名称	数量	材料	单件质量	总计质量	备注
4		右半联轴器	1	35	1	1	
3	GB/T 6170—2015	六角头螺母M10	4	Q235	4	4	
2	GB/T 5782—2016	六角头螺栓M10×80	4	Q235	4	4	
1		左半联轴器	1	35	1	1	

标记	处数	分区	更改文件号	签名	年、月、日			凸缘联轴器装配图
设计	(签名)	(年月日)	标准化	(签名)	(年月日)	阶段标记	质量	比例
审核								
工艺			标准			共 张 第 张		

图 5-1 某凸缘联轴器装配图

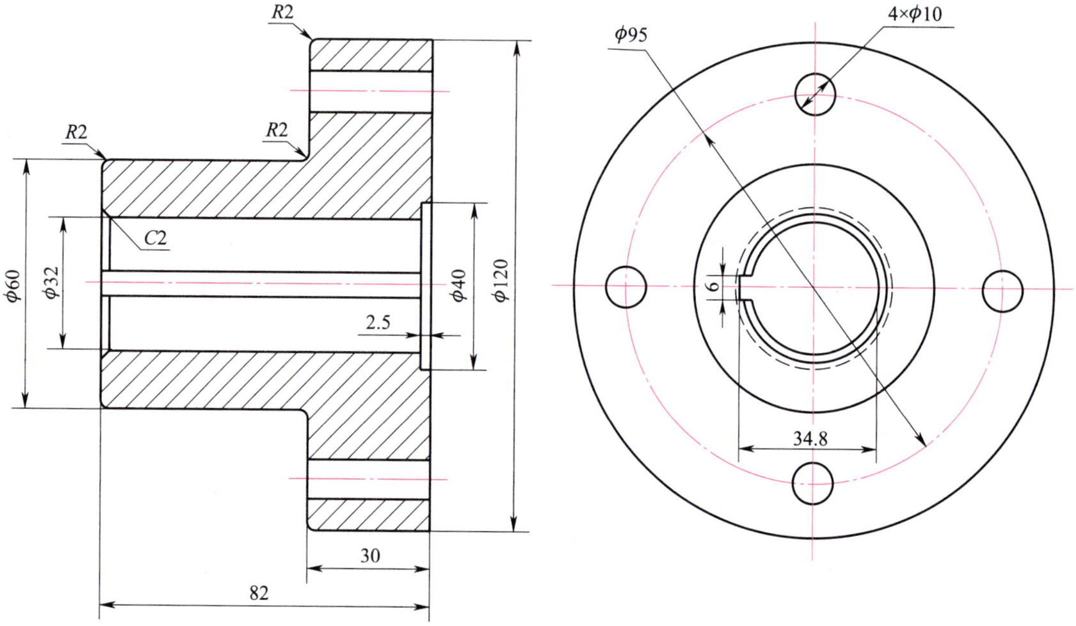

图 5-2　半联轴器零件图

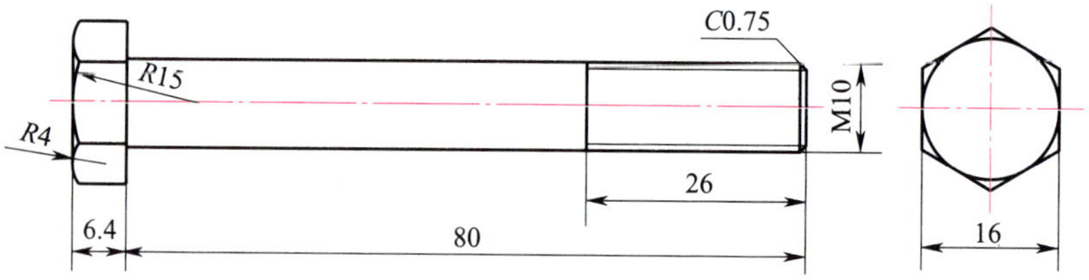

图 5-3　螺栓零件图

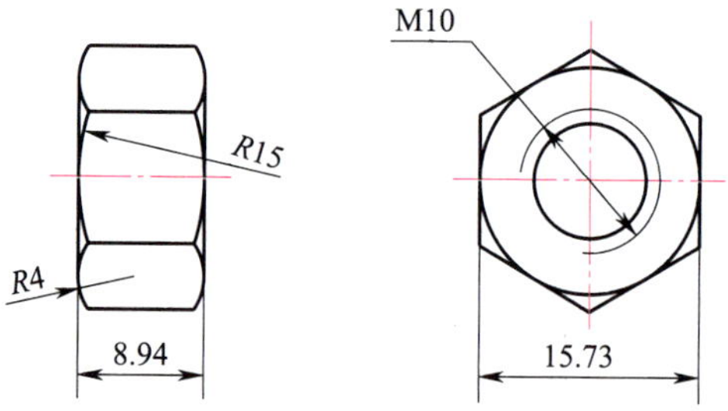

图 5-4　螺母零件图

任务实施

1．创建零件图块

（1）创建半联轴器图块

根据图 5-2 所示尺寸绘制半联轴器零件图，如图 5-5 所示，不标注尺寸。在命令行中运行“wblock”命令，系统打开“写块”对话框，如图 5-6 所示。单击“拾取点”按钮，系统返回绘图界面，拾取半联轴器主视图中心线与右端面的交点为基点，系统打开“写块”对话框。单击“选择对象”按钮，系统返回绘图界面，拾取半联轴器主视图和左视图所有组成对象，确认后系统打开“写块”对话框。在“文件名和路径”文本框中输入图块保存位置，其他设置如图 5-6 所示。

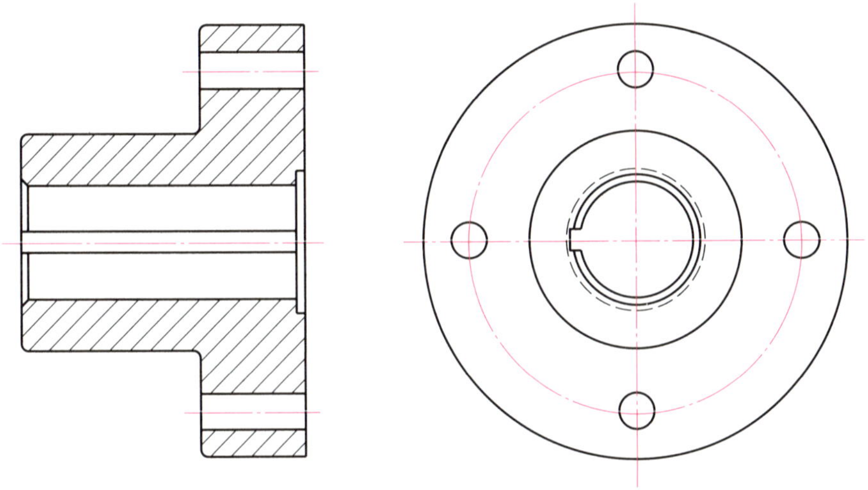

图 5-5 半联轴器

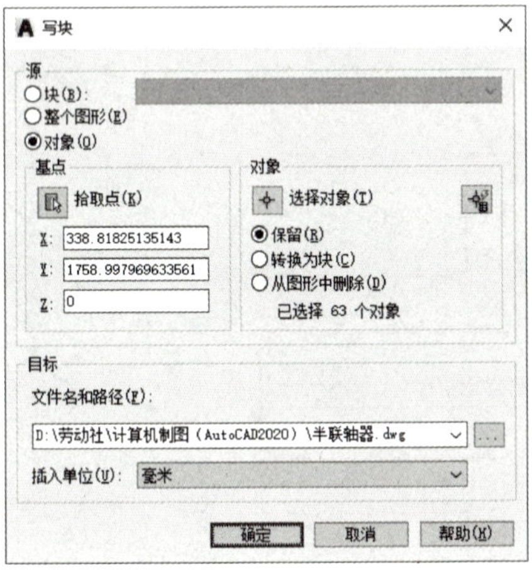

图 5-6 “写块”对话框

（2）创建螺栓和螺母图块

绘制螺栓和螺母零件图，用上述方法将其创建成图块。注意，螺栓主视图和左视图在装配图中是分开应用的，可以创建成两个图块；螺母在装配图中只绘制了主视图，所以只创建主视图的图块就可以了。

2. 拼装凸缘联轴器装配图

（1）绘制左半联轴器

单击“默认”选项卡中“块”面板上的“插入”按钮，系统显示当前图形中块的库，选择“半联轴器”图块，光标变成了“半联轴器”图块，在图形窗口确定插入点，即可完成

“半联轴器”块的插入。将整个图块进行分解，并移动左视图，使其离主视图约 100 mm，如图 5-7 所示。

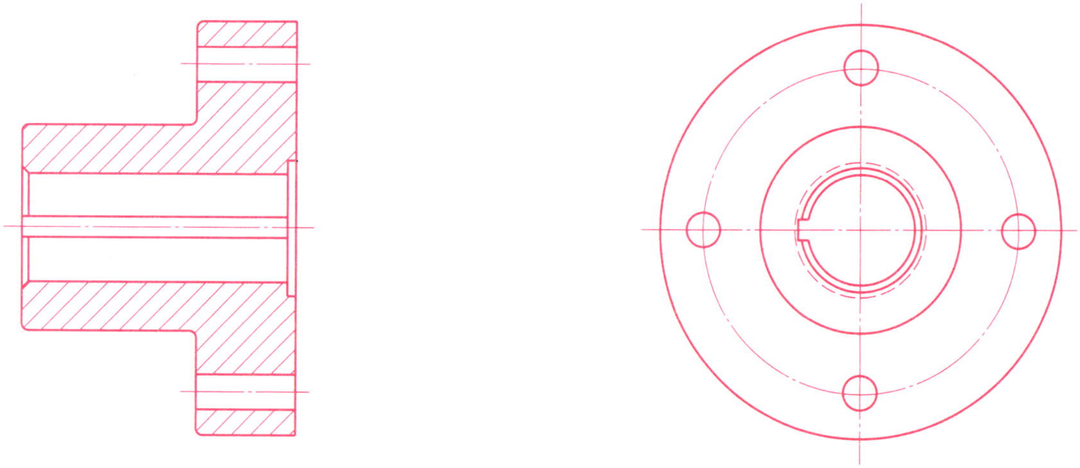

图 5-7 绘制左半联轴器

（2）绘制右半联轴器

应用“镜像”命令，对左半联轴的主视图进行镜像操作。注意，镜像操作不改变剖面线的方向，需要选中剖面线，系统打开“图案填充编辑器”，将角度“0”改为“90”，结果如图 5-8 所示。

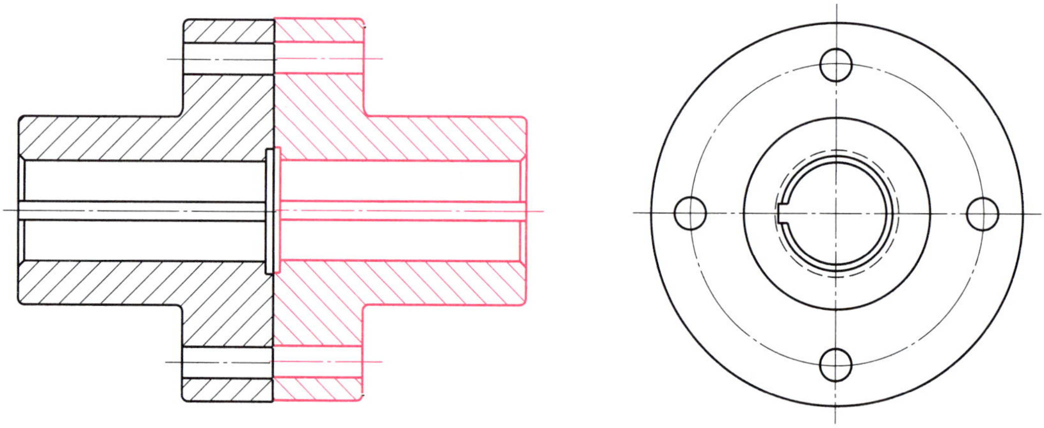

图 5-8 绘制右半联轴器

（3）绘制螺栓主视图

将“螺栓主视图”图块插入到装配图中，如图 5-9a 所示。根据装配图绘图原则，“螺栓主视图”图块将遮挡左、右半联轴器部分线条，所以被遮挡住的线条应删除。将“螺栓主视图”图块分解，并修剪或删除被遮挡的线条，如图 5-9b 所示。

（4）绘制螺母

用上述方法，将螺母主视图插入到装配图中，并进行修剪，如图 5-10 所示。

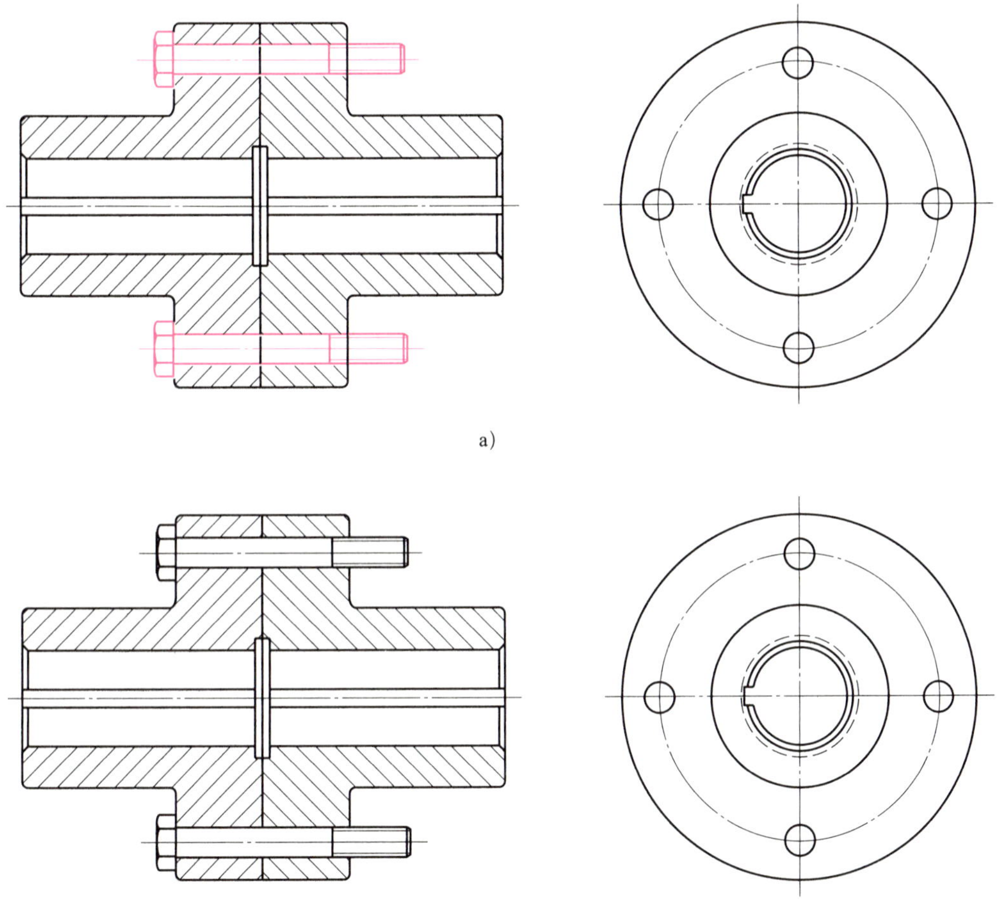

a)

b)

图 5-9 绘制螺栓主视图

a）插入“螺栓主视图”图块 b）修剪或删除被遮挡的线条

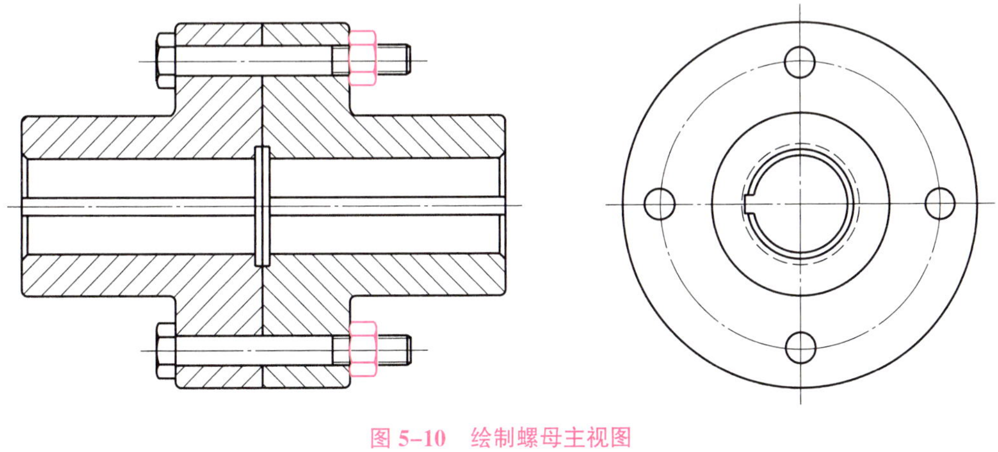

图 5-10 绘制螺母主视图

（5）绘制螺栓左视图

将“螺栓左视图”图块插入到装配图中，上、下两个不旋转，中间两个旋转 90°。删除被遮挡住的四个小圆和螺栓左视图中心线，结果如图 5-11 所示。

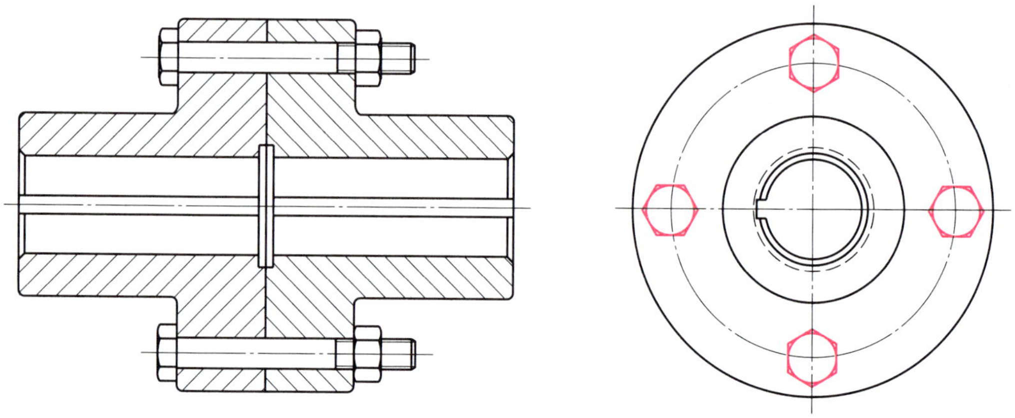

图 5-11　绘制螺栓左视图

3. 标注尺寸

由于凸缘联轴器的结构和功能比较简单，标注出凸缘联轴器的外形尺寸和四个螺栓的装配尺寸即可，如图 5-12 所示。

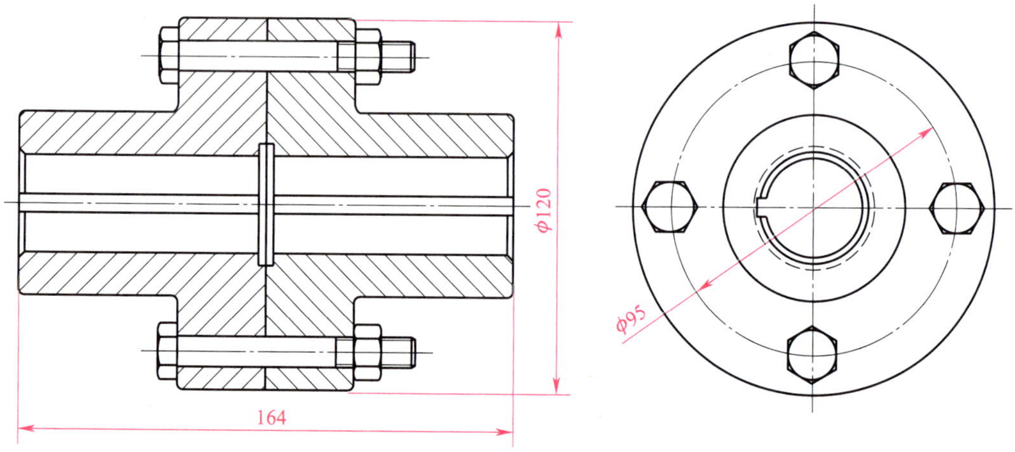

图 5-12　标注尺寸

4. 标注零件序号

设置“多重引线样式”，并应用“多重引线”命令，依次标注零件序号，并应用引线“对齐”命令对齐，结果如图 5-13 所示。

5. 绘制图框、标题栏和明细表

应用“直线”和“表格”命令，绘制图框、标题栏和明细表，如图 5-14 所示。

6. 编写技术要求

应用“多行文字”命令，编写技术要求。

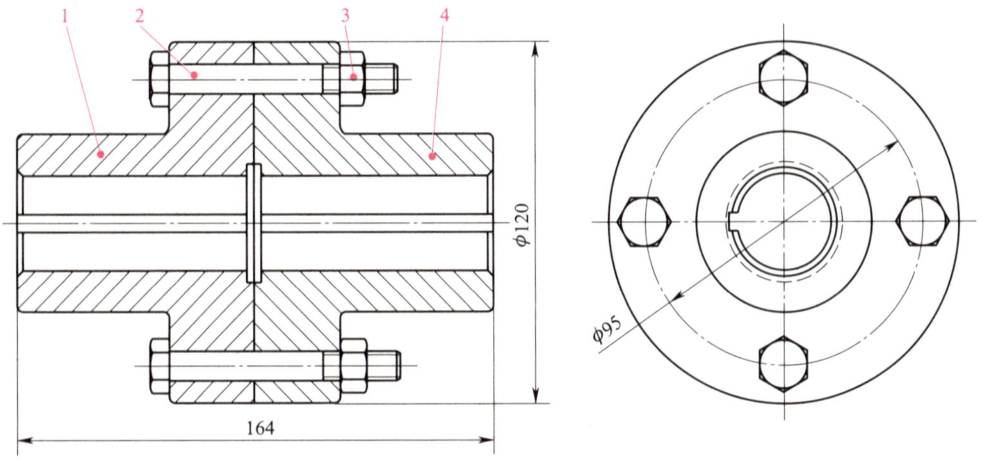

图 5-13　标注零件序号

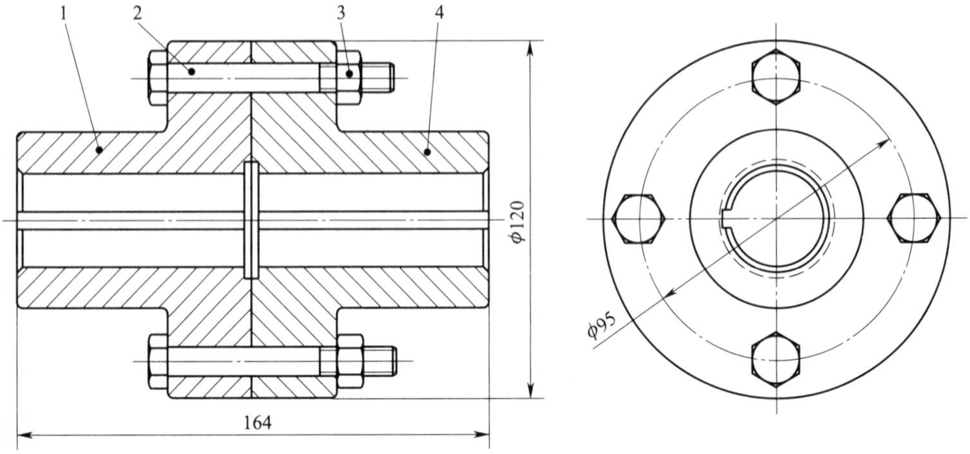

4		右半联轴器	1	35	1	1	
3	GB/T 6170—2015	六角头螺母M10	4	Q235	4	4	
2	GB/T 5782—2016	六角头螺栓M10×80	4	Q235	4	4	
1		左半联轴器	1	35	1	1	
序号	代号	名称	数量	材料	单件	总计	备注
					质量		

标记	处数	分区	更改文件号	签名	年、月、日			凸缘联轴器装配图
设计	（签名）	（年月日）	标准化	（签名）	（年月日）	阶段标记	质量	比例
审核								
工艺			批准			共 张 第 张		

图 5-14　绘制图框、标题栏和明细表

7．整理并保存

整理图形并保存图形。

任务 2 绘制机用虎钳装配图

学习目标

1．会识读机用虎钳轴测分解图和装配示意图。

2．会创建机用虎钳各零件图块。

3．会绘制机用虎钳装配图。

任务引入

本次任务要求根据机用虎钳轴测分解图（见图 5–15）和装配示意图（见图 5–16），以及机用虎钳各组成零件图（见图 5–17 至图 5–23）绘制机用虎钳装配图。机用虎钳是由固定钳座、钳口板、活动钳身、螺杆、螺母块、环、螺钉、垫圈等 11 种零件组成的，其中固定钳座为装配基准件。

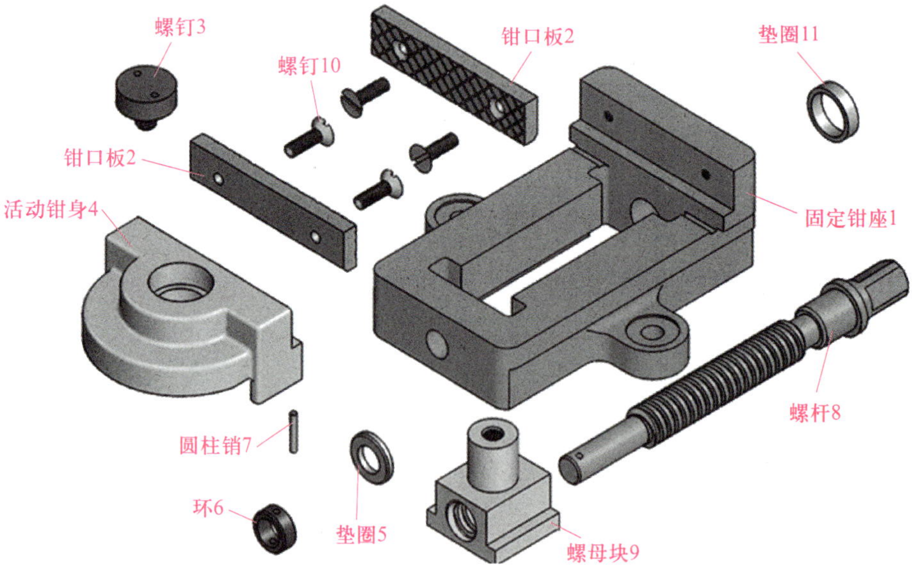

图 5–15 机用虎钳轴测分解图

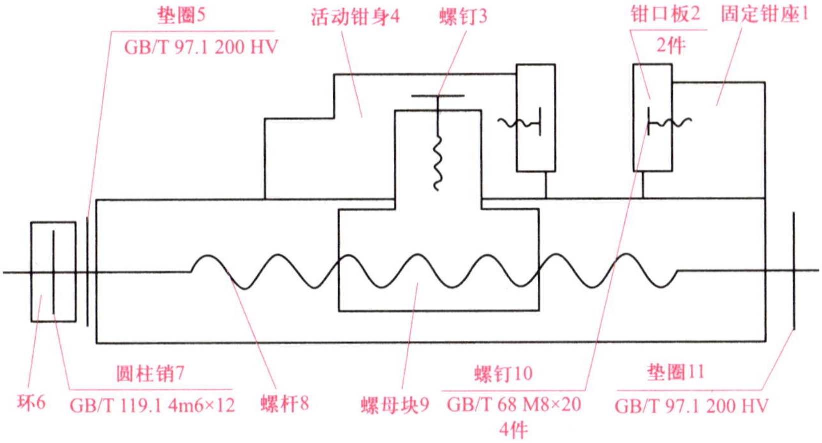

图 5-16　机用虎钳装配示意图

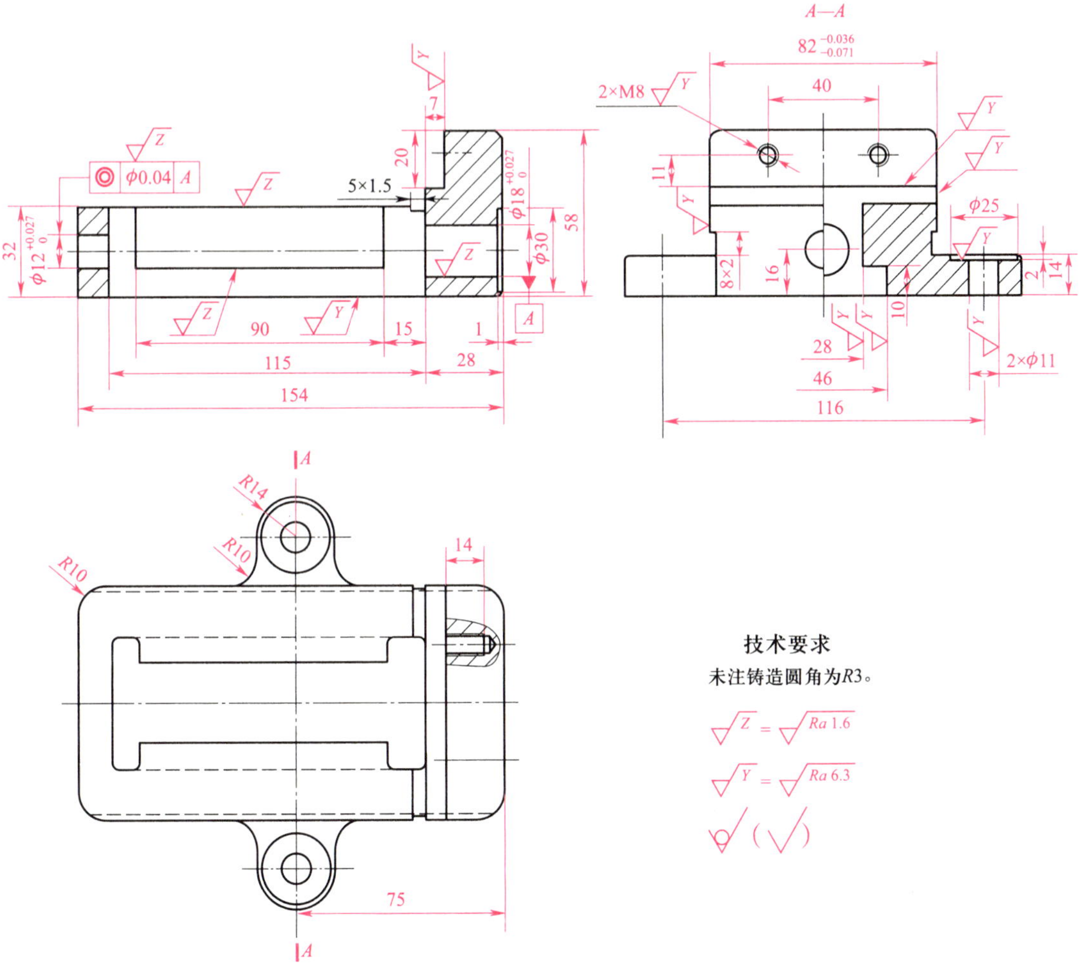

图 5-17　固定钳座零件图

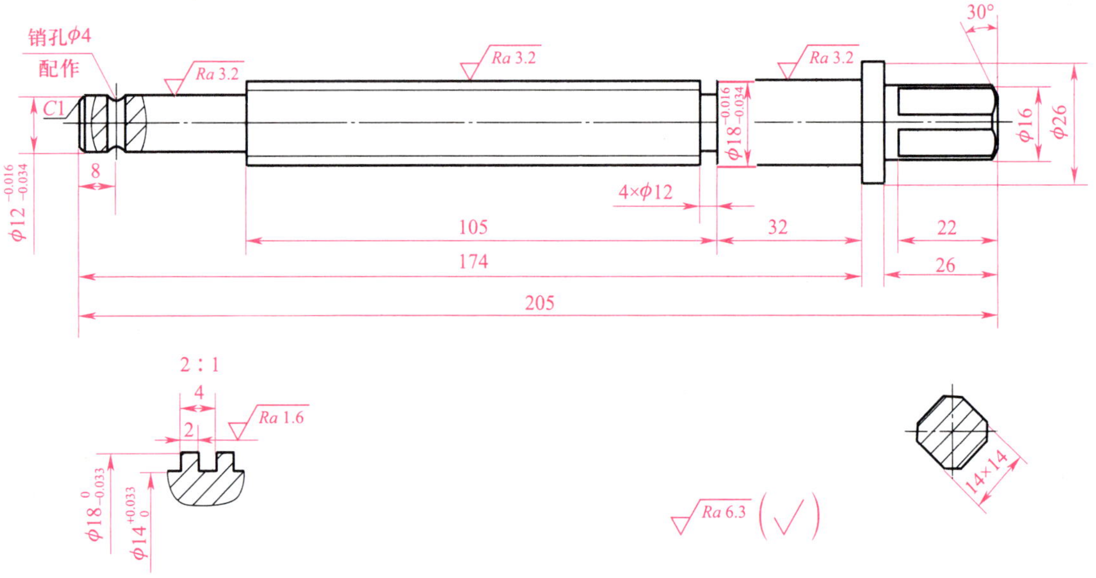

图 5-18　螺杆零件图

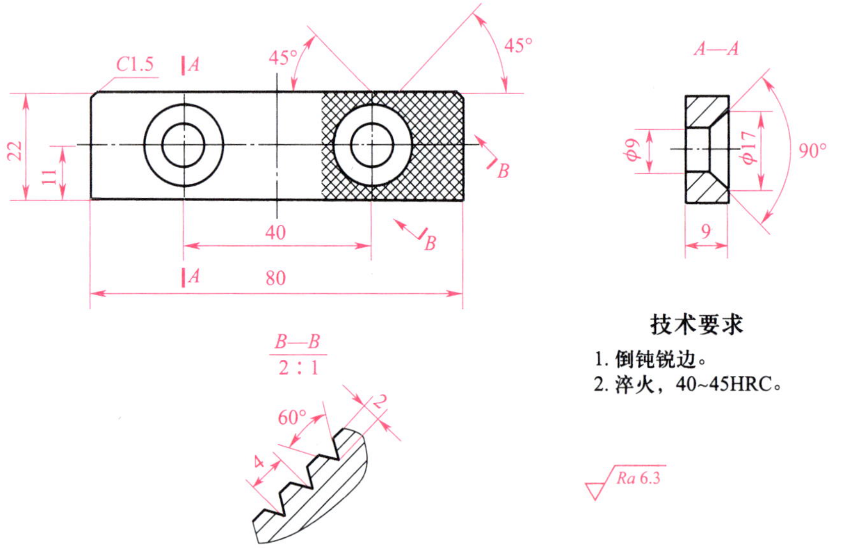

图 5-19　钳口板零件图

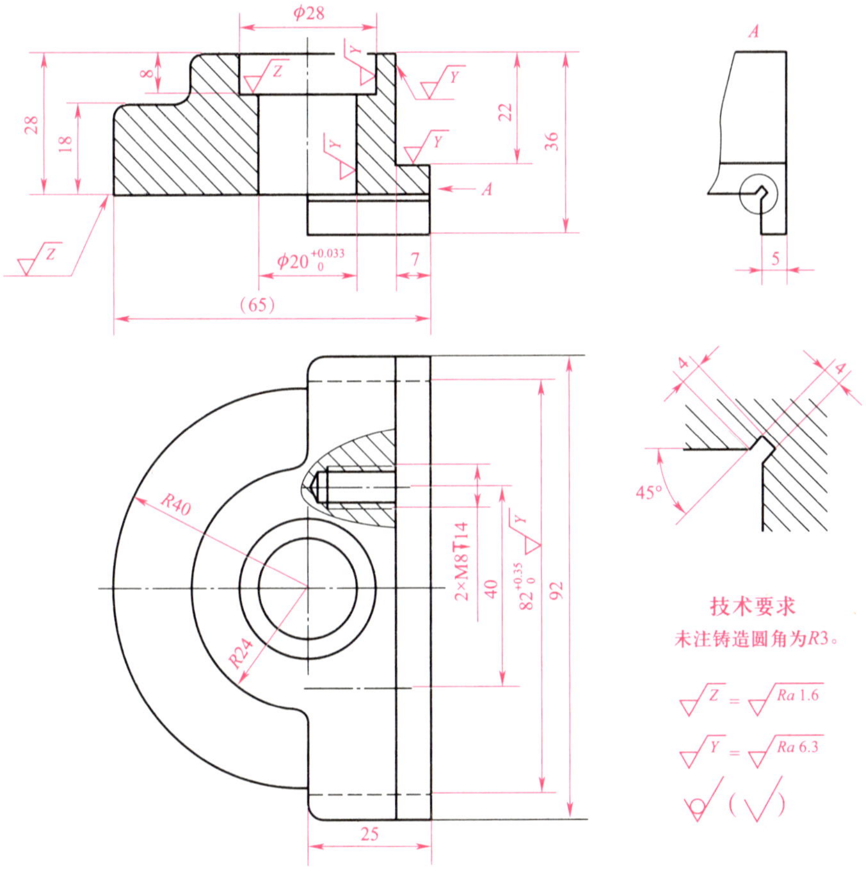

图 5-20 活动钳身零件图

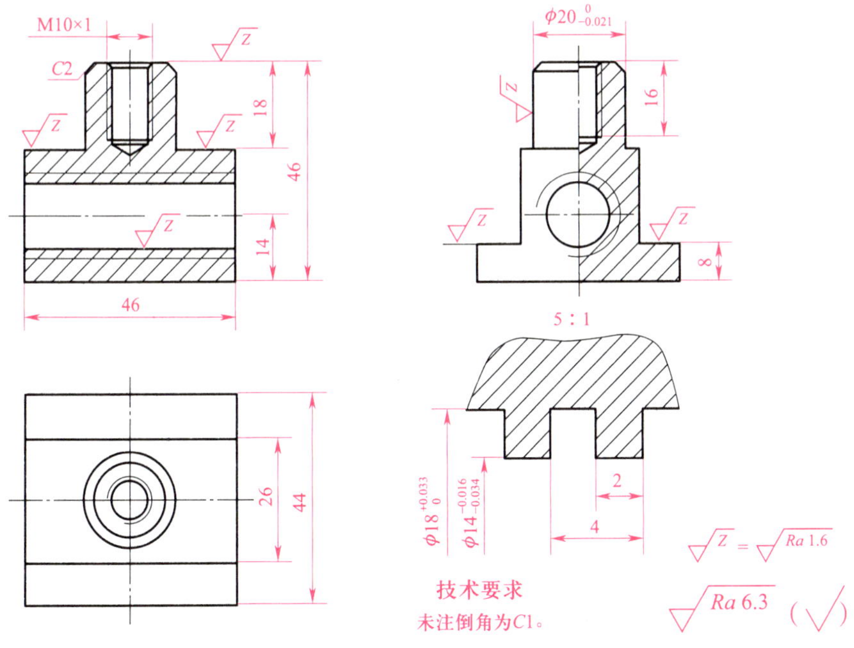

图 5-21 螺母块零件图

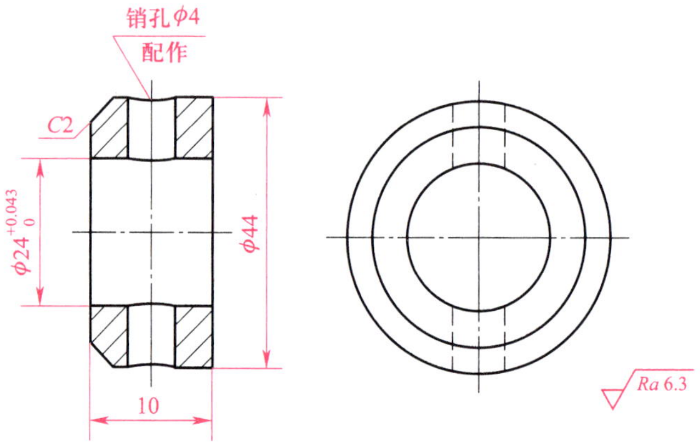

图 5-22　环零件图

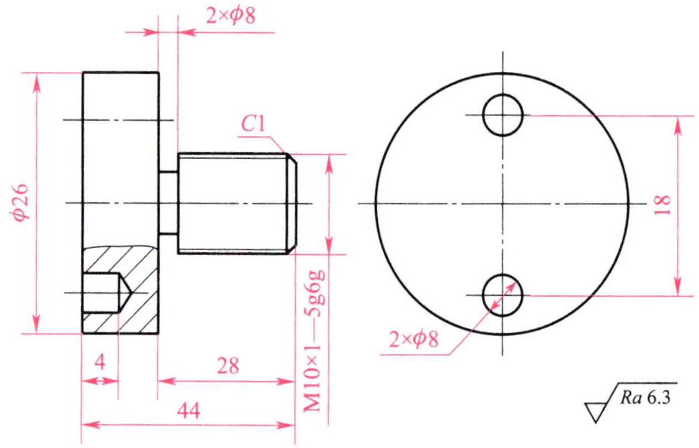

图 5-23　螺钉零件图

任务实施

1. 创建零件图块

根据图 5-17 至图 5-23 所示尺寸，分别创建固定钳座、螺杆、钳口板、活动钳身、螺母块、环、螺钉图块。注意：由于各零件的主视图、俯视图和左视图要分别拼装到机用虎钳装配图中，因此，创建图块时可分别创建。因图块基本与零件图相同，此处不再给出各图块的图形。

2. 创建标准件图块

根据装配示意图中的标准号查阅相应国标，确定各标准件的型号和尺寸，绘制零件图（不标注尺寸），并创建为图块。此处，也省略各图块的图形。

（1）查阅国标 GB/T 97.1—2002，明确垫圈 5 的型号为 GB/T 97.1 12；其外径为 24 mm，内径为 13 mm，厚度为 2.5 mm。

（2）查阅国标 GB/T 119.1—2000，明确圆柱销 7 的型号为 GB/T 119.1 4m6 × 12，其公称直径为 4 mm，公差等级为 m6，长度为 12 mm。

（3）查阅国标 GB/T 68—2016，明确螺钉 10 的型号为 GB/T 68 M8 × 20，其尺寸为 M8 × 20 mm。

（4）查阅国标 GB/T 97.1—2002，明确垫圈 11 的型号为 GB/T 97.1 18。其外径为 16 mm，内径为 8.4 mm，其厚度为 1.6 mm。

3．绘制机用虎钳装配图

（1）绘制图框和标题栏

应用“直线”和“表格”命令，绘制图框和标题栏。

（2）绘制固定钳座 1

利用“插入块”命令，将固定钳座图块插入到图形窗口，如图 5–24 所示，并利用“分解”命令将图块分解。

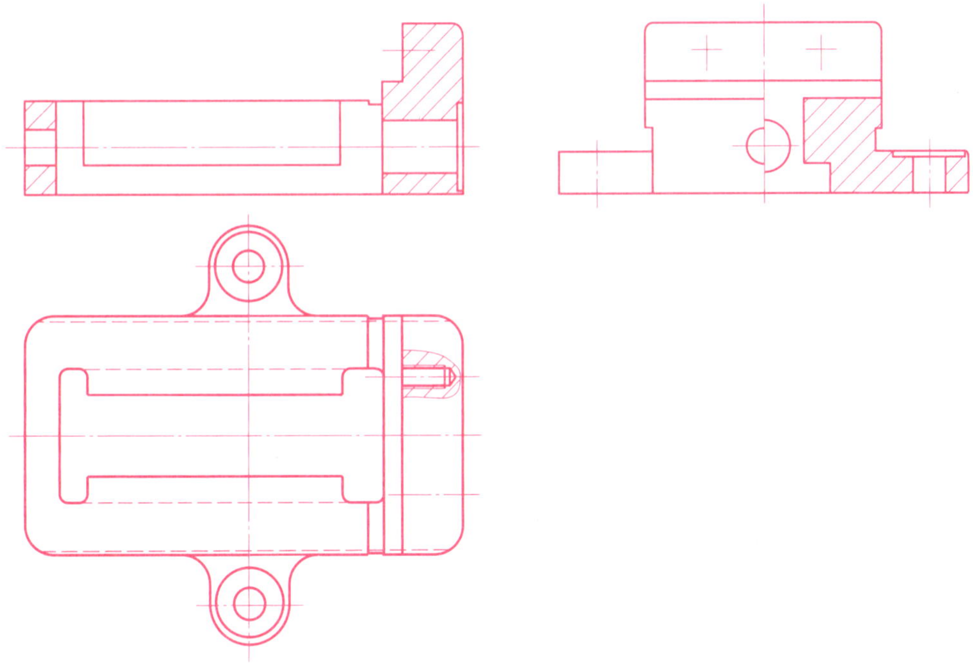

图 5–24　绘制固定钳座 1

（3）绘制活动钳身 4

将活动钳身图块插入到固定钳座上，将图块分解，并根据投影原理修改图形，如图 5–25 所示。

（4）绘制垫圈 11 和螺杆 8

先绘制垫圈 11，然后将螺杆图块插入到图形中，将图块分解，并根据投影原理修改图形，如图 5–26 所示。

（5）绘制螺母块 9

将螺母块图块（不包含俯视图）插入到图形中，将图块分解，并根据投影原理修改图形，如图 5–27 所示。

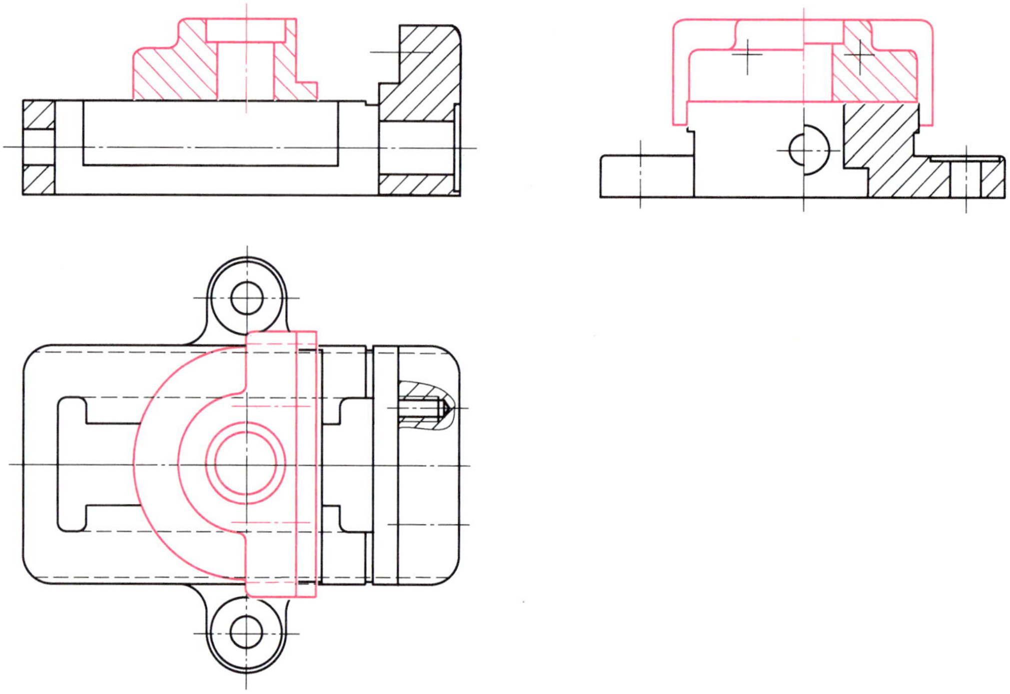

图 5-25 绘制活动钳身 4

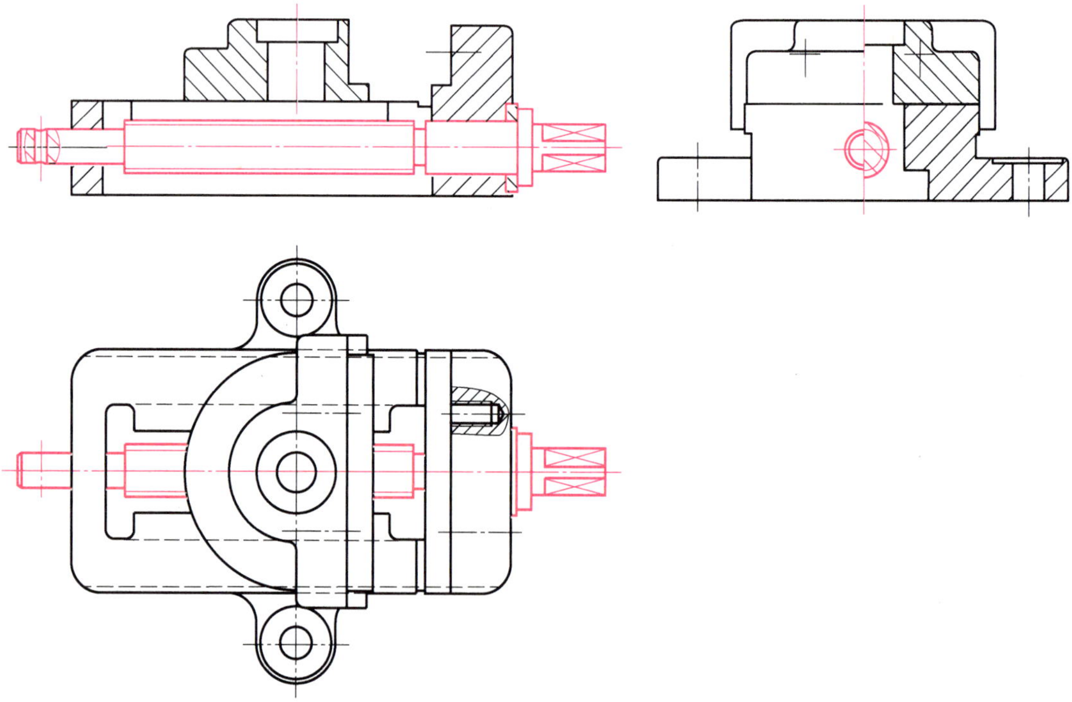

图 5-26 绘制垫圈 11 和螺杆 8

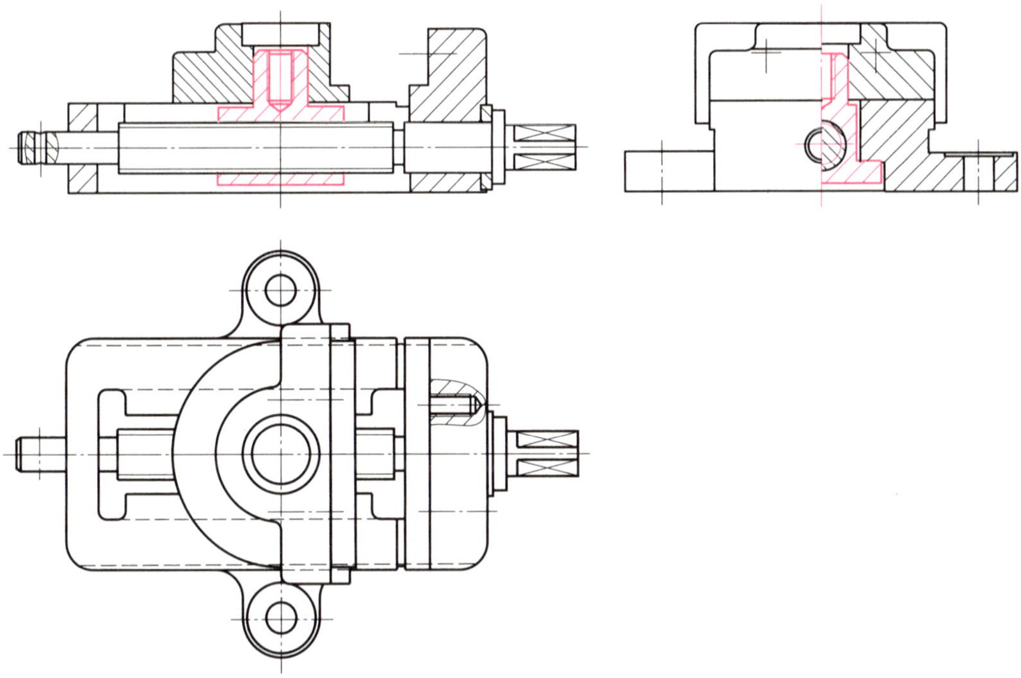

图 5-27　绘制螺母块 9

（6）绘制螺钉 3 和钳口板 2

将螺钉 3 和钳口板 2 图块插入到图形中，将图块分解，并根据投影原理修改图形，如图 5-28 所示。

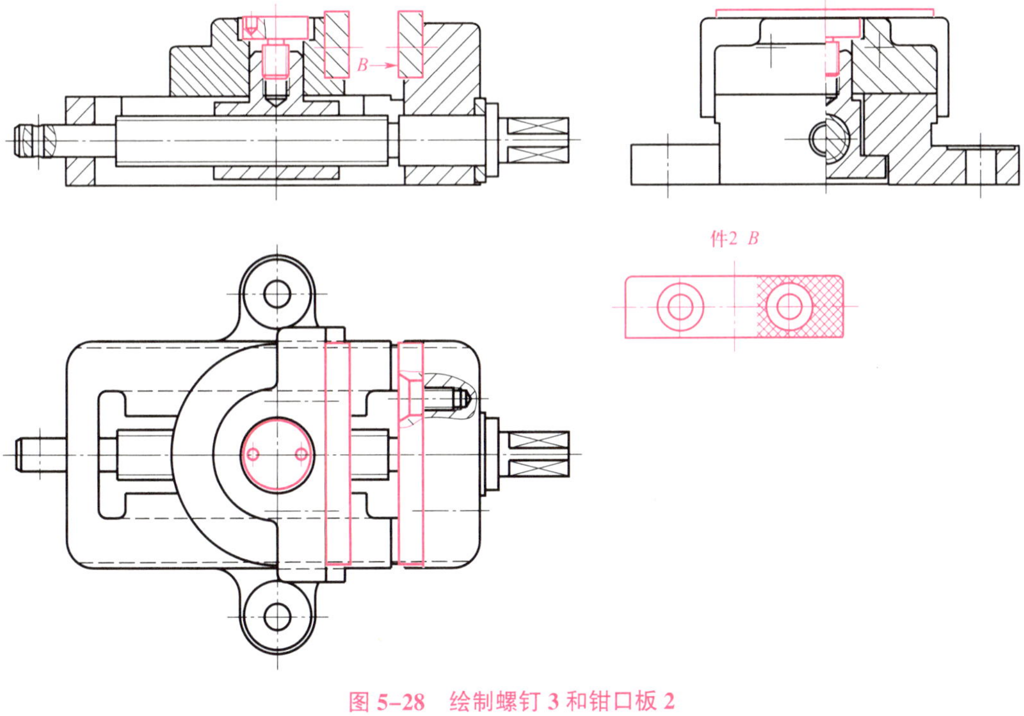

图 5-28　绘制螺钉 3 和钳口板 2

（7）绘制垫圈 5、环 6 和螺钉 10

绘制垫圈 5、环 6 和螺钉 10，如图 5–29 所示。

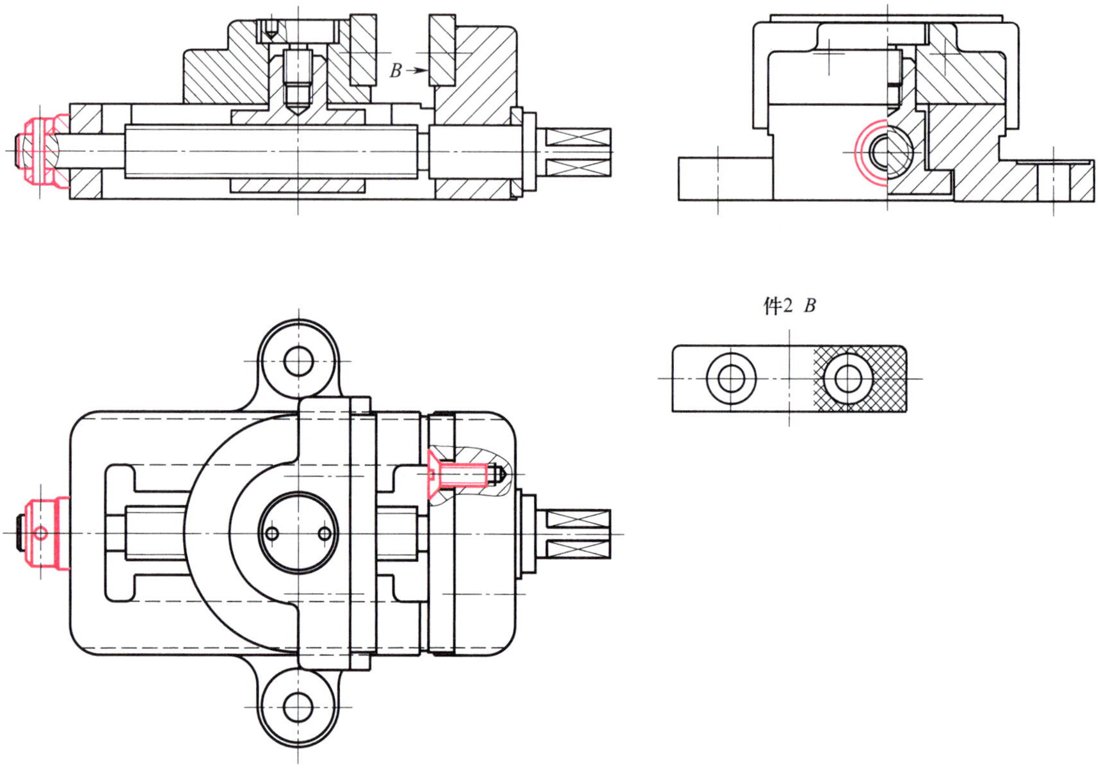

图 5–29　绘制垫圈 5、环 6 和螺钉 10

（8）绘制活动钳身及钳口板运动极限位置轮廓

应用细双点画线绘制活动钳身及钳口板的运动极限位置轮廓，如图 5–30 所示。

4．标注轮廓尺寸和配合尺寸

标注机用虎钳轮廓尺寸和配合尺寸，如图 5–31 所示。

5．绘制明细栏、标注零件序号和技术要求

设置“多重引线样式”，应用“多重引线”命令标注零件序号；设置“表格样式”，应用“表格”命令绘制明细栏；应用“多行文字”命令标注技术要求。结果如图 5–32 所示。

6．整理并保存

整理图形并保存图形。

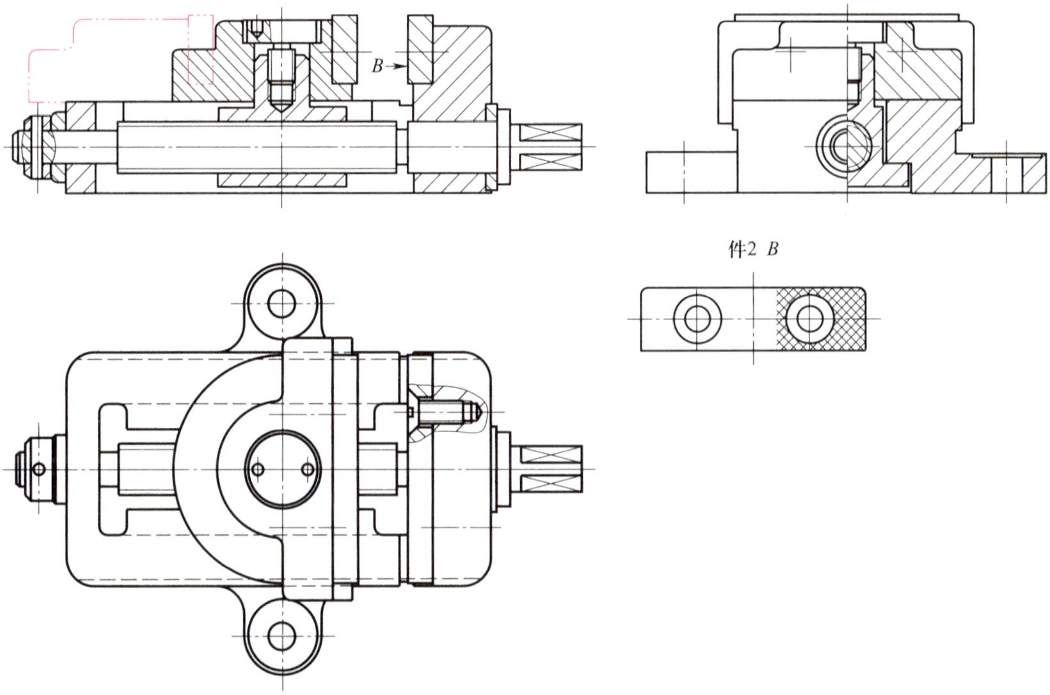

图 5-30　绘制活动钳身及钳口板运动极限位置轮廓

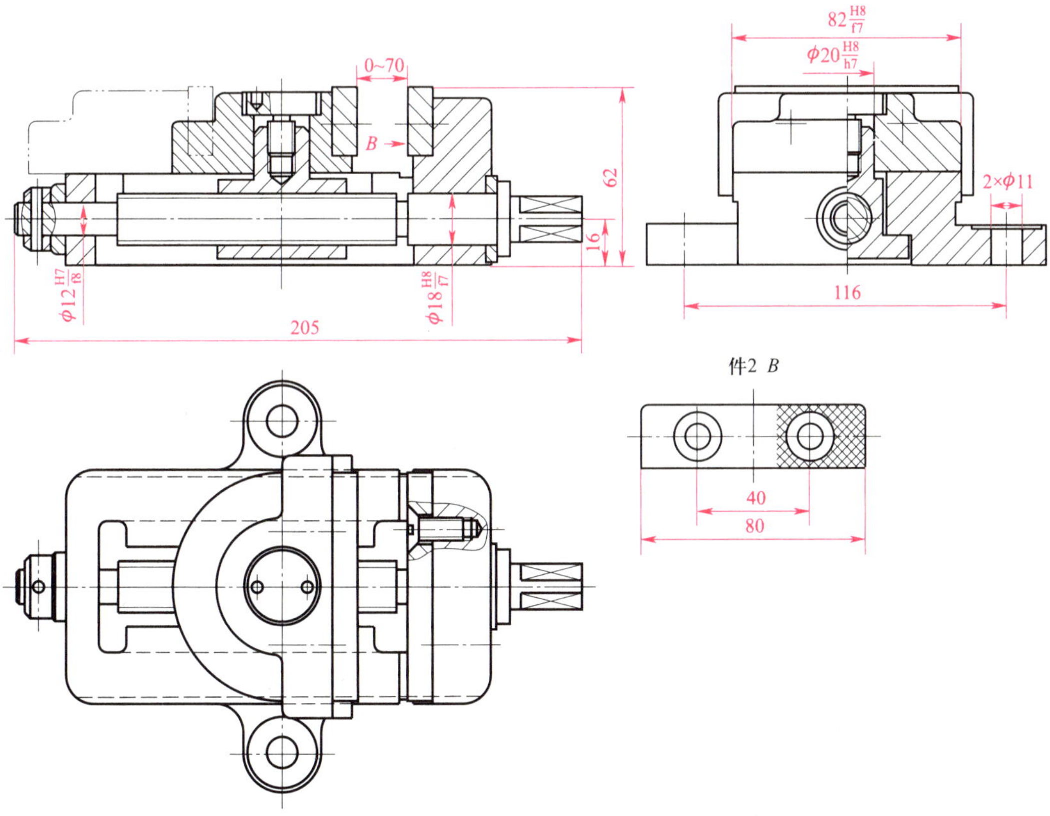

图 5-31　标注轮廓尺寸和配合尺寸

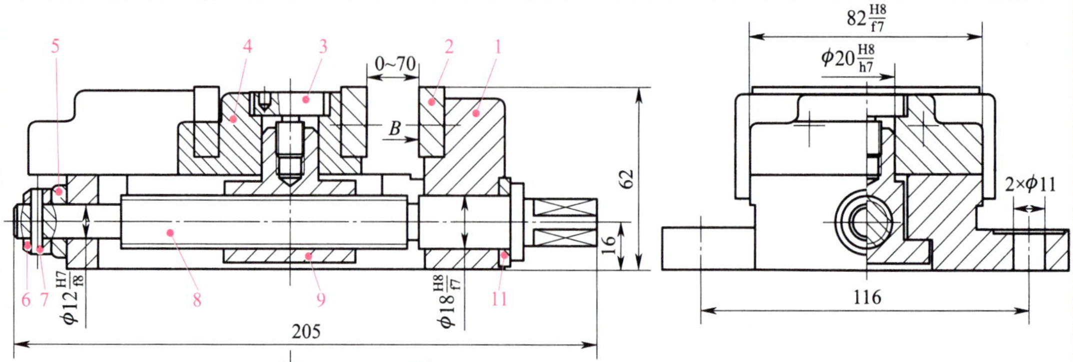

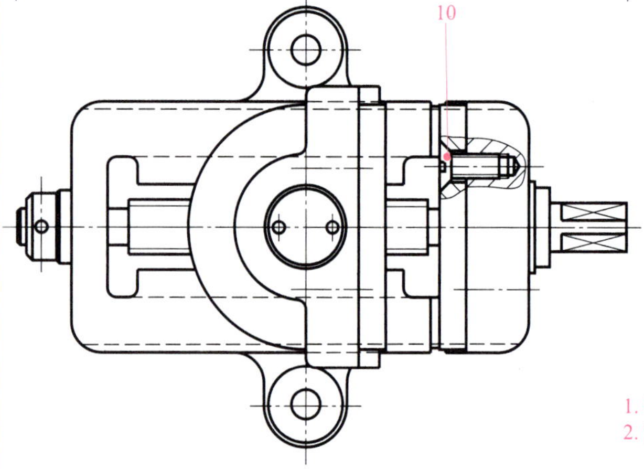

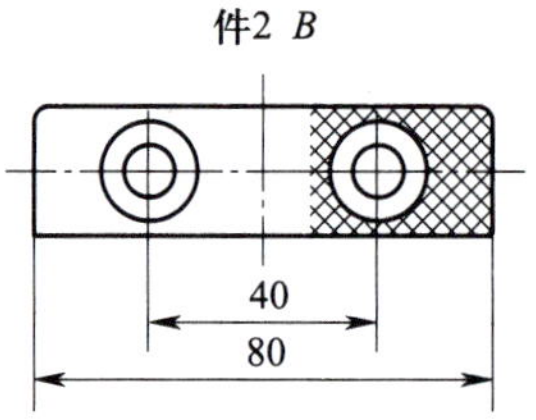

技术要求

1. 装配后应保证螺杆转动灵活。
2. 两钳口移动0~70内平行度误差不大于0.02。

序号	代号	名称	数量	材料	单件 质量	总计 质量	备注
11	GB/ T 97.1—2002	垫圈	1	Q235A			
10	GB/T 68—2016	螺钉	4	Q235A			
9		螺母块	1	Q235A			
8		螺杆	1	45			
7	GB/ T 119.1—2000	圆柱销	1	35			
6		环	1	Q235A			
5	GB/T 97.2—2002	垫圈	1	Q235A			
4		活动钳身	1	HT200			
3		螺钉	1	Q235A			
2		钳口板	2	45			
1		固定钳座	1	HT200			

									(单位名称)
标记	处数	分区	更改文件名	签名	年、月、日				机用虎钳
设计	(签名)	(年月日)	标准化	(签名)	(年月日)	阶段标记	质量	比例	
审核								1 : 1	(图样代号)
工艺			批准			共 张	第 张		(投影符号)

图 5-32 绘制明细栏、标注零件序号和技术要求

模块六

三维实体建模

任务1 三维实体建模基本操作

学习目标

1. 会建立用户坐标系（UCS）。
2. 会应用视点命令观察三维模型。
3. 会应用视觉样式命令查看三维模型的显示效果。

任务引入

应用 AutoCAD 创建三维模型，必然用到一些基本操作，如工作空间的切换、UCS 的建立、三维模型的观察、视觉样式的应用等。本次任务学习这些基本操作，为三维实体建模打好基础。

相关知识

一、三维模型的类型

利用 AutoCAD 创建三维模型，按照创建方式和在计算机中的存储方式，分为三种类型：线框模型、曲面模型和实体模型。

1．线框模型

线框模型是对三维对象的轮廓描述，它由描述轮廓的点和线组成，如图 6–1a 所示。线框模型结构简单，但绘制费时。此外，由于线框模型没有面和体的特征，因此不能进行消隐和渲染等处理。

2．曲面模型

曲面模型是用面来描述三维对象的。曲面模型不仅具有边界，而且具有表面，如图 6–1b 所示。由于曲面模型具有面的特征，因此可以进行物理计算，以及进行渲染和着色操作。

3．实体模型

实体模型是由多个面围成的一个密闭的三维形体，可以把实体模型想象为一个充满某种材料的封闭曲面模型，如图 6–1c 所示。它不仅具有曲面模型的所有特征，还具有体积和质量等属性特征。它可以用线框的形式进行显示，也可以进行渲染和着色处理，在实际中应用非常广泛，本模块重点介绍该模型的创建方法。

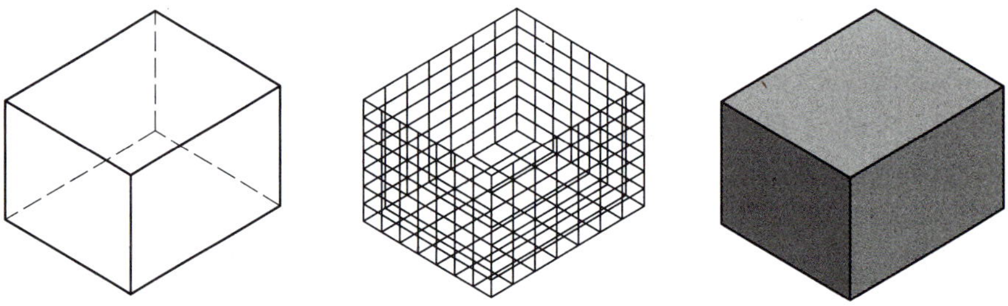

a）　　　　b）　　　　c）

图 6–1　三维模型的种类

a）线框模型　b）曲面模型　c）实体模型

二、切换工作空间

创建三维模型时需将工作空间切换至三维基础或三维建模空间。打开快速访问工具栏上的“工作空间”下拉列表，或者单击状态栏上的“切换工作空间”按钮，弹出快捷菜单，选择“三维基础”或“三维建模”命令，系统就切换至三维基础或三维建模空间，如图 6–2 所示。

三、用户坐标系

1．WCS 与 UCS

AutoCAD 的坐标系是三维笛卡儿直角坐标系，分为世界坐标系（WCS）和用户坐标系（UCS）。AutoCAD 默认的坐标系是世界坐标系（WCS），图形中的所有对象均由世界坐标系中的坐标定义。世界坐标系（WCS）无法移动或旋转，但可以从任意角度、任意方向来观察或旋转。世界坐标系的平面图标如图 6–3a 所示，其 X 轴正向向右，Y 轴正向向上，Z 轴正向由屏幕指向操作者，坐标原点位于屏幕左下角。当用户从三维空间观察世界坐标系时，其图标如图 6–3b 所示。WCS 坐标轴的交汇处显示“口”形的标记。

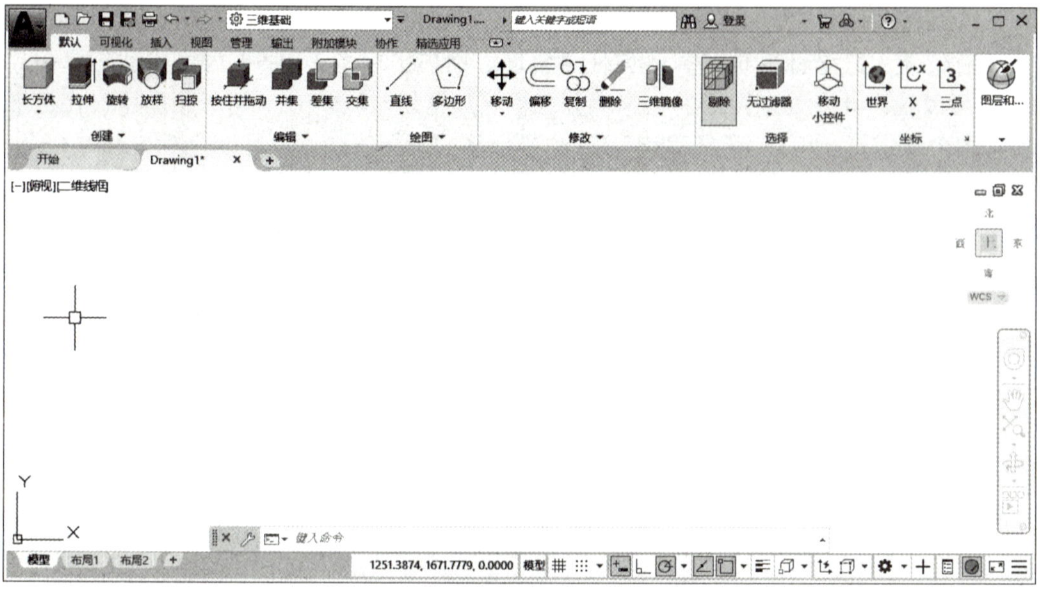

a）

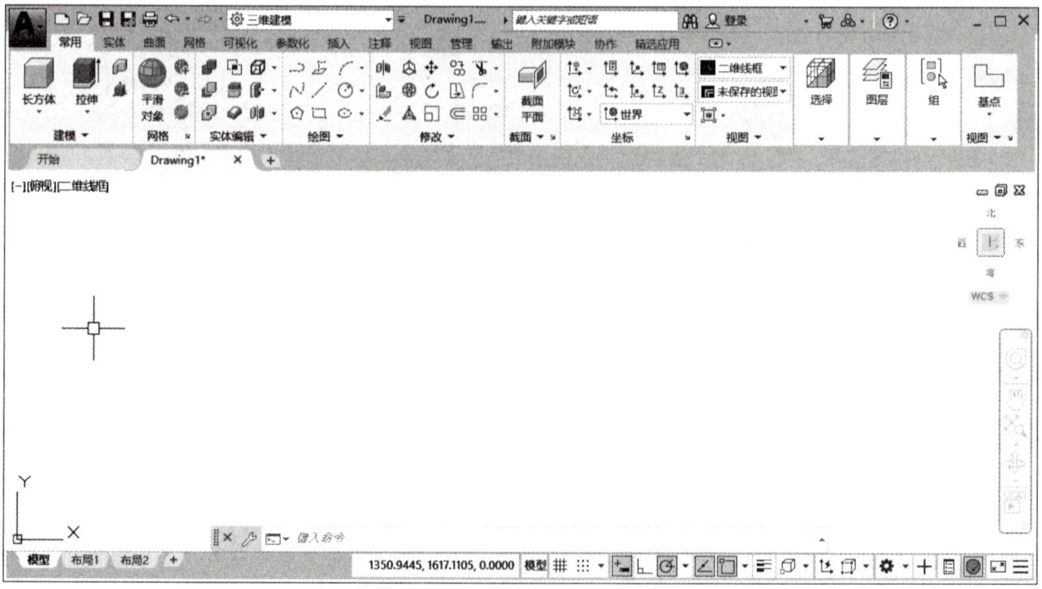

b）

图 6–2 工作空间

a）三维基础空间 b）三维建模空间

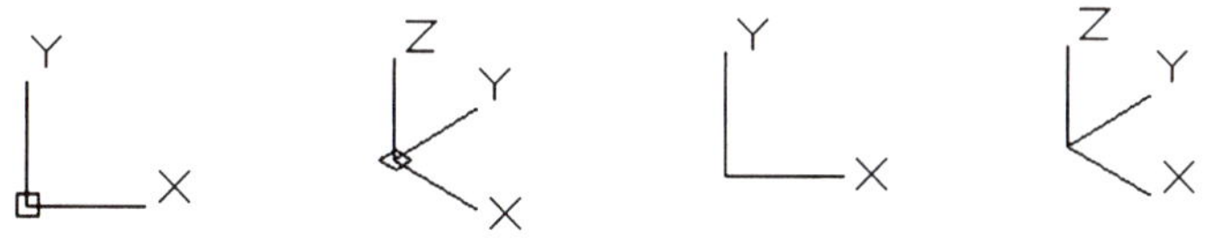

a） b） c） d）

图 6–3 WCS 与 UCS

a）平面 WCS b）三维 WCS c）平面 UCS d）三维 UCS

AutoCAD 允许用户建立自己的坐标系，即用户坐标系（UCS）。用户坐标系的原点可以放在任意位置上，坐标系也可以倾斜任意角度。用户坐标系（UCS）为可移动坐标系，移动 UCS 可以使设计者处理图形的特定部分变得更加容易。旋转 UCS 可以帮助用户在三维或旋转视图中指定点。用户可以任意定义用户坐标系的坐标原点，也可以使 UCS 与 WCS 相重合。UCS 选项能够按顺序打开当前任务中使用过的 10 个坐标系，也可以在不用时删除它们。UCS 没有“口”形标记，如图 6–3c 和图 6–3d 所示。

2. UCS 的建立

（1）命令执行方法

1）功能区：单击“默认”→“坐标”面板中的按钮，如图 6–4 所示。

2）菜单栏：选择“工具”→“新建 UCS”子菜单中的命令，如图 6–5 所示。

3）命令行：UCS。

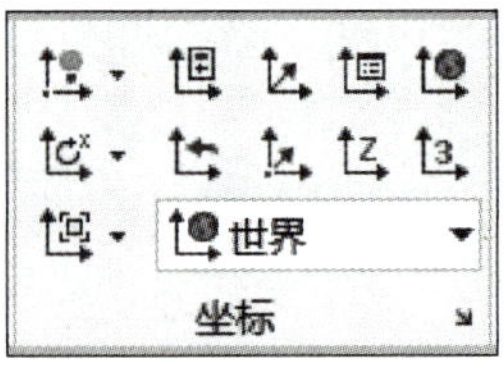

图 6–4 “UCS”工具栏

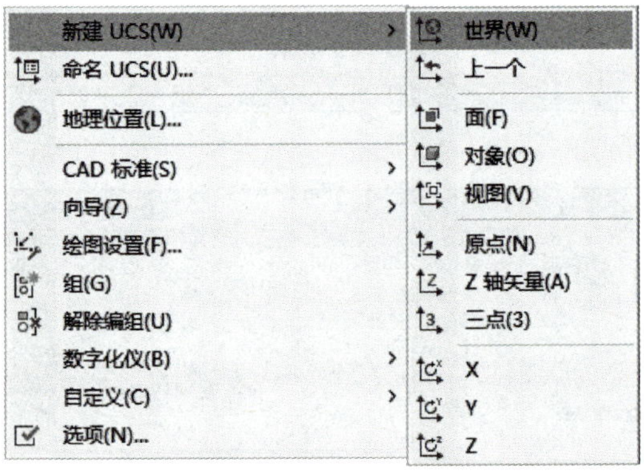

图 6–5 “新建 UCS”子菜单

（2）操作提示

执行 UCS 命令，系统提示：

命令：UCS

当前 UCS 名称：* 世界 *

指定 UCS 的原点或[面（F）/ 命名（NA）/ 对象（OB）/ 上一个（P）/ 视图（V）/ 世界（W）/X/Y/Z/Z 轴（ZA）]< 世界 >:（指定用户坐标系原点）

指定 X 轴上的点或 < 接受 >:（指定 *X* 轴正向上的点）

指定 XY 平面上的点或 < 接受 >:（指定 *Y* 轴正向上的点）

（3）选项说明

1）指定 UCS 的原点：使用一点、两点或三点定义一个新的 UCS。

①如果指定单个点，则以指定点为新建用户坐标系原点，*X* 轴、*Y* 轴和 *Z* 轴的方向保持不变。

②如果指定两个点，则以指定的第一点为坐标系原点、第二点为 *X* 轴正向上的点建立新用户坐标系。

③如果指定三个点，则以指定的第一点为坐标系原点、第二点为 *X* 轴正向上的点、第

三点为 Y 轴正向上的点建立新用户坐标系。

提示：也可以直接选择并拖动 UCS 图标原点夹点到一个新位置，或从原点夹点菜单选择“仅移动原点”。

2）面：将 UCS 动态对齐到三维对象的面。执行该选项，系统提示：

选择实体面、曲面或网格：（选择面，按 Enter 键确认）
输入选项［下一个（N）/X 轴反向（X）/Y 轴反向（Y）］<接受>：

3）命名：保存、恢复或删除已定义的 UCS 名称。

4）对象：将 UCS 与选定的二维或三维对象对齐。UCS 可与任何对象类型对齐（除了参照线和三维多段线）。

5）上一个：恢复上一个 UCS。可以在当前任务中逐步返回最后 10 个 UCS 设置。对于模型空间和图纸空间，UCS 设置单独存储。

6）视图：将 UCS 的 XY 平面与垂直于观察方向的平面对齐。原点保持不变，但 X 轴和 Y 轴分别变为水平和垂直。

7）世界：将 UCS 与世界坐标系（WCS）对齐。也可以单击 UCS 图标并从原点夹点菜单选择“世界”。

8）X/Y/Z：绕指定轴旋转当前 UCS。将右手拇指指向 X（或 Y 或 Z）轴的正向，卷曲其余四指，其余四指所指的方向即绕轴的正旋转方向。通过指定原点和一个或多个绕 X、Y 或 Z 轴的旋转，可以定义任意的 UCS，如图 6-6 所示。

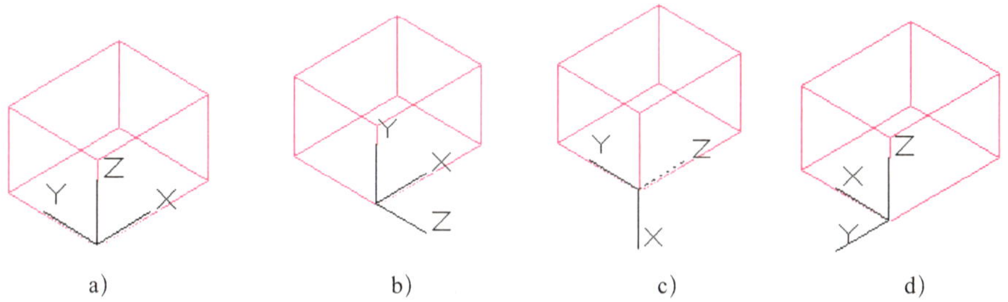

图 6-6 用户坐标系绕 X、Y、Z 轴旋转 90°

a）用户坐标系 b）用户坐标系绕 X 轴旋转 90° c）用户坐标系绕 Y 轴旋转 90°
d）用户坐标系绕 Z 轴旋转 90°

9）Z 轴：将 UCS 与指定的 Z 轴正向对齐。UCS 原点移动到第一个点，其 Z 轴正向通过第二个点。

3. 动态 UCS

单击状态栏中的“动态 UCS”按钮 ，该按钮亮显时，可以使用动态坐标系在三维实体的平整面上创建对象，而无须手动更改 UCS 方向。在执行命令的过程中，将光标移动到三维实体平整面上时，动态 UCS 临时将 UCS 的 XY 平面与三维实体的平整面对齐，如图 6-7 所示。

动态 UCS 激活后，指定的点和绘图工具（如极轴追踪和栅格）都将与动态 UCS 建立的临时 UCS 相关联。

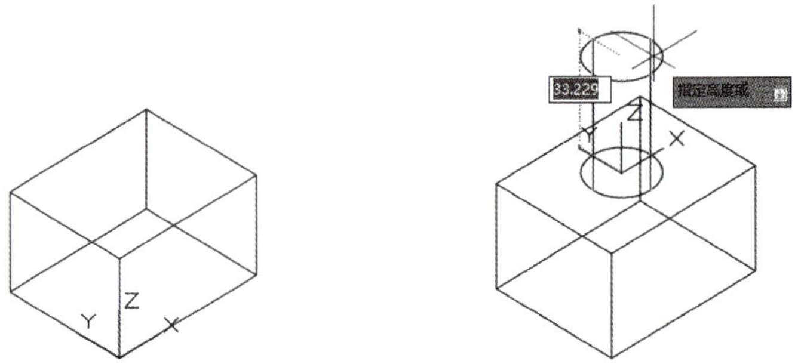

a)　　b)

图 6–7　动态 UCS

a）原坐标系　b）绘制圆柱体时的动态 UCS

四、观察三维模型

三维建模过程中，常需从不同方向观察模型。观察图形的方向称为视点，AutoCAD 提供了视点预设（也称标准视点）、视点命令等多种方法来设置视点。

1．标准视点

AutoCAD 提供了俯视、仰视、左视、右视、前视和后视 6 个基本视点，另外还提供了西南等轴测、东南等轴测、东北等轴测和西北等轴测 4 个特殊视点。从 4 个特殊视点观察，可以得到具有立体感的 4 种特殊视图。如图 6–8 所示为同一形体分别在西南等轴测与东南等轴测两个不同视点观察所看到的效果。

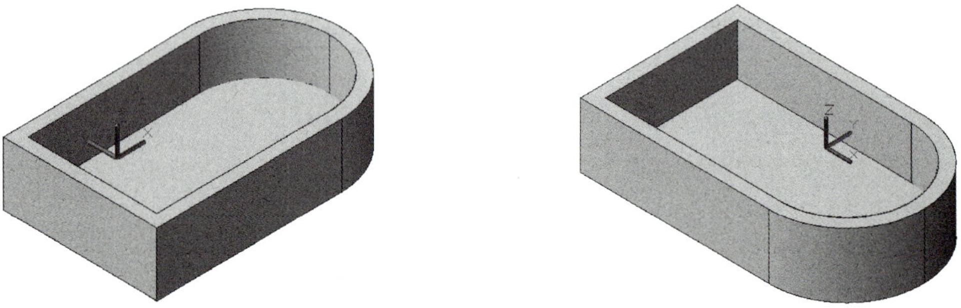

a)　　b)

图 6–8　同一形体不同视点

a）西南等轴测　b）东南等轴测

从 6 个基本视点来观察图形非常方便，因为这 6 个基本视点的视线方向都与 *X*、*Y*、*Z* 三坐标轴之一平行，而与 *YZ*、*XZ*、*XY* 平面之一正交，所以，相对应的 6 个基本视图实际上是三维模型投影在 *YZ*、*XZ*、*XY* 平面上的二维图形。这样，就将三维模型转化为二维模型，在这 6 个基本视图上对模型进行编辑，就如同绘制二维图形一样。

2．启动标准视点的方式

（1）功能区：单击“常用”→“视图”列表框中的视点命令按钮，如图 6–9 所示。

（2）菜单栏：选择“视图”→“三维视图”→各种标准视点命令，如图 6–10 所示。

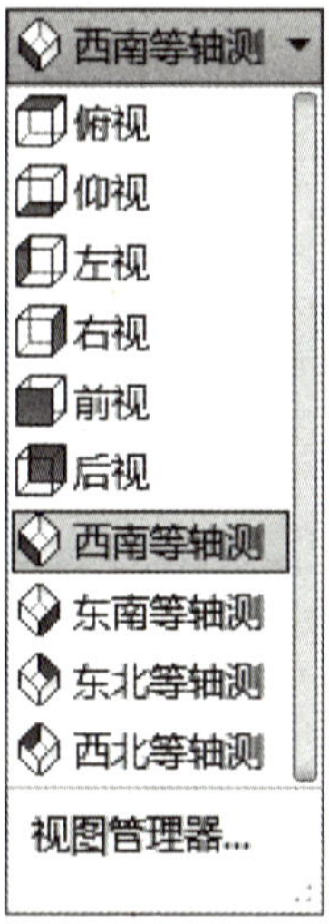

图 6–9 “视图”列表框

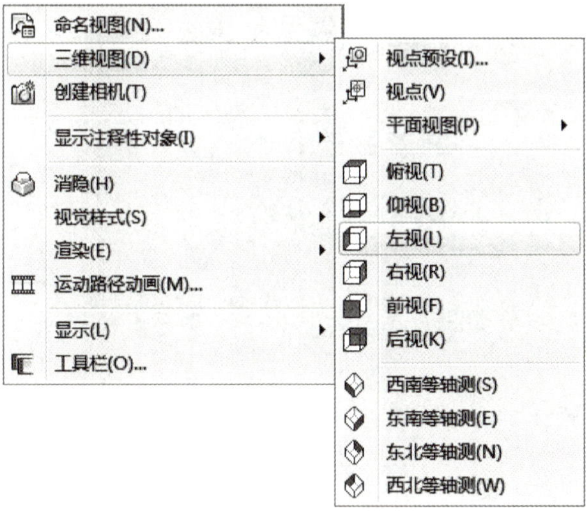

图 6–10 “三维视图”菜单

西南等轴测方向与正等轴测图的视觉方向是一致的，本教材默认三维实体图的视觉方向为西南等轴测方向。

3．动态观察

动态观察有三个选项，即受约束的动态观察、自由动态观察和连续动态观察。

（1）启动“动态观察”命令的方法

1）导航栏：单击界面右侧导航栏“动态观察”按钮下方的箭头，可以选择各种“动态观察”命令。

2）菜单栏：选择“视图”→“动态观察”→各种“动态观察”命令。

（2）动态观察的类型及功能

1）受约束的动态观察：沿 *XY* 平面或 *Z* 轴约束三维动态观察。

2）自由动态观察：不参照平面，在任意方向上进行动态观察。沿 *XY* 平面和 *Z* 轴进行动态观察时，视点不受约束。

3）连续动态观察：连续地进行动态观察。在连续动态观察移动的方向上单击并拖动，然后松开鼠标按钮，轨道沿该方向继续移动。

五、视觉样式

视觉样式是指三维实体在 AutoCAD 中的显示形式。在默认状态下，系统是以线框形式显示对象的。如果绘制的图形比较复杂，则众多的线条交织在一起，很难清晰地观察对象的结构形状。为了获得较好的显示效果，AutoCAD 系统提供了 10 种视觉样式。

1．启动“视觉样式”命令的方法

（1）功能区：选择“常用”→“视图”→“视觉样式”列表框，在下拉列表（见图 6–11a）中选择相应的命令按钮。

（2）菜单栏：选择“视图”→“视觉样式”，在菜单（见图 6–11b）中选择相应的命令。

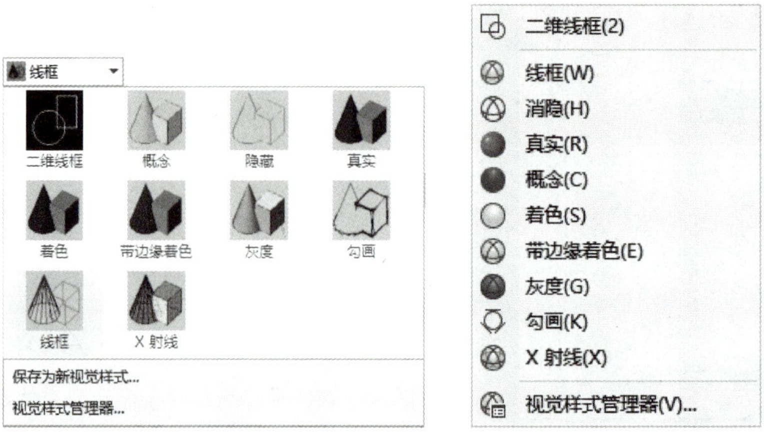

a）　　　　b）

图 6–11　视觉样式

a）“视觉样式”列表框　b）“视觉样式”菜单

（3）命令行：vs（或 vscurrent）。

2. 各种视觉样式的功能

（1）二维线框：用线段和曲线显示对象的边界，对象的线型与线框都是可见的，如图 6–12a 所示。

（2）线框：用线段和曲线显示对象的边界，与二维线框不同的是，表示坐标系的按钮会显示成三维着色形式，并且对象的线型和线宽不可见，如图 6–12b 所示。

（3）隐藏：将三维对象中观察不到的线隐藏起来，只显示前面无遮挡的对象，如图 6–12c 所示。

（4）真实：可使对象实现平面着色，它只对各多边形的面着色，不对面边界作光滑处理，如图 6–12d 所示。

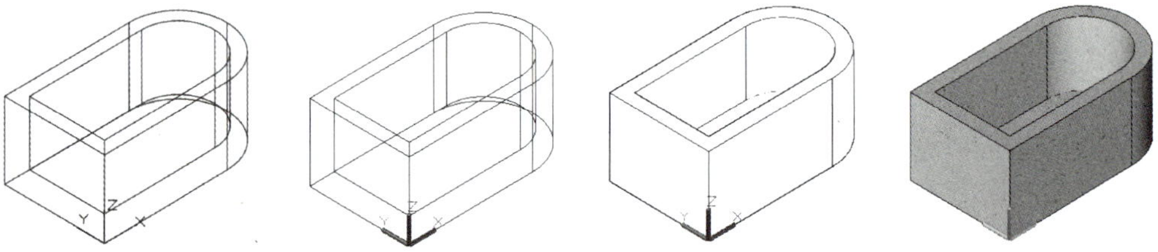

a）　b）　c）　d）

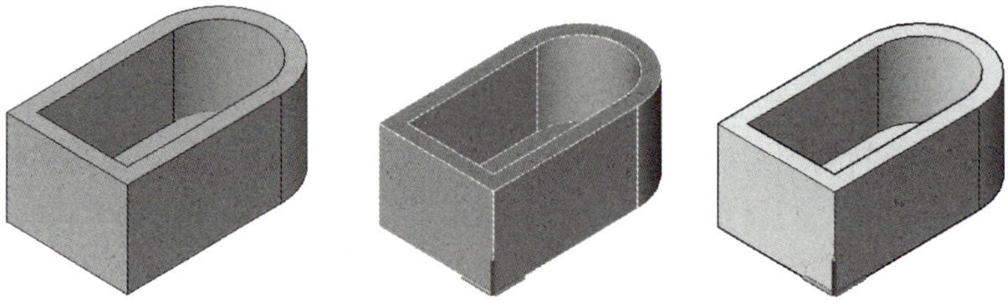

e）　f）　g）

图 6–12　各种视觉样式的显示效果

a）二维线框　b）线框　c）隐藏　d）真实　e）概念　f）带边缘着色　g）灰度

（5）概念：可使对象实现平面着色，它不仅可以对各多边形的面着色，还可以对面边界作光滑处理，如图 6–12e 所示。

（6）带边缘着色：用于将对象的可见边平滑着色，如图 6–12f 所示。

（7）灰度：用于将对象以单色面颜色模式着色，以产生灰色效果，如图 6–12g 所示。

3. 视觉样式管理器

单击“视图”菜单→“视觉样式”→“视觉样式管理器”命令，系统弹出如图 6–13 所示“视觉样式管理器”对话框。“视觉样式管理器”包含图形中可用的视觉样式的样例图像面板和 4 个特性面板（面设置、光源、环境设置、边设置）。

通过样例图像面板可以选定实体的视觉样式，通过特性面板可对选定视觉样式进行面设置、光源设置、环境设置和边设置。

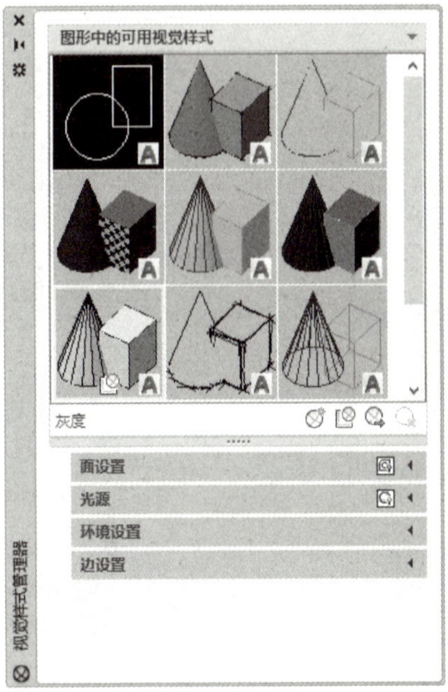

图 6–13 “视觉样式管理器”对话框

六、导航工具

1. ViewCube 工具

ViewCube 是用户在二维模型空间或三维视觉样式中处理图形时显示的导航工具，如图 6–14 所示。通过 ViewCube，用户可以在标准视图和等轴测视图间进行切换。

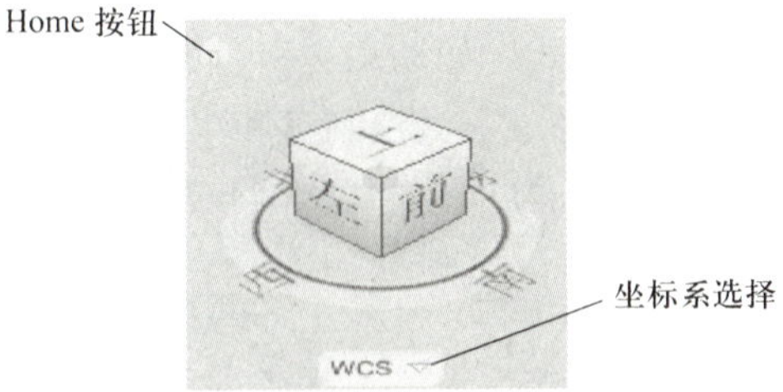

图 6–14 ViewCube 工具

ViewCube 是持续存在的、可单击、可拖动的工具，它显示在模型图形窗口中的一个角上，且处于非活动状态。当光标放置在 ViewCube 工具上时，它将变为活动状态。可通过拖动或单击这个立方体的角、边、面或方位来实现三维模型的视觉旋转功能，可快捷地达到想显示的视点，其中 Home 按钮用于返回视图初始状态，如西南等轴测等。通过选择“视图”→“显示”→“ViewCube”→“设置”命令，可打开“ViewCube 设置”对话框进行设置，如图 6–15 所示。

2. SteeringWheels 工具

SteeringWheels 是追踪菜单，划分为不同部分（称作按钮），每个按钮代表一种导航工具。SteeringWheels（也称作控制盘）将多个常用导航工具结合到一个单一界面中，从而为用户节省了时间。控制盘是任务特定的，可以在不同视图中导航和定向模型。

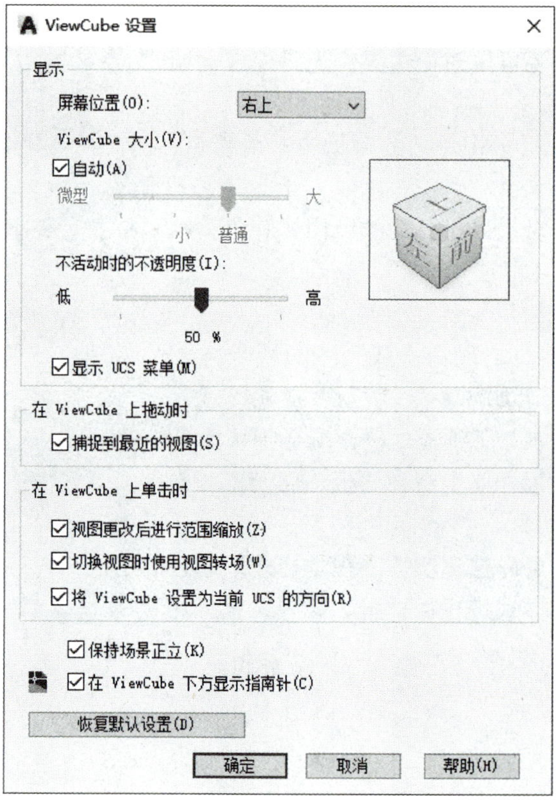

图 6-15 “ViewCube 设置”对话框

单击“视图”菜单栏中的“SteeringWheels”命令，打开 SteeringWheels 显示的观察器。可以在该导航轮下选择不同的观察方式，如动态观察、缩放、回放、平移、漫游等。控制盘（二维导航控制盘除外）有两种不同样式：大控制盘和小控制盘，如图 6-16 所示。可通过在控制盘的不同可用样式之间切换，或通过调整大小和不透明度，来控制控制盘的外观。

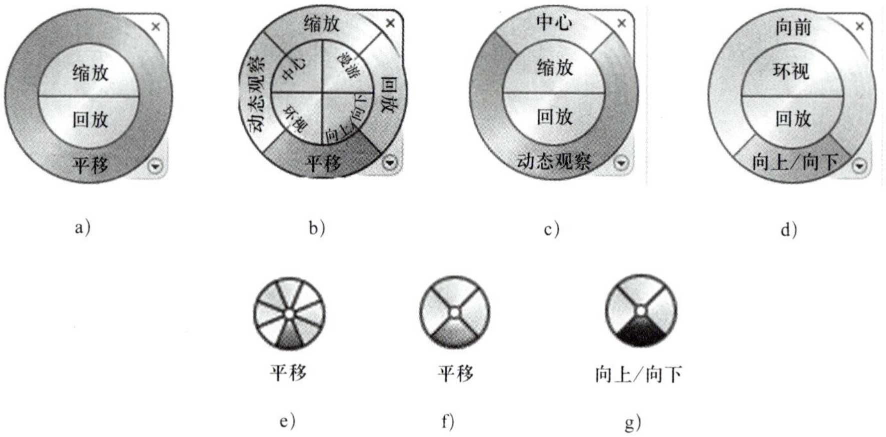

图 6-16 SteertigWheels 控制盘样式

a）二维导航控制盘 b）全导航控制盘 c）查看对象控制盘 d）巡视建筑控制盘

e）全导航控制盘（小） f）查看对象控制盘（小） g）巡视建筑控制盘（小）

任务 2 绘制圆台三维实体

学习目的

1. 掌握基本三维实体的绘制。
2. 会创建圆台三维实体。

任务引入

本次任务要求根据图 6–17a 所示圆台零件图，绘制其三维实体，如图 6–17b 所示。

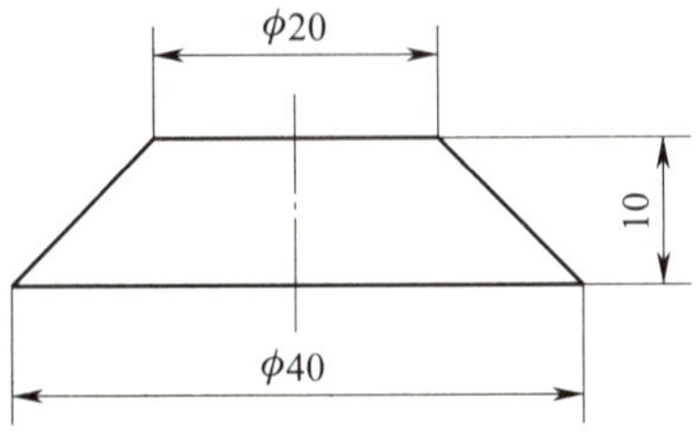

a)

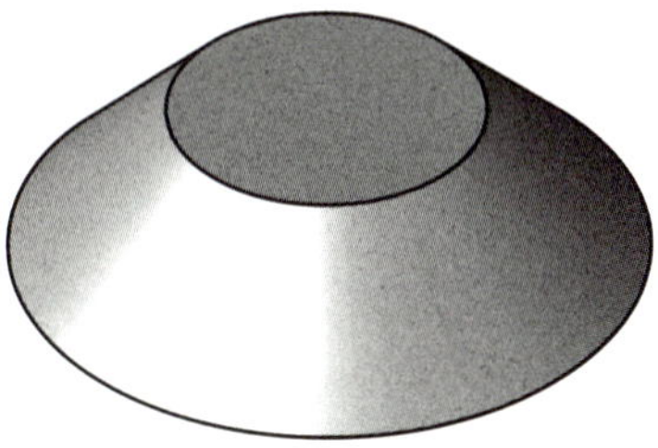

b)

图 6–17 圆台

a）圆台零件图 b）圆台三维实体（着色）

相关知识

一、基本三维实体命令

AutoCAD 能生成圆柱体、圆锥体、长方体、球体、楔形体、棱锥体、圆环体及多段体等基本三维实体。通过“绘图”→“建模”菜单，或“建模”工具栏，或“建模”功能区，或通过命令行输入相应命令，都能执行基本三维实体命令。表 6–1 列出了基本三维实体命令、按钮、功能及操作主要参数。

二、创建圆柱体

1. 命令执行方法

（1）功能区：单击“常用”→“建模”→“圆柱体”按钮 。

（2）菜单栏：选择“绘图”→“建模”→“圆柱体”命令。

（3）命令行：cyl（或 cylinder）。

表 6-1　　基本三维实体命令、按钮、功能及操作主要参数

命令	按钮	功能	操作主要参数
cyl（或 cylinder）		创建圆柱体	指定圆柱体底面中心点、圆柱体半径及高度
cone		创建圆锥体	指定圆锥体底面中心点、圆锥体底面半径及锥体高度
sphere		创建球体	指定球心、球半径
box		创建长方体	指定长方体的一个角点、另一对角点及长方体高度
pyr（或 pyramid）		创建棱锥体	指定棱锥体侧面数、底面中心、底面外切圆（或内接圆）半径及锥体高度；确定底面尺寸时，也可采用边长方式确定
we（或 wedge）		创建楔体	指定楔体的一个角点、另一对角点及楔体高度
tor（或 torus）		创建圆环体	指定圆环中心点，输入圆环半径及圆管半径
polysolid		创建多段体	指定多段体的高度、宽度，然后输入多段体的起点和下一点

2. 示例

创建底面半径为 40 mm、高为 60 mm 的圆柱体。创建过程如下：

（1）单击“视图”菜单→“三维视图”→“西南等轴测”命令，将三维视图设置为西南等轴测。

（2）执行“圆柱体”命令，系统提示如下：

命令：_cylinder（执行“圆柱体”命令）

指定底面的中心点或[三点（3P）/ 两点（2P）/ 切点、切点、半径（T）/ 椭圆（E）]：0，0，0↙（指定圆柱体底面中心）

指定底面半径或[直径（D）]：40↙（指定底面半径值）

指定高度或[两点（2P）/ 轴端点（A）]<80.0000>：60↙（指定圆柱体高度）

执行上述操作，绘制出如图 6–18a 所示圆柱体。该图缺少立体感，可通过调整 isolines、facetres 变量参数，使圆柱体更逼真。

（3）设置实体表面网格线数量

命令：isolines↙
输入 ISOLINES 的新值 <4>：30↙（设置实体表面网格线数量）

（4）单击“视图”菜单→“重生成”命令，AutoCAD 提示：

命令：_regen 正在重生成模型。

执行重生成命令，生成图 6–18b 所示图形。

（5）设置实体消隐的网格密度

命令：facetres↙
输入 FACETRES 的新值 <0.5000>：5↙（设置实体消隐后的网格密度）

（6）单击“视图”菜单→“消隐”命令，重新生成模型，结果如图 6–18c 所示。

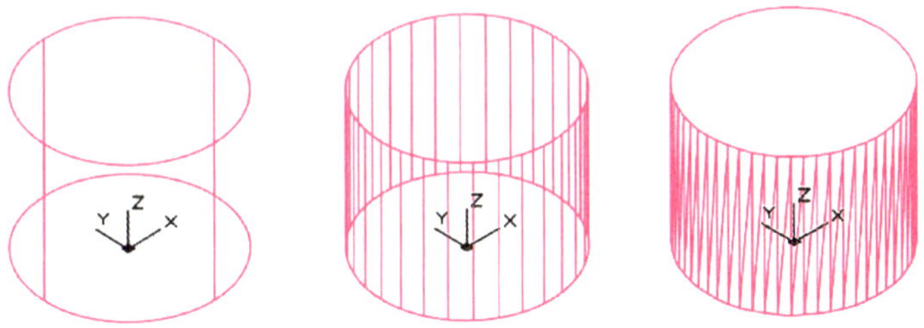

a)　　b)　　c)

图 6–18 创建圆柱体

说明：圆柱体在输入其高度后已经生成，将实体表面网格线由默认的 4 改为 30，网格密度由 0.5 改为 5，是为了使三维模型消隐后在视觉上更光滑和逼真。

三、创建圆锥体

1. 命令执行方法

（1）功能区：单击“常用”→“建模”→“圆锥体”按钮 。

（2）菜单栏：选择“绘图”→“建模”→“圆锥体”命令。

（3）命令行：cone。

2. 示例

创建底面半径为 10 mm、高为 12 mm 的圆锥。操作步骤如下：

命令：_cone（执行“圆锥体”命令）
指定底面的中心点或［三点（3P）/ 两点（2P）/ 切点、切点、半径（T）/ 椭圆（E）］：0，0，0↙（指定底面中心坐标）

指定底面半径或[直径(D)]<80.0000>: 10↙(指定底面半径)
指定高度或[两点(2P)/轴端点(A)/顶面半径(T)]<300.0000>: 12↙(指定圆锥高度)

执行上述操作，绘制出如图 6–19 所示圆锥体。

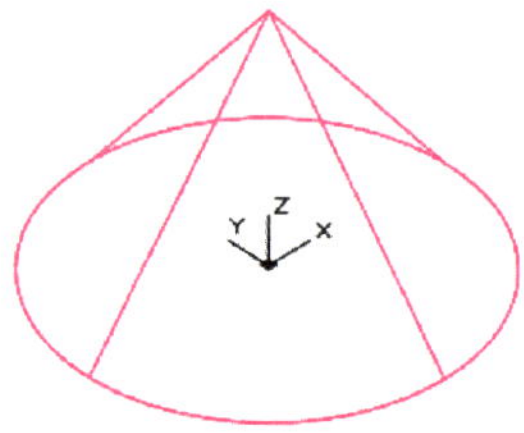

图 6–19 创建圆锥体

3. 选项说明

（1）出现“指定底面的中心点或［三点（3P）/两点（2P）/切点、切点、半径（T）/椭圆（E）］:”提示时，如果选择“椭圆”，则可以绘制椭圆锥体。

（2）出现“指定高度或［两点（2P）/轴端点（A）/顶面半径（T）］:”提示时，如选“顶面半径”，当输入的数值与底面半径相同时，则为圆柱，如是一个非零的半径，则为圆台。

四、创建棱锥体

1. 命令执行方法

（1）功能区：单击“常用”→“建模”→“棱锥体”按钮△。

（2）菜单栏：选择“绘图”→“建模”→“棱锥体”命令。

（3）命令行：pyr 或 pyramid。

2. 示例

创建底面外切圆半径为 20 mm、高为 40 mm 的正四棱锥体。操作步骤如下：

命令: _pyramid(执行“棱锥体”命令)
4 个侧面 外切
指定底面的中心点或[边(E)/侧面(S)]:(指定底面的中心点)
指定底面半径或[内接(I)]<28.2843>: 20↙(指定底面外切圆半径)
指定高度或[两点(2P)/轴端点(A)/顶面半径(T)]<40.0000>: 40↙(指定高度)

执行上述操作，则绘制出如图 6–20 所示棱锥体。

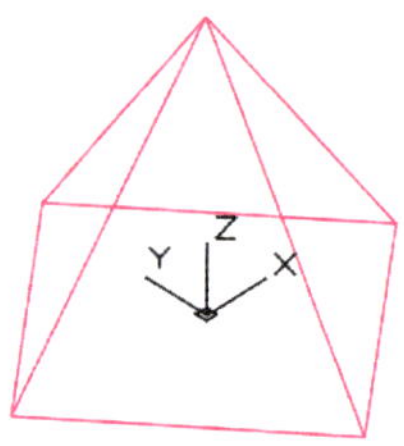

图 6–20 棱锥体

说明：

（1）本教材仅介绍圆柱体、圆锥体和棱锥体的绘制方法，其余不再赘述。

（2）在创建基本立体过程中，可以通过鼠标的拖动来实现尺寸的输入，特别适于可通过捕捉获得尺寸的图形绘制。

（3）利用夹点可对实体进行拉伸等操作，如图 6–21a 所示。

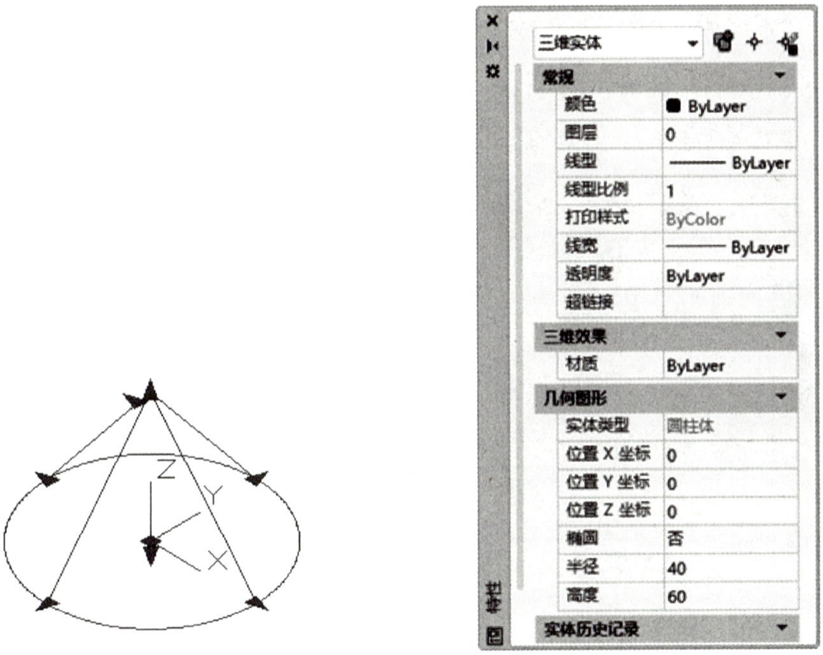

a）　　b）

图 6–21　修改实体特性

a）利用夹点拉伸实体　b）通过“特性”面板修改参数

（4）基本实体绘制完成后，可通过“特性”面板（见图 6–21b）修改参数来控制现有对象的常规、三维效果、几何图形等特性。选中实体后，在图形窗口中单击鼠标右键，在快捷菜单中选择“特性”，打开“特性”面板。

任务实施

1. 绘图前准备

（1）启动 AutoCAD 2020，单击“文件”→“新建”，打开“选择样板文件”对话框。选择“acadiso”样板后单击打开。

（2）为便于观察，选择“西南等轴测”视点。

（3）选择“二维线框”视图样式。

（4）建立粗实线、细实线两个图层。

2．执行“圆锥体”命令

命令：_cone（执行“圆锥体”命令）

指定底面的中心点或［三点（3P）/ 两点（2P）/ 切点、切点、半径（T）/ 椭圆（E）］：0，0，0↙（指定底面的中心点）

指定底面半径或［直径（D）］<10.0000>：20↙（指定底面半径）

指定高度或［两点（2P）/ 轴端点（A）/ 顶面半径（T）］<12.0000>：t↙（选择“顶面半径”选项）

指定顶面半径 <0.0000>：10↙（输入顶面半径）

指定高度或［两点（2P）/ 轴端点（A）］<12.0000>：10↙（指定圆台高度）

执行上述操作，结果如图 6–22a 所示，图 6–22b 所示为圆台在消隐视觉样式（“视图”→“视觉样式”→“消隐”）中的效果，图 6–22c 所示为圆台在概念视觉样式（“视图”→“视觉样式”→“灰度”）中的效果。

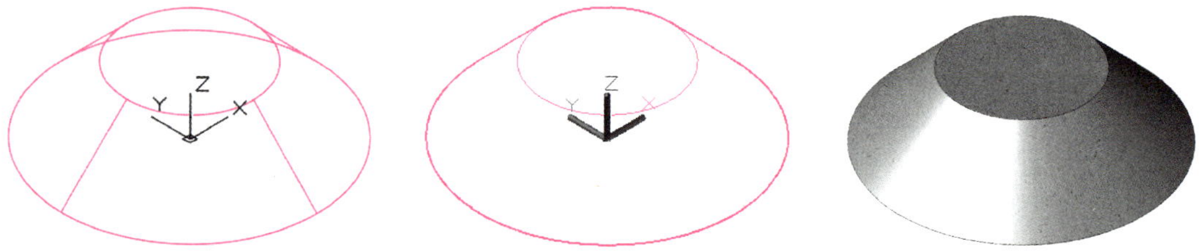

a）　　　　b）　　　　c）

图 6–22　创建圆台三维实体

a）“二维线框”显示　b）“消隐”显示　c）“灰度”显示

知识拓展

放　样

放样是将二维对象创建为三维对象的方法之一，它是通过指定一系列横截面来创建三维实体或曲面。横截面的定义决定了实体或曲面的形状。使用“放样”命令，必须至少指定两个横截面。放样轮廓可以是开放或闭合的平面或非平面，也可以是边子对象。开放的横截面创建曲面，闭合的横截面创建实体或曲面。

1．命令执行方法

（1）功能区：单击“常用”→“建模”→“放样”按钮。

（2）菜单栏：选择“绘图”→“建模”→“放样”命令。

（3）命令行：loft。

2．示例

绘制如图 6–23 所示上圆下方三维实体，上面圆的直径为 20 mm，下面正方形的边长为 40 mm，三维实体的高度为 30 mm。绘图步骤如下：

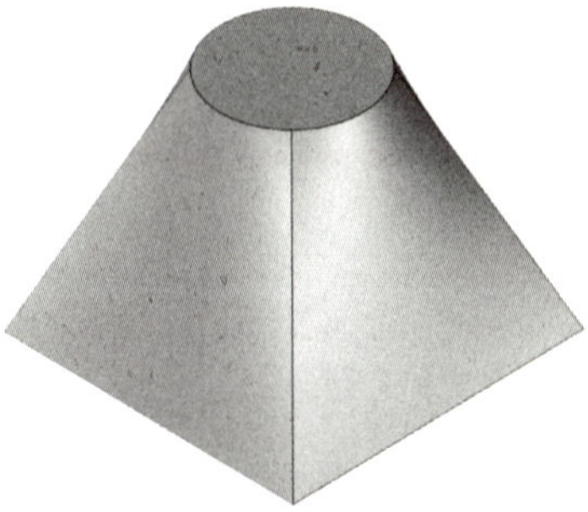

图 6–23 上圆下方三维实体

命令: _polygon（执行“正多边形”命令）

输入侧面数 <5>: 4↙（指定侧面数）

指定正多边形的中心点或[边（E）]: 0，0，0↙（指定正方形的中心坐标）

输入选项[内接于圆（I）/ 外切于圆（C）]<C>: ↙（按 Enter 键确认）

指定圆的半径: 20↙（指定圆的半径）

命令: c↙（执行“圆”命令）

指定圆的圆心或[三点（3P）/ 两点（2P）/ 切点、切点、半径（T）]: 0，0，30↙（指定圆心坐标）

指定圆的半径或[直径（D）]<5.0000>: 10↙（指定圆的半径）

命令: _loft（执行“放样”命令）

当前线框密度: ISOLINES=4，闭合轮廓创建模式 = 实体

按放样次序选择横截面或[点（PO）/ 合并多条边（J）/ 模式（MO）]: MO↙

闭合轮廓创建模式[实体（SO）/ 曲面（SU）]< 实体 >: SO↙

按放样次序选择横截面或[点（PO）/ 合并多条边（J）/ 模式（MO）]: 找到 1 个（拾取边长为 40 mm 的正方形）

按放样次序选择横截面或[点（PO）/ 合并多条边（J）/ 模式（MO）]: 找到 1 个，总计 2 个（拾取 ϕ20 mm 圆）

按放样次序选择横截面或[点（PO）/ 合并多条边（J）/ 模式（MO）]: ↙（按 Enter 键确认）

选中了 2 个横截面

输入选项[导向（G）/ 路径（P）/ 仅横截面（C）/ 设置（S）]< 仅横截面 >: ↙（按 Enter 键确认）

执行上述操作，则绘制出图 6–23 所示三维实体。

3. 选项说明

（1）“导向”：指定控制放样实体或曲面形状的导向曲线。

（2）“路径”：指定放样实体或曲面的单一路径，该路径曲线必须与横截面的所有平面相交。

（3）“仅横截面””：在不使用导向或路径的情况下，创建放样对象。

（4）“设置”：显示“放样设置”对话框，通过该对话框可以设置横截面上的曲面控制选项。

任务 3 绘制台阶轴三维实体

学习目标

1. 掌握“面域”命令的功能与操作。
2. 掌握“旋转”命令的功能与操作。
3. 会绘制台阶轴三维实体。

任务引入

本次任务要求根据图 6–24a 所示台阶轴零件图，绘制图 6–24b 所示台阶轴三维实体图。轴类零件为旋转体零件，绘制三维实体图时，将视图设置为俯视图，绘制半个与零件轮廓形状相同的平面图，并将平面图创建为面域，然后将面域绕其对称轴旋转 360°，即可绘制出轴类零件三维实体图。

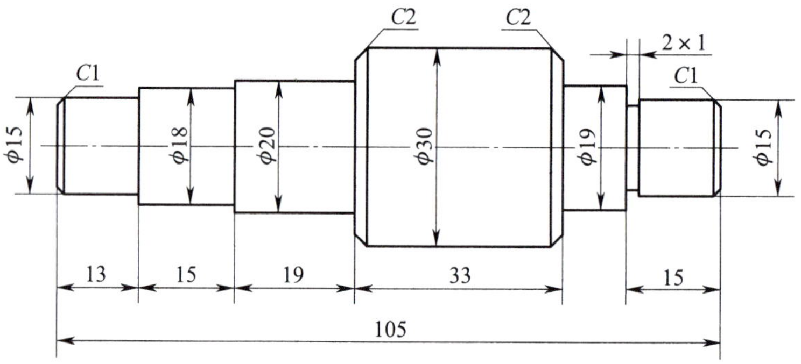

a）

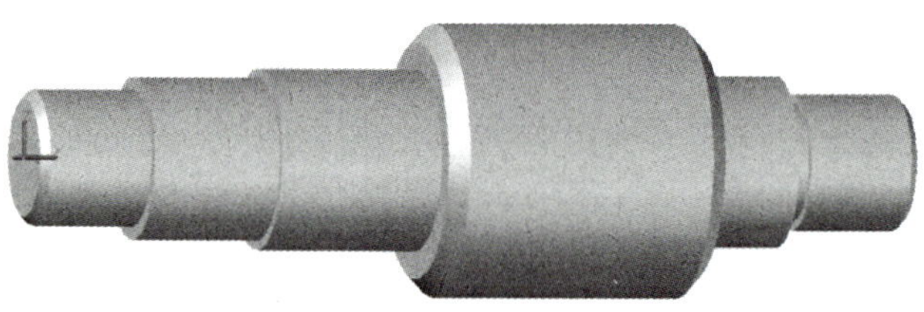

b）

图 6–24 台阶轴

a）零件图 b）三维实体图

相关知识

在 AutoCAD 中，除了可以通过基本三维实体命令创建三维实体外，还可以通过旋转、拉伸、扫掠、放样等方法将二维对象创建为三维实体或曲面。

一、面域

面域是具有物理特性（例如质心）的二维封闭区域。它是有边界的平面区域，具有面积、周长、质心、惯性矩、惯性积及旋转半径等几何与物理特征。可以对它进行复制、移动等编辑操作，也可以将它拉伸或旋转形成三维实体，此外面域还可进行布尔运算。

1. 命令执行方法

（1）菜单栏：选择“绘图”→“面域”命令。

（2）功能区：单击“常用”→“绘图”→“面域”按钮。

（3）命令行：region。

提示：通过“边界”命令也可创建面域。执行“边界”命令，系统弹出“边界创建”对话框，将“对象类型”项设置为“面域”即可，有关操作将在后面相关知识里介绍。

2. 示例

将图 6-25a 所示的图形转换为面域。单击“绘图”工具栏中的“面域”按钮，系统提示如下：

命令：_region（执行“面域”命令）

选择对象：指定对角点：找到 12 个（从右向左框选，选择图形中的所有对象，如图 6-25b 所示）

选择对象：（按 Enter 键或右击确定）

已提取 3 个环。

已创建 3 个面域。

面域创建后的选中状态如图 6-25c 所示，它由三个面域组成，显然与图 6-25b 所示状态存在差别。

注意：创建面域之前，应对二维图上部分多余的线进行删除、修剪等操作，应保证相邻对象间连接端点的共享性，使之成为一个封闭的二维图，否则将不能创建面域。如图 6-26 所示的图形就无法创建面域，只有修剪左边长出的线段才可创建面域。

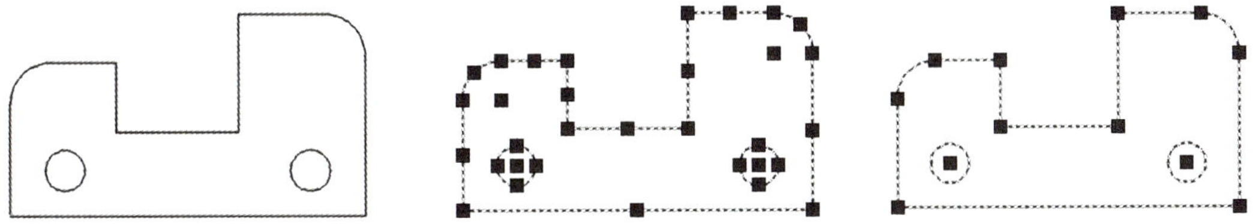

a） b） c）

图 6-25 创建面域示例

a）创建前 b）选择创建前的对象 c）选择面域对象

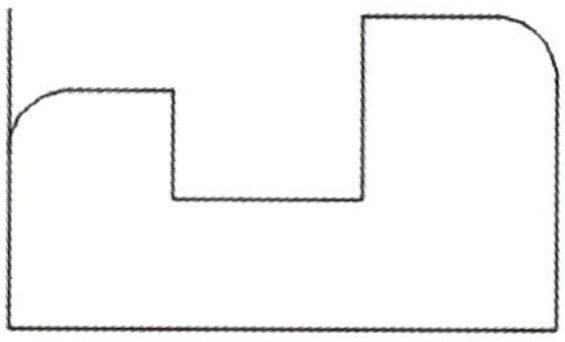

图 6–26　无法创建面域的图形

二、旋转

旋转是指通过绕轴旋转封闭或不封闭对象来创建实体或曲面。如果旋转对象是封闭的，则生成三维实体；如果旋转对象是不封闭的，则生成曲面。

1．命令执行方法

（1）菜单栏：选择“绘图”→“建模”→“旋转”命令。

（2）功能区：点击“常用”→“建模”→“旋转”按钮。

（3）命令行：revolve。

2．示例

将图 6–27 所示面域绕直线旋转 360°，操作步骤如下：

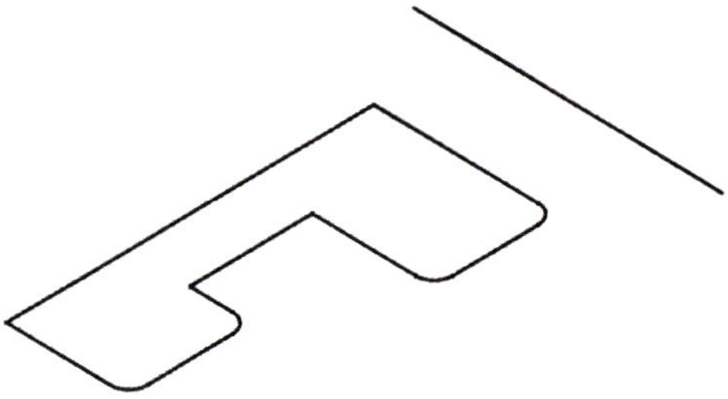

图 6–27　旋转面域

命令：_revolve（执行“旋转”命令）
当前线框密度：ISOLINES=4，闭合轮廓创建模式 = 实体
选择要旋转的对象或[模式（MO）]：MO↙
闭合轮廓创建模式[实体（SO）/ 曲面（SU）]< 实体 >：SO↙
选择要旋转的对象或[模式（MO）]：指定对角点：找到 1 个
选择要旋转的对象或[模式（MO）]：（按 Enter 键或鼠标右键确认）
指定轴起点或根据以下选项之一定义轴［对象（O）/X/Y/Z］< 对象 >：（指定旋转轴的起点）
指定轴端点：（指定旋转轴的端点）
指定旋转角度或[起点角度（ST）/ 反转（R）/ 表达式（EX）]<360>：360↙（输入旋转角度）

执行上述操作，结果如图 6–28 所示（“真实”视觉样式下的结果）。

图 6–28　“真实”视觉样式三维实体

任务实施

1. 启动 AutoCAD 2020，将视图切换到俯视图。

2. 绘制二分之一台阶轴轮廓线

执行“多段线”命令，依次按尺寸指定多段线起点坐标和经过点的坐标，即（0，0）、（@0，6.5）、（@1，1）、（@12，0）、（@0，1.5）、（@15，0）、（@0，1）、（@19，0）、（@0，3）、（@2，2）、（@29，0）、（@2，-2）、（@0，-3.5）、（@10，0）、（@0，-3）、（@2，0）、（@0，1）、（@12，0）、（@1，-1）、（@0，-6.5）、（0，0）最终闭合成为封闭的多段线，如图 6-29 所示。

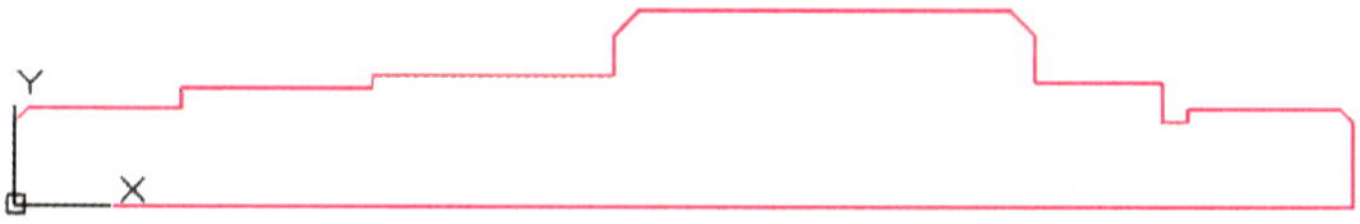

图 6-29　绘制二分之一台阶轴轮廓线

3. 生成面域

执行“面域”命令，系统提示如下：

命令：_region（执行“面域”命令）
选择对象：找到 1 个（二分之一台阶轴轮廓线）
选择对象：（按 Enter 键或鼠标右键确认）
已提取 1 个环。
已创建 1 个面域。

4. 生成三维实体

（1）将视图切换至西南等轴测视图，如图 6-30 所示。

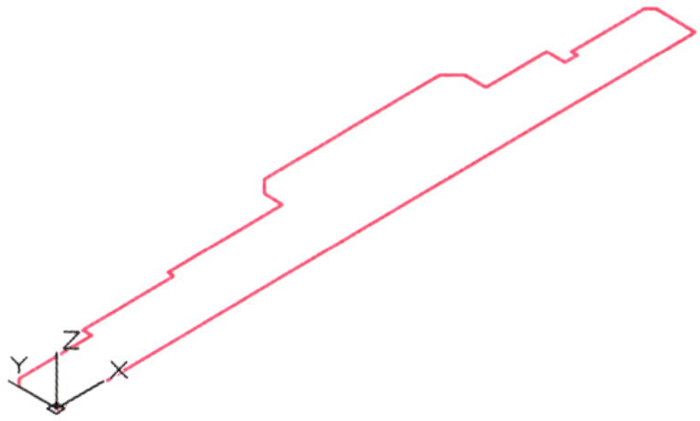

图 6-30　西南等轴测视图下的面域

（2）单击“建模”工具栏中的“旋转”按钮，系统提示：

命令：_revolve（执行“旋转”建模命令）
当前线框密度：ISOLINES=4，闭合轮廓创建模式 = 实体

选择要旋转的对象或[模式（MO）]：MO↙
闭合轮廓创建模式[实体（SO）/曲面（SU）]<实体>：SO↙
选择要旋转的对象或[模式（MO）]：找到1个（拾取面域）
选择要旋转的对象或[模式（MO）]：（按Enter键或鼠标右键确认）
指定轴起点或根据以下选项之一定义轴[对象（O）/X/Y/Z]<对象>：X↙（指定旋转轴）
指定旋转角度或[起点角度（ST）/反转（R）/表达式（EX）]<360>：↙（确定旋转角度）

执行上述操作，绘制出如图6–31a所示图形。执行“视图”→“视觉样式”→“真实”命令，得到“真实”视觉样式视图，如图6–31b所示。

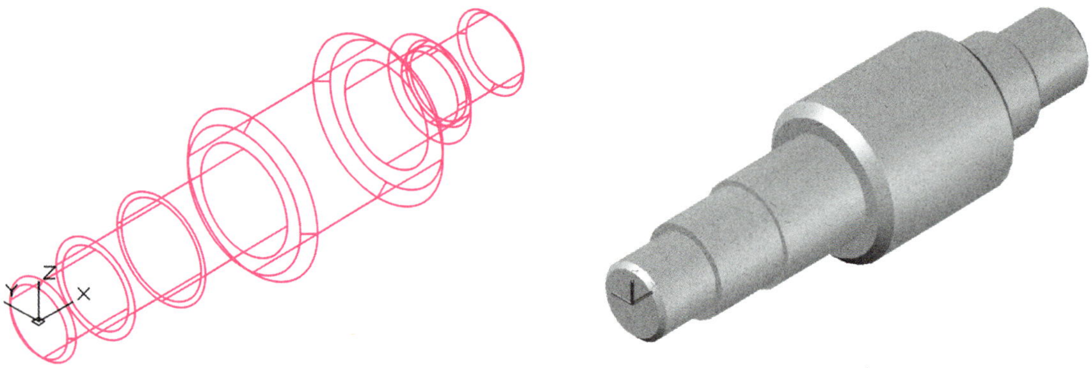

a）　　　　b）

图6–31　台阶轴实体图

a）二维线框　b）“真实”视觉样式

提示：如多段线上被旋转的中心线不是位于原点上，则不能选择X/Y/Z作为旋转轴。此时，可以直接捕捉多段线上作为转旋轴线的两个端点，作为旋转轴的起点和端点。

5. 整理并保存

整理图形并保存。

任务4　绘制连接盘三维实体

学习目的

1. 掌握“拉伸”命令的功能与操作。
2. 掌握“布尔运算”的功能与操作。
3. 掌握“三维阵列”命令的功能与操作。
4. 会创建连接盘三维实体。

任务引入

本次任务要求根据图 6–32a 所示连接盘零件图绘制如图 6–32b 所示三维实体。连接盘是由圆柱体和圆凸台组成的，中间有 ϕ20 mm 的孔，周边有 6 个 ϕ10 mm 的均布孔。绘制三维实体时，先在俯视图上绘制连接盘的主视图，然后将各封闭圆建成面域，再应用“拉伸”命令生成三维实体，最后通过布尔运算完成实体创建。

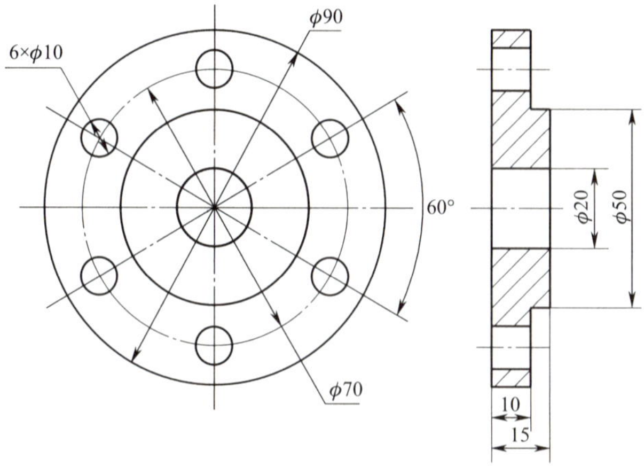

a)

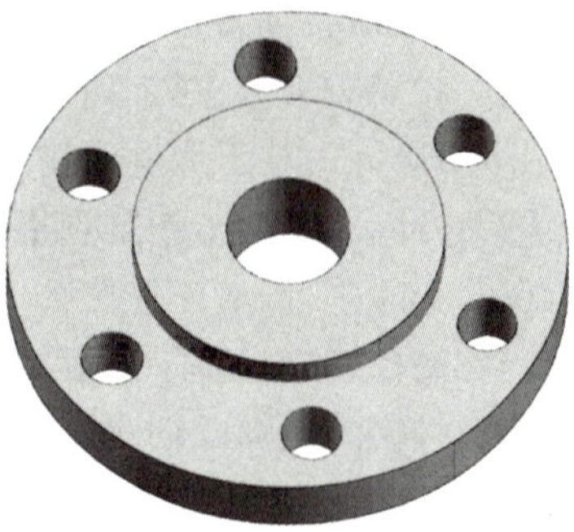
b)

图 6–32 连接盘

a）零件图 b）三维实体

相关知识

一、拉伸

“拉伸”命令将曲线拉伸到三维空间，可创建三维实体或曲面。拉伸对象为开放曲线时，可创建曲面；拉伸对象为闭合曲线时，可创建实体或曲面。

1. 命令执行方法

（1）功能区：单击“常用”→“建模”→“拉伸”按钮 。

（2）菜单栏：选择“绘图”→“建模”→“拉伸”命令。

（3）命令行：ext（或 extrude）。

2. 示例

下面以指定高度方式拉伸正六边形为例，执行“拉伸”命令，系统提示：

命令：extrude（执行“拉伸”命令）
当前线框密度：ISOLINES=4，闭合轮廓创建模式 = 实体
选择要拉伸的对象或[模式（MO）]：MO↙
闭合轮廓创建模式[实体（SO）/ 曲面（SU）]< 实体 >：SO↙（指定创建模式）

选择要拉伸的对象或［模式（MO）］：找到 1 个（拾取待拉伸的正六边形）
选择要拉伸的对象或［模式（MO）］：↙（按 Enter 键确定）
指定拉伸的高度或［方向（D）/ 路径（P）/ 倾斜角（T）/ 表达式（E）］<10.0000>：12↙（指定拉伸高度）

完成上述操作，结果如图 6–33 所示。

3．选项说明

（1）模式：控制拉伸对象是实体还是曲面。曲面会被拉伸为 NURBS 曲面或程序曲面，具体取决于 surfacemodelingmode 系统变量。

（2）拉伸高度：沿 *Z* 轴正向或负向拉伸选定对象。方向基于创建对象时的 UCS，或（对于多个选择）基于最近创建的对象的原始 UCS。

（3）方向：用两个指定点指定拉伸的长度和方向。注意：方向不能与拉伸创建的扫掠曲线所在的平面平行。

（4）路径：指定基于选定对象的拉伸路径。路径将移动到轮廓的质心，然后沿选定路径拉伸选定对象的轮廓以创建实体或曲面。图 6–34 所示为以指定路径拉伸示例。

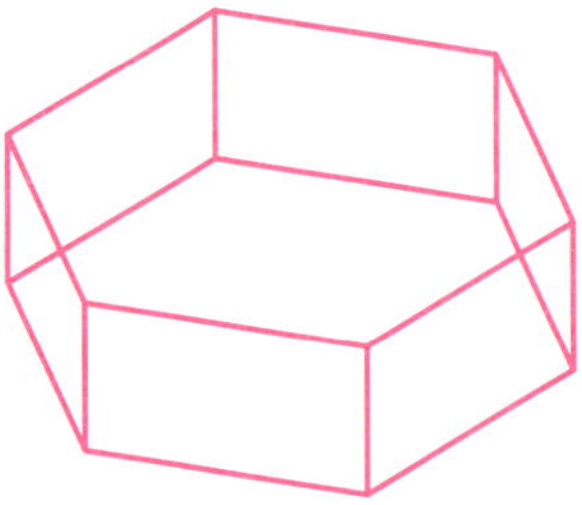

图 6–33　指定高度拉伸正六边形

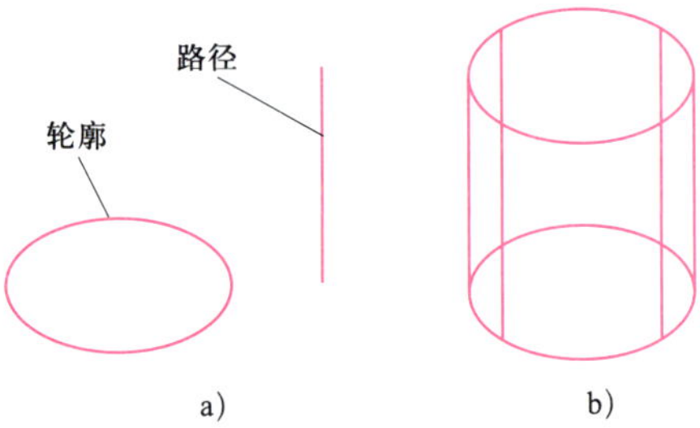

图 6–34　以指定路径拉伸示例
a）拉伸对象及路径　b）拉伸结果

注意：路径不能与对象处于同一平面，也不能具有高曲率的部分。拉伸对象始于轮廓所在平面，止于在路径端点处与路径垂直的平面。

（5）倾斜角：指定拉伸的倾斜角。倾斜角范围为 –90° ~ +90°。正角度表示从基准对象开始逐渐变细的拉伸如图 6–35 所示，而负角度则表示从基准对象开始逐渐变粗的拉伸，如图 6–36 所示。默认角度 0 表示在与二维对象所在平面垂直的方向上进行拉伸。

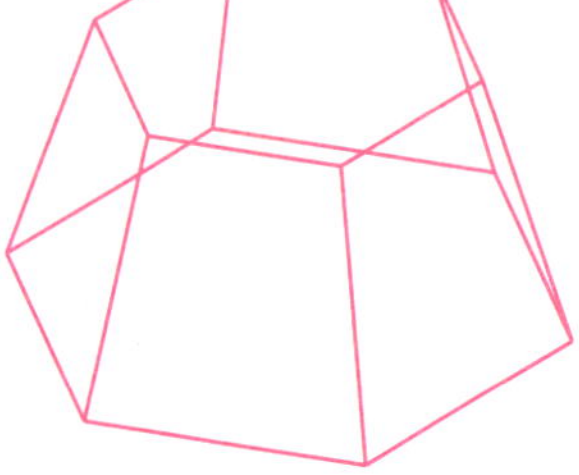

图 6–35　以倾斜角 15° 拉伸

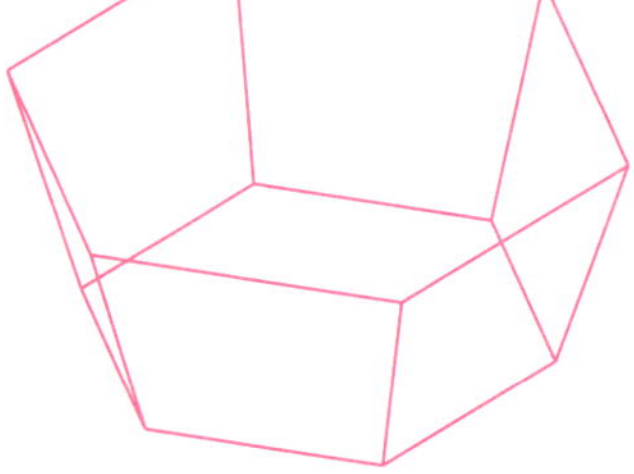

图 6–36　以倾斜角 –15° 拉伸

（6）表达式：输入公式或方程式以指定拉伸高度。

二、布尔运算

布尔运算通过对两个以上的物体进行并集、差集、交集的运算，从而得到新的物体形态。AutoCAD 系统提供了三种布尔运算方式：并集、差集和交集。

1. 并集

并集就是将两个或多个三维实体、曲面或二维面域合并为一个复合三维实体、曲面或面域。

（1）命令执行方法

1）菜单栏：选择“修改”→“实体编辑”→“并集”命令。

2）功能区：单击“常用”→“实体编辑”→“并集”按钮。

3）命令行：uni（或 union）。

（2）示例

选择图 6-37a 中的长方体和圆柱体，执行“并集”命令，系统提示：

命令：_union（执行“并集”命令）
选择对象：找到 2 个（选择长方体及圆柱体）
选择对象：↙（按 Enter 键或右击确定）

执行上述操作，结果如图 6-37b 所示。

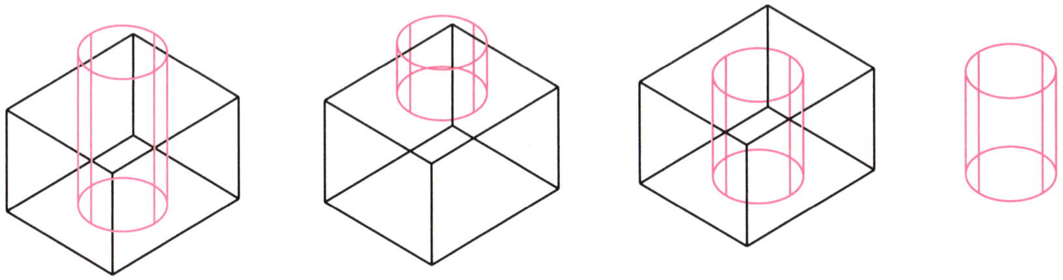

a) b) c) d)

图 6-37 布尔运算示例

a）布尔运算前 b）并集结果 c）差集结果 d）交集结果

2. 差集

使用“差集”命令将实体构成的一个选择集从另一个选择集中减去。操作时，首先选择被减对象（构成第一选择集），然后选择要减去的对象（构成第二选择集），操作结果是第一选择集减去第二选择集后形成新对象。

（1）命令执行方法

1）菜单栏：选择“修改”→“实体编辑”→“差集”命令。

2）功能区：单击“常用”→“实体编辑”→“差集”按钮。

2）命令行：su（或 subtract）。

（2）示例

选择图 6-37a 中的长方体和圆柱体，执行“差集”命令，系统提示：

命令: _subtract（执行“差集”命令）
选择要从中减去的实体、曲面和面域 ...（选择长方体）
选择对象: 找到 1 个
选择对象: ↙（按 Enter 键或鼠标右键确认）
选择要减去的实体、曲面和面域 ...（选择圆柱体）
选择对象: 找到 1 个
选择对象: ↙（按 Enter 键或鼠标右键确认）

完成上述操作，结果如图 6-37c 所示。

3. 交集

使用“交集”命令，可以以两个或两个以上现有三维实体、曲面或面域的公共体积创建三维实体。如果选择网格，则可以先将其转换为实体或曲面，然后完成此操作。

（1）命令执行方法

1）菜单栏：选择“修改”→“实体编辑”→“交集”命令。

2）功能区：单击“常用”→“实体编辑”→“交集”按钮。

3）命令行：in（或 intersect）。

（2）示例

选择图 6-37a 中长方体和圆柱体，执行“交集”命令，系统提示：

命令: _intersect（执行“交集”命令）
选择对象: 找到 2 个（选择长方体及圆柱体）
选择对象: ↙（按 Enter 键或右击确定）

完成上述操作，结果如图 6-37d 所示。

任务实施

1. 启动 AutoCAD 2020，将视图切换到俯视图。

2. 绘制连接盘主视图

根据图 6-32 所示尺寸绘制连接盘主视图，并删除中心线和 6 个小孔的定位圆，如图 6-38 所示。

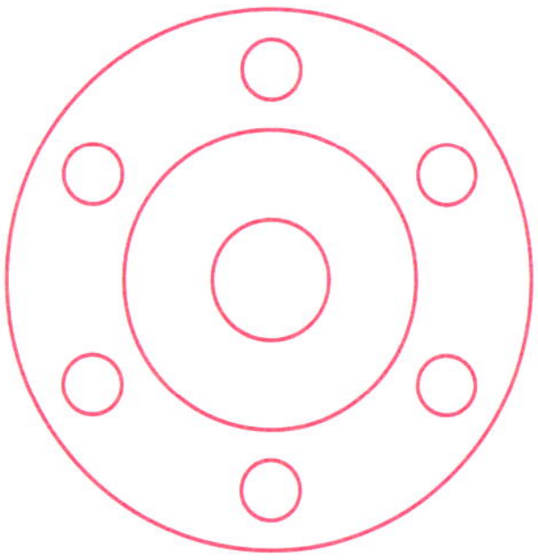

图 6-38 绘制连接盘主视图

3. 创建面域

应用“面域”命令，将连接盘主视图上的封闭圆创建成面域。

4. 拉伸面域

应用“拉伸”命令，将 ϕ90 mm 圆面域拉伸 10 mm，将 ϕ50 mm 和 ϕ20 mm 圆面域拉伸 15 mm，将 6 个 ϕ10 mm 圆面域拉伸 10 mm，结果如图 6-39 所示。

5. 布尔运算

（1）并集运算

执行“并集”命令，将 ϕ90 mm 圆柱与 ϕ50 mm 圆柱并成一个实体，如图 6-40 所示。

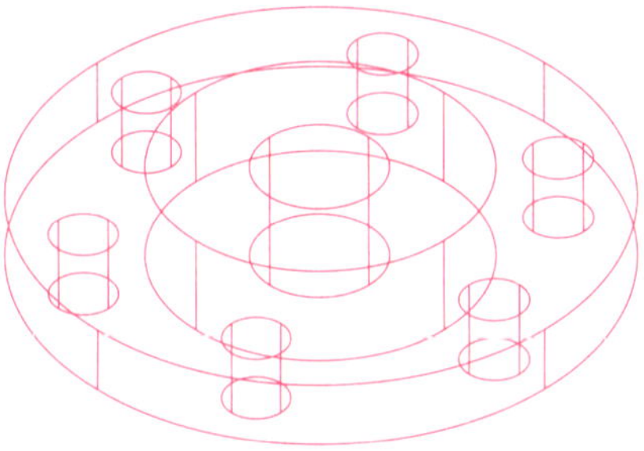

图 6-39 拉伸面域（西南等轴测）

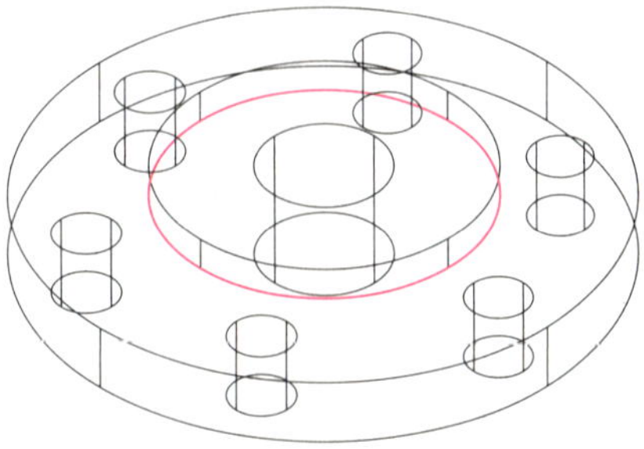

图 6-40 并集运算

（2）差集运算

执行“差集”命令，将 ϕ20 mm 圆柱和 6 个 ϕ10 mm 圆柱从主体中去除，结果如图 6-32b 所示（“真实”视觉样式）。

6. 整理并保存

整理图形并保存。

任务 5 绘制凸模三维实体

学习目标

1. 掌握“三维阵列”命令的功能及应用。
2. 掌握三维实体“倒角”命令的功能及应用。
3. 会创建凸模三维实体。

任务引入

本次任务要求根据图 6-41a 所示凸模零件图绘制图 6-41b 所示三维实体。凸模主体为圆柱体，其顶面均匀分布了四个“逗号”形凸台，绘制时可先绘制圆柱体，然后在其顶面绘制一个“逗号”形凸台，再应用“三维阵列”命令绘制其余三个“逗号”形凸台，最后进行布尔运算和倒角，完成凸模三维实体创建。

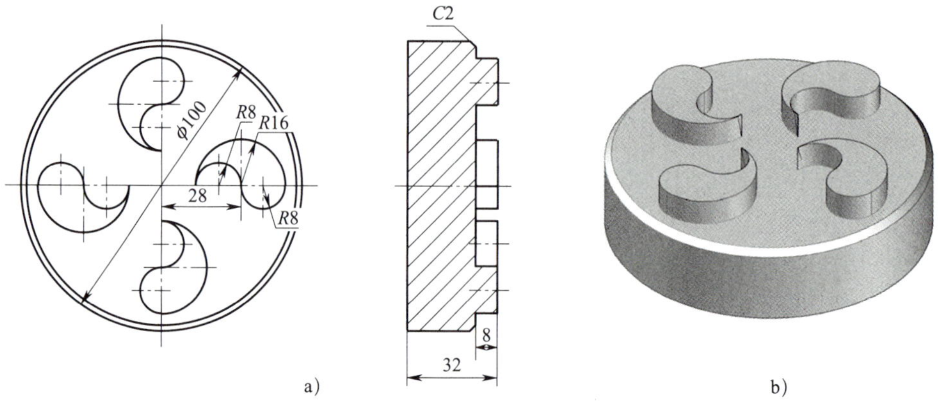

图 6-41 凸模

a）零件图 b）三维实体

相关知识

一、三维阵列

三维阵列是二维阵列的三维版本，通过该命令可以在三维空间创建对象的矩形、环形阵列。

1．启动“三维阵列”命令的方法

启动“三维阵列”命令的方法主要有以下几种。

（1）功能区：单击“常用”→“修改”→各种阵列按钮。

（2）菜单栏：选择“修改”→“三维操作”→“三维阵列”命令。

（3）命令行：3darray。

2．矩形阵列

对于三维矩形阵列，除行数和列数外，用户还可以指定 *Z* 轴方向的层数。在行（*X* 轴）、列（*Y* 轴）和层（*Z* 轴）矩形阵列中复制对象。

创建一个长方体，尺寸如图 6-42a 所示，用“矩形阵列”命令将长方体编辑成图 6-42b 所示两行、四列、两层的矩形阵列图形。

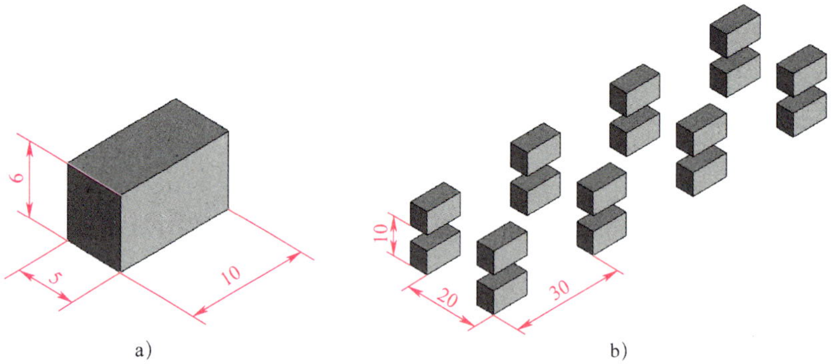

图 6-42 矩形阵列

a）阵列前 b）阵列后

（1）创建一个长方体，如图 6–42a 所示。

（2）单击“常用”→“修改”→“矩形阵列”命令按钮，启动“矩形阵列”命令。

（3）选择长方体，按 Enter 键，图形显示如图 6–43 所示。同时，在功能区弹出“阵列创建”对话框，如图 6–44 所示。

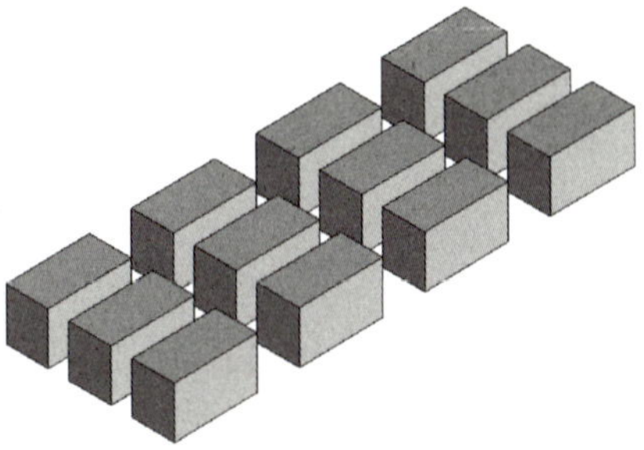

图 6–43　启动“矩形阵列”命令后

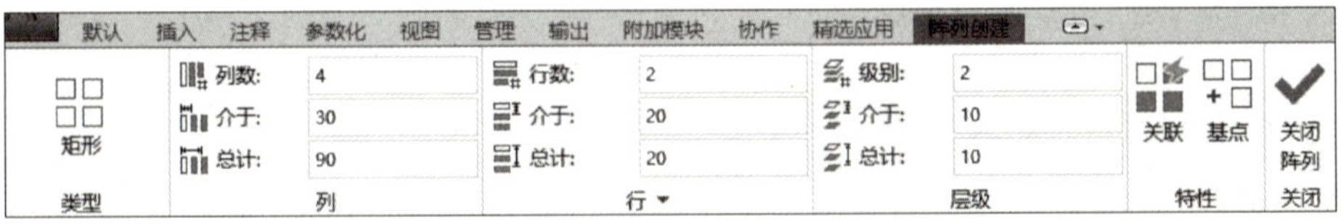

图 6–44　“阵列创建”对话框

（4）在“列”区域的“列数”文本框填写“4”，“介于”文本框填写列间距“30”；在“行”区域的“行数”文本框填写“2”，“介于”填写行间距“20”，“层级”区域的“级别”文本框填写“2”，“介于”填写行间距“10”。

（5）参数设置完毕，单击“关闭阵列”按钮，矩形阵列结果如图 6–45 所示。

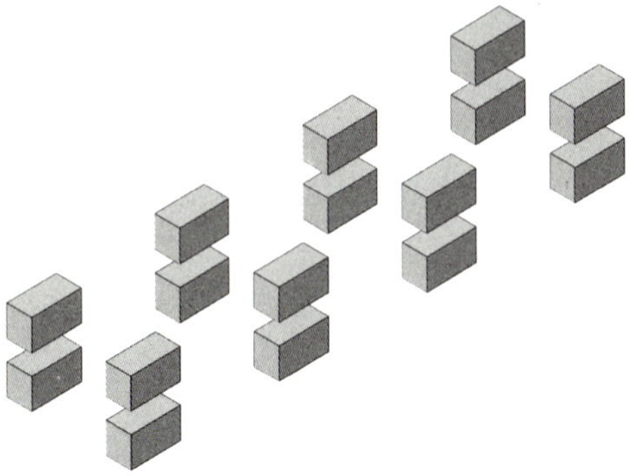

图 6–45　矩形阵列结果

提示：在“阵列创建”对话框中的“介于”文本框中输入的列间距或行间距是指实体间对应面之间的距离（如第一个实体的前面和第二个实体的前面之间的距离），不是实体间的间隔距离。

3．环形阵列

用“环形阵列”命令将圆柱体（见图 6–46a）绕轴线阵列成图 6–46b 所示图形。

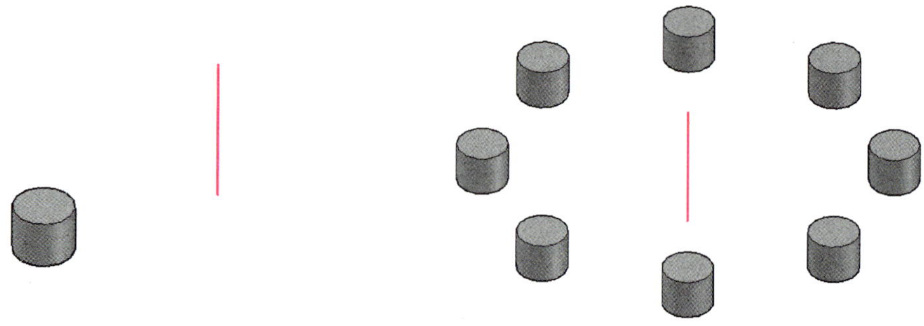

a）　　　　　　　　b）

图 6-46　环形阵列

a）对象　b）环形阵列结果

（1）打开源文件，单击“常用”→“修改”→“环形阵列”命令按钮 ，启动“环形阵列”命令，系统给出如下提示。

命令：_arraypolar
选择对象：找到 1 个（选择要阵列的对象）
选择对象：↙
类型 = 极轴关联 = 是
指定阵列的中心点或［基点（B）/ 旋转轴（A）］：（单击轴线上的某一点）

（2）系统自动弹出“阵列创建”对话框（见图 6-47），在对话框“项目数”的文本框中输入“8”。

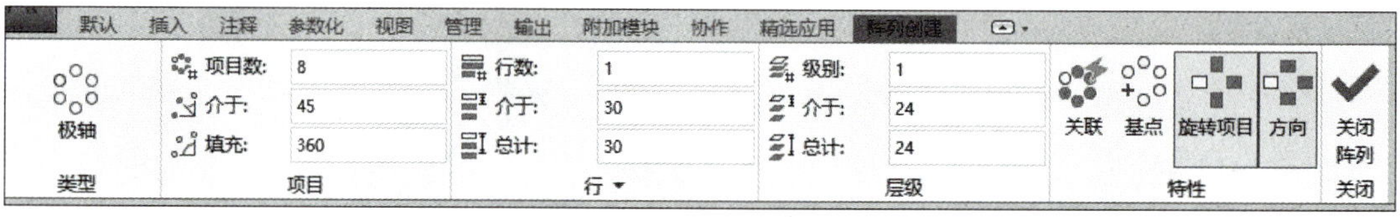

图 6-47　“阵列创建”对话框

（3）单击“阵列创建”对话框中的“关闭阵列”按钮，结果如图 6-46b 所示。

注意：对于三维环形阵列，用户可以通过空间中的任意两点指定旋转轴。

二、三维实体倒角

应用“倒角”或“倒角边”命令可以对三维实体的棱边创建倒角。

1. 应用“倒角”命令倒角

（1）启动三维实体“倒角”命令的方法

1）功能区：单击“常用”→“修改”→“倒角”命令按钮 。

2）菜单栏：选择“修改”→“倒角”命令。

3）命令行：cha（或 chamfer）。

（2）示例

应用“倒角”命令对图 6-48 所示长方体顶面四个棱边进行倒角，倒角距离为 4 mm。

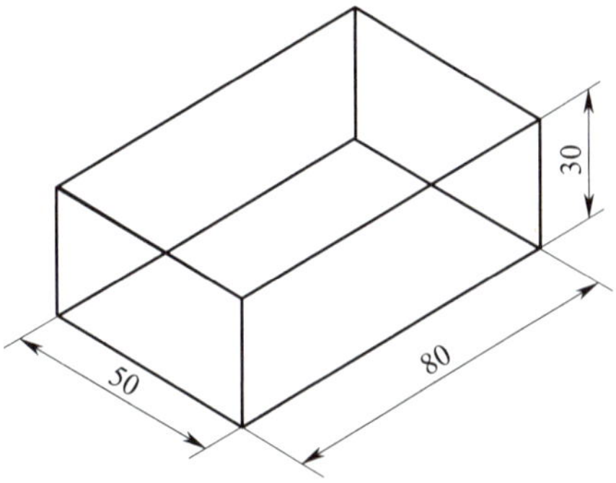

图 6-48 “倒角”示例

单击“常用”→“修改”→“倒角”命令按钮 ，启动“倒角”命令，系统给出如下提示。

命令：_chamfer

（“修剪”模式）当前倒角距离 1 = 2.0000，距离 2 = 2.0000

选择第一条直线或［放弃（U）/ 多段线（P）/ 距离（D）/ 角度（A）/ 修剪（T）/ 方式（E）/ 多个（M）］：（单击前上方的棱边）

基面选择 ...（长方体前面高亮显示，如图 6-49a 所示）

输入曲面选择选项［下一个（N）/ 当前（OK）］< 当前（OK）>：n↙（选择“下一个”选项，长方体顶面高亮显示，如图 6-49b 所示）

输入曲面选择选项［下一个（N）/ 当前（OK）］< 当前（OK）>：↙（按 Enter 键确认）

指定基面倒角距离或［表达式（E）］<2.0000>：4↙（指定基面倒角距离）

指定其他曲面倒角距离或［表达式（E）］<2.0000>：4↙（指定其他曲面倒角距离）

选择边或［环（L）］：l↙（选择“环”选项）

选择环边或［边（E）］：（选择 1 个倒角边）

选择环边或［边（E）］：↙（按 Enter 键确认）

倒角结果如图 6-50 所示。

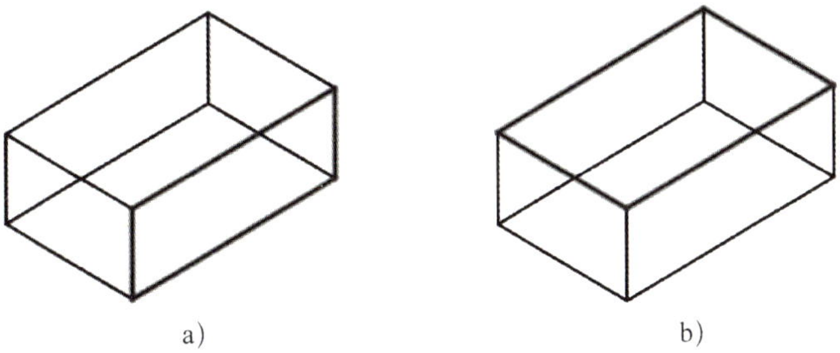

a） b）

图 6-49 选择基准面

a）长方体的前面作为第一基准面 b）长方体的上面作为第二基准面

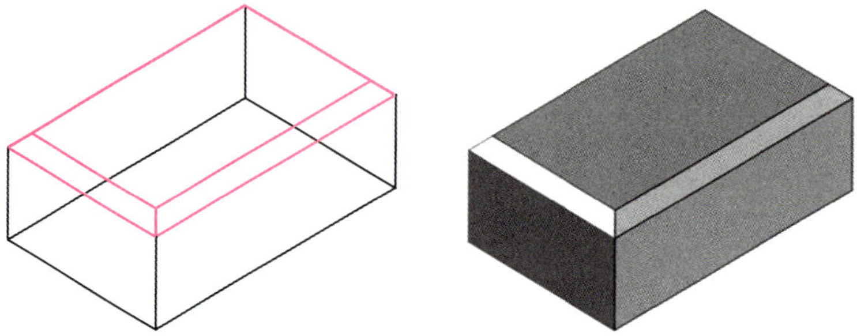

a) b)

图 6-50 长方体倒角后的结果

a）“二维线框”显示 b）“灰度”显示

提示：实体的棱边是两个面的交线，当第一次选择棱边时，系统会高亮显示其中一个面，这个面代表倒角基准面，用户可通过“下一个”选项使另一个表面为倒角的基准面。此外，当命令行中提示“选择边或［环（L）］：”时，只有基准面内的棱边才能被选择倒角。

2. 应用“倒角边”命令倒角

单击“修改”菜单→“实体编辑”→“倒角边”命令，系统提示：

命令：_chamferedge 距离 1 = 2.0000，距离 2 = 2.0000
选择一条边或［环（L）/ 距离（D）］：d↙（选择“距离”选项）
指定距离 1 或［表达式（E）］<2.0000>：4↙（输入距离 1）
指定距离 2 或［表达式（E）］<2.0000>：4↙（输入距离 2）
选择一条边或［环（L）/ 距离（D）］：（选择顶面的第 1 条边）
选择同一个面上的其他边或［环（L）/ 距离（D）］：（选择顶面的第 2 条边）
选择同一个面上的其他边或［环（L）/ 距离（D）］：（选择顶面的第 3 条边）
选择同一个面上的其他边或［环（L）/ 距离（D）］：（选择顶面的第 4 条边）
选择同一个面上的其他边或［环（L）/ 距离（D）］：↙（按 Enter 键确认选择结束）
按 Enter 键接受倒角或［距离（D）］：↙（按 Enter 键确认接受倒角）

倒角结果如图 6-50 所示。

任务实施

1. 启动 AutoCAD 2020，将视图切换到俯视图。执行 UCS 命令，新建用户坐标系。

2. 绘制圆柱体

应用“圆柱体”命令，绘制直径为 100 mm、高为 24 mm 的圆柱体，操作步骤如下：

命令：_cylinder（执行“圆柱体”命令）
指定底面的中心点或［三点（3P）/ 两点（2P）/ 切点、切点、半径（T）/ 椭圆（E）］：0，0，0↙（确定底面中心点）
指定底面半径或［直径（D）］<0.0000>：50↙（输入底面半径）
指定高度或［两点（2P）/ 轴端点（A）］<0.0000>：24↙（输入圆柱体高度）

执行上述操作，结果如图 6–51 所示。

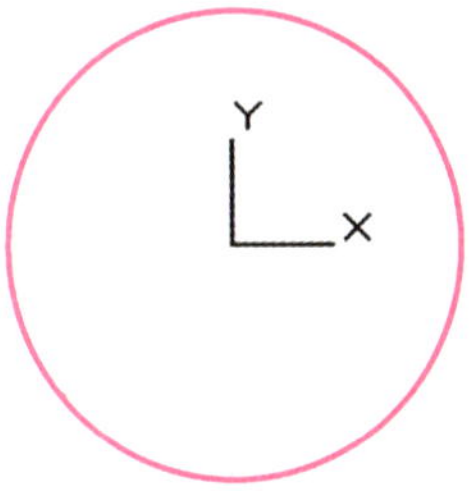

图 6–51 绘制圆柱体

3. 绘制“逗号”

（1）绘制一个 R16 mm 和 2 个 R8 mm 圆

命令：c↙（执行“圆”命令）

指定圆的圆心或［三点（3P）/ 两点（2P）/ 切点、切点、半径（T）］：28，0↙（输入圆心坐标）

指定圆的半径或［直径（D）］<0.0000>：16↙（输入圆半径）

命令：c↙（执行“圆”命令）

指定圆的圆心或［三点（3P）/ 两点（2P）/ 切点、切点、半径（T）］：20，0↙（输入圆心坐标）

指定圆的半径或［直径（D）］<16.0000>：8↙（输入圆半径）

命令：c↙（执行“圆”命令）

指定圆的圆心或［三点（3P）/ 两点（2P）/ 切点、切点、半径（T）］：36，0↙（输入圆心坐标）

指定圆的半径或［直径（D）］<8.0000>：8↙（输入圆半径）

执行上述操作，结果如图 6–52a 所示。

（2）修剪图形

执行“修剪”命令，修剪多余的线条，结果如图 6–52b 所示。

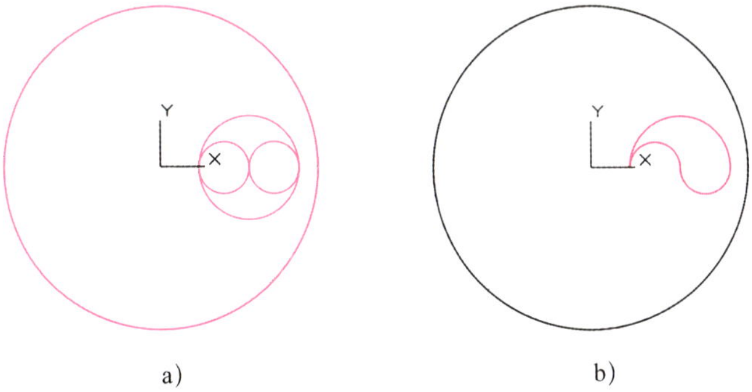

图 6–52 绘制“逗号”

a）绘制圆 b）修剪结果

4. 创建并拉伸面域

应用“面域”命令，将绘制的“逗号”创建成面域；执行“拉伸”命令，将面域拉伸32 mm。

5. 环形阵列

执行“环形阵列”命令，系统提示如下：

命令：_arraypolar（执行“环形阵列”命令）
选择对象：找到 1 个（拾取“逗号”形体）
选择对象：↙（按 Enter 键结束拾取）
类型 = 极轴　关联 = 否
指定阵列的中心点或［基点（B）/ 旋转轴（A）］：0，0↙（指定阵列中心点）
选择夹点以编辑阵列或［关联（AS）/ 基点（B）/ 项目（I）/ 项目间角度（A）/ 填充角度（F）/ 行（ROW）/ 层（L）/ 旋转项目（ROT）/ 退出（X）］<退出>：i↙（选择“项目”选项）
输入阵列中的项目数或［表达式（E）］<6>：4↙（输入项目数）
选择夹点以编辑阵列或［关联（AS）/ 基点（B）/ 项目（I）/ 项目间角度（A）/ 填充角度（F）/ 行（ROW）/ 层（L）/ 旋转项目（ROT）/ 退出（X）］<退出>：↙（按 Enter 键结束阵列）

执行上述操作，结果如图 6–53 所示。

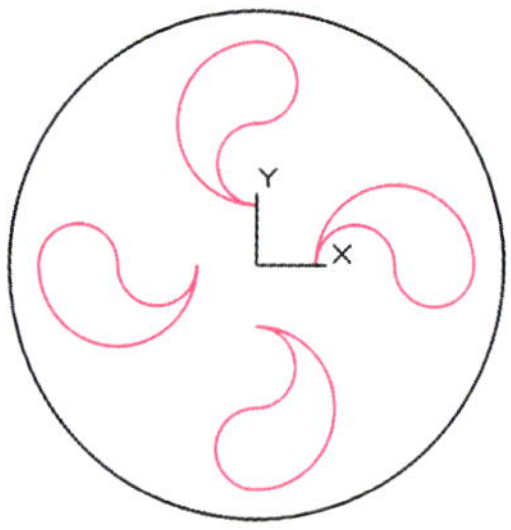

图 6–53　环形阵列

6. 布尔运算

执行布尔并集运算，将五个实体并成一个实体。

7. 倒角

将视图切换到西南等轴测，单击“修改”菜单→“实体编辑”→“倒角边”命令，系统提示如下：

命令：_chamferedge 距离 1 = 2.0000，距离 2 = 2.0000（执行“倒角边”命令）
选择一条边或［环（L）/ 距离（D）］：（选择圆柱体的上棱边）
选择同一个面上的其他边或［环（L）/ 距离（D）］：d↙（选择“距离”选项）
指定距离 1 或［表达式（E）］<2.0000>：↙（按 Enter 键确认）
指定距离 2 或［表达式（E）］<2.0000>：↙（按 Enter 键确认）
选择同一个面上的其他边或［环（L）/ 距离（D）］：↙（按 Enter 键结束拾取）
按 Enter 键接受倒角或［距离（D）］：↙（按 Enter 键接受倒角）

执行上述操作，结果如图 6–54 所示。

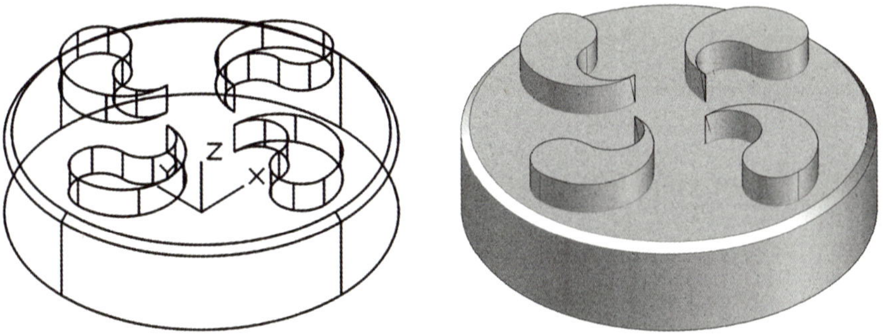

a)　　　　b)

图 6–54　倒角

a）“二维线框”视觉样式　b）“概念”视觉样式

8．整理并保存

整理图形并保存。

任务 6　绘制六角螺母三维实体

学习目标

1．掌握“剖切”“按住并拖动”“三维镜像”“螺旋”“扫掠”等命令的应用。

2．会绘制六角螺母三维实体。

任务引入

本次任务要求绘制如图 6–55 所示 M12 六角螺母（GB/T 6170—2015）三维实体。六角螺母主体为正六面体，两端为 30° 倒角，中间为 M12 的螺纹孔。由此可知，绘制六角螺母首先绘制正六面体和圆锥体，求二者的交集形成螺母倒角处的三维实体，再通过拉伸和镜像绘制出整个螺母的外形实体；最后在螺母实体中心绘制 M12 螺纹孔，即可获得六角螺母三维实体。

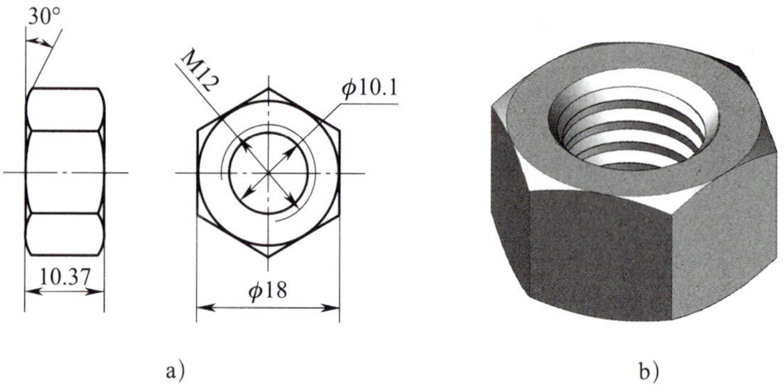

图 6-55 M12 六角螺母

a）零件图 b）三维实体

相关知识

一、剖切

通过剖切或分割现有对象可创建新的三维实体和曲面。可以剖切的对象有三维实体和曲面，可以用作剖切的平面对象有圆、椭圆、圆弧或椭圆弧、二维样条曲线和二维多段线。剖切实体时，可以保留剖切三维实体的一个或两个侧面，如图 6-56 所示。剖切对象将保留原始对象的图层和颜色特性，但是生成的实体或曲面对象不会保留原始对象的历史记录。

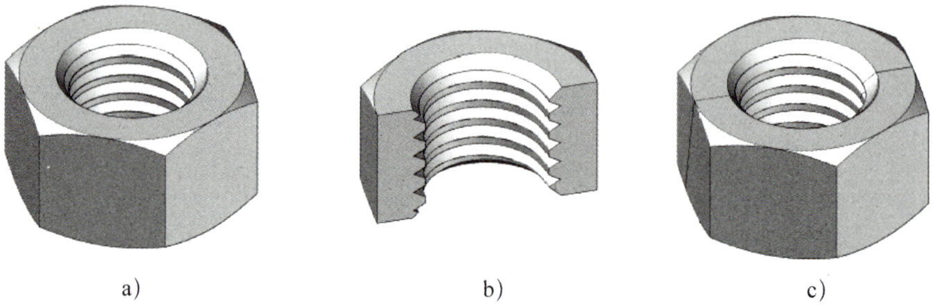

图 6-56 剖切操作示例

a）原实体 b）保留一个侧面 c）保留两个侧面

1. 命令执行方法

（1）菜单栏：选择“修改”→“三维操作”→“剖切”命令。

（2）功能区：单击“常用”→“实体编辑”→“剖切”按钮 。

（3）命令行：sl（或 slice）。

2. 示例

剖切图 6-56a 所示螺母，系统提示：

命令：_slice（执行“剖切”命令）
选择要剖切的对象：找到 1 个（拾取螺母）
选择要剖切的对象：↙（按 Enter 键结束拾取）
指定切面的起点或［平面对象（O）/ 曲面（S）/Z 轴（Z）/ 视图（V）/XY（XY）/YZ（YZ）/ ZX（ZX）/ 三点（3）］< 三点 >：ZX↙（沿 *ZX* 平面剖切）
指定 ZX 平面上的点 <0，0，0>：（指定螺母上表面的中心为剖切面上的点）
在所需的侧面上指定点或［保留两个侧面（B）］< 保留两个侧面 >：（用鼠标左键单击需要保留的一侧，保留螺母的后半部）

执行上述操作，结果如图 6–56b 所示。如选择保留两侧面，结果如图 6–56c 所示。剖切实体的默认方法是指定两个点，定义垂直于当前 UCS 的剪切平面，然后选择要保留的部分。也可以通过指定三个点、使用曲面、平面对象、当前视图、*Z* 轴，或 *XY* 平面、*YZ* 平面或 *ZX* 平面来定义剖切平面。

二、按住并拖动

按住并拖动有边界区域，通过拉伸和偏移动态修改对象。在选择二维对象以及由闭合边界或三维实体面形成的区域后，在移动光标时可获取视觉反馈。按住并拖动行为响应所选择的对象类型以创建拉伸和偏移。

1．命令执行方法

（1）功能区：单击“常用”→“建模”→“按住并拖动”按钮。

（2）命令行：presspull。

2．示例

对图 6–57a 所示的 *A* 面执行按住并拖动操作，系统提示：

命令：_presspull（执行“按住并拖动”命令）
选择对象或边界区域：选择要从中减去的实体、曲面和面域 ...
差集内部面域 ...（选择图 6–57a 所示的 *A* 面）
指定拉伸高度或［多个（M）］：20↙（指定拉伸高度）
已创建 1 个拉伸

执行上述操作，结果如图 6–57b 所示。

3．选项说明

（1）对象或有边界区域：选择要修改的对象、有边界区域、三维实体面或三维实体边。

（2）多个：指定要进行多个选择。也可以按住 Shift 键并单击以选择多个。

（3）拉伸高度：如果选定了二维对象或单击了闭合区域内部，可通过移动光标或输入距离指定拉伸高度。平面对象的拉伸方向垂直于平面对象，并处于非平面对象的当前 UCS 的 *Z* 轴方向。

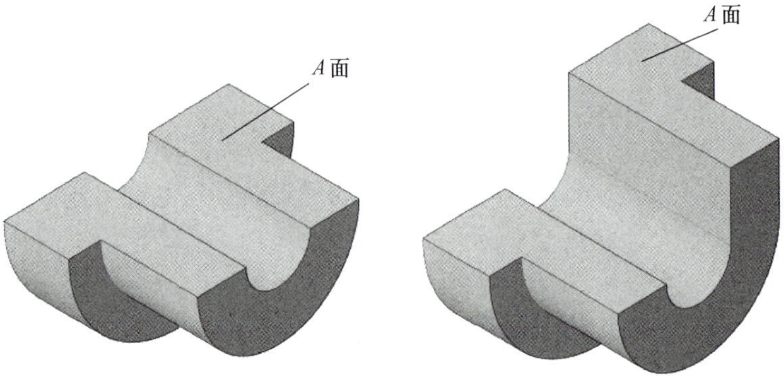

a)　　b)

图 6–57 “按住并拖动”示例

a）原实体　b）拖动 20 mm 的效果

三、三维镜像

可在镜像平面上创建选定三维对象的镜像副本。可以通过将对象与指定平面对齐或通过指定三个点来指定镜像平面。

1. 命令执行方法

（1）菜单栏：选择“修改”→“三维操作”→“三维镜像”命令。

（2）功能区：单击“常用”→“修改”→“三维镜像”按钮。

（3）命令行：mirror3d。

2. 示例

对图 6–58a 所示实体执行“三维镜像”命令，系统提示：

命令：_mirror3d（执行“三维镜像”命令）

选择对象：找到 1 个（拾取三维镜像实体）

选择对象：↙（按 Enter 键结束拾取）

指定镜像平面（三点）的第一个点或［对象（O）/ 最近的（L）/Z 轴（Z）/ 视图（V）/XY 平面（XY）/YZ 平面（YZ）/ZX 平面（ZX）/ 三点（3）]< 三点 >: xy↙（选择 *XY* 平面为镜像平面）

指定 XY 平面上的点 <0，0，0>:（捕捉内孔圆心）

是否删除源对象？［是（Y）/ 否（N）]< 否 >: ↙（不删除源对象）

执行上述操作，结果如图 6–58b 所示。

3. 选项说明

（1）选择对象：选择要镜像的对象，然后按 Enter 键确认。

（2）对象：使用选定平面对象的平面作为镜像平面。

（3）删除源对象：如果输入 y，镜像后的对象将保留，而原始对象被删除。如果输入 n，镜像后的对象将置于图形中并保留原始对象。

（4）最近的：相对于最后定义的镜像平面对选定的对象进行镜像处理。

（5）Z 轴：根据平面上的一个点和平面法线上的一个点定义镜像平面。

（6）视图：将镜像平面与当前视口中通过指定点的视图平面对齐。

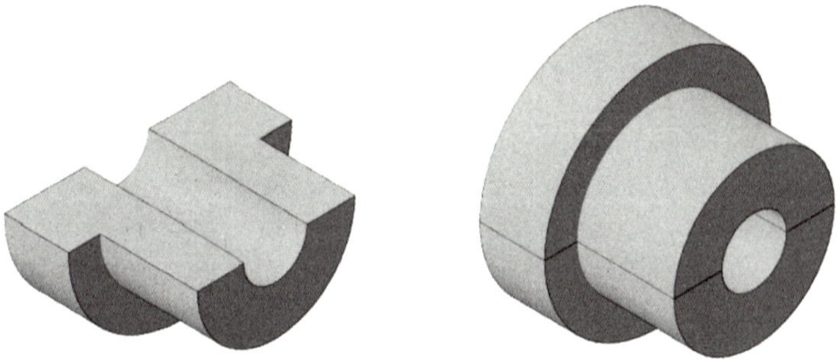

a)　　　　b)

图 6-58　三维镜像操作示例

a）原实体　b）镜像后实体

（7）XY/YZ/ZX：将镜像平面与一个通过指定点的标准平面（*XY*、*YZ* 或 *ZX*）对齐。

（8）三点：通过三个点定义镜像平面。如果通过指定点来选择此选项，将不显示“在镜像平面上指定第一点”的提示。

四、螺旋

应用“螺旋”命令可创建二维螺旋或三维弹簧，通常将螺旋用作扫掠的路径以创建弹簧、螺纹和环形楼梯。

1．命令执行方法

（1）菜单栏：选择“绘图”→“螺旋”命令。

（2）功能区：单击“常用”→“建模”→“螺旋”按钮。

（3）命令行：helix。

2．示例

绘制一个底面中心为（0，0）、底面半径为 15 mm、顶面半径为 15 mm、高度为 20 mm、顺时针旋转 7 圈的弹簧线。执行“螺旋”命令，系统提示：

命令：_helix（执行“螺旋”命令）

圈数 = 3.0000　扭曲 =CCW

指定底面的中心点：0，0，0↙（输入中心点坐标）

指定底面半径或[直径（D）]<10.000>：15↙（指定底面半径 15）

指定顶面半径或[直径（D）]<15.0000>：15↙（指定顶面半径 15）

指定螺旋高度或[轴端点（A）/ 圈数（T）/ 圈高（H）/ 扭曲（W）]<30.0000>：t↙（指定“圈数”选项）

输入圈数 <3.0000>：7↙（输入圈数）

指定螺旋高度或[轴端点（A）/ 圈数（T）/ 圈高（H）/ 扭曲（W）]< 30.0000>：w↙（指定“扭曲”选项）

输入螺旋的扭曲方向[顺时针（CW）/ 逆时针（CCW）]<CCW>：cw↙（指定顺时针）

指定螺旋高度或[轴端点（A）/ 圈数（T）/ 圈高（H）/ 扭曲（W）]<30.0000>：20↙（指定螺旋高度）

执行上述操作，结果如图 6–59a 所示。上述参数也可以在螺旋线绘制之后，在其“特性”面板里修改，如图 6–59b 所示，其中的“圈高”在绘制螺纹时可作为螺距进行调整，如果底面半径与顶面半径不相等，则为圆锥螺旋。

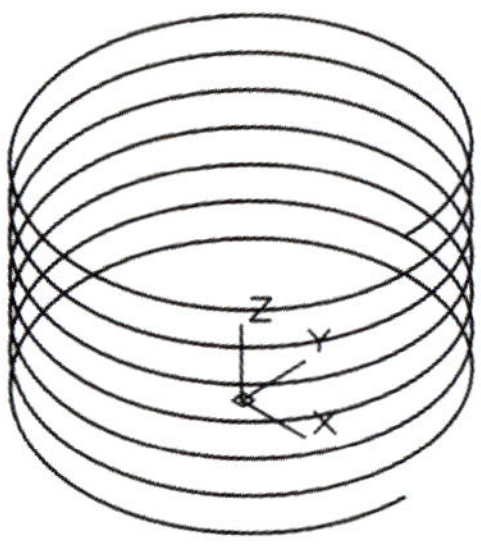

a）

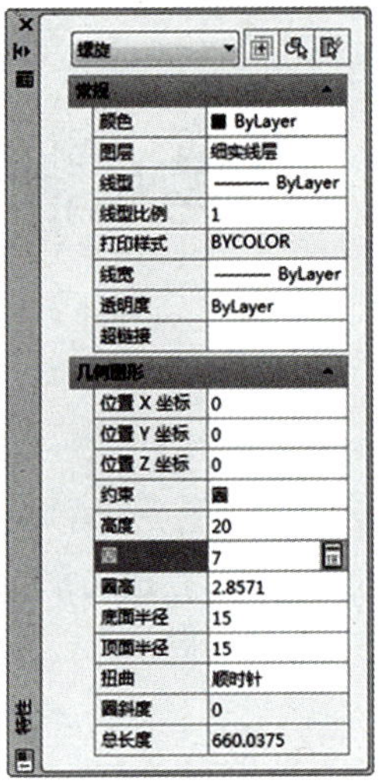

b）

图 6–59 绘制螺旋线

a）螺旋线 b）螺旋线“特性”面板

五、扫掠

可通过沿开放或闭合路径扫掠二维对象或子对象来创建三维实体或三维曲面。开口对象可以创建三维曲面，而封闭区域的对象可以设置为创建三维实体或三维曲面。

1. 命令执行方法

（1）菜单栏：选择“绘图”→“建模”→“扫掠”命令。

（2）功能区：单击“常用”→“建模”→“扫掠”按钮。

（3）命令行：sweep。

2. 示例

对图 6–60a 中的圆面域，沿螺旋线扫掠，系统提示：

命令：sweep↙（执行“扫掠”命令）
当前线框密度：ISOLINES=3，闭合轮廓创建模式 = 实体
选择要扫掠的对象或［模式（MO）］：找到 1 个（拾取圆面域）
选择要扫掠的对象或［模式（MO）］：↙（按 Enter 键结束拾取）
选择扫掠路径或［对齐（A）/ 基点（B）/ 比例（S）/ 扭曲（T）］：（拾取螺旋线）

执行上述操作，结果如图 6–60b 所示（“概念”视觉样式）。

3. 选项说明

（1）要扫掠的对象：指定要用作扫掠截面轮廓的对象。要扫掠的对象可以是样条曲线、多段线、三维实体、三维实体面子对象、圆弧、圆、椭圆、椭圆弧、直线、面域、宽线等。

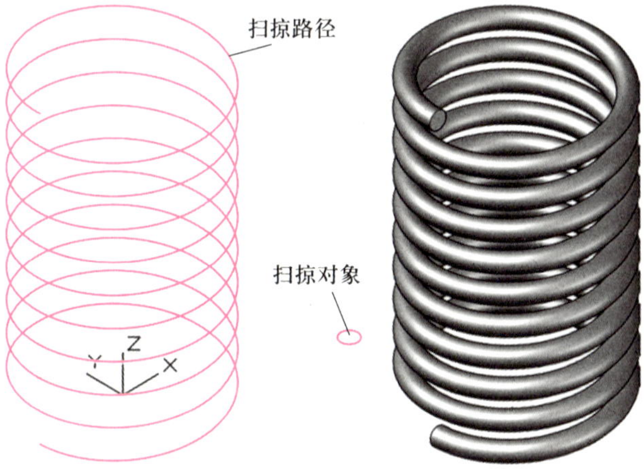

a)　　b)

图 6–60　创建弹簧实体

a）扫掠前　b）扫掠后的实体

（2）扫掠路径：基于选择的对象指定扫掠路径。可以用作扫掠路径的对象有样条曲线、多段线、螺旋、圆弧、圆、椭圆、椭圆弧、直线，以及实体、曲面和网格边子对象。

（3）模式：控制扫掠动作是创建实体还是创建曲面。

（4）对齐：指定是否对齐轮廓以使其作为扫掠路径切向的法向。注意：如果轮廓与路径起点的切向不垂直（法线未指向路径起点的切向），则轮廓将自动对齐。出现对齐提示时输入 N，以避免该情况的发生。

（5）基点：指定要扫掠对象的基点。

（6）比例：指定比例因子以进行扫掠操作。从扫掠路径的开始到结束，比例因子将统一应用到扫掠的对象。

（7）扭曲：设置正被扫掠的对象的扭曲角度。扭曲角度指定沿扫掠路径全部长度的旋转量。

任务实施

1. 绘制螺母倒角处三维实体

启动 AutoCAD 2020，并将视图切换到西南等轴测。

（1）绘制正六边形及其外接圆

查国标 GB/T 6170—2015 可知，M12 螺母外接圆直径为 18 mm，根据该尺寸可以绘制如图 6–61 所示正六边形及其外接圆。

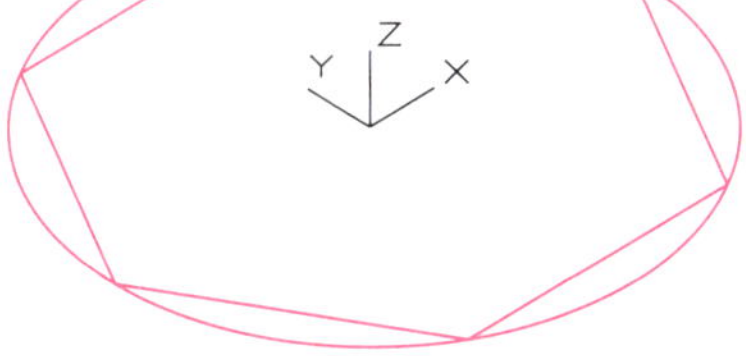

图 6–61　绘制正六边形及其外接圆

（2）拉伸正六边形

应用“拉伸”命令，拉伸正六边形 5 mm，如图 6–62 所示。

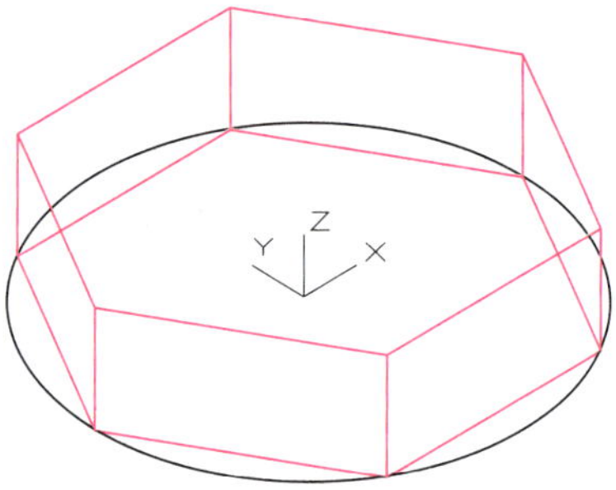

图 6-62 拉伸正六边形

（3）绘制倾斜角为 60° 的圆台

命令：_extrude（执行“拉伸”命令）
当前线框密度：ISOLINES=4，闭合轮廓创建模式 = 实体
选择要拉伸的对象或［模式（MO）］：MO↙
闭合轮廓创建模式［实体（SO）/ 曲面（SU）］< 实体 >：SO↙
选择要拉伸的对象或［模式（MO）］：找到 1 个（拾取正六边形外接圆）
选择要拉伸的对象或［模式（MO）］：↙（按 Enter 键结束拾取）
指定拉伸的高度或［方向（D）/ 路径（P）/ 倾斜角（T）/ 表达式（E）］<5.0000>：t↙（选择“倾斜角”选项）
指定拉伸的倾斜角度或［表达式（E）］<60>：60↙（指定拉伸倾斜角）
指定拉伸的高度或［方向（D）/ 路径（P）/ 倾斜角（T）/ 表达式（E）］<5.0000>：5↙（指定拉伸高度）

执行上述操作，结果如图 6-63 所示。

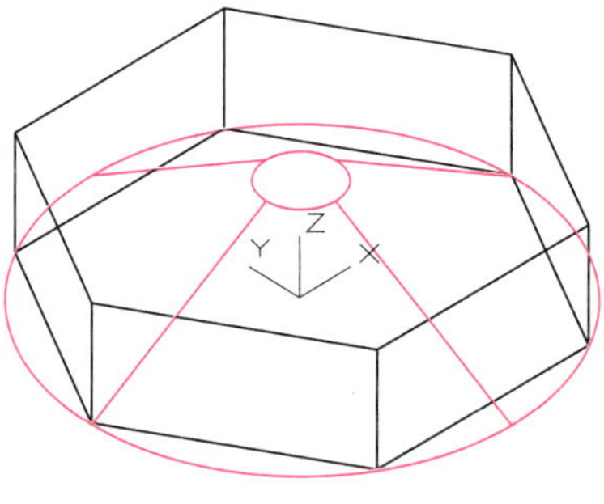

图 6-63 绘制倾斜角为 60° 圆台

（4）交集运算

单击“实体编辑”功能区中的“交集”按钮，系统提示：

命令：_intersect（执行“交集”命令）
选择对象：指定对角点：找到 2 个（拾取六棱柱与圆台）
选择对象：↙（按 Enter 键确定）

执行上述操作，结果如图 6-64 所示。

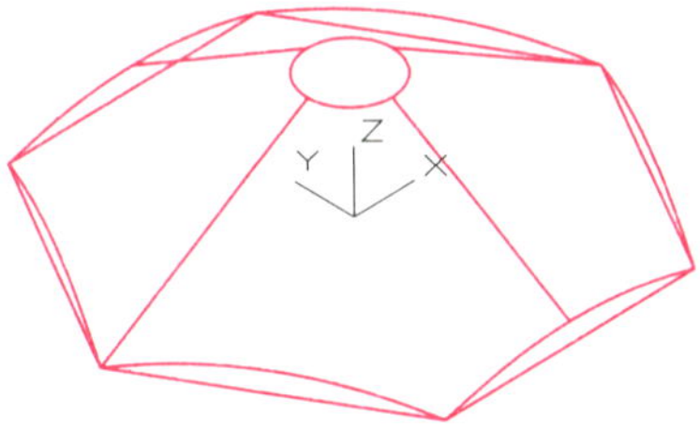

图 6-64 交集运算结果

（5）对形成的实体进行剖切

单击“实体编辑”功能区中“剖切”按钮，系统提示：

命令：_slice（执行“剖切”命令）
选择要剖切的对象：找到 1 个（选择交集后的实体）
选择要剖切的对象：↙（按 Enter 键结束选择）
指定切面的起点或［平面对象（O）/ 曲面（S）/Z 轴（Z）/ 视图（V）/XY（XY）/YZ（YZ）/ZX（ZX）/ 三点（3）］< 三点 >：xy↙（以 *XY* 平面作为剖切面）
指定 XY 平面上的点 <0，0，0>：（捕捉图 6-65 所示中点作为剖切平面上的点）
在所需的侧面上指定点或［保留两个侧面（B）］< 保留两个侧面 >：（鼠标左键单击下部）

执行上述操作，结果如图 6-66 所示。

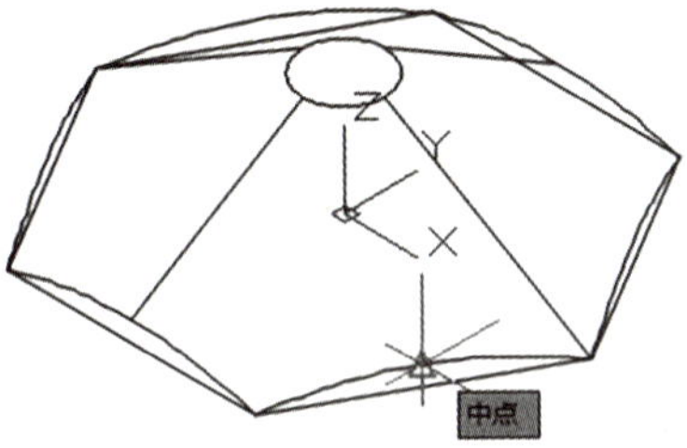

图 6-65 捕捉曲线中点

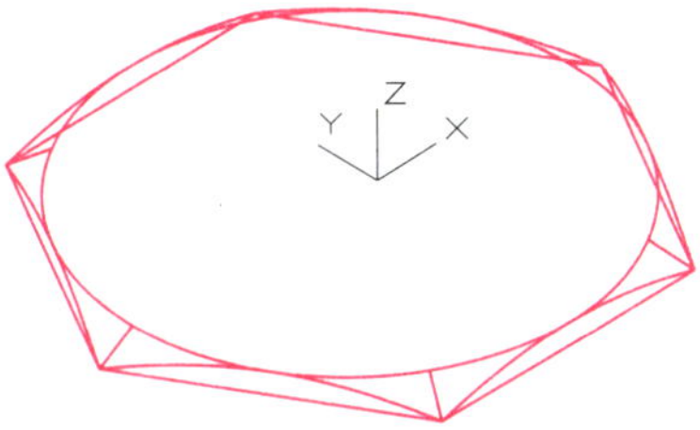

图 6-66 剖切后的实体

2. 绘制螺母外形实体

（1）按住并拖动实体底面

单击“建模”功能区中的“按住并拖动”按钮，系统提示：

命令：_presspull（执行“按住并拖动”命令）
选择对象或边界区域：（执行“动态观察”，选择底平面进行拖动）
指定拉伸高度或［多个（M）］：4.385↙（输入拉伸高度）
已创建 1 个拉伸

执行上述操作，结果如图 6-67 所示。

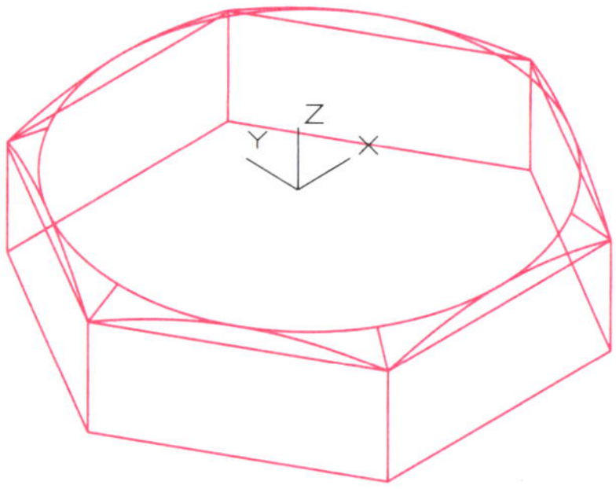

图 6-67　按住并拖动实体底面

说明：图 6-55 所示 M12 螺母的厚度为 10.37 mm，而图 6-66 剖切后的实体高度为 0.8 mm，所以拉伸高度为 10.37 mm ÷ 2−0.8 mm=4.385 mm。

（2）三维镜像

单击“修改”功能区中的“三维镜像”命令，系统提示：

命令：_mirror3d（执行“三维镜像”命令）

选择对象：指定对角点：找到 2 个（从右往左框选拾取所有实体）

选择对象：↙（按 Enter 键结束拾取）

指定镜像平面（三点）的第一个点或 ［对象（O）/ 最近的（L）/Z 轴（Z）/ 视图（V）/ XY 平面（XY）/YZ 平面（YZ）/ZX 平面（ZX）/ 三点（3）］< 三点 >：xy↙（指定 *XY* 平面为镜像平面）

指定 XY 平面上的点 <0，0，0>：（指定实体最底面六边形的任意一个顶点）

是否删除源对象？［是（Y）/ 否（N）］< 否 >：↙（不删除源对象）

执行上述操作，结果如图 6-68 所示。

（3）布尔并集运算

单击“实体编辑”功能区的“并集”按钮，完成两个实体的并集运算，结果如图 6-69 所示。

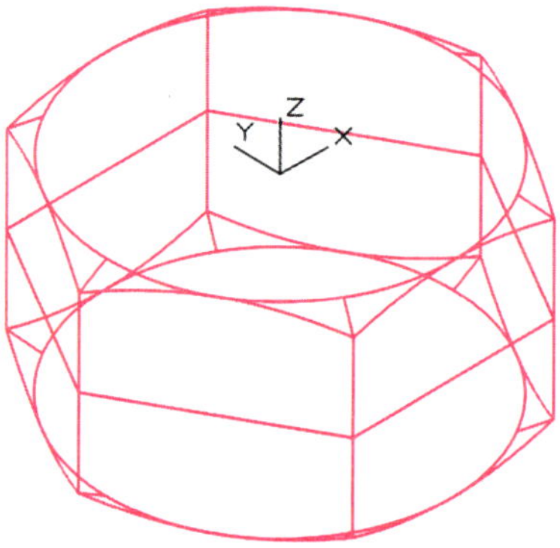

图 6-68　三维镜像结果

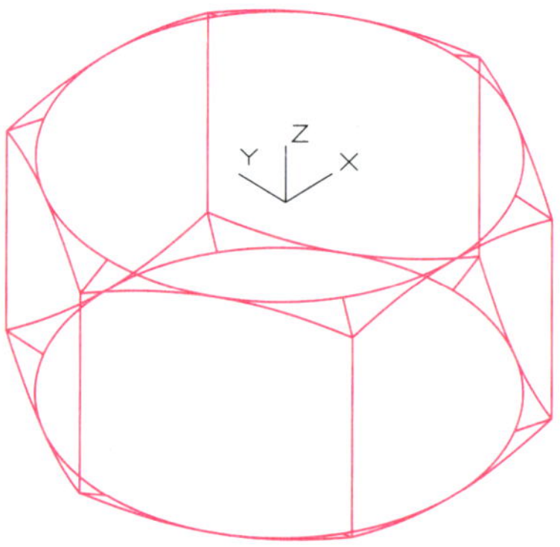

图 6-69　布尔并集运算结果

3. 绘制 M12 螺纹孔

（1）绘制 ϕ10.1 mm 的圆柱

以点（0，0，5）为圆心，绘制直径为 10.1 mm 的圆，然后向下拉伸 15 mm，如图 6–70 所示。

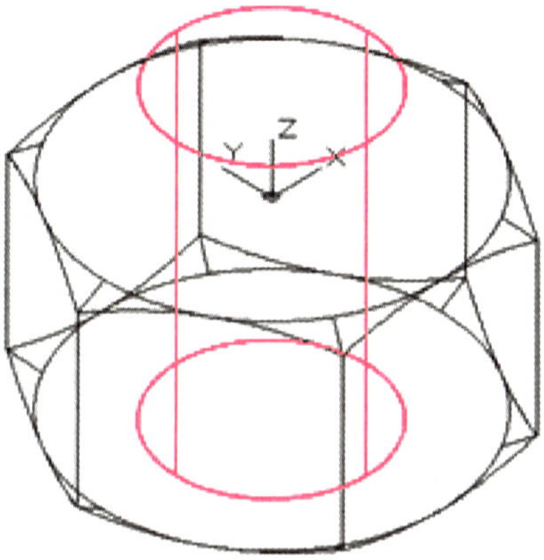

图 6–70 创建圆柱

提示：M12 螺纹的小径 D_1=12 mm−1.082 5P=12 mm−1.082 5×1.75 mm≈10.1 mm。

（2）布尔差集运算

命令：_subtract（执行布尔差集运算）
选择要从中减去的实体、曲面和面域 ...
选择对象：找到 1 个（选择螺母实体）
选择对象：↙（按 Enter 键结束拾取）
选择要减去的实体、曲面和面域 ...
选择对象：找到 1 个（选择 ϕ10.1 mm 的圆柱）

执行上述操作，结果如图 6–71 所示。

（3）内孔倒角

执行“倒角边”命令，对内孔两端分别倒角，结果如图 6–72 所示。

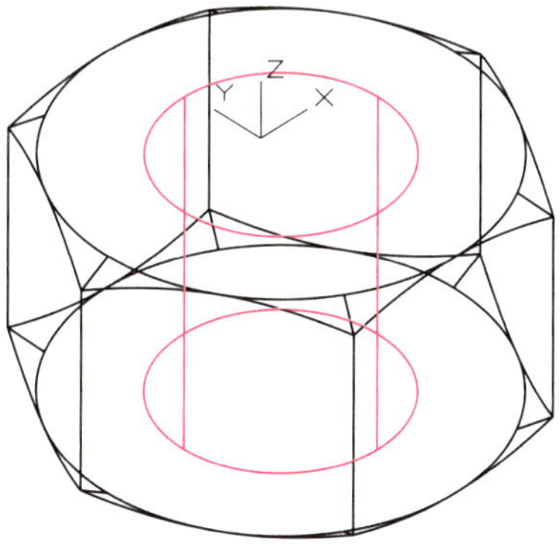

图 6–71 布尔差集运算结果

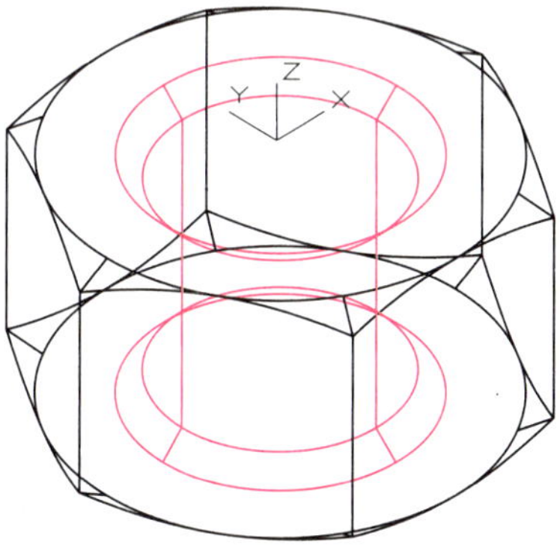

图 6–72 内孔倒角

（4）绘制螺旋线

单击“绘图”功能区中“螺旋”命令 ，系统提示：

命令：_helix（执行“螺旋线”命令）
圈数 = 3.0000　　扭曲 =CCW
指定底面的中心点：0，0，−10↙（指定螺旋线底面的中心点）
指定底面半径或[直径（D）]<1.0000>：5.05↙（指定螺旋线底面半径）
指定顶面半径或[直径（D）]<5.0500>：5.05↙（指定螺旋线顶面半径）
指定螺旋高度或[轴端点（A）/圈数（T）/圈高（H）/扭曲（W）]<1.0000>：h↙（选择“圈高”选项）
指定圈间距 <0.2500>：1.75↙（指定圈间距）
指定螺旋高度或[轴端点（A）/圈数（T）/圈高（H）/扭曲（W）]<1.0000>：t↙（选择“圈数”选项）
输入圈数 <3.0000>：10↙（输入圈数）

执行上述操作，结果如图 6–73 所示。

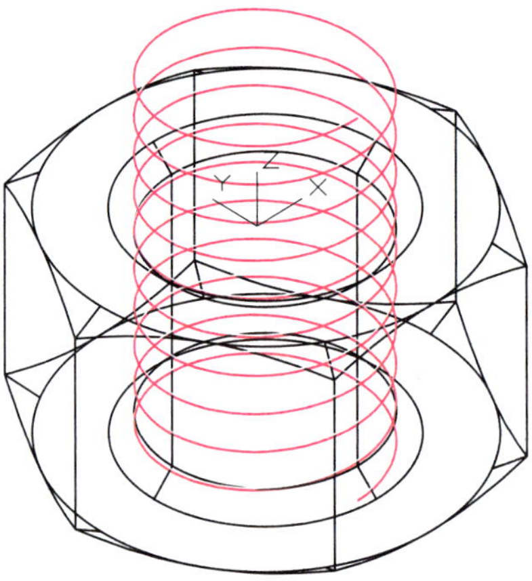

图 6–73　绘制螺旋线

提示：M12 为粗牙螺纹，螺距为 1.75 mm，所以绘制的螺旋线圈高应为 1.75 mm。

（5）绘制扫掠对象

将视图切换到俯视图上，用“直线”命令绘制边长为 1.1 mm、角度分别为 60° 和 120° 的菱形，并将菱形转化为面域。绘图步骤如下：

命令：_line（执行“直线”命令）
指定第一点：（用鼠标左键在适当位置确定线段第一点）
指定下一点或[放弃（U）]：@1.1<−30↙（用相对极坐标确定第二点）
指定下一点或[放弃（U）]：@1.1<30↙（用相对极坐标确定第三点）
指定下一点或[闭合（C）/放弃（U）]：@1.1<150↙（用相对极坐标确定第四点）
指定下一点或[闭合（C）/放弃（U）]：c↙（选择“闭合”选项，图形闭合）

命令：_region（执行面域命令）
选择对象：指定对角点：找到 4 个（拾取菱形四条边）
选择对象：↙（按 Enter 键确认）
已提取 1 个环。
已创建 1 个面域。

完成上述操作，结果如图 6–74 所示。

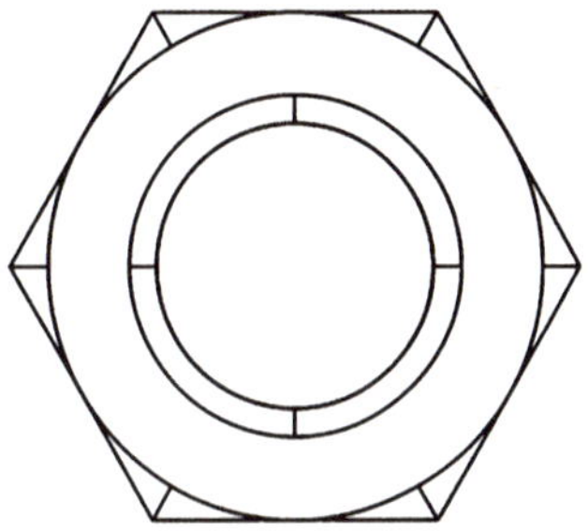

图 6–74　创建扫掠对象

提示：1）由于 M12 粗牙螺纹的螺距为 1.75 mm，所以牙高 h 为 0.95 mm（h=0.541 3 × 1.75 mm ≈ 0.95 mm），而粗牙螺纹的牙形角为 60°，所以螺纹牙形为正三角形，其边长为 1.1 mm（h/cos30° =0.95 mm/cos30° ≈ 1.1 mm）。所以绘制的菱形的边长为 1.1 mm。

2）绘制菱形时，其长对角线应平行于 X 轴，这样扫掠形成的实体才和实际螺纹一致。

（6）扫掠

单击“建模”功能区中“扫掠”按钮 ，以菱形面域为扫掠对象，以螺旋线为路径进行扫掠，如图 6–75 所示。操作步骤如下：

命令：_sweep（执行“扫掠”命令）
当前线框密度：ISOLINES=4，闭合轮廓创建模式 = 实体
选择要扫掠的对象或［模式（MO）］：MO↙
闭合轮廓创建模式［实体（SO）/ 曲面（SU）］< 实体 >：SO↙（选择实体模式）
选择要扫掠的对象或［模式（MO）］：找到 1 个（拾取菱形面域）
选择要扫掠的对象或［模式（MO）］：（按 Enter 键确定）
选择扫掠路径或［对齐（A）/ 基点（B）/ 比例（S）/ 扭曲（T）］：（拾取螺旋线）

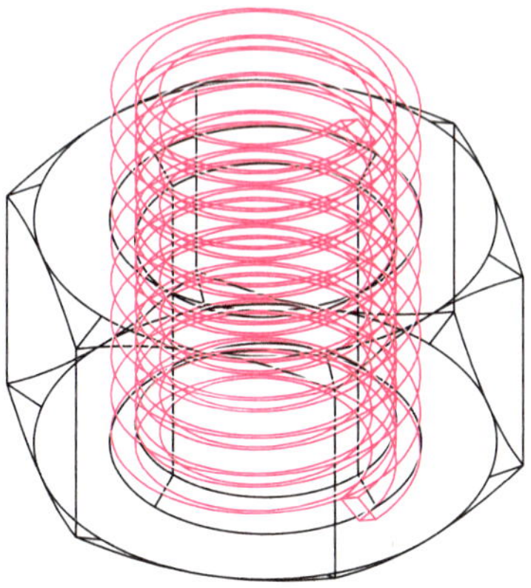

图 6–75　扫掠生成的螺纹

（7）布尔差集运算

单击“实体编辑”功能区中的“差集”按钮 ，系统提示：

命令：_subtract（执行“差集”命令）
选择要从中减去的实体或面域 ...
选择对象：找到 1 个（拾取螺母轮廓）
选择对象：↙（按 Enter 键确定）
选择要减去的实体或面域 ...
选择对象：找到 1 个（拾取圆柱）
选择对象：找到 1 个，总计 2 个（拾取扫掠而成的实体）
选择对象：↙（按 Enter 键确定）

完成上述操作，结果如图 6-76 所示。

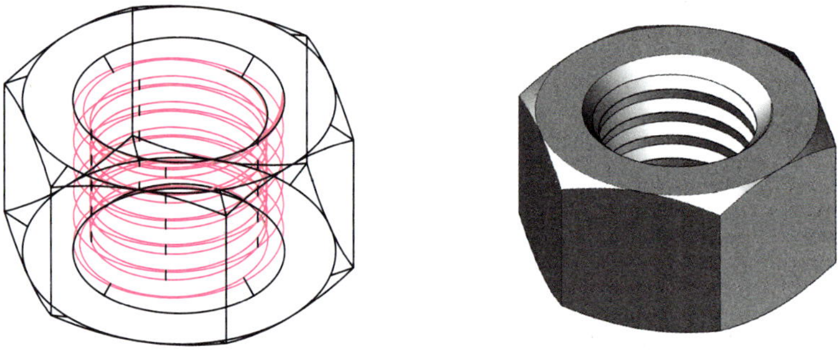

a）　　　　　　b）

图 6-76　六角螺母三维实体

a）“二维线框”视觉样式　b）“概念”视觉样式

4．整理并保存

整理图形并保存。

任务 7　绘制轴承支座三维实体

学习目标

1．掌握“圆角”“圆角边”“边界”命令的应用。

2．会绘制轴承支座三维实体。

任务引入

本次任务要求绘制如图 6-77a 所示轴承支座三维实体，其零件图如图 6-77b 所示。轴承支座主要由底板、支架、轴承孔及肋板组成。绘制轴承支座可先用“长方体”命令绘制底板，并对底板进行倒圆角、开孔、倒角；其次绘制轴承孔和支架，轴承孔可先作两同心圆，之后进行拉伸，支架则以边界的方式经拉伸来创建；然后用多段线来绘制肋板，经拉伸来创建其实体；最后通过布尔运算完成该轴承支座的绘制。

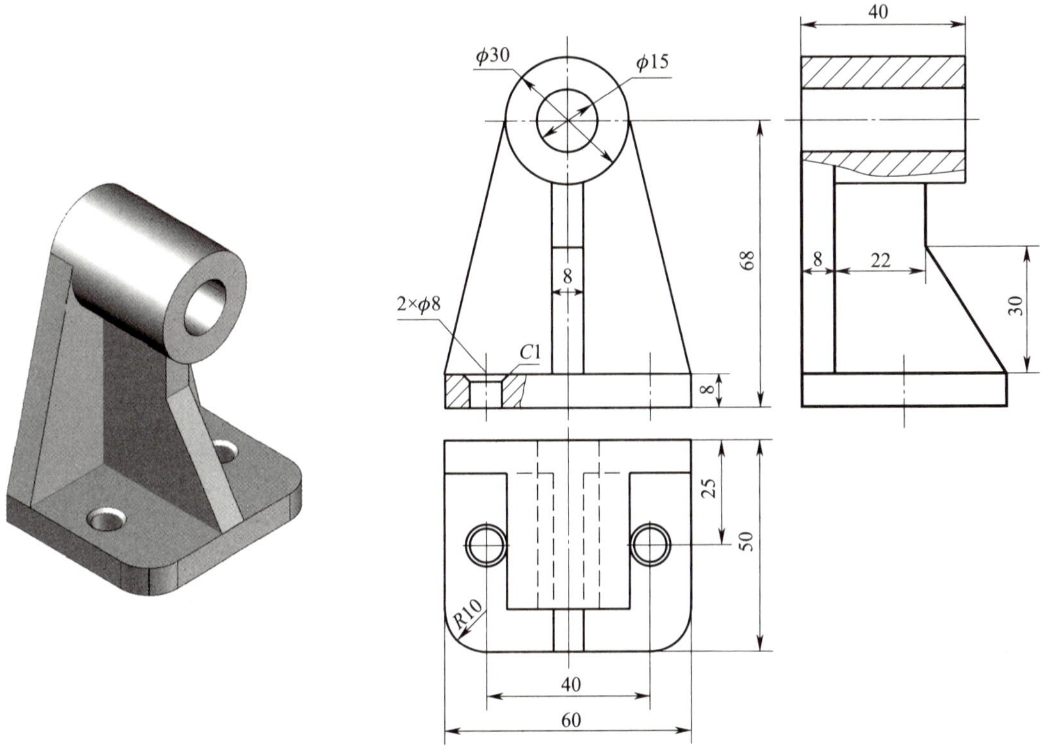

a） b）

图 6–77 轴承支座

a）三维实体 b）零件图

相关知识

一、三维实体修圆角

应用“圆角”或“圆角边”命令可以对三维实体的棱边修圆角。

1．应用“圆角”命令修圆角

“圆角”是给对象加圆角，它是二维绘图中一个常用的命令，在三维绘图里它可以对实体的棱边修圆角，使两个相邻面间生成一个圆滑过渡的曲面。

（1）命令执行方法

1）功能区：单击“常用”→“修改”→“圆角”按钮。

2）菜单栏：选择“修改”→“圆角”命令。

3）命令行：f（或 fillet）。

（2）示例

对图 6–78a 所示实体的 *a* 棱边修圆角，圆角半径为 5 mm。执行“圆角”命令，系统提示：

命令：_fillet（执行“圆角”命令）
当前设置：模式 = 修剪，半径 = 1.0000
选择第一个对象或[放弃（U）/多段线（P）/半径（R）/修剪（T）/多个（M）]：（选择需要修圆角的边）
输入圆角半径或[表达式（E）]<1.0000>：5↙（输入圆角半径）
选择边或[链（C）/环（L）/半径（R）]：（拾取 *a* 棱边）
选择边或[链（C）/环（L）/半径（R）]：↙（按 Enter 键确认）
已选定 1 个边用于圆角。

执行上述操作，结果如图 6–78b 所示。

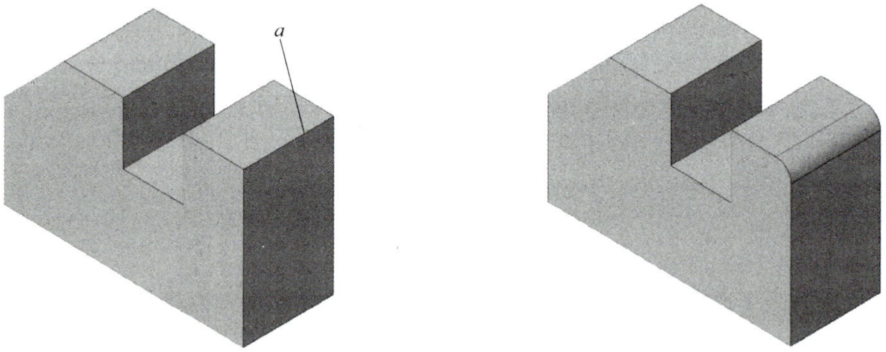

a）　　　　b）

图 6–78　圆角示例

a）修圆角前　b）修圆角后

（3）选项说明

（1）选择边：是指选择一条边，可以连续选择单个边直到按 Enter 键为止。如果选择汇聚于顶点构成长方体角点的三条或三条以上的边，则当三条边相互之间的三个圆角半径都相同时，执行“fillet”将计算出属于球体一部分的顶点过渡。

（2）半径：是指定义被圆整的边的半径。

（3）链：是指从单边选择改为连续相切边选择（称为链选择）。如果选择某个三维实体长方体顶部的一条边，则执行“fillet”还将选择顶部上其他相切的边进行修圆角。

2. 应用“圆角边”命令修圆角

单击“修改”菜单→“实体编辑”→“圆角边”命令，系统提示：

命令：_filletedge（执行“圆角边”命令）
半径 = 1.0000
选择边或[链（C）/环（L）/半径（R）]：r↙（选择“半径”选项）
输入圆角半径或[表达式（E）]<1.0000>：5↙（输入圆角半径）

选择边或[链(C)/环(L)/半径(R)]:(拾取图 6–78a 实体 *a* 棱边)
选择边或[链(C)/环(L)/半径(R)]:↙(按 Enter 键确认)
已选定 1 个边用于圆角。
按 Enter 键接受圆角或[半径(R)]:↙(按 Enter 键接受圆角)

执行上述操作,结果如图 6–78b 所示。

二、边界

利用"边界"命令可以将封闭区域生成面域,也可以将封闭区域的边界生成一条多段线。因而在创建实体时,就可以对用边界生成的面域或多段线进行拉伸、旋转等操作,将其转化为三维实体。

1. 命令执行方法

(1)功能区:单击"绘图"→"边界"按钮 ⊡。

(2)菜单栏:选择"绘图"→"边界"命令。

(3)命令行:boundary。

2. 示例

将图 6–79a 中的由线段、圆弧、长方体边所组成的封闭区域 *A* 创建为边界。执行"边界"命令,系统提示:

命令:_boundary(执行"边界"命令,系统弹出图 6–79b 所示的"边界创建"对话框,选择"对象类型"为"多段线",按"确定"按钮)
拾取内部点:正在选择所有对象 ...(拾取封闭区域内一点,封闭区域边界变为虚线,如图 6–79c 所示)
正在选择所有可见对象 ...
正在分析所选数据 ...
正在分析内部孤岛 ...
拾取内部点:↙(按 Enter 键结束拾取)
BOUNDARY 已创建 1 个多段线

完成上述操作,结果如图 6–79d 所示。

3. 选项说明

该命令是使用由对象封闭的区域内的指定点,定义用于创建面域或多段线的对象类型、边界集和孤岛检测方法。

(1)拾取点:根据围绕指定点构成封闭区域的现有对象来确定边界。

(2)孤岛检测:控制"边界"命令是否检测内部闭合边界,该边界称为孤岛(它同二维绘图中执行"图案填充"命令时的孤岛意思相同)。

(3)对象类型:控制新边界对象的类型。它将边界作为面域或多段线对象创建。

(4)边界集:是指通过指定点定义边界时,该命令要分析的对象集。

(5)当前视口:根据当前视口范围中的所有对象定义边界集,选择此选项将放弃当前所有边界集。

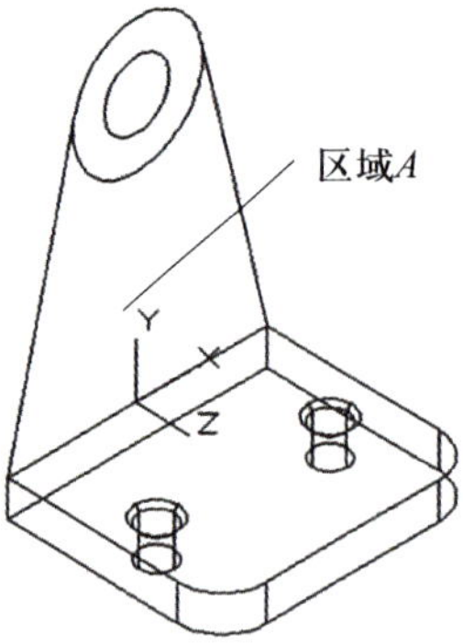

a)

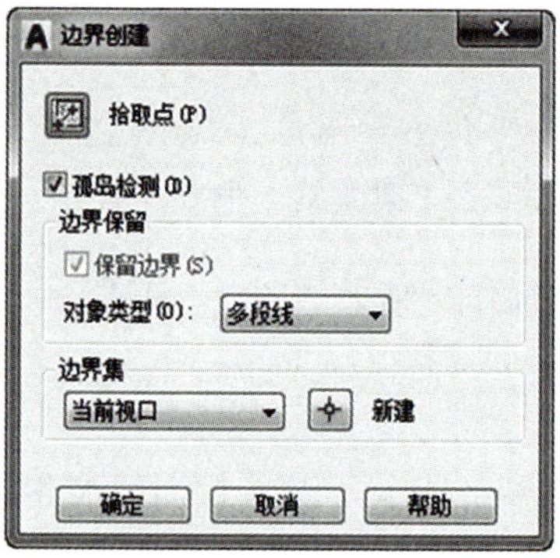

b)

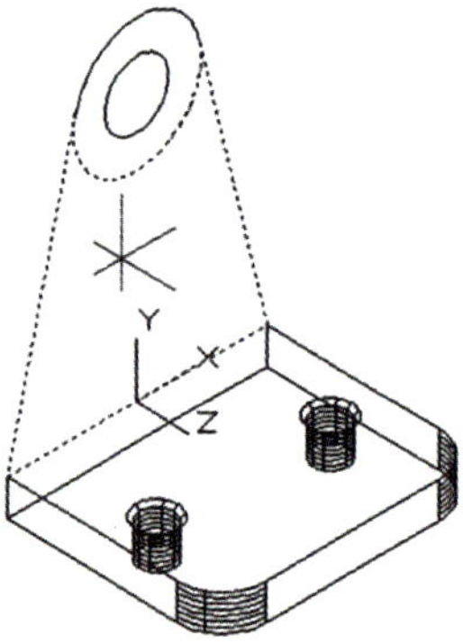

c)

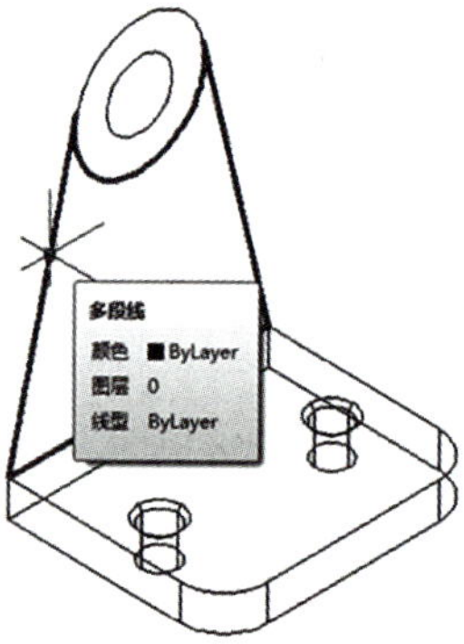

d)

图 6-79 创建边界示例

a）将区域 *A* 创建为边界 b）“边界创建”对话框

c）拾取封闭区域内一点时的状态 d）完成边界创建（多段线类型）

（6）新建：提示用户选择用来定义边界集的对象。该命令仅包括可以在构造新边界集时用于创建面域或闭合多段线的对象。

注意：创建边界应在 *XY* 平面内，否则需用 UCS 将 *XY* 平面设在应创为边界的封闭区域上。

任务实施

1. 绘制底板

（1）绘制底板平面图

在俯视图上，根据轴承支座底板尺寸，绘制如图 6-80 所示轴承支座底板平面图。

（2）绘制底板三维实体

将图 6-80 所示平面图创建为三个面域，并对三个面域进行拉伸，拉伸高度为 8 mm，形成三个实体，对三个实体进行布尔差集运算（大实体减去两个圆柱体），绘制出轴承支座底板三维实体，如图 6-81 所示。

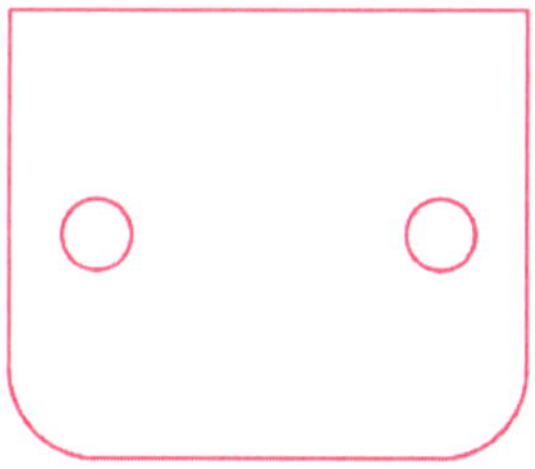

图 6-80 绘制轴承支座底板平面图

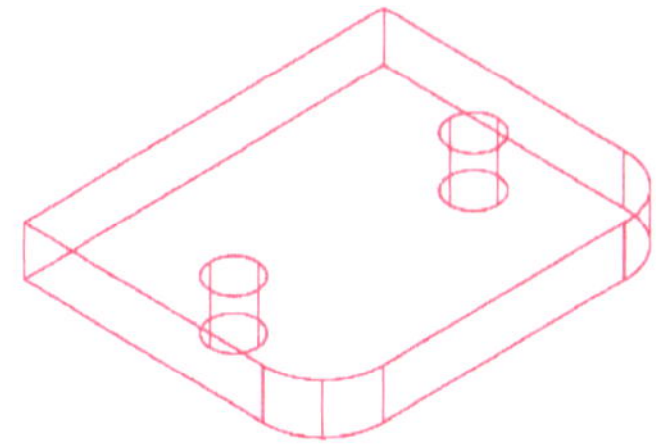

图 6-81 轴承支座底板三维实体图

（3）对两圆孔进行倒角

执行“倒角边”命令，系统提示：

命令：_chamferedge 距离 1 = 1.0000，距离 2 = 1.0000（执行“倒角边”命令）
选择一条边或[环（L）/ 距离（D）]：d↙（输入“距离”选项）
指定距离 1 或[表达式（E）]<1.0000>：↙（按 Enter 键确认）
指定距离 2 或[表达式（E）]<1.0000>：↙（按 Enter 键确认）
选择一条边或[环（L）/ 距离（D）]：（选择一个圆孔顶部棱线）
选择同一个面上的其他边或[环（L）/ 距离（D）]：（选择另一个圆孔顶部棱线）
选择同一个面上的其他边或[环（L）/ 距离（D）]：↙（按 Enter 键结束拾取）
按 Enter 键接受倒角或[距离（D）]：↙（按 Enter 键接受倒角）

执行上述操作，结果如图 6-82 所示。

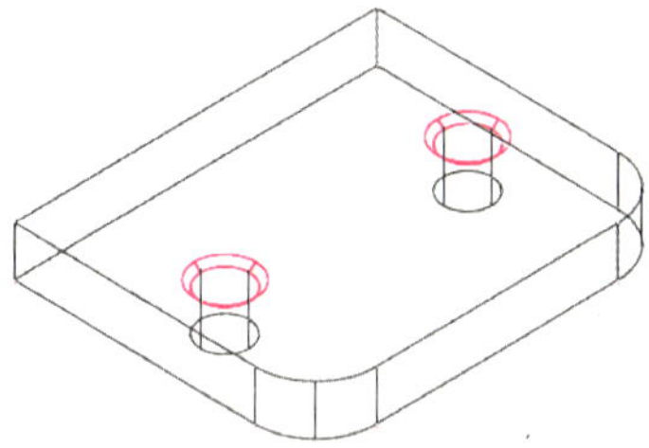

图 6-82 圆孔倒角

2. 绘制轴承孔和支架

（1）设置 UCS 坐标系

执行“UCS”命令，系统提示：

命令：UCS（执行“UCS”命令）
当前 UCS 名称：* 俯视 *
指定 UCS 的原点或[面（F）/ 命名（NA）/ 对象（OB）/ 上一个（P）/ 视图（V）/ 世界（W）/X/Y/Z/Z 轴（ZA）]< 世界 >：（捕捉底板上表面左端棱线中点）
指定 X 轴上的点或 < 接受 >：（捕捉底板上表面左端棱线的右端点）
指定 XY 平面上的点或 < 接受 >：（捕捉 *XY* 平面上任意一点）

执行上述操作，结果如图 6-83 所示。

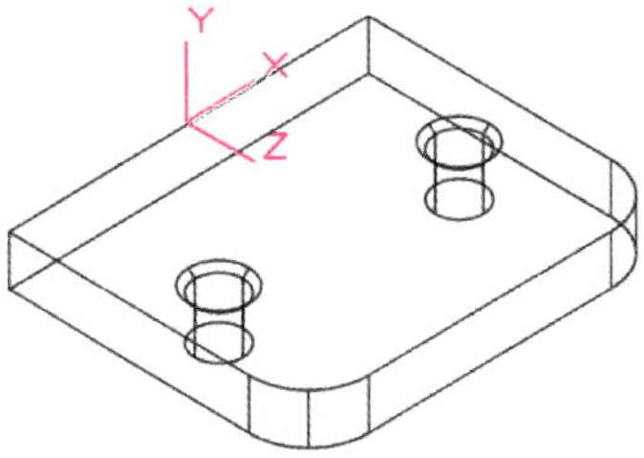

图 6-83　设置 UCS

（2）绘制 ϕ15 mm、ϕ30 mm 圆

在新建立的 UCS 中的 *XY* 平面上，绘制 ϕ15 mm、ϕ30 mm 圆，圆心坐标为（0，60），绘制方法与二维绘圆完全一样。

执行“圆”命令，系统提示：

命令：_circle
指定圆的圆心或［三点（3P）/ 两点（2P）/ 切点、切点、半径（T）］：0，60↙（输入轴承孔的圆心坐标）
指定圆的半径或［直径（D）］：15↙（输入半径）

重复执行“圆”命令，绘制第二个圆。

命令：_circle
指定圆的圆心或［三点（3P）/ 两点（2P）/ 切点、切点、半径（T）］：0，60↙（输入轴承孔的圆心坐标）
指定圆的半径或［直径（D）］<15.0000>：7.5↙（输入半径）

执行上述操作，结果如图 6-84 所示。

（3）绘制支架两条边线

应用“直线”命令绘制支架两条边线，如图 6-85 所示。

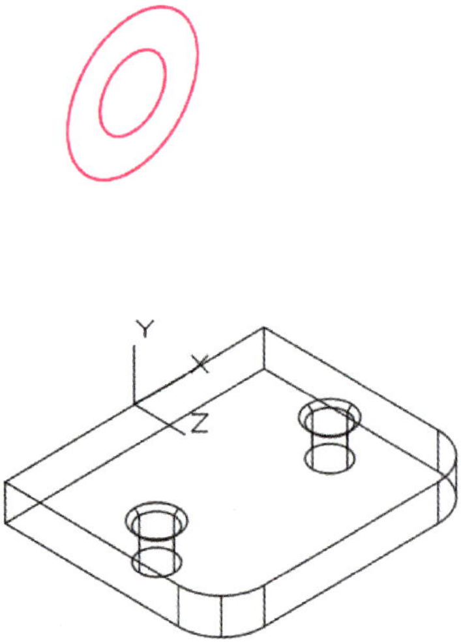

图 6-84　绘制两同心圆

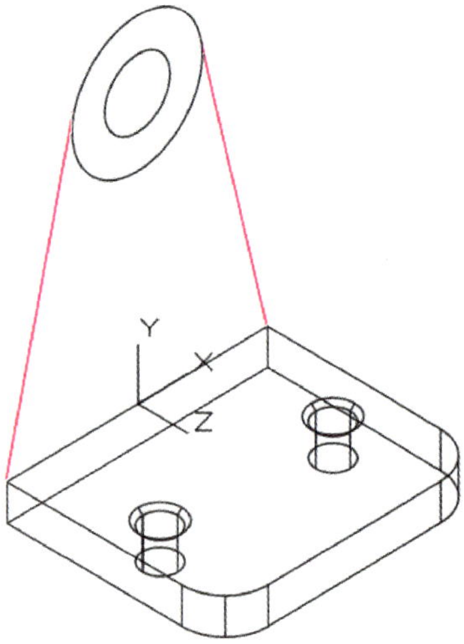

图 6-85　绘制支架两条边线

（4）生成支架边界

执行“绘图”菜单→“边界”命令，拾取支架边框内部一点，生成封闭边界如图 6-86 相同。

（5）生成轴承孔和支架

分别对支架边界及两同心圆进行拉伸，并对两圆柱进行布尔差集运算，生成支架及轴承孔实体，结果如图 6-87 所示。

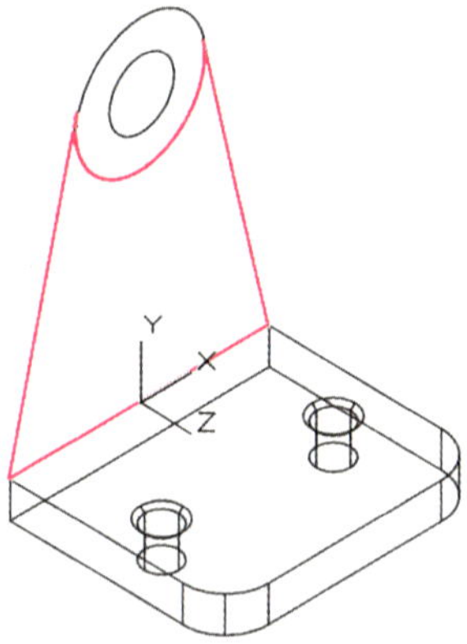

图 6-86 生成支架边界

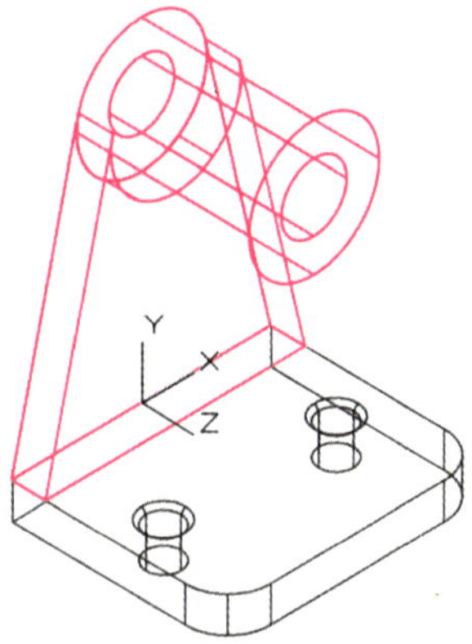

图 6-87 生成轴承孔和支架

3. 创建肋板

（1）新建 UCS

执行“UCS”命令，新建如图 6-88 所示用户坐标系。

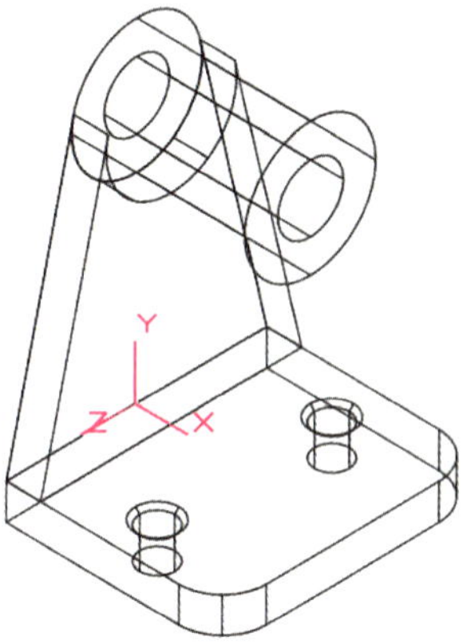

图 6-88 新建 UCS

（2）绘制肋板轮廓线

执行“多段线”命令，系统提示：

命令：_pline

指定起点：8，0↙（确定多段线的起点坐标）

当前线宽为 0.0000

指定下一点或[圆弧（A）/半宽（H）/长度（L）/放弃（U）/宽度（W）]：@42，0↙

指定下一点或[圆弧(A)/闭合(C)/半宽(H)/长度(L)/放弃(U)/宽度(W)]: @-20, 30↙

指定下一点或[圆弧(A)/闭合(C)/半宽(H)/长度(L)/放弃(U)/宽度(W)]: @0, 20↙

指定下一点或[圆弧(A)/闭合(C)/半宽(H)/长度(L)/放弃(U)/宽度(W)]: @-22, 0↙

指定下一点或[圆弧(A)/闭合(C)/半宽(H)/长度(L)/放弃(U)/宽度(W)]: c↙

执行上述操作，结果如图 6-89 所示。

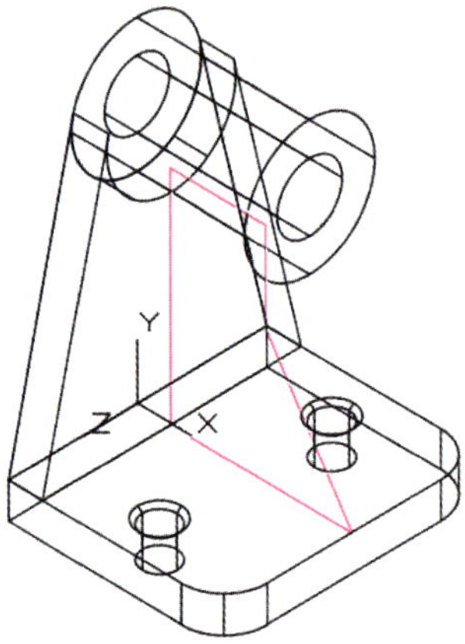

图 6-89　绘制肋板轮廓线

提示：从底板表面至轴承孔中心线的距离为 60 mm，内孔直径为 15 mm，所以肋板总高可取 50 mm，经后面的布尔运算后，将它们合为一体。

（3）生成肋板

对肋板轮廓线进行拉伸，高度为 8 mm，结果如图 6-90 所示。

（4）移动肋板

将肋板沿 *Z* 轴负向移动 4 mm，使其位于中心位置，如图 6-91 所示。

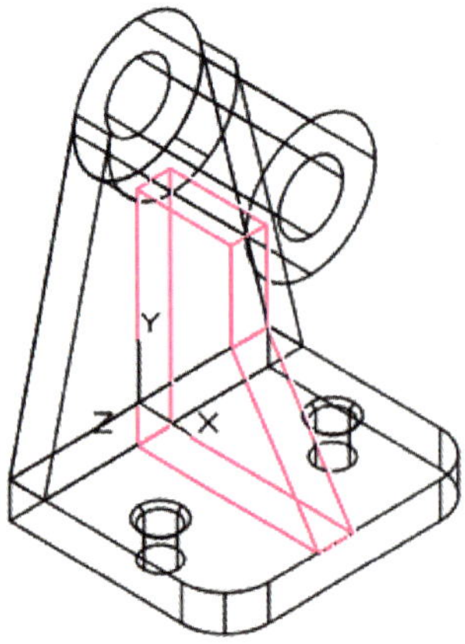

图 6-90　生成肋板

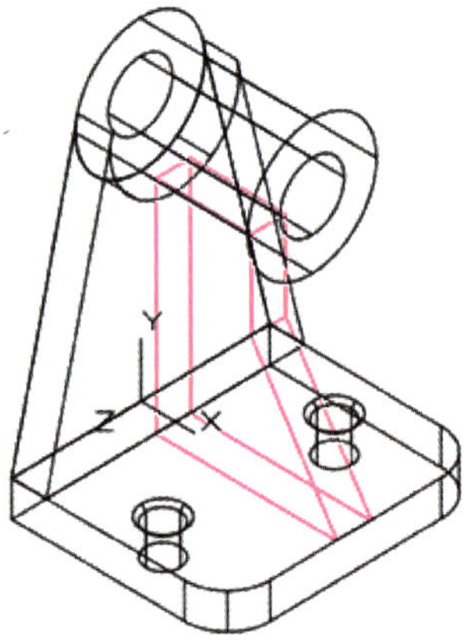

图 6-91　移动肋板

4．布尔运算

对上述绘制的底板、支架、轴承孔及肋板进行布尔并集运算，使其形成一个整体，结果如图 6–77a 所示。

5．整理并保存

整理图形并保存。

任务 8 绘制箱体三维实体

学习目标

1．掌握“抽壳”命令的功能及应用。
2．掌握光源的创建与设置。
3．会绘制箱体三维实体。

任务引入

本次任务要求创建如图 6–92a 所示箱体三维实体，应根据如图 6–92b 所示箱体零件图创建。由图样可知，创建箱体可先创建箱体底板，其次创建箱壁，再次创建前、后、左、右箱壁上的凸台及通孔，最后通过布尔运算完成箱体的创建。在创建过程中要灵活运用“UCS”命令，尽量用熟悉的命令在 *XY* 平面上绘成二维图，之后经过拉伸形成三维实体，箱壁可使用“抽壳”命令创建。

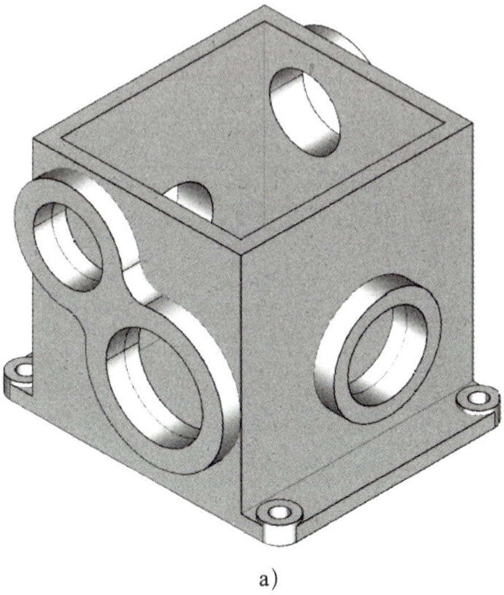

a)

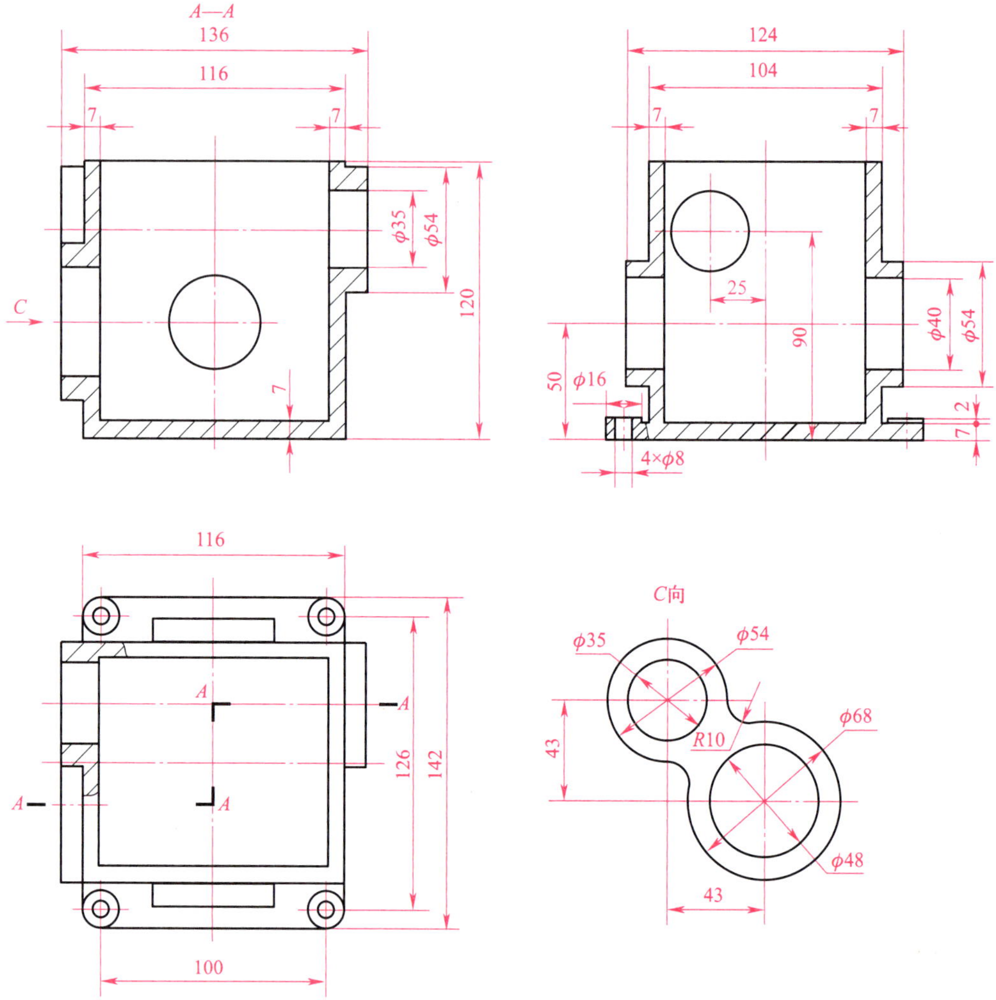

b）

图 6-92　箱体

a）三维实体　b）零件图

相关知识

一、抽壳

抽壳命令可以将三维实体转换为中空薄壁或壳体。

1．命令执行方法

（1）功能区：单击“常用”→“实体编辑”→“抽壳”按钮。

（2）菜单栏：选择“修改”→“实体编辑”→“抽壳”命令。

2．示例

对图 6-93a 所示长方体执行“抽壳”命令，系统提示：

命令：_solidedit（执行"抽壳"命令）

实体编辑自动检查：SOLIDCHECK=1

输入实体编辑选项[面（F）/边（E）/体（B）/放弃（U）/退出（X）]<退出>：_body

输入体编辑选项[压印（I）/分割实体（P）/抽壳（S）/清除（L）/检查（C）/放弃（U）/退出（X）]<退出>：_shell

选择三维实体：（拾取长方体）

删除面或[放弃（U）/添加（A）/全部（ALL）]：找到一个面，已删除 1 个。（拾取上端面）

删除面或[放弃（U）/添加（A）/全部（ALL）]：↙（按 Enter 键结束拾取）

输入抽壳偏移距离：2↙（输入抽壳偏移距离）

已开始实体校验。

已完成实体校验。

输入体编辑选项[压印（I）/分割实体（P）/抽壳（S）/清除（L）/检查（C）/放弃（U）/退出（X）]<退出>：↙（按 Enter 键或右击确定）

执行上述操作，结果如图 6–93b 所示。进行抽壳操作时，若输入的偏移距离为正值，表示从实体向里抽壳，如为负值，则表示从实体向外抽壳，如图 6–93b、c 所示。

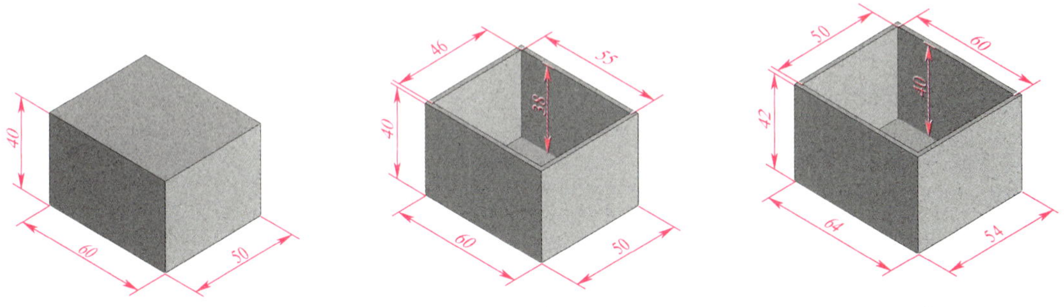

a）　　b）　　c）

图 6–93 "抽壳"示例

a）抽壳前实体　b）从实体向里抽壳　c）从实体向外抽壳

二、光源

给一个三维模型添加适当的光照效果，能够产生反射、阴影等效果，从而使显示效果更加生动。在命令行输入"light"并按 Enter 键，可以选择创建各种光源。执行"light"命令后，系统弹出如图 6–94 所示"光源 – 视口光源模式"对话框。

一般需要关闭默认光源才可以查看创建的光源效果。关闭默认光源后，命令行提示：

输入光源类型[点光源（P）/聚光灯（S）/光域网（W）/目标点光源（T）/自由聚光灯（F）/自由光域（B）/平行光（D）]<自由聚光灯>：

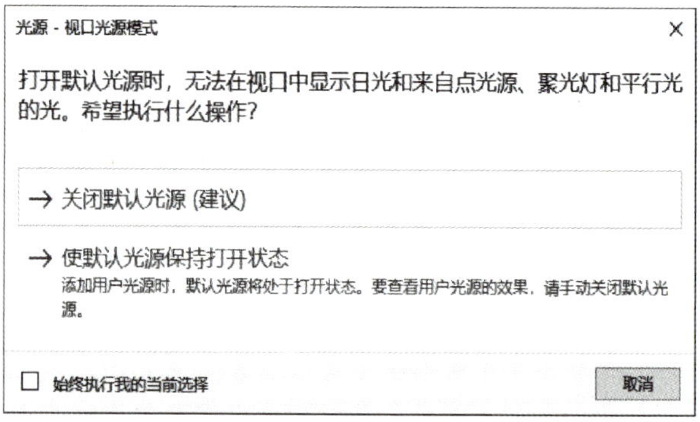

图 6–94 “光源 – 视口光源模式”对话框

可输入光源类型选项，创建所需要的光源。

1. 创建点光源

点光源是由某一点向四周发射的光源，类似于环境中典型的电灯泡或者蜡烛。点光源来自特定的位置，向四面八方辐射。点光源会衰减，也就是其亮度会随着距点光源距离的增加而减小。

（1）命令执行方法

1）功能区：单击“可视化”→“光源”→“创建光源”→“点”。

2）菜单栏：选择“视图”→“渲染”→“光源”→“新建点光源”命令。

3）命令行：pointlight。

（2）操作过程

执行“新建点光源”命令，系统提示：

命令：_pointlight（执行“新建点光源”命令）
指定源位置 <0，0，0>：（指定点光源的位置）
输入要更改的选项 [名称（N）/ 强度因子（I）/ 状态（S）/ 光度（P）/ 阴影（W）/ 衰减（A）/ 过滤颜色（C）/ 退出（X）] < 退出 >：（输入需要设置的选项）

在命令行中可对点光源的名称、强度因子、状态、阴影、衰减及颜色进行设置。图 6–95 所示为“新建点光源”的效果。

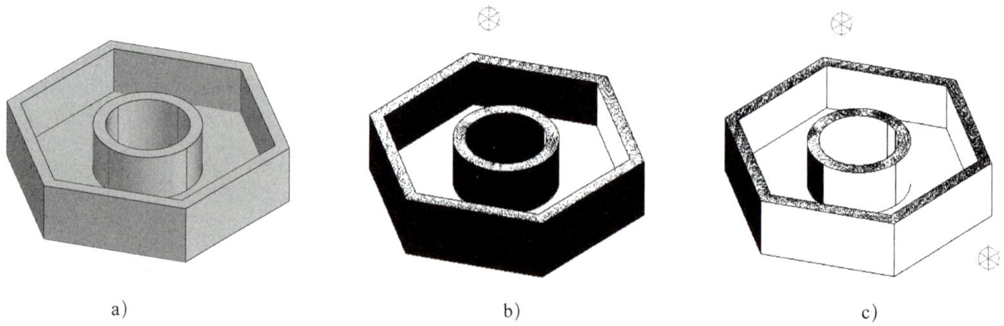

图 6–95 “新建点光源”的效果

a）默认光源 b）创建一个光源 c）创建二个光源

（3）选项说明

1）名称：指定光源名。创建光源时，系统会自动创建一个默认的光源名称，如点光源1，用户可以更改这一名称。

2）强度因子：设定光源的强度或亮度。

3）状态：打开和关闭光源。

4）光度：如果启用光度，可以指定光照的强度或颜色。

强度：可以输入以烛光（缩写为 cd）为单位的光照强度，或者指定一定的光通量——感觉到的光强或照度（某个面域的总光通量）。可以以勒克斯（缩写为 lx）或英尺烛光（缩写为 fc）为单位来指定照度。

颜色：可以输入颜色名称或开尔文温度值。使用选项并按 Enter 键来查看名称列表，如磷光水银灯、高压钠灯、低压钠灯等。

5）阴影：阴影会明显地增强渲染图像的真实感。该选项用于打开或关闭该光源的阴影效果，并指定阴影的类型。

6）衰减：该项用于控制光线如何随距离增加而减弱。对象距点光源越远，则越暗。

7）过滤颜色：可以赋予光源任意颜色。三种主要的光源颜色是红、绿、黄，它们的混合可以创造出不同的颜色。

2. 创建聚光灯

聚光灯发射的是定向锥形光，投射的是一个聚焦的光束，可以通过调整光锥方向和大小来调整聚光灯的照射范围。聚光灯与点光源的区别只有一个方向。因此，不仅要为聚光灯指定位置，还要指定其目标。

（1）命令执行方法

1）功能区：单击“可视化”→“光源”→“创建光源”→“聚光灯”。

2）菜单栏：选择“视图”→“渲染”→“光源”→“新建聚光灯”命令。

3）命令行：spotlight。

（2）操作过程

执行“新建聚光灯”命令，系统提示：

命令：_spotlight（执行“新建聚光灯”命令）

指定源位置 <0，0，0>：（指定源位置）

指定目标位置 <0，0，-10>：（指定目标位置）

输入要更改的选项[名称（N）/强度因子（I）/状态（S）/光度（P）/聚光角（H）/照射角（F）/阴影（W）/衰减（A）/过滤颜色（C）/退出（X）]<退出>：（输入需要设置的选项）

图 6–96 所示为“新建聚光灯”的效果。

（3）选项说明

1）聚光角：指定定义最亮光锥的角度，也称为光束角。聚光角的取值范围为 0 ~ 160°。

2）照射角：指定定义完整光锥的角度，也称为现场角。照射角的取值范围为 0 ~ 160°，默认值为 50°。照射角角度必须大于或等于聚光角角度。

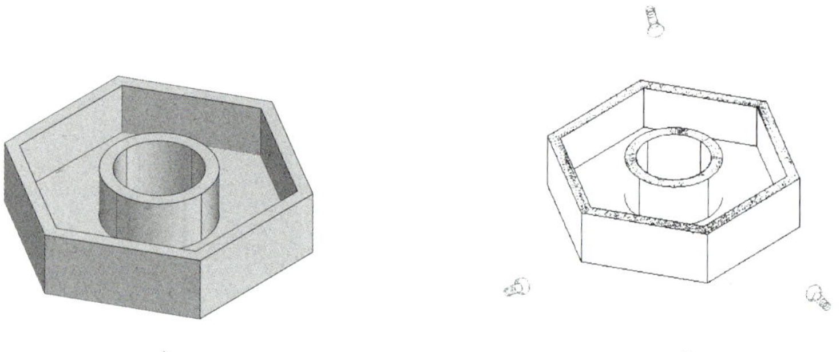

a)　　b)

图 6-96 “新建聚光灯”的效果

a）默认光源　b）创建三个聚光灯

3. 创建平行光

平行光仅向一个方向发射统一的平行光线。通过在图形窗口指定光源的矢量方向的两个坐标就可以定义平行光的方向。

（1）命令执行方法

1）功能区：单击“可视化”→“光源”→“创建光源”→“平行光”。

2）菜单栏：选择“视图”→“渲染”→“光源”→“新建平行光”命令。

3）命令行：distanlight。

（2）操作过程

执行“新建平行光”命令，系统弹出“光源－光度控制平行光”对话框，如图 6-97 所示。对话框提示目前设置的光源单位是光度控制单位，使用平行光可能会导致过度曝光。只有选择“允许平行光”，才可以继续创建平行光。图 6-98 所示为“新建平行光”的效果。

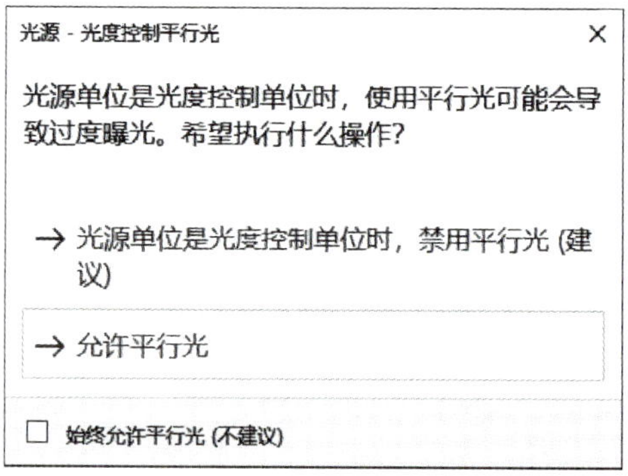

图 6-97 “光源－光度控制平行光”对话框

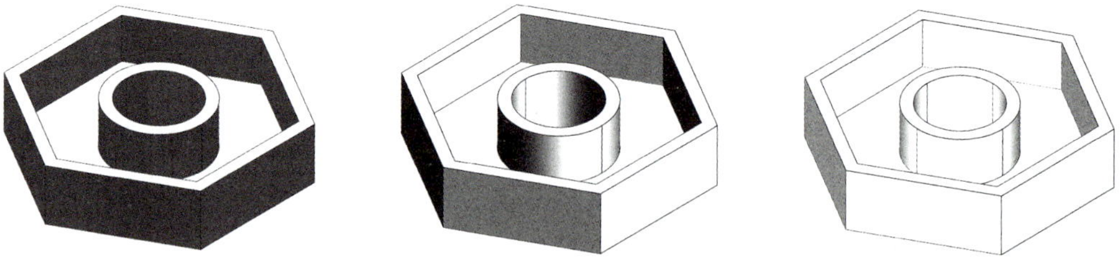

a)　　b)　　c)

图 6-98 “新建平行光”的效果

a）沿 $-Z$ 轴方向　b）沿 $-Z$ 轴和 $+Y$ 轴方向　c）沿 $-Z$ 轴、$+X$ 轴和 $+Y$ 轴方向

4. 模拟太阳光照

（1）设置地理位置

在“可视化”面板中单击“阳光和位置”按钮下的“设置位置”，在弹出的菜单中选择

一种方式后，如选择“从地图”，将打开图 6–99 所示“地理位置”对话框。如果知道经纬度，可以直接在“地址”文本框中输入“经度”和“纬度”数值；也可以直接搜索地址，从下拉列表中选择地区和城市。

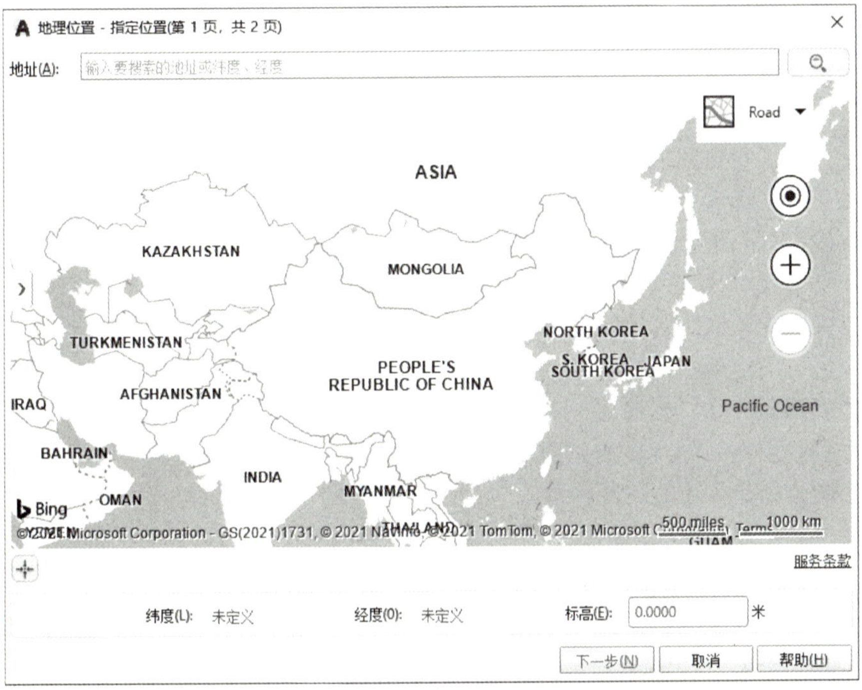

图 6–99 “地理位置”对话框

在“北向”部分，指定的是图形中正北方向的角度。设定北方位置对于获得精确的太阳光照很重要。默认情况下，北是世界坐标系（WCS）中 Y 轴的正向。为了改变默认值，需要在“角度”框中输入新的角度值，或者单击指南针的面指定新的角度。$+Y$ 轴的角度是 0°，$+X$ 轴的角度是 90° 等，以此类推。

图形中插入地理标记之后，在执行阳光与天光模拟（光度控制研究）时，程序自动确定阳光角度。

（2）设置阳光特性

要设置阳光特性，可以单击“可视化”面板中“阳光和位置”右侧的箭头按钮 ↘，系统弹出“阳光特性”选项板，如图 6–100 所示。选项板中各选项组含义如下：

1）“常规”选项组：设置阳光的常规特性。

状态：打开和关闭阳光。如果未在图形中使用光源，则此设置没有影响。

强度因子：设置阳光的强度或亮度。取值范围为 0（无光源）到最大值。数值越大，光源越亮。

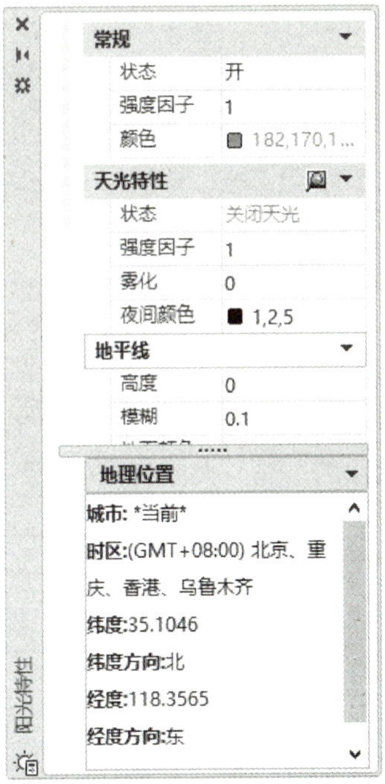

图 6–100 “阳光特性”选项板

颜色：控制光源的颜色。

2）“天光特性”选项组

状态：决定渲染时是否计算天空照明。此选项对视口照明或视口背景没有影响。它仅使自然光可作为渲染时的收集光源。请注意，此操作不控制背景。选项为“关闭天光”“天光背景”“天光背景和照明”。默认设置为“关闭天光”。

强度因子：提供放大天光的一个方法。值为 0.0 至最大，“1.0”为默认值。

雾化：确定大气中散射效果的幅值。值为 0.0 ~ 15.0。“0.0”为默认值。

夜间颜色：指定夜空的颜色。

3）“地平线”选项组

高度：确定相对于世界零海拔的地平面的绝对位置。此参数表示世界坐标空间长度并且应以当前长度单位对其进行格式设置。值的范围为 –10.0 ~ +10.0，默认值为“0.0”。

模糊：确定地平面和天空之间的模糊量。值为 0 ~ 10。“0.1”为默认值。

地面颜色：确定地平面的颜色。

4）“太阳圆盘外观”选项组

圆盘比例：指定太阳圆盘的比例（正确尺寸为 1.0）。

光晕强度：指定太阳光晕的强度。值为 0.0 ~ 25.0。

圆盘强度：指定太阳圆盘的强度。值为 0.0 ~ 25.0。

5）“太阳角度计算器”选项组：设置阳光的角度。

日期：显示当前日期设置。

时间：显示当前时间设置。

夏令时：显示当前夏令时时间设置。

方位角：显示从正北方向顺时针到阳光（沿地平线）的角度。该设置是只读的。

仰角：显示从地平线到阳光（在地平线上方）的角度。最大值为 90° 或垂直。该设置是只读的。

源矢量：显示阳光方向的坐标。该设置是只读的。

6）“地理位置”选项组：显示当前地理位置设置，此信息是只读的。

（3）设置阳光状态

在“可视化”面板中单击“阳光状态”按钮，可以打开和关闭当前视口中阳光的光源效果（sunstatus 变量为 0 时关闭“阳光状态”，sunstatus 变量为 1 时打开“阳光状态”）。

当打开“阳光状态”时，系统弹出如图 6–101 所示“光源 – 太阳光和曝光”对话框，可选择“调整曝光设置（建议）”，也可选择“保持曝光设置”。若选择“调整曝光设置（建议）”，系统弹出如图 6–102 所示的“渲染环境和曝光”选项板，通过该选项板可以调整“曝光”和“白平衡”参数。图 6–103a 为未开启“阳光状态”效果图，图 6–103b 为采用默认“阳光状态”曝光参数（8.8）的效果图，图 6–103c 为调整“阳光状态”曝光参数（8）的效果图。

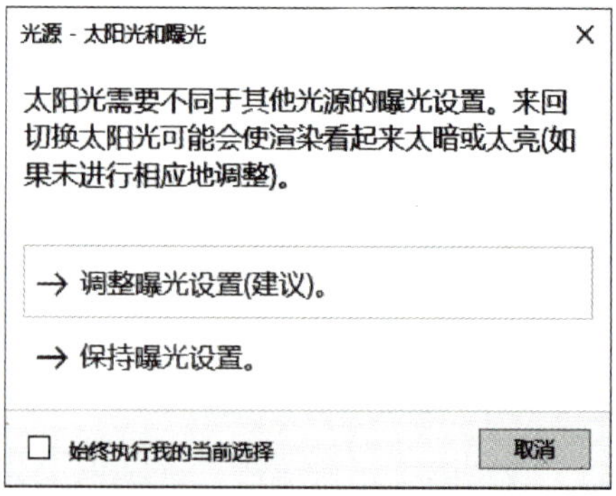

图 6–101 “光源 – 太阳光和曝光”对话框

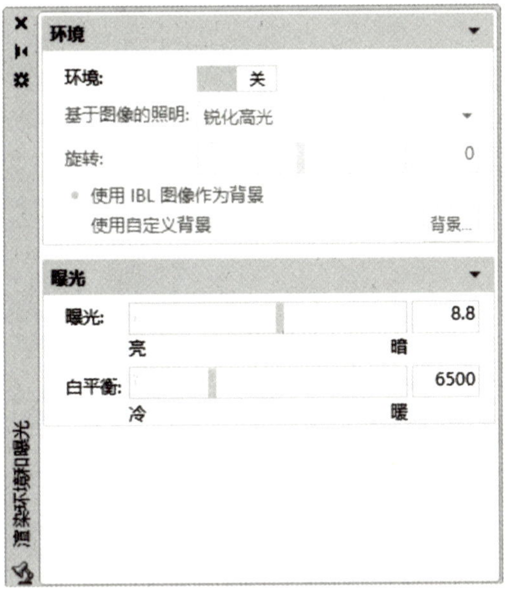

图 6-102 “渲染环境和曝光”选项板

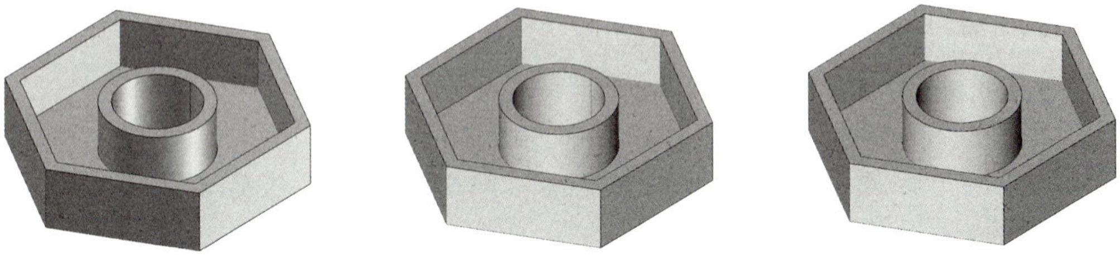

a)　　b)　　c)

图 6-103 “阳光状态”效果图

a）未开启　b）开启（默认参数）　c）开启（调整曝光参数）

5．光源的管理

（1）命令执行方法

1）功能区：单击“可视化”→“光源”右侧的箭头按钮 ↘。

2）菜单栏：选择“工具”→“选项板”→“光源”命令。

3）命令行：lightlist。

（2）操作过程

启用“光源”命令后，系统弹出“光源管理”选项板，如图 6–104 所示。双击需要修改的光线（如平行光 1），系统弹出如图 6–105 所示的“特性”选项板，在选项板中修改平行光的各类参数即可。

图 6–104 “光源管理”选项板

图 6–105 平行光 1 “特性”选项板

任务实施

1．创建底板

（1）绘制底板平面图

在俯视图上，根据图 6–92a 所示尺寸，绘制如图 6–106 所示底板平面图。

（2）创建底板三维实体

1）将如图 6–106 所示平面图创建为 9 个面域（一个外边框、四个小圆和四个大圆）。

2）将外边框拉伸，高度为 7 mm。

3）将 8 个圆拉伸，高度为 9 mm。

4）对外边框拉伸后的实体和 4 个大圆柱体进行交集运算，创建出箱体底板及四个圆形凸台。

5）执行布尔差集运算，大实体减去 4 个小圆柱体。

通过以上操作创建出箱体底板的实体，如图 6–107 所示。

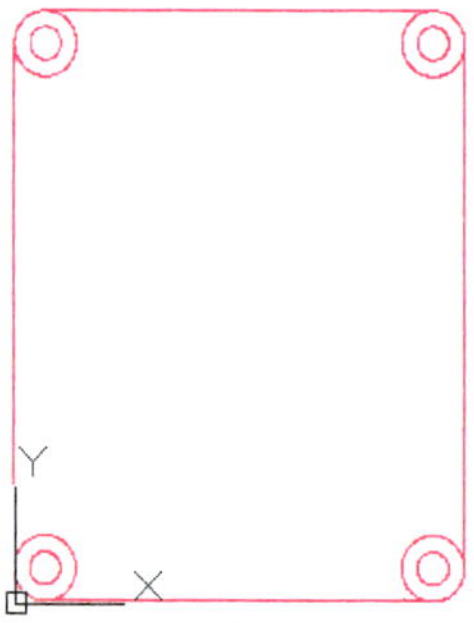

图 6–106 绘制底板平面图

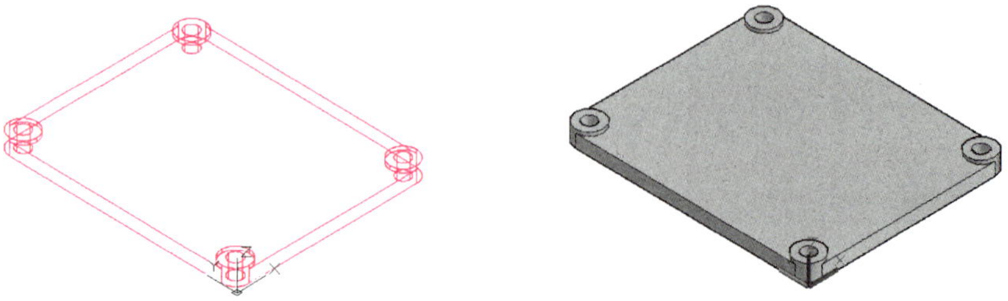

图 6–107 箱体底板实体（西南等轴测视图）

2. 创建箱壁

（1）创建长方体

根据如图 6–92a 所示尺寸，在屏幕的空白处创建长、宽、高分别为 116 mm、104 mm、113 mm 的长方体。启动“长方体”命令，系统给出如下提示。

命令：_box（执行“长方体”命令）

指定第一个角点或［中心（C）］：（在 *XY* 平面内任意指定一点）

指定其他角点或［立方体（C）/ 长度（L）］：@ 116，104↙（输入对角点的相对坐标）

指定高度或［两点（2P）］<155.7947>：113↙（指定高度，高度的尺寸应减去底板的厚度，即 *Z*=120–7=113）

执行上述操作，结果如图 6–108 所示。

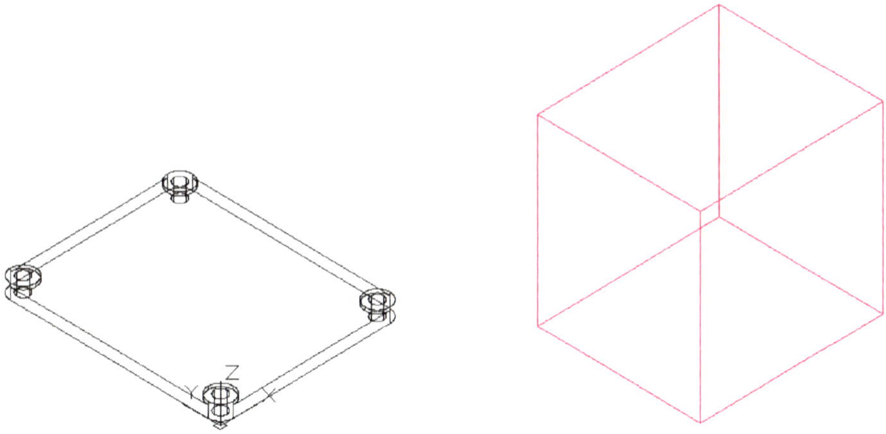

图 6–108　创建长方体

（2）抽壳

应用“抽壳”命令对长方体进行抽壳，其中上、下表面排除在抽壳之外。

命令：_solidedit（执行“抽壳”命令）

实体编辑自动检查：SOLIDCHECK=1

输入实体编辑选项［面（F）/ 边（E）/ 体（B）/ 放弃（U）/ 退出（X）］<退出>：_body

输入体编辑选项［压印（I）/ 分割实体（P）/ 抽壳（S）/ 清除（L）/ 检查（C）/ 放弃（U）/ 退出（X）］<退出>：_shell

选择三维实体：（选择长方体）

删除面或［放弃（U）/ 添加（A）/ 全部（ALL）］：找到一个面，已删除 1 个。（单击上表面）

删除面或［放弃（U）/ 添加（A）/ 全部（ALL）］：（执行“动态观察”命令，旋转长方体，能查看下表面）

按 Esc 或 Enter 键退出，或者单击鼠标右键显示快捷菜单（按 Esc 键退出动态观察）

正在恢复执行 SOLIDEDIT 命令。

删除面或[放弃(U)/添加(A)/全部(ALL)]:找到一个面，已删除1个。(单击下表面)
删除面或[放弃(U)/添加(A)/全部(ALL)]: ↙(按Enter键结束拾取)
输入抽壳偏移距离:7↙(输入抽壳偏移距离)
已开始实体校验。
已完成实体校验。
输入体编辑选项[压印(I)/分割实体(P)/抽壳(S)/清除(L)/检查(C)/放弃(U)/退出(X)]<退出>: ↙
实体编辑自动检查:SOLIDCHECK=1
输入实体编辑选项[面(F)/边(E)/体(B)/放弃(U)/退出(X)]<退出>: ↙

执行上述操作，结果如图6-109所示。

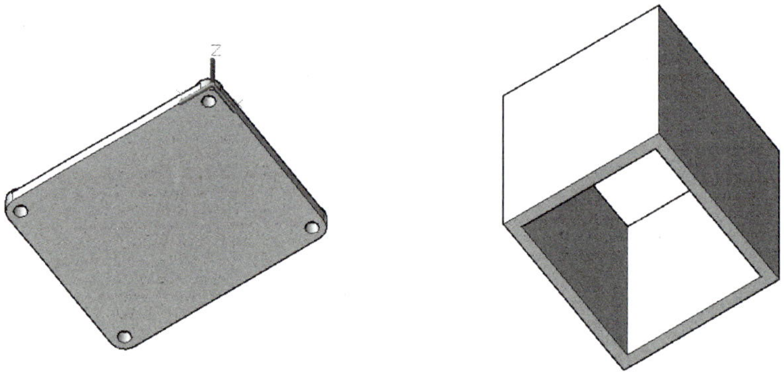

图6-109 抽壳(动态观察效果)

(3)并集运算

应用“移动”命令，将抽壳后的壳体移至底板上。执行布尔并集运算，创建出箱壁，图6-110所示为并集后的实体。

3. 创建前后凸台及通孔

(1)新建UCS

新建UCS，UCS原点设置在前箱壁左下角顶点上，并将*XY*平面设置在前箱壁上，如图6-111所示。

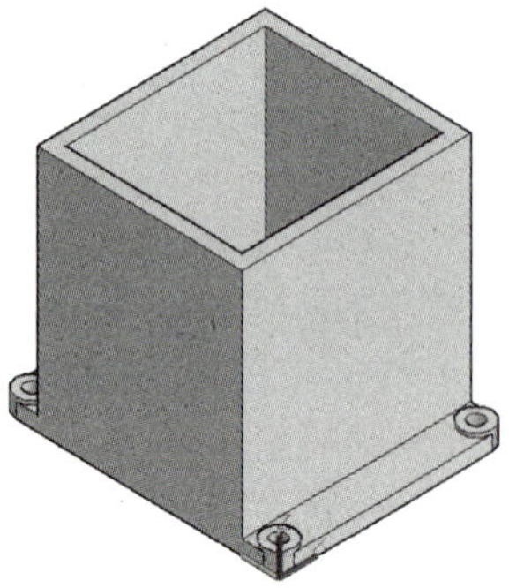

图6-110 并集后的实体

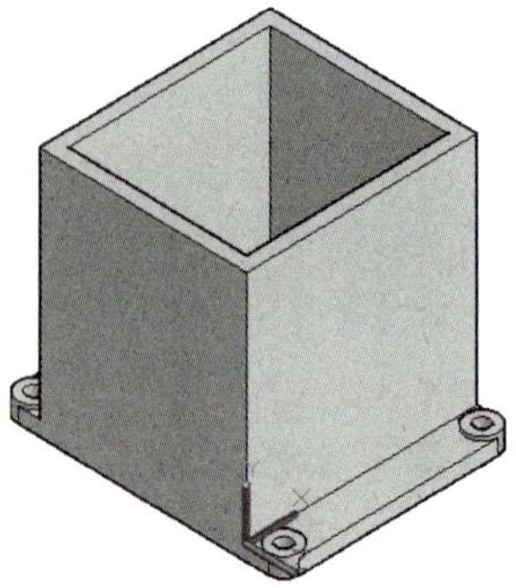

图6-111 在前箱壁新建UCS

（2）创建前凸台

启动“圆柱体”命令，系统给出如下提示。

命令：_cylinder（执行“圆柱体”命令）

指定底面的中心点或［三点（3P）/ 两点（2P）/ 切点、切点、半径（T）/ 椭圆（E）]：58，43↙（输入圆柱体中心点坐标，由图 6–92 可知 X=116÷2=58，Y=50–7=43）

指定底面半径或［直径（D）]：27↙（输入前凸台半径）

指定高度或［两点（2P）/ 轴端点（A）] <90.0000>：10↙（输入凸台高度）

圆柱凸台的创建结果如图 6–112 所示。

（3）创建后凸台

用“三维镜像”命令创建后凸台，然后对箱体及前后凸台进行并集运算，结果如图 6–113 所示。

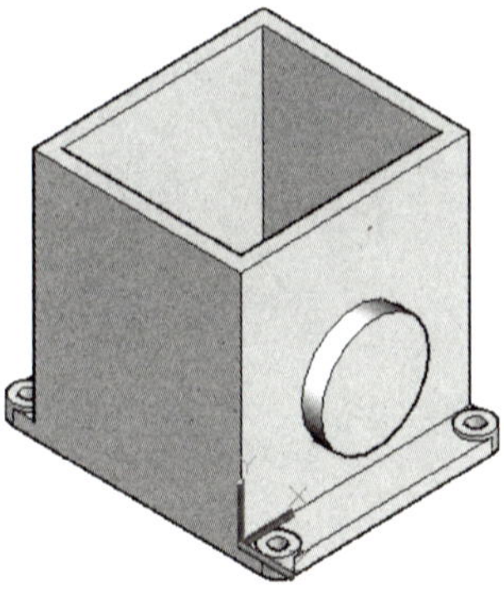

图 6–112　创建前凸台

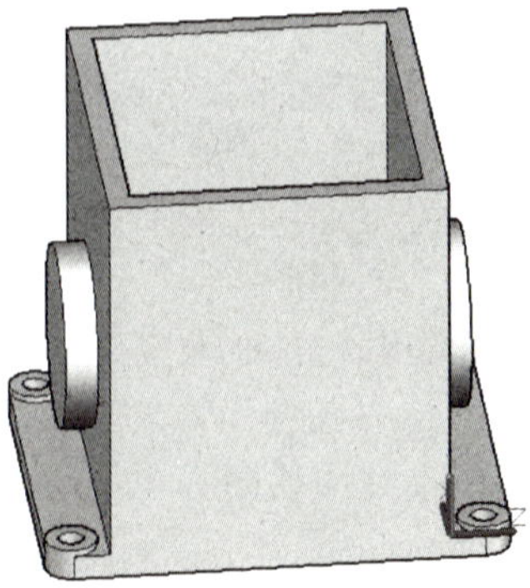

图 6–113　创建后凸台（动态观察效果）

（4）创建通孔

应用“圆柱体”命令，创建直径为 40 mm、长为 124 mm 的圆柱，如图 6–114a 所示。执行布尔差集运算，创建出通孔，结果如图 6–114b 所示。

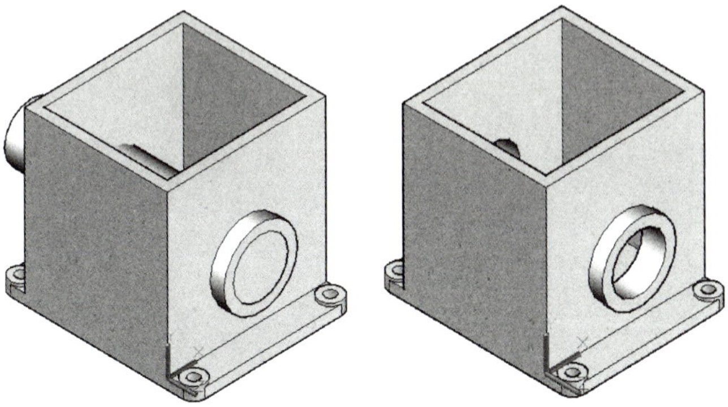

a）　　b）

图 6–114　创建通孔

a）创建圆柱体　b）布尔差集运算结果

4．创建左右凸台及通孔

（1）新建 UCS

新建 UCS，UCS 原点设置在左箱壁左下角顶点上，并将 *XY* 平面设置在左箱壁上，如图 6–115 所示。

（2）绘制左凸台的轮廓线

根据如图 6–92a 所示尺寸，绘制左凸台的轮廓线，如图 6–116 所示。

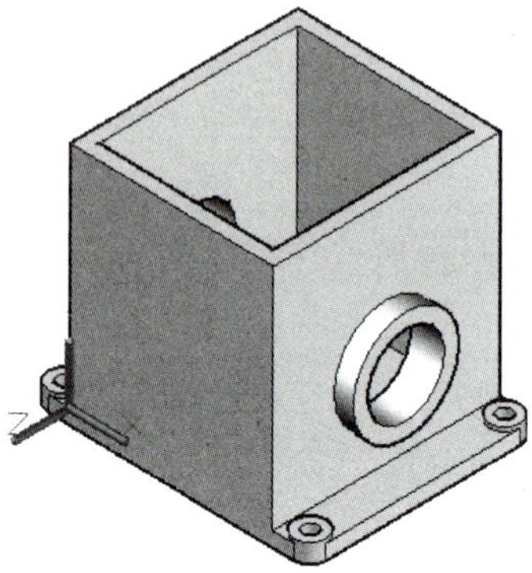

图 6–115　在左箱壁新建 UCS

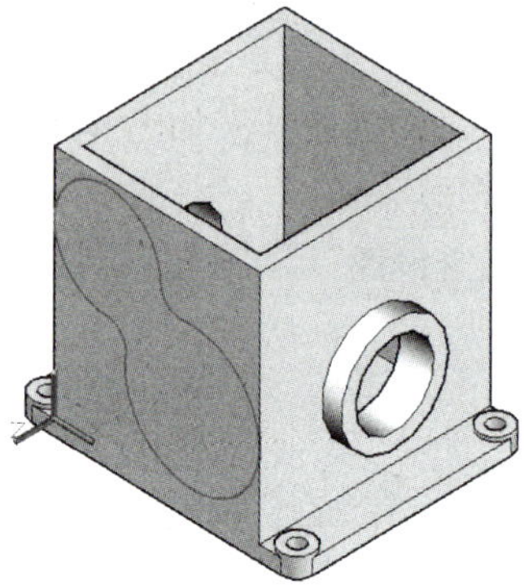

图 6–116　绘制左凸台轮廓线

（3）创建左凸台

将左凸台轮廓线创建为面域，并对其进行拉伸，拉伸高度为 10 mm，创建出左凸台，并进行布尔并集运算，如图 6–117 所示。

（4）创建右凸台

将视图切换至东南等轴测视图，按照创建左凸台的方法，创建右凸台，并进行布尔并集运算，如图 6–118 所示。

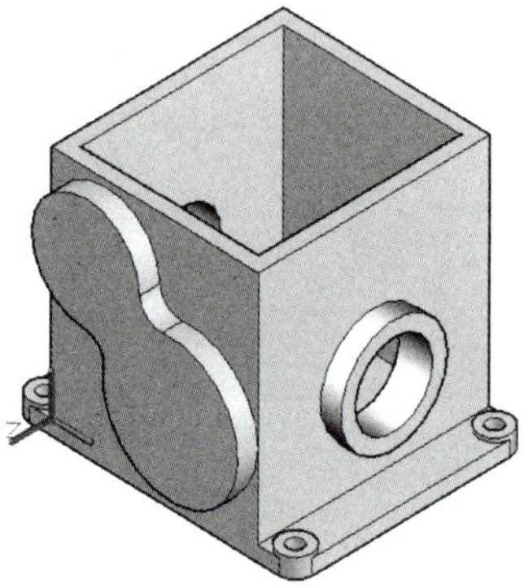

图 6–117　创建左凸台

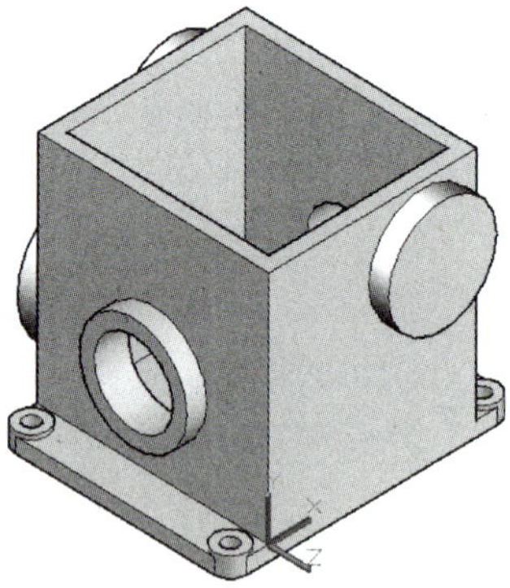

图 6–118　创建右凸台

（5）创建通孔

1）将视图切换至西南等轴测视图，创建两圆柱。长圆柱直径为 35 mm，长度≥136 mm；短圆柱直径为 48 mm，长度为 17 ~ 119 mm，如图 6–119 所示。

2）进行布尔差集运算，结果如图 6–120 所示。至此，箱体创建完毕。

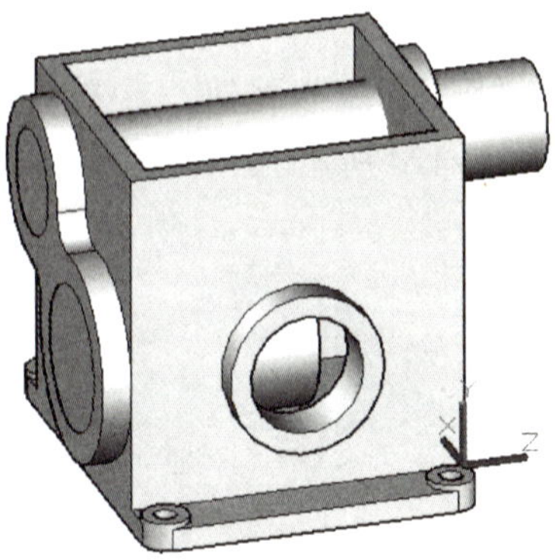

图 6–119 创建两圆柱（动态观察效果）

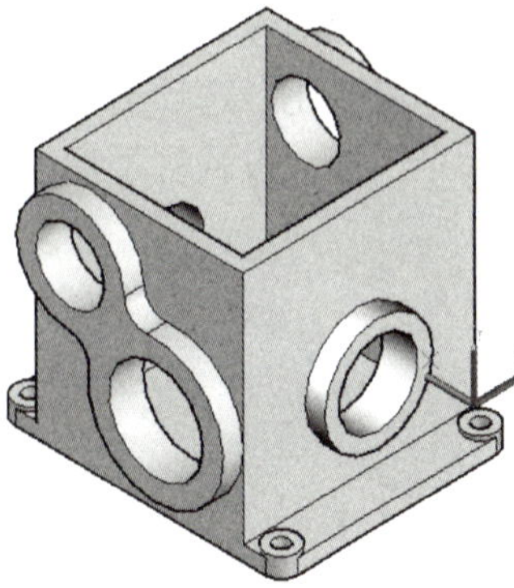

图 6–120 箱体实体

5. 观察箱体

（1）“概念”视觉样式

箱体创建完毕后，在“概念”视觉样式下，实体如图 6–121 所示。

（2）设置“概念”视觉样式参数

打开“视觉样式管理器”，如图 6–122a 所示。将“面样式”设为“真实”，“颜色”设为“单色”，“单色”选中“PANTONE 877 C”色彩，“材质显示”选择“材质”，如图 6–122b 所示。设置完参数后，箱体实体如图 6–123 所示。

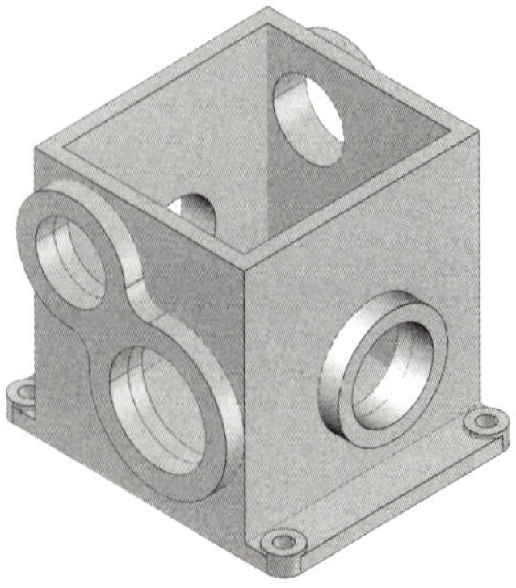

图 6–121 “概念”视觉样式

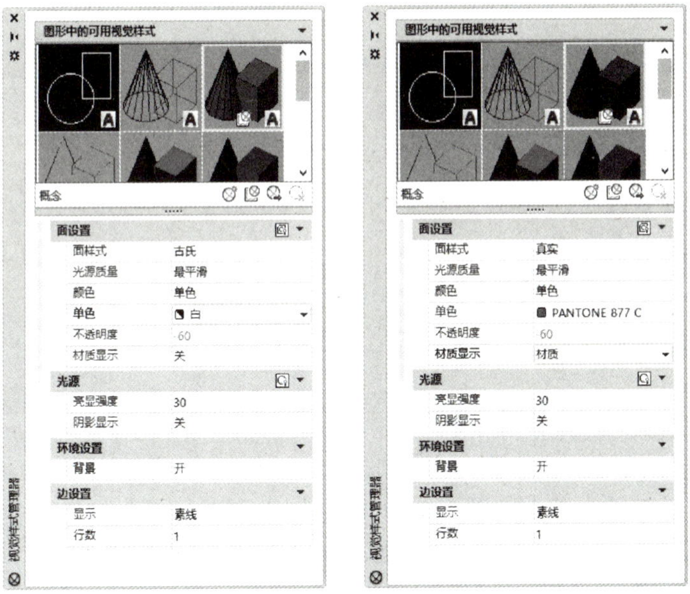

a） b）

图 6–122 设置“概念”视觉样式参数

a）设置前 b）设置后

（3）模拟太阳光照

单击“可视化”选项卡→“阳光和位置”面板上的“阳光状态”按钮，系统弹出“渲染环境和曝光”选项板，将“曝光”设为 6，箱体实体如图 6–124 所示。

图 6–123　样式参数设置后的箱体

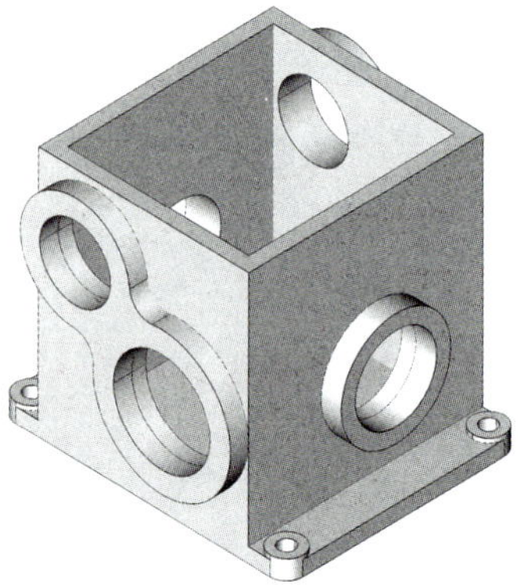

图 6–124　模拟太阳光照状态下的箱体

6. 整理并保存

整理图形并保存。

任务 9　绘制三通三维实体

学习目标

1. 掌握“三维旋转”命令的功能与应用。
2. 掌握材质的编辑与添加。
3. 会绘制三通三维实体。

任务引入

本次任务要求绘制图 6–125 所示的三通三维实体，三个模型尺寸完全相同，但材质不同，图 6–125a 所示材质为黄铜，图 6–125b 所示材质为铝，图 6–125c 所示材质为铜。绘制时，可以按图 6–126 所示尺寸绘制一个模型，然后复制其余两个模型，最后分别设置不同的材质，即可达到所需要的效果。

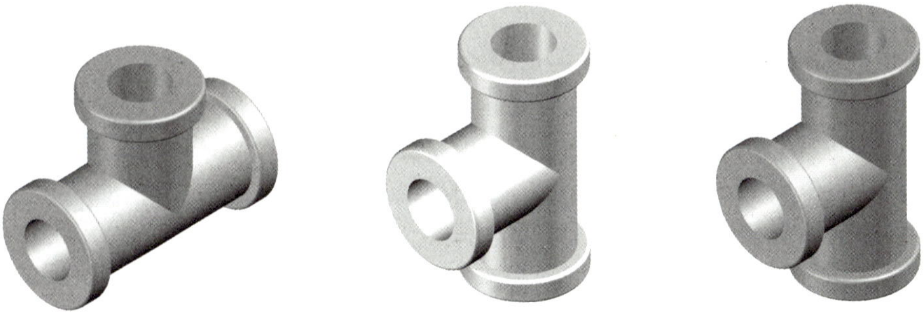

a) b) c)

图 6-125 三通三维实体

a）黄铜材质 b）铝材质 c）铜材质

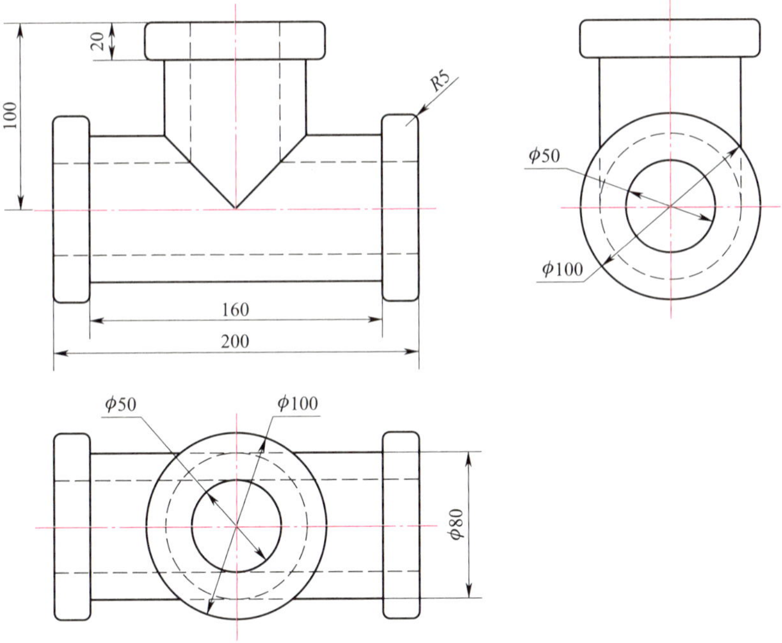

图 6-126 三通零件图

相关知识

一、三维旋转

“旋转”命令可以围绕基点将选定的对象旋转到一个绝对的角度；而“三维旋转”命令使用三维旋转小控件，可以自由旋转选定的对象和子对象，或将旋转约束到轴。

1. 命令执行方法

（1）功能区：单击“常用”→“修改”→“三维旋转”按钮。

（2）菜单栏：选择“修改”→“三维操作”→“三维旋转”命令。

（3）命令行：3drotate。

2．三维旋转小控件

图 6–127 所示为三维旋转小控件，由中心框和轴控制柄组成，红色代表 *X* 轴、绿色代表 *Y* 轴、蓝色代表 *Z* 轴。默认情况下，小控件最初置于选择集的中心位置。但是，可以将其重新定位在三维空间中的任意位置。小控件的中心框（或基准夹点）用于设定修改的基点。此行为相当于在用户移动或旋转选定的对象时临时更改 UCS 的位置。小控件上的轴控制柄将移动或旋转约束到轴或平面上。

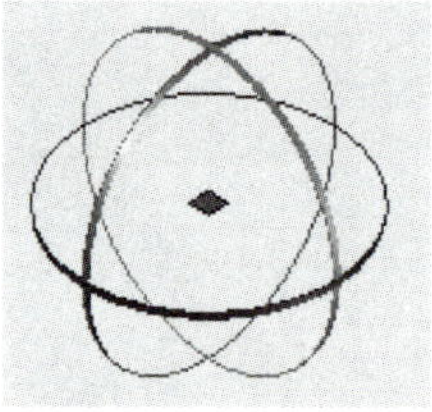

图 6–127 三维旋转小控件

3．示例

将图 6–128a 所示的图形绕 *X* 轴旋转 90°。执行“三维旋转”命令，系统提示：

命令：_3drotate（执行“三维旋转”命令）

UCS 当前的正角方向：ANGDIR= 逆时针 ANGBASE=0

选择对象：找到 1 个（拾取 6–128a 所示实体）

选择对象：↙（按 Enter 键结束拾取，工件中心显示三维旋转小控件，如图 6–128b 所示）

指定基点：（指定 UCS 原点为旋转基点，如图 6–128c 所示）

拾取旋转轴：（指定 *X* 轴为旋转轴，如图 6–128d 所示）

指定角的起点或键入角度：90↙（输入旋转角度）

执行上述操作，结果如图 6–128e 所示。

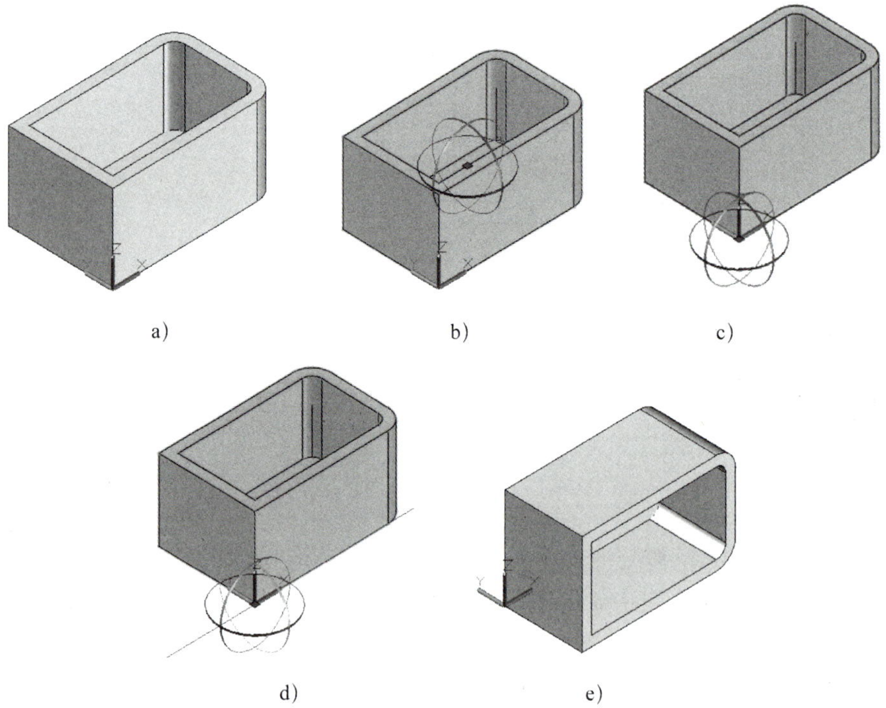

图 6–128 三维旋转示例

a）原始图形 b）实体中心显示三维旋转小控件 c）指定基点 d）选择旋转轴 e）旋转结果

二、材质

使用材质来为三维模型提供真实外观。图 6–125 所示三通模型就是添加了不同材质而获得的效果。材质代表物质，如钢、棉和玻璃。可以将它们应用于三维模型来为对象提供真实外观。

Autodesk 提供了一个预定义的材质库，如陶瓷、混凝土、石材和木材等。使用材质浏览器可以浏览材质，并将它们应用于图形中的三维对象。还可以创建和修改纹理，以满足用户的需要。

1．材质浏览器

（1）打开材质库

选择“视图”→“渲染”→“材质浏览器”命令，打开“材质浏览器”选项板，如图 6–129 所示。材质浏览器显示“文档材质”面板和“库”面板。

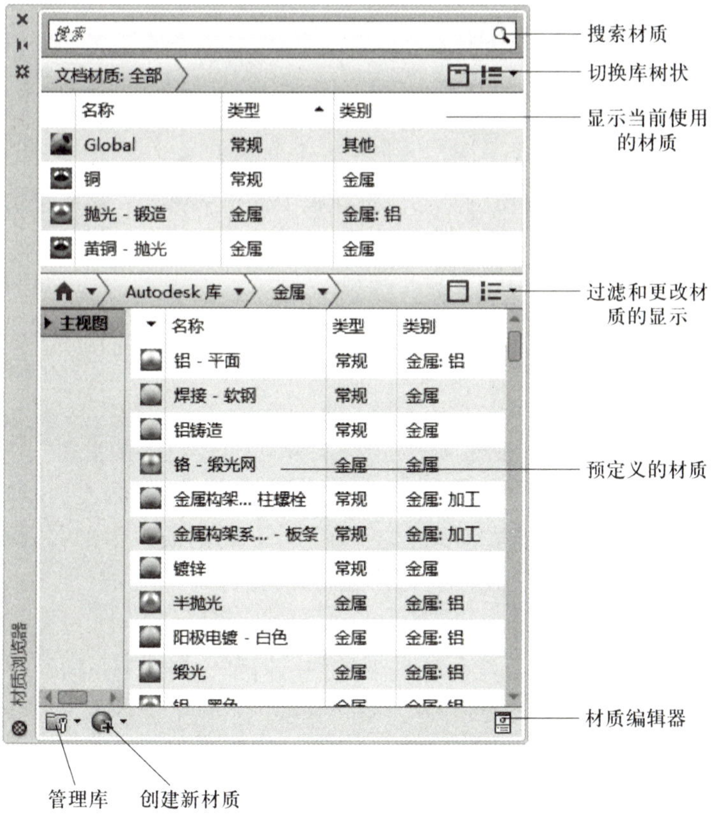

图 6–129 “材质浏览器”选项板

1）“文档材质”面板：显示随打开的图形保存的材质。

2）“库”面板：列出当前可用的“材质”库中的类别。选定类别中的材质将显示在右侧。将鼠标悬停在材质样例上时，用于应用或编辑材质的按钮将变为可用。单击某材质右侧的 ⬆ 按钮，可将该材质添加到“文档材质”面板中；按住 ⬆ 按钮，并拖动至三维实体，可将该材质应用到实体上。

（2）管理材质库

在“材质浏览器”选项板的底部，单击“管理库”下拉列表，可执行以下操作：

1）打开现有的库。显示“添加库”对话框，可以从中选择任意现有库。

2）创建新库。显示“创建库”对话框，可以在其中保存新库。

3）删除库。选择库并单击“删除库”。从“材质浏览器”选项板中删除一个用户库后，该库文件仍然保留在硬盘上。因此，要回收硬盘空间，必须手动删除该库文件。

4）创建类别。选择库并单击“创建类别”。

5）删除类别。选择类别并单击“删除类别”。

6）重命名。选择库或类别，然后指定新的名称。

（3）将材质添加到库中

在材质样例上单击鼠标右键，在弹出的右键快捷菜单中选择要添加材质库的名称，可以将材质添加到某个库中。也可以将样例拖动到要添加的库中。

（4）从库中删除材质

可以采用以下方法之一从解锁的用户库中删除材质，但无法删除锁定的材质。

1）选择材质并按 Delete 键。

2）在材质上单击鼠标右键，在弹出的右键快捷菜单中选择“删除”命令。

2. 材质编辑器

材质编辑器用于编辑在“材质浏览器”选项板中选定的材质。材质编辑器的配置将随选定材质类型的不同而有所变化。

（1）命令执行方法

1）功能区：单击“可视化”→“材质”面板右下角 ↘ 按钮。

2）菜单栏：选择“视图”→“渲染”→“材质编辑器”命令。

3）命令行：mateditoropen。

执行“材质编辑器”命令，系统弹出如图 6-130 所示“材质编辑器”选项板。在“材质浏览器”选项板的“文档材质”中选择材质，单击右侧的编辑按钮也可以打开“材质编辑器”选项板；在“材质浏览器”选项板的“库”中选择材质，单击右侧的按钮，可以将材质添加到文档中，并打开“材质编辑器”选项板。

（2）选项说明

“材质编辑器”选项板包含“外观”选项卡和“信息”选项卡，前者包含用于编辑材质特性的控件，后者包含所有用于编辑和查看材质信息的控件。下面简要介绍“外观”选项卡中的选项。

1）“常规”选项组

颜色：对象上材质的颜色在该对象的不同区域各不相同。例如，观察红色球体，它并不显现出统一的红色。远离光源的面显现出的红色比正对光源的面显现出的红色暗。反射高光区域显示最浅的红色。事实上，如果红色球体非常有光泽，其高亮区域可能显现出白色。通过该选项可以指定颜色或自定义纹理，该纹理可以是图像或程序纹理。

图像：控制材质的基础漫射颜色贴图。漫射颜色是指直射日光或人造光源照射下对象反射的颜色。

图像褪色：控制基础颜色和漫射图像之间的组合。

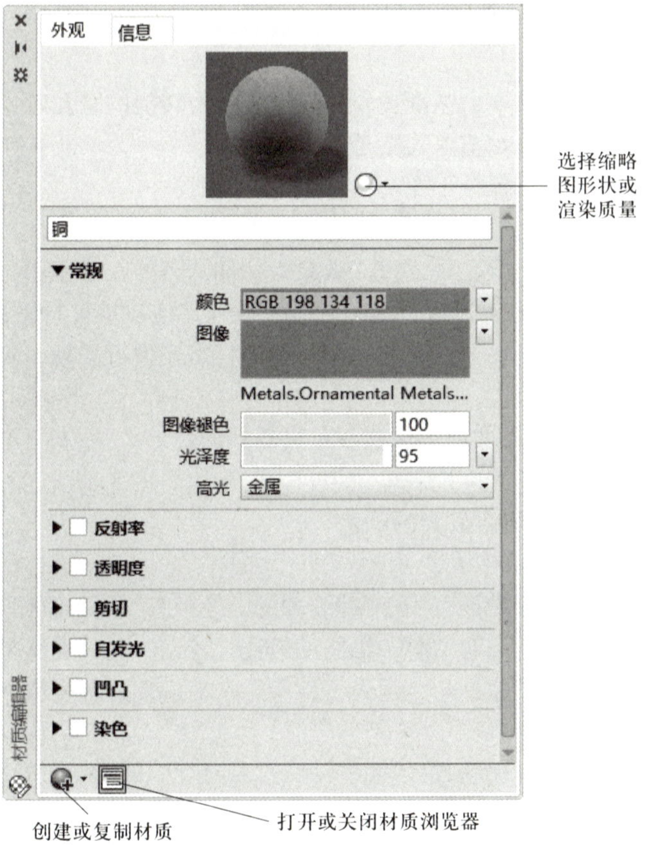

图 6–130 “材质编辑器”选项板

光泽度：材质的反射质量定义光泽度或粗糙度。若要模拟有光泽的曲面，材质应具有较小的高亮区域，并且其镜面颜色较浅，甚至可能是白色。较粗糙的材质具有较大的高亮区域，并且高亮区域的颜色更接近材质的主色。

高光：控制用于获取材质的镜面高光的方法。金属设置将根据灯光在对象上的角度发散光线（各向异性）。金属高光是指材质的颜色。非金属高光是指照射在材质上的灯光的颜色。

2）“反射率”选项组

反射率模拟在有光泽对象的表面上反射的场景。要使反射率贴图获得较好的渲染效果，材质应有光泽，而且反射图像本身应具有较高的分辨率（至少 512×480 像素）。“直接”和“倾斜”滑块控制反射的级别以及曲面上镜面高光的强度。

3）“透明度”选项组

完全透明的对象允许灯光穿过对象。值为 1.0 时，该材质完全透明；值为 0.0 时，材质完全不透明。在图案背景下预览透明效果最佳。

仅当“透明度”值大于 0 时，“半透明”和“折射率”特性才会变为可编辑。半透明对象，例如磨砂玻璃，允许部分灯光穿过并散射对象内的某些光线。

“折射率值”控制在光线穿过材质并因此扭曲对象另一侧上的对象外观时的折弯度数。

例如，折射率为 1.0 时，透明对象后面的对象不会失真。折射率为 1.5 时，对象将严重失真，就像通过玻璃球看对象一样。

4）“剪切”选项组

剪切贴图以使材质部分透明，从而提供基于纹理灰度转换的穿孔效果。可以选择图像文件以用于剪切贴图。将浅色区域渲染为不透明，深色区域渲染为透明。使用透明度以实现磨砂或半透明效果时，反射率将保持不变。剪切区域不反射。

5）“自发光”选项组

自发光贴图可以使部分对象呈现出发光效果。例如，若要在不使用光源的情况下模拟霓虹灯，可以将自发光值设定为大于零。没有光线投射到其他对象且自发光对象不接收阴影。贴图的白色区域渲染为完全自发光。黑色区域不使用自发光进行渲染。灰色区域将渲染为部分自发光，具体取决于灰度值。

“过滤器颜色”可在发光的曲面上创建颜色过滤器的效果。“亮度”可使材质模拟在光度控制光源中被照亮的效果。在光度控制单位中，发射光线的多少是选定的值。没有光线投射到其他对象上。“色温”可设置自发光的颜色。

6）“凹凸”选项组

可以选择图像文件或程序贴图以用于贴图。凹凸贴图使对象看起来具有起伏的或不规则的表面。使用凹凸贴图材质渲染对象时，贴图的较浅（较白）区域看起来升高，而较深（较黑）区域看起来降低。如果图像是彩色图像，将使用每种颜色的灰度值。凹凸贴图会显著增加渲染时间，但会增加真实感。

要去除表面的平滑度或创建凸雕外观时，则可以使用凹凸贴图。但是凹凸贴图的深度效果是有限的，因为它不影响对象的轮廓且不能自阴影。如果要获得表面中的最大深度，则应使用建模技术。凹凸不显示在凹凸贴图对象的轮廓上。

凹凸贴图滑块可以调整凹凸的程度。渲染的值越高，则凸度越高，使用负值则会使对象凹下。

可使用“数量”来调整凹凸的高度。越高的值渲染时凸出得越高，越低的值渲染时凸出得越低。灰度图像可生成有效的凹凸贴图。

7）“染色”选项组

设置与白色混合的颜色的色调和饱和度值。

3．应用材质

通过下列三种方法，可将“材质浏览器”选项板中的材质应用于三维对象中。

（1）选择指定材质的对象，然后单击“材质浏览器”选项板“库”中的某个材质。

（2）将所选材质从 Autodesk 库直接拖动至所选对象，同时，该材质被添加到文档材质。

（3）先选定对象或者面，通过在“材质浏览器”选项板中单击材质样例的快捷菜单中的“指定给选择”，可将材质指定给选定对象或者面。

4．示例

将“黄铜 – 抛光”材质指定给图 6–131a 所示圆柱体。在“材质浏览器”选项板中搜索“黄铜”材质，如图 6–131b 所示。选择列表框中的“黄铜 – 抛光”材质，并按住鼠标左键，将其拖至圆柱体上，结果如图 6–131c 所示。

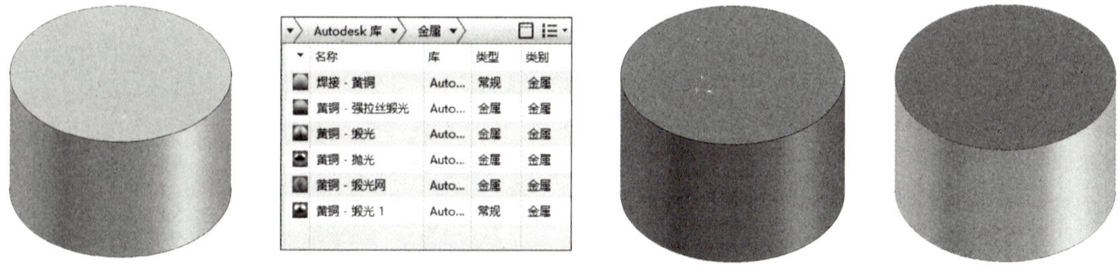

a)　　b)　　c)　　d)

图 6-131　材质应用示例

a）原图　b）搜索材质　c）“黄铜 – 抛光”材质效果　d）上表面应用材质

若仅给圆柱体上表面添加“黄铜 – 抛光材质”，可按住 Ctrl 键选择圆柱体上表面，再单击“黄铜 – 抛光”材质，结果如图 6-131d 所示。

任务实施

1. 绘制三通左端实体

（1）绘制左端轮廓

启动 AutoCAD 2020，并将视图切换到俯视图，应用“直线”和“圆角”命令，绘制三通左端二分之一轮廓，如图 6-132 所示，并将其创建成面域。

（2）生成实体

应用“旋转”命令，将面域旋转 360°，生成三通左端实体，将视图切换至西南等轴测，结果如图 6-133 所示。

图 6-132　绘制三通左端二分之一轮廓

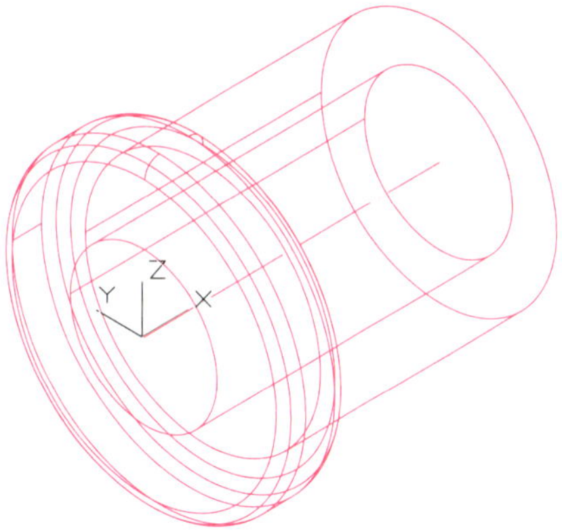

图 6-133　生成三通左端实体

2. 绘制三通中间竖直实体

（1）三维镜像

执行“三维镜像”命令，以实体右端中心为基点，以右端面为镜像面，将实体进行三维镜像。执行“三维镜像”命令，系统提示：

命令：_mirror3d（执行“三维镜像”命令）
选择对象：找到 1 个（选择圆柱体）
选择对象：↙（按 Enter 键结束拾取）
指定镜像平面（三点）的第一个点或［对象（O）/ 最近的（L）/Z 轴（Z）/ 视图（V）/ XY 平面（XY）/YZ 平面（YZ）/ZX 平面（ZX）/ 三点（3）］< 三点 >:yz↙（选择 *YZ* 平面）
指定 YZ 平面上的点 <0，0，0>:（捕捉右端的圆心）
是否删除源对象？［是（Y）/ 否（N）］< 否 >：↙（按 Enter 键确定）

执行上述操作，结果如图 6–134 所示。

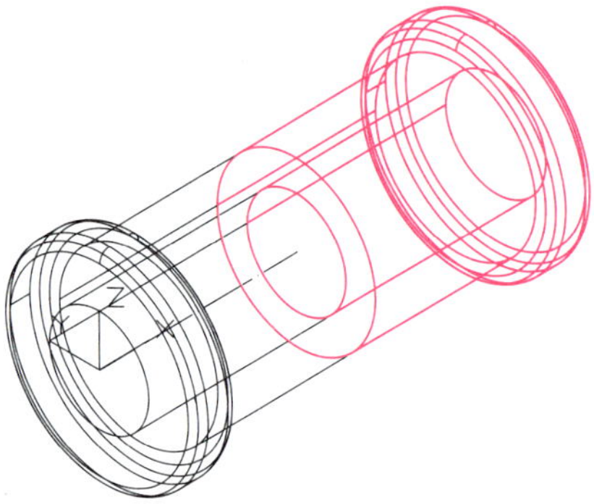

图 6–134　三维镜像结果

（2）三维旋转

执行“三维旋转”命令，将镜像得到的实体旋转 90°，系统提示：

命令：_3drotate（执行“三维旋转”命令）
UCS 当前的正角方向：ANGDIR= 逆时针　ANGBASE=0
选择对象：找到 1 个（拾取右端的实体）
选择对象：↙（按 Enter 键或右击确定）
指定基点：(捕捉实体的圆心作为旋转基点，如图 6–135a 所示）
拾取旋转轴：（拾取 *Y* 轴作为旋转轴，如图 6–135b 所示）
指定角的起点或键入角度：90↙（输入旋转角度）
正在重生成模型

执行上述操作，结果如图 6–135c 所示。

3. 绘制三通右端实体

应用“三维镜像”命令，将三通左端实体进行三维镜像，得到三通右端实体，如图 6–136 所示。

4. 绘制三通内孔

（1）布尔并集运算

对绘制的三通左端实体、中间实体和右端实体进行布尔并集运算，使其构成一个完整的实体，结果如图 6–137 所示。

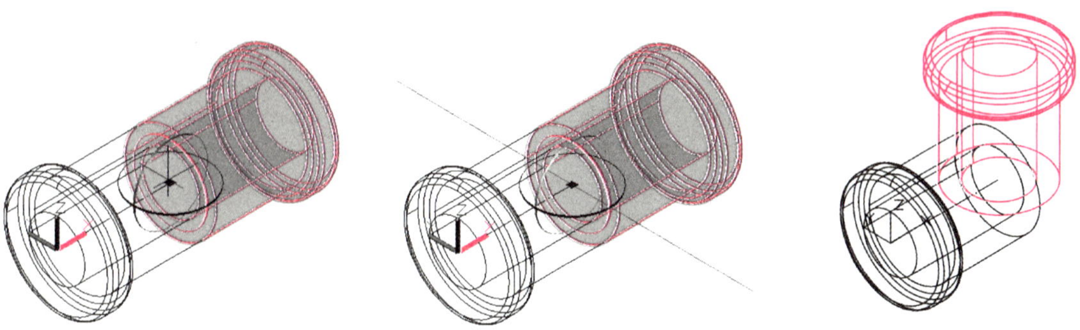

a)　　b)　　c)

图 6–135　三维旋转

a）捕捉圆心为基点　b）拾取旋转轴　c）旋转结果

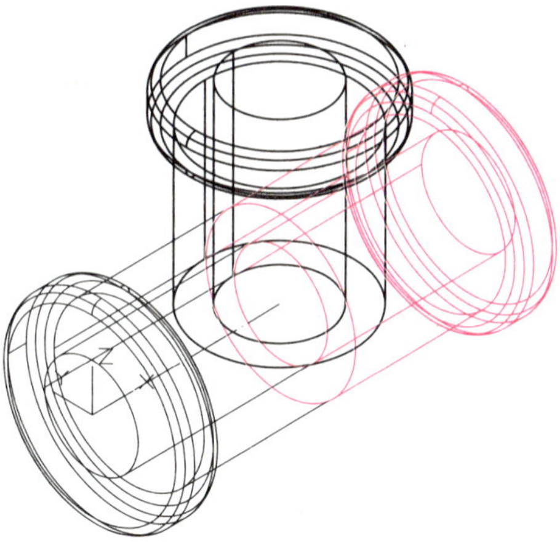

图 6–136　绘制三通右端

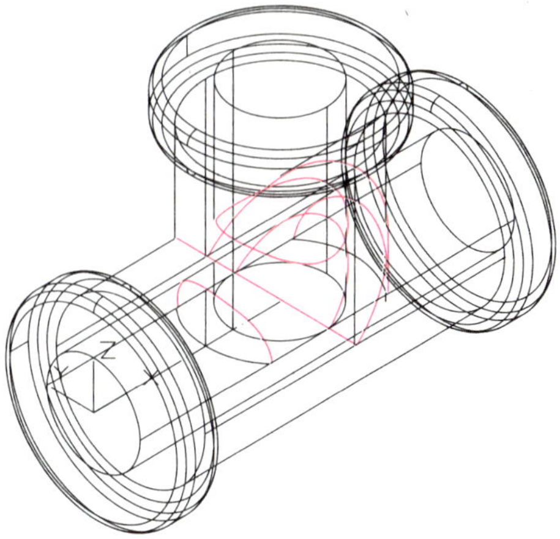

图 6–137　布尔并集运算

（2）打通中间竖直通孔

执行“圆柱体”命令，系统提示：

命令：_cylinder

指定底面的中心点或［三点（3P）/ 两点（2P）/ 切点、切点、半径（T）/ 椭圆（E）]：100，0，0↙（指定底面的中心坐标）

指定底面半径或［直径（D）]<25.0000>：25↙（指定底面半径）

指定高度或［两点（2P）/ 轴端点（A）]<0.0000>：100↙（指定圆柱高度）

执行上述操作，绘制出如图 6–138a 所示直径为 50 mm、高为 100 mm 的圆柱体。执行布尔差集运算，打通竖直通孔，结果如图 6–138b 所示图形。

（3）打通水平通孔

1）新建用户坐标系

为了方便打通三通水平孔，新建如图 6–139 所示用户坐标系。

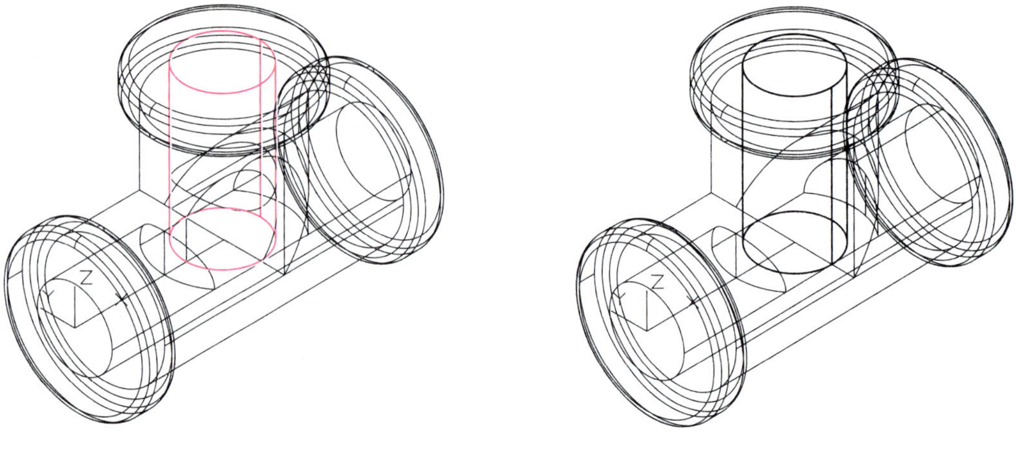

a)　　　　b)

图 6-138　打通竖直通孔

a）绘制直径为 50 mm、高为 100 mm 的圆柱体　b）布尔差集运算结果

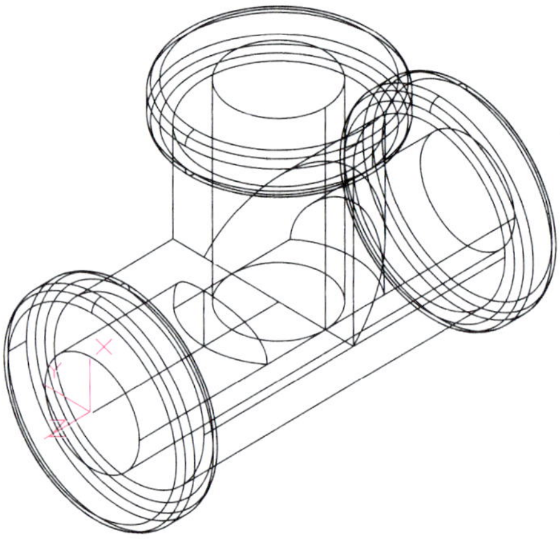

图 6-139　新建用户坐标系

2）绘制圆柱体

执行“圆柱体”命令，系统提示：

命令：_cylinder（执行“圆柱体”命令）

指定底面的中心点或[三点（3P）/两点（2P）/切点、切点、半径（T）/椭圆（E）]：0，0，0（指定圆柱体底面中心坐标）

指定底面半径或[直径（D）]<25.0000>：25↙（指定底面半径）

指定高度或[两点（2P）/轴端点（A）]<200.0000>：-200↙（输入高度，向右生成圆柱体）

执行上述操作，结果如图 6-140 所示。

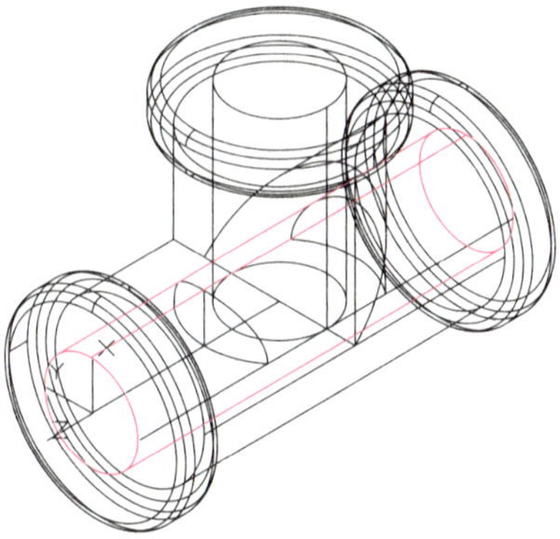

图 6–140　绘制直径为 50 mm、高为 200 mm 的圆柱体

3）布尔差集运算

执行布尔差集运算，打通水平通孔，结果如图 6–141 所示。

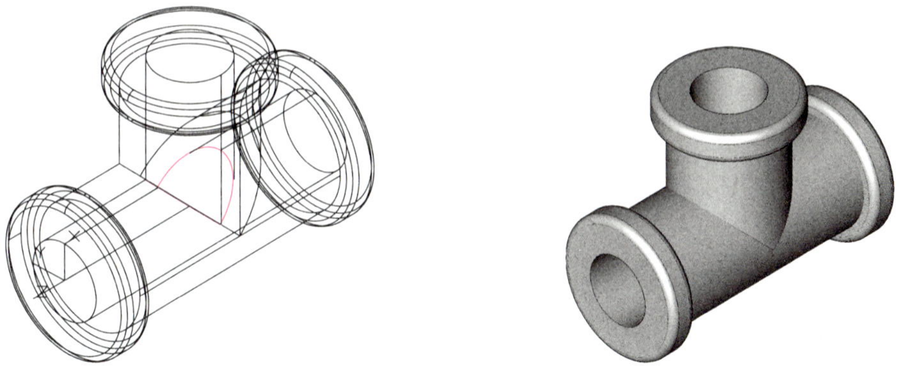

a)　　　　　　　　　　b)

图 6–141　三通三维实体

a）“二维线框”视觉样式　b）“概念”视觉样式

注意：图 6–141b 所示“概念”视觉样式，不是系统默认状态下的视图，而是对“概念”视觉样式中的“面设置”选项组中的选项进行了设置，如图 6–142 所示。同时，在视口中打开了日光的光照效果。

面设置	
面样式	真实
光源质量	最平滑
颜色	单色
单色	PANTONE 10101 C
不透明度	-60
材质显示	关
光源	
亮显强度	30
阴影显示	关

图 6–142　设置“概念”视觉样式中相关选项

5. 创建另外两个三通

（1）复制另外两个三通

应用“复制”命令，生成另外两个三通，并将它们移动到合适位置，如图 6–143 所示。

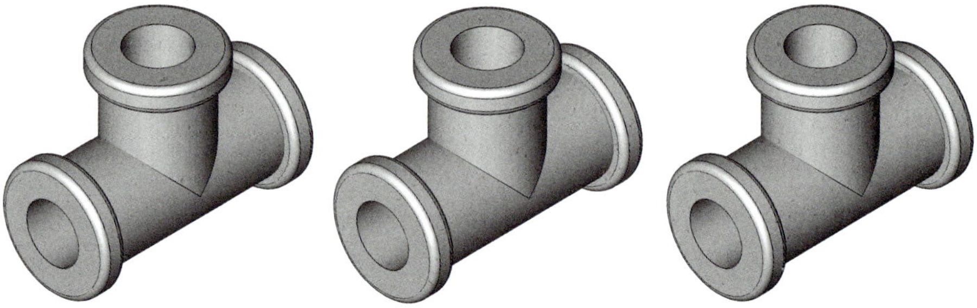

图 6–143　复制另外两个三通

（2）三维旋转

执行“三维旋转”命令，将另外两个三通旋转 90°，结果如图 6–144 所示。

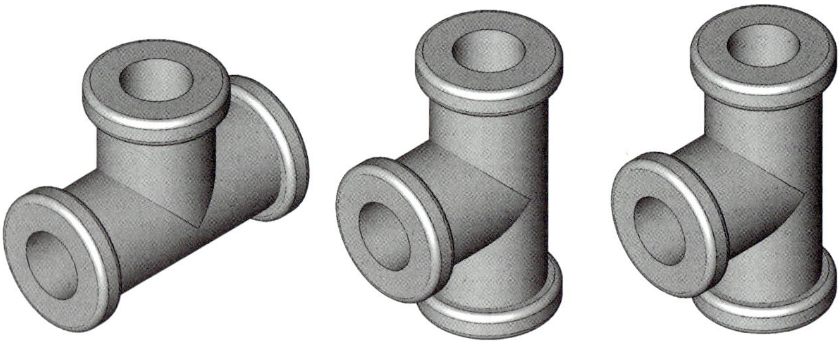

图 6–144　旋转另外两个三通

6. 添加材质

（1）转换视觉样式

为了应用材质，将视觉样式转换为“真实”视觉样式。

（2）搜索材质

单击“视图”菜单→“渲染”→“材质浏览器”命令，系统弹出“材质浏览器”选项板，在搜索框中搜索“黄铜”“铝”和“铜”三种材质，并添加到“文档材质”中，如图 6–145 所示。

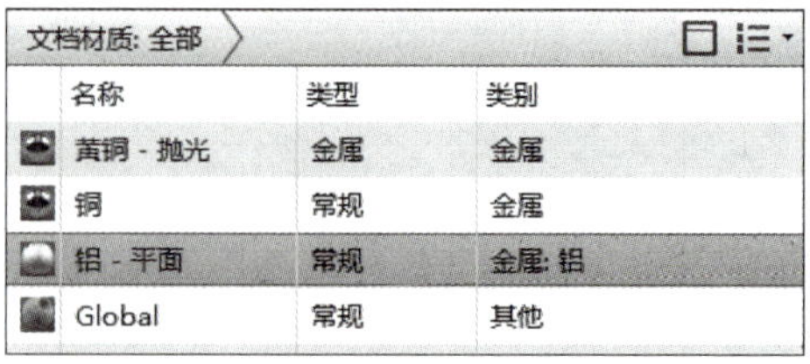

文档材质: 全部

名称	类型	类别
黄铜 - 抛光	金属	金属
铜	常规	金属
铝 - 平面	常规	金属: 铝
Global	常规	其他

图 6–145　搜索材质并添加到“文档材质”中

（3）应用材质

选中左端第一个三通，然后单击“文档材质”中的“黄铜”材质。用相同的方法，将“铝”和“铜”材质应用到另外两个三通实体上，结果如图 6–146 所示。

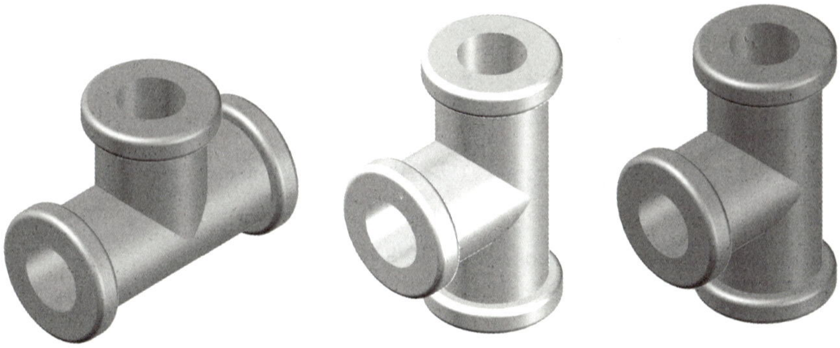

图 6–146 应用材质

7. 整理并保存

整理图形并保存。

任务 10 绘制渐开线直齿圆柱齿轮三维实体

学习目标

1. 掌握渐开线的绘制方法。
2. 会绘制渐开线直齿圆柱齿轮三维实体。

任务引入

本任务要求绘制如图 6–147 所示渐开线直齿圆柱齿轮三维实体，该模型的模数 m=6 mm，齿数 z=20，压力角 α=20°，齿轮宽 b=50 mm，孔径 d_n=30 mm，键槽宽为 8 mm，键槽深 t=3.3 mm，两侧倒角为 $C2$ mm。

由于渐开线齿轮端面齿廓为渐开线，所以绘制难点在于齿形的绘制。根据渐开线的形成原理，可确定齿廓上的点，用样条曲线连接起来，近似绘制齿形，将其创建为面域，并拉伸生成一个轮齿，对轮齿两端倒角后，再应用“环形阵列”命令生成其他轮齿。

图 6–147 渐开线直齿圆柱齿轮三维实体

任务实施

1. 渐开线直齿圆柱齿轮几何参数计算

分度圆直径：$d=mz$=6 mm × 20=120 mm；

齿顶圆直径：$d_a=m（z+2）$=6 mm ×（20 + 2）=132 mm；

齿根圆直径：$d_f=m（z-2.5）$=6 mm ×（20–2.5）=105 mm；

基圆直径：$d_b=d\cos\alpha$=120 mm × cos20° ≈ 112.8 mm。

2. 渐开线的绘制方法

（1）渐开线的形成

直线在圆上纯滚动时，直线上一点 K 的轨迹称为该圆的渐开线，该圆称为渐开线的基圆，直线称为渐开线的发生线。因而，发生线在基圆上滚过的长度等于基圆上被滚过的相应弧长。

（2）渐开线的绘制方法

根据渐开线性质，在绘制渐开线时，可以绘制与弧长相等长度的发生线，其上的端点作为渐开线的轨迹点，之后将这些点用样条线光滑连接起来，就得到一段渐开线。

渐开线的绘制从基圆开始，到齿顶圆结束；基圆到齿根圆部分为非渐开线，用直线和圆弧绘制。绘制时，只需要绘制出齿的一侧齿形轮廓，再通过镜像绘制出另一侧的齿形轮廓。为绘制基圆到齿顶圆部分渐开线，应先对基圆进行等分，可将其分为 40 等份，之后在基圆上绘制一部分切线，取其长度为对应的弧长。40 等份的每段弧长 $L=\pi d_b/40\approx3.14\times$ 112.8 mm/40 ≈ 8.85 mm，若基圆上的点不算，则第 1 个点的切线长是 8.85 mm，第 2 个是 2 × 8.85 mm=17.7 mm，第 3 个是 3 × 8.85 mm=26.55 mm，第 4 个是 4 × 8.85 mm=35.4 mm，依此类推，最后将这些切线的端点用样条曲线光滑相连，即可得到一条渐开线。

3. 绘制渐开线直齿圆柱齿轮三维实体

（1）绘制齿顶圆、齿根圆、基圆和分度圆

根据渐开线直齿圆柱齿轮几何参数，绘制齿顶圆、齿根圆、基圆和分度圆四个同心圆，如图 6–148 所示。

（2）40 等分

应用“环形阵列”命令，将齿顶圆、齿根圆、基圆和分度圆等分 40 份，如图 6–149 所示。

（3）绘制一个齿形轮廓

1）绘制四条切线。新建用户坐标系，如图 6–150a 所示，UCS 的原点设置在辅助线与基圆的交点上，其中 X 轴与其中的一条辅助线平行。从 UCS 原点起，沿 Y 轴正向绘制一条长为 8.85 mm 的切线，该切线与基圆相切，其端点为渐开线上的一点，如图 6–150b 所示。用同样的方法再绘制长度为 2 × 8.85 mm=17.7 mm，3 × 8.85 mm=26.55 mm，4 × 8.85 mm=35.4 mm 的三条切线，如图 6–150c 所示，因 35.4 mm 的切线已与齿顶圆相交，故无须再往下画。

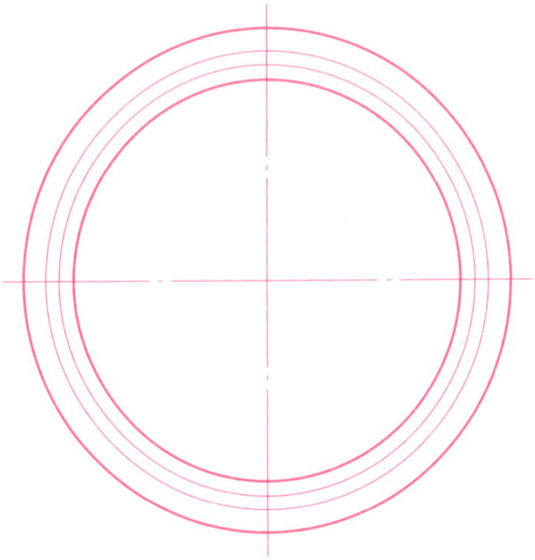

图 6–148 绘制齿顶圆、齿根圆、基圆和分度圆

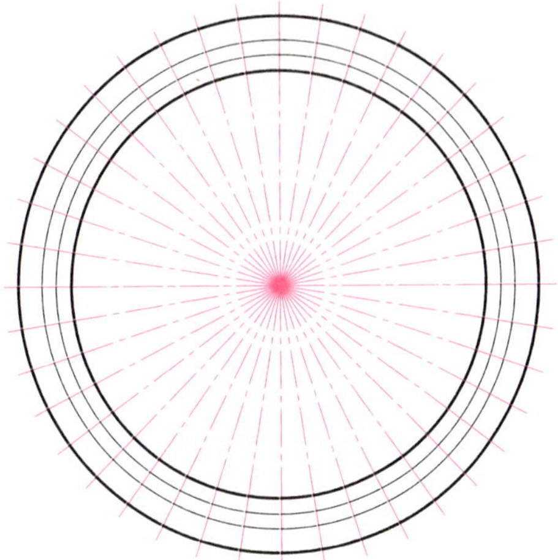

图 6–149 40 等分

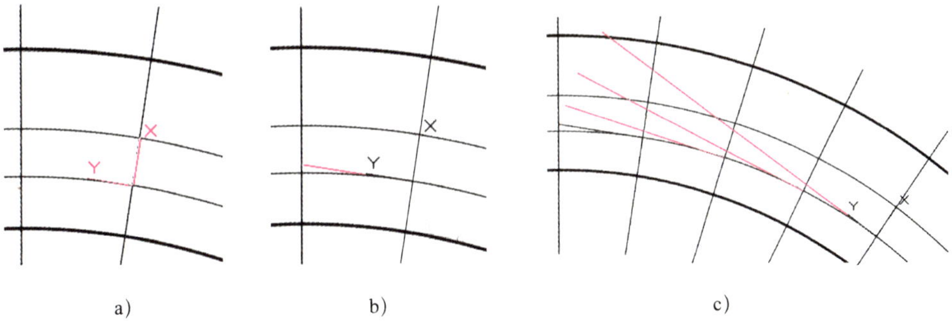

图 6–150 绘制四条切线

a）新建用户坐标系 b）绘制 8.85 mm 线段 c）绘制其余三条线段

2）绘制渐开线。应用样条曲线，将竖直中心线与基圆的交点以及四条切线的端点连接起来，如图 6–151 所示。

3）将 UCS 设置在基圆的渐开线起点上。绘制一条线段，终点坐标为（–5，0），相当于延伸到齿根圆且与齿根圆相交，如图 6–152 所示。

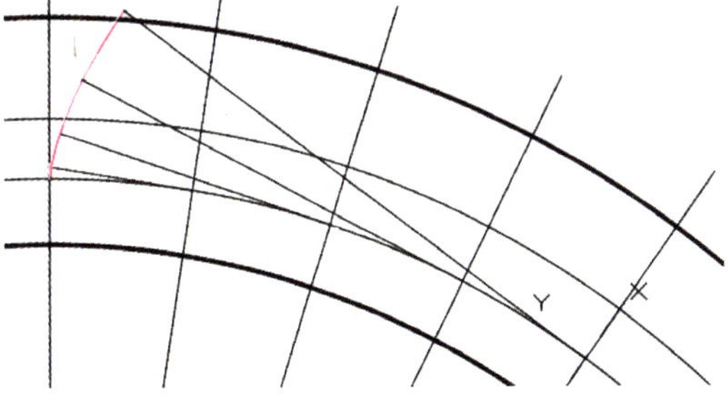

图 6–151 绘制渐开线

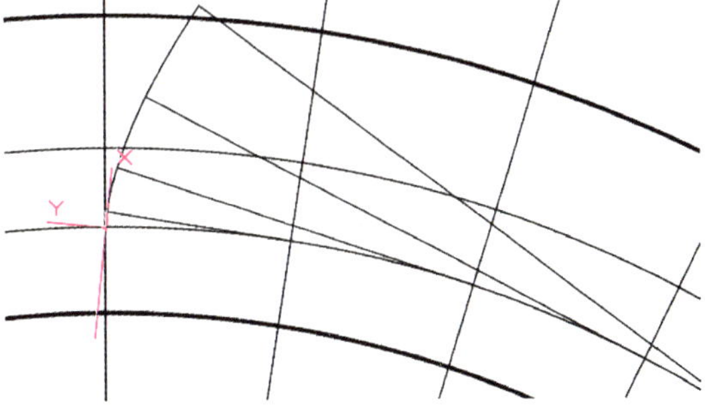

图 6–152 设置 UCS 并绘制一条线段

4）用“直线”命令将基圆与两相邻等分线的交点连接起来，将这条线段的中点与圆心的连线作为镜像时的对称线。执行“镜像”命令，得到图 6–153 所示的另一侧齿形轮廓线。

5）对齿廓与齿根圆相交处倒圆角，圆角半径为 $R2.28$ mm，结果如图 6–154 所示。

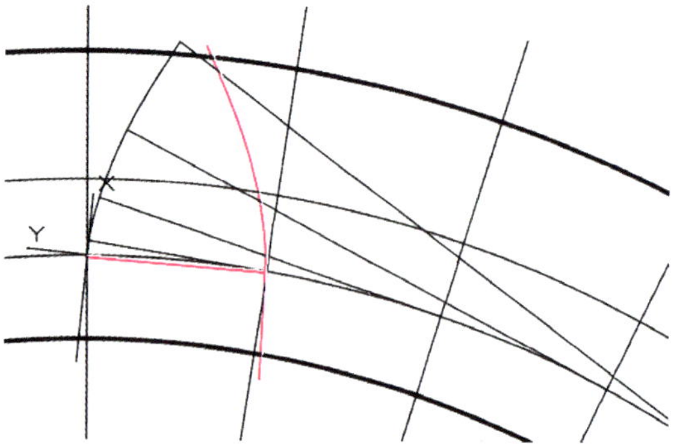

图 6–153　绘制另一侧齿形轮廓线

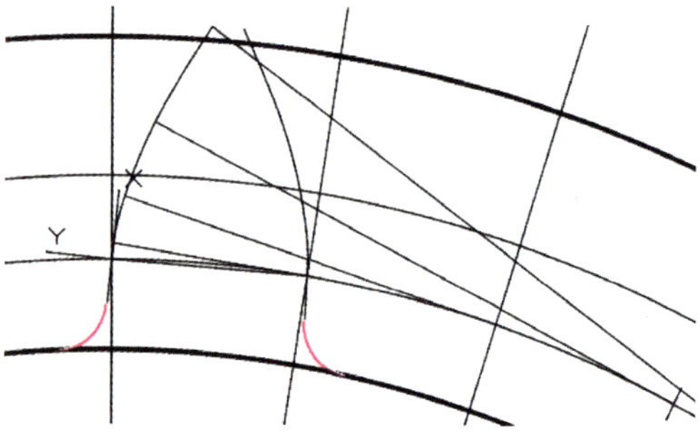

图 6–154　倒圆角

6）修剪、删除多余的线条，并将其建成面域，如图 6–155 所示。

（4）绘制齿根圆、ϕ30 mm 孔及键槽

绘制齿根圆、ϕ30 mm 孔及键槽，并将两封闭区域创建成面域，如图 6–156 所示。

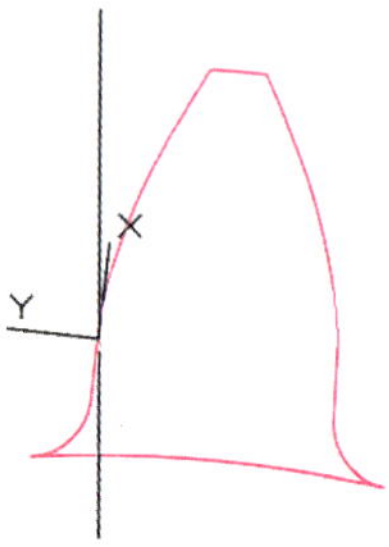

图 6–155　一个齿形轮廓面域

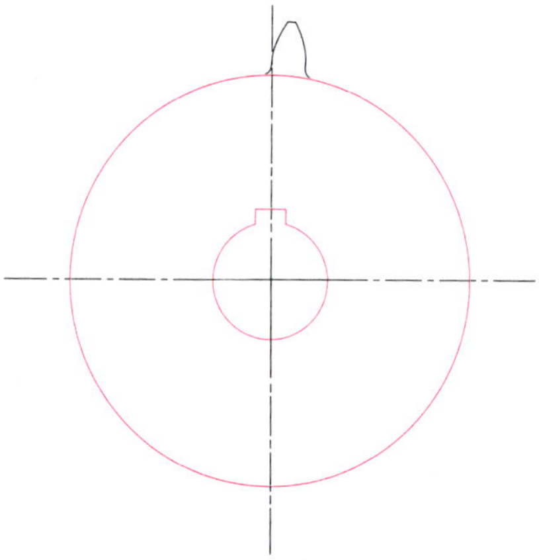

图 6–156　绘制齿根圆、ϕ30 mm 孔及键槽

（5）拉伸面域生成三维实体

将面域拉伸 50 mm，生成三维实体，如图 6–157 所示。

（6）齿端倒角

为便于拾取齿端边线，将视图切换到“东北等轴测”，应用“倒角边”命令对齿端两边线进行倒角，如图 6–158 所示。

（7）环形阵列

执行“三维阵列”命令，对轮齿实体进行环形阵列，齿数为 20，结果如图 6–159 所示。

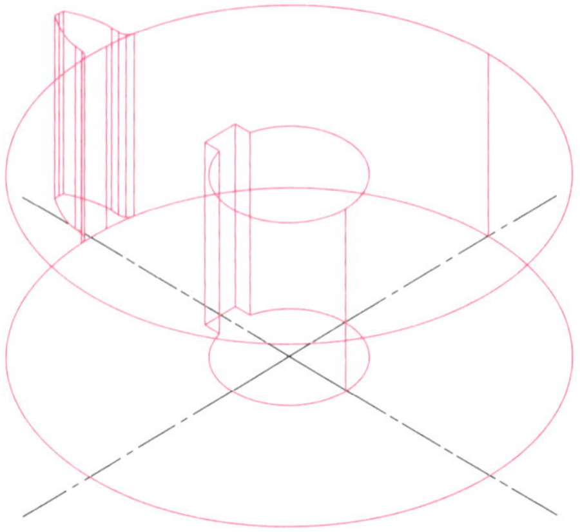

图 6-157 拉伸面域生成三维实体

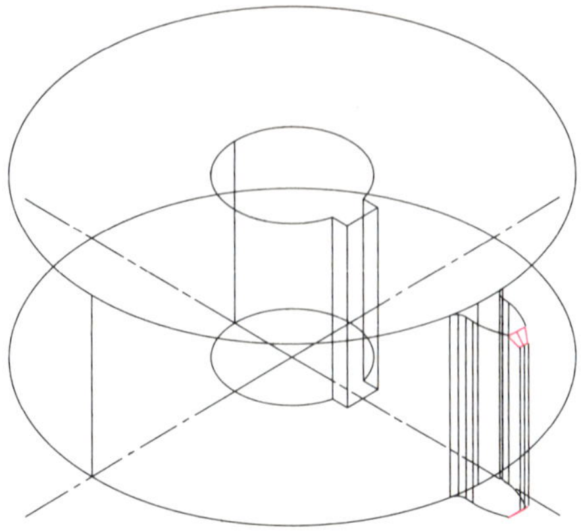

图 6-158 齿端倒角

（8）进行布尔运算

先执行布尔差集运算，用齿根圆实体减去内孔和键槽实体。再执行布尔并集运算，将所有实体合并成一个整体，结果如图 6-160 所示。

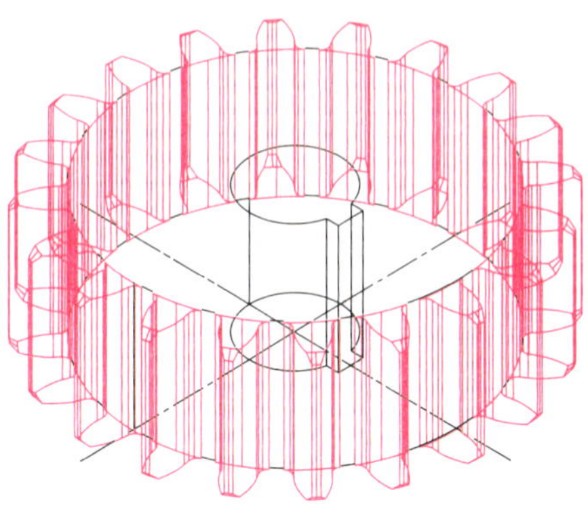

图 6-159 环形阵列

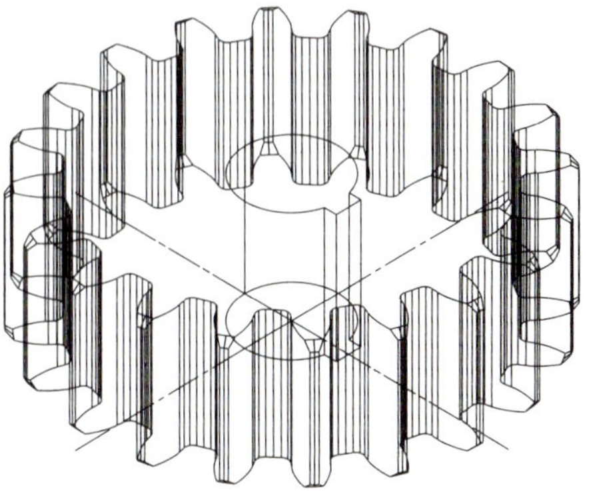

图 6-160 布尔运算

4．添加材质

选择“真实”视觉样式。从“材质浏览器”Autodesk 库中，选择“黄铜 – 抛光”材质应用到三维实体上，应用“三维旋转”命令，将实体沿 *X* 轴旋转 90°，结果如图 6-147 所示。

5．整理并保存

将绘制好的图形保存在适当位置。

附　　录

AutoCAD 2020 常用命令一览表

序号	AutoCAD 命令	简化命令	功能用途
1	3DARRAY	3A	三维阵列
2	3DFACE	3F	绘制三维曲面
3	3DORBIT	3DO	三维动态旋转
4	3DPAN		三维视图平移
5	3DPLOY	3P	绘制三维多段线
6	3DZOOM		三维视口下视口缩放
7	ADCENTER	ADC	启动 AutoCAD 设计中心
8	ALIGN	AL	图形对齐
9	ARC	A	绘制圆弧
10	AREA	AA	计算所选择区域的周长和面积
11	ARRAY	AR	图形阵列
12	ATTDEF	ATT	创建属性定义
13	ATTEDIT	ATE	编辑图块属性值
14	BHATCH	BH 或 H	图案填充
15	BLOCK	B 或 -B	创建图块
16	BOUNDARY	BO 或 -BO	边界创建
17	BOX		绘制三维长方体实体
18	BREAK	BR	打断

续表

序号	AutoCAD 命令	简化命令	功能用途
19	CAL		AutoCAD 计算功能
20	CHAMFER	CHA	倒直角
21	CIRCLE	C	绘制圆
22	CLOSE		关闭当前图形文件
23	COLOR	COL	设置实体颜色
24	CONE		绘制三维圆锥实体
25	COPY	CO 或 CP	复制
26	CYLINDER	CYL	绘制三维圆柱实体
27	DDEDIT	ED	以对话框方式编辑文本或属性定义
28	DDPTYPE 或 PTYPE		设置点的形状及大小
29	DDVPOINT 或 VPOINT	VP	通过对话框选择三维视点
30	DIM		使用单个命令创建多个标注和标注类型
31	DIMALIGNED	DAL 或 DIMALI	对齐标注
32	DIMANGULAR	DAN 或 DIMANG	标注角度
33	DIMBASELINE	DBA 或 DIMBASE	基线标注
34	DIMCENTER	DCE	标注圆心
35	DIMCONTINUE	DCO 或 DIMCONT	连续标注
36	DIMDIAMETER	DDI 或 DIMDIA	标注直径
37	DIMEDIT	DED 或 DIMED	编辑尺寸标注
38	DIMLINEAR	DLI 或 DIMLIN	标注长度
39	DIMORDINATE	DOR 或 DIMORD	标注坐标值
40	DIMRADIUS	DRA 或 DIMRAD	标注半径
41	DIMSTYLE	DST 或 DDIM	创建或修改标注样式
42	DIMTEDIT	DIMTED	编辑尺寸文本
43	DIST	DI	测量两点之间的距离
44	DIVIDE	DIV	等分实体
45	DONUT	DO	绘制圆环
46	DSETTINGS	DS、SE	设置栅格和捕捉、角度和目标捕捉点自动跟踪以及自动目标捕捉选项功能
47	DVIEW	DV	视点动态设置

续表

序号	AutoCAD 命令	简化命令	功能用途
48	ELLIPSE	EL	绘制椭圆或椭圆弧
49	ERASE	E	删除实体
50	EXPLODE	X	分解实体
51	EXTEND	EX	延伸
52	EXTRUDE	EXT	将二维图形拉伸成三维实体
53	FILL		控制实体的填充状态
54	FILLET	F	倒圆角
55	FILTER	FI	过滤选择实体
56	FIND		查找与替换文件
57	FOG		三维渲染的曝光配置
58	GRID		显示栅格
59	GROUP	G 或 -G	创建一个指定名称的目标选择组
60	HATCH	-H	通过命令行进行区域填充图样操作
61	HATCHEDIT	HE	编辑区域填充图样
62	HELP	F1	显示 AutoCAD 在线帮助信息
63	HIDE	HI	消隐
64	ID		显示点的坐标
65	INSERT	I	把图块（或文件）插入到当前图形文件
66	INSERTOBJ	IO	插入 OLE 对象
67	INTERSECT	IN	三维实体求交
68	ISOPLANE		定义基准面
69	LAYER	LA 或 -LA	图层控制
70	LAYOUT	LO	创建新布局或对已存在的布局进行更名、复制、保存或删除等操作
71	JOIN	J	合并
72	LEADER	LE 或 LEAD	引线标注
73	LENGTHEN	LEN	拉长
74	LIGHT		光源设置
75	LIMITS		设置图形界限
76	LINS	L	绘制直线

续表

序号	AutoCAD 命令	简化命令	功能用途
77	LINETYPE	LT	创建、装载或设置线型
78	LIST	LS	列表显示实体信息
79	LOAD		装入已编译过的形文件
80	LTSCALE	LTS	设置线型比例系数
81	LWEIGHT	LW	设置线宽
82	MATCHPROP	MA	属性匹配
83	MATLIB		材质浏览器
84	MEASURE	ME	定长等分实体
85	MINSERT		按矩形阵列方式插入图块
86	MIRROR	MI	镜像实体
87	MIRROR3D		三维镜像
88	MLEDIT		编辑多线
89	MLINE	ML	绘制平行线
90	MLSTYLE		定义平行线样式
91	MODEL		从图纸空间切换到模型空间
92	MOVE	M	移动实体
93	MSPACE	MS	从图纸空间切换到模型空间
94	MTEXT	MT 或 T	多行文本标注
95	MULTIPLE		反复多次执行上一次命令直到执行别的命令或按 Esc 键
96	MVIEW	MV	创建多视口
97	MVSETUP		控制视口
98	NEW		新建图形文件
99	OFFSET	O	偏移复制实体
100	OOPS		恢复最后一次被删除的实体
101	OPEN		打开图形文件
102	OPTIONS	OP	设置 AutoCAD 系统配置
103	ORTHO	F8	切换正交状态
104	OSNAP	OS 或 -OS	设置目标捕捉方式及捕捉框大小
105	PAN	P 或 -P	视图平移
106	PEDIT	PE	编辑多段线和三维多边形网格

续表

序号	AutoCAD 命令	简化命令	功能用途
107	PFACE		绘制任意形状的三维曲面
108	PLAN		设置 UCS 平面视图
109	PLINE	PL	绘制多段线
110	PLOT	PRINT	图形输出
111	POINT	PO	绘制点
112	POLYGON	POL	绘制正多边形
113	QDIM		快速标注尺寸
114	QLEADER	LE	快速标注指引线
115	QSAVE		保存当前图形文件
116	QSELECT		快速选择实体
117	QTEXT		控制文本显示方式
118	QUIT	EXIT	退出 AutoCAD
119	RAY		绘制射线
120	RECTANG	REC	绘制矩形
121	REDEFINE		恢复一条已被取消的命令
122	REDO		恢复由 Undo（或 U）命令取消的最后一条命令
123	REDRAWALL	RA	重新显示所有视口中的图形
124	REGEN	RE	重新生成当前视口中的图形
125	REGENALL	REA	重新刷新生成所有视口中的图形
126	REGION	REG	创建区域
127	RENAME	REN	更改实体对象的名称
128	RENDER	RR	渲染
129	REVOLVE	REV	将二维图形旋转成三维实体
130	REVSURF		绘制旋转曲面
131	RMAT		材质设置
132	ROTATE	RO	旋转实体
133	ROTATE3D		三维旋转
134	RPREF	RPR	设置渲染参数
135	RULESURF		绘制直纹面
136	SAVE		保存图形文件

续表

序号	AutoCAD 命令	简化命令	功能用途
137	SAVE AS		将当前图形另存为一个新文件
138	SCALE	SC	比例缩放实体
139	SECTION	SEC	生成剖面
140	SELECT		选择实体
141	SETUV		设置渲染实体几何特性
142	SETVAR	SET	设置 AutoCAD 系统变量
143	SHADE	SHA	着色处理
144	SHOWMAT		显示实体材质类型
145	SKETCH		徒手画线
146	SLICE	SL	将三维实体切开
147	SNAP	SN	设置目标捕捉功能
148	SOLDRAW		生成三维实体的轮廓图形
149	SOLID	SO	绘制实心多边形
150	SOLIDEDIT		三维实体编辑
151	SOLPROF		绘制三维实体的轮廓图像
152	SOLVIEW		创建三维实体的平面视口
153	SPELL	SP	检查图形中的拼写
154	SPHERE		绘制球体
155	SPLINE	SPL	绘制一条光滑曲线
156	SPLINEDIT	SPE	编制一条光滑曲线
157	STLOUT		将三维实体以 STL 格式保存
158	STRETCH	S	拉伸实体
159	STYLE	ST	创建文字标注样式
160	SUBTRACT	SU	布尔差集运算
161	SYSWINDOWS		应用程序窗口与外部应用程序共享时，排列窗口和图标
162	TABSURF		绘制拉伸曲面
163	TEXT		创建单行文字对象
164	TEXTSCR		切换到 AutoCAD 文本窗口
165	TIME		时间查询

续表

序号	AutoCAD 命令	简化命令	功能用途
166	TOLERANCE	TOL	尺寸公差标注
167	TORUS	TOR	创建圆环实体
168	TRIM	TR	修剪
169	U		撤销上一操作
170	UCS		建立用户坐标系统
171	UCSICON		控制坐标图形显示
172	UCSMAN		UCS 管理器
173	UNDO		撤销上一组操作
174	UNION	UNI	布尔并集运算
175	UNITS	-UN 或 UN	设置长度及角度的单位格式和精度等级
176	VIEW	V 或 -V	视口管理
177	VIEWRES		设置当前视口中目标重新生成的分辨率
178	VPOINT	-VP 或 VP	设置三维视点
179	WBLOCK	W	图块存盘
180	WEDGE	WE	绘制楔形体
181	XLINE	XL	绘制无限长直线
182	XPLODE	X	分解图块并设置属性参数
183	ZOOM	Z	视图缩放